試薬の等級

等級	純度	備考
試薬一級	純度が不確定	洗浄液の調製のみに使用可能で，分析には用いることができない
化学用	かなり精製されているが，純度は未知である	
U.S.P 局 (米国薬局方試薬)	最低純度の標準に適合	健康に有害な不純物が米国薬局方の許容範囲内にあるもの
A.C.S 試薬	高い純度	米国化学会(ACS)の試薬検定委員会によって純度が保証されたもの
一次標準	最高純度	正確な容量分析(標準液)に必要

市販の試薬特級の酸および塩基の濃度[a]

試薬	式量	M[b]	%(wt/wt)	密度(20℃)/g cm^{-3}
H_2SO_4	98.08	17.6	94.0	1.831
$HClO_4$	100.5	11.6	70.0	1.668
HCl	36.46	12.4	38.0	1.188
HNO_3	63.01	15.4	69.0	1.409
H_3PO_4	98.00	14.7	85.0	1.689
CH_3COOH	60.05	17.4	99.5	1.051
NH_3	17.03	14.8	28.0	0.898

[a] おおよその濃度であって，標準液の調製には使用できない．
[b] モル濃度($M = mol\ L^{-1}$)．

測容ガラス器具(クラス A)の NIST 許容誤差[a]

容量/mL (未満)	許容誤差/mL		
	メスフラスコ	ピペット	ビュレット
1000	±0.30		
500	±0.15		
100	±0.08	±0.08	±0.10
50	±0.05	±0.05	±0.05
25	±0.03	±0.03	±0.03
10	±0.02	±0.02	±0.02
5	±0.02	±0.01	±0.01
2		±0.006	

[a] Corning 社のパイレックス®ガラス器具および Kimball 社の KIMAX®(Class A)は，これらの許容誤差範囲に適合している．

基礎物理定数

アボガドロ定数(N) = 6.022×10^{23} 原子/グラム原子量 = mol^{-1}
ボルツマン定数(k) = $1.380\,65 \times 10^{-23}$ J K^{-1} = 8.6173×10^{-5} eV K^{-1}
気体定数(R) = 8.3145 J mol^{-1} K^{-1}
プランク定数(h) = 6.6261×10^{-34} J s = 4.1357×10^{-15} eV s
光速度(c) = $2.997\,92 \times 10^{8}$ m s^{-1}

Analytical Chemistry 7th Edition

原書7版

クリスチャン 分析化学
II. 機器分析編

Gary D. Christian, Purnendu K. Dasgupta, Kevin A. Schug

今任稔彦・角田欣一 監訳

壹岐伸彦・伊藤彰英・梅村知也・大谷　肇・大平慎一・小澤岳昌・
小林憲正・猿渡英之・高柳俊夫・竹内豊英・竹内政樹・立間　徹・
田中秀治・手嶋紀雄・戸田　敬・中野幸二・西澤精一・横山幸男
共訳

丸善出版

ANALYTICAL CHEMISTRY

7th edition

by

Gary D. Christian
Purnendu K. (Sandy) Dasgupta
Kevin A. Schug

Copyright © 2014, 2004 John Wiley & Sons, Inc. All rights reserved.

This translation published under license with John Wiley & Sons International Rights, Inc. through Japan UNI Agency, Inc., Tokyo.
Japanese Copyright © 2017 by Maruzen Publishing Co., Ltd.

Printed in Japan

まえがき

"ドアを開けるのは教師であるが，中に入るかどうか決めるのは君たちである."
——筆者不詳

今回の第7版には，著者にTexas大学Arlington校のPurnendu (Sandy) DasguptaとKevin Schugの二人が加わった．したがって，本書の著者には3世代の分析化学者が加わり，それぞれの教育や研究に関する知識や見識が本書に反映されている．すべての章の改訂は，最終的にはこれら3人の著者全員によりなされているが，一方，それぞれの著者は，違う課題で中心的な役割を果たしている．旧版からのもっとも大きな変更は以下のとおりである．Kevinにより質量分析法に関する章(22章)が追加された．また，Sandyにより，分光分析法(16章)，原子スペクトル分析法(17章)，ガスクロマトグラフィーと液体クロマトグラフィー(20章と21章)が大幅に書き換えられ，さらに新たにExcelを用いた多くの練習問題が追加された．一方，Garyは，本書と連携するwebサイトに収録される新旧すべての資料を集め編集し，そのうちの一部にQRコードを付与した．さらにパワーポイントによる図表を用意した．

この教科書を使用してほしい人

この教科書は，化学あるいは化学に関連した分野を専攻する大学生のためのものである．また，学部の定量分析コースのためのものであるが，セメスター制あるいはクオーター制の一学期で教えられる以上の教材を含んでいる．そこで教師はもっとも重要と考えるトピックスを選ぶことができ，また残りの章のいくつかを補助教材として使用できる．定量分析コースと機器分析コースの内容にもよるが，本書は両方のコースで利用できるであろう．いずれにしても，授業で正式に教えられなくても，諸君が面白そうと思う部分も読んでくれることを希望する．それはきっと将来諸君の役に立つであろう．

分析化学とは何か？

分析化学は物質の化学的な立場からの特徴描写（キャラクタリゼーション）に関する学問であり，定性と定量の両面を含む．その重要性は，私たちが用いるすべてが化学物質からできているため，私たちの生活のほとんどすべての面に及んでいる．

この教科書は，定量分析の原理と技術を扱う．すなわち，注目する物質が試料の中にどれだけ含まれているかを決定する方法について扱う．諸君は，分析法をどのように設計するかについて学ぶ．その設計には，まず，どのような情報が必要とされ（あるいは要求され）ているのか（それが何であり，またなぜ必要とされているかを知ることはたいへん重要である），対象となっている試料全体を代表するような分析用試料をどのように手に入れるか，分析するためにそれをどの

ように処理するか，どのような分析機器や器具が使用できるのか，さらに，分析結果の統計学的意義などについての情報が必要である．

血液分析が患者の生命を救う情報を提供していること，また，品質管理分析により生産者が欠陥製品による経済的損失を防いでいることに諸君が気づけば，分析化学の意義を感得することができるだろう．

この版では何が新しいか？

この第7版では，旧版は広く書き換えられ，最新の内容が提供されている．その目標は，諸君に分析のプロセス，装置や器具，コンピュータを用いる計算方法や計算リソースに関する基礎を提供し，さらに演習問題により分析化学の実際と重要性を，現実感をもって描き出すことであった．それぞれの章の導入部分には，その章で扱われる方法の代表的な使用例やほかの方法にはない特長が紹介されている．さらに，どのような方法が取り上げられ，一方，取り上げられていないかも述べられている．また，それぞれの章の冒頭には，その章の学習目標がページ番号とともに一覧表になっている．これらの表は，諸君がその章を学ぶときに，その中心概念を集中して勉強するために役に立つだろう．

以下に新しい取り組みのいくつかをあげる．

発展例題と発展問題：私たちは，世界中の分析化学の教授や実際に分析を行っている研究者に，今回の第7版に取り入れることができるように，とくに，世の中で実際に行われている分析に関する新しい例や演習問題の提供をお願いした．そのうち，親切にも多くの方々からたいへん価値のある分析例や演習問題を提供していただいた．本書ではそれらを"**発展例題**"あるいは"**発展問題**"とよび，本文の中で 👍 というマークで示した．私たちはそれらを本文の適当な箇所にスペースが許す限り含めたが，web サイトにのせたものもある．諸君がこれらを面白いと感じ，さらにこれらに挑戦してくれることを望む．

私たちは，問題，分析例，最新情報や実験例を提供してくださった以下の方々に深く感謝する．

- Christine Blaine, Carthage College
- Andres Campiglia, University of Central Florida
- David Chen, University of British Columbia
- Christa L. Colyer, Wake Forest University
- Michael DeGrandpre, University of Montana
- Mary Kate Donais, Saint Anselm College
- Tarek Farhat, University of Memphis
- Carlos Garcia, The University of Texas at San Antonio
- Steven Goates, BrighamYoung University
- Amanda Grannas, Villanova University
- Peter Griffiths, University of Idaho
- Christopher Harrison, San Diego State University
- James Harynuk, University of Alberta
- Fred Hawkridge, Virginia Commonwealth University
- Yi He, John Jay College of Criminal Justice, The City University of New York
- Charles Henry, Colorado State University
- Gary Hieftje, Indiana University
- Thomas Isenhour, Old Dominion University
- Peter Kissinger, Purdue University
- Samuel P. Kounaves, Tufts University
- Ulrich Krull, University of Toronto
- Thomas Leach, University of Washington
- Dong Soo Lee, Yonsei University, Seoul, Korea
- Milton L. Lee, Brigham Young University
- Wen-Yee Lee, University of Texas at El Paso
- Shaorong Liu, University of Oklahoma
- Fred McLafferty, Cornell University
- Michael D. Morris, University of Michigan
- Noel Motta, University of Puerto Rico, Río Piedras
- Christopher Palmer, University of Montana
- Dimitris Pappas, Texas Tech University
- Aleeta Powe, University of Louisville
- Alberto Rojas-Hernández, Universidad Autónoma Metropolitana-Iztapalapa, Mexico
- Alexander Scheeline, University of Illinois
- W. Rudolf Seitz, University of New Hampshire
- Paul S. Simone, Jr., University of Memphis
- Nicholas Snow, Seton Hall University
- Wes Steiner, Eastern Washington University

- Apryll M. Stalcup, City University of Dublin, Ireland
- Robert Synovec, University of Washington
- Galina Talanova, Howard University
- Yijun Tang, University of Wisconsin, Oshkosh
- Jon Thompson, Texas Tech University
- Kris Varazo, Francis Marion University
- Akos Vertes, George Washington University
- Bin Wang, Marshall University
- George Wilson, University of Kansas
- Richard Zare, Stanford University

　質量分析法は，それがとくにクロマトグラフィーと結合し複合分析法（hyphenated technique）として用いられることにより，日常的に用いられる強力な分析法としてその重要性が増している．そこで，新しい章（22章）をこの方法にあてた．同様に，**液体クロマトグラフィー**は，陰イオン分析のための**イオンクロマトグラフィー**を含め，現在もっとも広く用いられている方法の一つであり，ガスクロマトグラフィーを超えるまでになっている．さまざまな特長をもつシステム，装置，カラム，検出器が存在しているので，適当なシステムや装置を選んでそれぞれの異なる応用に適用することができる．本書の液体クロマトグラフィーに関する章（21章）では，学部学生用教科書としての範囲内で，さまざまな手法の基礎，それらの発展の過程や操作などの通常の内容のみならず，それぞれの分析法のもつ可能性やある特定の目的のために適当なシステムを選ぶための考え方なども議論するなど，わかりやすく総合的であるが特徴のある記述となっている．

　改訂された章：すべての章は改訂されているが，いくつかの章はとくに広範囲にわたって改訂されている．なかでも装置に関する章は，液体クロマトグラフィーの章と同じように，近年の技術革新を紹介している．それらの章は，**分光化学分析**（16章），**原子スペクトル分析法**（17章），**ガスクロマトグラフィー**（20章）である．ここでは**最先端の技術**が取り扱われている．これらの章や他の章の一部は，"機器分析コース" の教材として適当であると同時に，"定量分析コース" においても機器分析の基礎を提供するものと思われる．そこで教師は，それぞれの担当コースの目的に従って，扱う部分を選定できる．

　歴史に関する情報が，現在用いられている方法がどのように発展し進化してきたかを理解するために，全体を通して取り入れられている．これらに関しては，欄外に，分析化学の開拓者たちに関する写真やコメントが加わっている場合もある．

　文献：各章には推薦する文献を数多くあげた．諸君がそれらを読んで面白いと感じてくれることを期待している．故 Tomas Hirschfeld は "その分野を知るためには，非常に古い文献と非常に新しい文献の両方を読むべきである．" と述べている．私たちは，時代遅れになった多くの文献を新しい文献で置き換えた．しかし，現在の方法の基礎となっている古典的で先駆的な論文は，古い論文でもそのまま残した．

教科書の web サイトについて

　John Wiley & Sons は，有用な補助教材を掲載した本書のための web サイトを運営している（http://www.wiley.com/college/christian）．web サイトに掲載した資料は次のとおりである．

　書籍から移した内容：最新の情報を本文に取り入れる余地を生むために付録として一部の内容を web サイトに移した．

・**直示てんびん**（2章）と**規定度の計算**（5章）は，現在もまだ使われているが，限られているため web サイトへ移した．

- 分析化学のうちの個別の分野に関する応用を扱った章は，これらの分野に興味をもつ読者のためにwebサイトに載せた．すなわち，**臨床化学**(25章)，**環境試料の採取と分析**(26章)である．
- 分析化学は，歴史的に有名な"ヒトゲノムプロジェクト"で重要な役割を果たした．そこで**ゲノミクスとプロテオミクス**の章では，分析化学がいかなる役割を果たしたかを記述した．しかし，この内容は定量分析コースの中心テーマではないのでG章としてwebサイトに移した．

表計算プログラム：表計算プログラム(Excelを使用)は，計算，統計解析，および図の作成を行うために，本書全体を通して用いられている．α値の計算，α-pHプロット，対数表示の濃度を用いた図表の計算が表計算プログラムを用いて行われており，それらと同様に多くの滴定曲線も作成されている．複雑な問題や滴定曲線を描くためにExcelゴールシーク(Excel Goal Seek)とExcelソルバー(Excel Solver)の使用法も紹介した．各章で紹介されているそれらの有用なプログラムをwebサイトにのせた*．

表計算プログラムのビデオ：上記のプログラムの多くに関して，Dasgupta教授の学生であるBarry Akhigbe, Jyoti Birjah, Rubi Gurung, Aisha Hegab, Akinde Kadjo, Karli Kirk, Heena Patel, Devika Shakya, Mahesh Thakurathiにより指導ビデオが製作されている．これらのビデオもwebサイトに掲載している．

実験：本書で掲示したほとんどの実験技術に関連する46題の実験項目をwebサイトからダウンロードできる．それぞれの実験項目には，関連する原理と化学反応に関する記述が含まれている．また，実験に先立って準備すべき溶液や試薬もまとめてあるので，効率的に実験を行うことができる．

PowerPointのスライド：それぞれの章のすべての図表は，教師のためにそれぞれに解説をつけたPowerPointのスライドとして，webサイトに，各章ごとに掲載した．

URL：補助教材として本書に掲載したURLの一覧を章ごとに掲載した．

謝　辞

本書の出版にあたっては，多くの人たちの支援と専門知識の提供を受けた．まず，訂正と改訂のためのコメントと提案をしてくれた本書の利用者に，とくに謝意を表す．こうした指摘はつねに大歓迎である．多くの同僚は，原稿の査読者を務め，改訂のためのさまざまな提案をしておおいに助けてくれた．当然のことであるが，章や節の内容や配置に関して，ときとして彼らの意見は私たちとは異なっていたが，読者が本書を容易で楽しいと感じてほしいという私たちの願いに対して，本書がほぼ最善の結果となったことを彼らは確認してくれたのである．

まず，前版(第6版)の改訂に関して意見をくれたLouise Sowers (Stockton College), Gloria McGee (Xavier University), Craig Taylor (Oakland University), Michell Brooks (University of Maryland), Jill Robinson (Indiana University)に感謝する．また，本版の校正刷を読み，その改善

---

* ［訳者注］ 分析化学におけるExcelの活用法，およびプログラムについては，翻訳書では別冊にてまとめている．別途参照されたい．

のための提案をしてくれた Neil Barnett (Deakin University, オーストラリア), Carlos Garcia (The University of Texas at San Antonio), Amanda Grannas (Villanova University), Gary Long (Virginia Tech), Alexander Scheeline (University of Illinois), Mathew Wise (Condordia University)に感謝する．さらに，Agilent Technologies 社のクロマトグラフィーの指導的な専門家である Ronald Majors は "液体クロマトグラフィー" の章に関してさまざまな助言をしてくれた．

　John Wiley & Sons の皆さんは，高い質の本を出すのに尽力してくれた．副社長(出版，化学と物理，国際教育担当)の Petra Recter には，最初から最後までの仕事を見守ってもらった．彼女の編集助手の Lauren Stauber, Ashley Gayle, Katherine Bull は多くのこまごまとした実務を効率よくまた正確に取り仕切ってくれた．出版編集者の Joyce Poh は入稿原稿を整理し，細部に注意を払いできあがった本の質を確かなものにしてくれた．Laserwords 社は版下の作成を行った．販売責任者の Kristy Ruff は，本書のすべての潜在的利用者が購入できるように配慮してくれた．このチームの皆さんおよび他の方々と，長かったがやりがいのある仕事を一緒にできたことは本当に喜びであった．

　私たちは，この仕事に従事した長期間にわたって，それぞれの家族が忍耐をもって私たちを支えてくれたことに関してとくに謝意を表する．Gary の妻 Sue は，結婚して 50 年以上になるが，これまでの 7 版すべてを通して心強い支援者であり，いまもそうであり続けている．Purnendu は，ここ 3 年間，本当に重要なこと以外のすべてのことから彼を解放してくれた妻 Kajori と彼の学生に感謝する．また，多くの図版をつくってくれた Akinde Kadjo にもとくに感謝する．Kevin の妻 Dani は，他の "面白そうな行事" を我慢し，子供たちの世話をし，さらに Kevin の栄養状態を適切に保つことによって Kevin を助けてくれた．

Gary D. Christian
Seattle, Washington
Purnendu K. (Sandy) Dasgupta
Kevin A. Schug
Arlington, Texas
September, 2013

"教えることは 2 度学ぶことである．"——Joseph Joubert

訳者まえがき

　本書は，Washington大学のG. D. Christian教授，Texas大学Arlington校のP. K. Dasgupta教授とK. A. Schug教授の共著"Analytical Chemistry, 7th ed."を翻訳したものである．第6版まではChristian教授の単著であり，日本においても，第4版が1989年に，また第6版が2005年に『クリスチャン分析化学』として翻訳され，今日まで日本における分析化学の代表的教科書の一つとして，多くの学生諸君に利用いただいてきた．第6版が出版されてから10年が経過し，新たに二人の共著者を加え，その内容も大きく改訂され出版されたのが第7版であり，今回，その第7版を翻訳し，上梓するのがこの『クリスチャン分析化学　原書7版』である．

　本書では，分析化学の基礎から機器分析法まで，懇切丁寧な記述，解説がなされており，大学学部初学年の入門講義から高学年の専門講義まで広く利用できる優れた教科書となっている．原書は1冊にまとまっているが，この翻訳書は「I. 基礎編」と「II. 機器分析編」の2分冊構成としている．「I. 基礎編」では，分析化学とは何か，基本的な実験器具の取扱い，分析データや試料採取の統計的取扱い，さらに化学平衡，容量分析や重量分析などが，初歩から高度な内容まで，具体例に即して，丁寧に解説されている．一方，「II. 機器分析編」においては，それぞれの分析法の歴史的発展が紹介されるとともに，その原理や特長，最先端のトピックまでが幅広く記述されている．

　Christian教授は，分析化学の広範な分野で優れた研究業績を上げられた方である．とくに溶液化学やフローインジェクション分析（FIA）の分野では，その分野の先導者としてたいへん活躍され，日本のFIA研究者とも広くまた深く交流を重ねられてきた．しかし，彼の名をさらに高めているのは，化学教育分野における貢献である．この『クリスチャン分析化学』をはじめとする多くの優れた教科書を執筆されるとともに，すばらしい講演活動などにより，化学教育に大きな足跡を残されている．共著者のDasgupta教授も，FIA，イオンクロマトグラフィー，ガス分析，環境分析などの分野で数多くのすばらしい業績を上げられている著名な研究者である．日本からも数多くの研究者が彼の研究室に滞在し薫陶を受けており，"Sandy School"（SandyはDasgupta教授の愛称）出身者は，現在，日本において大活躍している．私も個人的に彼を存じ上げているが，見るからに知恵の塊といった方で，お会いするたびに"Sandy先生はどこまで頭がよいのだろう"と感心している次第である．Christian先生は現在80代（現在も矍鑠（かくしゃく）とされ，国際学会などで活躍中である），Dasgupta先生は60代であるが，お二人はたいへん仲がよく，今回の共著につながったものと思われる．もう一人の共著者のSchug教授については，残念ながら個人的には存じ上げないが，現在40代の新進気鋭の優秀な質量分析法の専門家である．おそらくDasgupta教授が同僚の彼を共著者に誘ったものと推察される．これら三人，すなわち，まさに老壮青の合作が

今回の第7版であり，これまでの版の特長である基礎からの懇切丁寧な記述の真髄はそのままに，さらに，Excel，ビデオなど積極的にネット環境の利用が図られ，また，多くの最先端の内容が付け加えられている．

第6版からの具体的な変更点に関しては，原著者のまえがきに詳しく述べられており，そちらを参照してほしい．日本語版について少し説明すると，まず，翻訳した章は，紙面の制限もあり，原書の冊子体に含まれている章に限ることにした．そのため，原書のwebサイトに収録されている「25章 臨床分析」「26章 環境分析」「G章 ゲノミクスとプロテオミクス」および「実験」項は訳出しなかった．これらは学部の講義という観点からは必要度は低いとの判断からである．なお，原書のwebサイトは関連ビデオなども紹介されているたいへん充実した内容となっており，興味のある方はぜひ訪問してほしい．

また，原書では第6版からExcelが多用されており，平衡計算や検量線の作成などに利用されている．第7版では，さらに多くのExcelのプログラムが紹介され，使われており，本書の大きな特長ともなっている．しかし，翻訳書では，前版（原書6版）と同様，今回版（原書7版）も，肝心の本書の基本的な内容には変更を加えないように留意しつつ，おもなExcelの利用部分を除いている．これは，紙面の制限および日本の講義においてExcelを利用する頻度はそれほど高くないとの判断からである．その代わりに，本書のExcelを取り扱った部分を取り出し，別冊として近く上梓する予定である．そちらもぜひ利用してほしい．

なお，本書には補助教材としてwebサイトのURLが示されているが，掲載したURLは2016年10月時点のものであることをご了承いただきたい．

本書は前述のように原書の第7版の翻訳であるが，前版（原書6版）ともかなり共通の記述もある．前版は13名の方々が翻訳にあたられたが，今回の版では半数以上の方が交替し，また，人数も18名とさらに多くの方々に参加していただいた．とくに，前述の"Sandy School"出身者の多くの方々にご参加いただいた．今回の訳にあたり，前版の類似の部分を参考にさせていただくことについて，前版翻訳者の多くの方々からご快諾いただいた．ここに謝意を表すとともに，第4版，第6版の翻訳者の方々のお名前を，本版においてもあげさせていただいた．なお，今回の翻訳にあたっては，時間の制約もあり，全員で読むことはせず，監訳者として今任と角田が全体を読み，文体，用語の統一を行った．内容の間違いや読みづらい箇所があるとしたら，すべてこの二人の責任である．読者の皆様のご指摘，ご助言を賜れば幸いである．

本書の翻訳作業は，私にとってもたいへん勉強になる貴重な経験であった．全体を通して，Christian教授の実学である分析化学に対する深い理解と愛情が感じられ，感動を覚えた．個人的な感想で恐縮であるが，私は，自分の講義において，どうしても理論から入ろうとしてしまう．しかし，Christian教授は，まず実践から書き起こし，徐々にその分析法の背景にある化学理論に向かっていく．これは，分析化学はたんなる机上の学問ではなく，実践をともなう生きた学問であることを，Christian教授が強く意識されていることによると思われる．こうした実践を重んじる精神は，共著者のDasgupta教授やSchug教授にも共通しており，教科書全体がvividな精神で満ちあふれている．本書は，もちろん分析化学の教科書としてたいへん優れているが，著者らの学者，教育者としての精神にも触れることができる稀有な教科書であると思う．日本においても，多くの学生諸君が本書で学び，著者らが伝えようとしている分析化学の面白さや重要さ

に少しでも気づいていただけたら,翻訳者としてこれ以上の喜びはない.

　本書の翻訳にあたっては,まず,前版の監訳者の原口紘炁先生に貴重なご助言をいただいた.さらに,本書の出版にあたっては丸善出版株式会社の熊谷　現さんおよび小野栄美子さんに大変お世話になった.ここに心よりお礼申し上げる.

2016年11月

訳者代表　角田欣一

監訳者・翻訳者一覧

監訳者

今任 稔彦	九州大学大学院工学研究院応用化学部門（機能）
角田 欣一	群馬大学大学院理工学府分子科学部門

翻訳者

壹岐 伸彦	東北大学大学院環境科学研究科先端環境創成学専攻
伊藤 彰英	麻布大学生命・環境科学部環境科学科
梅村 知也	東京薬科大学生命科学部分子生命科学科
大谷 肇	名古屋工業大学大学院工学研究科生命・応用化学専攻
大平 慎一	熊本大学大学院先端科学研究部基礎科学部門
小澤 岳昌	東京大学大学院理学系研究科化学専攻
小林 憲正	横浜国立大学大学院工学研究院機能の創生部門
猿渡 英之	宮城教育大学教育学部
高柳 俊夫	徳島大学大学院理工学研究部応用化学系
竹内 豊英	岐阜大学工学部化学・生命工学科
竹内 政樹	徳島大学大学院医歯薬学研究部（薬学系）
立間 徹	東京大学生産技術研究所
田中 秀治	徳島大学大学院医歯薬学研究部（薬学系）
手嶋 紀雄	愛知工業大学工学部応用化学科
戸田 敬	熊本大学大学院先端科学研究部基礎科学部門
中野 幸二	九州大学大学院工学研究院応用化学部門（機能）
西澤 精一	東北大学大学院理学研究科化学専攻
横山 幸男	元・横浜国立大学大学院環境情報研究院

（五十音順，2016年10月現在）

歴代訳者一覧

原書 4 版（1989）

監訳者

土屋　正彦　　　戸田　昭三　　　原口　紘炁

翻訳者

小林　憲正　　　佐藤　寿邦　　　高村喜代子　　　田中　和子　　　藤原祺多夫
松本　和子　　　渡部　徳子

原書 6 版（2005）

監訳者

原口　紘炁

翻訳者

赤木　右　　　伊藤　彰英　　　今任　稔彦　　　梅村　知也　　　大谷　肇
小林　憲正　　　酒井　忠雄　　　猿渡　英之　　　竹内　豊英　　　角田　欣一
原口　紘炁　　　古田　直紀　　　本水　昌二

（敬称略，五十音順）

著者紹介

Gary Christian は，Oregon で生まれ育った．教育と研究は彼の生涯の仕事であるが，それらへの興味は，学生時代に出会った多くの偉大な先生たちによって育まれた．彼は Oregon 大学から学士号を，また Maryland 大学から博士号を受けた．彼はまず Walter Reed Army Institute of Research に勤め，そこで臨床化学と生物分析化学に興味をもった．その後 1967 年に Kentucky 大学に，さらに 1972 年に Washington 大学に移った．現在はその Emeritus Professor であり，さらに Divisional Dean of Sciences Emeritus を務めている．

Gary は 1971 年に本書の初版を出版している．今回 Dasgupta 教授と Schug 教授が本書の著者に加わったことをとてもうれしく思っている．彼らの専門知識と経験は，さまざまな面で，本書の内容をより高め更新するのに役立っている．

Gary は，彼の教育と研究における貢献により，国内外から多くの賞を受賞している．American Chemical Society（米国化学会：ACS）Division of Analytical Chemistry Award for Excellence in Teaching, ACS Fisher Award in Analytical Chemistry, Chiang Mai University（タイ）の名誉博士号などである．また，彼は，Maryland 大学の著名な卒業生の集まりである Circle of Discovery の会員である．

彼は本書以外の 5 冊の本の著者であり，そのなかには Instrumental Analysis に関する書籍も含まれている．また 300 報以上の研究論文を執筆している．また 1989 年以来，分析化学の国際誌の *Talanta* の編集長を務めている．

Purnendu K.（Sandy）Dasgupta は，インドに生まれ，まずアイルランドの教会が設立した大学で学び，1968 年に化学コースを優秀な成績で卒業した．1970 年に Burdwan 大学から無機化学で修士号を受けたのち，短期間，Raman が大発見をしたことで有名な Indian Association for the Cultivation of Science で研究員としてはたらいた．その後 1973 年に渡米し，Baton Rouge の Louisiana 州立大学の大学院に入学し，1977 年に主専攻化学，副専攻電気工学で博士号を受けた．また，この学生時代にテレビの修理士の資格を得ている．1979 年に California 大学 Davis 校の California Primate Research Center に Aerosol Research Chemist として職を得，大気汚染物質の暴露毒性学の研究チームの一員となっ

た．彼はかつて，母国語のベンガル語を用いて詩集も出版しており，また小説家のたまごであったが，結局，分析化学を一生の仕事にすることにした．彼は 1981 年に Texas Tech 工科大学に移り，1992 年には大学の初代学長を記念した Horn Professor に当時としてはもっとも若く就任した．Texas Tech 大学に 25 年間勤めたのち，2007 年に Texas 大学 Arlington 校に化学科主任として移った．現在は主任を退任し，Jenkins Garrett Professor を務めている．

Sandy は 400 以上の論文と本の章を執筆している．また，23 の US 特許を保持していて，それらの多くは商業化している．彼はその研究成果により，Dow Chemical Traylor Creativity Award, Ion Chromatography Symposium Outstanding Achievement Award（2 回），Benedetii-Pichler Memorial Award in Microchemistry, ACS Award in Chromatography, Dal Nogare Award in the Separation Sciences, Honor Proclamation of the State of Texas Senate などを受賞している．また，分析化学の代表的な国際誌である *Analytica Chimica Acta* の編集者の一人である．大気分析，イオンクロマトグラフィー，過塩素酸イオンの環境動態とそのヨウ素の栄養状態への影響に関する研究，分析法の装置化に関する研究，でたいへん著名である．また，彼は分析化学教育における表計算プログラムの利用に関するリーダーでもある．

Kevin Schug は，Virginia 州の Blacksburg で生まれ育った．彼は Virginia Tech 大学の物理化学の教授の息子であり，化学教室の建物のホールを走り回り，また父親の肩越しに化学の教科書を眺めながら成長した．1998 年に William & Mary カレッジから化学で学士号を受け，2002 年に Virginia Tech 大学から Harold McNair 教授の指導のもとで博士号を受けた．その後 2 年間を Vienna 大学（オーストリア）の Wolfgang Lindner 教授のもとで博士研究員を務めたのち，2005 年に Texas 大学 Arlington 校の Department of Chemistry and Biochemistry の教員となり，現在，Shimadzu Distinguished Professor of Analytical Chemistry を務めている．

Kevin のグループの研究テーマは，試料前処理，分離科学，質量分析法の基礎と応用，と幅広い．彼はまた，化学教育に関する研究のための第二の研究グループも運営している．彼は Eli Lilly ACACC Young Investigator in Analytical Chemistry Award, LCGC Emerging Leader in Separation Science Award, ACS Division of Analytical Chemistry Award for Young Investigators in Separation Science を受賞している．

現在までに，Kevin は 65 報の研究論文の著者である．彼は *Analytica Chimica Acta* と *LC GC Magazine* の Editorial Advisory Boards のメンバーであり，また LC GC on-line articles の定期的な執筆者である．さらに *Journal of Separation Science* の Associate Editor を務めている．

目　　次

16　分光化学的方法　　1

[かこみ] 誰が最初の分光科学者か？　2
16.1　電磁波と物質との相互作用　2
16.2　紫外可視吸収と分子構造　8
16.3　赤外吸収と分子構造　13
16.4　非破壊試験のための近赤外分光法　15
16.5　スペクトルのデータベース：未知の物質の同定　17
16.6　分光分析法のための溶媒　18
16.7　定量計算　19
16.8　分光分析法の装置　26
16.9　装置の種類　43
[かこみ] 単光束か，それとも複光束か　46
16.10　アレイ検出器：一度に全スペクトルを取得する　46
16.11　フーリエ変換赤外分光計　48
16.12　近赤外分光計　50
[かこみ] 偽造薬検査に使用される分光法　50
16.13　分光測定における誤差　51
16.14　ベールの法則からのずれ　52
16.15　蛍光分析法　55
16.16　ケミルミネセンス（化学発光）　64
16.17　光ファイバーセンサー　66
　　　質　問(67)　問　題(68)　参考文献(71)

17　原子分光分析法　　73

17.1　原理：基底状態と励起状態の分布――ほとんどの原子は基底状態にある　75
17.2　炎光光度法（フレーム発光分析法）　78
17.3　原子吸光分析法　82
17.4　試料調製　94
17.5　内標準法と標準添加法　94
17.6　原子発光分析法：誘導結合プラズマ　96
17.7　原子蛍光分析法　101
　　　質　問(103)　問　題(104)　参考文献(105)

18　試料調製：溶媒抽出と固相抽出　　107

18.1　分配係数　107
18.2　分配比　108
18.3　抽出パーセント　109
18.4　金属の溶媒抽出　111
18.5　マイクロ波を用いる高速抽出　113
18.6　固相抽出　114
18.7　マイクロ抽出　119
18.8　固相ナノ抽出　121
　　　質　問(122)　問　題(122)　参考文献(123)

19　クロマトグラフィー：原理と理論　　125

[かこみ] 現代的な液体クロマトグラフィーとガスクロマトグラフィーの誕生　126
19.1　向流抽出：現在の液体クロマトグラフィーの先駆け　127
19.2　クロマトグラフィー分離の原理　130
19.3　クロマトグラフィーの技術の分類　131

[かこみ] クロマトグラフィーの命名法と用語 133

19.4 クロマトグラフィーにおけるカラム効率の理論　134

19.5 クロマトグラフィーシミュレーションソフトウェア　144

質問(144)　問題(144)　参考文献(145)

20　ガスクロマトグラフィー　147

20.1 ガスクロマトグラフィー分離の実行　148

[かこみ] GCによってどんな化合物が定量できるか　151

20.2 ガスクロマトグラフィーカラム　151
20.3 ガスクロマトグラフィー検出器　159
20.4 温度の選択　168
20.5 定量測定　169
20.6 ヘッドスペース分析　169
20.7 熱脱離　170
20.8 パージアンドトラップ　171
20.9 微小内径カラムと迅速性　172
20.10 キラル化合物の分離　173
20.11 二次元ガスクロマトグラフィー　174

質問(176)　問題(176)　参考文献(176)

21　液体クロマトグラフィーと電気泳動法　179

21.1 高速液体クロマトグラフィー　180
21.2 HPLCにおける固定相　185
21.3 HPLC装置　197
21.4 イオンクロマトグラフィー　227
21.5 HPLCの分析法の開発　236
21.6 UHPLCと高速LC　238
21.7 中空液体クロマトグラフィー　238
21.8 薄層クロマトグラフィー　239
21.9 電気泳動　245
21.10 キャピラリー電気泳動　249
21.11 電気泳動に関連する技術　262

質問(266)　問題(269)　参考文献(271)

22　質量分析法　273

22.1 質量分析法の原理　274
22.2 試料導入部とイオン源　279
22.3 ガスクロマトグラフィー-質量分析法　280
22.4 液体クロマトグラフィー-質量分析法　285

[かこみ] アンビエントイオン化法　289

22.5 レーザー脱離イオン化法　290

[かこみ] イメージング質量分析法　292

22.6 二次イオン質量分析法　293
22.7 誘導結合プラズマ質量分析法　293
22.8 質量分析部と検出器　294

[かこみ] イオンモビリティースペクトロメトリー　303

22.9 ハイブリッド装置とタンデム質量分析法　305

質問(309)　問題(309)　参考文献(310)

23　反応速度分析　311

23.1 速度論：基礎　312
23.2 接触(触媒)作用　314
23.3 酵素の触媒作用　315

質問(325)　問題(325)　参考文献(326)

24　測定の自動化　327

24.1 自動化の原理　328
24.2 自動化装置：プロセス制御　328
24.3 自動装置　331
24.4 フローインジェクション分析　333
24.5 シーケンシャルインジェクション分析　335
24.6 ラボラトリー情報管理システム　336

質問(336)　参考文献(337)

付録A　分析化学関連の文献　　339
付録B　数学的取扱いの復習：指数，対数，方程式　　343
付録C　定数表　　347

問題の解答　　353
索　引　　355

全体目次

I. 基礎編

1. 分析の目的——分析化学者は何をするのか
2. 基本的な分析器具と操作
3. 分析化学におけるデータ処理
4. 優良試験所規範——分析の品質保証
5. 化学量論計算——分析化学者の必需品
6. 化学平衡の一般概念
7. 酸塩基平衡
8. 酸塩基滴定
9. 錯形成反応と滴定
10. 重量分析と沈殿平衡
11. 沈殿反応と滴定
12. 電気化学セルと電極電位
13. 電位測定法とその電極
14. 酸化還元滴定と電位差滴定
15. ボルタンメトリーと電気化学センサー

II. 機器分析編

16. 分光化学的方法
17. 原子分光分析法
18. 試料調製：溶媒抽出と固相抽出
19. クロマトグラフィー：原理と理論
20. ガスクロマトグラフィー
21. 液体クロマトグラフィーと電気泳動法
22. 質量分析法
23. 反応速度分析
24. 測定の自動化

Chapter 16

分光化学的方法

"私は色彩に対して公平なふりはできない．鮮やかな色に喜びを感じ，地味な茶色をとても悲しく思う．"
——Sir Winston Churchill

■ 本章で学ぶ重要事項

- 波長，周波数，光子のエネルギー[重要な式：式(16.1)～(16.3)]，p. 3
- 分子はどのようにして電磁波を吸収するか，p. 5
- 紫外可視吸収と分子の構造，p. 8
- 赤外吸収と分子の構造，p. 13
- 近赤外分光分析法，p. 15
- スペクトルのデータベース，p. 17
- ベールの法則の計算[重要な式：式(16.10)，(16.13)]，p. 19
- 混合物の計算[重要な式：式(16.16)，(16.17)]，p. 23
- 紫外，可視および赤外領域のための分光計とその構成部品，p. 26
- 高速フーリエ変換赤外(FTIR)分光計，p. 48
- 分光測定における誤差，p. 51
- 蛍光分析法，p. 55
- ケミルミネセンス，p. 64
- 光ファイバーセンサー，p. 66

　分光分析法(spectrometry)，とくに電磁波スペクトルの可視領域における分光分析法は，もっとも広く用いられている分析法の一つである．多くの物質は有色の誘導体へと選択的に変換できるので，臨床化学や環境の研究室において分光分析法は広く利用されている．その装置化も容易である．小型の紫外可視分光計は比較的安価であり，操作も容易である．本章では，(1) 分子による電磁波の吸収と分子構造との関係を述べ，(2) 吸収された電磁波の量を化学種の濃度に関係づけて定量計算を行い，そして(3) 測定を行うために必要な装置化について述べる．測定は，スペクトルの赤外，可視，そして紫外領域で行うことができる．波長領域の選択は，(1) 分析装置が利用可能か，(2) 目的成分が有色か，あるいは有色の誘導体に変換できるか，(3) 目的成分が紫外あるいは赤外領域において吸収を示す官能基を有しているか，そして(4) 溶液中にほかの吸収化学種が存在しているかどうか，に依存する．赤外分光分析法は，紫外および可視分光分析法に比べ，概して定量測定にはあまり向いていないが，定性的情報(指紋情報)を得るためにはより適している．近赤外分光分析法は，しかしながら，定量分析，とくに工程管理への応用において，ますます利用されるようになってきている．

可視分光分析法はもっとも広く用いられている分析法である．

関連法である蛍光分析法についても述べる．そこでは，励起されたときに目的物質が発する光の量が，その濃度に関係づけられる．蛍光分析法は非常に高感度な分析法である．

吸光光度法(spectrophotometry)は，複数の目的成分のスペクトルが重なっていても，複数の波長において測定を行うことで，それぞれの同時定量を行うことができる．最新の装置は，多波長での同時測定ができ，計算のためのソフトウェアを有している．近赤外分光分析法は，試料調製を行うことなく，たとえば穀物中のタンパク質含量の定量に用いることができる．蛍光分析法は，環境試料中の多環芳香族炭化水素の高感度定量などに用いることができる．

ニュートン(Isaac Newton)は太陽からの白色光を一連の連続した色に分散できることを示した．彼は"スペクトル"という用語をつくり出した．

> ### 誰が最初の分光科学者か？
>
> 東ボヘミアのクローンランドのマルツィ(Johannes Marcus Marci, 1595～1667)が最初の分光科学者であろう．彼は虹の現象に興味を抱き，それを説明する実験を行った．大まかに訳すと"タウマース(Thaumas：ギリシア神話中の虹の女神)の書．天空に現れる虹とその色彩の性質について，さらにその起源と理由について"と題する書を1648年頃に出版した．虹が生成するための条件を述べ，光線がプリズムを通過することによるスペクトル生成について著した．そして，この現象(そして虹)が光の屈折によるものであることを正しく説明した．20年以上のちのニュートン(Isaac Newton)はマルツィに似た実験を行い，虹の色についてより厳密な説明を与えた．ニュートンの功績がよく語られるが，最初の分光科学者はマルツィであった！

16.1　電磁波と物質との相互作用

分光法は目的成分による光子の吸収に基づく．

分光分析法では，試料溶液が**電磁波**(electromagnetic radiation：EMR)，すなわち適切な光源からの光(本章では以降，概して光という用語を使うが，これは必ずしも可視光を意味するものではない)を吸収し，吸収された光の量が溶液中の目的成分の濃度に関係づけられる．銅イオンを含む溶液は青色である．これは，銅イオンが**補色**(complementary color)である黄色い光を白色光から吸収し，その残りの青色の光を透過させるためである(**表16.1**)．銅溶液がより濃くなるほど，より多くの黄色光が吸収され，その結果，溶液の青色はさらに深くなる．分光分析法においては，吸収されたこの黄色光の量が測定され，濃度に関係づけられる．電磁波スペクトルと，分子がどのように電磁波を吸収するかについての考

表16.1　さまざまな波長領域の色と補色

吸収波長/nm	吸収される色	透過する色(補色)
380～450	紫	黄緑
450～495	青	黄
495～570	緑	紫
570～590	黄	青
590～620	橙	緑青
620～750	赤	青緑

察から，吸光分光分析法についての理解を深めることができる．光の吸収は光の発光も引き起こす．また，光は分子によって特徴的な様式で散乱される．これらのすべての現象は，分析化学において有用である．

電磁波スペクトル

　横波として伝播するすべての形態の電磁エネルギーを**電磁波**（electromagnetic radiation）と見なすことにしよう．**図 16.1** に示したように，電磁波が伝わる方向に対して垂直の方向に振動することで，波動運動がもたらされる．電磁波は，その**波長**（wavelength：ちょうど1周期の距離）あるいは**周波数**（frequency：単位時間に定点を通過する周期の数）によって記述される．波長の逆数は**波数**（wavenumber）とよばれ，これは単位長さあたりの波の数，すなわち波長の逆数である．

　表 16.1 では，第一列の波長の光の色を第二列に示している．また，この色の光がある溶液によって吸収されるとき，私たちの目に見えるのは第三列の色となる．たとえば，660 nm の光を発する発光ダイオードは赤色 LED（light emitting diode）であり，この波長で強い吸収を示す色素のメチレンブルーは青色である．

　波長と周波数との関係は次のように表される．

$$\lambda = \frac{c}{\nu} \quad (16.1)$$

ここで λ は波長（単位 cm），ν は周波数[単位は秒の逆数（s^{-1}）あるいはヘルツ（Hz）]そして c は光速度（3×10^{10} cm s^{-1}）である．波数は $\bar{\nu}$ の記号で表され，単位は cm^{-1} である．

$$\bar{\nu} = \frac{1}{\lambda} = \frac{\nu}{c} \quad (16.2)$$

電磁波の波長は数 Å から数 m までさまざまである．波長を表すために用いられる単位には以下のようなものがある．

```
Å = オングストローム = 10⁻¹⁰ メートル = 10⁻⁸ センチメートル
  = 10⁻⁴ マイクロメートル
nm = ナノメートル = 10⁻⁹ メートル = 10 オングストローム
  = 10⁻³ マイクロメートル
μm = マイクロメートル = 10⁻⁶ メートル = 10⁴ オングストローム
```

　スペクトルの紫外可視領域において好んで使用される波長の単位は nm であり，赤外領域に対しては μm の単位が好まれる．赤外領域では，波長の代わりに波数がしばしば用いられ，その単位は cm^{-1} である．スペクトルの紫外，可視，赤外領域の定義については以下を参照のこと．

　電磁波は特定の量のエネルギーを有する．**光子**（photon）とよばれる電磁波の最

> 波長，周波数および波数は相互に関係している．

> 私のお気に入りの AM ラジオ放送局は 870 kHz で放送し，お気に入りの FM 局は 90.1 MHz で放送する．それぞれが対応する波長は 345 m と 3.33 m である．君のお気に入り局はどうか？　私のお気に入りのテレビ局は 33 チャンネルで，584〜590 MHz の周波数帯で放送する．対応する波長はいくらか？

> 紫外領域と可視領域における波長は nm のオーダーである．赤外領域では，μm のオーダーであるが，赤外スペクトルの表示においてはしばしばその逆数が用いられる（波数，単位 cm^{-1}）．

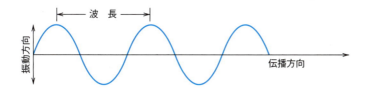

図 16.1　電磁波の運動

小単位のエネルギーは，周波数あるいは波長と次のような関係にある．

$$E = h\nu = \frac{hc}{\lambda} \tag{16.3}$$

ここで E は光子のエネルギーで，h はプランク定数(Planck constant, 6.63×10^{-34} J s または 4.14×10^{-15} eV s)である．したがって，電磁波のエネルギーは，波長が短くなるほど，あるいは周波数が高くなるほど，大きくなる．

量子理論は，原子の電子構造と光の性質を説明しようとする試みのなかで誕生した．19 世紀末までには，物理学の古典的法則(17 世紀にニュートンによって提案された古典力学)は電子構造を述べるためには用いられないことが明らかとなった．20 世紀の初頭に発展した量子力学の新しい理論は，科学の一大発見であり，これによって私たちの原子に対する見方が変わった．

電磁波スペクトルは，波長に基づいて，さまざまな領域に任意に分類することができる．**図 16.2** にスペクトルの領域を示す．原理的にはガンマ線や X 線も低エネルギーの電磁波と同様に扱えるが，これらの高エネルギーの電磁波は本章の対象外とする．紫外領域は 10～380 nm まで拡がるが，分析化学でもっとも有用な領域は 190～380 nm であり，**近紫外**(near-ultraviolet)あるいは石英紫外領域とよばれる．190 nm 以下では，空気，とくに酸素がかなりの紫外吸収を示し，このため分析装置は真空中で操作しなければならない．したがって，この波長領域は**真空紫外**(vacuum-ultraviolet)領域とよばれる．**可視**(visible：Vis)領域は，人間の目で見ることができる波長領域であり，実際には電磁波スペクトルのごく狭い範囲にある．そこでは，光はその波長に応じてさまざまな色に見える．可視領域は近紫外領域(380 nm, 深紫色)～約 780 nm (遠赤色)まで拡がっている．**赤外**(infrared：IR)領域は約 0.78 μm (780 nm)～300 μm まで拡がっている．2.5～15 μm の範囲が分析のためにもっとも頻繁に用いられており，これは波数 4000～667 cm^{-1} に対応する．0.8～2.5 μm の範囲は**近赤外**(near-infrared)領域として，2.5～16 μm の範囲は**中赤外**(mid-infrared)領域(NaCl 赤外領域とよぶこともある)として，より長い波長は**遠赤外**(far-infrared)領域として知られている[*1]．さらに低いエネルギーの電磁波(ラジオ波あるいはマイクロ波)にも重要な応用があ

短い波長の電磁波ほどエネルギーは大きい．これが日光の紫外線で日焼けする理由である．日焼け止めローションは紫外線が皮膚まで到達することを防ぐための紫外線吸収物質を含んでいる．SPF(sun protection factor)はローションがどれくらい紫外線を吸収するかの指標である．

紫外可視スペクトルおよび赤外スペクトルの測定範囲[*1]
紫 外　190～380 nm
可 視　380～780 nm
近赤外　0.78～2.5 μm
中赤外　2.5～15 μm

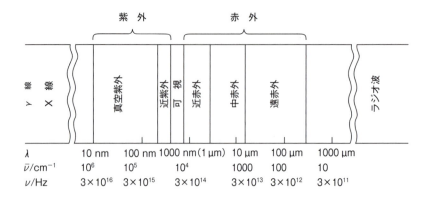

図 16.2 電磁波スペクトル

[*1]　[訳者註] 波長による赤外線の区分は厳密なものではなく，研究分野や学会によって定義が異なっている．本章のなかでも，16.4 節では中赤外の波長範囲を 1.5～25 μm としている．本書では，原書の記載どおりに訳した．

るが(たとえば，核磁気共鳴スペクトルは，低エネルギーのマイクロ波と原子核との相互作用が関係している)本章では取り扱わない．

分子はどのように電磁波を吸収するのか？

可視光の吸収を考えることによって，電磁波の吸収を定量的に考察することができる．物体の色が"見える"のは，白色光が照射されたとき，そのスペクトルの一部だけが透過あるいは反射するからである．可視領域のすべての波長がスペクトルに含まれる多色光(白色光)が物体を通過するとき，物体は特定の波長の光を吸収し，吸収されなかった波長の光を透過させる．透過した(残った)波長の光が色として見える．この色は吸収された色に対する**補色**(complementary color)である．同様に，不透明な物体は特定の波長の光を吸収し，残りの光を反射させる．この残った光の波長の組合せによって，その物体の"色"が決まる．

表 16.1 は可視スペクトル中のさまざまな波長について，おおよその色をまとめたものである．たとえば，過マンガン酸カリウム水溶液はスペクトルの緑色の領域の光を吸収する．その極大吸収波長は 525 nm であり，水溶液は紫色に見える．

分子による電磁波の吸収には，3 種類の基本過程がある．いずれの場合でも，分子はより高い内部エネルギー準位に遷移する．そのエネルギーの増分は，吸収された光子のエネルギー($h\nu$)に等しい．3 種類の内部エネルギーは**量子化**(quantization)されている．すなわち，不連続な準位にある．基本過程の一つ目として，回転エネルギーがある．一定のエネルギー準位にある分子が電磁波を吸収すると，より高い回転エネルギー準位へと上がる．これが**回転遷移**(rotational transition)である．二つ目として，振動エネルギーがあげられる．ある一定の量子化された準位にある分子が不連続な量のエネルギーを吸収すると，より高い振動エネルギー準位に引き上げられる．これが**振動遷移**(vibrational transition)である．三つ目として，電子エネルギーがある．分子の外殻電子，すなわち価電子がより高い電子エネルギー準位に遷移すると**電子遷移**(electronic transition)が起こる．さらに高エネルギーの電磁波である X 線の吸収では，通常，内殻電子が追い出される．

これら内部エネルギー間の遷移はそれぞれ量子化されているので，遷移は内部エネルギーの量子化された増分に等しいエネルギー($h\nu$)に対応する特定の波長においてのみ起こる．しかし，いずれの遷移においても，遷移が起こり得る多数のエネルギー準位が存在し，このため複数の波長の光が吸収され得る．そういった遷移は，**図 16.3** に示すようなエネルギー準位図で表すことができる．3 種類の遷移のエネルギーの大小関係は，電子遷移 > 振動遷移 > 回転遷移 の順であり，それぞれのエネルギーの大きさは約 1 桁ずつ違っている．したがって，回転遷移は非常に低いエネルギー(長波長，すなわちマイクロ波または遠赤外領域)でも起こり得るが，振動遷移は赤外から近赤外領域のより高いエネルギーを必要とし，電子遷移はさらに高いエネルギー(可視および紫外領域)を必要とする．

回 転 遷 移

純粋な回転遷移は遠赤外またはマイクロ波領域(約 100 μm～10 cm)で起こり得る．そこでのエネルギーは振動遷移や電子遷移を引き起こすには不十分である．室温あるいはそれ以下の温度では，分子は通常，**基底状態**(ground state：E_0)とよばれるもっとも低い電子エネルギー状態にある．したがって，回転遷移は，少

私たちに見える物体の色は，透過あるいは反射された波長による．これ以外の波長の光は吸収される．

私たちは電磁波のほんのわずかな部分を見ているに過ぎない．

エネルギーの遷移のさい，分子はそのエネルギー差にちょうど等しいエネルギーの光子を吸収する．光子はこの量子化された遷移に対して適したエネルギーをもっていなければならない．

回転遷移は非常に長い波長(低いエネルギーの遠赤外)領域において起こる．鋭いピークのスペクトルが記録される．

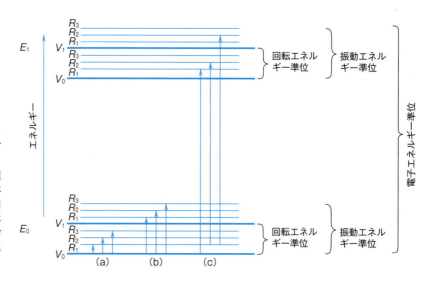

図 16.3 電磁波の吸収にともなうエネルギー変化を示すエネルギー準位図
(a) 純粋な回転遷移（遠赤外領域），(b) 回転遷移＋振動遷移（赤外～近赤外領域），(c) 回転遷移＋振動遷移＋電子遷移（可視～紫外領域）．E_0 および E_1 は，それぞれ電子の基底準位および第一励起準位．

なからぬ分子が**励起状態**（excited state）をとり得るとはいえ，理論的には基底状態の電子準位［図 16.3(a)］において起こる．回転遷移のみが起こるとき，スペクトル中に不連続な吸収線が現れ，それぞれの線の波長は特定の遷移に対応している．したがって，分子の回転エネルギー準位についての基本的な情報が得られる．しかし，この領域は分析にはほとんど用いられてこなかった．

振動遷移

振動遷移も不連続である．しかしこれに回転遷移が加わるため，分離不可能の吸収線が重なった"不鮮明"なスペクトルになる．

エネルギーが増大する（波長が減少する）につれ，回転遷移に加えて，さまざまな回転遷移との組合せをともなって振動遷移が起こる．最低振動準位における各回転準位から，励起振動準位のさまざまな回転準位［図 16.3(b)］へと励起され得る．さらに，それぞれ多くの回転準位を有する数種の励起振動準位が存在する．その結果，数多くの不連続な遷移が起こる．これにより，スペクトルの形状は多くのピークを有したり，あるいは分離できない微細構造のために"包絡線"となる．ピークが生じる波長は，分子内の各振動モードに関連づけることができる．遷移は，中赤外あるいは遠赤外領域で起こる．いくつかの典型的な赤外スペクトルを図 16.4 に示す．

電子遷移

不連続な電子遷移（可視と紫外の領域）には振動遷移と回転遷移が重なる．この結果，スペクトルはさらに"不鮮明"になる．

さらに高いエネルギーにおいて（可視および紫外の波長）は，さまざまな電子遷移が起こり，回転と振動の遷移がそれらの上に重なる［図 16.3(c)］．これによってさらに多くの数の遷移が可能になる．すべての遷移は不連続な波長に対応する量子化されたレベルにおいて起こるにもかかわらず，個々の線あるいは振動ピークに分離するにはこれら個々の波長の数はきわめて多く，かつ接近している．その結果，広い波長範囲で吸収が起こるスペクトルが得られる．典型的な可視および紫外スペクトルを図 16.5 および図 16.6 に示す．紫外可視スペクトルは微細構造が見えないため，構造決定にはあまり有用ではない．しかし，それらは，推定される化合物のスペクトルとの比較によって，確認のために利用できる．

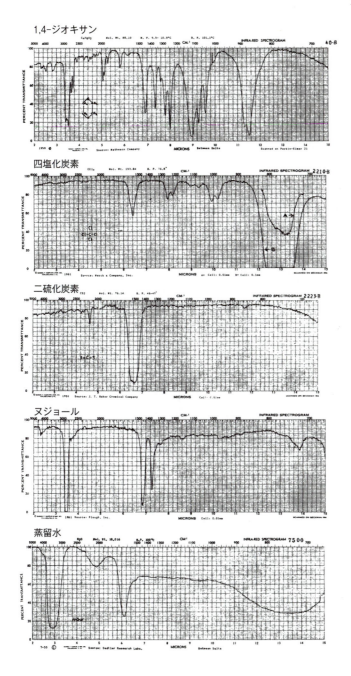

図16.4 典型的な赤外吸収スペクトル
[*26 Frequently Used Spectra for the Infrared Spectroscopist*, Standard Spectra-Midget Edition より引用． ⓒ Sadtler Research Laboratories, Inc. Sadtler Standard Spectra 社の許可を得て転載]

吸収された光のゆくえ

　分子の励起状態の寿命はかなり短く，およそマイクロ(10^{-6})秒からフェムト(10^{-15})秒のオーダーであり，分子はすみやかにその励起エネルギーを失って基底状態に戻る．しかし，吸収のさいと同じ波長の光子としてこのエネルギーを放出するよりも，ほとんどの分子は衝突過程によって不活性化される．その過程では，エネルギーは熱(たいていの場合，この熱は検出するには小さすぎる)として失われる．これが溶液や物質に色がついている理由である．もし同じ波長の光が

吸収された電磁波によって得られたエネルギーの大部分は，衝突過程によって熱として失われる．すなわち，衝突した相手の分子の運動エネルギーを増加させる．

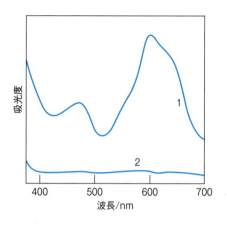

図 16.5 典型的な可視吸収スペクトル（硫酸酸性下でβ-ナフトールと反応した酒石酸）
1：試料，2：対照
[G. D. Christian, *Talanta*, **16** (1969) 255 より Pergamon Press 社の許可を得て転載]

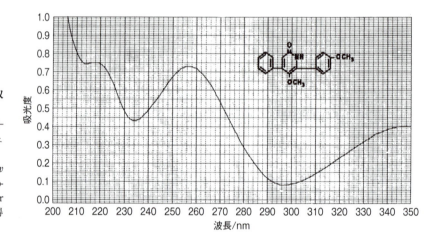

図 16.6 典型的な紫外吸収スペクトル
メタノール中の 5-メトキシ-6-(*p*-メトキシフェニル)-4-フェニル-2(1*H*)-ピリジン
[*Sadtler Standard Spoectra-u.v* より．© Sadtler Reaserch Laboratories, Inc., 1963. Sadtler Standard Spectra 社の許可を得て転載]

放出されたなら，溶液や物質は無色に見えるだろう．光が，通常，より長い波長で放出される場合もある．これは蛍光とよばれ，16.15 節において論じる．

16.2　紫外可視吸収と分子構造

電磁波	遷移の種類
マイクロ波	回　転
赤外線	回転／振動
近赤外線	振　動
可視光線／紫外線	外殻電子の遷移

　スペクトルの可視および紫外領域で起こる電子遷移は，分子中の特定の種類の結合および官能基による電磁波の吸収に基づく．吸収波長および吸収の大きさは，分子の細部の構造に依存する．吸収波長はその遷移に必要なエネルギーの尺度である．吸収強度は，電子系と電磁波が相互作用するときに起こる遷移の確率および励起状態における発色団の極性（双極子モーメント）に依存する（それは基底状態のときとは異なる）．溶媒の極性は発色団の色調に影響し，浅色（青色）移動（hypsochromic shift）または深色（赤色）移動（bathochromic shift）を引き起こす．この効果はソルバトクロミズム（solvatochromism）とよばれる．双極子モーメントは基底状態と励起状態において異なるため，溶媒の極性の変化は基底状態および励起状態の安定性を変化させ，したがって基底状態と励起状態のエネルギー差にも変化をもたらす．

遷移の種類

分子中の電子は4種類に分類することができる．(1) 結合に関与しない内殻電子．これらは非常に高い励起エネルギーを必要とし，可視または紫外領域での吸収には寄与しない．(2) 共有単結合の原子［シグマ(σ)電子．たとえば飽和炭化水素の単結合，$-CH_2-CH_2-$］．これらも非常に高い励起エネルギーを必要とするので，可視光線や紫外線の吸収には関与しない．(3) N，O，Sやハロゲンなどにおける非結合の外殻電子対(n 電子)．これらはσ電子に比べると強く固定されておらず，可視あるいは紫外線で励起される．(4) 二重結合や三重結合などのπ軌道にある電子．これらはもっとも容易に励起され，可視光線および紫外線の吸収の原因となっている．

電子は軌道中に存在する．分子は，通常占有されていない**反結合性軌道**(antibonding orbital)とよばれる軌道ももつ．これは励起状態のエネルギー準位に相当し，σ^*軌道またはπ^*軌道のいずれかである．この結果，電磁波の吸収は反結合性軌道への電子遷移である．もっとも一般的な遷移は，π軌道あるいはn 軌道から反結合性のπ^*軌道への遷移である．これらは$\pi\rightarrow\pi^*$および$n\rightarrow\pi^*$遷移と表され，励起π^*状態への遷移を示している．結合していないn 電子も，非常に短い波長のもとで反結合のσ^*状態に昇位し得る($n\rightarrow\sigma^*$遷移)．これらは 200 nm 以下の波長で起こる．

ケトン($R-CO-R'$)で起こる$\pi\rightarrow\pi^*$および$n\rightarrow\pi^*$遷移の例を示す．原子価結合構造によって電子遷移を表すと，次のように書ける．

$$\begin{array}{cc} \text{C=O} \longrightarrow \overset{+}{\text{C}}-\overset{-}{\text{O}} & \text{C=O} \longrightarrow \overset{-}{\text{C}}\equiv\overset{+}{\text{O}} \\ \pi\rightarrow\pi^*\text{遷移} & n\rightarrow\pi^*\text{遷移} \end{array}$$

アセトンでは，その吸収スペクトルに，高い強度の$\pi\rightarrow\pi^*$遷移と低い強度の$n\rightarrow\pi^*$遷移が見られる．エーテル($R-O-R'$)では，$n\rightarrow\pi^*$遷移の例を見ることができる．これは 200 nm 以下で起こるので，エーテルはチオエーテル($R-S-R'$)やジスルフィド($R-S-S-R'$)，アルキルアミン($R-NH_2$)やハロゲン化アルキル($R-X$)と同様に，可視および紫外領域では透過性がある．すなわち，可視および紫外領域では吸収帯をもたない．

$\pi\rightarrow\pi^*$遷移は$n\rightarrow\pi^*$遷移よりも起こりやすいので，吸収帯の強度は$\pi\rightarrow\pi^*$遷移のほうが強い．$\pi\rightarrow\pi^*$遷移の極大吸収波長λ_{max}におけるモル吸光係数εは，通常 1000〜100000 である．一方，$n\rightarrow\pi^*$遷移のεは 1000 以下である．εは吸収帯の強度の直接的な指標である．

孤立発色団による吸収

分子中の光を吸収する原子団は**発色団**(chromophore)とよばれる．発色団を含む分子は**色原体**(chromogen)とよばれる．**助色団**(auxochrome)は，それ自体は電磁波を吸収しないが，分子中に存在すると，発色団に結合してその吸収を高めたり，吸収波長を移動させたりする．例として，ヒドロキシ基，アミノ基，ハロゲン基がある．これらは，発色団中のπ電子と相互作用する非共有のn 電子対を有する(n-π共役)．

π電子(二重結合，三重結合)とn 電子(外殻電子)は大部分の紫外線および可視光線による電子の遷移の要因である．

励起された電子は反結合性軌道(π^*またはσ^*)に入る．200 nm 以上におけるほとんどの遷移は，$\pi\rightarrow\pi^*$または$n\rightarrow\pi^*$である．

スペクトルの変化は以下のように分類される．(1) **深色移動**(bathochromic shift)：極大吸収がより長い波長に移動，(2) **浅色移動**(hypsochromic shift)：極大吸収がより短い波長に移動，(3) **濃色効果**(hyperchromism)：モル吸光係数の増加，(4) **淡色効果**(hypochromism)：モル吸光係数の減少．

原理的には，発色団による吸収スペクトルは，分子中のいずれかの場所でのわずかな構造変化による影響をあまり受けない．たとえば，アセトン

$$CH_3-\underset{\underset{O}{\|}}{C}-CH_3$$

と 2-ブタノン

$$CH_3-\underset{\underset{O}{\|}}{C}-CH_2CH_3$$

は形も強度も似た吸収スペクトルを与える．構造変化が大きなものであるか発色団と非常に近いものであるなら，吸収スペクトルの変化も期待される．

同様に，分子中の二つの孤立した(少なくとも単結合2個分は離れている)発色団の吸収スペクトルへの効果は，原理的には独立であり相加的である．たとえば CH_3CH_2CNS 分子においては，CNS 基による極大吸収は 245 nm で起こり，ε は 800 であり，$SNCCH_2CH_2CH_2CNS$ 分子においては，極大吸収は 247 nm で起こり，その強度は CH_3CH_2CNS 分子の場合の約2倍($\varepsilon = 2000$)となる．発色団どうしの相互作用は，電子エネルギー準位を変動させ，吸収スペクトルを変化させる．

表 16.2 に，いくつかの一般的な発色団とそのおよその極大吸収波長を示す．ε の説明については 16.7 節を参照のこと．ε はどれほどの強さで光が吸収されるかの尺度であり，波長およびその物質の性質に依存する．その単位は $cm^{-1} mol^{-1} L$(一般に $M^{-1} cm^{-1}$ とも書かれる)である．

吸収帯の正確な波長と吸収確率(強度)は計算では求められず，分析者はよく定められた条件(温度，溶媒，濃度，装置の種類など)のもとで標準品を測定する必要がつねにあることに留意しなければならない．標準品のスペクトルのデータベースおよび標準品の一覧表は，入手可能である．

共役した発色団による吸収

多重(たとえば，二重，三重)結合がそれぞれ1個の単結合によって隔てられているとき，それらは**共役**(conjugation)しているという．このとき π 軌道は重なり，隣接した軌道間のエネルギー差を減少させる．このことは，吸収スペクトルにおける深色移動と，通常，強度の増加につながる．共役(すなわち，二重結合または三重結合と単結合の交互の繰り返し)の程度が大きくなるほど，上記の移動も大きくなる．二重結合または三重結合の非結合電子との共役(n-π 共役)も(たとえば，$>C=CH-NO_2$)，スペクトルの変化をもたらす．これは**超共役**(hyperconjugation)とよばれ，分極した σ 結合中の電子が隣接する π 軌道と相互作用することで系の安定性が増加し，より拡がりをもつ分子軌道ができる．

芳香族による吸収

芳香族(フェニル基あるいはベンゼン環を含む)は共役している．しかし，その

16.2 紫外可視吸収と分子構造

表 16.2 代表的な発色団の吸収バンド

発色団	系	λ_{max}	ε_{max}
アミノ基	$-NH_2$	195	2800
エチレン基	$-C=C-$	190	8000
ケト基	$>C=O$	195	1000
		270〜285	18〜30
アルデヒド基	$-CHO$	210	強
		280〜300	11〜18
ニトロ基	$-NO_2$	210	強
亜硝酸基	$-ONO$	220〜230	1000〜2000
		300〜400	10
アゾ基	$-N=N-$	285〜400	3〜25
ベンゼン環		184	46700
		202	6900
		255	170
ナフタレン環		220	112000
		275	5600
		312	175
アントラセン環		252	199000
		375	7900

[M. M. Willard, L. L. Merritt, and J. A. Dean, *Instrumental Methods of Analysis*, 4th ed., Litton Educational Publishing Inc. (ⓒ 1948, 1951, 1958, 1965) より Van Nostrand Reinhold 社の許可を得て転載]

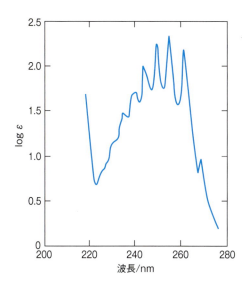

図 16.7 ベンゼンの紫外吸収スペクトル

吸収スペクトルはほかの共役系とはいくぶん異なっており，より複雑である．ベンゼンは 230〜270 nm にかけて弱い吸収帯($\varepsilon_{max}=170$)をともない，200 nm で強く吸収する($\varepsilon_{max}=6900$)(**図 16.7**)．弱い吸収帯はかなり微細な構造を示し，それぞれのピークは電子遷移に対する振動準位の影響によるものである．

　置換基がベンゼン環に付加すると，一般的に，深色移動および強度の増加とともに，微細構造の平滑化が起こる．たとえばヒドロキシ基($-OH$)，メトキシ基($-OCH_3$)，アミノ基($-NH_2$)，ニトロ基($-NO_2$)，およびホルミル基($-CHO$)は，吸収を約 10 倍に増加させる．この大きな効果は n-π 共役によるものである．ハ

芳香族化合物は紫外線をよく吸収する．

ナフタレン

ポリフェニル化合物

ピリジン

ロゲンおよびメチル基($-CH_3$)は助色団として作用する.

多環芳香族化合物(縮合したベンゼン環),たとえばナフタレン(欄外参照)は共役の増加のために,より長波長で吸収する.ナフタセン(四環)は 470 nm(可視)において極大吸収を示し,その色は黄色である.ペンタセン(五環)は 575 nm で極大吸収を示し,青色に見える(表 16.1 参照).

ポリフェニル化合物(欄外参照)のなかで,パラ位(1,4-位)結合の分子は,分子全体で共鳴相互作用(共役)が可能であり,パラ位結合の環数の増加は深色移動をもたらす(たとえば,環数 $n=0$ から $n=4$ になるにつれ,極大吸収波長は 250 nm から 350 nm になる).しかし,メタ位結合(1,3-位)の分子においては,そのような共役は起こらず,$n=16$ までは目立った移動は起こらない.しかし,同一発色団の相加効果により,吸収強度は増加する.

多くの複素環芳香族化合物,たとえばピリジン(欄外参照)も紫外領域で吸収する.付加した置換基は,上述のフェニル化合物のときと同様に,スペクトルの変化を引き起こす.

酸塩基滴定や酸化還元滴定(それぞれ 8 章および 14 章を参照)で用いられる指示薬は,強い共役系をもつ物質であり,したがって可視領域で吸収を示す.プロトンまたは電子が脱離したり,あるいは結合したりすることで,電子の分布が著しく変化し,したがって色調も変化する.

同じ化学種でも,気相中と溶液中とでは,吸収スペクトルはかなり異なることがある.分子間の相互作用が抑えられる気相中では,吸収スペクトルのなかに,非常に微細な構造が観察される.溶液中では,吸収スペクトルのなかの微細構造が見えにくくなる.溶媒自身に吸収性がなくても,目的物質と強く相互作用するような溶媒中よりも,まったく相互作用しない溶媒中のほうが,そのような微細構造の不鮮明化は起こりにくい.

分子が電磁波を吸収しないときはどうするか？

非吸収性の目的物質は,しばしば吸収性の誘導体に変換される.

ある化合物が紫外あるいは可視領域で光を吸収しなくても,吸収するような誘導体(derivative)への変換が可能な場合が多い.たとえば,タンパク質は塩基性溶液中で銅(Ⅱ)と有色錯体を形成する(ビウレット反応とよばれる).金属は,表 10.2 に示した有機沈殿試薬の多く,あるいはほかの試薬とともに,強く呈色したキレートを生成する.これらは有機溶媒に溶解あるいは抽出され(18 章),その溶液の色は吸光光度法で測定される.無機化合物による電磁波吸収の機構は次項で述べる.

可視または紫外領域(とくに前者)における吸光測定は,臨床化学において,しばしば被検物質の量に比例する有色の誘導体あるいは反応生成物を生成させることで広く利用されている.たとえば,血中のクレアチニンは塩基性溶液中のピクリン酸イオンと反応し,490 nm で吸収する呈色化合物を生成する.鉄はバソフェナントロリンと反応し,535 nm で測定される.無機リン酸塩はモリブデン(Ⅵ)と反応し,生成した錯体は還元されて 660 nm で吸収するモリブデンブルー[モリブデン(Ⅴ)化合物]を生成する.尿酸は塩基性リンタングステン酸によって酸化され,そのさいに生じるリンタングステン酸の青色還元生成物が 680 nm において測定される.紫外測定では,252 nm における塩基性溶液中のバルビツール酸塩の定量,ニコチンアミドアデニンジヌクレオチド(NADH)還元型の変化にと

もなう吸収変化(340 nm)の追跡に基づく酵素反応の測定などが知られている．NADH は，酵素反応でよく見られる反応/生成物である．臨床分析関連の測定は，原書 web サイトの 25 章で詳しく論じている．

無機キレート：強い吸収を示す理由

　金属錯体による紫外線や可視光線の吸収は，以下の遷移のうち一つまたは同時に起こる複数の遷移に帰することができる．(1) 金属イオンの励起，(2) 配位子の励起，または(3) 電荷移動遷移．錯体中の金属イオンの励起は，通常，1～100 cm^{-1} mol^{-1} L のオーダーの非常に低いモル吸光係数 ε を示し，低濃度での定量分析には有用ではない．用いられるほとんどの配位子は，上述した吸収特性を示す有機キレート試薬である．すなわち，π→π* および n→π* 遷移を起こすことができる．金属イオンとの錯体生成は分子のプロトン化と似ており，結果として吸収波長および吸収強度の変化が起こる．ほとんどの場合，これらの変化はわずかである．

　金属キレートの濃い色は，しばしば**電荷移動遷移**(charge transfer transition)によるものである．これは金属イオンから配位子への電子の移動であり，またその逆の過程である．このような遷移には，配位子中の π 準位または σ 結合軌道から金属イオンの非占有軌道への電子の昇位，あるいは σ 結合電子から配位子の非占有軌道への昇位が含まれている．

　このような遷移が起こるとき，金属イオンと配位子との間では酸化還元反応が起こっている．通常，金属イオンは還元され，配位子は酸化される．極大吸収波長(エネルギー)はこの酸化還元反応の起こりやすさと関係している．より低い酸化状態にあり，高い電子親和力をもつ配位子と錯形成している金属イオンは，錯体を破壊することなく酸化され得る．重要な例として，鉄(II)と 1,10-フェナントロリンのキレートがあげられる．

　電荷移動遷移錯体のモル吸光係数は非常に大きく，ε の値は一般的に 10 000～100 000 cm^{-1} mol^{-1} L である．その吸収は可視あるいは紫外領域のいずれかで起こる．強度(電荷移動の起こりやすさ)は配位子中の共役の程度の増加とともに増える．この種の金属錯体は，その強い吸収のために濃い色をもち，低濃度の金属の検出および測定に非常に適している．

> 金属イオンと配位結合しようとする配位子間の電荷移動遷移は，強い吸収を示す錯体を生成する．

16.3　赤外吸収と分子構造

　赤外分光法は分子の定性的な情報を得るためにたいへん有用である．しかし，分子が吸収を示すためには，ある特定の性質を有していなければならない．

赤外線の吸収

　すべての分子が赤外領域で吸収できるわけではない．吸収が起こるためには，分子の双極子モーメント[dipole moment，極性(polarity)]に変化が生じなければならない．電磁波の交流電場(電磁波は互いに垂直に振動する電場と磁場からなる)は，分子の双極子モーメントの変動と相互作用する．電磁波の振動数が分子の振動数と一致すると，電磁波は吸収され，分子の振動の振幅に変化を起こす．二原子分子は吸収のための永久双極子(一対の電子が不均等に共有されるような

> 赤外線を吸収するためには，分子は双極子モーメントの変化を起こさなければならない．

極性共有結合)を有するはずであるが，より大きな分子ではそうではない．たとえば，窒素は双極子をもつことができず，赤外領域では吸収しない．一酸化炭素のような非対称の二原子分子は永久双極子をもち，したがって赤外領域で吸収する．二酸化炭素 O=C=O は永久双極子モーメントをもたないが，振動によって双極子モーメントを示す．すなわち O→C←O 振動モードでは対称性が存在し双極子モーメントは存在しないが(赤外吸収は起こらない)，O←C←O 振動モードでは，誘起双極子によって双極子モーメントが生じ，CO_2 分子は赤外線を吸収できる．赤外およびほかの波長領域における吸収性基および分子の種類については以下で論じる．

> 単原子は電子遷移のみを起こす．したがって，吸収スペクトルは輝線になる．

ここでの議論が分子に限定されているのは，本来，溶液中のほとんどすべての吸収種は分子であるためである．振動や回転をしない(炎やアーク中で生じる)単原子の場合，電子遷移のみが起こる．これらは特定の遷移に対応する輝線として現れ，次章で論じるテーマである．

赤外スペクトル

> 赤外領域は"指紋"領域である．

赤外領域において吸収(振動)を示す原子団は特定の波長領域で吸収し，その厳密な波長は隣接する基による影響を受ける．吸収ピークは紫外あるいは可視領域でのピークよりはるかに鋭く，このためより容易に物質を同定できる．加えて，それぞれの分子はその分子に特有の吸収スペクトルをもつので，分子の"指紋"が得られる．たとえば，図 16.4 の一番上のスペクトルを見よ．スペクトルの比較のために，多数の化合物の赤外スペクトルの一覧が入手可能である．本章の最後の参考文献および 16.5 節の URL を見てほしい．赤外吸収を起こす化合物の混合物は，もちろん，各化合物のスペクトルが重なったスペクトルを示す．それでも，多くの場合，分子の特定の原子団の吸収ピークから個々の化合物を同定することが可能である．同定可能な官能基の典型として，ヒドロキシ基，エステルカルボニル基，オレフィン基，芳香族不飽和炭化水素基がある．**図 16.8** は，さまざまな種類の官能基が吸収する領域をまとめたものである．6〜15 μm の領域での吸収は，分子の環境に強く依存し，これは**指紋領域**(fingerprint region)とよばれる．この領域における特有の吸収を，登録された既知スペクトルと比較することにより，分子を同定することができる．

赤外分光分析法のもっとも重要な応用は同定と構造解析であるが，ときには類似した化合物による複雑な混合物の定量分析にも有用である．この理由は，各化

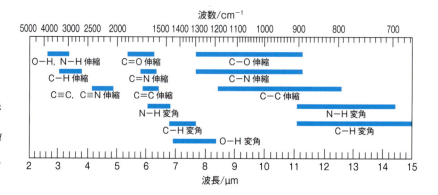

図 16.8 原子団の振動と赤外吸収領域との関係
[R. T. Conley, *Infrared Spectroscopy*, 2nd ed. Boston: Allyn and Bacon Inc., より許可を得て転載]

合物のいくつかの吸収ピークはそれぞれ固有の波長で生じ，その強度は吸収化学種の濃度に比例しているからである．また，ある種の化合物に特徴的な吸収帯が観察されないときは，その化合物の存在の可能性を否定できる点も重要である．

日常生活における赤外分光法

　赤外分光法は，産業衛生および空気の質のモニタリングのような多くの応用において，定量分析のために用いられている．自動車の排出ガスの測定（米国では，現在，Kentucky 州と Minnesota 州を除くすべての州で求められている）では，赤外線プローブが CO, CO_2 および炭化水素（炭化水素の平均吸光係数に基づく）を測定するために排気筒へ挿入される．

　ある人が飲酒運転で捕まったなら，その人の血中アルコール含量は，呼気分析赤外装置を用いて呼気中のアルコールを測定することにより検査される．被験者は，肺胞の(深肺の)空気(肺中の毛細血管血と平衡関係にある空気)を装置の試料室内に集めるために，息をチューブの中に吹き込むように指示される．アルコールは 3.44 μm におけるその吸収帯を用いて測定される．しかし，この吸収はアルコールに特異なものではない．呼気中のアセトンはもっとも可能性のある干渉物質である．糖尿病の人あるいはしばらく何も食べていない人，酸性血症あるいはケトン血症の場合，呼気中に少なからぬ濃度のアセトンが生じる可能性がある．これを補正するために，アセトンがエタノールよりかなり強く吸収する 3.37 μm においても吸光度が測定される．これら 2 波長における吸光度が，補正後の呼気アルコールの含量の算出のために用いられる．校正は，定められた温度において，標準アルコール水溶液を通した空気を試料セルの中に吹き込むことで行われる．呼気中アルコール含量は，2100：1 の平均換算係数を用いて血中アルコール含量に換算されたうえで読み取られる(体温 37℃ における呼気中のエタノール濃度は，g mL^{-1} 単位で血中エタノール濃度の 1/2100 である)．この換算係数は実際には変動するが，米国において認められた値である．測定のために，ある装置では 50℃ のもとで(水の凝結を防ぐため)55.2 mL の呼気が集められる．この体積は口腔内の温度 34℃ における 52.5 mL に対応し，2100 の 1/40 である．したがって，結果に 40 を掛けることによって平衡血中アルコール含量が得られる．多くの州が血中アルコール含量 0.08％ (0.08 g/100 mL)を法定限度として採用してきた．すなわち，血中アルコール濃度がこれに達するか越えるかしたとき，アルコールの影響下にあると推定される．ヨーロッパの多くの国では，法定限度はさらに低い．未成年は，いかなる量の呼気アルコールであっても法律上の成人に達するまで運転免許がはく奪される．血中アルコール含量 0.08 g/100 mL は呼気の 0.0000381 g/100 mL に等しい(日本では 2016 年 11 月現在，0.000015 g/100 mL で酒気帯び運転とされる)．

16.4　非破壊試験のための近赤外分光法

　中赤外(mid-IR)領域(1.5～25 μm)は，広範囲にわたって特有の微細構造がスペクトル中に含まれているために，同定の目的に使われている．しかし，定量分析への応用は限られている．その理由は，測定を行うために試料の希釈が必要なことと，目的の領域で吸収を示さない溶媒を見つけることが困難なことにある．

電磁波スペクトルの可視領域の上限を超えた0.75〜2.5 μm(750〜2500 nm)までのスペクトル領域は，**近赤外領域**(near-infrared region：NIR領域)とよばれている．この領域の吸収帯は弱く，あまり特徴的ではないが，非破壊定量分析，たとえば固体試料の分析に有用である．

倍音バンドと結合バンド：近赤外吸収の基礎

近赤外吸収は，振動の**倍音バンド**(overtone band)および**結合バンド**(combination band)に起因する．これらは低確率の禁制遷移であり，それゆえ吸収は弱い．これらのバンドは中赤外領域での基準振動に関係づけられる．基底振動状態から励起振動状態への，振動量子数 $\nu \geqq 2$ の分子の励起は，結果として倍音吸収を生じる．ゆえに，第一倍音バンドは $\nu=0$ から $\nu=2$ 遷移に起因し，第二および第三の倍音バンドはそれぞれ $\nu=0$ から $\nu=3$，$\nu=0$ から $\nu=4$ 遷移に起因する．二つの異なる分子振動が同時に励起されるとき，吸収バンドの結合が起こる．倍音バンドの強度は倍音ごとに約1桁ずつ減少する．近赤外領域における吸収はおもに C−H，O−H，N−H 結合の伸縮および変角運動によるものである．

短波長近赤外と長波長近赤外

近赤外(NIR)領域は，しばしば短波長NIR領域(750〜1100 nm)と長波長NIR領域(1100〜2500 nm)に区分される．これはたんに二つの領域に使われる検出器のタイプに基づくものである(前者にはシリコン検出器，後者にはPbS，ゲルマニウム，そしてとくにInGaAs検出器がある)．吸収は一般的に短波長NIR領域でのほうが弱い．このため，セルの光路長は1〜10 cmが一般的であり，一方，長波長NIR領域のためにはより短い1〜10 mmのセルが必要である．NIR領域吸収は，一般的に，中赤外領域吸収に比べて強度が1/10〜1/1000と小さく，それゆえ試料は，通常希釈せずに粉体あるいは懸濁液，液体として測定される．中赤外領域では，試料は通常，KBrのペレット，薄膜，混練あるいは溶液の形で希釈され，セルの光路長は15 μm〜1 mmの間である．

非破壊試験のための近赤外分光法：どのように校正するか？

> 近赤外吸収は非破壊定量分析に有用である．たとえば，穀物中のタンパク質含量が迅速に測定できる．

近赤外領域の吸収は弱く，あまり特徴がない半面，強い光源，大きな透過光量および感度の高い近赤外検出器のために信号雑音比(SN比)は高い．中赤外に対する操作時の雑音の大きさは一般的に吸光度0.001レベルであり，一方，近赤外検出器はその1/1000の小ささで，吸光度 10^{-6} 相当の雑音レベルで操作できる(吸光度の定義は後述する)．したがって，適切な校正を行えば，優れた定量結果を得ることができる．

希釈されていない試料を透過できることと，比較的長い光路長を使えることから，NIRは必ずしも均質ではない試料の非破壊で迅速な測定にも有効である．長い光路長によって，試料全体をより代表するような測定値を得ることが可能になる．しかし，この分析法の低い分解能のため，その利用は長い年月，限られたものであった．だが，低価格のコンピュータの出現により，たとえば，主成分回帰分析のような手法を用いて複雑な試料マトリックス中の目的物質のスペクトルを認識・分離するための学習機能を備えたソフトウェアを利用する統計的(ケモメトリックスの)手法が開発されたため，その応用範囲は拡大している．ケモメト

リックスでは，1回につき1パラメータまたは1成分ではなく，すべてを一度に測定することで，多変量を扱う数学的手順を利用して多成分を同時測定する．自動校正と定量のための洗練されたソフトウェアが市販されている．分析成分をさまざまな濃度で含んでいる校正用標準品は，基本的に，試料マトリックス中で調製される．これらはソフトウェアが目的物質のスペクトルを抽出し，検量線を作成することができるようなトレーニングスペクトルとして使われる．一般的に，全スペクトルが同時に測定され(16.8節参照)，波長ごとの何百あるいは何千もの吸収データがスペクトルを抽出するために使われる．NIR分光法のおもな利用法である定量分析のために，標準物質の組成は既知であるか，認証された方法によって決定されなければならない．

近赤外分光法の各種応用例

近赤外(NIR)分光法のおもな応用は，小麦，トウモロコシ，米，大麦のような穀物粉全体のなかの栄養価の定量である．これらの試料を分析する古典的な方法には，タンパク質に対するケルダール分析，脂質に対するソックスレー抽出，水分に対する空気乾燥法および糖に対する屈折率測定がある．これらの成分の混合物を用いて適切な校正を行うことで，製粉された穀物をカップに入れて2，3分ですべての分析を行うことが可能である．しかし，正確な分析のためにはマトリックスマッチングが必要であるため，それぞれの試料(小麦，トウモロコシなど)は，それぞれのマトリックスに対応した校正用標準品のセットを必要とする．同種の穀物でも産地が異なれば，それぞれの生産地ごとに異なる検量線モデルが必要かもしれない．その結果，通常，数百もの標準品混合物が必要となる．このように，近赤外分析法は迅速性と柔軟性をもち合わせているものの，標準物質を調製し装置を校正するために多くの時間と労力を要するため，現実には，それらに見合う数千もの試料が日常分析されるような応用に限られている．近赤外線のもう一つの応用例は，石油化学産業における精製装置内でのオクタン価，蒸気圧，芳香族含有量などの測定である．これらの性質は，スペクトル測定された炭化水素の組成に関係づけられる．石油系燃料中のエタノール含量を測定するための小型ポータブル分析装置の原理は，近赤外線吸収に基づいている．加工産業における近赤外分光法のおもな応用の一つは，水分測定である．そのような分析装置では，たとえば，ベルトコンベア上の試料がすばやく通過するときに，その水分含量を連続的に定量することができる．

16.5 スペクトルのデータベース：未知の物質の同定

本章の章末の参考文献には，化合物同定のための，紫外可視および赤外スペクトルに関する多くの有用なスペクトル情報が載っている．Bourassaらはスペクトルの解釈についての優れた文献目録を編纂した[*Spectroscopy*, **12** (1) (1997) 10]．

強力で汎用性のあるスペクトルデータベースが市販されている．また，いくつかの基本的な無料データベースもある．ここにいくつか掲載する．それぞれについての詳細はそのwebサイトに書かれている．

1. http://webbook.nist.gov　UV-Vis および IR スペクトルの NIST のデータコレクションへの入口
2. http://www2.chemie.uni-erlangen.de/services/telespec/　赤外スペクトルのシミュレーション
3. http://ftirsearch.com　小さな研究室のための有料スペクトルライブラリー．87000 スペクトル（2016 年 10 月現在）
4. http://www.bio-rad.com/evportal/　膨大なコレクション．有料会員になることでアクセス可能

16.6　分光分析法のための溶媒

　試料調製に用いる溶媒は，測定が行われる波長領域において感知されるような吸収を示してはならない．可視領域では，この制限は通常大きな問題とはならない．多くの無色の溶媒があり，もちろん，無機物質の測定のためには水が用いられる．水は紫外領域でも使用可能である．しかし，紫外領域で測定される多くの物質は水に溶解しない有機化合物で，有機溶媒の使用が必要となる．**表 16.3** に，紫外領域で使用するための有機溶媒のリストを示す．カットオフ点（cutoff point）とは，水を対照とし，光路長 1 cm のセルを用いたとき，吸光度（16.7 節参照）が 1.0（10％の光が透過）になる波長の下限である．これらの溶媒はすべて，少なくとも可視領域まで使うことができる．

　溶媒の選択は，溶媒-溶質間相互作用のために，ときには紫外領域のスペクトルに影響を与える．溶質が無極性溶媒から極性溶媒に移行すると，微細構造の消失が起こり，極大吸収波長が移動する可能性がある（遷移の性質と溶質-溶媒間相互作用の種類に依存して，深色あるいは浅色のいずれかの方向に移動する）．

　適する溶媒を見つけるという課題は，赤外領域ではより深刻である．この領域では完全に透過性の溶媒を見つけるのが難しい．四塩化炭素または二硫化炭素の

表 16.3　紫外領域の溶媒の短波長側透過限界

溶媒	カットオフ点 nm	溶媒	カットオフ点 nm
水[a]	200	ジクロロメタン	233
エタノール（95％）	205	ブチルエーテル	235
アセトニトリル	210	クロロホルム	245
シクロヘキサン	210	プロピオン酸エチル	255
シクロペンタン	210	ギ酸メチル	260
ヘプタン	210	四塩化炭素	265
ヘキサン	210	N,N-ジメチルホルムアミド	270
メタノール	210	ベンゼン	280
ペンタン	210	トルエン	285
イソプロピルアルコール	210	m-キシレン	290
イソオクタン	215	ピリジン	305
ジオキサン	220	アセトン	330
ジエチルエーテル	220	ブロモホルム	360
グリセロール（グリセリン）	220	二硫化炭素	380
1,2-ジクロロエタン	230	ニトロメタン	380

[a] 空気を対照．

いずれか（あいにくいずれも揮発性と毒性がある）を使用すると，もっとも広く使われる 2.5～15 μm の領域（図 16.4 参照）をカバーできる．水は赤外領域では強い吸収帯を示し，ある限られたスペクトル領域でのみしか使われない．さらに，水に適する素材の吸収セルを使わなければならない．ガラスは赤外線を吸収するので，赤外測定のためのセルは，通常 NaCl でつくられる（KBr もよく用いられる）．しかし NaCl は水に溶解する．NaCl でつくられたセルに用いるいかなる溶媒も，水分を含んでいてはならない．

> 赤外領域における透過性の溶媒は限られている．しばしば，試料の濃厚溶液を使用しなければならない．

16.7 定量計算

吸収性の目的物質の溶液によって吸収された電磁波の割合は，その濃度と定量的に関係づけられる．ここでは，純物質と混合物の両方について考える．

ベールの法則：光吸収量と濃度との関係

試料により吸収される**単色光**(monochromatic radiation)の量は，一般的には**ベールの法則**(Beer's law)とよばれる**ブーゲ-ランベルト-ベールの法則**(Bouguer-Lambert-Beer's law)によって説明される．**図 16.9**[*2] に示した単色光の吸収について考えてみよう．強度 P_0 の**入射光**(incident radiation)が，均質な媒質，たとえば，濃度 c，層長（光路長）b の光を吸収する物質を含む溶液，の中を通り抜け，現れた光[**透過光**(transmitted radiation)]は強度 P をもつとする．光強度は分光検出器で測定できる量である．1729 年にブーゲが (P. Bouguer, *Essai d'otique sur la gradation de la lumier*, Paris, 1729)，また，1760 年にはランベルトが (J. H. Lambert, *Photometria*, Ausburg, 1760)，電磁波が吸収されるとき，透過光の強度が指数関数的に減少することに気づいた．たとえば，図 16.9 の入射光の 25% が光路長 b において吸収されると仮定しよう．残りのエネルギーの 25%（$0.75 P_0$ の 25%）はさらに次の光路長 b において吸収され，56.25% が透過光として残る．この 25% が次の光路長 b で吸収され，さらにそのように続いていくので，電磁波エネルギーをすべて吸収するためには無限の光路長が必要となる．透過する電磁波エネルギーの割合は光路長とともに指数関数的に減少するので，これを指数関数の形で書くことができる．

> ベール (Beer) の法則は，ビール (beer) の光吸収（そしてその色の濃さの測定）に利用できるが，飲料の法則ではない！

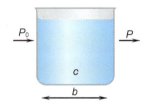

図 16.9 電磁波の吸収
P_0：入射光強度，P：透過光強度，c：濃度，b：光路長

$$T = \frac{P}{P_0} = 10^{-kb} \tag{16.4}$$

ここで k は定数で，T は透過した電磁波エネルギーの割合で**透過度**(transmittance) とよばれる．これを対数の形にすると，

$$\log T = \log \frac{P}{P_0} = -kb \tag{16.5}$$

考えてみると，光路長だけが光の減衰を決定する唯一の要因ではないことは明らかである．むしろ，分子が光の吸収の原因である．このような光を吸収する分子の単位光路長あたりの占有密度（これは濃度と同等である）が，光の減衰に対する役割を果たすはずである．しかし，光路長以外のこの重要な関係が探究されるまでに 1 世紀近くが経過した．1852 年にベールが [A. Beer, *Ann. Physik Chem.*, **86**

[*2] P と P_0 の代わりに，I と I_0 の記号もよく用いられる．

ブーゲ (Pierre Bouguer, 1698～1758) はフランスの数学者, 地球物理学者, 測量技師そして天文学者であった. 彼は"造船学の父"として広く業績が認められている. 父親の Jean Bouguer は Brittany で水路学の教授をしており, Pierre は 1713 年にその跡を継いだ. 1727 年には, 18 世紀のもっとも優れた数学者の一人である Leonhard Euler を, "船の帆掛けについて"の論文で破り, フランスアカデミー科学賞を受賞した. 大気を通過する光の損失に関する 1729 年の論文では, ブーゲは, 光は通過距離とともに指数関数的に減少することを示した. それを明確な式として表わすのはのちのランベルトまで待たなければならなかったが, ブーゲは定量的光度法を試みた最初の人物の一人であった. すなわち, 彼は太陽からの光の強度と満月からの光の強度を定量的に比較した最初の人物であった. ブーゲは英国王立協会の特別会員となった (1750 年) 数少ないフランス人の一人であった.

ベールの法則はアルファベットの abc のようにシンプルである!

(1852) 78], 続いて 1853 年にベルナード (Bernard) が [F. Bernard, *Ann. Chim. et Phys.*, **35** (1853) 385], 透過度 T は, それが光路長に依存するように, 濃度 c にも依存すると述べた. この関係は, 数学的に式 (16.4) に似ている (彼らはこの形では述べてはいないが).

$$T = \frac{P}{P_0} = 10^{-k'c} \tag{16.6}$$

k' は新しい定数である. 対数で表すと,

$$\log T = \log \frac{P}{P_0} = -k'c \tag{16.7}$$

式 (16.4) および式 (16.6) によって示されるこれら二つの関係を組み合わせることで, 光路長および濃度への T の依存性について記述することができる.

$$\boxed{T = \frac{P}{P_0} = 10^{-abc}} \tag{16.8}$$

ここで a は k および k' を組み合わせた定数である. これより,

$$\boxed{\log T = \log \frac{P}{P_0} = -abc} \tag{16.9}$$

等式の右辺にある負の符号を取り除き, 新しい用語として**吸光度** (absorbance) を定義するとさらに便利である.

$$\boxed{A = -\log T = \log \frac{1}{T} = \log \frac{P_0}{P} = abc} \tag{16.10}$$

ここで A は吸光度である. 式 (16.8) から式 (16.10) の関係を総称してベールの法則とよばれ, 式 (16.10) がもっとも一般的な形である. 濃度に直接比例するのは吸光度であることに注目せよ.

透過率 (percent transmittance) は次の式で与えられる.

$$\%T = \frac{P}{P_0} \times 100 \tag{16.11}$$

$T = \%T/100$ なので, 式 (16.10) は, 次式のように変形できる.

$$A = \log \frac{100}{\%T} = \log 100 - \log \%T$$

あるいは,

$$\boxed{\begin{aligned} A &= 2.00 - \log \%T \\ \%T &= 10^{(2.00-A)} \end{aligned}}$$

および,

$$T = 10^{-A} \tag{16.12}$$

次に示す表計算シートの計算結果と透過度に対する吸光度のプロットは, 透過度の直線的変化に対して吸光度は指数関数的に変化していることを示している.

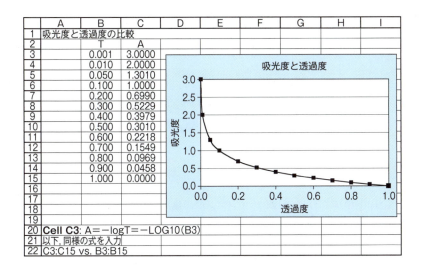

式(16.10)において光路長 b の単位は cm，濃度 c の単位は g L^{-1} である．定数 a は**吸光係数**(absorptivity)とよばれ，波長と吸収性物質の性質に依存する．吸収スペクトルにおいては，吸光度は波長とともに，各波長における a に直接比例して変化する（b と c は一定である）．吸光係数と吸収化学種の分子量との積は**モル吸光係数**(molar absorptivity)ε とよばれる．したがって，

$$A = \varepsilon b c \tag{16.13}$$

ここでの c の単位は M(mol L^{-1}) である．紫外可視分光分析法では，セルの光路長は 1 cm がもっとも一般的である．ε の単位は cm^{-1} mol^{-1} L であり，a の単位は cm^{-1} g^{-1} L である．吸光係数は波長とともに変化する．したがって，ベールの法則は厳密に単色光について成り立つ．**表 16.4** には，ベールの法則に関する推奨記号，および文献で散見される古い記号をあげている[*3]．

例題 16.1

ある波長において，光路長 1 cm のセル中の試料は光の 80% を透過させる．もし，この波長におけるこの物質の吸光係数が 2.0 なら，その濃度はいくらになるか．

ランベルト(Johann Heinrich Lambert, 1728〜1777)はスイスの数学者である．洋服仕立屋の息子として生まれ，36歳のときにオイラー(Euler)の招きでベルリンの Prussian Academy of Sciences の教授として迎えられ，そこで華々しい活躍をした．ランベルトはその時代のもっとも多才な科学者の一人であり，数学，地図製作，物理学，哲学および天文学に貢献した．その 49 年という短い生涯のなかで数多くの理論的，実践的貢献を行った．彼は初の実用的湿度計を発明した．1760 年に著書 *Photomeria* のなかで，ブーゲの先行研究に謝意を示しつつ，光の吸収の法則を定量的に公式化した．

吸光係数は波長とともに変化し，吸収スペクトルを表現する．

文献ではベールの法則に関してさまざまな記号が用いられている．ここで示すのはそれらの一例にすぎない．

a の単位は cm^{-1} g^{-1} L である．

$\varepsilon = a \times$ モル質量 なので，ε の単位は cm^{-1} mol^{-1} L である．

T は無次元量[単位は 1（イチ）]である．

表 16.4 分光分析法の推奨用語および記号

推奨される用語および記号	古い文献でみられる用語や記号
吸光度(A) absorbance	absorbancy, optical density（光学密度）, extinction
吸光係数(a) absorptivity	absorbancy index, absorbing index, extinction coefficient
光路長(b) pathlength	l や d の記号がみられる
透過度(T) transmittance	transmittancy, transmission
波長(λ) wawelength の単位 nm	mμ (millicron)

[*3] 古い文献でよく使われている "サンデル感度(Sandell's sensitivity)" に対しては，今では対応する用語はない．これは光路長 1 cm のセルで吸光度 0.001 を与える濃度を mg cm^{-3} の単位で示したものである．

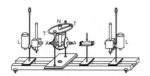

ランベルトより約1世紀のちのベール(August Beer, 1825〜1863)によって示された光度計 [*Annalen der Physik and Chemie*, **86**(1852) 78]. ベールは, 吸収性物質を含む溶液を通過する光の減衰は, 光が通過する溶液の長さと吸収性物質の濃度に関係づけられることを実験で明確に示した. おそらく, 光吸収についての法則に関わる3名(ブーゲ, ランベルト, ベール)のなかで, ベールの貢献が最小であろう. にもかかわらず, 私たちはその法則を通常ベールの法則とよんでいる! より詳細な議論については, Fred H. Perin による "吸光度の法則は誰のものか?" [*Journal of the Optical Society of America*, **38** (1948) 72]を参照. ベールはドイツの Trier で生まれた. 彼は数学や自然科学を学び, Julius Plücker の指導のもと 1948 年に Bonn 大学にて博士号を取得した. 1850 年に講師となり, 1854 年に "Einleitung in die höere Optik(上級光学への入門)" と題する書を出版した. 1855 年に Bonn 大学の数学教授となり, その地で 1863 年に他界した.

解 答
透過率は80％であり, したがって透過度 $T = 0.80$ である.

$$\log \frac{1}{0.80} = 2.0 \text{ cm}^{-1} \text{g}^{-1} \text{L} \times 1.0 \text{ cm} \times c$$

$$\log 1.2_5 = 2.0 \text{ g}^{-1} \text{L} \times c$$

$$c = \frac{0.10}{2.0} = 0.050 \text{ g L}^{-1}$$

例題 16.2
100 mL 中に 1.00 mg の鉄(チオシアン酸錯体)を含む溶液は, 適切な対照との比較により, 入射光の 70.0％が透過することが観察された.
(a) この波長におけるこの溶液の吸光度はいくらか.
(b) 4倍濃い鉄の溶液ではどれくらいの割合の光が透過するか.

解 答
(a)
$$T = 0.700$$
$$A = \log \frac{1}{0.700} = \log 1.43 = 0.155$$

(b) ベールの法則に従うなら, 吸光度は濃度と比例関係にある. もし, もとの溶液が 0.155 の吸光度を示すなら, 4倍濃い溶液は4倍の吸光度 $4 \times 0.155 = 0.620$ を示すはずである. したがって透過度 T は, $T = 10^{-0.620} = 0.240$

例題 16.3
ある未知のアミン RNH_2 はピクリン酸と反応しピクリン酸アミンを生成する. これは 359 nm において強い吸収 ($\varepsilon = 1.25 \times 10^4$) を示す. このアミン 0.1155 g を水に溶解し, 100 mL に希釈した. 測定のため, その 1 mL をとり 250 mL に希釈した. こうして得られた溶液が, 光路長 1 cm のセルを用いて 359 nm において吸光度 0.454 を示すとき, このアミンの式量はいくらか.

解 答
$$A = \varepsilon b c$$
$$0.454 = 1.25 \times 10^4 \text{ cm}^{-1} \text{ mol}^{-1} \text{ L} \times 1.00 \text{ cm} \times c$$
$$c = 3.63 \times 10^{-5} \text{ mol L}^{-1}$$

$$\frac{(3.63 \times 10^{-5} \text{ mol L}^{-1})(0.250 \text{ L})}{1.00 \text{ mL}} \times 100 \text{ mL} = 9.08 \times 10^{-4} \text{ mol (原液中)}$$

$$\frac{0.1155 \text{ g}}{9.08 \times 10^{-4} \text{ mol}} = 127._2 \text{ g mol}^{-1}$$

例題 16.4
試料中のクロロアニリンを例題 16.3 で述べたようなピクリン酸アミンとして定量する. 0.0265 g の試料をピクリン酸と反応させ, 1 L に希釈する. この溶液は光路長 1 cm のセルで吸光度 0.368 を示す. この試料中のクロロアニリンの濃度(％)はいくらか?

解 答

$$A = \varepsilon bc$$
$$0.368 = 1.25 \times 10^4 \, \text{cm}^{-1} \, \text{mol}^{-1} \, \text{L} \times 1.00 \, \text{cm} \times c$$
$$c = 2.94 \times 10^{-5} \, \text{mol L}^{-1}$$
$$(2.94 \times 10^{-5} \, \text{mol L}^{-1})(127.6 \, \text{g mol}^{-1}) = 3.75 \times 10^{-3} \, \text{g L}^{-1}(クロロアニリン)$$
$$\frac{3.75 \times 10^{-3} \, \text{g L}^{-1}(クロロアニリン)}{2.65 \times 10^{-2} \, \text{g L}^{-1}(試料)} \times 100\% = 1.42\%$$

吸収化学種の混合物

吸収スペクトルが重なる二つの吸収化学種が溶液中に存在するときでも，定量計算は可能である．与えられた波長での全吸光度 A が，すべての吸収化学種の吸光度の和に等しいことはベールの法則から明らかである．そこで二つの吸収化学種について，濃度 c の単位が g L^{-1} ならば，

$$A = a_x b c_x + a_y b c_y \tag{16.14}$$

あるいは c の単位が M ならば，

$$A = \varepsilon_x b c_x + \varepsilon_y b c_y \tag{16.15}$$

個々の吸収化学種の吸光度には相加性がある．

ここで，下つきの文字はそれぞれ物質 x および y を表す．

たとえば，混合溶液の吸収スペクトルが図 16.10 中の破線のようになる物質 x および y の定量を考えてみよう．それぞれのある濃度での吸収スペクトルは実線のようになるとする．二つの未知数があるため，2 回の測定が行われなければならない．これは測定のために二つの波長を選択することであり，一つは x の極大吸収波長(図中の λ_1)で行われ，もう一つは y の極大吸収波長(図中の λ_2)で行われる．したがって，次のように表すことができる．

$$A_1 = A_{x1} + A_{y1} = \varepsilon_{x1} b c_x + \varepsilon_{y1} b c_y \tag{16.16}$$
$$A_2 = A_{x2} + A_{y2} = \varepsilon_{x2} b c_x + \varepsilon_{y2} b c_y \tag{16.17}$$

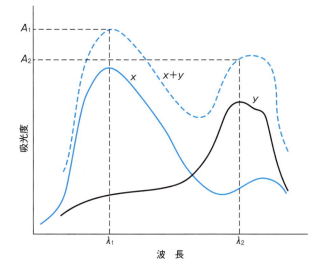

図 16.10 純物質 x と y，およびこれらの等濃度混合物の吸収スペクトル

二つの未知数（c_xとc_y）があるので，二つの連立方程式を書く必要がある．

ここでA_1とA_2は，それぞれ波長1と2における混合溶液の吸光度である．A_{x1}およびA_{y1}は，波長1におけるxとyそれぞれの吸光度，そしてA_{x2}およびA_{y2}は，波長2におけるxとyそれぞれの吸光度である．同様に，ε_{x1}およびε_{y1}は，波長1におけるxとyそれぞれのモル吸光係数，ε_{x2}およびε_{y2}は，波長2におけるxとyそれぞれのモル吸光係数である．これらのモル吸光係数は波長1と2において，モル濃度既知のxとyの純粋な溶液の吸光度をそれぞれ測定することで決められる．したがって，式(16.6)と式(16.7)においてc_1とc_2のみが未知数となり，これらは連立方程式を解くことで求められる．

例題 16.5

二クロム酸カリウム $K_2Cr_2O_7$ と過マンガン酸カリウム $KMnO_4$ は $1\,M\,H_2SO_4$ 溶液中において重なりのある吸収スペクトルをもつ．$K_2Cr_2O_7$ は 440 nm に極大吸収をもち，$KMnO_4$ は 545 nm に吸収帯をもつ（実際には極大吸収は 525 nm にあるが，より長波長のほうが $K_2Cr_2O_7$ からの干渉が少なくて有利である）．これら二つの波長において，光路長 1 cm のセルを用いて混合溶液の吸光度を測定し，以下のような結果を得た．$A_{440} = 0.405$，$A_{545} = 0.712$（実際のところ，本例題のように，すべての測定が同一のセルを用いて行われる限り，計算の過程で光路長はキャンセルされる）．$1.00 \times 10^{-3}\,M\,K_2Cr_2O_7$ 溶液および $2.00 \times 10^{-4}\,M\,KMnO_4$ 溶液（いずれも $1\,M\,H_2SO_4$ 溶液中）は，同じセルを用いると次のような結果を与える：$A_{Cr,440} = 0.374$, $A_{Cr,545} = 0.009$, $A_{Mn,440} = 0.019$, $A_{Mn,545} = 0.475$．以上の結果より，試料溶液中の二クロム酸塩と過マンガン酸塩の濃度をそれぞれ求めよ．

解 答

ベールの法則[式(16.13)]および $b = 1$ を用い，

$0.374 = \varepsilon_{Cr,440} \times 1.00 \times 10^{-3}$ $\quad \varepsilon_{Cr,440} = 374$

$0.009 = \varepsilon_{Cr,545} \times 1.00 \times 10^{-3}$ $\quad \varepsilon_{Cr,545} = 9$

$0.019 = \varepsilon_{Mn,440} \times 2.00 \times 10^{-4}$ $\quad \varepsilon_{Mn,440} = 95$

$0.475 = \varepsilon_{Mn,545} \times 2.00 \times 10^{-4}$ $\quad \varepsilon_{Mn,545} = 2.38 \times 10^3$

$A_{440} = \varepsilon_{Cr,440}[Cr_2O_7^{2-}] + \varepsilon_{Mn,440}[MnO_4^-]$

$A_{545} = \varepsilon_{Cr,545}[Cr_2O_7^{2-}] + \varepsilon_{Mn,545}[MnO_4^-]$

$0.405 = 374[Cr_2O_7^{2-}] + 95[MnO_4^-]$

$0.712 = 9[Cr_2O_7^{2-}] + 2.38 \times 10^3[MnO_4^-]$

これらを解いて

$[Cr_2O_7^{2-}] = 1.01 \times 10^{-3}\,M \quad [MnO_4^-] = 2.95 \times 10^{-4}\,M$

Mn の主要ピークと重なる 545 nm において，Cr の吸光度は非常に小さく，わずか1桁の有効数字でしか測定されないことに注目せよ．これは好ましいことである．補正の必要がより少ないほど，よりよい結果を与える．理想は，補正値が 0 であることである．

混合溶液中の2成分の定量についての一般解

波長 λ_1 と λ_2 において，分析成分 A はモル吸光係数 $\varepsilon_{A,1}$ および $\varepsilon_{A,2}$ をそれぞれもつとしよう．同様に，分析成分 B はそれぞれモル吸光係数 $\varepsilon_{B,1}$ および $\varepsilon_{B,2}$ をもつとする．A と B がそれぞれモル濃度[A]および[B]で存在する混合溶液中で，

波長 λ_1 と λ_2 において，光路長 b のセル中の混合液の吸光度 A_1 と A_2 はそれぞれ以下のように与えられる．

$$A_1 = \varepsilon_{A,1} b [A] + \varepsilon_{B,1} b [B] \tag{1}$$

および，

$$A_2 = \varepsilon_{A,2} b [A] + \varepsilon_{B,2} b [B] \tag{2}$$

式(1)に $\varepsilon_{A,2}$ を，式(2)に $\varepsilon_{A,1}$ をそれぞれ掛けると，

$$\varepsilon_{A,2} A_1 = \varepsilon_{A,1} \varepsilon_{A,2} b [A] + \varepsilon_{A,2} \varepsilon_{B,1} b [B] \tag{3}$$

$$\varepsilon_{A,1} A_2 = \varepsilon_{A,1} \varepsilon_{A,2} b [A] + \varepsilon_{A,1} \varepsilon_{B,2} b [B] \tag{4}$$

式(4)から(3)を引くと，

$$\varepsilon_{A,1} A_2 - \varepsilon_{A,2} A_1 = b [B] (\varepsilon_{A,1} \varepsilon_{B,2} - \varepsilon_{A,2} \varepsilon_{B,1}) \tag{5}$$

したがって[B]は，

$$[B] = (\varepsilon_{A,1} A_2 - \varepsilon_{A,2} A_1) / [b (\varepsilon_{A,1} \varepsilon_{B,2} - \varepsilon_{A,2} \varepsilon_{B,1})] \tag{6}$$

同様に式(1)に $\varepsilon_{B,2}$，式(2)に $\varepsilon_{B,1}$ を掛け，差し引いたうえ，移項すると，

$$[A] = (\varepsilon_{B,1} A_2 - \varepsilon_{B,2} A_1) / [b (\varepsilon_{A,2} \varepsilon_{B,1} - \varepsilon_{A,1} \varepsilon_{B,2})] \tag{7}$$

以上に述べた方法で混合溶液中の2成分の組成を正確に定量することができる．

一方，成分数が2を超えるときには，各成分の濃度を定量するのは容易ではない．しかし，n 個の成分は，n 個の異なる波長における測定によって得られる n 個の連立方程式から，Excelによる逆行列を用いる方法によって容易に定量できる．この章に対する原書の web 補遺にある "solving simultaneous equations in excel matrix approach (連立方程式解法のため行列法)" を参照．分光光度計のメーカーから提供される市販のソフトウェアは，原理的には多くの成分を一度に定量できる．しかし，そのようないかなる方法でも，定量可能かどうかは，異なる成分のスペクトルが互いに独立しているかどうかに依存することを認識するべきである．すなわち，この方法で正確な定量を行うためには，異なる成分のスペクトルに十分な相違がなければならない．2成分の混合物においてでさえ，もしこれら成分のスペクトルがまったく同じか，一方が他方のちょうど倍数である ($\varepsilon_{A,\lambda}/\varepsilon_{B,\lambda}$ の値がすべての λ において同じ) ならば，いずれの定量もまったく不可能である．したがって，n 個以上の波長での吸光度測定をもとに n 個の成分を定量することは，数学的な障壁はないにもかかわらず，実際には3成分あるいは4成分以上ではほとんど行われない．

これまで見てきたように，完璧な測定法は存在しない．しかし，n 個の式から n 個の成分について解けば，いくぶんかの正確な答えが得られたという見かけ上の満足感が得られるかもしれない (しかし誤解である！)．そこで，一般的に実践される方法の一つでは，必要とされるよりも多くの測定 (n 個の未知数を求めるための N 個の式において，$N > n$) を行い，各未知数に対してもっともあてはまる値を求める．N 個の式から数多く $\dfrac{N!}{(N-n)!n!}$ の n 個の式の組合せを取り出し，もっとも適合するパラメータの平均および標準偏差を計算することが可能である．

これらの異なる測定を行うさいには，ベールの法則は該当する濃度範囲全体にわたって保持されると仮定している．このことはつねに正しいわけではない．さらに，いずれの波長においても，ある物質による吸光度がもう一方の物質によるものよりずっと大きいならば，そのもう一方の物質の定量はあまり正確なものとはならない．

類似の計算式，とくにベールの法則に基づく2成分の定量問題を解くための公式は，本書の別冊を参照のこと．この公式は例題 16.5 を解くために使うことができる．

Excel のソルバー機能は，最適な解を容易に与えることもできる．本書の別冊では，例題 16.5 を発展させた例題を用いて解説している．

赤外スペクトルからの定量測定

赤外分光法は通常，官能基の同定に使われる．しかし，定量分析も行われる．赤外分析装置は通常，波長に対して透過率を記録する．散乱光の存在，とくにより高い濃度での測定では，ベールの法則を直接適用するのは難しくなる．また，いくぶん弱い光源のために，比較的広い幅のスリットを用いる必要がある（これはベールの法則からの明らかな逸脱をもたらす．以下を参照）．そこで，赤外線による定量分析では，実験条件を一定に保ったうえで，経験則がしばしば適用される．図 16.11 に示されるような，**ベースライン法**(baseline method)または**レシオ法**(ratio method)とよばれる方法がしばしば使われる．被検物質のほかのピークやほかの物質のピークにあまり近くないピークが選ばれる．その吸収帯の位置に直線のベースラインが引かれ，吸収波長において図中に示した P と P_0 が測定される（透過率が波長に対して記録されるので，吸光度が記録される通常の吸収スペクトルとは上下の向きが逆である）．常法どおり $\log P_0/P$ を濃度に対してプロットする．被検物質は同じ装置条件のもとで測定された標準物質と比較される．この手法は試料サイズに比例する相対誤差を最小化できるが，ベースラインの位置を変化させる要因のような，単純に加わる誤差を除去することはできない．

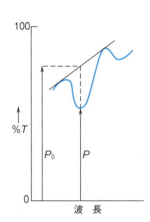

図 16.11 赤外領域のスペクトルによる定量分析のベースライン法

分析装置の構成品の種類は，波長領域に依存する．

16.8 分光分析法の装置

分光計(spectrometer)あるいは**分光光度計**(spectrophotometer)は，多色光(polychromatic radiation)をさまざまな波長に分解し，一つあるいは複数の波長において光の強度を測定する装置である．分光計の構成図を図 16.12 に示す．すべての分光計は，(1) 測定の対象とする波長全体をカバーする**連続光源**(continuous radiation source)，(2) 光源光をその構成波長の光ごとに分散させる**モノクロメーター**(monochromator：これによって，光源のスペクトルから狭い波長帯の光を選択できる)，(3) 試料セル(sample cell)，(4) **検出器**(detector)，すなわち電磁波エネルギーを電気エネルギーに変換するためのトランスデューサー(transducer，変換器)，(5) 検出器応答を読み出すための装置，を必要とする．試料はモノクロメーターの前あるいは後ろにおかれる．これらは読み出し装置を除いて，それぞれ，測定される波長領域に対応したものが用いられる．

光源

光源
可視：白熱電球，白色 LED
紫外：水素または重水素放電ランプ
赤外：希土類酸化物製のネルンストグローアーおよび炭化ケイ素製のグローバー

光源は，その装置が用いられる波長領域全体で，検出するために十分な光出力が必要である．しかし，すべての波長で一定の出力を有する光源は存在しない．**可視領域**(visible region)にもっとも一般的に使われる光源は，石英タングステン-ハロゲン(quartz tungsten-halogen：QTH)ランプである．一般的な QTH ランプの発光スペクトルを図 16.13 に示す．有用な波長の範囲は約 325 または 350 nm から 25 μm までである．したがって，近紫外や近赤外領域でも用いることができる．分光計の光源には，安定に調整された電源が必要である．**発光ダイオード**(light emitting diode：LED)は非常に出力効率のよい光源である．それらはほぼ単色光を与える．白色 LED は，青色 LED と，おもに緑色光を，そして赤色光ま

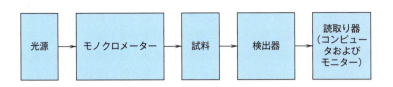

図 16.12 分光計の構成図

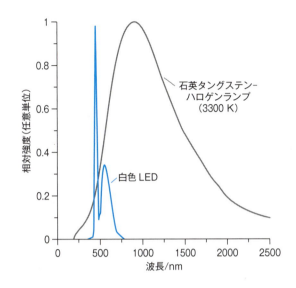

図 16.13 二つの代表的な光源の波長と発光強度との関係

石英タングステン-ハロゲンランプは操作温度 3300 K において，350〜2500 nm の範囲で有用な光強度を与える．白色 LED は，実際は，550 nm（緑色）に極大蛍光波長を有する蛍光物質でコーティングした発光波長 450 nm の InGaN 青色 LED である．これは 425〜700 nm の範囲で有用である．

で発光できる蛍光物質とで構成される．白色 LED の使用に適した波長は 425〜700 nm である（図 16.13）．このような消費電力の少ない光源は，とくに電池駆動の分光計に適している．ときには，わずか 6 V の蓄電池が電源として用いられる．

　紫外領域では，一般的に**低圧重水素放電ランプ**（low-pressure deuterium discharge lamp）が光源として使われる．重水素の連続した発光線は 185〜370 nm の範囲であるが，600 nm まで利用可能な出力が得られる．ガラスは紫外線を透過しないので，紫外光源は石英の窓をもっていなければならない．

　赤外線は本質的には熱であり，それゆえ熱線，白熱電球あるいは赤熱したセラミックスが光源として使われる．黒体光源からのエネルギー分布は，約 100〜2000 nm（近赤外）においてピークに達する傾向があり，中赤外領域では減衰してゆく．赤外分光計は通常約 2〜15 μm において操作される．この領域における光源は，比較的強度が低いので，光量を増加させるために比較的大きなスリットが使われる．しかし，このことは波長の分解能の低下につながる．こうした理由で，干渉計が検出器における光量を増すために用いられる（16.11 節のフーリエ変換赤外分光計についての考察を参照のこと）．典型的な赤外光源は，ネルンストグローアー（Nernst glower）である．これは希土類酸化物の混合物からなる棒である．ネルンストグローアーは抵抗に負の温度係数をもち，室温では非伝導性である．したがって，その元素を励起して電磁波を出させるためには加熱しなければならない．1500〜2000 ℃ に加熱して伝導性になると，約 1.4 μm（7100 cm^{-1}）に極大をもつ赤外線を放射する．もう一つの赤外光源はグローバー（Globar）である．これは約 1300〜1700 ℃ に熱せられた焼結炭化ケイ素棒である．グローバーの最大放射は約 1.9 μm（5200 cm^{-1}）で，加熱と同時に水冷が必要である．グローバーはネルンストグローアーよりも強度の小さい光源であるが，15 μm 以上の波長では，

一般的な紫外可視光源の作動範囲

キセノンパルスアークランプ：180〜2500 nm

重水素直流放電：185〜600 nm

直流アーク：200〜2500 nm

石英タングステン-ハロゲンフィラメント：320〜2200 nm

LED：240〜4450 nm の範囲で，さまざまな波長に対応した製品が入手可能

その強度の減少がよりゆるやかであるため適している．赤外光源は空気中に露出している．これは，覆いとして適した素材がないためである．

蛍光分光分析法(fluorescence spectrometry)では，蛍光強度は光源の強度に比例する（16.15節参照）．さまざまな高強度紫外可視連続光源が，蛍光の励起に用いられている．レーザー(laser)は，非常に高い強度の単色光が得られるため，その重要性が高まってきている．市販のレーザーの波長と出力特性がwebの多くの情報源にまとめられている．波長は157 nmのフッ素エキシマレーザーから0.7 mmのメタノール化学レーザーまで，また，連続出力ではレーザーポインタのような0.1 mWレベルから機械加工に使われるCO_2レーザーのような1 kW以上の範囲にまで及ぶ．蛍光励起のためには，可視紫外領域のレーザーだけが一般的に有用である．近赤外領域で蛍光を発する深赤色の染料についての関心も高まっている．安価な近赤外半導体レーザーも市販されている．現在，半導体レーザーは近紫外から近赤外まで入手でき，利用できるときはほとんど例外なくこれが選択されている．これらのレーザーのいくつかは，大量生産され，非常に安価である．たとえば，SONYのプレイステーションのある機種では，一つの本体の中で405，640，780 nmの三つのレーザーをそれぞれブルーレイ，DVD，CDのために用いている．波長可変レーザーでは，レーザー波長を変化させることができる．これらはもともと蛍光性の有機染料を用いる色素レーザーが使われていた．それぞれの染料の発光は，一般的に数十ナノメートルの範囲にわたって調節可能である．さまざまな波長で蛍光を発する染料を選択することで，紫外から近赤外領域まで多様なレーザー発光波長を選ぶことができる．一方，現在は，チタンサファイアレーザー（650〜1100 nm），波長可変ファイバーレーザー（高出力ファイバーレーザーは紫外から赤外領域に及ぶ"超連続"光源を実現した）および半導体を利用した波長可変ダイオードレーザーが波長可変レーザーの主流である．波長可変レーザーは，高い吸収性をもつ試料を詳しく分析するために適した高い単色性（ここから高分解能が達成できる）と高強度をもつので，吸収分光法の光源としても有用である．

以下では，分光計が，波長による光源の強度の変動および検出器の感度の変化にあわせて，いかに設計されているかをみていく．

モノクロメーター

モノクロメーターは，主として，光源からの多色光を各波長の光に"分ける"ための分散素子から成り立っている．これ以外の構成品には，電磁波の焦点をあわせるためのレンズまたは鏡，望まない光を除いてモノクロメーターから出てくる電磁波のスペクトルの純度を上げる入口および出口スリットがある．おもに2種類の分散素子がある．すなわち，プリズム(prism)と回折格子(diffraction grating)である．さまざまな種類の光学フィルター(optical filter)も，特定の波長を選択するために使われる．

1. プリズム　電磁波がプリズムを通過するとき，プリズムの材質の屈折率は空気の屈折率とは異なるため，屈折が起こる．屈折率は波長に依存し，したがって，屈折角も波長に依存する．短い波長は長い波長よりも強く屈折する．屈折によって，電磁波は異なる波長に"分散する"（**図 16.14**）．プリズムを回転することで，スペクトル中のさまざまな波長の電磁波を，出口スリットと試料に通過

> レーザーは強い単色光源であり，蛍光励起のために適している．

> プリズムによる分散は，短波長側では良好で，赤外線のような長波長側では劣る．

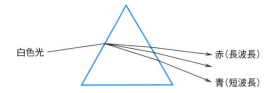

図 16.14　プリズムによる多色光の分散

させることができる．プリズムは紫外および可視領域において良好に機能し，赤外領域でも使うことができる．しかし，その**非線形分散**(nonlinear dispersion)のために，プリズムは短い波長に対しより効率的にはたらく．可視領域ではガラスのプリズムやレンズが使えるが，紫外領域では石英あるいは溶融シリカを使わなければならない．石英や溶融シリカは可視領域でも使用可能である．

　赤外領域では，ガラスや溶融シリカはほとんど光を通さないので，プリズムやほかの光学部品は赤外光に対して透過性のあるアルカリ金属のハロゲン化物またはアルカリ土類金属のハロゲン化物の大きな結晶からつくらなければならない．塩化ナトリウム（岩塩）がほとんどの装置で使われており，$2.5 \sim 15.4\,\mu m$（$4000 \sim 650\,cm^{-1}$）で有用である．さらに長い波長に対しては，KBr（$10 \sim 25\,\mu m$）またはCsI（$10 \sim 38\,\mu m$）を用いることができる．これら（およびモノクロメーター部全体）は乾燥した状態に保たなければならない．

2. 回折格子　これらは高度に研磨されたアルミニウムなどの表面上に刻印された多数の（紫外および可視領域では $6000 \sim 12000$/mm，赤外領域では $1800 \sim 2400$/mm）平行線（溝）からなる．溝は格子に当たる光線の散乱中心としてはたらく．その結果，**線形分散**(linear dispersion)，すなわち各次数のもとですべての波長に対して等価な分散が起こる（**図 16.15**）．回折格子の分解能は刻まれた溝の数に依存するが，一般的にプリズムより優れており，すべてのスペクトル領域に用いることができる．回折格子は，長波長でも分散が等しく起こるため，とくに赤外領域ではより適している．現在はほとんどすべての装置が，プリズムよりも回折格子を使用している．

　もともと，回折格子は"回折格子刻線機(ruling engine)"という複雑な装置に

回折格子による分散は波長に依存しない．しかし反射率は波長とともに変化する．

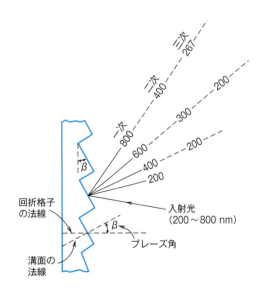

図 16.15　回折格子による電磁波の分散

よってつくられていた．その後，フォトリソグラフィー(photolithography)の技術(写真製版技術)が，ホログラフィー(holography)の干渉パターンから回折格子をつくることを可能にした．これらは正弦波状の溝をもち，迷光が低いという特性のために，刻線回折格子よりも好ましい．また，原盤の回折格子から高品質のレプリカを低コストで製作することができる．ホログラフィーの回折格子は，2枚のプレートに挟まれた感光性のゲルから，ボリュームフェーズホログラフィー(volume phase holography：VPH)とよばれる技術によってつくることもできる．これは溝をもたない代わりに，ゲル内の屈折率が周期的に変化している．回折効率が非常に高く，一つの回折格子のなかに複雑なパターンを組み込むことができる．表面散乱および表面の傷の影響からくる損失および収差は，このような回折格子によってほとんど取り除かれる．

半導体技術および微細加工技術により，シリコンおよび溶融シリカに深い溝をつくることができる反応性イオンエッチングを施すことによって，ホログラフィー回折格子ができるようになった．これらの高性能デバイスは低コストで大量生産可能であり，また，高効率で低迷光という特性をもつ透過型回折格子である．一方，一体型の小型の装置では，デジタル平面ホログラフィー(digital planar holography：DPH)とよばれる技術がますます使われるようになっている．コンピュータによって生成されるパターンをもとに，大量生産が可能な標準的なマイクロリソグラフィーあるいはナノ刻印法によって製品となる．光は光ファイバーのようにふるまう DPH 格子の内側を伝わり(光は屈折率の勾配によって閉じ込められる)，とくにチップスケールまたは一体型分光装置において有用である．

回折格子はしばしば平面ではなく凹面の基板上につくられる．このことは回折光が焦点を結ぶことも可能にしている．

ここで，反射型回折格子について考えてみよう．入射光線が回折格子の法線に対して角度 i で格子面に当たり(図16.15)，その法線の反対側に角度 θ で反射する．溝と溝との間の距離は d である．角度 i における二つの入射光線間の光路差は $d \sin i$ で，対応する反射光線間の光路差は $d \sin \theta$ である．入射光線と反射光線についての光路差は $d \sin i - d \sin \theta$ となる．この差が波長あるいはその整数倍の長さに等しいとき，完全に強め合う干渉が起こり，弱め合う干渉は起こらず，明るい像が得られる．このことに対応する回折格子の式は，

$$n\lambda = d(\sin i - \sin \theta) \tag{16.18}$$

ここで n は整数で，回折次数(diffraction order)という．同じ倍数分だけ n が増加し波長が減少するならば，明らかに，より短い(高次の)波長の光も同じ角度 θ に反射される．したがって検出器に届く前に，これらの光はフィルター(下記参照)を通さなければならない．さまざまな波長の光を得るために，回折格子は角度 i が変化するように回転される．

ある入射角 i のもとでの回折格子の分散は，次の式で与えられる．

$$\frac{d\theta}{d\lambda} = \frac{n}{d \cos \theta} \tag{16.19}$$

すなわち，分散は次数 n を格子間隔 d および反射角の余弦 $\cos \theta$ で割ったものに等しい．回折格子の分解能(resolving power)は，刻線数と次数の積に等しい．このため，格子間隔 d が同じ回折格子では，大きな回折格子のほうが小さな回折格

子よりも優れた分解能をもつ．

　回折格子によって反射された光の強度は波長とともに変化し，極大強度波長は光が回折格子中の溝の表面から反射される角度に依存する．この角度はブレーズ角(blazing angle)とよばれる（図 16.15 参照）．それゆえに，回折格子は特定の波長領域に対して特定の角度で刻線される．青色光領域に対して刻線されたものは赤外分光計には不十分なものとなる．すでに述べたように，回折格子は回折波長の整数分の 1 の波長でも回折させる（図 6.15 参照）．これらの整数分の 1 の波長の電磁波は**高次光**(higher-order radiation)とよばれる．最初の次数は一次とよばれ，1/2 の波長は二次，1/3 の波長は三次，以下同様である．したがって，回折格子は一次スペクトル，二次スペクトル……を生成する．高次スペクトルはより分散し，分解能は増加する．高次のものが共存するために，目的のスペクトル領域よりも低い波長の電磁波はフィルターによって除かなければならない．そうしないと，高次の電磁波が目的の電滋波に重なってしまう．これは，ある波長以上の光のみ通す，さまざまな種類の光学フィルター（以下を参照）を使うことで達成できる．たとえば，300〜700 nm の広い範囲の光を放射する光源があり，回折のあとに 650 nm における強度を測定すると想像してみよう．325 nm の光は，取り除かない限り，650 nm における一次光に重なる．この 325 nm の光は光源と回折格子との間に ≤400 nm の電磁波を遮断するフィルターを設置し，325 nm の光が回折格子に届かないようにすることで除かれる．

3．光学フィルター　伝統的な光学フィルターには，基本的に二つの型がある．無機あるいは有機のさまざまな着色物質を含んでいるガラスまたはプラスチックのフィルターは，光が通過する間に特定の波長の光を吸収する．これらは吸収フィルター(absorbing filter)である．ダイクロイックフィルター[dichroic filter, 干渉フィルター(interference filter), 薄膜フィルター，反射フィルターともよばれる]は一連のさまざまな光学被覆を施したガラス基材によってつくられる．これらのフィルターは干渉の原理に基づいている．各層は望みの波長で共鳴する一連の反射型の空洞共振器として機能する．これ以外の波長は，波の山と谷が重なるので弱めあう干渉により除かれる．

　機能の観点からは，光学フィルターは一般的に 3 種類に分類される．ショートパスフィルター(short-pass filter, 長波長カットフィルター)，ロングパスフィルター(long-pass filter, 短波長カットフィルター)，バンドパスフィルター(bandpass filter, 帯域通過フィルター)である．1 番目の型は表示波長以下の光のみを透過し，2 番目の型は表示波長以上の光のみを透過する．表示波長における透過度は，極大透過度の 50％である．一般的に，カットされた領域では 1％以下の光しか透過せず，許容された波長領域では 80％以上，しばしば 100％近くの光が透過する．3 番目の型，バンドパスフィルターは，最大透過度の 50％カットポイントが波長 λ_S であるショートパスフィルターと，50％カットポイントが波長 λ_L であるロングパスフィルターの組合せである（$\lambda_S > \lambda_L$）．したがって，これらの間の波長の光のみが透過する．バンドパスフィルターは通常三つのパラメーターによって特徴づけられる．(a) 透過帯の中心波長[一般的には $1/2(\lambda_S+\lambda_L)$]，(b) 透過帯の幅 $\lambda_L-\lambda_S$：しばしば半値幅(half-width)または半値全幅(full-width half maximum：FWHM)とよばれ，これは 0.1 nm のオーダーから 100 nm 以上の範囲であり，10〜50 nm が一般的である，(c) 極大透過波長における透過度：

高次ほど，より分散する．

蛍光分析法においては，短波長からの高次発光線が，測定対象となる長波長側の一次発光線と重なる可能性がある．このため，短波長の一次発光線は，回折格子に達する前にフィルターで取り除く必要がある．16.9 節の単光束型分光計を参照．

これは一般的に半値全幅が減少するにつれて減少し，10～90％の範囲である．"ノッチフィルター(notch filter)"は，ある波長の非常に狭い帯域を除くすべての波長を透過する特殊なフィルターである．この波長では，光は100万分の1またはそれ以上に減衰される．このような光学素子は，カットする波長がレーザーの波長と一致するならば，レーザー誘起蛍光またはラマン分光法において，残余している励起レーザー光を発光線から取り除くために使われる．ノッチフィルターは，λ_L が λ_S よりごくわずかに大きい特殊なバンドパスフィルターと見なすことができる．

音響光学可変波長フィルター(acousto-optic tunable filter：AOTF)は，波長を電子的に可変できる固体バンドパスフィルターである．異方性媒質内の音響光学的相互作用を利用して，どの波長の光を透過させるかを制御している．このフィルターは複合レーザーまたは広帯域の光源とともに使われ，広範囲の波長調節，良好な分解能(0.4 nmに至るまで)，および強度制御を可能にしている．ただし，AOTFは高価である．

試料セル

試料(通常は溶液)を保持するセルは，当然ながら，測定波長領域において透過性でなければならない．上で述べた光学素材は，多様なスペクトル領域に対して設計された装置におけるセルの材質としても使われる．

光学セル
紫外に対して：石英
可視に対して：ガラス，石英
赤外に対して：無機塩の結晶

さまざまな光路長や容積のセルが可視分光計や紫外分光計で使用することができるが，通常は光路長1 cmのキュベット(cuvette)である(平行な壁面間の内側の距離であり，壁面は一般的に1 mmの厚さなので，外側の断面は12×12 mmの大きさになる)．それらセルを図16.16に示す．フロースルー(流通型)のセルを組み入れたフロースルー分光計が，一般的に，液体クロマトグラフィー，フローインジェクション分析などの流れ系において使われる．汎用型の分光光度計でも，図16.16の一番右の図に示したような小容量のフロースルーセルを使うことができる．そのような場合においては，分光光度計の"z次元(高さ方向)"について知ることが重要である．すなわち，分光光度計のセル室の底面から，セルを通過する平行光線の中心までの距離である．セルのz次元が分光光度計のそれと一致していない場合，光線はセルの不透明な部分に当たってしまう．

赤外測定のためには，多様な種類のセルが使われる．もっとも一般的なものは，塩化ナトリウムの窓をもつセルである．赤外測定のための厚さ一定のセルが市販されており，もっともよく使われる．溶媒はもちろんセルの窓を侵してはならない．塩化ナトリウムセル(デシケータ中で保管する必要がある)は空気中の湿気や，水分を含んだ溶媒から守らなければならない．それらは水分汚染による"曇り"

図16.16　典型的な紫外可視用吸収セル
一番右のものは，伝統的な分光計をフロー分析に応用するために使用するフロースルー(流通型)のセルである．

を取り除くため，定期的に磨く必要がある．塩化銀の窓は水分を含む試料や水溶液に対してしばしば用いられる．これらは軟らかく，容易に傷がつき，可視光による光還元のため徐々に黒ずむ．

表16.5にいくつかの赤外透過性素材の性質を示す．とくに，窓を磨く必要のあるセルでは光路長の再現性を保つことは難しく，定量分析が困難になる．この場合，内標準の利用が有効である．空のセルの光路長は干渉縞のパターンから測定できる．厚さ0.002～3 mmまでの多様な光路長のセルが入手できる．

化学者が未知あるいは新規の化合物の構造を同定または確認しようとするさい，純粋な液体試料については，赤外領域では通常希釈しないで測定される．このため，吸光度を最適な領域に保つために，セルの光路長を短くしなければならない．一般的には，0.01～0.05 mmの光路長のセルが必要である．試料の溶液を調製しなければならない場合は，溶媒の吸光度を最小に抑えるために（赤外領域において完全に透過性の溶媒は存在しない），高い試料濃度が選択される．したがって，この場合でも，一般的には0.1 mmかそれ以下の短い光路長のセルが必要である．

しかし，利用可能な溶媒中では，試料は赤外領域における測定のために適した高い濃度が得られるほどには溶解しない可能性もある．粉体は，光散乱を減少させるために同程度の屈折率を有する粘性の液体の中で，懸濁液あるいは密なスラリー（混練）の形で測定される．試料は液体［しばしば鉱物油であるヌジョール（nujol，図16.4参照）が用いられる］の中で粉砕される．ヌジョールが試料のC–Hバンドを隠してしまうなら，クロロフルオロカーボンのグリースが有用である．混練法は定性分析に便利であるが，再現性のよい定量測定は困難である．また，

表16.5 赤外透過性素材の性質

材質	使用可能領域/cm^{-1}	一般的な性質
NaCl	40000～625	吸湿性，水溶性，低価格，もっとも一般的に使われる材質
KCl	40000～500	吸湿性，水溶性
KBr	40000～400	吸湿性，水溶性，NaClよりも多少高価で，より吸湿性
CsBr	40000～250	吸湿性，水溶性
CsI	40000～200	強い吸湿性，水溶性，短波長の測定に適する
LiF	83333～1425	水にわずかに溶ける，よい紫外用材質
CaF$_2$	77000～1110	水に不溶，ほとんどの酸・塩基に耐性あり
BaF$_2$	67000～870	水に不溶，割れやすい，酸とNH$_4$Clに可溶
AgCl	10000～400	水に不溶，腐食して金属となる，短波長の可視光にさらすと黒ずむ，暗所に保存
AgBr	22000～333	水に不溶，腐食して金属となる，短波長の可視光にさらすと黒ずむ，暗所に保存
KRS-5[a]	16600～285	水に不溶，高い毒性，塩基に可溶，軟らかい，ATR[b]測定に適する
ZnS	50000～760	水や一般的な酸および塩基に不溶，割れやすい
ZnSe	20000～500	水や一般的な酸および塩基に不溶，割れやすい
Ge	5000～560	割れやすい，屈折率が高い
Si	83333～140, 400～30	ほとんどの酸・塩基に不溶
紫外用石英	56800～3700	水やほとんどの溶媒に影響されない
赤外用石英	40000～3000	水やほとんどの溶媒に影響されない
ポリエチレン	625～10	遠赤外分析用の低価格材質

[a] 40%TlBr，60%TlI．
[b] ATR：全反射赤外分光法．

［McCarthy Scientific 社カタログ489より許可を得て転載］

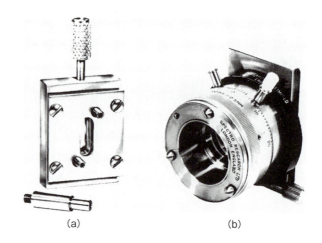

図 16.17　典型的な赤外用セル
(a) 固定光路長セル[Barnes Engineering 社の厚意による]
(b) 光路長可変セル[Wilks Scientific 社の厚意による]

試料を KBr（赤外領域において透過性である）とともに粉砕し，ペレット状に押し固めて測定することもある．

　気体は赤外分光分析法によって分析することもできる．この目的のために，通常 10 cm の長さの長光路セルが使われる．一般的な赤外セルを図 16.17 に示す．労働環境における低濃度の有毒ガスの測定のためには，さらに長い光路長が必要となる．発明者にちなんで名付けられたホワイト（White）セルでは，セルの両側に凹面鏡を用いる．光線は入り口鏡の孔を通って入り，出口鏡の孔を通って出ていく前に，複数回反射する．0.5～1 m の鏡間距離（基本光路長）のもと，数十 m の光路長が容易に得られる．光線が出ていくまでの反射回数，したがって光路長を変化させるための鏡の角度の調節ができるホワイトセルもある．大気測定のためには，さらに長い光路長が必要である．集束された光源および検出器が数百 m，さらには数 km 離れて配置され，開放系の大気をセルとして利用する．そのような差分吸収分光計（differential optical absorption spectrometer：DOAS）の市販品は，一般的に光源および検出器は同じ地点にあり，光源の光を検出器へと反射するために鏡を遠く離れた場所に設置する．波長範囲は紫外領域から赤外領域まで及ぶ．

光ファイバーおよび液体コア光導波路セル

　ほとんどの検出システムの限界は，検出可能な最低の吸光度によって決定される．ベールの法則に従うなら，吸光度は吸光係数，光路長および濃度の積であることを思いだそう．一般的に，（目的物質をさらに強い吸収を示す化学種に変換して，あるいは変換することなく）分析者は吸光係数が最大となる波長をすでに選んでおり，また，測定しようとしている濃度は制御できないので，測定される吸光度を増加させるために操作が可能な，残された唯一のパラメーターは光路長である．上で述べたように，このことは気相の測定について長く認識されてきたもので，普通に使われている．しかし，集束された光線がごくわずかの発散（光線の拡がり）をともなうだけで長い距離を移動できる気相とは違い，液相においては，レーザー光線のようにコヒーレントな光線でさえ急速に発散する．液相では，光は比較的短い距離の間に完全に壁面へと失われ，10 cm を超える光路長は非現実的である．光が，光ファイバー[optical fiber, fiber optics, 光導波路（waveguide）

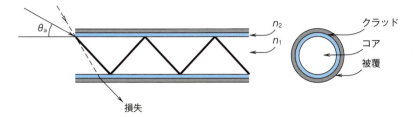

図 16.18 光をほとんど損失せずに透過させる光ファイバーあるいは"光導波路"
コアとクラッドの二つの領域からなり，さらに普通は外側に保護"被覆"がある．コアの屈折率 n_1 はクラッドのそれ(n_2)より高い．光は受光角 θ_a を有する光ファイバーに入射し，コアとクラッドの境界で全反射を繰り返し，ほとんど損失なく透過する．

ともよばれる]によって伝わるように，液体で満たされたセル内を少ない損失で伝わる場合(**図 16.18**)，すなわち，もしセル光が液体コア光導波路(liquid core waveguide：LCW)として挙動する場合，十分な光がセルを透過する長光路セルも実現可能であろう．

受光角(angle of acceptance)θ_a は，与えられたコア(core)とクラッド(cladding，被膜)の屈折率差のもと，入射光が全反射する最大角度である．θ_a より大きな角度で入射するいかなる光も透過できない．光ファイバーの開口数(numerical aperture)NA はファイバーの集光能の尺度であり，以下により与えられる．

$$NA = n_{ext} \sin \theta_a = \sqrt{(n_1^2 - n_2^2)} \quad (16.20)$$

ここで n_{ext} は外部の媒質で，一般的には $n \simeq 1$ の空気である．受光角 θ_a はコアの軸に対して測定され，以下で与えられる．

$$\theta_a = \cos^{-1}\left(\frac{n_2}{n_1}\right) \quad (16.21)$$

さまざまな光ファイバーに対する開口数のデータが，製造企業より提供されている．提供されているほかの特性は，通常，さまざまな波長に対しての単位長さあたりの光の損失である．波長にともなう光の減衰を示すスペクトルも与えられている．光の減衰は通常デシベル毎キロメートル(dB km^{-1})で表され，以下によって与えられる．

$$dB = 10 \log \frac{P_0}{P} \quad (16.22)$$

ここで P_0 は入力強度，P は出力強度である．850 nm におけるシリカベースのファイバーの減衰は，10 dB km^{-1} の桁である．dB = 10× 吸光度ということに留意すること．このため，10 m(0.01 km)のファイバーは約 0.01 の吸光度(0.1 の減衰)を示し，これは 97.7％の透過率に相当する．

紫外線(190 nm)から赤外線($\geq$ 5 μm)までを透過する各種の光ファイバーが入手可能であるが，それぞれは限られた範囲しか使えない．プラスチックおよび多成分ガラス材料が可視領域における短い距離で使われる．一方，シリカファイバーは紫外から近赤外(2.3 μm)領域まで使用可能であるが，高価である．フッ化物ガラスおよびカルコゲン化物ガラスではさらに赤外領域まで及ぶ．

光ファイバーの分光計への接続においては，より多くの光を集めるための開口数の増加と分光計それ自体の集光角が相容れない関係にあり，通常このことが装置性能を制限する．すなわち，分光計それ自体のものより大きな開口数をもつ光

ファイバーを用いて集められた光は，分光計によって観測できない．光ファイバー／分光計の組合せのための設計の議論については，参考文献 21 を参照．

光ファイバーは従来の分光光度測定および蛍光測定のためのプローブとしても使われる．光は光源から試料へと透過し，分光計に戻らなければならない．単一のファイバーによって光の透過および受光の両方が可能なカプラー（coupler, 結合装置）および仕様もあるが，通常は**分岐ファイバー**（bifurcated fiber）のケーブルが使われる．これは一つの管に入った 2 本のファイバーで構成され，末端で分岐している．その一方は光源へ，もう一方は分光計につながっている．しばしば，ケーブルは数十個の細いファイバーの束から構成されており，その半分は末端でランダムにもう半分と分けられている．吸光度測定のために，小さな鏡がファイバーの末端から数 nm のところに配置される（ケーブルに取りつけられる）．光源からの光は試料溶液を通り，分光計へと集光させるために，鏡でファイバーへと反射され戻ってくる．光路長はファイバーと鏡の間の距離の 2 倍である．

> 分岐ケーブルでは，一方は光源からの光を透過させるのに用い，他方は透過光や蛍光を受光するために用いる．

蛍光測定も，鏡がないこと以外は，吸光度測定と同様に行われる．ファイバーの末端から円錐状に放射された光が試料溶液を蛍光励起する．これは，返信ケーブル（光量は開口数に依存する）を通って集められ，分光計へと送られる．強い蛍光強度を与えるためにレーザー光源がしばしば用いられる．

光ファイバーのように挙動する液体で満たされた管に対しては，外側のクラッドは光学的に透過性であり，かつ内側の液体より小さな屈折率をもっていなければならない．たとえば，CS_2（屈折率 1.63）を満たしたガラス（屈折率は約 1.45）管は液体コア光導波路（LCW）として挙動し，可視光をほとんど損失することなく伝える．しかし，そのような例は，液相でのほとんどの測定が希釈水溶液中（水の屈折率は 1.33）で行われるため，実用性はほとんどない．水溶液を満たした管状 LCW セルを作製するためには，屈折率＜1.33 をもつ素材で構成され，用いようとする波長領域で透過性の管が必要である．このことは，屈折率 1.29 もの低さを有するように合成できる新しいフッ素系高分子 Teflon AF® が初めて市販されるようになった 1990 年代まで，実現不可能とされていた．$n_2 = 1.29$ および $n_1 = 1.33$ に対し，θ_a は 14.1° となる．これは比較的性能の劣る光ファイバーであるかもしれないが，近年では，5 m もの光路長の LCW セルが微量測定のために広く使われるようになった．LCW セルの総説については，T. Dallas and P. K. Dasgupta, *Trends Anal. Chem.*, 23 (2004) 385 を参照．

検 出 器

検出器の選択は対象となる波長に依存する．

紫外可視検出器（UV-Vis detector）

光電管（phototube）はかつて紫外および可視領域の測定において一般的であった．これは光電子を放出する陰極および陽極で構成されている．光電管に依存する数十から数千 V までの間のいずれかの電位が，陽極と陰極の間に加えられる．光子が陰極に衝突するとき放出された電子は，陽極に引きつけられ，これによって測定され得る電流が生じる［アインシュタイン（Albert Einstein）は，1905 年のこの発見によって，1929 年にノーベル物理学賞を受賞した．その受賞が，同じく 1905 年に提案した特殊相対性理論によってではなかったことは，いまだに論争の的になっている］．光電子を放出する素材の応答には波長依存性があり，ス

> 検出器
> 紫外に対して：光電管，光電子増倍管，シリコンダイオードアレイ，CCD アレイ
> 可視に対して：光電管，光電子増倍管，シリコンダイオードアレイ，CCD アレイ
> 赤外に対して：熱電対，ボロメーター，サーミスター，InGaAs ダイオードアレイ

ペクトルのさまざまな領域に対してさまざまな光電管が市販されている．たとえば，ある光電管は青色および紫外部分に用いられ，ほかのものは赤色部分のためといった具合である．"ソーラーブラインド(solar blind)型"の光電管は，一般的に＜320 nmの紫外線にのみ応答する．ほかのほとんどの応用においては，光電管は主としてフォトダイオードに取って代わられている．

さまざまな光電陰極の材質を以下にまとめる．

Ag-O-Cs：これはもっとも古くからの光電陰極物質の一つであり(しばしばS-1とよばれる)，300〜1200 nmの領域にわたって応答する．これは比較的高い熱イオン放出(暗電流)を示す．現在は，暗電流を減少させるために冷却した光電陰極を用いての近赤外領域での利用に限られている．

GaAs(Cs)：セシウムをドープして活性化したGaAsは300〜900 nmの広い領域で応答し，300〜850 nmにおいて比較的一定の応答をする．

InGaAs(Cs)：赤外領域においてGaAs(Cs)より広範囲な感受性をもつ．900〜1000 nmでは，この光電陰極はS-1よりもずっと高いSN比を示す．

Sb-Cs：広く使われている光電陰極であり，紫外から可視領域のスペクトルに応答する．

バイアルカリ(bialkali：Sb-Rb-CsやSb-K-Cs)：Sb-Cs光電陰極と類似したスペクトル応答範囲であるが，より高い感度とより低いノイズを有する．

高温用バイアルカリ(低ノイズバイアルカリ，Na-K-Sb)：これはより高い操作温度(上限175℃)においてとくに有用である．おもに油井の探索において応用されている．室温では，暗電流は非常に低く，このことから光子計数法(photon counting)に適している．

マルチアルカリ(multialkali：Na-K-Sb-Cs)：これは高い感度で，紫外から近赤外領域まで幅広いスペクトル応答を示す．広帯域分光光度計に広く使われている．長波長側への応答は，この光電陰極に特別な処理を施すことによって930 nmにまで拡がる．おそらく，もっとも汎用されている光電陰極である．

Cs-Te，Cs-I：可視光に応答しない"ソーラーブラインド型"の光電陰極．Cs-Teは$\lambda < 320$ nmのみに，Cs-Iは$\lambda < 200$ nmのみにそれぞれ応答する．

光電子増倍管(photomultiplier tube：PMT)は光電管より感度が高く，可視および紫外領域における高感度検出法のために広く使われている．これは光子が入射する光電子放出陰極および一連の電極[ダイノード(dynode)]から構成されている．各ダイノードは，それぞれ一つ前のダイノードよりも正の($+50〜90$ V)電位をもつ．光子が光電子放出面に入射するとき，一次電子が放出される[これは光電効果(photoelectric effect)である]．光電子放出面から放出された一次電子は最初のダイノードに向かって加速される．ダイノード表面への電子の衝突は多数の二次電子の放出を引き起こす．これらはさらに，次の電極へと加速され，そこでそれぞれの二次電子がさらに多くの電子を放出させる．このようなことが続き，一般的には10段までの増幅が行われる．電子は最終的に陽極によって集められる．光電子増倍管からの出力は，さらに電子的に増幅される．

光電子増倍管(PMT)でも，さまざまな波長応答特性を有する光電陰極材料が用いられる．**図16.19**に，異なった光電子放出陰極表面をもつ，いくつかの典型的な光電子増倍管の応答特性を示す．PMTの高い感度は，非常に微弱な光の検出を可能にし，よりよい波長分解能のために，より狭い幅のスリットを使用す

アインシュタイン(Albert Einstein)は1905年の光電効果の解明に対して1921年にノーベル物理学賞を受賞した．誤解している人が多いことであるが，同じく1905年に導いた特殊相対性理論ではノーベル賞を受賞していない．彼の相対性理論は1920年代のはじめ頃には，依然として論争の的になっていた．

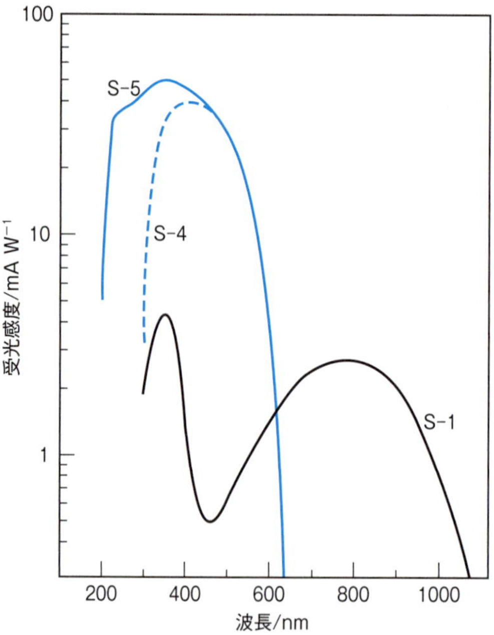

図 16.19　さまざまな光電陰極物質のスペクトル応答
S-1：Ag-O-Cs，S-4 および S-5：2 種類の光電陰極
[G. D. Christian and J. E. O'Reilly, *Instrumental Analysis*, 2nd ed. Boston: Allyn and Bacon, Inc., 1986 より許可を得て転載]

ることが可能になる．

　一般的な光検出の応用のためにもっとも広く用いられている光検出器は，照射光が到達可能な接合部をもつ半導体ダイオードで，フォトダイオード（photodiode）とよばれる．p 型半導体は，シリコン（Si：四つの価電子をもつ）に Al，Ga または In（三つの価電子をもつ）を添加［ドーピング（doping）］して得られる格子電子に欠損があるものである．n 型の半導体は，シリコンに N，P，As（五つの価電子をもつ）を添加して得られる格子電子に過剰が生じているものである．もっとも単純なダイオードは p 型半導体と n 型半導体を接合したものである．短絡電流は，フォトダイオードに降りかかる光の強度と直線的な関係にある．太陽電池（光電池）は，本質的に広い面積をもつフォトダイオードである．逆電圧（n 側が正）をフォトダイオードにかけることは，ノイズの増加と引き換えに応答速度を大きく増加させる．PIN ダイオード（p-intrinsic-n diode）は p 型半導体と n 型半導体の間に絶縁層を有し，高速レーザーパルスを検出するのに必要とされる非常に速い応答速度をもつ逆バイアス検出法にとくに適している．アバランシェフォトダイオード（avalanche photodiode：APD）は高い逆電圧（しばしば数百 V）を用いる．PMT のように，最初に生じた光電子は，二次電子なだれを生み出し，このことが非常に高い感度をもたらす．一般的な応用においては，フォトダイオードの出力は外部の電流-電圧変換器によって処理される．フォトダイオードとオペアンプ（operational amplifier，演算増幅器）の組合せは，電流-電圧変換と十分な（固定あるいは可変の）増幅を可能にする．これらは広く入手可能であり，光検出器として普通に使われている．

　フォトダイオードが適用できる波長領域は，使用される半導体の種類に依存する．一般的なシリコン半導体は通常 400～900 nm の領域に応答するが，特殊な製品は 170～1100 nm に応答することができる．単独の光電管や PMT では，このような広い範囲をカバーすることはできない．SiC 検出器は 200～400 nm の

領域で固有の応答を示す．GaP フォトダイオードは 440 nm 付近に極大応答をもち，応答が可能な範囲は 190〜550 nm までである．その応答は，可視領域では人間の目の応答に似ている．GaAsP フォトダイオードの応答は，ドープの性質と量に依存して大きく変化する．応答範囲は 190〜760 nm に及ぶことができる．GaN および InGaN 光ダイオードは，それぞれ 200〜370 nm および 200〜320 nm に応答する．ドープに依存して，紫外（200〜400 nm）または近紫外から可視（300〜510 nm）用のフォトダイオードが得られる．近年，近赤外領域で"見る"暗視装置への関心によって，InGaAs フォトダイオードが大きく発展した．ドーピングに依存して，応答は 850〜2500 nm まで及ぶ．熱雑音を減らすために，一般的に熱電冷却がこれらおよびほかの検出器を冷却するために用いられる．応答を望みの波長領域に制限するための色ガラスフィルターまたは干渉フィルターを内蔵するフォトダイオードも入手可能である．図 16.20 にいくつかのフォトダイオードアレイの写真を示す．図 16.21 には紫外線感受性のシリコンフォトダイオードのスペクトル応答を示す．

電荷結合素子（charge coupled device：CCD）光センサーは AT & T Bell 研究所の Willard Boyle および George Smith によって 1969 年に発明された．彼らはこの発見によって，40 年後に，光ファイバー通信への功績が認められた Charls Kao とともにノーベル物理学賞を共同受賞した．CCD 素子が単独で用いられることはめったになく，ほとんどアレイ（array，配列）として使用される．直線状のアレイはファクシミリおよびデジタルスキャナーで使われ，二次元的なアレイはデジタルカメラの画像検出のために使われている．個々のセンサーは画素（element）あるいはピクセル（pixel）とよばれ，"5 メガピクセルのセンサーをもつカメ

図 16.20　1024 素子ダイオードアレイ
［浜松ホトニクス社の厚意による］

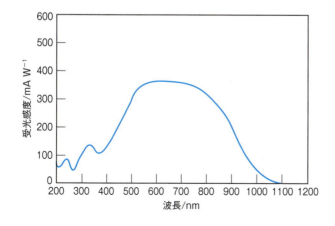

図 16.21　紫外線感受性フォトダイオードの典型的なスペクトル応答
［M. Kendall-Tobias, *American Laboratory*, March (1989) 102 より，International Scientific Communications 社の許可を得て転載］

ラ"などの呼称はここに由来する．CCD では，各センサーに当たる光の強度は，デジタル量の電荷に変換される．電荷は，センサーピクセルの列に沿って，不連続な時間間隔で読み取られる．したがって CCD は離散的な時間で応答する素子である．すなわち，光の信号は不連続な時間間隔でサンプリングされる．しかし，その時間間隔は非常に短い．直線的な CCD アレイの分光光度計としての利用は，安価な小型の紫外可視分光計から，PMT に匹敵する感度をもつ少々高価な小型の熱電冷却された裏面照射型の CCD に基づく分光計にまで及ぶ．

シリコンダイオードおよび InGaAs ダイオードも，マルチピクセル（2～2048 ピクセル）アレイの形でつくられている．190～900 nm（しばしば 1100 nm まで）の紫外可視領域全体をカバーするような，シリコンフォトダイオードアレイに基づく中程度の価格の分光光度計がよく知られている．デスクトップ型および小型の光ファイバー InGaAs ダイオードアレイを用いる近赤外分光計が市販されているが，たいへん高価である．アレイ検出器に基づく分光計の長所は，CCD アレイであってもフォトダイオードアレイ（photodiode array：PDA）であっても，機械的に走査されるモノクロメーターを必要としないことである．典型的な装置構成を，後ほど，図 16.23 に示す．アレイ検出器素子は順番に読み取られる．電子装置，ピクセル数，素子の全配列に依存するが，1 ms 以内で読み取ることもできる．低価格の分光計では，数十 ms が一般的である．

Analytical Chemistry 誌は，分光光度計を，二つの光線の強度比，すなわち P/P_0 を測定する（したがって，それは吸光度を記録できる）分光計として定義している．二つの光線は，同時に［複光束（double-beam）の装置］，あるいは別々に［単光束（single-beam）の装置］測定される．例外は，光源を発光試料に置き換え，蛍光分光法のように，そのスペクトルと強度を測定するときである．しかし，高級仕様の蛍光分光光度計では，測定された蛍光強度はしばしば励起光強度に対する比として表される．分光光度計のプリズムまたは回折格子のモノクロメーターを狭い波長帯を通す光学フィルターに置き換えた装置はしばしば光度計（photometer）または比色計（colorimeter）とよばれる．

赤外検出器（IR detector）

赤外検出器は 2 種類に分けられる．一つは電磁波の量子的特質に基づくものである．もう一つは赤外線が本質的に熱であるという事実に基づいており，これらの検出器は熱センサーである．最初のタイプには，紫外可視領域で使われるシリコンフォトダイオードとまったく同一の**光起電力検出器**（photovoltaic detector）がある．これらには，Ge（0.8～1.8 μm），InGaAs（0.8～2.5 μm），InSb（1～5.5 μm），InAsSb（1～5.58 μm），HgCdTb［2～16 μm，しばしばテルル化カドミウム水銀（mercury cadmium telluride）という物質名から MCT とよばれる］が含まれる．二つ目のタイプには，量子効果に基づく**光伝導検出器**（photoconductive detector）がある．これらの装置の電気抵抗は，降り注ぐ光の強度とともに指数関数的に減少する．極大応答が近紫外（ZnS）あるいは可視（CdS）にあるこのような検出器が入手できるが，シリコン光起電力検出器のほうが優れているために，分析装置ではめったに用いられない．光伝導赤外検出器には，PbS（1～3.6 μm），PbSe（1.5～5.8 μm），PbSnTe（3～14 μm）などがある．InGaAa，InSb，HgCdTe も光伝導モードで使うことができ，一般的に，光起電力モードと比較してより長波長側で高い応答を示す．InSb 検出器および HgCdTe 検出器は，それぞれ 1～6.7 μm および

アレイ検出器では，個々の検出素子はピクセルとよばれる．

一般的な検出器
光電子増倍管：160～1100 nm
シリコンフォトダイオードアレイ：170～1100 nm
電荷結合素子（CCD）：180～1100 nm
InGaAs フォトダイオード：850～2550 nm
PbS 光伝導検出器：1000～3300 nm

2～25 μm の範囲で使うことができる．遠赤外検出のためには，検出器を液体窒素の温度まで冷却しなければならない．典型的な熱検出器は，通常二つの異種の金属線からなる**熱電対**(thermocouple)である．**サーモパイル**(thermopile, 熱電堆)は直列，あるいはあまり一般的ではないが並列につながった熱電対から構成されている．一般的な熱電対は2点で接合された一組のアンチモン線およびビスマス線から成り立つ．2点間に温度差が存在するとき，電位差が発生し，これが測定される．接合点の一つが，モノクロメーターからの光路上に配置される．あるサーモパイルは，最大6個までの直列の熱電対で構成され，伝導による熱の損失を最小にするために真空中に配置される．半面で感知を行い，反対の面は基板に結合されている．サーモパイルは約 30 ms の応答時間をもつ．**ボロメーター**(bolometer)および**サーミスター**(thermistor)は電気抵抗の（一般的には負の）温度依存性に基づいている．サーミスターはコバルト，マンガンおよびニッケルの酸化物を焼結したものからつくられている．電気抵抗の変化はホイートストンブリッジ回路において測定される．熱電対に対する利点は，より迅速な応答時間（熱電対の 30～60 ms に対して 4 ms）と，それにより向上した分解能であり，感度を妥協することでより高速の走査速度が達成できる．熱検出器の応答は基本的に測定波長とは無関係である．ボロメーターは，吸収体の薄膜で構成されており，これは一定温度で大熱容量の熱源につながっている抵抗温度計のようにはたらく（しばしば液体窒素あるいはさらに低い温度に冷却される）．応答時間は，吸収素子と熱源との間の熱伝導度に対する吸収体の熱容量の比に比例する．一般的に，半導体または超伝導体の吸収素子が使われる．

　高速フーリエ変換赤外(FTIR)分析装置に求められる迅速な測定のために，そして高感度な測定のために，**光子検出器**(photon detector)が用いられる．例としては固体状態の PbS, PbSe, InGaAs, あるいは InSb の光伝導検出器がある．光起電力検出器はさらに高速であり［光通信でしばしば使われる InGaAs 検出器はピコ秒(ps)以下の時間スケールで応答できる］，より高感度であるが，通常，冷却を必要とする．InGaAs は近赤外領域においてもっとも高い感度を与え，検出器として好まれるようになった．

　いわゆる**複合素子**(two-color detector)は，PbS, PbSe あるいは InGaAs 検出器の上に，同じ光軸でおかれた赤外透過性のシリコン検出器を配し，それぞれ 0.2～3, 0.2～4.85, 0.32～2.55 μm の領域に有効な応答を示す．

　現在の最高仕様の分光光度計は，紫外から近赤外までの領域全体をカバーし，複数のモノクロメーターと複数の検出器を用いている．たとえば，Perkin-Elmer 社の Lambda 1050 は 175～3300 nm の範囲に及び，これは 175～860 nm の領域を扱うために PMT を，860～1800 / 1800～3300 nm, 860～2500 / 2500～3300 nm または 860～2500 / 2500～3300 nm（選択する InGaAs 検出器の種類に依存）を扱うために冷却 InGaAs / PbS 検出器を用いる．波長分解能は 0.05 nm と良好で，吸光度のノイズは 2×10^{-5} の低さ，ダイナミックレンジ（測定範囲）は上側で 8 吸光度単位（10^8 個の入射光子のうち1個しか試料を透過しない！）もの高さになり得る．

スリット幅：物理的スリット幅とスペクトルスリット幅

　スペクトル的に純粋な波長の光をモノクロメーターによって得ることは不可能

スリットを通過した電磁波は単色光ではない．

であることを以前に述べた．むしろ，波長および帯域は，モノクロメーターの回折格子あるいはプリズムの分散および出口スリット幅の双方に依存する．プリズムの分散能は，プリズムの幾何学的な形状と同様に，電磁波の波長およびプリズムの材質に依存する．一方，回折格子の分散能は単位長さあたりの溝の数に依存する．分散はまた，スリットまでの距離の増加とともに増大する．

　光が分散されたあと，そのある部分が出口スリットに到達し，このスリットの幅により，試料や検出器がどれほどの幅をもつ波長帯の光と接するのかが決まる．**図 16.22** はスリットを通り抜ける波長の分布を表す．**公称波長**(nominal wavelength)は装置に設定された波長であり，スリットを通過する最大強度の電磁波の波長である．電磁波の強度はこの波長の両側において減少し，公称波長での強度の半分が通過する波長のバンド幅を**スペクトルバンド幅**(spectral bandwidth)あるいは**バンドパス**(bandpass)という．**スペクトルスリット幅**(スリット波長幅, spectral slit width)はスペクトルバンド幅の約 2 倍であり（図 16.22 の正規分布を二等辺三角形によって近似している），これはスリットによって通過するすべての波長の拡がりの尺度になる．スペクトルスリット幅は物理的スリット幅（スリットの間隔）と同一ではないことに留意せよ．物理的スリット幅は数 μm から 1 mm またはそれ以上にまで及び得る（スペクトルスリット幅はスリットを通過する電磁波の帯域であり，波長の単位で測定される）．正規分布型の帯域曲線に対して，電磁波強度の約 76% はスペクトルバンド幅の波長のなかに含まれる．

　光源の強度および検出器の感度がそれを許容するならば，スリット幅を減少させることでスペクトル純度は改善できる（スペクトルバンド幅は減少する）．しかし，スペクトルバンド幅の減少は，通常，直線的ではなく，光学的な収差および非常に狭い幅のスリットによって起こる回折効果のために限界に達する．回折は，実質的には，スペクトルスリット幅を増加させる．現実には，回折の効果が顕著になる前に，装置の感度の限界に達する．

　分散素子として回折格子を用いると，一定のスリット幅のもとでは，与えられた次数のあらゆる波長に対して，スペクトルバンド幅あるいはスペクトルスリット幅は，本質的に一定である．このことがプリズムにあてはまらないのは，分散

> スペクトルバンド幅はプリズムでは波長とともに変化するが，回折格子では一定である．

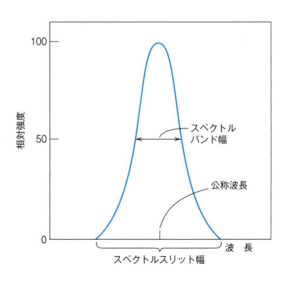

図 16.22　モノクロメーターのスリットを通過した光の波長分布

の波長依存性のためである．スペクトルバンド幅は短い波長で狭くなり，長い波長では広くなる．

装置の波長および吸光度の校正

分光光度計の波長の値は，極大吸収および極小吸収が既知である溶液を用いて点検することができる．二クロム酸カリウムはpH 2.9において，257および350 nmで極大吸収をもち，235および313 nmで極小吸収をもつ．酸化ホルミウムガラスフィルターは，279.2, 385.8, 446.0, 536.4および637.5 nmにおいて鋭い吸収を示す．

米国国立標準技術研究所(National Institute of Standards and Technology：NIST)は，波長の正確さおよび吸光度(あるいは透過率)の正確さを確かめるための，**標準物質**(standard reference material：SRM)を供給している．紫外可視分析のためのSRM 930Eは，標準厚さの3枚セットの減光ガラスフィルターから構成されており，10, 20, 30％の透過率を有する．ほかの標準物質は，たとえば，二クロム酸カリウムまたはフタル酸カリウムの過塩素酸標準液からなる．吸光度の標準に関するNISTのwebページを参照のこと．SRM 1921Aは赤外校正のためのポリスチレン膜である．日常分析に適用するための校正については，R. A. Spragg and M. Billingham, *Spectroscopy*, **10**(1) (1995) 41を参照(分解能の影響に対する補正，ピーク検出のアルゴリズム，帯域の位置に対する温度の影響について述べられている)．

16.9 装置の種類

すべての分光計(一般にモノクロメーターの前に試料がおかれるアレイ検出器を除く)は，図16.12のような基本的構成を有している．メーカー，設計装置の波長領域，要求される分解能などにより多様なバリエーションが存在する．ここでは，重要で一般的な構成の分光計とその一般的操作法を示す．

単光束型分光計

現在もっとも安価な学生向けの分光計は，小型光ファイバー単光束型分光計である．図16.13に示すような波長域の広い光源からの光は，集光システムとして機能する光ファイバーによって試料セルに入射される．透過光はさらに光ファイバーにより分光部に送られる．多様な構造をした小型分光計が存在する．**図16.23**に，非対称ツェルニー・ターナー型分光計を示す．光はスリットを通って分光部に入り，光(グレーの実線)を回折格子に反射させる平行光を得るためのコリメーティング凹面鏡に入射される．回折格子のブレーズ角と溝密度は，波長領域と分解能に応じて決定される．続いて，回折格子は，第二鏡へと光線(青色の破線)を回折する．これによって，光線はアレイ検出器(通常はCCDアレイ)へと投影される．いくつかのメーカー(たとえば，Stellarnet社)は，凹面鏡と平面格子をあわせた機能が得られる凹面回折格子を使用しており，これにより高い光効率が得られる．校正されたシステムでは，検出器の各画素は光の特定波長に対応している．小型光ファイバー分光光度計の市販品の一例を**図16.24**に示す．

光源によっては，次数選択フィルター(高次光を取り除くフィルター)が必要で

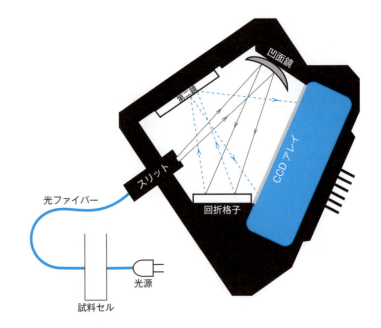

図 16.23 小型光ファイバー分光光度計を用いる測定システムの概略図
同様なシステムの写真は図 16.24 参照.

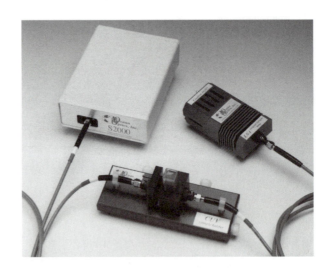

図 16.24 小型光ファイバー分光光度計
箱は分光計である.その右側に光源があり,光ファイバーケーブルは光をセルに導く.第二のケーブルは透過光を分光計に導く.
[写真は Ocean Optics 社提供]

ある.白色 LED 光源は,ある特定の範囲にわたって発光し,利用可能な最大波長と最小波長の比は 2 より小さいため,次数選択フィルターは必要ない.しかし,石英タングステン-ハロゲンランプでは,次数選択フィルターが必要である.

フィルターは,制限する光に応じて選択される.ほとんどの用途において,ショートパスフィルターかロングパスフィルターが用いられる.

試料に吸収されない光は検出器に向かって進む.検出器において,光の強度は電気信号に変換され,コンピュータ上に記録・表示される.

これまでに,光源のスペクトル強度と検出器のスペクトル感度が波長と関連していることを説明してきた.したがって,何らかの方法を用いて,過不足ない光を検出器に到達させなければならない.これは,以下の二つの方法のうちの一方を用いることで達成される.まず,スリット幅を調節することで,検出器に到達

する光量を制御する方法である．しかし，低価格の光ファイバー分光計では，通常，ユーザがこの方法で調節することはできない．一般的には，カメラの場合と同様に，信号が読み取られるまでの検出器の露光時間を調節することによって，光量を調節する．

すべての検出器は，光がない状況下においても，熱効果による**暗応答**(dark response)を示す．一般的に，この応答は小さいが，スペクトル全域の暗応答を，ブランク試料と試料の測定で用いる積分時間と同じ積分時間を用いて取得することにより考慮できる．さて，溶媒で満たされたセルを光路にセットし，検出器の表示を読み取る．それぞれの波長で，対応する暗応答を差し引いて P_0 の値を得る．これにより，装置の目盛りは試料のスペクトルを読み取る準備ができる．試料をセルに入れて表示を読み取る．それぞれの波長で，暗応答を差し引いて P の値を得る．透過度 (P/P_0) あるいは $(-\log T)$ は容易に計算されて表示される．

> 光が到達しなくても検出器にはわずかな応答がある．これが暗応答である．

分析時において，100％透過の値 (P_0) を得るために，多くの場合，溶媒の代わりにブランク溶液[*4]が用いられる．その後の測定では，ブランク溶液の吸光度は自動的に補正される(差し引かれる)．この方法は，ブランク値が一定と証明されるときのみ使用されるべきである．ブランク値が大きいと変動は大きくなる．ブランク値を用いて装置の目盛りをゼロに合わせることの長所は，測定のたびに実験誤差がつねに含まれるブランク値を読み取る必要がないことである．この手法を用いるときは，ブランク値が一定であることを確認するために繰り返しブランク溶液を確認することで，よい結果が得られる．

複光束型分光計

複光束型分光計(double-beam spectrometer)は，単光束型分光計よりも複雑な構造になっているが，光源の光強度の変動を容易に補正できるという長所がある．装置には二つの光路があり，一つは試料を通過する．もう一つは，参照光として直接検出器に到達するか，参照溶液あるいはブランク溶液に向かう．一般的な構造では，光源からの光は振動鏡あるいは回転鏡に向かって進む．これらの鏡により，光は参照セルと試料セルを交互に通過し，それぞれのセルから検出器に到達する．実際には，検出器は参照光と試料光を交互に検出する．検出器の出力は二つの光強度の比 (P/P_0) に比例する．その他の構造として，固定されたビームスプリッターを用いて，光を二つに分割するものがある．それぞれの光は，別々に一対の検出器に向かい，その過程で試料光は試料を通過する．

最初に述べた一般的な構成では，振動鏡あるいは回転鏡と等しい周波数で，交互にシグナルが出力される．交流増幅器がこの交流シグナルを増幅する一方，直流シグナルの迷光は記録されない．波長は，一定速度で分散素子を動かすモーターによって変えられる．スリットは，参照光からのエネルギーを一定に保つためのサーボモーターによりつねに調節される．すなわち，(通常はブランク溶液あるいは溶媒で満たされる)参照セルの透過率が100％になるように自動調節している．

ここまで，複光束型分光計について簡単に述べてきた．この装置の構造と操作法にはバリエーションがあり，このことは，複光束型分光計の有用性を示してい

[*4] 分析成分以外で用いたすべての試薬を含む溶液．

る．複光束型分光計は，全スペクトルが要求されるような定性的な研究にとても有用であり，光源強度のドリフトだけでなく，ブランクによる吸光度の自動補正が可能である．

> **単光束か，それとも複光束か**
>
> 　1950年代における初期の紫外可視および赤外分光光度計は，光学的なドリフトと電子ノイズを補正するために，通常は複光束モノクロメーターを備えており，とても大きな装置であった．これらは遅く，感度もよくなかった．光技術および電子技術の発達により，透過光のエネルギーを減衰させる複光束型装置の必要性は低下している．現代の単光束型装置は，旧型の装置よりも小型，迅速，高感度かつ経済的である．しかし，複光束型装置は，依然として光学的な安定性があり，どちらを選択するかはニーズ次第である．現代の分散型赤外分光計はすべて単光束型である．アレイ検出器は一度に全スペクトルを取得でき，最近は，低価格で普及している．これらは試料が吸収しない波長の光を参照できるため，光源の変動を補正することが可能である．
>
> 　装置は，分解能20 nmのSpectronic 20のような低分解能の学生用から0.05 nmより高い分解能を有する研究用まであり，分解能の選択範囲は広い．一般的に，装置は，複数標準，多項式曲線や統計計算を用いた校正が可能なソフトウェアを内蔵している．

16.10　アレイ検出器：一度に全スペクトルを取得する

アレイ分光計には，出口スリットがなく，アレイ検出器に向かって波長ごとに分散した光は同時に記録される．

　図16.23に示すように，今日の単光束型分光計は，通常，アレイ検出器を用いる．また，CCDアレイの代わりに，フォトダイオードアレイ(PDA)も広く用いられる．どちらのアレイも全スペクトルを数msで記録できる．アレイ検出器を用いる分光計の基本構造を**図16.25**（図16.23の簡略版）に示す．広帯域（多色性）の光は試料を通過し，試料の後ろに分散素子がおかれている．分散素子，すなわち回折格子は，単色光の分離が目的ではないので，モノクロメーターではなく，ポリクロメーター(polychromator)と称される．波長を分離するための出口スリットはなく，分散された光はアレイ検出器に向かって進む．分解能はアレイの個々の画素数により決定される．また，各画素の間に光を感受しないしきりがあることも覚えておく必要がある．

　アレイ分光計は，吸収スペクトルが重なっている吸収化学種の混合物を分析するときにとても有用である．アレイ分光計は，吸収極大と同様に吸収バンドの両端のデータを用いることで，多くのポイントにおける吸光度の同時測定が可能である．分析物よりも多くの測定ポイントを取得できる"重複決定(overdetermination)"の手法は，定量分析の信頼性を向上させ，類似しているが同一ではないスペクトルを有する単純な混合試料中の6成分以上を定量できる．多成分分析の例として，5種ヘモグロビンの同時測定を**図16.26**に示す．五つのスペクトルは，コンピュータのメモリに保存されている各標準スペクトルと比較することにより定量的に分離されている．さまざまなソフトウェアパッケージにより，フ

16.10 アレイ検出器：一度に全スペクトルを取得する

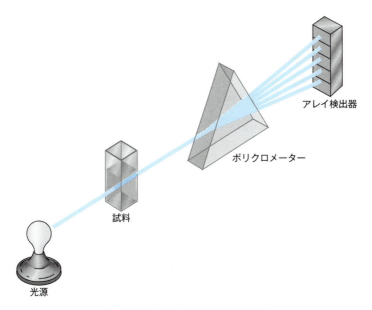

図 16.25　アレイ分光計の概念図

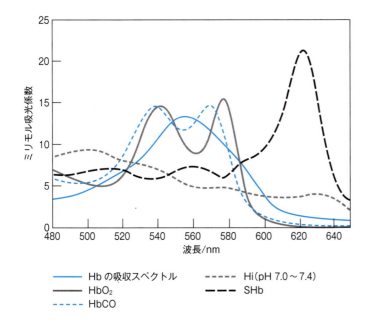

図 16.26　5種ヘモグロビンのミリモル吸光係数（$\text{mmol}^{-1}\,\text{L}\,\text{cm}^{-1}$）
Hb：ヘモグロビン，HbO_2：酸素ヘモグロビン，HbCO：一酸化炭素ヘモグロビン，Hi：メトヘモグロビン，SHb：スルフヘモグロビン
［A. Zwart, A. Buursma, E. J. van Kampem, and W. G. Zijlstra, *Clin. Chem.*, **30** (1987) 373 より許可を得て転載］

ルスペクトル分析が可能である．校正に混合標準試料を用いると，成分間で起こり得る相互作用を補正することができる．

アレイ分光計は，データを高速に取得できるため，統計解析を用いる定量データの改善が可能である．たとえば，各測定点において，1秒間に10回の測定が可能であり，それらの結果から各点における標準偏差が得られる．続いて，装置のコンピュータは，最小二乗法により，各点の精度に基づくデータの重みづけを行う．この"最尤法（maximum-likelihood）"とよばれる統計手法は，定量計算における不良データの影響を最小にする．高速自動コンピュータ制御測定および

測定精度は複数回の測定結果を平均化することで改善される．

コンピュータ制御によるデータ解析が可能な装置は，スペクトルを一定間隔で繰り返し取得する反応速度測定に最適である．

CCDアレイ，とくに背面照射型CCDアレイは，PDAよりも高感度であり，低光量の検出においてより優れている．そのため，さまざまな発光分光法の検出器に適している．一方，PDAは，応答の再現性が高く，十分な光を得ることができれば，吸光度測定の検出器に適している．

16.11　フーリエ変換赤外分光計

> 分散型赤外分光計の多くはFTIR分光計に取って代わられた．

従来の赤外分光計は**分散型装置**(dispersive instrument)として知られている．コンピュータあるいはマイクロプロセッサを用いる装置の出現により，分散型装置は，長所の多いフーリエ変換赤外(Fourier transform infrared：FTIR)分光計に置き換えられてきた．FTIR装置は，スペクトルを取得するために，回折格子分光計ではなく，干渉計を用いる．

干渉計の基本構造を図 16.27 に示す．通常の赤外光源からの光は，ビームスプリッターにより二つの光路に分かれ，一つの光路は固定鏡に向かい，もう一つの光路は可動鏡に向かって進む．これらの光が反射したとき，一方の光は，可動鏡によってより短い（あるいは長い）距離を通ってきたため，もう一方の光からわずかに位相がずれている（位相の不一致）．これらの光は，試料を通過する前に，再び合わさり（光の全波長領域の）干渉縞を生成する．全波長領域の光が同時に試料に照射され，ある設定速度で鏡が移動するため，干渉縞は時間とともに連続的に変化する．試料が光を吸収した結果は，その**時間領域**(time domain)で構成されるスペクトルとなり，**インターフェログラム**(interferogram)とよばれる．これは，二つの光の光路差の関数として表した吸収強度である．

> インターフェログラムは時間領域のスペクトルである．フーリエ変換はそのスペクトルを周波数領域に変換する．

図 16.28 に，典型的なインターフェログラムを示す．信号の高い部分は，二つの鏡がビームスプリッターから等距離にあるとき，すなわち二つの光の相殺的干渉がゼロのときに対応しており，センターバースト(centerburst)とよばれる．ここから離れると，相殺的干渉のため，強度は急激に減少する．これは，コンピュータを使って，**フーリエ変換**(Fourier transformation)として知られる数学演算により周波数領域に変換される［そのため，**フーリエ変換赤外分光計**(Fourier transform infrared spectrometer)とよばれる］．この変換により，通常みられる赤外スペクトルが得られる．

干渉計は，すべての光が通過するため，光のスループットがとても大きいとい

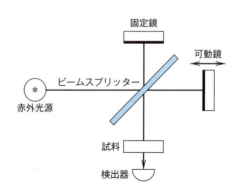

図 16.27　FTIR分光法で用いる干渉計の概略図

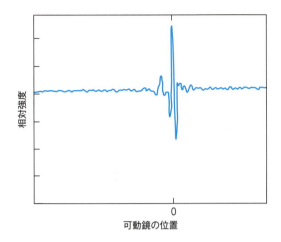

図 16.28 典型的なインターフェログラム
"0"の位置は，干渉計の二つの鏡がビームスプリッターから等距離にあるときを表す．
[D. W. Ball, *Spectroscopy*, **9** (8) (1987), 24 より許可を得て転載]

う長所がある(Jacquinot's advantage[*5])．すなわち，一時的に一部の光が試料に照射されるのではなく，つねに全波長領域の光が試料に照射される．このため，信号雑音比(SN比)が向上する．さらに，干渉計は，すべての赤外周波数を同時に測定するため，多周波数同時測定による長所(Fellget's advantage[*5])が生まれ，回折格子の分解能と同等以上のスペクトルを数秒で取得できる．

多くのインターフェログラムを取得・平均化して SN 比を高めるために，コンピュータは，毎回鏡の軌道に合わせながら，センターバーストが正確に同じ位置になるようにして平均化しなくてはならない．これを達成するために，干渉計は，小さな赤色ヘリウム–ネオン(He-Ne)レーザーを有している．この単色光は，赤外光源と同様に干渉計を通過する．光が再び合わさると，レーザーの精確な波長(632.8 nm)の間隔で干渉縞を生成する．これらの干渉縞により，可動鏡の位置は校正され，全スペクトルが同期する．

干渉計とフーリエ変換の原理は 1 世紀以上前に知られていたが，実用化には高速コンピュータの出現を待たなくてはならなかった．FTIR 装置は，携帯型および高性能な実験室型のものが市販されている．これらはすべて，塩[通常はゲルマニウムを被覆した臭化カリウム(CaF_2 と ZnSe は特殊な用途に用いられる)]でできたビームスプリッター，高精密な機械式(あるいは空気ばね式)除振台上の可動鏡，半導体検出器(たいていは冷却される)および時間領域のインターフェログラムを周波数領域のスペクトルに高速変換するのに必要な演算能力を備えている．さらに，波長を校正するために，フォトダイオード検出器をもつレーザーも備えられている．

近赤外領域で使用可能な高速走査型単光束分散型装置が市販されており，FTIR 装置と同程度の性能を有する．フーリエ変換分光法は，短波長側で，おもに参照光の波長に起因する制約がある．

FTIR 分光計の長所：光の透過効率の高さ，SN 比の向上，全波長領域の同時測定．

[*5] [訳者注] 提唱者の名前にちなみ，それぞれそのようによばれる．

現在の赤外分光計は，赤外スペクトルの取得時に，塩のセル板を必要とせず，試料処理を容易にする反射板やサンプリング機能がついている．もっとも有用な手法は全反射減衰法（ATR）とよばれる内部反射法である．試料はダイヤモンド基板上に押しつけて測定する．赤外光は試料中に浸入し，その内部で反射して検出器に向かう．

16.12　近赤外分光計

近赤外（near-IR）分光計の光源は，通常 2500～3000 K であり，1700 K の中赤外領域と比較して，放射強度が約 10 倍高く，SN 比が改善されている．このことは，一般的な光源からの赤外光は，温度の上昇とともに中赤外領域で次第に減少し，最大強度は近赤外領域にシフトするために可能となる．高温になるほど中赤外光は弱くなるが，近赤外領域では有利になる．石英タングステン-ハロゲンランプは，750～1750 nm の領域で強い光を発する．

インジウムガリウムヒ素（InGaAs）検出器は，近赤外領域でもっとも一般的に用いられており，中赤外領域の検出器よりも約 100 倍高感度である．高強度の光源と高感度検出器を組み合わせることにより，ノイズレベルは，吸光度の単位で 10^{-6} ほどに低下する．ガラスと石英は近赤外光を透過させるため，中赤外領域用よりも光学レンズやセルを容易に設計・使用できる．近赤外光は，光ファイバーにより遠方に送ることができる．高速光通信は，通常 1270～1625 nm の領域で行われるが，1310 nm と 1550 nm の 2 波長がもっともよく使用される．プロセス検査や現場（携帯）検査で用いる商業機器では，多くの場合，非破壊検査を行うために光ファイバープローブを使用している（下記参照）．

> 近赤外の光源は，中赤外領域よりも強く，検出器は高感度であるため，ノイズレベルは 1/1000 の低さである．

偽造薬検査に使用される分光法

製薬会社と消費者は，偽造薬に関する深刻な問題に直面している．偽造薬市場の流通量は多く，偽造薬には，医薬品有効成分（API）が含まれておらず価値のないもの，有毒成分が含まれており危険なもの，表示よりも少ない API しか含まれておらず，わずかしか効果のないものがある．製薬会社は機能性の高い梱包を施すなど，偽物を容易に発見する取り組みも行っている一方で，偽造者はたくみに発覚を回避している．分析化学は，この問題の解決に努めている．処方あるいは API 量とのわずかな違いを最新技術により評価するため，薬剤は研究室に送られる．しかし，これには時間がかかるため，販売停止の処置がなされるまで偽造が続けられることになる．そこで，偽造薬が消費者に届く前にすばやく識別するために，素人でも使える現場型装置が開発された．通常，これらには，試料の前処理や試薬を必要としない非破壊検査が可能な赤外測定を用いている．迅速な検査が可能なそのほかの手法として，短時間で配置できる移動型実験室がある．

16.13 分光測定における誤差

吸光度あるいは透過度を読み取るうえで，ある程度の誤差や再現性の悪さはつきものである．測定値の不確かさは，多くの機器的要因と，読み取る目盛りの範囲，すなわち試料の濃度によって決まる．

透過度と濃度には対数関係があるため，透過度を測定するときのわずかな誤差は，透過度の低いときと高いときにおいて，計算された濃度に大きな相対誤差を生じる．試料がほんのわずかな光しか吸収しない場合，かなりの相対誤差があっても，透過度はわずかに減少するだけである．その一方で，試料がほとんどすべての光を吸収する場合，試料を透過したわずかな光の量を正確に読み取るためには，きわめて安定な装置が必要となる．したがって，読み取りによる相対誤差が最小になるような最適透過度あるいは吸光度が存在する．

相対誤差が最小になる透過度は，ベールの法則から計算により導き出される．ここで，本質的な誤差は，装置の目盛りを読み取るとき（あるいはデジタル化されたデータとその表示）の不確かさに起因し，透過度を読み取るときの絶対誤差は，透過度と関係なく一定であると仮定する．理論的には $T = 0.368$ または $A = 0.434$ のときに，濃度の相対誤差が最小になると予測される．原書の web サイトの補遺 "considerations on optimum absorbance for minimum error（誤差を最小にする最適吸光度に関する考察）" を参照．

図 16.29 に，透過度の誤差をわずかではあるが一定（0.01）として計算したときの濃度の相対誤差と透過率との関係を示す．図より，透過率 36.8％のときに最小値をとり，透過率 20〜65％（吸光度 0.7〜0.2）の範囲における誤差は，ほぼ一定で最小となることがわかる．分光光度計の読み取りによる誤差が大きくならないように，透過率が 10〜80％（吸光度 1〜0.1）の範囲で測定すべきである．したがって，吸光度が最適範囲に入るように，試料を希釈（あるいは濃縮）し，標準液を調製すべきである．

しかし，上記の指針は，今日の多くの装置では狭すぎるであろう．実際のところ，図 16.29 で示した誤差は，光伝導検出器，熱電対検出器，ボロメーター，お

> 吸光度の小さな値と大きな値を正確に測定することはどちらも困難である．

> 誤差を最小限にするため，吸光度は 0.1〜1 の範囲に収めるべきである．

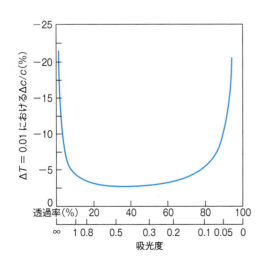

図 16.29　透過率の不確かさ 1％と仮定したときの，透過率の関数として表した濃度の相対誤差

よび赤外領域のゴーレイ検出器などのジョンソンノイズ（Johnson noise，熱ノイズともいう）により制限された検出器を用いる装置（thermal noise-limited detector）についてのみあてはまる．ジョンソンノイズは，回路素子中の不規則な熱運動によって生じる．ショットノイズのようなその他のノイズの原因は，検出器が受け取る光強度の平方根の逆数に関係づけられ，多くの場合，紫外可視領域において制限因子となる．

16.14　ベールの法則からのずれ

> ベールの法則からのずれは，直線性のない検量線となり，これはとくに高濃度で起こる．

つねにベールの法則が適用できる，すなわち，吸光度と濃度の間に直線関係が成立するとは限らない．ベールの法則からのずれは，化学的または装置的な要因により生じる．ベールの法則からの"ずれ"のほとんどは，実際のところは"見かけ上の"ずれであり，非直線性を生じる要因がわかれば，真のあるいは補正された吸光度と濃度の関係線は直線になる．ベールの法則からの真のずれは，溶液の濃度が高すぎるとき，その屈折率がブランク溶液の屈折率と異なるために生じる．光がある屈折率の媒質から別の屈折率の媒質に入射されるときは，つねに屈折率の違いによる屈折損失が生じる．フレネル損失（Fresnel loss）とよばれるこの損失の大きさは，次の値に比例する．

$$\frac{(n_1 - n_2)^2}{(n_1 + n_2)^2}$$

ここで，n_1 と n_2 は二つの異なる媒質の屈折率を表す．したがって，光透過率は媒質の屈折率の変化とともに変化する．空気で満たされたキュベット（$n_{空気} \simeq 1$，$n_{ガラス} \simeq 1.45$）は，水で満たされたキュベット（$n_水 = 1.33$）よりも大きなフレネル損失がある．空気で満たされたキュベットを基準にした場合，水で満たされたキュベットの吸光度は負の値をとる（通常は $-0.03 \sim -0.04$）．

同様の状況が有機溶媒と水の混合液にもあてはまるため，ブランク溶媒の組成は試料溶媒の組成にきっちりと合わせるべきである．また，溶媒も分析物の吸光係数に影響する可能性がある．

化学的なずれ

化学的な要因による非直線性は，化学平衡が存在するときに生じる．例として，非解離状態（酸形）では特定の波長を吸収するが，陰イオン（解離形）は吸収しない弱酸がある．

$$\text{HA} \rightleftharpoons \text{H}^+ + \text{A}^-$$
（吸収する）　　　　　　（透過させる）

酸形の解離形に対する比は，当然 pH に依存する（7 章）．溶液が緩衝液あるいは強酸性溶液の場合，この比はいずれの酸濃度においても一定である．しかし，緩衝作用のない溶液では，酸の希釈とともに解離が進み，上述の平衡は右にシフトする．したがって，希薄な酸溶液では，光を吸収する酸形として存在する弱酸の割合が少なく，ベールの法則からの見かけ上のずれを生じる．この場合は，高濃度（解離の割合は小さい）領域において，直線性からの正のずれを生じる．陰イオン（解離形）が吸収種となる場合は負のずれが生じる．実際には，非常に多くの系において，陰イオン（解離形）は，長波長領域を吸収して高いモル吸光係数を示

す．すなわち，より一般的には，陰イオン（解離形）のほうが光を多く吸収する．

同様の考察が，十分量の錯化剤が存在しない状況の有色（光を吸収する）金属イオン錯体あるいはキレートにもあてはまる．すなわち，錯化剤が十分過剰には存在しない状況では，錯体の解離度は錯体の希釈とともに上昇する．ここで，錯体は段階的に解離して次々と錯体を生成し，それぞれの錯体は測定波長によって光を吸収したり，しなかったりするため，状況はきわめて複雑となるかもしれない．また，pHもこれらの平衡で考慮すべきことになる．

見かけ上のずれは，物質が単量体だけでなく二量体として存在するときにも生じる．この場合も上記と同様に，平衡は濃度に依存する．例として，会合による負のずれを生じる高濃度メチレンブルーの吸収がある．ある系では，pHと濃度の双方がずれの一因となる．例として，$2\,CrO_4^{2-} + 2\,H^+ \rightleftharpoons Cr_2O_7^{2-} + H_2O$ の平衡がある．

ベールの法則からの化学的なずれを最小にする最適な方法は，pHの十分な緩衝，錯化剤の過剰添加，イオン強度の調整などである．測定範囲の検量線を作成することでほとんどのずれは補正できる．

化学平衡にある二つの化学種が光を吸収し，それらの吸収曲線に交点がある場合，その波長を**等吸収点**(isosbestic point)とよび，両種のモル吸光係数は等しい．図 16.30 に，そのような等吸収点を示す．一般的に，pHは平衡をシフトさせるため，この図では，いくつかの異なるpHにおけるスペクトルを示す．等吸収点で測定することにより，pHの影響は明らかに排除されるが，感度は低下する．強酸性あるいは強塩基性に溶液調整すると，一方の化学種が支配的になり，その条件で測定することにより感度は増加する．

光を吸収する二つの化学種が平衡にある2成分系では，すべての吸収曲線は，等しいモル吸光係数を有する等吸収点で交差する．等吸収点の存在は，吸収バン

> すべての化学種の吸光係数は等吸収点で等しい．

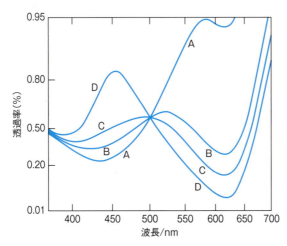

図 16.30 ブロモチモールブルーの等吸収点 (501 nm)
A：pH 5.45, B：pH 6.95, C：pH 7.50, D：pH 11.60．Aは酸形，Dは塩基形ブロモチモールブルーのスペクトルを表す．BとCはpHシフトによって平衡状態にある酸形と塩基形のスペクトルを合わせたものを表す．これらはともに501 nmで等しい吸光度を示す．

ドが重なっている平衡化学種は二つしかないことを証明するための必要条件(十分条件ではない)である．光を吸収する化学種の双方がともにベールの法則に従う場合，吸収スペクトルは，いずれの平衡状態の混合液においても特定の波長で交差する．たとえば，平衡状態にある異色の形態を有する指示薬(たとえば，メチルオレンジの赤色と黄色の形態)は，たいていは等吸収点を示し，二つの呈色化学種のみが平衡に関与している証拠となる．

　等吸収点の存在は，2成分のみが存在していることの証拠にはならない．この特定の波長で $\varepsilon = 0$ の三つ目の成分が存在していることもある．しかし，等吸収点がないことは，三つ目の成分が存在しているたしかな証拠であり，ベールの法則からのずれが2成分系で生じている可能性はない．2成分系において，等吸収点は，互いに平衡にある二つの吸収をもつ化学種の総量の定量に適した唯一の波長である．

　流れ分析において，弱酸塩(NaA)の溶液に溶解している酸塩基指示薬が酸HAの流れに導入された場合，指示薬は分散して，さまざまなNaAとHAの比，すなわち異なるpHを示す流体の部分に分配される．その結果，指示薬がアレイ検出器を通過する時間ごとに，特性の異なるスペクトルが現れる．しかし，指示薬の希釈度も同様に異なるため，吸収の度合いは局所濃度に左右される．VithanageとDasguptaは，等吸収点の吸光度を用いて，濃度変化の校正(標準化)や試料溶液を1回注入するだけで図16.30のような結果を得て，さらに酸解離定数や金属配位子の会合定数の計算方法を示した[*Anal. Chem.*, **58** (1986) 326]．

装置的なずれ

　ベールの法則を適用するときに基本となる仮定は，単光色が使用されることである．これまでに，連続光源から単色光を取り出すことは不可能であることを議論してきた．その代わりに，ある波長幅をもった光が取り出される．その波長幅は分散素子とスリット幅，あるいはアレイ検出器素子のサイズや素子間の距離によって決まる．吸収スペクトルでは，さまざまな波長の光が異なる割合で吸収される．すなわち，吸光度は波長により変化する．スペクトルの吸収極大に対応する波長領域がかなり幅広い場合には，その波長帯のどの部分でもほぼ同程度に吸収される．しかし，スペクトルの勾配が急な部分においては，波長帯の部分により吸収される割合が異なる．スペクトルの傾きは濃度の増加とともに上昇し，その結果，各波長における吸収量の割合は変化する可能性がある．これは測定中に装置の設定がずれると悪化する．吸光度と濃度の関係曲線において負のずれが観測される．スペクトルの傾きが大きくなるほど，そのずれは大きくなる．

> ある波長での吸光係数は装置ごとに変化するため，つねに標準液で校正すること．

　このずれを最小にして最大の感度を得るためには，できるだけ吸収ピークで測定するほうが明らかに有利である．このように，ある波長幅をもつ光で測定を行うため，ある波長における吸光係数は，装置の分解能，スリット幅，および吸収極大の鋭さなどの要因により，装置ごとにいくぶん変化する．したがって，報告されている吸光係数を信頼するのではなく，装置の吸光係数と直線性を自ら確認すべきである．ベールの法則から直接算出した濃度を信頼するよりも，濃度と吸光度の検量線を作成することのほうが一般的な方法である．

　目的物質とスペクトルが重なる第二の(干渉する)吸収をもつ化学種が存在すると，目的物質濃度に対する全吸光度の関係に非直線性が生じる．これは，試料と

同じ濃度の干渉物質を標準物質に加えた検量線を作成することにより解決できる．干渉物質濃度が基本的に一定であり，測定波長の吸光度に対する干渉物質の寄与が比較的小さければ，間違いなく機能する．もしそうでなければ，先に述べた2成分同時測定が必要となる．

　ベールの法則からのずれを生じるその他の装置的な要因には，**迷光**(stray light：検出器に到達する目的波長以外の波長の光)，モノクロメーターにおける光の内部反射，セル長の観点からセルがそろっていない場合，すなわち，試料ごとに異なるセルを用いるときの各セルの間の，あるいは複光束装置の試料セルと参照セルの間の光路長がそろってない場合がある(参照セル内のブランク溶液あるいは溶媒にかなりの吸光度があるときはその影響は大きくなる)．迷光は，とくに吸光度が高い領域で阻害因子となり，結果として直線性からのずれを生じさせる．例として，迷光が0.1%含まれている装置を考える．100.0単位の光が試料を通過し，0.1%単位の光が試料を通過せずに検出器に直接到達する．試料の真の透過率が1%の場合，1単位の光が検出器に到達する代わりに1.1単位が検知され，透過度は0.010の代わりに1.1/100.1 ≒ 0.011が表示される．検知される吸光度は，2.000の代わりに1.959となる．このような理由により，もっとも低価格の分光計は，吸光度が2を超えると信頼できるデータを示さない(今日の高性能で迷光がとても小さな分光計は，6〜8の吸光度単位まで測定可能であるが)．多量の迷光が透過度と吸光度に及ぼす影響については，原書webサイトの補遺図16.a "stray light(迷光)" にのっている．迷光によるノイズも吸光度が高いときの分光の誤差あるいは不正確さのおもな原因となる．試料と相互作用しない光は，装置内の光のもれや光学部品からの光の散乱，あるいは試料自体を通した散乱光に由来する．透過率0.1%に相当する迷光成分は，吸光度1.0の試料で0.4%の誤差を生じさせる．

　吸光測定において非直線性を生じるその他の化学的，装置的な要因には，水素結合，溶媒との相互作用，非直線的な検出器の応答あるいは電子増幅，平行光になっていない光，および信号飽和がある．

　不均一なセル厚は定量分析に影響する．これは潜在的な問題であり，セルスペーサーが用いられる赤外分光法でとくに問題となる．気泡は光路長と迷光に影響するため取り除くことが重要であり，その重要性は赤外分光法のセルにおいて高い．

16.15　蛍光分析法

蛍光分析法はきわめて感度がよく，多くの分野で広く用いられている．

蛍光の原理

　分子が吸収した電磁エネルギーは，通常，分子が衝突過程を通して失活するのと同時に熱として失われる．一方，衝突を通してエネルギーの一部を失い，光吸収したときよりも低いエネルギー(長波長)の光子を放出して電子が基底状態に戻る分子もある．この現象は蛍光とよばれ，全分子のおおよそ5〜10%は，とくにエネルギーの高い紫外光によって励起されたときに蛍光を発する(図16.31参照)．

　一般に，室温における分子は基底状態で存在する．基底状態は，通常すべての

迷光は，ベールの法則からの負のずれの原因のもっとも一般的なものである．ベールの法則では，濃度が無限大である(すべての光が吸収される)と検出器に到達する光がゼロになる．しかし，これは，迷光が検出器に到達するため実際には生じない．大きなバンド幅の光で狭い吸収帯の測定を行う，あるいは急上昇する吸収ピークの肩(ショルダー)部分で測定することは，迷光と同様の影響を与える．

紫外光を吸収する分子は，衝突により吸収エネルギーの一部を失う．残りのエネルギーは長波長の光として再び放出される．

電子が対となっている**一重項状態**(singlet state)S_0 である．同じ分子軌道を占める電子が"対"になるために，互いに逆向きのスピンをもつ．電子のスピンの向きが同じ場合は，"不対"であり，分子は**三重項状態**(triplet state)である．一重項状態と三重項状態は，分子の**多重度**(multiplicity)に関係する．光子を放出する過程は蛍光団による光子の吸収に始まり（この過程は 10^{-15} s を要する），よりエネルギーの高い（励起）状態への電子遷移が起こる．室温のほとんどの有機分子において，この吸収は，基底状態の最低振動準位から，同じ多重度をもつ第一あるいは第二電子励起状態（S_1, S_2）の振動準位のうちの一つへの遷移に相当する．これらの高い電子状態にある振動準位間および回転準位間の間隔は，その分子の吸収スペクトルの形状を決める．

S_1 よりも高い電子状態へ遷移する場合は，ただちに**内部転換**(internal conversion)の過程が起こる．励起された分子は，この高い電子状態の振動準位から，それと等エネルギーにある S_1 の高い振動準位に移ると想定される．S_1 の高い振動準位における溶媒分子との衝突により，余剰のエネルギーはただちに取り除かれる．この過程は**振動緩和**(vibrational relaxation)とよばれる．これらのエネルギー減衰過程（内部転換と振動緩和）はすみやかに起こる（〜10^{-12} s）．この急速なエネルギー損失のために，第一励起状態よりも高い電子エネルギー準位からの蛍光発光はめったにない．

> 発光波長は励起波長と無関係である．しかし，発光強度は励起光の波長とその強度に関係がある．

分子がいったん第一励起一重項状態に達すると，基底状態への内部転換は比較的遅い過程となる．したがって，光子の放出による第一励起状態の減衰はその他の減衰過程と実際に競合する．この放出過程が**蛍光**(fluorescence)である．一般的に，蛍光発光は励起したあとでただちに起こる（10^{-6}〜10^{-9} s）．したがって，励起光源を除いたあとに，蛍光発光を目で認識することは不可能である．蛍光は最低励起状態から起こるため，蛍光スペクトルすなわち発光波長は励起波長と無関係である．しかし，発光強度は入射光の強度（すなわち吸収した光子の数）と比例関係がある．

励起および発光遷移に関するもう一つの特徴は，励起の最長波長が発光の最短波長に対応していることである．これは，S_0 の最低振動準位と S_1 の最低振動準位間の遷移に対応する 0-0 バンドである（**図 16.31**）．

分子が励起状態の間は，一つの電子がそのスピンを反転することが可能であり，**項間交差**(intersystem crossing)とよばれる過程を経て，エネルギーの低い三重項状態に移行する．分子は，内部転換と振動緩和の過程を経て，ただちに第一励起三重項の最低振動準位（T_1）に達する．分子は，ここから，光子を放出して基底状態 S_0 に戻る．この発光を**りん光**(phosphorescence)とよぶ．異なる多重度間の遷移は"禁制"のため，この過程はゆっくりであり，T_1 は S_1 よりも存続時間がとても長く，りん光は蛍光よりも寿命が長い（$>10^{-4}$ s）．したがって，励起光源が

> りん光は蛍光よりも寿命が長く，励起源が消えたあとも発光し続ける可能性がある．

除かれたときに，たいていはりん光の"残光"を認識することができる．加えて，比較的寿命が長いため，無放射過程はりん光と事実上競合する．したがって，りん光は，溶媒あるいは酸素との衝突のため，溶液からは通常観測されない．りん光測定は，試料を液体窒素温度（-196℃）にまで冷却・凍結することで，その他の分子との衝突を最小に抑えて行われる．固体試料もりん光を発し，多くの無機鉱物は寿命の長いりん光を示す．溶液中の分子を固体担体に吸着させ，分子からりん光を発光させる研究が行われている．"蛍光"ランプ（蛍光灯）は水銀とりん

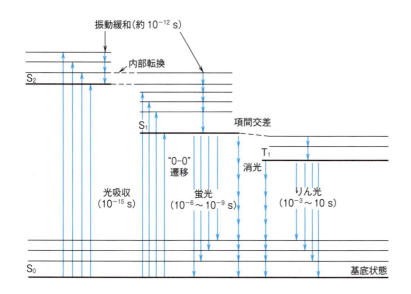

図 16.31 吸収過程，緩和過程およびそれらの速度を示したエネルギー準位図（ヤブロンスキー図）

光体を被覆したガラス管で構成される．水銀は放電により励起されて紫外線を発光し，その紫外線はりん光体を励起して可視光を発光する．そのような蛍光灯の輝きはスイッチを消したあともしばらく持続していることに留意せよ．つまり，輝きはガラス管の壁面の塗装膜から生じている．これらは，Hg ランプからの紫外光を吸収して，より長波長(低エネルギー)で発光するため，深色移動をもたらす．最近の蛍光灯では，りん光体の混合物，たとえば青色を放出するアルミン酸バリウムや，緑色を放出するリン酸ランタン，橙赤色を発する酸化イットリウムなどが使用されている．りん光体混合物を正確に配合することにより，"寒色系の"白色光や"暖色系の"白色光を生成できる．

蛍光分子の典型的な励起スペクトルと発光スペクトルを**図 16.32** に示す．励起スペクトルは，通常，分子の吸収スペクトルの形と密接に対応する．励起スペクトルの構造と発光スペクトルの構造には，しばしば(しかし，必ずしもそうではないが)密接な関係がある．比較的大きな分子において，励起状態の振動準位の間隔，とくに S_1 の間隔はその S_0 の間隔と非常に類似している．したがって，さまざまな S_0 の振動準位への減衰によって生じる発光スペクトルの形態は，S_1 のような励起状態におけるさまざまな振動準位から生じる励起スペクトルの"鏡像"になる傾向がある．いうまでもなく，部分構造はそれぞれの振動準位で異なる回転準位にも起因する．

最長の吸収波長と最短の蛍光波長は同じになりがちである(図 16.31 の 0-0 遷移)．しかし，これは，励起分子と基底状態の分子における溶媒和が異なるため，より一般的には事実と異なる．それぞれの溶媒和熱は異なるため，放出される光子のエネルギーは，これら二つの溶媒和熱の差と等しい量だけ減少する．

すべての分子のうち，蛍光を発するものは一部であり，りん光を発する分子はさらに少ない．これは選択的検出あるいは測定を行ううえで長所となる．化合物が 300 nm 未満の光を吸収した場合は，紫外領域の光を発するが，しばしば可視領域か近赤外領域の光を発する．これらの発光が濃度測定のために利用される．

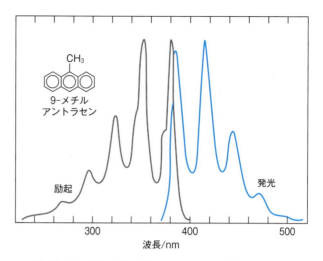

図 16.32 蛍光分子の励起スペクトルと発光スペクトル

化学構造と蛍光

　原理的には，光を吸収して電子励起状態に達したすべての分子は蛍光を発する．しかし，ほとんどの分子はさまざまな多くの理由により蛍光を発しない．以下に，蛍光を発すると期待される化合物の構造を示す．

　はじめに，分子による光の吸収が大きいほど蛍光強度は大きくなる．多くの芳香族化合物と複素環化合物は蛍光を発するが，とくに，特定の置換基がそれらの化合物にあると蛍光を発する．複数の共役二重結合があると蛍光を発しやすい．$-OH$，$-NH_2$，$-OCH_3$ のような電子供与基が一つ以上あると蛍光発光を強める．ビタミン K，プリン，ヌクレオシドなどの多環式化合物とビタミン A などの共役ポリエンは蛍光を発する．$-NO_2$，$-COOH$，$-CH_2COOH$，$-Br$，$-I$ などの原子団やアゾ基は蛍光発光を阻害する．その他の置換基の性質によって，蛍光発光の程度は変化する可能性がある．分子は，イオン化あるいはイオン化していない状態の一方でのみ蛍光を発するため，多くの分子の蛍光発光は pH に大きく左右される．たとえば，フェノール C_6H_5OH は蛍光を発するが，陰イオンの状態 $C_6H_5O^-$ では発しない．アミノ酸トリプトファンの最適な励起波長は約 280 nm であり，もっとも強い蛍光波長は約 360 nm である．すべてのタンパク質は，トリプトファン部分から多少の蛍光を発するが，その強度は大きくない．しかし，この蛍光の寿命は，アミノ酸の周囲環境の変化に対して非常に高感度であり，その構造や構造変化を決定するために使用される．

　化合物が非蛍光性の場合でも，蛍光誘導体化できる可能性がある．たとえば，非蛍光物質のステロイドは，濃硫酸で脱水することにより蛍光物質に変換できる．これらの環状アルコールはフェノールに変換される．同様に，リンゴ酸のような二塩基酸は，濃硫酸中で β-ナフトールと反応して蛍光誘導体を生成する．White と Argauer は，有機化合物とのキレート生成に基づく多くの金属の蛍光分析法を開発した(参考文献 21)．多くの金属は，8-ヒドロキシキノリン-5-スルホン酸(スルホキシン)と蛍光性の高いキレートを生成するか，ほかの金属-スルホキシンキレートの蛍光を消光する(参考文献 22)．抗体は，タンパク質の遊離アミノ基

と反応するフルオレセインイソシアナートと結合することにより蛍光を発する．ニコチンアミドアデニンジヌクレオチドの還元型である NADH は蛍光を発する．これは，多くの酵素反応における生成物あるいは反応物（補助因子）であり（原書 web サイトの 25 章参照），その蛍光は，さまざまな酵素やその基質に対する高感度測定法の基礎となっている．トリプトファン以外のアミノ酸は蛍光を発しないが，塩化ダンシルとの反応により強い蛍光誘導体を生成する．

蛍光消光

蛍光発光において，頻繁に発生する問題は，多くの物質による**蛍光消光**（fluorescence quenching）である．実際に，これらの物質は，電子励起エネルギーを奪うことにより量子収率（吸収光から蛍光への変換効率，下記参照）を低下させる．ヨウ化物イオンはきわめて効果的な**消光剤**（quencher）である．ヨウ素および臭素置換基は量子収率を低下させる．一定濃度の蛍光物質に消光剤を添加し，蛍光消光の程度を測定することにより消光剤それ自身を間接的に測定することもできる．いくつかの分子は，結合の解離エネルギーが励起光のエネルギーより小さいため，蛍光を発しない．すなわち，分子結合が壊れて，蛍光発光が妨げられる．

> 定量分析において，蛍光消光は頻繁に問題となる．

呈色成分が蛍光を発する目的物質の溶液に含まれていると，これが励起光や発せられた蛍光を吸収することにより，あるいはその双方が起こることにより干渉する可能性がある．これは，いわゆる**インナーフィルター効果**（inner-filter effect）とよばれる．たとえば，炭酸ナトリウム溶液中の二クロム酸カリウムは，245 nm と 348 nm において吸収ピークを示す．これらは，トリプトファンの励起ピークおよび発光ピークと重なり，干渉する．インナーフィルター効果は，蛍光団それ自体の濃度が高い場合にも生じる．測定分子のなかには，ほかの分子が発光した光を再吸収するものもある（下記の蛍光強度と濃度についての考察を参照）．

濃度と蛍光強度の関係

蛍光強度 F は，ベールの法則により容易に導かれ（問題 47），以下の式で与えられる．

$$F = \phi P_0 (1 - 10^{-abc}) \quad (16.23)$$

ここで，ϕ は**量子収率**（quantum yield），すなわち比例定数であり，蛍光光子に変換された吸収光子の割合の尺度である．したがって，量子収率は 1 以下となる．式中のその他の項はベールの法則と同じである．積 abc が大きければ，透過度 T と等しい 10^{-abc} の項は 1 に比べて無視することができ，F が一定になることは，この式より明らかである．

$$F = \phi P_0 \quad (16.24)$$

一方，abc が小さければ（≤ 0.01, $T \geq 98\%$），式（16.23）を展開する[*6]ことで良好な近似式 [式（16.25）] が得られる．

> 蛍光強度は光源の光強度に比例する．一方，吸光度は光源の強度とは無関係である．高効率の蛍光団では，量子収率は 1 に近くなる．酸性エタノール中のローダミンでは 1.0 であり，塩基性水溶液中のフルオレセインは 0.79 である．pH 7.2 に緩衝されたトリプトファン水溶液は 0.14 である．

[*6] $e^{-x} = 1 - x + x^2/2! \cdots$, $10^{-x} = e^{-2.303x}$ である．したがって，$1 - e^{-2.303abc} = 1 - [1 - 2.303\,abc + (2.303\,abc)^2/2! \cdots]$ となる．もし，$abc \leq 0.01$ であれば，二次以上の項は無視でき，展開した項は $2.303\,abc$ となる．これがテイラー展開である．

$$F = 2.303\, \phi P_0 abc \qquad (16.25)$$

低濃度の場合，蛍光強度は濃度に正比例する．

したがって，低濃度の場合，蛍光強度は濃度と正比例する．さらに，蛍光強度は入射光の強度にも比例する．

　この式は，物質にもよるが，一般的に数 ppm の濃度レベルまで成立する．高濃度の場合，蛍光強度は濃度の増加とともに減少する．希釈溶液を考えてみると，吸収光は溶液全体に等しい深さで分散する．しかし，高濃度の場合，光路における溶液の最初の部分は，より多くの光を吸収する．したがって，この式は，ほとんどの光が溶液を通過し，約 92％以上が透過したときのみ成立する［低吸光度（$A \leq 0.04$）において，吸光度と透過度は直線関係があるといえる．式(16.12)の次にある表計算の値を参照］．

蛍光装置

　蛍光分析を行うためには，放出される光を入射光から分離する必要がある．これは，蛍光を入射光と直角に測定することで容易にできる．蛍光はあらゆる方向に放出されるが，入射光は溶液を直線的に通過する．

　簡単な蛍光光度計の概略図を**図 16.33**に示す．この装置には紫外光源が必要である．多くの蛍光分子は紫外光のあらゆる波長帯で吸収するため，多くの応用において，単純な線光源で十分である．そのような光源として中圧水銀ランプがある．スパークが低圧の水銀蒸気を通過し，253.7 nm, 365.0 nm, 520.0 nm（緑色），580.0 nm（黄色），780.0 nm（赤色）の主線を発光する．300 nm より短波長の光は目に有害であり，紫外光源の短波長の光は決して直接見てはならない．水銀蒸気自体により 253.7 nm の光のほとんどが吸収される（自己吸収）．可視光の多くを除去するために，ランプの管内に青色フィルターが備えられている[*7]．したがって，おもに 365 nm の線が励起光として使用される．高圧キセノンアークランプ（連続光源）は，そのエネルギーが紫外可視スペクトルを通して均一に分布しているため，通常は，スペクトルを走査するような，より高性能な装置（蛍光分光計）の

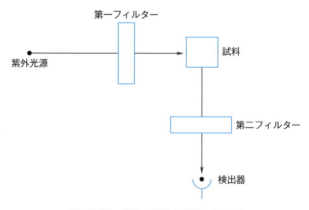

図 16.33 簡単な蛍光分析計の概略図

[*7] 253.7 nm の光線における強度はランプの Hg 圧と関連する．低圧ランプでは，253.7 nm の光線はもっとも強い．

光源として使用される．ランプ圧は25℃で7 atm，稼動温度で35 atmであり，通常は，通気性のよい防護筐体に格納されている．

図16.33に示した簡易フィルターを備えた蛍光光度計において，励起フィルター（第一フィルター）は，蛍光物質を効果的に励起させる波長を選択するために使用される．一般的に，このフィルターは，通常は長波長をカットオフ（遮断）するショートパスフィルターあるいはバンドパスフィルターである．そのカットオフ波長は，ロングパスフィルターである発光フィルター（第二フィルター）のカットオン波長（これより長波長の光が透過する）よりも短い．したがって，第一フィルターは，励起波長のみを通過させ，一方，第二フィルターは発光波長の光を通過させ，さらに散乱により検出器へ到達する可能性のある励起波長の光を除く．ガラスと非蛍光性の石英のどちらかのセルが一般に用いられるが，どちらが適しているかは試料次第である．

液体コア光導波路（LCW）を用いる蛍光検出器（LCW-based fluorescence detector）により，特定の応用におけるフロースルー蛍光検出を非常に簡単な方法で行える．その原理を**図16.34**(a)に示す．光は，分析溶液が流れているLCWチューブに対して垂直に入射される．吸収されない光はそのまま透過する．蛍光分子が光路に入ると，蛍光分子は光を吸収してあらゆる方向に蛍光を発する．ファイバーの受光角内にあるこの蛍光の一部は，両軸方向に進みLCWの一端で測定される．このような配置のため，検出された蛍光には，励起光がほとんど含まれない．実際には，図16.34(b)に示した配置で行われ，LCWの一端はT字管に接続され，蛍光は光ファイバーを経由して検出器に導かれる．検出感度をさらに上げるため，基本的に一つ以上のLEDあるいは小型の蛍光ブラックライト（365 nm）などの単色光源が使用される．オプションとして，迷光となる励起光をさらに除去するた

第一フィルターは，第二フィルターを透過する蛍光波長の光を除去する．第二フィルターは励起波長の散乱光を除去し，発せられた蛍光を透過させる．

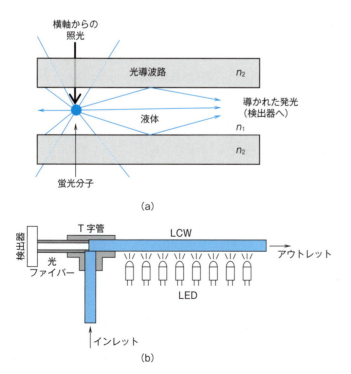

図16.34 液体コア光導波路（**LCW**）を用いた蛍光検出器
(a) 作動原理，(b) 典型的な使用構成

めの蛍光フィルターを検出器の前におくこともある．このような方法により，多くの分析物において，とても良好な検出限界を得ることができる（参考文献23）．このシステムのもっとも高価な部分は，検出器で使用される光電子増倍管である．LEDを光源に用いると，光強度の再現性を維持したまま，迅速なオン/オフの切り替えが可能となる．光ファイバーを用いると，多数の検出セルから発する光を同じ検出器に伝えることが可能となる．そこでは，励起光を一つの検出セルのみに次々と当ててゆくことができる．このような多重化検出器を用いる大気中過酸化水素と有機過酸化物の蛍光測定に関する報告は，Z. Genfa, P. K. Dasgupta, and G. A. Tarver *Anal. Chem.*, **75**（2003）1203 参照．

蛍光分光計において，フィルターは走査型モノクロメーターに取って代わられている．励起スペクトル（吸収スペクトルと同様）あるいは蛍光スペクトルのどちらか一方が表示される．

蛍光分光計（spectrofluorometer）では，入射光に対して直角方向で測定される．フィルターを使用する代わりに，励起波長を選択するモノクロメーターと蛍光波長を選択する二つのモノクロメーターが，装置に組み込まれている．励起スペクトルを得るために，連続光源からの励起波長を走査して，ある設定波長の蛍光が測定される．これにより最大励起波長が決まる．続いて，最大蛍光波長を決定するために，最大励起波長のもとで蛍光波長が走査される．このスペクトルが走査されるとき，通常は励起波長に対応する"散乱ピーク"が存在する．高性能の蛍光分光計は，迷光を最小限に減らすため，しばしば励起，発光段階あるいはその双方でダブルモノクロメーターが使用される．

代表的な蛍光分光計では，光源の強度あるいは異なる波長における検出器の応答の変動は校正されず，一般的にある条件下で検量線が作成される．光源の強度や検出器の応答は，日々変化する可能性があり，装置は通常，標準液の蛍光を測定し，装置の表示が同じ値になるよう出力を調節することで校正される．通常，希硫酸中のキニーネの希釈液が校正標準溶液として使用される．

Horiba Jobin-Yvon 社製 Fluorolog のような高性能の装置は，全波長における光源強度を校正されたフォトダイオードアレイで連続測定することにより，さらに，検出器の既知の応答挙動を波長ごとに補正することにより，"補正スペクトル"を提供できる．蛍光スペクトルは，単位バンド幅あたりに発光された光子の量として直接表される．浜松ホトニクス社製 Quantaurus-QY のような装置は，励起波長ごとに量子効率を測定するために，特別設計されている．

励起モノクロメーターと蛍光モノクロメーターを同時に（同調して）走査できる多くの装置がある．これは本書の範ちゅうを超えているが，"同期蛍光走査"は，多成分分析において，とくに多くの長所がある．

蛍光寿命と時間分解蛍光/りん光測定

もっとも一般的な蛍光物質では，紫外から近赤外線の間のエネルギーをもつ光子の放出による励起状態の減衰時間は，一般的に 0.5～20 ns の範囲にある．これらの"蛍光寿命"は，蛍光団の周囲の環境に対して，しばしば非常に感受性が高いため，構造および立体配置の情報を得ることができる．高速パルスを発するLEDの出現により，寿命は，もっぱら位相分解蛍光分光法によって測定される．試料に蛍光寿命よりもかなり短い光のシングルフラッシュを一度だけ行い，試料を励起させるときを考える．吸光は原則的に一瞬であるが，蛍光強度のピークは，励起状態の平均寿命と等しい有限時間の間隔後に生じる．ここで，シングルフラッシュの代わりに，全体の周波数は 10 MHz で，LEDを短時間でオン/オフする場

合を考える．したがって，1 サイクルは 100 ns であり，全サイクルは 360° である．励起ピークの 10 ns 後に蛍光波形がピークを生じる場合，励起波形に対して，位相が 10/100×360° = 36° シフトされた蛍光が観測される．このような二つの信号の位相差は，高分解能かつ高精度で測定することができ，これは位相分解蛍光分光法による寿命測定の基本の構成要素となる．たとえば，浜松ホトニクス社製 Quantaurus Tau は，ユーザーが選択可能な 280, 340, 365, 405, 470, 590 および 630 nm で発光する LED を使用し，試料を液体窒素温度まで冷やすことができ，1 min 以内に蛍光寿命を測定することができる．寿命は 0.1 ns よりも短い時間分解能で測定できる．

すでに述べたように，項間交差をともない，"りん光"が発生するとき，蛍光寿命は長くなる．おもな分析応用として，ランタノイドイオン，とくにユウロピウム(Eu^{3+})およびテルビウム(Tb^{3+})の特徴的な性質を利用する方法があげられる．これらのイオンは，水溶液中でともに弱い光の吸収と蛍光をもち，その蛍光寿命は短い．適切な有機錯化剤とキレートを生成したとき，吸収極大の吸光係数は大きく増加し，また紫外領域にシフトする．配位子は紫外光を吸収して励起状態に遷移するが，そのエネルギーは項間交差により金属中心に移行する．金属錯体は，裸の金属イオンよりも 10000 倍強い可視領域の蛍光を発し，数百 μs もの蛍光寿命をもつ．このタイプの発蛍光システムは，試料に励起フラッシュ/パルスを照射したあとの有限時間の蛍光を検出器により観測する時間分解蛍光検出とよばれる検出法に理想的である．この手法の大きな長所は，ある意味で完全に暗環境といえる条件下で蛍光が検出されることである．測定時の励起光源はオフになっているため，散乱励起光は存在しない．時間分解測定のために，光電子増倍管は特別に製作される．感度のよい光検出器では，電源が入っていないときでさえ明るい照明にさらされるとメモリー効果が生じることに留意せよ．したがって，励起パルスの間，検出器の検知部は，チョッパーなどの機械的な手法により，物理的に遮られている．

蛍光を用いる指紋検出/画像化は高感度であるが，指紋のついた基板の自家蛍光により妨げられる場合がある．ユウロピウムキレートを用いる指紋現像試薬および時間分解イメージングを用いることにより，これらを用いない場合には可視化がとても難しい表面における指紋の可視化が可能である(参考文献 24)．炭疽菌のような細菌胞子の塊の大部分は，ジピコリン酸カルシウムで構成され，これは，発芽中のエネルギー源として使用されていると考えられている．ジピコリン酸のテルビウム錯体は，長い蛍光寿命を有し，浮遊胞子の存在の高感度測定に使用することができる．時間分解蛍光を用いたこのような胞子測定に関する報告は参考文献 25 参照．

蛍光対吸光

蛍光法が吸光光度法よりも高感度である理由を以下に述べる．とても小さな吸光度を測定するときは，大量の透過光におけるとても小さな差を測定する必要がある．今日の最高レベルのフロースルー吸光度検出器では，ノイズレベルが 10^{-6} 吸光度単位に近づいており，これは，もとの光の 100 万分の 2 程度の光の強度に匹敵する．蛍光では，原理的に光がないときと少量にあるときの差を測定する．したがって，検出限界は，光源の強度，検出器の感度および安定性(ショッ

蛍光測定は，従来型の吸光測定よりも 1000 倍高感度である．しかし，非常に光路長の長い吸光測定と安定した固体光源により，吸光測定は徐々に競争力が上がっている．

ト雑音）に左右される．吸光度と蛍光の双方において，信号は濃度と直線関係があり，測定範囲の広い応答が観測される．つまり，$10^3 \sim 10^4$ の測定範囲は珍しくない．蛍光測定の検出限界は，原理的に散乱光，光源の安定性および検出器の暗雑音に左右される．レーザー誘起蛍光法（LIF）を適用し，さらにノッチフィルターや暗雑音を減らすための冷却器つき光電子増倍管を用いて高量子収率の蛍光物質を検出するような理想的な条件では，単分子の検出が可能である．これは，ほかのいかなる方法でもできない偉業である．

16.16　ケミルミネセンス（化学発光）

　蛍光とりん光は，ともにルミネセンスの一般現象の下位分類であり，具体的には，光子の励起に続いて光の発光がみられるフォトルミネセンスに分類される．**放射線ルミネセンス**（radioluminescence）は，エネルギー放射（γ 線など）による励起をともなう．**エレクトロルミネセンス**（electroluminescence）は，直接的な電気による励起をともなう．**ピエゾルミネセンス**（piezoluminescence）は圧力により生じる発光をともなう．**熱ルミネセンス**（thermoluminescence）は，やや誤った名称であり，実際には熱による励起をともなわない．正しくは，偏在するエネルギー放射（宇宙線）にさらされることで，固体に格子欠陥が形成され，物質が熱せられたときに発光という形でエネルギーが放出される．固体が高温に熱せられると，潜在していたすべてのルミネセンスを放出する．すなわち，以前に高温に加熱された固体（たとえば，陶磁器）は，そのときに熱ルミネセンスの時計をゼロにリセットされる．宇宙線の放射量は，本質的に長期間一定であるため，古代の陶磁器は，熱ルミネセンスの測定により年代を決定できる．**摩擦ルミネセンス**（triboluminescence）は，物質が分離されたり，引き裂かれたり，引っかかれたり，破砕されたり，こすられたときに，化学結合が切断されることによって放出されたエネルギーから生じる．実際に，口の中で氷砂糖を粉砕すると発光するが，これはほとんどが近紫外光のため，容易に見ることはできない．一方，ウィンターグリーン（サリチル酸メチル）フレーバーキャンディは，暗闇で粉砕すると目に見えるほどに蛍光を発する [Wint-O-Green flavored lifesavers（ドーナツ状の白いキャンディーの商品名）にて試してみよ！]．この場合，砂糖からの近紫外の摩擦ルミネセンスがサリチル酸メチル（蛍光性）を励起させ，これが可視領域に発光して視覚的検出を容易にする．ケミルミネセンス（chemiluminescence）では，化学反応に起因するエネルギーにより電子励起が起こる．このような反応は自然生態系で起こることもある［ホタルに見られるようなバイオルミネセンス（bioluminescence，生物発光）］．一般的に，エレクトロケミルミネセンス（electrogenerated chemiluminescence：ECL）もその特別な下位分類と見なされる．ルミネセンスとケミルミネセンスに関する一般的で簡潔な総説は，参考文献 27, 28 を参照．

　一般的に，ケミルミネセンス（CL）の反応は，高エネルギー反応をともない，多くの場合で強い酸化剤を必要とする．オゾンは多くの物質と反応して光を生じる．とくに，エチレンや NO との気相反応は，それぞれ，オゾンおよび窒素酸化物の標準測定法の基礎である．その他の多くの物質は，$NO-O_3$ 反応により間接的に検出される．硫黄選択的 CL 検出器は，SO を発生させるために水素を十分に含む炎を利用する．SO は，O_3 により励起した SO_2（SO_2^* と表記する）に酸化さ

れ，青色から近紫外領域の光を発する．また，実際上すべてのアルケンがオゾンとCL反応を起こす．多くの金属水素化物はオゾンと反応して光を発する．AsH_3との反応は，ヒ素の高感度分析の基礎である．

オゾンを含まない重要な気相CL反応の一つは，水素炎中の単原子硫黄の生成である．二つの硫黄単原子は結合して励起した2原子のS_2^*となり，深紫色の光を発する（394 nm）．同様に，リン化合物は，水素炎中で励起されたHPO^*を生成して526 nmの光を発する．これらはガスクロマトグラフィーで用いられる硫黄とリンの炎光光度検出器の基礎となる．

液相においてもっともよく知られたCL反応は，ルミノールに関するものである．この反応は酸化剤を必要とし，さまざまな化学種によって触媒される．この反応に基づき，触媒（多くの金属イオンと，ペルオキシダーゼのような酵素を含むそのほかの多くの化学種）あるいは酸化剤（H_2O_2，次亜塩素酸塩など）のどちらかが測定される．そのほかの重要な液相CL反応は，酸性条件下で過マンガン酸カリウム（CLは過マンガン酸カリウムが酸化したさまざまな物質により生じる），次亜ハロゲン酸塩（次亜塩素酸イオンOCl^-と次亜臭素酸イオンOBr^-は，双方とも強力な酸化剤），シュウ酸ジアリール，ルミノールおよび$Ru(bipy)^{3+}$と略されるトリス（2,2-ピリジル）ルテニウム（Ⅲ）に関するものである．$Ru(bipy)^{3+}$では，これがある目的成分を酸化するとき，励起した$Ru(bipy)^{2+}$に還元され，オレンジ色の光を発して基底状態に戻る．まれな例外を除いて，これらの試薬は，同じように多くの物質と反応し，類似したCLを生じるため，CL反応のみの選択的あるいは特異的アッセイとしての価値は乏しい．たとえば，選択的前濃縮やクロマトグラフィーによって，望みの分析物が分離できるのであれば，CL反応は非常に高感度で有益に使用できる．一例として，大気中の過酸化水素は，ルミノール反応を用いてpptレベルで測定されている（参考文献29）．

ほとんどのCL測定では，CLスペクトルの特性を明らかにすることが重要である場合を除くと，分光計は必要なく，感度のよい検出器のみが必要であり，一般的には光電子増倍管が使用される．多くの蛍光光度計はCLを測定できる（励起光源を消す），あるいは測定できるように改良が可能である．"ルミノメーター"は，バイオアッセイに使用されることが多く，単一チューブ/セルあるいはマイクロプレート形式のものが市販されている．しかし，前段落で述べた従来のCL反応の多くは，手作業で試薬を混合し，検出器の前におくには反応が速すぎる．試薬の混合から発光の測定までに要する時間の再現性は重要である．この理由により，上述の反応による実際のCLアッセイのほとんどは，連続的な流れ系の中で行われ，試薬は検出器の直前に配置されたセル（2液が合流する入口）で直接混合される．少なくとも透過窓の一つは検出器に面しており，混合液は，通常，流れ出る前にらせん状の流路（検出器の前の滞留時間を最大にするために）を通って流れていく．Global FIA社のFirefly CL検出器はLCWセルを使用しており，この中で液体の混合が行われる．発光はチューブの両端から集められて検出器に送られる．

16.17 光ファイバーセンサー

近年，電気化学センサー（15章）と同様の機能をもつ光学センサーの発展に多くの関心が寄せられている．光ファイバーは，吸光度や蛍光を用いる高感度センサーのプラットフォームとして価値があることを証明してきた．これらのファイバーシステムは，それぞれ別々のファイバーの末端，あるいは複数のファイバーが（同軸状に）一緒にまとめられた状態の末端など，複数の末端をもつように組み立てられる．たとえば，一つの末端から光源の光を受け取り，もう一つの末端は検出器/分光計に接続し，三つ目の二つのファイバーがまとめられた末端は分析物に向けることができる．

もっとも単純な光ファイバーセンサーは，溶液にプローブを浸けて溶液のスペクトルを測定する分光分析用の浸漬プローブである．多数の細い単一ファイバーからなる二又光ファイバーが使用される（図 16.35）．個々の束は結合して共通の脚部を形成する．この共通の末端は，ランダムな配列［それぞれの束からのファイバーは，一緒になった共通面で不規則に配置される（もっとも一般的な配列）］あるいは計画的な配列（たとえば，一方の脚部からのファイバーは共通面の中核を形成し，そのまわりにもう一方の脚部からのファイバーが配列される）になっている．ファイバーは，ガラスあるいはシリカで製作でき，どちらで製作するかは応用次第である．紫外励起により可視蛍光を発する特注ファイバー束は，ガラスとシリカファイバー脚部の連結の恩恵を受ける．すなわち，シリカファイバーの脚部は励起光を取り込む．一方，蛍光は，ガラスはもともと励起紫外光の透過を遮るため，ガラスファイバーの脚部を通って検出器に送り返される．

光学センサーは参照電極を必要としないので，参照電極にともなう困難とは無縁である．

図 16.35 二又光ファイバーを用いる分光光度プローブ

図 16.35 に示した浸漬プローブでは，光源は一方の脚部を通って取り込まれ，溶液を通って付属の鏡に送られる．反射光はもう一方の脚部を通って検出器に進む．有効光路長は，共通脚部の面から鏡までの物理的距離の 2 倍である．広域帯の光源とアレイ検出器により，完全なスペクトルが得られる．一方，LED とフォトダイオードも，特定の応用においては，与えられた波長の透過度を測定するのに用いることができる．

鏡の代わりに，基質上の望みの分析成分と選択的に反応する固定化試薬を使用することができる．そのような試薬は，共通脚部の面に直接，化学結合させることも可能である．電気化学センサーに対する光ファイバーセンサーの大きな長所は，参照電極（および塩橋）が必要ないことと，電磁場が応答に影響しないことである．たとえば，蛍光 pH センサーは，指示薬であるフルオレセインイソチオシアナート（FITC）を多孔質ガラスビーズ上に化学固定して，これを透明なエポキシ接着剤でファイバーの末端にとりつけることにより製作される．FITC の蛍光スペクトルは，指示薬の pK_a 付近を中心として，約 pH 3〜7 の範囲で pH とともに変化する．蛍光極大における蛍光強度は，検量線を用いて pH と関連づけられる．pH およびイオン活量測定における光ファイバーセンサーの限界に関する考察は，参考文献 32，33 参照．

酵素，たとえばペニシリナーゼを適切な指示薬とともに固定すると，ペニシリン測定用のバイオセンサーとなる．酵素は，ペニシリンの加水分解を触媒して，pH を低下させるペニシロ酸を生成する．光ファイバーセンサーは，アルカリ金属，

O_2，CO_2，湿度およびそのほかの多くの分析対象のために開発されている．このセンサーを魅力的なものにするためには，指示薬は，反応が可逆的であり，検出表面に強く化学結合しなくてはならない．pH，O_2，CO_2および湿度用の光ファイバーセンサーが市販されるようになった．

種類の異なる光ファイバーセンサーは，検出にエバネッセント波を使用する．このセンサーでは，ファイバーのクラッド領域がないか，あるいは被覆部が除去されている．検出指示薬は，ファイバー表面に直接，化学結合している．ガラスあるいはシリカの屈折率は周囲媒質の屈折率よりもかなり高いため，これらのファイバーは，水媒体に浸漬していても光導波路として機能する．光が一つの媒質（ファイバーのコアのような）を通して伝わると考えると，光の一部はそのほかの媒質にまで到達しなくてはならない．そうでなければ，光子は，どのようにして他方の屈折率が低いということに"気づく"のだろうか．実際に，コアを通して伝わる光は，わずかな深さ（波長の1/4程度まで）だけ境界面を浸透し，これをエバネッセント干渉とよぶ．その結果として，コア表面の光学特性のいかなる変化も反対側の透過光に反映される．しかし，エバネッセント波は，そのようなわずかな深さを浸透するため，コア-境界面において多くの反射が必要である．したがって，エバネッセントプローブで使用される光ファイバーの長さはつねに重要である．ポリアニリンは多酸塩基であり，1428 nmにおける吸収は，（少なくとも）pH 3～14の範囲で連続的に変化する．エバネッセント波光ファイバー pHセンサーに関する初期の実証実験の一つは，シリカコア上に薄く被覆したポリアニリンを用い，近赤外分光計および石英タングステン-ハロゲンランプを光源にして行われた(参考文献34)．多くの蛍光は酸素によって消光され，これらの分子は，標準およびエバネッセント波型の双方において，光ファイバー酸素センサーの基礎として使用されている(参考文献35)．

■ 質 問

光の吸収

1. 遠赤外，中赤外および紫外可視領域のスペクトルで起きている吸収現象を説明せよ．
2. 一般的に，分子中のどのタイプの電子が紫外光あるいは可視光の吸収と関連しているか．
3. 光吸収時にもっとも頻繁に起こる電子遷移は何か．どちらがより強い吸収を引き起こすか．それぞれについて化合物の例をあげよ．
4. 赤外領域で吸収が起こるために必要な条件は何か．
5. どのタイプの分子振動が赤外吸収と関連しているか．
6. 近赤外吸収を中赤外吸収から区別するものは何か．近赤外吸収の最大の長所は何か．
7. 次の語句を定義せよ．発色団，助色団，深色移動，浅色移動，濃色効果，淡色効果．
8. 次の化合物の組合せのうち，より長波長の光を，より強く吸収するのはどちらか．
   (a) $CH_3CH_2CO_2H$，$CH_2=CHCO_2H$
   (b) $CH_3CH=CHCH=CHCH_3$，
   $CH_3C\equiv C-C\equiv CCH_3$
   (c) ［OCH$_3$置換ベンゼン］，［CH$_3$置換ベンゼン（トルエン）］

9. 次の化合物の組合せについて，1番目の化合物から2番目の化合物に変化すると，極大吸収波長が長波長側に移動するかどうか，吸収強度が増加するかどうかについて述べよ．
   (a) ［ナフタレン］ → ［フェナレン］

(b) [構造式]

(c) [構造式]

10. 酸塩基指示薬は，どうして酸性溶液から塩基性溶液になると色が変化するのか．
11. 金属錯体が光を吸収する原理は何か．

定量的相関

12. 吸収，吸光度，透過率，および透過度を定義せよ．
13. 吸光係数とモル吸光係数を定義せよ．
14. 極大吸収波長における検量線は，どうして吸収曲線の肩における検量線よりも濃度の直線範囲が広いのか．
15. 紫外，可視および赤外領域で使われる溶媒をそれぞれいくつかあげよ．また，使用できる波長に関する制約についても記せ．
16. 等吸収点とは何か．
17. ベールの法則からずれるさまざまな原因を述べ，比較せよ．真のずれと見かけのずれを区別せよ．

装 置

18. 紫外，可視および赤外領域のスペクトルについて，光源と検出器を述べよ．
19. 分光光度計のスリット幅がその分解能およびベールの法則の成立に及ぼす影響を説明せよ．また，物理的スリット幅とスペクトルスリット幅を比較せよ．
20. 単光束分光光度計と複光束分光光度計の操作法を比較せよ．
21. 近赤外領域では吸収が弱いのに，なぜ近赤外分析計は十分な感度を有するのか，理由を述べよ．
22. アレイ分光計の操作法を述べよ．
23. 干渉計の操作法を述べよ．また，その長所は何か．
24. 図 16.30 において，最大に吸収している酸性溶液と塩基性溶液は何色か．比色計による各溶液の分析では，何色のフィルターがもっとも適切か（フィルターはプリズムとスリットの代わりに用いられる）．

蛍 光

25. 蛍光法の原理を述べよ．一般に蛍光法が吸光光度法よりも測定感度が高い理由を述べよ．
26. どのような条件のときに，蛍光強度が濃度に比例するかを述べよ．
27. 蛍光分析に必要な装置を述べよ．第一フィルターとは何か．第二フィルターとは何か．
28. ヨウ化物イオンを蛍光法により定量する方法を示せ．

■ 問 題

波長／周波数／エネルギー

29. 波長 2500 Å を μm と nm 単位で表せ．
30. 波長 400 nm を周波数（Hz）と波数（cm^{-1}）に変換せよ．
31. 赤外分析法でもっとも広く使用されている波長範囲は 2〜15 μm である．この波長範囲を Å と cm^{-1} の単位で表せ．
32. 光子 1 mol（アボガドロ定数個）のもつエネルギーは 1 アインシュタインとよばれる．波長 300 nm における 1 アインシュタインをジュール（J）の単位で表せ．

ベールの法則

33. ほとんどの分光光度計は吸光度あるいは透過率のどちらかで表示できる．透過率 20% と 80% における吸光度の表示はいくつか．吸光度 0.25 と 1.00 における透過率の表示はいくつか．
34. 大腸菌から単離された DNA 分子（分子量未知）の 20 ppm 溶液の吸光度は，2 cm のセルで 0.80 であった．分子の吸光係数を計算せよ．
35. 分子量 280 の化合物は，濃度 15.0 μg mL^{-1}，光路長 2 cm で，ある波長の光を 65.0% 吸収した．この波長におけるモル吸光係数を計算せよ．
36. チタンは 1 M 硫酸溶液中の過酸化水素と反応して呈色錯体を生成する．2.00×10^{-5} M 溶液が 415 nm の光を 31.5% 吸収するとき，
    (a) 吸光度はいくらか．
    (b) 6.00×10^{-5} M 溶液の透過度と吸収率（%）はいくらか．
37. 分子量 180 の化合物の吸光係数は 286 cm^{-1} g^{-1} L である．モル吸光係数はいくらか．
38. アニリン $C_6H_5NH_2$ はピクリン酸と反応し，波長

359 nm における吸光係数 134 cm^{-1} g^{-1} L の誘導体を生成する．光路長 1.00 cm において，反応したアニリン 1.00×10^{-4} M 溶液の吸光度はいくらか．

定量的測定

39. 波長 262 nm における薬剤トルブタミン（式量 270）のモル吸光係数は 703 である．錠剤一つを水に溶解させ，2 L の体積に希釈した．セル光路長 1 cm，紫外領域 262 nm における溶液の吸光度が 0.687 のとき，錠剤に含まれるトルブタミンは何 g か．

40. アミン（弱塩基）はピクリン酸（トリニトロフェノール）と塩を形成し，すべてのアミンピクラートは，359 nm で吸収極大を示し，そのモル吸光係数は 1.25×10^4 である．0.200 g のアニリン $C_6H_5NH_2$ 試料を 500 mL の水に溶解させた．このうちの 25.0 mL を 250 mL メスフラスコ内でピクリン酸と反応させ，250 mL に希釈した．このうちの 10.0 mL を 100 mL に希釈し，セル長 1 cm，359 nm の吸光度を表示した．吸光度が 0.425 のとき，アニリンの純度（%）はいくつか．

41. 尿中のリンは，モリブデン(VI)で処理され，リンモリブデン酸塩をアミノナフトールスルホン酸で還元して特徴的なモリブデンブルー色を得ることで定量できる．これは 690 nm で吸収を示す．患者は 24 h で 1270 mL の尿を排泄し，その尿の pH は 6.5 であった．尿 1.00 mL をモリブデン試薬とアミノナフトールスルホン酸で処理し，50 mL の体積に希釈した．一連のリン標準溶液も同様に処理した．ブランク溶液に対して測定した 690 nm における溶液の吸光度は次のとおりである．

溶　液	吸光度
1.00 ppm P	0.205
2.00 ppm P	0.410
3.00 ppm P	0.615
4.00 ppm P	0.820
尿試料	0.625

(a) 1 日に排泄されたリンは何 g かを計算せよ．
(b) 尿中のリン濃度を 1 L あたりの物質量（単位：mM）として計算せよ．
(c) 試料中の $H_2PO_4^-$ に対する HPO_4^{2-} の割合を計算せよ．

$K_1 = 1.1 \times 10^{-2}$　　$K_2 = 7.5 \times 10^{-8}$
$K_3 = 4.8 \times 10^{-13}$

42. 鉄(II)は，1,10-フェナントロリンと反応し，510 nm で強い吸収を示す錯体を生成することにより，分光光度法で定量される．鉄(II)標準原液は，0.0702 g の硫酸鉄(II)アンモニウム Fe$(NH_4)_2SO_4 \cdot 6H_2O$ を 1 L メスフラスコ中の水に溶解させ，H_2SO_4 を 2.5 mL 加えて，1 L に希釈することにより調製される．一連の標準試薬は，原液 1.00，2.00，5.00 および 10.00 mL を別々の 100 mL メスフラスコに移し，鉄(III)を鉄(II)に還元するため塩化ヒドロキシルアンモニウム溶液を加え，続いて，フェナントロリン溶液を加えて，水で 100 mL に希釈することにより調製した．試料は，100 mL メスフラスコに加え，同様に処理した．ブランク溶液は，同量の試薬を 100 mL メスフラスコに加えて，100 mL に希釈することにより調製される．510 nm において，ブランク溶液に対して次の吸光度の測定値が得られたとき，試料中の鉄は何 mg か．

溶　液	A（吸光度）
標準溶液 1	0.081
標準溶液 2	0.171
標準溶液 3	0.432
標準溶液 4	0.857
試　料	0.463

43. 水中の硝酸性窒素は，フェノールジスルホン酸と反応し，410 nm で吸収極大となる黄色を得ることで定量される．0.8 mL H_2SO_4 L^{-1} を加えることで安定化された試料 100 mL は，硫酸銀で処理され，干渉する塩化物イオンが沈殿する．沈殿物はろ過され，洗浄される（ろ液試料に洗浄液を添加）．試料溶液は希水酸化ナトリウムで pH 7 に調整し，乾固直前まで濃縮する．残査は，2.0 mL フェノールジスルホン酸溶液で処理し，溶解を促進させるために湯浴で温めた．発色を最大にするため，蒸留水 20 mL とアンモニア 6 mL を加え，透明な溶液は 50 mL メスフラスコに移し，蒸留水で 50 mL に希釈した．ブランク溶液の調製は，ジスルホン酸で処理する手順から始め，実試料の場合と同量の試薬を用いて行った．硝酸塩標準液は 0.722 g の無水 KNO_3 を溶解し，1 L に希釈することにより調製した．標準添加法では，標準溶液 1.00 mL を試料 100

mL に添加し，全過程を通して行う．その結果，次の吸光度の表示が得られた．ブランク試料：0.032，試料：0.270，試料＋標準：0.854．試料中の硝酸性窒素濃度は何 ppm か．

44. 二つの透明な物質 A と物質 B は，反応して，モル吸光係数 450 で 550 nm の光を吸収する有色の錯体 AB を生成する．この錯体の解離定数は 6.00×10^{-4} である．セル長 1.00 cm，550 nm において，0.0100 M の物質 A と物質 B を等量混合した溶液の吸光度はいくらか．

混合物

45. 化合物 A と化合物 B は紫外領域に吸収をもつ．化合物 A は 267 nm ($a = 157$) で吸収極大，312 nm ($a = 12.6$) でテーリング上の肩を示す．化合物 B は 312 nm ($a = 186$) で吸収極大を示し，267 nm では吸収をもたない．両化合物を含む溶液は 267 nm で 0.726，312 nm で 0.544 の吸光度を示す（1 cm のセルを使用）．化合物 A と化合物 B の濃度は何 mg L^{-1} か．

46. チタン(IV)とバナジウム(V)は，1 M 硫酸溶液中の過酸化水素で処理すると有色の錯体を生成する．チタン錯体は 415 nm で吸収極大をもち，バナジウム錯体は 455 nm で吸収極大をもつ．チタン錯体の 1.00×10^{-3} M 溶液は，415 nm で 0.805，455 nm で 0.465 の吸光度を示す．一方，バナジウム錯体の 1.00×10^{-2} M 溶液は，415 nm で 0.400，455 nm で 0.600 の吸光度を示す．チタンとバナジウムを含む合金試料 1.000 g を溶解し，過剰の過酸化水素で処理後，最終的に 100 mL となるように希釈した．この溶液の吸光度は 415 nm で 0.685，455 nm で 0.513 であった．合金中のチタンとバナジウムの割合(%)はいくらか．

蛍光

47. 蛍光と濃度に関する式(16.25)を導け．

👍 発展問題

【Washington 大学 Robert E. Synovec 教授提供】

48. 濃縮するための固相抽出(SPE：どのように作用するかは 18 章を参照)，前濃縮と標準添加法 (SAM)および適切な鉛(Pb)錯体の吸光度測定により，汚染水中の Pb 濃度を決定する．Pb 錯体のみが使用する波長の光を吸収すると仮定する．SPE の第一段階として，1000 mL の汚染水試料あるいは標準物質を添加した汚染水試料が前濃縮(抽出)された．第二段階として，それぞれの試料について，SPE カートリッジから濃縮された Pb 錯体を溶離させるために，5 mL の溶出溶媒が使用された．

前濃縮後のもとの汚染水試料の吸光度は $A = 0.32$ であった．一方，標準物質を添加した汚染水試料には，1000 mL のもとの試料に対して 5.0×10^{-8} mol の Pb 錯体が含まれていた．その前濃縮後の添加試料の吸光度は 0.44 であった．光路長は 1 cm であった．また，Pb 錯体のモル吸光係数は 2.0×10^{4} L mol^{-1} cm^{-1} である．

(a) もとの汚染水試料に含まれる(濃縮前の)Pb 錯体の濃度はいくつか．
(b) すべての分析物が SPE カートリッジに捕捉され，すべての捕捉された金属が溶出溶媒中に溶出されたときに得られる理論的あるいは理想的な濃縮係数を P_{ideal} と定義した場合，P_{ideal} はいくつか．
(c) 実験的濃縮係数 P_{expt} はいくつか．

【Alberta 大学 James Harynuk 教授提供】

49. 単純な単一共振器バンドパス型干渉フィルターのコアは，それぞれの表面が薄い金属反射層である薄層誘電体で構成される．強め合う干渉基準を満たす波長 λ のみ伝播する．

$$n\lambda = 2tn$$

ここで，n は干渉次数，t と n はそれぞれ誘電体の厚さと屈折率であり，光はフィルターに対して垂直に入射する．誘電体コアの厚さは 200 nm，屈折率は 1.377 として，フィルターに白色 LED (図 16.13)からの発光の焦点を合わせたときに，このフィルターを伝播する波長はいくつか．

【Indiana 大学 Gary M. Hieftje 教授提供】

50. 下図に示した L 型吸収セルについて考える．

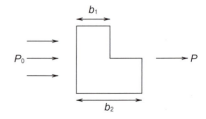

(a) 上半分と下半分に入射された光の放射強度が等しいとき，観測された吸光度 A とセル長 b_1, b_2, 吸収物質のモル吸光係数 ε および吸収物質のモル濃度 c の間に次の一般的関係が成り立つことを示せ．

$$A = \log 2 - \log(10^{-\varepsilon b_1 c} + 10^{-\varepsilon b_2 c})$$

(b) A と c の関係を示す図の極限勾配は，c の値が高い場合と低い場合において，それぞれどうなるか．

【Memphis 大学 Paul S. Simone, Jr. 教授提供】

51. エタノールに含まれるベンゼンの濃度をセル長 1 cm の分光光度計を用いて測定したい．ベンゼンは 204 nm と 256 nm の二つの特性吸収があり，エタノールの使用できる最低（カットオフ）波長は 220 nm である．

(a) 分析には，どちらのベンゼン吸収波長を用いるべきか．

(b) この測定では，どのような種類の光源が理想的であるか．

(c) この分析において，分光光度計で用いるべきセルの材質は何か．

■ 参考文献

一般

1. D. F. Swinehart, "The Beer-Lambert Law," *J. Chem. Ed.*, **39** (1962) 333.
2. D. W. Ball, "The Electromagnetic Spectrum: A History," *Spectroscopy*, **22** (3) (2007) 14.
3. D. W. Ball, "Light: Particle or Wave?" *Spectroscopy*, **21** (6) (2008) 30.
4. D. W. Ball, "Prism," *Spectroscopy*, **23** (9) (2008) 30.
5. D. W. Ball, "Lenses," *Spectroscopy*, **23** (12) (2008) 74.
6. R. M. Silverstein and F. X. Webster, *Spectrometric Identification of Organic Compounds*, 6th ed. New York: Wiley, 1997.
7. G. D. Christian and J. B. Callis, eds., *Trace Analysis: Spectroscopic Methods for Molecules*. New York: Wiley, 1986.
8. G. H. Morrison and H. Freiser, *Solvent Extraction in Analytical Chemistry*. New York: Wiley, 1975, pp.189-247. 金属の比色定量法．

スペクトル一覧

9. *Catalogue of Infrared Spectral Data*. Washington, DC: American Petroleum Institute Research Project 44. Multivolume series started in 1943.
10. *Catalogue of Ultraviolet Spectral Data*. Washington, DC: American Petroleum Institute Research Project 44. Multivolume series started in 1945.
11. "Infrared Prism Spectra," in *The Sadtler Standard Spectra*, Vols. 1-36; "Standard Infrared Grating Spectra," in *The Sadtler Standard Spectra*, Vols. 1-16. Philadelphia: Sadtler Research Laboratories.
12. L. Lang, ed., *Absorption Spectra in the Ultraviolet and Visible Regions*, Vols. 1-23. New York: Academic, 1961-1979.
13. *U. V. Atlas of Organic Compounds*, Vols. I-V. London: Butterworths, 1966-1971.
14. "Ultraviolet Spectra," in *The Sadtler Standard Spectra*, Vols. 1-62. Philadelphia: Sadtler Research Laboratories. 有機化合物の紫外スペクトル総合便覧．
15. D. L. Hansen, *The Spouse Collection of Spectra. I. Polymers, II. Solvents by Cylindrical Internal Reflectance, III. Surface Active Agents, IV. Common Solvents-Condensed Phase, Vapor Phase and Mass Spectra*. Amsterdam: Elsevier Science, 1987-1988. それぞれに対するピーク一覧表のソフトウェアが提供されている．

赤外分光法

16. P. R. Griffiths, *Fourier Transform Infrared Spectrometry*, 2nd ed. New York: Wiley, 1986.
17. J. Workman and L. Weyer, *Practical Guide to Interpretive Near-Infrared Spectroscopy*. Boca Raton, FL: CRC Press, 2008
18. D. A. Burns and E. W. Ciurczak, eds. *Handbook of Near-Infrared Analysis*, 3rd ed. Atlanta: CRC Press, 2007.
19. R. Raghavachari, ed., *Near-Infrared Applications in Biotechnology*. New York: Marcel Dekker, 2000.

蛍光光度法

20. A. Sharma and S. G. Schulman, *An Introduction to Fluorescence Spectroscopy*. New York: Wiley, 1999.
21. C. E. White and R. J. Argauer, *Fluorescence Analysis: A Practical Approach*. New York: Marcel Dekker, 1970.
22. K. Soroka, R. S. Vithanage, D. A. Phillips, B. Walker, and P. K. Dasgupta, "Fluorescence Properties of Metal Complexes of 8-Hydroxyquinoline-5-Sulfonic Acid and Chromatographic Application." *Anal. Chem.*, **59** (1987) 629.
23. P. K. Dasgupta, Z. Genfa, J. Z. Li, C. B. Boring, S. Jambunathan, and R. S. Al-Horr, "Luminescence Detection with a Liquid Core Waveguide." *Anal. Chem.*, **71** (1999) 1400.
24. E. R. Menzel, "Recent Advances in Photoluminescence Detection of Fingerprints." *The Scientific World*, **1** (2001) 498.
25. Q. Y. Li, P. K. Dasgupta, and H. Temkin, "Airborne Bacterial Spore Counts. Terbium Enhanced Luminescence Detection: Pitfalls and Real Values." *Environ. Sci. Technol*, **42** (2008) 2799.
26. R. J. Hurtubise, *Phosphorimetry. Theory, Instrumentation*

and Applications. New York: VCH, 1990.

ケミルミネセンス

27. N. W. Barnett and P. S. Francis. *Encyclopedia of Analytical Sciences*. 2nd ed. Elsevier, 2005. Luminescence Overview. p.305; Chemiluminescence Overview p.506; Chemiluminescence-Liquid Phase, p.511.
28. N. W. Barnett, P. S. Francis, and J. S. Lancaster. *Encyclopedia of Analytical Sciences*, 2nd ed. Elsevier, 2005. Luminescence-Gas Phase. p.521.
29. G. Zhang, P. K. Dasgupta, and A. Sigg, "Determination of Gaseous Hydrogen Peroxide at Part per Trillion Levels with a Nafion membrane Diffusion Scrubber and a Single-Line Flow-Injection System." *Anal. Chim. Acta*, **260** (1992) 57.
30. O. S. Wolfbeis, ed., *Fiber Optic Chemical Sensors and Biosensors*, Vols. 1 and 2. Boca Raton, FL: CRC Press, 1991.
31. L. W. Burgess, M.-R. S. Fuh, and G. D. Christian, "Use of Analytical Fluorescence with Fiber Optics," in P. Eastwood and L. J. Cline-Love, eds. *Progress in Analytical Luminescence, ASTM STP 1009*. Philadelphia: American Society for Testing and Materials, 1988.
32. J. Janata, "Do Optical Fibers Really Measure pH?" *Anal. Chem.*, **59** (1987) 1351.
33. J. Janata, "Ion Optrodes," *Anal. Chem.*, **64** (1992) 921A.
34. Z. Ge, C. W. Brown, L. Sun, and S. C. Yang, "Fiber-optic pH Sensor Based on Evanescent Wave Absorption Spectroscopy." *Anal. Chem.*, **65** (1993) 2335.
35. J. N. Demas, B. A. DeGraff, and P. B. Coleman, "Peer Reviewed: Oxygen Sensors Base on Luminescence Quenching." *Anal. Chem.*, **71** (1999) 793A.

Chapter 17

原子分光分析法

■ 本章で学ぶ重要事項

- 温度の関数としての原子の分布［重要な式：式(17.1)］, p. 75
- 炎光光度法（フレーム発光分析法）, p. 78
- 原子吸光分析法（AAS）, p. 81
- フレーム AAS, p. 82
- 電気加熱炉 AAS, p. 87
- 冷蒸気法と水素化物発生法, p. 89
- AAS における干渉, p. 90
- 試料の調製, p. 94
- 内標準法および標準添加法, p. 94
- 誘導結合プラズマ（ICP）原子発光分析法, p. 96
- レーザーアブレーション ICP-原子発光分析法／質量分析法, p. 100
- 原子蛍光分析法, p. 101

　16 章では溶液中の物質の分光法による定量，すなわち，有機，無機にかかわらず分子によるエネルギーの吸収に基づく定量，を扱った．分光法（spectroscopy）と分光分析法（spectrometry）は相互互換的な用語であることに注意していただきたい．厳密にいえば，分光法（spectroscopy）は物質と放射エネルギーの相互作用の研究である．一方，分光分析法（spectrometry）は波長を関数として光強度の定量的な測定を行う．すなわち，分光器（spectroscope）は可視光の成分を調べるために光を分散させる装置であり，分光光度計（spectrometer）は分散された光の定量的な測定を行う装置である．ここでは分光分析法（spectrometry）という用語をおもに用いるが，文献では両方の用語が使われることに留意してほしい．これらの用語の使用法は直感的にはわかりにくい．たとえばこの分野の専門家は，ほとんどの場合，分光分析学者（spectrometrist）ではなく，分光学者（spectroscopist）とよばれる．このことは彼らの研究が定性的なものが主であることを示しているわけではない．

　原子はもっとも簡単で純粋な物質の形態であり，分子のように異なる回転および振動エネルギーをもたないので，原子の吸収および発光スペクトルは，さまざまな波長の光に相当する鋭い線となる．太陽光の高分解能スペクトルには，太陽の連続光の中に幅の狭い暗線の存在が確認できる．ウォラストン（William Hyde Wollaston, ほかに 1803 年の Pd と Rh の発見でよく知られている）は 1802 年に初めてこれらの暗線を観測した．しかし，フラウンホーファー（Fraunhofer）が

フラウンホーファー(Josef von Fraunhofer)は1787年に貧しい家庭の10人兄弟の一人として生まれたが、11歳で孤児になった。1801年、彼が見習いとしてはたらいていた建物が崩れ、彼は数時間生き埋めとなり死にかけた。このことが彼に幸運をもたらした。彼の劇的な救出は王家や政治家の注目を集めた。彼らの財政的な支援により、フラウンホーファーは教育を受けることができ、自身のガラス店を営むことができた。そしてドイツ光学工業界の創設者として広く知られる存在となった。彼は1826年に結核により若くして亡くなった。

キルヒホッフ(Gustav Robert Kirchhoff, 1824～1887)とブンゼン(Robert Wilhelm Bunsen, 1811～1899)は分光分析の基礎づくりにおおいに貢献した。ブンゼンの低発光バーナーとキルヒホッフ・ブンゼン分光器を用いて、1860～61年に新しい二つの元素であるルビジウムとセシウムを発見した。キルヒホッフは、電気回路、熱化学、分光

1813～1814年に独立して同じ暗線を発見し、その特徴を詳細にまとめたもののほうが記憶され、現在ではこれらの吸収線はフラウンホーファー線とよばれている。今でもそのほとんどが彼のオリジナルの命名で記されている。連続スペクトル中のフラウンホーファー線は、太陽の光球(太陽の表層部分の不透明なガスによって形成される薄い層)の中に存在するさまざまな原子による鋭く明確な吸収により引き起こされる[ヘリウム(He)による吸収線はその元素の発見の前に認識されていた。ヘリウムは実際に太陽(helios)にちなんで名づけられた]。1820年にブリュースター(Brewster)は、フラウンホーファー線が太陽大気における吸収により引き起こされるという見解を示したが、それらが原子吸収であることが認識されるまでには、最初の発見から約50年後のブンゼン(Bunsen)とキルヒホッフ(Kirchhoff)の研究まで待つ必要があった。彼らは熱で生み出されるいくつかの元素の発光スペクトルが同じ線を含むことに気づき、フラウンホーファー線の起源を正しく推測した。いまでも、フラウンホーファーが見つけた暗線のうち589.592 nmのNaのD_1線と588.995 nmのNaのD_2線を分離できるかを基準としてモノクロメーター(分光器)の分解能が評価されることがある。性能不十分のモノクロメーターでは、これらは一つにまとめて589.3 nmの"ナトリウムのD線"と見なされる。多くの物質の屈折率は光の波長により変化する(16章にて述べたように、このような理由でプリズムは光を分散する)。しばしば物質の屈折率は一つの値で示されるが、これはナトリウムのD線に相当する589.3 nmで測定された値である。

分子の分光法と同様に、元素の分光法は大きく吸光分光法と発光分光法に二分される。特筆すべき相違点は、原子分光分析法はつねに気相中で行われるということである。Hg、Cdや不活性ガスを除けば、元素は室温では単原子の気体としては存在しないので、測定条件には高温が必要とされる。また、名前が示すように、原子分光分析法では原子を測定する。これは元素分析法の一つである。

原子吸光分析法(atomic absorption spectrometry：AAS)では、吸光線の半値幅は0.01 nm未満である。このことは分子分光法ではみられない制約をもたらす。分子分光法でよく使われるモノクロメーターの典型的な半値幅は2 nmであることを思い出してほしい。分析対象元素の一つの吸光線だけがモノクロメーターの波長窓内に選択されている幸運なときでさえ、その線での放射の完全な吸収(とても高い分析対象元素の濃度)でも、透過光全体の0.5％未満の差異となる。これは99.5％を超える迷光がある条件で分子分光法を行うことと似ている。また、この状態で定量することは、太陽で照らされた窓に張られた細い糸の色が白かグレイか黒かを、窓を透過した光の全量を測定して、その差から判別しようとするようなものである。本章ではこの問題を、鋭いスペクトル幅の光を放射する光源を用いて解決する方法を述べる(このほかに、超高分解能の分光器を用いる方法がある)。

二つ目の問題は分析対象元素を原子状態に変換することである。そのためには、通常、試料をフレーム(炎)やプラズマ、あるいは小さな炉内に導入しなければならない。しかし、これらの場合、試料は完全には原子状態にならない場合もある。また、とくに低エネルギーの原子化源であるフレームにおいては、試料中に存在するほかの物質(あるいはフレームそのものの成分)が対象となる波長で光を吸収してしまうかもしれない。この**分子吸収バックグラウンド**(molecular absorption background)がさらに複雑な状況を招く．一般的な AAS では原子状態にするために高温フレーム（**フレーム AAS**，flame AAS）や黒鉛でできた電気的に加熱された小さな炉[**電気加熱炉 AAS**(electrothermal AAS)，**黒鉛炉 AAS**(graphite furnace AAS：GFAAS)]が用いられる．Hg（ときに Cd）に特有な方法として，加熱することなく原子化が可能な**冷蒸気 AAS**(cold vapor AAS：CVAAS)もある．

分子ルミネセンスと同様に，原子ルミネセンスは光による原子の励起により生み出される．これは**原子蛍光分光法**(atomic fluorescence spectrometry：AFS)である．一方，分子は光を発するように十分に加熱すると，光を発する前に分解してしまうが，原子はその特異的な放射を発するほど十分に高い温度に加熱することが可能である．原子は真の熱ルミネセンスを起こすが，この用語は関連の測定法について述べるさいには使われず，むしろ原子を励起する手段がその測定法を表すのに用いられる（16.16 節参照）．その典型例は**フレーム発光分光法**[flame emission spectrometry．実際の使用においては，最適波長は干渉フィルターを用いて選択される．そのため，この方法はより正確には**炎光光度法**(flame photometry：FP)とよばれる]，アーク/スパーク放電発光分光法，直流プラズマ（DCP）発光分光法，**誘導結合プラズマ発光分光法**[induction (inductively) coupled plasma atomic (optical) emission spectrometry：ICP-AES または ICP-OES]などである．ICP は十分にエネルギーが高いので，分析対象の原子から一つまたは複数の電子を電子殻から放出させて陽イオンを生じさせる能力に優れている．分析対象原子を質量分析法によって m/z ごとに分離したあとに検出することも可能である（詳しくは質量分析法について書かれた 22 章を参照）．この方法は**誘導結合プラズマ質量分析法**[induction (inductively) coupled plasma mass spectrometry：ICP-MS]とよばれる．原子化およびイオン化源としての ICP についてはこの章で扱う．ICP-MS についてはほかの質量分析法とともに 22 章で述べる．

原子分光分析法は微量元素分析のために多くの研究室で広く使われている．環境試料では重金属汚染について分析され，薬物試料では金属不純物について分析される．半導体工業では正確に元素がドープ（添加）されている必要があり，組成が正確にわからなければならない．鉄鋼業では主成分だけでなく少量成分も定量される必要がある．あるバッチの鉄鋼の組成（必要があれば改善されなければならない）は，溶融物が外に出される前に頻繁に確認されなければならない．どの手法を用いるかは，目的とする分析に必要とされる感度，試料の数，多元素測定が必要かどうかなどの要因により決まる．それぞれの方法についても本章で詳細に論じる．

17.1 原理：基底状態と励起状態の分布 ——ほとんどの原子は基底状態にある

あるフレーム温度における基底状態（N_0）と励起状態（N_e）の数の相対比は次の**マクスウェル-ボルツマンの式**(Maxwell-Boltzmann expression)から計算される．

$$\frac{N_e}{N_0} = \frac{g_e}{g_0} e^{-(E_e - E_0)/kT} \tag{17.1}$$

ここで g_e と g_0 はそれぞれ励起状態と基底状態の統計的重率，E_e と E_0 は二つの状態のエネルギー準位（$E_e - E_0 = h\nu$，ν は振動数，E_0 は通常ゼロ），k はボル

学にそれぞれ関連したキルヒホッフの法則を発表したことでも知られている．

ロベルト・ブンゼンは生涯独身であったが，早くから有毒で爆発性のあるヒ素化合物の研究により賞賛を得ていた．彼はヒ素中毒で死にかけたうえ，爆発により右目の視力を失った．ブンゼン電池は電極として白金の代わりに初めて炭素を使用した電池として知られている．また，彼は電気分解により初めて純粋な Li，Na，Mg，Ba，Ca，Mn，Al，Cr を生み出した．ブンゼンは優れた教師であり，門下生にはロータル・マイヤー（Lothar Meyer）やメンデレーエフ（Mendeleev）などがいる．原則として彼は自分の発明に関する特許をとることはなかった．彼は 78 歳で Heidelberg 大学を退職したが，それは地質学の研究を新たに開始するためであった．

原子の吸収/発光線はとても狭い（半値幅で<0.01 nm）．同時に分子は幅の広い吸収をもつため，原子吸光分析法を行うために，分子分光法用の装置類をそのまま使うことはできない．

ほとんどすべての気体状原子は基底状態にある．それでも，原子発光は蛍光分析法と同じ理由で感度がよい．すなわち，そこでは，吸収を測定する場合のように，信号（あるノイズをもつ）の小さな減少を測定する必要はない．

ツマン定数，T は絶対温度である．統計的重率は，あるエネルギーレベルにおいて電子が存在できる等価のエネルギー状態の数を表す用語であり，特定のエネルギー準位についての量子力学計算により求まる．

多くの物理化学の教科書でこの詳細が論じられている［たとえば T. Engel, P. Reid, *Physical Chemistry*, 3rd ed. Peason (2012) の 22 章］．本質的に，対象となるエネルギー準位については，スピン軌道相互作用から決まる全角運動量子数を J とすると，統計的重率 g は $(2J+1)$ となる．実例的な計算は例題 17.1 を参照されたい．二つのエネルギー準位の間の遷移のさいに吸収または放出される光の波長を λ とすると，式(17.1)がより実用的な式で置き換えられる．

$$\frac{N_e}{N_0} = \frac{g_e}{g_0} e^{-(hc)/\lambda kT} \tag{17.2}$$

ここで h はプランク定数，c は光速度［式(16.3)参照］である．図 17.1 にこの式の関係性を示す．

表 17.1 には 2000, 3000, 10000 K における 3 元素についての励起状態と基底状態の存在比をまとめている．

Na のような比較的容易に励起される元素でさえ，ICP において達成される 10000 K を除けば，励起状態の原子の数は少ない．フレーム（一般的には 3000 K 未満）のような低温の励起源を用いる発光分光分析法は，193.7 nm にもっとも強いスペクトル線を有する As のように，短い波長にスペクトル線を有する元素については役に立たない．長波長側の発光線をもつ元素に関しては，フレームを用

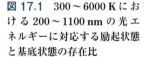

中性の原子の基底状態と励起状態の存在比は，この式で正しく計算されるが，ICP のように非常に高温の媒体では原子イオンがおもな存在形態となる(ICP-MS, p. 99 参照)

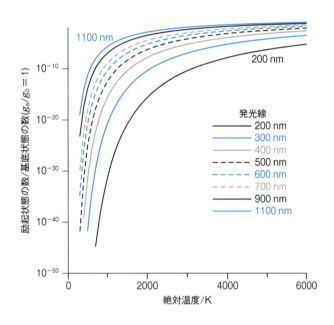

図 17.1 300～6000 K における 200～1100 nm の光エネルギーに対応する励起状態と基底状態の存在比
一般に，励起状態の統計的重率は基底状態よりも高く，そのため，実際の N_e/N_0 の値はこの図の値よりも高い傾向にある．長い波長の光は二つの状態の間のエネルギーギャップがより小さいことを意味し，励起状態の原子数はより低温から増加することが示されている．

表 17.1 異なる共鳴線の N_e/N_0 値（励起状態と基底状態の存在比）

共鳴線	N_e/N_0		
nm	2000 K	3000 K	10000 K
Na 589.0	9.9×10^{-6}	5.9×10^{-4}	2.6×10^{-1}
Ca 422.7	1.2×10^{-7}	3.7×10^{-5}	1.0×10^{-1}
Zn 213.8	7.3×10^{-15}	5.4×10^{-10}	3.6×10^{-3}

いてもまずまずの感度を示す．アーク放電やスパーク放電は，かつては市販の発光分析法で使われていたが，現在ではICPにその座を譲っている．3000 K 未満の温度では，すべての元素で基底状態が支配的であり，基底状態の原子の数は温度によってほとんど変化しない．したがって，AASのような基底状態の原子を測定する分析法においては，分析線の波長はその性能にほとんど影響しない．他方，原子分光分析法を行うには，第一段階として原子状態の元素を発生させなければならない．分子から原子を生成するには結合を切断することが必要である．これは通常熱的に行われる．例外的に，HgとCdの場合は"冷蒸気法"のように室温で原子状態を生じさせることができる．しかし，ほかのすべての元素については，原子吸光法はフレームや炉のような熱的励起源を用いている．

例題 17.1

米国国立標準技術研究所（National Institute of Standards and Technology：NIST）のwebサイト（http://physics.nist.gov/PhysRefData/Handbook/element_name.htm）には，それぞれの元素についてエネルギー状態とその相対的エネルギーレベル（波数を単位とする等価の光エネルギーとして表されている）および J 値がまとめられている．

(1) ヨウ素原子について，基底状態と最低励起状態の統計的重率はそれぞれいくつか．

(2) 3000 K と 10000 K において，これら二つの状態の間の遷移による共鳴線の波長とその状態間の存在比はいくつか．また，この共鳴線は実際には使用困難である．その理由を述べよ．

(3) その最低励起状態と $65669.99\ \mathrm{cm^{-1}}$ をもつエネルギー状態間の遷移は分析的に有益な原子発光線を生じる．この波長はいくつか．

(4) 10000 K において，その最低励起状態に対するこの状態の原子の存在比を求めよ．

解 答

(1) webサイトでは元素名が並べられている．ヨウ素（iodine）をクリックし，"Neutral Atom"の下の"Energy Level"ボタンをクリックする．基底状態（エネルギーレベル 0.00 の表中最上部の値）では J 値は 3/2 である．ゆえに，$g_0 = 2 \times 3/2 + 1 = 4$ である．

最低励起状態は $54633.46\ \mathrm{cm^{-1}}$ のエネルギーレベルである．このとき J 値は 5/2 なので $g_e = 6$ である．

(2) 相当する光子の波長は以下の式で表される．
$$\lambda = (10^7\ \mathrm{nm\ cm^{-1}})/(54633.46\ \mathrm{cm^{-1}}) = 183\ \mathrm{nm}$$
これは真空紫外領域であり，使用困難である．

式(17.2)と表紙裏に掲載されている h, c, k の値を用いると，3000 K における状態間の存在比は次の式で表される．

$$\frac{N_e}{N_0} = \frac{6}{4} \exp\left(\frac{-4.1357 \times 10^{-15}\ \mathrm{eV\ s} \times 2.99792 \times 10^8\ \mathrm{m\ s^{-1}}}{183 \times 10^{-9}\ \mathrm{m} \times 8.6173 \times 10^{-5}\ \mathrm{eV\ K^{-1}} \times 3000\ \mathrm{K}}\right) = 6.23 \times 10^{-12}$$

（この結果を図 17.1 の 3000 K での 200 nm の線と比較せよ）

10000 K では同様に存在比（N_e/N_0）は 5.78×10^{-5} である．

(3) エネルギー状態の値が $\mathrm{cm^{-1}}$ で表される場合，二つの状態のエネルギー差は単純な引き算で得られる．$65669.99\ \mathrm{cm^{-1}}$ と $54633.46\ \mathrm{cm^{-1}}$ の二つの状態の遷移

エネルギーは 11 036.53 cm^{-1} である．相当する光（原子発光線）の波長は次の式で表される．

$$\lambda = (10^7 \text{ nm cm}^{-1}) / (11\,036.53 \text{ cm}^{-1}) = 906 \text{ nm}$$

(4) この近赤外（NIR）領域の波長の光は簡単に測定できる．NIST の表ではこの高い励起状態の J 値は 7/2 と確認され，この状態の統計的重率 $g'_e = 8$ である．最低励起状態との存在比は，g_e/g_0 の代わりに g'_e/g_e，$\lambda = 906$ nm を用いれば，式(17.2)から 10 000 K で 0.272 と計算できる．183 nm の線がより強いが，かなりの量の発光が近赤外領域でも起こっている．NIST の表はそのような発光線の相対強度に関するデータも含んでいる［persistent line（固有線）のボタンをクリックする．この表では，波長はオングストローム単位（1 nm = 10 Å）で示されている］．測定条件は特定されていないが，906 nm の線が 183 nm の線の強度の約 20 ％を有するものとして掲載されている．

しかし，測定時の光の経路において存在するすべての元素が原子状態ということはない．とくにフレームにおいては，いくつかの元素は，当初は原子化されたとしても，安定な酸化物や水酸化物を形成するため，原子として存在しない．この問題は高温のプラズマ中では存在しないが，イオン化しやすい一部の元素のイオン化が引き起こす種々の問題は，高温の原子化源でより重要性が増す．

原子発光分析法では励起状態の原子の数を測定し，原子吸光分析法および原子蛍光分析法では基底状態の原子の数を測定する．励起されやすい元素（長波長の光を発する）を除けば，原子発光分析法はプラズマのような非常に高温の熱源が有利である．感度と検出限界は，たんに基底状態と励起状態の原子数の比からだけでは予想できない．原子発光分析法においては，低いバックグラウンドに対して狭い線シグナルを測定することで，高い感度が得られる．これとは逆に吸光測定において，達成可能な検出限界（LOD）は，大きなシグナル中の小さな違いを検出する能力に依存する．原子蛍光分析法が適用できる場合は，低バックグラウンドに対して発光線を測定することと基底状態の多くの原子の数に由来する信号を測定することの二つの長所が生かされる．しかし，原子蛍光分析法では，分子分光法とは異なり，励起波長と発光波長が一致しているため，散乱光を除去あるいは最小にすることが高感度な測定を行うために大変重要である．

17.2　炎光光度法（フレーム発光分析法）[*1]

この方法では，励起エネルギー源はフレームである．試料は溶液状態でフレームに導入される．フレームは低エネルギーの熱源であるため，発光スペクトルは単純で，発光線の数も少ない．そのためこの方法は，高価ではなく，数元素の分析においては魅力的な方法である．1860 年代初頭のキルヒホッフとブンゼンの研究の結果として，フレーム中で励起された特定の元素が発する固有な光の測定が分析的に有用であると認識された．ブンゼンのフレームを用いてつくられた最初の装置は植物の灰中に含まれる Na の測定に利用された．当時の装置で困難だっ

[*1] 分光分析法（spectrometry）と吸光光度法（spectrophotometry）の区別については 16 章を参照．

たのは，試料のフレーム中への導入だった．ようやく1929年になって，ルンデゴード（Lundegardh）がフレーム中に再現性よく試料の一部を導入できる噴霧器（ネブライザー）を活用したことがブレークスルーとなった．固有の原子発光が石英プリズム分光器で分光され，写真として記録された．のちに光学フィルターと電気的な光検出器を利用することで，利便性と精度が改善され，この装置がNa，K，Li，Caの測定に広く利用されるようになった．ほかの多くの元素に関する測定も，より高感度な光電子増倍管を備えた回折格子分光器を利用することで可能になった．しかし，1960年代により適用範囲の広いAASが市販されるようになると，炎光光度法（フレーム発光分析法）は本当に必要な限定された場合のみ利用され，さらに発展することはなかった．

　現在の市販の装置の多くはLi，Na，K，Ca，Baの測定に特化しており，それぞれ670，589，766，622，515 nmにバンドパスの中心波長がある干渉フィルターを用いている．この装置は**炎光光度計**（flame photometer）とよばれる．カルシウムは実際にはCaOHの発光線（622 nmにおけるこの発光線は，423 nmのCa原子の発光よりも強い）により測定される．空気-プロパンフレーム（1900〜2000 ℃）が一般に用いられる．空気-ブタンや空気-天然ガスフレームが利用されることもある．これらのフレームはさほど高温ではなく，高感度の測定はできない．空気-プロパンフレームを利用する現在のもっともよい装置では，0.02 mg L^{-1}（NaとKについて）から10 mg L^{-1}（Baについて）までの検出限界が得られる．ほとんどが1回の測定で一つの元素を分析するものである．フィルターは目的元素を変えるたびに手動で交換する．しかし，BWBTech XP社の炎光光度計のようにマルチチャネル検出を用いて多元素の結果を同時に読み出す機能を有する装置もある．しかしCaOHの形成はBaの存在に大きく影響を受けるため，これら二つの元素を同時に定量することはできない．423 nmのCaの原子発光線はBaによる干渉の影響をほとんど受けないが，一般に感度が悪いため利用されない．フレーム発光測定の欠点の多くは，空気-アセチレンのような高温で還元的なフレームと高分解能分光検出器を用いることで克服される．いずれにしろ（多くの点で），炎光光度法（FP）として今日実用化されている原子発光分析法は，以前の高みからは一歩後退したところにある．なぜなら，高温フレームと高分解能分光法を組み合わせその性能を改善したとしても，適用範囲が広いフレームAASと比べるとコスト競争で負けてしまうためである．

炎光光度法で使われるバーナーと要求されるフレーム特性

　初期の段階では二つの主要なバーナーの優位性についてかなりの議論があった．一つ目のタイプは燃料ガス（プロパン，アセチレン）と助燃ガス（空気，酸素，窒素酸化物）が使用前に混合され，溶液がフレームに入る前のその混合ガスの流れにより噴霧される**予混合バーナー**［premix burner，**ラミナーフロー（層流）バーナー**（laminar flow burner）ともよばれる］である．この装置はルンデゴードにより開発された．ネブライザーにより噴霧された液体は実際に多量の液滴とドレインを生成する．二つ目のタイプは**全消費型バーナー**（total consumption burner）とよばれるもので，燃料ガスと助燃ガスはフレームに入る前に混合されない．このタイプは基本的にノズルの末端部につながる二つの同軸チューブから構成されている．もっとも外側のものが燃料ガスを運び，次が助燃ガス，キャピラリーであ

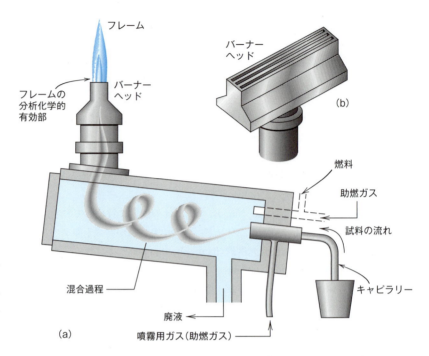

図 17.2　予混合バーナー
(a) ネブライザー，チャンバー，バーナー，(b) バーナーヘッド
[G. D. Christian and F. J. Feldman, *Atomic Absorption Spectroscopy. Applications in Agriculture, Biology, and Medicine*. New York: Interscience, 1970 から改変．John Wiely & Sons 社の許可を得て転載]

る中心チューブが試料の入り口である．燃料-助燃ガスの流れから生じるベンチュリ効果(流体の流路を細くすることにより流速を増加させて低い圧力を発生させる機構)により試料を吸引してフレーム中に導入する．吸引されるすべての試料がフレーム中に導入されることから命名された．

"全消費"という名がその優位性をほのめかしているにもかかわらず，予混合バーナーのほうがよい結果が得られるため，現在ではこちらのタイプしか使われていない．このような結果になった第一の要因は生成する試料液滴の大きさである．全消費型バーナーにおける直接試料導入過程では約 7 nL の大きな液滴が生じるが，予混合バーナーでは 0.05 nL ほどの小さな液滴しか生じない．小さな液滴は，より容易に蒸発し，原子化される．一般的なデザインを**図 17.2** に示す．図に示すように，ボーリング(Boling)により開発された三つ溝があるバーナーヘッドがもっとも一般的である．このバーナーは光が交差するのに十分な幅広さがあるフレームをつくり出す．原子数は，フレームの大部分で高さごとに均一であり，このことが調整を簡単にしている．このバーナーはほかの種類のものよりもノイズが少なく，かつ試料中に溶解している溶質の目詰まりも起こりにくい．ほとんどのバーナー/ネブライザーシステムでは，経路内の大きな液滴を効果的に取り除くために，噴霧点を過ぎたところにバッフル板が取り付けられている．大きな液滴は原子化効率が悪くなるだけでなく，フレームの局所的冷却につながる．

フレーム発光分析装置は，次のような条件を満たすことが望ましい．(a) 試料が原子化される十分なエネルギーをもつこと．現在，炎光光度法で定量されている金属については空気-プロパンフレームで十分である．(b) フレームの乱れが少なく，原子数の時空間的変化が最小になること．(c) フレームそれ自身の発光と吸収が測定対象としている波長で最小となること．(d) フレームは発光している原子ができるだけ長く観測領域に留まるようにガス速度を低速で維持できること．さらに，フレームの維持は安全かつ低価格であるべきである．

一般的な炎光光度法におけるフレーム内の過程

図 17.3 は KCl 水溶液がフレーム中に導入されたときに起こる過程を図示したものである．図からわかるように，まず溶媒が細かな液滴から蒸発し，無水塩が残る．その塩はガス状の原子に解離する．これらの原子の一部はフレームから熱エネルギーを吸収し，励起状態になる．この励起状態の寿命は短いので(1〜10 ns)，$h\nu$ に相当するエネルギーをもつ特定の波長の光[*2] を発して，基底状態に戻る．ここでは電子遷移のみが関係し，とても幅の狭い発光線が観察される．原子の一部もまた熱励起によりイオン化される．さらにその一部は熱励起により励起イオンとなる．炎光光度法で Ca を測定する場合，比較的低温の空気ープロパンフレームにおける副反応によりフレーム中に CaOH が形成される．それらは励起され，この励起分子(原子発光線よりもずっと広い)からの発光はフィルター炎光光度法(波長フィルターを通して発光強度を測定する方法)で測定される．ほかの元素については，励起原子の発光が測定される．

フレーム発光においては $K^{°*}$ を測定し，原子吸光においては $K^{°}$ を測定する．

図に示されているように，フレーム中の副反応は望ましい発光をする化学種の数や発光信号を減少させる．発光強度は検量線の低濃度側でのみ溶液中の分析成分の濃度に直線的に比例する．さまざまな理由から(たとえば，基底状態の原子の数が圧倒的に多いので発光が再吸収されるなど)，高濃度側の信号は，低濃度側での直線的な応答から予想されるよりも小さくなる．一般的に，広い濃度範囲の検量線は次の式に従う．

$$I = kC^n \tag{17.3}$$

ここで，I は発光信号強度，C は分析成分の濃度，k と n は定数($n < 1$)である．今日の炎光光度計は式(17.3)(あるいはより複雑な式)と同種の式に適合するように多元素の多点検量線を自動的に作成し，希釈することなく 1000 mg L^{-1} まで測定できるものもある．炎光光度法では数種類の金属しか定量されないが，特定のニッチな分野では広く使われている．臨床検査室において，炎光光度法は Na, K, Li の日常分析法として利用されている．バイオディーゼル中の残留アルカリ金属やセメント中の Na, K, Ca の測定は，より重要なさまざまな応用のなかの例である．炎光光度法の全盛期には，60 元素くらいがより高温のフレームで測定された．しかし，今日では特定の数元素以外のほとんどの元素の測定は AAS で行われる．

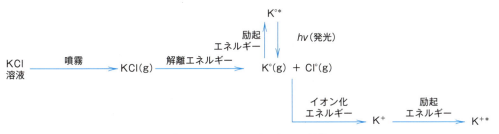

図 17.3 フレーム中で起こる過程

[*2] これは溶液中の励起される分子と対照的である．ここでは溶媒やほかの分子との衝突がずっと大きな確率で起こる．フレームにおいてはその確率は低い．なぜならフレーム分子の数が溶液中に比べてたいへん少ないからである．ゆえに，原子の多くは熱としてよりもむしろ電磁放射(光)として励起エネルギーを失う．

17.3 原子吸光分析法

基底状態の原子の数は励起状態よりも圧倒的に勝っているので，フレーム中の元素の吸収の研究は，炎光光度法と比べると，同程度あるいはより優位であると考えるかもしれない．しかし実際にはこれは事実ではなかった．その理由は，フレーム AAS においては分子吸光分析法には存在しない問題があったからである．すなわち，それは，フレームそれ自身が光吸収を測定しようとする波長である程度（ときにはたくさんの）光を発するために起こる．さらにこのフレームからのバックグラウンド発光は時間経過とともに変化してしまう．ゆえに，たんにバックグラウンド吸収を差し引く方法ではうまくいかない．暗い部屋中にある検出器に向けられている懐中電灯の光を思い浮かべていただきたい．この光の経路にある化学種により光が吸収されたかどうかは容易にわかるだろう．これは分光分析法の状況である．

一方，同じ実験が日当たりのよい明るい部屋（さらに雲がときどき太陽の前を横切り，バックグラウンド光の強さを変える状況だとさらによい）で行われるとすると，検出器がその懐中電灯から受け取るわずかな光の変化が，光を吸収する化学種の存在のためであると容易に判断することはできない．同僚のシェルトン（John Shelton）の回想によると，これはオーストラリアの分光学者ウォルシュ（Alan Walsh, 欄外コラム参照）が直面した問題であった．ウォルシュの解決法は，その懐中電灯の光を一定の比較的高い周波数でつけたり消したりすることで検出信号を区別して，この周波数の信号のみが見えるようにしたことであった．この過程により，すべてのほかの信号を取り除き，懐中電灯のシグナルのみが見えるようになる．これはさまざまな周波数のラジオ波のなかから，目的の周波数に合わせて，お気に入りのラジオ局やテレビ局の放送を聴いたり，見たりすることに似ている．高速で光パルスを断続的に再現性よく放出する光源は，半導体を用いてようやく近年実用化された．ウォルシュはこれと同様の機能を光源の前にモーターつきのチョッパーをおくことで実現した．チョッパーを回転させることで，光線を遮断したり，通過させたりを切り替えることができる．

この装置では，回転速度により光がついたり消えたりする周波数をコントロールする（ウォルシュは 50 Hz で作動させた Na ランプを使ってその概念を検証した．この方法はチョッパーを必要としない）．そして検出器をこの周波数に同調させた．ウォルシュはまた，その原子吸収線の線幅（line width, 原子線の波長の拡がり）に匹敵するような高分解能のモノクロメーターがないことを認識していた（彼はその原子吸収線の線幅を 2 pm と見積もった）．迷光を排除するのにはこの程度の分解能が必要とされる．ゆえに彼は分析対象となる元素を含む光源を用いることを選んだ．放電が起こるとそれは元素固有の発光線となる（もし複数の波長の発光があっても，それらは通常は試料のあとにおかれる簡単なモノクロメーターで分離できるので，対象元素の主要な発光線のみを取り出すことができる）．この線が光源として用いられる．基本的には光源自身が非常に線幅の狭い光源線を与える超高分解能のモノクロメーターとして機能する．それぞれの元素の分析に異なるランプが必要とされることには留意が必要である．また，高温だと発光線の拡がりが増すため，光源温度はあまり高くなってはならないことにも注

ウォルシュ（Alan A. Walsh），オーストラリアの分光学者

1952 年 3 月のある日曜日の朝，ウォルシュは Melbourne 郊外の Brighton にある彼の自宅の菜園で作業していたが，そのとき突然に彼にひらめきが起こった．以前に彼が取り組んでいた問題についてであった．ウォルシュは泥で汚れた靴のまま急ぎ家に入り，同僚のシェルトン（John Shelton）に電話をかけた．彼は歓喜して言った．"おい，ジョン！" "われわれはずっとえらく間違ったことをしてきたんだ！" "発光ではなく吸収をはかるべきなんだ．" しかし，ジョンはこう言って彼に思い出させた．"前にも考えたじゃないか．でも同じ波長の発光のせいで吸収からは試料の濃度を求めることはできないんじゃないか？" ウォルシュは答えた．"それで考えたんだ．チョッパーと同調した増幅器を使うんだ．そうすれば試料からの発光は問題じゃなくなるはずだよ．"

[Peter Hannaford, *Biographical Memories of Fellows of the Royal Society*, Vol.46 (Nov., 2000), pp. 534-564]

意が必要である．吸収線幅よりもずっと広い発光線は，実際に迷光にもなるだろう．

フレーム AAS の原理

　初期の市販のフレーム AAS 装置（Perkin Elmer 社の Model 303）の模式図を**図17.4** に示す．光源は分析対象となる元素の原子吸収線の波長で発光する中空陰極ランプ（これに関してはあとでさらに扱う）である．ミラーを備えたチョッパーが，フレームを通過するビームと迂回するビームを交互に検出器に導く．このダブルビーム方式により光源ドリフト（光源光強度のゆらぎなどにより測定値が変動すること）を補正できる．しかし，現在のほとんどの装置では，このようなダブルビーム方式は用いられていない．光源を一定時間点灯して安定化させたあとの光源のドリフトは原子化部によるドリフトよりもずっと小さい．そこで，参照信号の読み取りは，試料測定の直前と直後に行われる．このような測定時間の設定によりダブルビーム方式と同じ補正効果が得られる．試料溶液は炎光光度法と同様に，フレーム中に噴霧導入され，分析対象元素は原子蒸気に変換される．表17.1 に示すように，フレームにより熱的に励起される原子もあるが，ほとんどが基底状態のままである．これら基底状態の原子は，その元素に固有の発光を放つ光源（光源にはその元素が含まれている）からの光を吸収する．

　原子吸光法は前章で述べた吸光光度法と原理的には同じである．この吸収はベールの法則に従う．すなわち，吸光度はフレーム中の光路長と原子蒸気の濃度に直接的に比例する．これらの変数を決めるのは難しいが，光路長はバーナーとフレーム条件が決まれば一定となるため，原子蒸気の濃度は導入される溶液中の分析対象元素の濃度に直接的に比例する．実際には，異なる濃度の試料を噴霧することにより検量線を作成する．

AAS 装置の種類

　現在使用されている AAS 装置は線光源 AAS（LS-AAS）装置と連続光源 AAS（CS-AAS）装置の 2 種類がある．

　いずれのタイプもフレームあるいは電気加熱炉（黒鉛炉ともよばれる）を原子化源として利用できる．

　ウォルシュはもともと CS-AAS 装置は実現しないと思っていた．というのは数 pm の分解能が必要とされるだけではなく，そのような分解能が達成されたとしても，狭いバンド幅を通り抜ける連続光からの光強度は測定に十分ではないだろうと考えたからである．しかし，この点に関して技術は進歩した．ホットスポットモード（後述）で操作できる高電圧の水冷キセノンランプや超高分解能ダブル

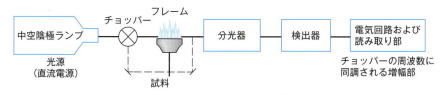

図 17.4　原子吸光分析装置の模式図

［G. D. Christian and F. J. Feldman, *Atomic Absorption Spectroscopy. Applications in Agriculture, Biology, and Medicine*. New York: Interscience, 1970 から改変．John Wiely & Sons 社の許可を得て転載］

ビームモノクロメーターに CCD 型検出器を備えた市販の装置が 2004 年以降使用できるようになった．この装置では異なる元素の分析に多種の光源を必要としないという利点をもつ．もっとも熱心な AAS の支持者である Bernhard Welz（参考文献 8 参照）は，明快に CS-AAS を "AAS を行うためのよりよい方法" とよんでいる（参考文献 9）．

分子の吸光光度法と同様に，AAS に必要なものは，光源，分析対象元素を通過する光路（フレームまたは炉），モノクロメーター，検出器である．アレイ検出器を備えた分子の吸光光度計のように，モノクロメーターは試料のあとにおかれる．

原子吸光光度計のさまざまな構成要素は次に記述する．

AAS の光源

現在，2 種類の光源が LS-AAS 用に使われている．一般的なのは**中空陰極ランプ**（hollow-cathode lamp：HCL）である．HCL の基本的な構成を**図 17.5** に示す．

HCL は定量される元素やその合金からつくられた円柱状の穴が開いた陰極（カソード）と通常 W や Zr でつくられた陽極（アノード）からできている．次のような場合，合金化が有効である．すなわち，電極がその元素（たとえば，Na, As など）から簡単にはつくれない場合，性能を犠牲にすることなくかなりのコスト節約が可能な貴金属の場合，あるいは単体の元素（たとえば，Cr, Cd など）よりもむしろ合金が長期間の運転に適していることが確認されている場合などである．合金をつくる元素は対象の元素とスペクトルが干渉しないように注意深く選定される必要がある．作用電極である陰極の金属材料は一般的には陰極カップ中にプレス加工される．陰極カップは通常は鉄からつくられるが，ほかの金属が使われることもある．電極は窓つきのホウケイ酸塩ガラス管中に閉じ込められている．窓材料は，400 nm 以上の波長にはホウケイ酸塩ガラス，240～400 nm（製造者により低波長側の正確な区切りは変化する）の波長には，特殊な UV 透過ガラス，より短い波長には石英ガラスが用いられる．この管の中は減圧されており，不活性ガス（通常はネオン）で満たされている．アルゴンはネオン線からの干渉が起こる場合に用いられる．高電圧を電極間に印加し，気体原子を陽極でイオン化させる．陽イオンは陰極の方向に加速される．この陽イオンが陰極に衝突すると，その金属の一部をスパッタし（衝撃で飛ばし），蒸気にする．蒸気となった金属原子は，高エネルギーの気体イオンと連続的に衝突することで，より高い電子レベルに励起される．その電子が基底状態に戻るとき，その金属原子の固有の発光線が放射される．充填ガスの発光線もまた放射される．

> LS-AAS では鋭い線光源が使われる．光源は測定される元素の分析線と同じ波長の光を放つ．すなわち，この光は分析対象となる原子が吸収するエネルギーと正確に同じエネルギーを有している．

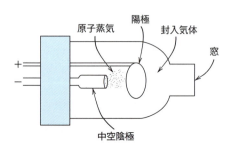

図 17.5 中空陰極ランプの構成

"昇圧型(boosted)"のHCLが数社のメーカーにより発表されている．スパッタ電流とは電気的に絶縁している二次放電により，すでに蒸気化した原子を励起する方式である．これはより鋭く，強い発光線を与える．これについては，原子蛍光分析法の光源として17.7節においてさらに詳細に議論する．単元素のHCLは70元素について入手可能である．発光線が互いを干渉しない複数の元素を一緒にした多元素分析用のランプがある．こうしたランプには2種から最大7種の元素用のものがある．また，単元素HCLに匹敵する強度が達成されているものもあるが，多くの場合，多元素用光源の利便性を達成するために，強度に関してかなり妥協が必要である．さらに，陰極から元素の一つが選択的に揮発(蒸発)し壁面上に濃集するため，単元素HCLよりも寿命が短くなる．ほとんどのLS-AAS装置には，異なるランプにすばやく交換できるように，複数のランプを収納できる回転式のランプ台(ターレット)が付属していて，手動または自動でランプ交換を行う．

二つ目のタイプの光源は**無電極放電ランプ**(electrodeless discharge lamp：EDL)である．EDLは球状の石英ガラスの中に元素あるいはしばしばヨウ化物塩として少量の分析成分元素を含む(**図17.6**)．その球には低圧で不活性ガス(通常はアルゴン)が満たされており，高周波コイルで囲まれている．

コイルに強い電磁場を発生するように電力がかけられると，その低圧のランプ中に誘導結合放電が発生し，分析成分元素の固有の発光線が得られる．EDLはHCLよりも強い光源であり，しばしばより狭い線幅を有する．また，EDLは異なる方式の電源が必要である．EDLの利用は，とりわけより揮発性の元素には有用であり，As，Bi，Cd，Cs，Ge，Hg，P，Pb，Rb，Sb，Se，Te，Tl，Znのランプが入手可能である．

ある限定された波長範囲で波長可変のダイオードレーザーが，LS-AASの光源に用いられるようになっている．この方法には多くの利点がみられる．まずこの光源は目的の周波数にすぐに調整できる．ミラーを使い適切に光路を設計すると，レーザー光を，その可干渉性により，原子化源を多重に通過させることが可能になり，(光路が長くなるため)大きく感度を向上させることができる．元素の同位体の違いにより，透過線の位置にわずかなずれを生じる．たとえば，^{6}Liが^{7}Liになると670.8 nmの線が0.015 nm移動する．ダイオードレーザーは，非常に正確に波長走査できるので，同位体分析にも応用可能である．このような利点があるにもかかわらず，こうしたレーザーが深紫外領域で普通に利用できるようになるまでは，AASあるいはAFSで実用的に利用されることはなさそうである．とくに全波長領域をカバーするには，多くのレーザー光源が必要となるので，以下に

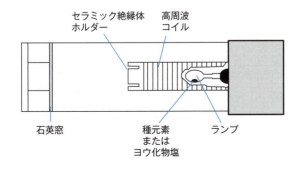

図17.6 無電極の放電ランプの構成

議論されるように単独の高パワーの連続光を利用する方式はますます魅力的になっている．

CS-AAS は非常に高分解能の分光器が必要とされる．このことは，同時に連続光源により放たれる全放射エネルギーのほんの一部だけしか検出器に到達しないことも意味する．したがって，ランプ光源はとても強くなければならない．この問題は，**ホットスポットモード**("hot-spot" mode)で作動する特殊な電極材料でできた高電力(300 W)，高圧(室温で 1.7 MPa)，短いアーク(電極間距離 1 mm 未満)の Xe ランプを用いることで解決された．このモードにおいては，光は，一般的な Xe アークランプからの拡がった発光よりも強く，陰極付近の小さな明るい点(直径 0.2 mm)から生じる．ハウジングは水冷である．発せられた光は集光用ミラーで反射したのち，原子化源により生み出される分析成分原子蒸気中を通過する．

このホットスポット(小さな明るい点)の位置は時間とともに変化する．ホットスポットの位置の乱れは，位置検出器でそのスポットの位置をモニターし，その情報に基づきマイクロアクチュエーターつきのミラーを適切に動かすことで相殺される．また，アレイ形の検出器が使われるので，ランプ強度の時空間的なゆらぎは，吸収線に相当するピクセルのまわりのピクセルをモニターすることで補正される．ランプの寿命は少なくとも 1000 時間はある．ランプの出力が 1/4 に低下するごとに SN 比は 2 倍悪化する．こうしたランプは高圧であるので，ランプの挿脱着や取扱いには適切な保護が不可欠である．

スーパーコンティニューム(supercontinuum；SC)**光源**は，現在のところ 400 nm から近赤外の波長範囲で入手可能である．高出力の超高速(数十 fs)レーザーパルスを光ファイバーのような非線形媒体を通過させることにより，広帯域の強い白色レーザー光が発生する．低波長側の限界が UV にまで延長されれば，この SC 光源は CS-AAS にとって理想的であると予想される．

分析対象原子の原子化源

AAS 測定用の原子蒸気発生方法には，フレーム，電気加熱炉，冷蒸気法，原子化のための水素化物発生法など数種類がある．

1. フレーム原子化　　フレーム AAS で使われるバーナーとネブライザーは炎光光度法(FP)の場合とほとんど同じである．フレームには空気-アセチレンフレーム(2250℃)と一酸化二窒素-アセチレンフレーム(2960℃)がおもに用いられる．フレーム AAS においては，フレームは FP で必要とされるもの以上の要求を満たす必要がある．たとえばフレーム条件のうち，燃料ガスと助燃ガスの比を変えることにより，フレームが酸化的あるいは還元的となるかが決まる．元素によって最適感度を示すフレーム条件は異なる．これら二つのフレームにおいては，この比を変化させることができる．また低いガス速度(最高速度は約 160 cm s^{-1})でフレームを維持することができるので，原子のフレーム中での滞留時間はより長くなる．ある一定のフレーム条件下では，それぞれの元素についてもっともよい感度はフレーム中の異なる観測位置で得られる．

空気-プロパンフレームは十分高温ではなく，ほとんどの元素が効果的に原子化されないため，AAS においては一般的には使用されない．しかし高温であればよいわけでもなく，たとえば一酸化二窒素-アセチレンフレームは空気-アセチレンフレームよりもずっと高温だが，すべての元素にとって必ずしも適してい

るわけではない．なぜなら，もしその温度があまりにも高いと，イオン化し始めてしまう元素もあるためである．このような理由で，FPでは空気-プロパンフレームかさらに低温のフレームが用いられる．空気-アセチレンフレームは，熱に安定な（耐火性）酸化物を形成する傾向がある約30元素を除く大部分の元素について，AASにおいて好まれるフレームである．耐火性元素については一酸化二窒素-アセチレンフレームが好まれる．バーナーは高温の一酸化二窒素-アセチレンフレームを維持するのに適していなければならない．特別な，分厚い，ステンレス鋼のバーナーヘッドが使われる．フレームの長さは分子の分光分析法におけるセルの光路長に相当する．ボーリング(Boling)構造がそのような長い光路を与える[図17.2(b)参照].

空気-アセチレンフレームはAASでもっともよく用いられる．一酸化二窒素-アセチレンフレームは耐火性元素に最適である．

波長を 200 nm まで短くすると，炭化水素を燃料とするフレームは光源光の50%以上を吸収する．そのため，これらのフレームはこの波長以下の吸光をモニターするには適さない．アルゴン-水素-空気フレーム（アルゴン-水素拡散フレームともよばれる）では，水素は燃料ガス，アルゴンはネブライザーガスか補助ガスである．フレームが点火されると，水素は周辺空気中で燃える．フレームの外側部分の温度は 850°C に達するが，中間部分の温度はずっと低い（300〜500°C でフレーム高さに依存する）．190 nm でさえ，フレームの光透過率は80%である．As(193.5 nm) や Se(197.0 nm) は，簡単に水素化物(AsH_3, H_2Se はのちに詳細に議論する）を形成し，このようなガス状物質は直接フレーム中に導入される．

2. その他の特殊な原子化源 われわれが低いガス速度のフレームに関心をもつのは，原子がいったん形成されると，そこでは高いガス速度のフレームよりも長く観測ゾーンに留まるためである．信号を観察する時間が長ければ，SN 比が改善される．酸素-アセチレンフレームで原子の滞留時間を延長する一つの方法は，フレームの上に溝が刻まれた石英管をおくことである（**図 17.7**）．そのような管は簡単に設置できるが，SN 比の改善はほんのわずかである（2〜3 倍）．

電気加熱炉 AAS(GFAAS) が広く使われるようになる前は，柄のついたタンタル/ニッケル製のボート状の小さな皿またはカップを使用することがよく試みられた．これはしばしば上に示された石英管と一緒に使われた．必要な量の試料（たとえば，Pb の定量のための血液試料）がボート中に分取され，それから試料が乾固される．試料残査が入ったボートはフレーム中に入れられ，生成した原子は上部の石英管中に向かい，そして測定される．明らかに，こうしたボート/カップはフレームよりも高い温度には到達できない．この技術は比較的簡単に原子化される元素にのみ有用であるが，これらの元素（たとえば，Cd, Pb, Hg, Zn, Se など）の多くは，生物試料中でとくに分析の対象となる．

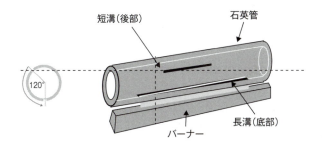

図 17.7 フレームの上におかれた溝がついた石英管
石英管はある角度で短い出口スリットをもつ．これにより原子の滞留時間は長くなる．

原子吸光分析法での使用を目的とする黒鉛炉は，ルボッフ(Boris L'vov)により初めて開発された．この技術を発展させ完成させるための彼の不屈の努力がなければ，電気加熱炉原子吸光分析法の今日の成功はなかっただろう．ウォルシュの初期の論文は，審査のためにルボッフの上司のKibisovに送られた．ルボッフはこの論文に感銘を受けたが，健全な範囲で疑いももち，この著者のアイディアの正当性を確かめたいと思った．そして，当時発光分光分析の前処理として耐火性物質から揮発性の不純物を濃縮するために使っていた黒鉛炉に，NaClひとつまみを入れてから，彼はNaのD線を見た．"そのときの私の驚きを想像してみてくれ"彼はこう書いている．"中空陰極ランプからの明るいNa線が弱まっていき，そして完全に消えたのだ"[*Spectrochim. Acta B.*, **39**(1984) 149)]．1959年にロシア語で発表されたグラファイトキュベット(graphite cuvette)(彼はこうよんだ)中の試料の完全な蒸発に関するルボッフの最初の論文が25年後に英語に翻訳された．

3. 電気加熱原子化 フレーム中への試料の導入は原子蒸気を得るもっとも便利で再現性のある方法だが，分析成分元素を原子蒸気に変換し，さらに，その吸収を測定するために十分長い時間光路上に存在させる手段としては，とくに効果的というわけではない．実際は，噴霧された分析成分元素のほんの0.1%程度が原子化されて測定される．そのため，フレーム原子化に必要とされる溶液の容量は，最少でも1 mL強程度である．

電気加熱原子化法ではいくつかの型式の小型炉が使われている(一般的には体積で$1\,\mathrm{cm}^3$以下)．その中に少量の試料が導入されて乾燥される．この炉は電気伝導物質でできている．タンタルなどの物質は，特殊な応用(たとえば，耐火性の炭化物を形成する元素の分析など)に有用であるが，現在では黒鉛炉がほぼ独占的に利用されている．

炉は，電気的に急速に加熱され(100 Aを超える電流と$1000\,\mathrm{K\,s^{-1}}$を超える加熱速度が一般的である)，非常に高温となり原子蒸気雲が生じる．

電気加熱原子化法は100%に近い原子への変換効率をもち，絶対検出限界は，フレーム法よりもしばしば100〜1000倍改善される．本書では，以後，ジュール熱で加熱する電気加熱炉(黒鉛炉)に焦点を当てていく．これらは発光測定には有効でないが，原子吸光測定には適している．一般的な電気加熱炉と電気加熱炉AASの構造を図17.8に示す．

一般的な電気加熱原子化法による分析では，数 µLの試料が黒鉛炉内に入れられる．普通，黒鉛は多孔質であり，このことが問題となる*3．この問題に対処するために，炉は非多孔質の熱分解黒鉛(パイロ黒鉛)でつくられるか，それによりコーティングされている．初期の炉はたんに円柱状のチューブ[マスマン(Hans Massman)にちなんでしばしばマスマン炉とよばれる]であったが，チューブ内におかれた黒鉛の板[しばしばルボッフ(L'vov)プラットホームとよばれる]に試料をのせた場合によい結果が得られる*4．炉は電流が流れるとその抵抗によりジュール加熱される．炉は光路に対して軸方向に(すなわち，電極がチューブの長軸の両サイドにおかれる)，あるいは光路に対して直角方向に加熱される(図17.8)．後者のほうが炉の温度分布がより均一になり，高級機種に用いられている．まず試料を低温(約100〜200℃)で数秒間乾燥し，次に測定中に煙を発生して光源光の散乱を起こすような有機物を500〜1400℃で熱分解する．熱分解によって生じる煙はアルゴン気流によって排出する．最後に，3000℃程度の高温に急速に加熱して試料を原子化する．

光路は炉の上部(またはチューブの中)を通る．原子雲が光路中に生成すると，時間-吸光度曲線の鋭いピークが記録される(図17.8)．ピーク高さよりもピーク面積が定量によく用いられる．加熱は不活性気体(たとえば，アルゴン)中で行い，高温における黒鉛の酸化，および耐火性金属酸化物の生成を防ぐ．電気加熱原子化の効率はほぼ100%で，通常，数 µLの試料で十分である．

元素間の相互作用は一般的にはフレームAASよりも電気加熱炉AASでよくみ

---

*3 [訳者注] 多孔質の黒鉛を用いると，試料が黒鉛中に浸み込み，炭化物の生成が促進されるため，とくに，安定な炭化物をつくる元素についてパイロ黒鉛の使用が有効である．

*4 [訳者注] プラットホームを用いると，プラットホームの加熱よりもチューブの加熱のほうが速いため，プラットホームから試料が蒸発するときの炉内の温度がより高くなり，試料の原子化がより進むことが知られている．

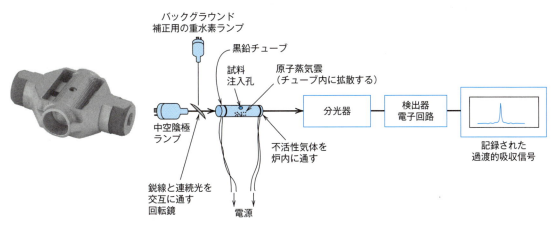

図17.8 一般的な電気加熱炉と電気加熱炉 AAS の構造
左：プラットホームつき十字形黒鉛チューブ（チューブの横方向から加熱）の写真．光ビームは手前から奥に進む．電気的な接触が左右の間である．試料は上部の穴から直接プラットホーム上に導入される．［Perkin Elmer 社の厚意による］
右：軸方向に加熱される黒鉛炉を用いる一般的な電気加熱炉 AAS 装置．

られる．元素間の相互作用は，試料に既知量の標準を添加したあとに試料を再測定する標準添加法によって補正される．これについての詳細は 17.5 節で議論する．試料マトリックスの濃度が変化すると，しばしばピーク高さやピーク形状がピーク面積よりも大きく変化することがある．このためピーク面積をもとにした定量法のほうがよく行われる．

原子化段階の前に乾燥と熱分解を行った場合でも，電気的加熱におけるバックグラウンド吸収は，とくに生物試料や環境試料については，フレーム原子吸光分析法の場合より顕著である．これは有機物の残査もしくは揮発するマトリックス塩からの分子吸収があるためである．したがって，一般にバックグラウンド補正が必要である．

電気加熱炉 AAS の検出限界（LOD）は，一般的にはサブピコグラムから数ピコグラム（pg, 10^{-12} g）のオーダーである．濃度 LOD は，当然試料体積（おおよそ 10〜50 μL の範囲）に依存する．もし 10 μL 試料が 1 pg の LOD の元素について分析されると，濃度 LOD は，10^{-12} g/0.01 mL，すなわち，10^{-10} g mL^{-1}，したがって 100 ng L^{-1}（100 ppt）である．

電気加熱原子化法はフレーム原子化法と相補的な方法である．後者は測定元素の濃度が十分高く，また試料量が十分あるときには，適切な方法である．再現性も優れ，干渉の除去も容易である．他方，電気加熱原子化法は，濃度が低いか，あるいは試料量が限られているときに有用である．さらに，多くの場合，固体試料を直接測定することも可能である．しかし，電気加熱原子化法を使った分析法の開発や，電気加熱原子化法の校正は，より注意深く行う必要がある．

4. 原子化のための冷蒸気法と水素化物発生法 この方法のうちでもっともよく知られた例は Hg の原子化である．Hg 化合物は SnCl$_2$ のような還元試薬により単体の元素に簡単に還元される．適切な還元剤を，Hg を含む試料溶液に添加すると，Hg^0 に還元される．同時に気体（一般的には Ar）を試料溶液に吹き込み，溶液から Hg を追い出し，AAS 測定セルに導く．水素化ホウ素ナトリウム NaBH$_4$ はとても強力な還元剤で，有機水銀を Hg^0 に還元できる．代表的な還元

試薬のSnCl₂とNaBH₄を利用することで，無機水銀と全水銀がそれぞれ測定できる．Cdの蒸気圧は室温ではとても低いが，CdもNaBH₄によって溶液からCd⁰を発生させることができる．NaBH₄はAs, Bi, Ge, Pb, Sb, Se, S, Sn, Te, In, Tlの水素化物を気体として発生させる．これらの気体は，フレーム，加熱した石英測定セル，あるいは電気加熱炉に導入することにより簡単に原子に分解される．冷蒸気法や水素化物発生法の大きな利点は，**マトリックス分離**（matrix isolation）も達成できることである．すなわち，これらの方法では，分析成分元素がもともとの試料マトリックスから蒸気として完全に分離される．Au, Ag, Co, Cr, Cu, Fe, Ir, Mn, Ni, Os, Pd, Pt, Rh, Ru, Znのようなほかの多くの金属元素は，水素化物は形成しないが，すぐに原子化されるnmオーダーの元素の微粒子を形成することが報告されている．

連続光源を用いるAAS装置

高分解能分光器が狭い波長領域を分離するために適切に用いられれば，連続光源をAAS測定用に用いることができる．このような装置の模式図を**図17.9**に示す．フレームか電気加熱炉のいずれかが，原子化源として用いられる．エシェル回折格子（フランス語で階段を意味する）により，とても高い波長分解能が実現される．この回折格子では，普通は刻線が粗く引かれているが，5次以上のより高次の回折を生みだすよう高い入射角で使用される（回折格子や回折次数については16章を参照）．この回折格子はとても大きな分散と波長分解能を与えるが，通常次数の異なる回折光が重なり合うため，これらが分離されなければならない．これは，たとえば，適度な分解能をもつ二次回折装置を用いて実行される．すなわち，適度な分解能をもつ回折格子，あるいは，より一般的にはプリズムが用いられる．

AASにおける干渉

これは三つに分類される．すなわち，分光干渉，化学干渉および物理干渉である．ここでは，これらについて簡潔に議論し，発光および吸収の測定におけるこれらの影響の違いについて述べる．

1. 分光干渉（spectral interference）　原子吸収線はとても狭く，異なる元素か

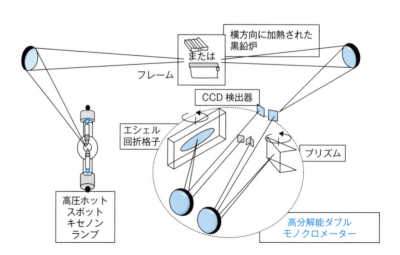

図17.9　AAS用の連続光源高分解能分光装置
この装置では，ホットスポットモードで作動する強力な高圧キセノンランプと回折光の次数分離のためのプリズムを備えたエシェル回折格子が使用される．光のビームは原子化源（フレームあるいは黒鉛炉）を通過してエシェル回折格子で分光されたあとCCDアレイ検出器に進む．

らの吸収線は決して重なり合わない．大きな問題は分子吸収である．フレームガス，燃焼生産物，試料から生じる解離しにくい分子によりそのような吸収が引き起こされることがある．また，試料から生成した粒子により光散乱が引き起こされることもある．これは電気加熱炉においてとくに問題となる．また，フレームAASにおいても，多量の固体を溶解した試料溶液の場合には，試料の完全な原子化が困難となり，さらに分子吸収も問題となる．もしこの分子吸収が補正されなければ，この誤って測定された高い吸光度により分析成分元素濃度は過大な値をとることになる．

そのような**バックグラウンド吸収**(background absorption)の効果は，バックグラウンドによる吸収と分析成分＋バックグラウンドによる吸収を連続測定し，それらの差をとり分析成分による吸収を求めることで補正される．このもっとも一般的な方法は，図17.8に示されているように，重水素(D_2)ランプのような連続光源を加えた装置で測定することにより行われる．この**連続光源バックグラウンド補正法**(continuum source background correction method)はバックグラウンド吸収がスリットつきモノクロメーターを通り抜ける全波長領域(パスバンド)に渡る広さをもつことを利用している．ミラーがHCLからD_2ランプに光源を切り替えると，平均的な吸光度がその波長領域で測定される．原子吸収線はこのパスバンドと比較して非常に狭いので，分析成分原子による吸収は本質的に無視できると考えられる．一方，吸光度がHCLで測定されると，その波長におけるバックグラウンド吸収だけでなく，分析成分原子の吸収も測定される．一般には回転鏡により自動的に二つの光源が交互に切り替わり，その差信号はコンピュータ制御により自動的に出力される．別にマニュアル測定あるいは補正計算を行う必要はない．D_2ランプは330 nm以上では十分な出力を供給できないため，石英-ハロゲンランプを使う必要がある．しかし，低価格帯の装置では，別の切り替え可能なランプには交換できないことが多い．連続光補正法は完璧にはほど遠い．補正用のビームとHCLのビームの位置が一致しないこと，空間的分布やエネルギーの波長分布に関しても均質でないこと，さらにバックグラウンド測定においても原子吸収の寄与があることなど，これらすべてにより正確な測定は困難となる．しかし，この方式は比較的安価で利用しやすい．

スミス-ヒーフィエ補正法(Smith-Hieftje correction method)は発明者にちなんで名付けられたものだが，とても巧みな原理に基づいている．HCLが高電流でパルス化すると，発光線が連続的に拡がる．そして多くの元素について，とくに揮発性のものについて，自己反転[*5]を受ける．この自己反転は，バックグラウンドにより吸収される分析波長の両サイドには強い発光が残るが，もともとの発光線がほとんど消えてしまうことを意味する．ゆえに，通常の動作条件における吸収と，パルス化した高電流条件での吸収の測定がそれぞれ分析成分＋バックグラウンドとバックグラウンドだけの測定を与える．この補正法は単独の光源を用いる利点がある．しかし，この方法は，その分析線が十分な自己反転を受けないと感度が犠牲になったり，電気加熱原子化の条件が急速に変化するさいに，パルス条件からの回復と補正が十分な速さで進まないため，あまり利用されていな

分子による幅広い吸収バンドあるいは粒子からの散乱による光の損失はAASにおける共通の問題である．これは別にバックグラウンド吸収を測定することにより補正できる．

バックグラウンド補正は電気加熱炉においては，しばしば不可欠なものである．

[*5] ［訳者注］ランプの中で揮発した基底状態の目的元素の原子が，そのランプの発光を吸収してしまうことにより生じる．

い．

ゼーマン補正法(Zeeman correction method)は，線光源を利用するAASのなかでは，もっとも洗練されていて正確なバックグラウンド補正法である．磁場中では，原子線は，通常三つの成分に分裂する．すなわち，一つはπ成分とよばれ，その波長は元来の波長と等しいかごくわずかしかずれていない成分であり，また，磁場の方向と平行な偏光のみを吸収(発光)する．ほかの二つの成分は，σ成分とよばれる成分であり，その波長は，元来の波長に比べて短波長側および長波長側の二つに分裂し，磁場の方向と垂直な偏光のみを吸収(発光)する．なお，分裂の程度は磁場の強さに依存する．測定に十分なほどに波長を分裂させるためには，強い磁場を印加する必要があり(装置によっては段階的に強さを変化できるものもある)，通常は原子化源に印加する．光源のHCLに印加することもできるがまれである．フレームや冷蒸気セルに比べて小さい電気加熱炉は，強い磁場を印加するのに適しているので，この補正法はおもに電気加熱炉と組み合わせて用いられている．通常は，HCLのあとに偏光子をおき，偏光が電気加熱炉を通過する光学配置が採用されている．二つの基本的な方式がある．一つはDC法とよばれ，直流磁場(一定の磁場)を用いる．この方式では，その偏光子を回転させる．そうすると，偏光が磁場に対して平行になったときにだけ，π成分による分析対象原子による原子吸収が起こり(＋バックグラウンド吸収)，偏光が磁場に対して垂直になったときには，分裂し元来の波長とは違うσ成分になるので原子吸収は起こらず，バックグラウンド吸収のみが測定される．一方，AC法では，交流磁場(交互にオン/オフを繰り返す)が印加される．この場合，偏光子は回転せず，偏光が磁場に対していつも垂直になるように設置する．磁場がオンのときは，σ成分によりバックグラウンド吸収のみが測定される．一方，磁場がオフのときは原子吸収とバックグラウンド吸収がともに測定される．

代表的なメーカーの一つは，ゼーマン補正を行うために，電気加熱炉の長軸方向(光軸方向)の磁場を印加する方式を採用している．この場合は，π成分は消えてしまう(光の電磁ベクトルは，どのような光でも，その進行方向に対して垂直なので，その磁場に対してもつねに垂直の偏光となる)．σ成分の波長は元来の原子線の波長からずれているので，磁場が印加されている場合には原子吸収が起こらず，バックグラウンド吸収のみが観測される．一方，磁場が印加されていない場合には原子吸収(＋バックグラウンド吸収)が起こる．本方式では，偏光子が必要ではなく，ランプのすべての出力を利用できるという利点がある．

高分解能連続光源(連続光源フレーム)AAS(high-resolution continuum source AAS)の大きな利点はバックグラウンド補正を一度の測定で同時に行うことができることである．分析成分と分析成分＋バックグラウンドの吸収の連続測定は必要ない．そのため，もっとも速く変化するバックグラウンドについても正確に補正することができる．このことはとくに電気加熱炉を用いるときに重要となる．超高分解能エシェル分光器がアレイ検出器とともに使われるため，それぞれのピクセルの光強度が利用でき，共鳴線での吸収を測定すると同時に，共鳴線の裾のどちらの側の波長でも吸収を測定できる．もしバックグラウンドが微細構造を含むなら，最小二乗アルゴリズムを用いて，そのバックグラウンドスペクトルと，データベースに収められている測定条件下に存在し得る既知の二原子分子スペクトルを適合させるという，より複雑な補正法が適用される．

2．イオン化干渉(ionization interference)　非常に高温のフレーム中のアルカリ金属，アルカリ土類金属およびほかの数元素は，フレーム内でかなりの割合でイオン化している．発光法においても吸光法においても，イオン化していない原子に対して測定を行うので，信号は減少することになる．炎光光度法の実際の測定においては，あまり高温ではないフレームが使用されるので，イオン化干渉は問題ではない．しかし，フレームAASではかなり高温のフレームが使われるため，イオン化されやすい元素のイオン化が起こる．分析成分元素がある一定の割合でイオン化しても，感度や検量線の直線性が多少影響を受けることを除けば，通常

の検量線法で定量可能である．しかし，主たる問題はイオン化しやすい元素がほかの元素に影響を与えることで起こる．カルシウムをフレーム AAS で測定する場合を例にとって考えてみよう．検量線は純粋なカルシウムの標準液を測定して作成される．カルシウムのイオン化が起こるが，このことは検量線中に反映されている．一方試料は，無視できない，さまざまな濃度のナトリウムを含んでいる場合がある．ナトリウムは容易にイオン化し，フレームで遊離した電子の密度を増加させるため，カルシウムのイオン化を抑制する．その結果，カルシウムの原子/イオンの比が増加し，正の測定誤差が生じる．イオン化干渉は，その増感効果を一定にしてイオン化を最大にするために，試料と標準液の両方に，容易にイオン化される元素を多量に加えることによって克服することができる．イオン化が起こっているかどうかは，検量線が高濃度の部分で直線から上方向に変位する，すなわち，上向きの曲線になることで確認することができる．これは，高濃度領域ではフレーム中の遊離電子の密度が増加し，低濃度領域と比較してイオン化される原子の割合が減るためである．

> たとえば，カリウムやセシウムのようなさらにイオン化しやすい元素の溶液を添加することによりイオン化が抑制される．

3. 耐火性化合物の生成(refractory compound formation)　試料溶液には，フレーム中で分析成分元素と耐火性(熱的に安定な)化合物を生成する成分が含まれていることがある．たとえば，リン酸はカルシウムイオンと反応し，フレーム中で二リン酸カルシウム $Ca_2P_2O_7$ を生成する．この $Ca_2P_2O_7$ はフレームでは原子に解離しにくい．カルシウムの完全な原子化が起こらないので，定量のさいに負の誤差となる．このような干渉に対処するもっともよい方法は化学的に耐火物の生成を防ぐことである．上の例では，高濃度(約1%)の塩化ストロンチウムまたは硝酸ランタンが溶液に加えられる．ストロンチウムまたはランタンは選択的にリン酸イオンと結合し，カルシウムとリン酸の反応を妨げる．こうした添加物は解離試薬(releasing agent)とよばれる．また，高濃度の EDTA をカルシウムとキレート錯体を生成するように溶液に加える方法もある．カルシウム–EDTA キレート錯体はリン酸との反応を妨害するが，フレーム中では解離して，カルシウム原子蒸気を生成する．アセチレン–一酸化二窒素フレームのような高温フレームを使用することで，より低温のフレーム中では分解しにくい多くの化合物を原子化することができる．たとえば，Al，Ti，V，Mo などのいくつかの元素は，フレーム中の O や OH と反応して耐火性酸化物や水酸化物を生成するが，これらの化合物はアセチレン–一酸化二窒素フレーム中では分解される．このフレームは，通常は大きな赤色の羽根のように見える二次反応ゾーンが存在する還元的(燃料過剰の)条件で使われる．この赤色のゾーンは CN，NH およびほかの高い還元能をもつラジカルからの発光で生じる．こうした還元的雰囲気(すなわち酸素を含む化学種が存在していない)は，フレームが高温になると，耐火性酸化物を分解するか，その生成を妨げるように作用する．

> 耐火性の化合物の形成は化学的競争反応や高温の使用で避けられる．

　いくつかの元素の電気加熱原子化では，同様な干渉を受けることがある．特定の元素や特殊な試料については，化学的修飾法が開発されている．海水のような高濃度塩水試料由来の NaCl を揮発させるのは難しいが，NH_4NO_3 の添加により揮発性の NH_4Cl と $NaNO_3$ を生成することでこれを解決できる．これらの物質は熱で簡単に分解される．耐火性の炭化物の生成は電気加熱炉 AAS (GFAAS) で深刻な問題を引き起こすことがある．Ba，Mo，Ti，V のような元素は炭化物を生成しやすいが，パイロコーティングされた黒鉛炉とは容易に反応しない．しかし，

Ta, W, Zr はそれでも炭化物を生成してしまうので，GFAAS で高感度に定量することは困難である．

4. 物理干渉(physical interference)　　バーナーへの試料の吸上げ速度および原子化効率に影響するほとんどのパラメーターは物理干渉と考えることができる．これにはガス流量の変化，温度や溶媒の変化による試料粘度の変化，固体含量の変化，フレームの温度変化などが含まれる．試料の表面張力の変化は噴霧される液滴のサイズに影響する．これらは一般に頻繁に校正するか，内標準法，あるいは標準添加法を行って補償する必要がある．

17.4　試料調製

フレーム法における試料調製は，最少限ですむことも多い．化学干渉または分光干渉がない限りは，必要なすべての操作は，試料を希釈するか，ろ過（粒子に対して）して溶液にするだけである．フレーム中では遊離した原子に解離するので，分析元素の試料中の化学形態は問題にならないことが多い．したがって，いくつかの元素については，血液，尿，脳脊髄液やさまざまな生物試料溶液を直接噴霧して定量することができる．GFAAS では希釈試料だけでなく，懸濁物を含む液体試料や固体試料でさえも分析可能である．固体の正確な分析を行うための特殊な原子化装置が開発されていて，固体試料を頻繁に分析する場合には，そうした装置が用いられる．

標準液を調製するとき，分析試料のマトリックス（主成分）と標準液の組成をできる限り一致させておかなければならない（マトリックスマッチング）．たとえば，メチルシクロペンタジエニルマンガントリカルボニル（MMT）はハイオクタン価ガソリンをつくるために添加される．ガソリン中のマンガンの分析を行う場合には，水ではなく適切な炭化水素溶媒マトリックスを標準として使用しなければならない．

参考文献 7 は AAS の生物試料への応用に関する総説である．AAS は，体液や生体組織，大気や水などの環境試料，職場の健康や労働安全分野における金属の分析に幅広く使われている．臨床分析室では，アルカリ金属，アルカリ土類金属が炎光光度法で測定されていたが，その一部はイオン選択性電極（ISE）測定（13章）に置き換えられつつある．ISE はベッドサイドモニターとして使用できる利点がある．

フレーム AAS と GFAAS のどちらを選択するかに関しては，さまざまな要素を考慮する必要がある．フレーム AAS は，より簡便で試料あたりの測定時間は短いが感度が劣る．

17.5　内標準法と標準添加法

> 内標準物質には分析成分と類似した干渉を受けるものを選ぶ．分析成分と内標準物質の信号強度比を測定することで干渉を相殺できる．

原子分光分析法では，信号は時間とともに変動するが，これはガス流量や試料噴霧速度などのゆらぎによるものである．このような変動に対処して精度を改善するために**内標準法**（internal standard method）が使われる．たとえば，17.2 節で述べたマルチチャネル型の炎光光度法で血清中のナトリウムとカリウムを同時測定するさいに，すべての標準液と試料に一定濃度のリチウムを添加し，K/Li と

Na/Li の信号強度比でデータを解釈することにより，正確さはかなり改善できる．仮に溶液の噴霧速度が変化したとしても，それぞれの元素の信号は同程度影響されるので，特定の K と Na の濃度においては，比は一定の値を示す．分析成分元素と内標準の信号から内標準補正を行う方法の例については本書の別冊を参照されたい．理想的には，内標準元素は分析成分元素と化学的に類似し，それらの波長があまり異ならないようなものを選ぶべきである．

原子分光分析法（実際には多くのほかの分析法においても同様である）におけるもう一つの難点は，信号の減感または増感が，試料マトリックスによって起こることである．これは試料マトリックスと検量線用の標準液のミスマッチから生ずる物理的あるいは化学的要因による．たとえば，試料が標準液よりも高い粘性をもてば，吸引速度は同じではない．もし試料が可燃性の有機溶媒を含むなら，フレーム温度は純粋な水溶液と比較して異なる．化学干渉のさまざまな原因についてはすでに述べた．

標準添加法(standard addition calibration) はこの種の誤差を最小にするために利用される．その方法は電位差滴定に関する 14.9 節においてすでに述べている．原子分光分析法と電位差滴定との原理的な違いの一つは（それはほかのほとんどの分析法との違いでもあるが），電位差滴定においては，電位差は濃度の対数に対して応答するのに対し，原子分光分析法では信号は濃度に対して直線的に応答することである．この直線的な応答性は一般にデータの解釈を単純にする．

ここで，濃度未知(C_{unk}) のある試料から吸光度 A_s（ブランク試料で補正済）が得られたとする．試料 V_s を分取し，濃度既知(C_{std}) の標準液をそこに加える（マトリックス組成への影響を最小にするために $V_{std} \ll V_s$ とする．また，C_{std} は，もとの試料濃度から添加したあとの試料の濃度変化が，予想される試料濃度と同じオーダーとなるように選ばれる）．標準液を添加した試料のブランク補正後の吸光度を A_{spk} とし，試料と添加濃度の合計の濃度を C_{spk} と表す．

直線的な応答を仮定すると，

$$A_s = kC_{unk} \tag{17.4}$$

$$A_{spk} = kC_{spk} \tag{17.5}$$

ここで，

$$C_{spk} = \frac{(V_s C_{unk} + V_{std} C_{std})}{V_s + V_{std}} \tag{17.6}$$

これらを結合すると次式のようになる．

$$C_{unk} = \frac{A_s V_{std} C_{std}}{A_{spk}(V_s + V_{std}) - A_s V_s} \tag{17.7}$$

実際には，元試料の測定値に加えて，二つの異なる最終濃度となる少なくとも二つの標準添加試料の測定値を取得し，これらのデータが直線範囲内にあることを確かめるべきである．そしてさらに，ブランク試料はしばしばその測定値に大きな影響を与えるので，ブランク補正を行うことが重要である．多段の標準添加法は分析の高い正確さを得るためにしばしば行われる．同じ標準液を複数回分取し添加すると便利である．一定のマトリックス含有量となるように，溶液試料をそのまま分析するよりも，n 倍の標準添加が行われるさいには，V_s の試料＋n 倍の V_{std} の水の混合液を分析する（すなわち，標準液のマトリックス溶液で希釈する）．最初の添加試料は，V_s の試料＋$(n-1)V_{std}$ の水＋V_{std} の標準，で構成される．

> 標準添加法においては，標準物質が試料に添加される．その結果，添加された標準物質は元来試料中に含まれる分析成分と同様なマトリックス効果を受ける．

二つ目の添加試料は，V_s の試料 $+ (n-2)V_{std}$ の水 $+ 2V_{std}$ の標準，で構成される．n 番目の添加試料は，V_s の試料 $+ nV_{std}$ の標準，で構成される．すべての場合において全容量 V_t は $V_s + nV_{std}$ で一定のままである（もし容量が一定のままでなければ，希釈を考慮するために，それぞれの場合の V_t を求め，かつ信号には V_t/V_s を掛けて計算しなければならない．すなわち，もし標準が全容量に関して無視できるほど少量が加えられたのでなく，ある量加えられたならば，それに応じて試料は希釈され，マトリックスは変化する．もっとも正確な結果を得るには，すべての測定試料について同一の希釈が行われていることが望ましい．すなわち，すべての試料に加えられる容量を，添加される標準の最大量にそろえる必要がある．少量の標準が添加されるときは，その差は溶媒で調整される．それはたいてい水で行われる）．通常，検量線は図 14.6 と同様に作成される．ここでは，y 軸が原子発光や吸光度の信号であり，添加された標準の体積 V_{std} が x 軸となる．いかなる測定についても，観察される吸光度 A_{obs} は次式で与えられる．

$$A_{obs} = \frac{kC_{unk}V_s}{V_t} + \frac{kC_{std}nV_{std}}{V_t} \tag{17.8}$$

nV_{std} の関数としての A_{obs} のプロットは傾き kC_{std}/V_t，切片 $kC_{unk}V_s/V_t$ の直線を生み出す．傾きに対する切片の比は $C_{unk}V_s/C_{std}$ である．そこから C_{unk} が簡単に計算される．

不確かさの計算と標準添加実験用の表計算ソフトの使用については，原書 web サイトの 17 章付録で議論している．ここでは簡単な標準添加法の問題を示す．

例題 17.2

標準添加法でフレーム発光分析法により血清試料中のカリウムを分析した．0.500 mL の試料を 5.00 mL の水に加えたものを 2 本用意した．このうちの一つに 0.0500 M KCl 溶液 10.0 μL を加えた．それぞれの発光信号は任意単位で 32.1 と 58.6 であった．血清に含まれるカリウムの濃度を求めよ．

解　答

加えた標準の量は，
$$0.0100 \text{ mL} \times 0.0500 \text{ M} = 5.00 \times 10^{-4} \text{ mmol}$$

これによって生ずる信号は，
$$58.6 - 32.1 = 26.5 \text{（任意単位）}$$

ゆえに，mmol で表した試料中のカリウムは，
$$5.00 \times 10^{-4} \text{ mmol} \times \frac{32.1 \text{ 単位}}{26.5 \text{ 単位}} = 6.06 \times 10^{-4} \text{ mmol}$$

これが 0.500 mol の血清に含まれているので，濃度としては
$$\frac{6.06 \times 10^{-4} \text{ mmol}}{0.500 \text{ mL}} = 1.21 \times 10^{-3} \text{ mmol mL}^{-1} \text{ 血清}$$

17.6　原子発光分析法：誘導結合プラズマ (ICP)

励起した原子から特徴的な発光を観察するには励起状態の原子が必要である．発光強度は励起状態の原子の数に直接的に比例する．表 17.1 に示したように，

励起状態の原子の相対的な密度は非常に高い温度に到達するまではとても小さい．アルカリ金属およびアルカリ土類金属（それらについては，炎光光度法が今も実用性を有している．17.2 節参照）のように容易に励起されやすい元素を除けば，最近の 20 年以上は，すべてのほかの励起源（アーク，スパーク，高温フレームなど）は 10 000 K までの温度に達する誘導結合プラズマ源に道を譲っている．そのため，現在の原子発光分光法（AES）は励起源としては誘導結合プラズマ（ICP）のみを使用する．この方法は ICP-AES あるいは ICP-OES（optical emission spectrometry）とよばれる．ICP は，1960 年代に Iowa 州立大学の Velmer Fassel と英国の Stanley Greenfield により原子分光分析法のために初めて導入された．Greenfield は，彼の見解に基づく ICP の発展の歴史を以下の論文にまとめている．"Invention of the Annular Inductively Coupled Plasma as a Spectroscopic Source," *J. Chem. Ed.*, **27**(2000) 584.

ICP を図 17.10 に図示する．石英管のまわりの高周波コイルはそこを通過して流れるアルゴンガスを励起する．通常，高周波の周波数範囲は 5～75 MHz であり，また消費される電力は 1～2 kW である．プラズマはテスラコイルなどからの小さな放電により点火される．そのイオン化されたアルゴンにより，ガスは電気伝導体となる．印加された高周波電磁場により磁場が激しく変動するために，その電気伝導体となったガスの中に渦電流が発生する．そして，そのとき放散されるエネルギーにより，ガスがプラズマ温度まで加熱される．

図 17.10 に示すように，プラズマは横方向から観察される．初期の装置のほとんどは，この観測方式を利用している．軸方向観測方式はずっとあとで導入された（この場合，図 17.10 の透視図において，真上からプラズマを見下ろすように観察する）．軸方向観測方式では，軸方向観測のための光学系を保護するために，通常，さらにガスを流して熱管理を行うことが必要となる．空気が熱の遮断用ガスとして使われるが，真空紫外（166 nm 程度）領域まで観測するために，アルゴンあるいは窒素ガスを用いる装置もある．そうしなければ，この波長領域の光は空気や酸素の存在により完全に吸収されてしまう．長波長側の限界は一般的には800 nm より大きい．横方向観測あるいは軸方向観測いずれも，すべてについて他の一方より優れているわけではない．横方向観測はより頑健であるが，軸方向

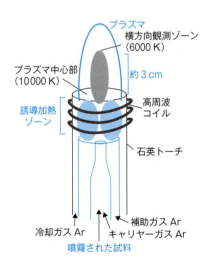

図 17.10 誘導結合プラズマ

試料は，トーチ中の中心の管を通じて，炎光光度法の試料導入のように，ネブライザーを用いてエーロゾルとして導入される．アルゴンガスが試料溶液を噴霧するためのキャリヤーガスとして使われる．高級な装置では，プラズマを冷やしてしまう水蒸気の導入を最小限にするために，電気的に冷却したネブライザーがよく用いられる．さらに多量のアルゴンがトーチの環状の部分を流れ，そのアルゴンがプラズマを形成し，さらにそれを閉じ込める．一般的な ICP トーチの全アルゴン消費量はかなり多く，10～20 L min^{-1} である．装置の全電力消費量は 3～4 kW の範囲である．最適測定条件を得るために，適切に配置されたカメラを通してプラズマ像を見ることができる装置もある．

観測よりもプラズマの限定された部分しか観測しない．そのため検出限界（LOD）は軸方向観察のほうがかなり良好である．しかし，干渉はより大きくなる傾向がある．軸方向観測では，微量濃度レベルの元素の弱い発光線を，高濃度に含まれる元素がその近傍に強い発光線を示す場合，正確に定量することはとりわけ難しい．高性能の装置には，どちらの観測方式も可能なものもある．一例としてThermo Fisher Scientific 社 iCAP6000 の光学配置を図 17.11 に示す．

ICP-OES におけるポリクロメーターと検出器

ICP は非常に高温のため化学干渉は本質的に取り除かれる．しかし，スペクトルの重なりからの干渉について留意する必要がある．プラズマやプラズマガスからのバックグラウンド発光以外にもそれぞれの元素の数多くの発光線があり，干渉の可能性を増加させる．信頼できる測定は高い波長分解能をもつ分散デバイスによって達成される．通常はエシェル回折格子である．200 nm で 7 pm の波長分解能を有する ICP-OES 装置が市販されている．これはたとえば Tl の 190.856 nm と 190.870 nm の一対の発光線をベースライン分離できる．初期の ICP-OES 装置は，一つあるいはより多くの光電子増倍管を検出器として用いていたが，現在の装置においては，アレイ検出器や二次元（2D）イメージング検出器が独占的に使用されている．2D イメージング検出器により，プラズマの全体をイメージングできるため，それぞれの元素を，最適な温度，すなわち，プラズマ中の異なる位置で測定できるようになった．CCD や裏面入射型あるいは裏面照射型 CCD（これらはより優れた感度を与える）の使用が一般的であるが，少なくとも一つのメーカーは 2D 電荷注入型検出器（CID）を用いている．

CID は，もともとは General Electric 社で開発された．最初の CID イメージングカメラは 1972 年に開発された．CID はすべてのピクセルがほかから独立していて個別に取り扱うことが可能である点で CCD とは異なっている．CCD のピクセルの飽和は"ブルーミング"を引き起こす．すなわち，そのピクセルに蓄積した電荷が隣接するピクセルにあふれ出てしまう．CID はそのようなブルーミングにかなり耐性がある．さらに現在の CID はそれぞれのピクセルに異なる積分時間を設定できる．これにより，主成分からの強い発光線に対応するピクセルでは急速な読み出しが可能となり，一方，微量濃度で存在する別の元素の弱い発光

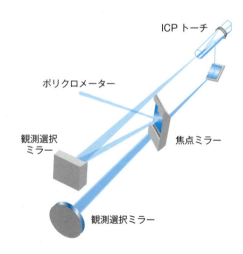

図 17.11 デュアルビュー型の ICP-OES 装置（**Thermo iCAP**）の光学配置
二つの可変の観測方式選択ミラーの位置を変更することにより，どちらかの観測方式が選択される．
［Thermo Fisher Scientific 社の厚意による］

線に対応する別のピクセル上では，より長い積分時間で測定することができる．現在の ICP-OES 装置は，少なくとも 10 元素について 0.01 μg L^{-1} 以下の LOD，ほかの 17 元素については 0.1 μg L^{-1} 以下，さらにそれ以外の元素については 1 μg L^{-1} 以下の LOD を示し，全部で 66 元素について測定できる．ICP-MS は一般にさらに低い LOD を与えるが，低原子量の元素の LOD はあまりよくないことがある．とりわけ，微量ケイ素の測定の場合，これは半導体工場において重要な測定であるが，ICP-MS よりも ICP-OES がよく用いられる．ケイ素を含む試料は通常 HF で溶解される．HF は金属やガラス，石英に対して腐食性がきわめて高い．そのような分析のためには，完全に HF-不活性物質からできている試料処理ラインが組み込まれた特別な装置を利用する．

イオン化と ICP-MS

プラズマはイオン化状態の物質である．温度が十分に高いと，原子から一つあるいは複数の最外殻電子が除かれ，陽イオンと遊離の電子から構成されるプラズマとなる．一つ目の電子の外れやすさは第一イオン化エネルギー（IE）とよばれ，一般的には電子ボルト（1 eV = 1.60×10^{-19} J）単位である．イオン化エネルギーの表は web 上で広く利用できる．アルカリ金属はもっともイオン化しやすい．Li〜Cs でもっとも大きい原子である Cs は IE 3.9 eV でもっともイオン化しやすい．貴ガスや電気陰性度が高い元素はもっともイオン化しにくい．He，Ne，F についての IE はそれぞれ 24.6 eV，21.6 eV，17.4 eV である．サハ（Saha）の式（ここではプラズマにおけるイオンと電子の分布密度は十分に小さく，電子による電荷の遮蔽効果は無視できるとする）により，このプラズマ中の元素のイオン化度が，温度，電子密度，そして原子の IE の関数として計算できる．典型的な ICP の条件では，54 種類以上の元素では，≥90％が一価のイオンとして存在する．とくにイオン化しやすい元素，たとえば Ba では，10％近くが二価のイオンとして存在している［R. S. Houk, "Mass Spectrometry of Inductively Coupled Plasmas", *Anal. Chem.*, **58**(1986) 97A を参照］．このように，ICP 中ではほとんどの分析成分元素がイオンとして存在している．また，そうしたイオン種は，質量分析計で電場で加速され，検出器として電子増倍管，チャネル型電子増倍管，あるいは光電子増倍管（イオンがシンチレーターにより光子に変換されたあとに検出に用いられる）により十分な感度で検出される．基本的にこれら二つの理由から，ICP-MS はきわめて高感度な方法となる．質量分析計の検出器については 22 章でさらに詳しく議論する．

質量分析計は一般的には有機化合物をさまざまな方法でイオン化したあとにその同定のために用いられる場合がほとんどだが，ICP は質量分析計としては特殊なイオン源としてはたらく．プラズマ温度では，有機化合物は残っておらず，試料中に存在する元素が IE に応じてさまざまな程度でイオン化し，質量分析計に導かれ，そこで m/z に基づいて分離され，高感度で検出される．ICP-MS では，本来は元素間の干渉はほとんどないはずだが，17.3 節での議論ととても類似しているイオン化抑制による干渉がしばしばみられる．すなわち，装置が分析成分元素の標準液で検量されているが，試料中に容易にイオン化する元素，たとえば Na が多量に含まれる場合には，イオン化した Na がプラズマの遊離の電子密度を増加させ，その結果として分析成分元素のイオン化効率を低下させる．定量に

は内標準を使用することが必須である．最良の標準は，天然には存在しない(すなわち，試料中にも存在しない)同じ元素の同位体トレーサーである．たとえば，^{129}I はヨウ素分析のための同位体トレーサーとして一般的に用いられる．しかしながら，多くの場合，これは実現不可能であるため，試料中に存在しない別の元素がトレーサーとして用いられることが多い．この場合，対象元素に近い IE をもつトレーサーが好まれる．理想的には対象元素の IE を間に挟むような IE をもつ二つのトレーサーを使うことが望ましい．

ICP-MS と ICP-OES の両方を用いると，大変多くの元素のきわめて高感度な同時測定が可能となる．

レーザーアブレーション ICP-OES／MS

レーザーアブレーション(laser ablation：LA)は原子分光学者にとってのマイクロプローブに相当する．固体の試料に高エネルギーの UV レーザーパルスを照射することで，その光エネルギーが試料スポットを揮発させ，エーロゾルにする．放出されたエーロゾル／蒸気は不活性なキャリヤーガスで ICP に直接運ばれ，元素分析が OES あるいは MS で行われる．一般的に，フラッシュランプによりエネルギーが供給される Nd がドープされたイットリウムアルミニウムガーネット (Nd-YAG) レーザーが，パルスモードで使われる．このレーザーの基本波は近赤外 (NIR) 領域であるが，非線形の光学結晶により 266 nm (4 倍波) あるいは 213 nm (5 倍波) まで倍音化されて用いられる．また，193 nm の ArF エキシマレーザーも利用される．

ほとんどの場合，短い波長のレーザーが良好な結果を与えるが，等パワーのレーザーで比較すると，短波長レーザーシステムはより高価である．代表的なパルス持続時間は数ナノ秒スケールであるが，フェムト秒のパルス持続時間を有するレーザーアブレーションシステムも市販されている．現在の装置で最大のエネルギー付与量である $5 \sim 15 \, \text{J cm}^{-2}$ では，スポット径は $2 \, \mu\text{m} \sim 1 \, \text{mm}$ 以上の範囲に及ぶ．しかしながら，結果は付与されるエネルギーには本来的に依存せず(高出力の赤外レーザーでは，試料が溶けてしまい良好な結果にならない)，パルス間のレーザースポットの再現性と空間的均一性に依存する．イメージングモードにより，同じスポットを繰り返しアブレーションし，元素の深さ方向プロファイルを得ることもできる(アブレーションの深さはレーザーの繰り返し速度，スキャン速度，試料の性質などにより決まる．一般的にはパルスごとに $100 \sim 500 \, \text{nm}$ の厚さが取り除かれる)．全エリアはラスター方式とよばれる平面を点で走査していく方法によりマッピングされる．試験エリアを確認するために，光学顕微鏡により可視光イメージが同時に得られる(試料により透過光あるいは反射光モードのいずれかになる)．

1 点での適当な深さまでの深さ方向分布は $2 \sim 3 \, \text{min}$ で得られる．一方，25 mm の長さでは $20 \sim 30 \, \text{min}$ で $50 \, \mu\text{m}$ の分解能でマッピングされる．図 17.12 に，レーザーアブレーションにより試料にできたクレーターの例を示す．LA-ICP 実験における最良の再現性は 2% であり，8% くらいまでがよくみられる．LA-ICP 元素測定の大きな利点は試料前処理が不要であることである．電子顕微鏡や二次イオン質量分析法のようなほかの元素マッピング技術と比較して，LA-ICP 技術はより高感度で，定量性の面においても正確であり再現性もよい．正確

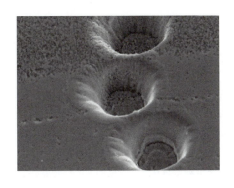

図 17.12 ZnS(せん亜鉛鉱)試料中に生じたレーザーアブレーションによるクレーター このクレーターは直径約 30 μm，深さ約 20 μm ［米国地質調査所の Alan E. Konig 氏の厚意による］

な定量のためには適度に均質な固体標準と適切な検量線の作成が必要であるが，この点が，この技術のもっとも難しい点である．本法は，考古学，法医学，地質試料の試験やポリマー中の金属(しばしば製造工程中に使われる触媒を起源とする)の分布試験には大変有用である．より詳細な内容は参考文献 13 を参照されたい．溶液試料での場合と同様に，多くの場合 LA-ICP-OES は LA-ICP-MS より感度が劣る．しかしながら，いくつかの元素については，LA-ICP-OES でも 1 μg g^{-1} 以下の検出限界(LOD)を得ることができ，測定するのに十分な感度が得られる．この場合，LA-ICP-MS よりも，より正確な定量が可能である［たとえば，A. Stankova, N. Gilson, L. Dutruch, V. Kanicky, *J. Anal. At. Spectrom.*, **26**(2011) 333］．

17.7　原子蛍光分析法

　原子蛍光分析法(AFS)と原子発光分析法の違いは，原子が熱ではなく光により励起されるという点だけである．しかし，原子が効果的に励起される光と放射する光の波長は同じである(共鳴線)ため，励起と発光の最大波長が異なる分子蛍光とは異なり，発光した蛍光と散乱された励起光を区別する方法はない．そのため，原子蛍光分析法では散乱光を避けなければならない．励起源をパルス化しその周波数でのみ蛍光シグナルを検出することにより，原子化装置からのバックグラウンド放射は除くことができるが，散乱光には効果はない．これは原子化装置にかなりの制限を与えることになる．

　通常のフレームはあまり良好な検出限界を与えない．電気加熱炉を用い，さらに波長可変レーザーを光源として用いることにより，AFS でアトグラム(10^{-18} g)レベルの記録的な検出限界(LOD)が達成されているが，これはほとんど研究室レベルに限定される．市販の AFS 装置には電気加熱炉あるいはレーザー励起源は使われていない．空気混合アルゴン–水素フレーム(17.3 節の"分析対象原子の原子化源"参照)は UV 領域で高い透過率を有し，ほぼ光を発しない．このフレームはしばしば原子化源として使われる．このフレームは比較的低温であり(1000℃にさえ届かない)，水素化物としてフレーム中に導入されるさいには，水素化物を形成する元素のみを効果的に原子化する．これらの水素化物は加熱された石英管でも効果的に原子に分解される．事実上，空気–アルゴン–水素フレームと加熱石英管が市販装置で使われる唯一の原子化源である．AFS の使用は水素化物を形成する元素と Hg (室温で原子蒸気として発生し，原子化源が必要でない)に限定される．しかし，これらの元素について，AFS はこのうえない感度

を有する．

　水銀は冷原子蒸気としてとても容易に発生し，水銀ランプが 253.7 nm で強い励起源となるので，水銀はこれまでのところ AFS により測定されるもっとも一般的な元素である．濃縮なしで，市販の装置は 0.2〜1 ng L^{-1} の LOD を達成することができる．金でトラップして熱脱離をすれば LOD はさらに 1 桁向上する．フレームや加熱石英管は必要とされないので，AFS を用いる金粒子上で前濃縮を行う水銀分析専用装置がいくつかのメーカーから市販されている．この元素の高い毒性により，ほとんどの国は水道水から工業排水に及ぶさまざまな試料について最大許容の基準を定めており，低濃度の Hg の定量が必要とされる．ある装置は実際に AAS と AFS の両方のモードで測定できる．

　一般的な AFS 装置は分析される元素に合わせて変更可能な光源を用いる．蛍光強度は励起光強度に比例することを思い出してほしい．標準的な中空陰極ランプ(HCL)は一般的に AFS には不向きと考えられている．"昇圧型(boosted)"の中空陰極ランプ(図 17.13)はずっと大きな励起光強度を与え，無電極放電ランプよりも安定であるので，優れた光源である．(AAS におけるそのようなランプの使用は，透過光率と検出感度が劣る真空紫外領域でとりわけ優れた結果をもたらす．たとえば，AAS と AFS の両方において，As と Se の共鳴波長は，それぞれ 193.7 nm と 196.0 nm であり，この波長領域において測定される．

　放射される蛍光は励起ビームに対して 90°の位置で集められ，検出器上に集光される．線光源が使われ，バックグラウンド放射が最小であるため，光電子増倍管の前におかれたモノクロメーターに関する要求は控えめである．すなわち，それは光源(とくに Hg ランプのような)から発せられる可能性のあるほかの線を取り除くためだけに用いられる．低分解能で光透過効率の高いモノクロメーターあるいは測定元素により交換可能な干渉フィルターが一般的に使用される．

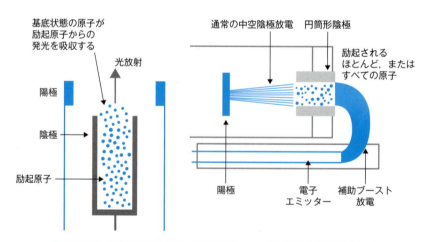

図 17.13　中空陰極ランプと"昇圧型(boosted)"放電中空陰極ランプ
標準中空陰極ランプ(左，底が閉じていることに注意)と昇圧型放電中空陰極ランプ(右)．通常の点灯条件からさらに昇圧して流れる電流によりランプ内において二次放電が誘起される．陰極上に形成される原子雲は二次放電により再励起される．原子に再びエネルギーが蓄積し，標準的な中空陰極ランプよりも 3〜5 倍の発光出力が得られる．ほとんどすべての原子が励起されるので自己吸収が減少し，結果として分析線の拡がりが減少し，より幅の狭い発光プロファイルになる．

［Photron Pty 社の厚意による］

■ 質　問

原理

1. フレーム中の原子のうち，通常どのくらいの割合が励起状態にあるか．誘導結合プラズマ（ICP）中ではどうか．
2. 原子発光分析法，原子吸光分析法，原子蛍光分析法の原理を述べよ．
3. 装置，感度および干渉の観点から，炎光光度法と原子吸光分析法を比較せよ．
4. なぜ原子吸光分析法には鋭い線光源が望ましいか．
5. 原子の吸収スペクトルは分子のような幅広いバンドではなく，特定の波長の不連続な線スペクトルであるのはなぜか，その理由を説明せよ．
6. 還元的なアセチレン–一酸化二窒素フレームにおけるレッドフェザー（赤色の羽根のように見える部位）はどうして生じるか．
7. 原子吸光分析法において，なぜ電気加熱炉法はフレーム法に比べて高い感度が得られるのか説明せよ．
8. 内標準元素はなぜ原子分光分析測定の精度を改善できるのか．その理由を述べよ．
9. ヒーフィエ（Gary M. Hieftje）は原子分光分析法のパイオニアの一人である．彼は1974年に共同執筆した化学分析に関する学部生向けの教科書で次の質問を問いかけた．
   　原子吸光分析法（AAS）において原子蛍光分析法（AFS）や炎光光度法よりも数元素を同時に分析することが困難なのはなぜか．何が開発されればAASによる数元素の同時測定が可能になるか．諸君は数元素を同時に測定できるAFS装置をどのようにデザインするか．その装置が一度に一つの元素を測定する装置と比べて同様な高感度にならないと予想されるのはなぜか．
   　これらの問いに答えよ．

👍 発展問題

【Indiana大学 Gray M. Hieftje教授提供】

10. (a) もし中空陰極ランプが原子吸光分析法において検出される光のバンド幅を決めるなら，なぜモノクロメーターが必要になるか．
    (b) Na, K, Li などのアルカリ金属について，フレーム中に存在する多くの原子がイオン化される．われわれはなぜこれらのイオンの発光を測定せずに，代わりに原子の発光を測定するのか．

装置

11. 中空陰極ランプの動作原理を述べよ．
12. 予混合型バーナーについて説明せよ．そのバーナーを用いてどのようなフレームが使用可能か．
13. 原子吸光分析装置では光源光をなぜ変調するのか，その理由を述べよ．

干渉

14. 原子吸光分析法で海水中の鉛を定量した．鉛のAPDC（ammonium pyrrolidinecarbodithioate）キレートをメチルイソブチルケトン（4-メチル-2-ペンタノン）で抽出し，有機溶媒をフレーム中へ噴霧した．標準液と試薬ブランクは同様に処理したが，試薬ブランクの吸収はほぼゼロであった．測定は283.3 nmの分析線を用いて行った．しかし，陽極ストリッピングボルタンメトリーを用いる別の測定の結果と比較したところ，原子吸光の測定結果は倍近い値を示していた．陽極ストリッピングボルタンメトリーの結果が正しいと仮定して，誤差の原因と，そのような誤差を今後の分析で避ける方法について述べよ．
15. 原子吸光分析法において，高温のアセチレン–一酸化二窒素フレームが必要となるのはなぜか．
16. 炎光光度法または原子吸光分析法において，ときとして高濃度のカリウム塩を試料と標準液の両方に加えることがある．これはなぜか．
17. 空気-プロパンフレームなどの低温フレームでは化学干渉が起こりやすい．しかし，アルカリ金属の定量には適している．その理由を述べよ．
18. ナトリウムの1 ppm溶液を炎光光度法で測定したところ，その信号強度は110であった．一方，20 ppmのカリウムを含む同じ濃度の溶液は125の読みを示した．20 ppmのカリウム溶液は，ナトリウムの発光波長では，信号を与えず，ブランク試料と同じであった．この結果を説明せよ．
19. 水銀は冷蒸気AASで定量される．無機水銀と有機水銀をどのように区別するか．
20. いくつかの元素の水素化物は$NaBH_4$で反応させることにより生成させることができ，それをフレームやほかの原子化源に送り込んで測定する．この方法の利点は何か．
21. 誘導結合プラズマ（ICP）発光分析法は広く高感度多元素定量法に用いられる．ICPはどのように機能するか．

22. レーザーアブレーションは固体試料の微量領域を調査する効果的なツールである．これはどのように機能するか．
23. 原子蛍光分析法は，いくつかの元素について原子吸光分析法の魅力的な代替法である．どのような元素にもっとも適合しているか．また，それはなぜか．

■ 問 題

感 度

24. AASにおいて，感度はしばしば光源光の1％を吸収する分析対象元素の濃度で表される．鉛の12 ppmの溶液が8.0％吸収の原子吸光信号を示した．この原子吸収の感度を求めよ．
25. ある条件のもとで銀の原子吸収感度は0.050 ppmであった．0.70 ppm溶液ではどれほどの吸収（％）となるか．

ボルツマン分布

26. カドミウムの228.8 nmの共鳴線は$^1S_0$-$^1P_1$の遷移である．空気-アセチレンフレームにおけるN_e/N_0比を計算せよ．励起状態にある原子は全体の何％か．ただし，光速度は$3.00\times10^8\ \mathrm{ms^{-1}}$，プランク定数は$6.62\times10^{-38}\ \mathrm{J\,s}$，ボルツマン定数は$1.380\times10^{-23}\ \mathrm{J\,K^{-1}}$とする．

定量計算

27. 試料中のカルシウムを原子吸光法によって定量する．1.834 gの$CaCl_2 \cdot 2H_2O$を水に溶かして1 Lとして，カルシウムの保存溶液を調製した．これをまず1：10に希釈した．次いで，さらにこの溶液をそれぞれ1：20，1：10，1：5に希釈して検量線用標準液とした．試料は1：25に希釈した．塩化ストロンチウムをリン酸の干渉を防ぐのに十分な1％(wt/vol)となるように希釈前にすべての溶液に添加した．ブランク試料は1％$SrCl_2$溶液とした．この溶液を空気-アセチレンフレームに噴霧したところ，次のような吸光度信号が記録された．ブランク試料：1.5 単位，標準液：10.6，20.1，38.5 単位．試料：29.6 単位．試料中のカルシウムの濃度をppmで求めよ．
28. 炭酸リチウムを投与した躁うつ病患者の血清中のリチウムを，炎光光度法で標準添加法により定量した．100 μLの血清を1 mLに希釈したところ，記録紙上での発光強度は6.7単位であった．0.010 M $LiNO_3$溶液を10 μL添加した同様の溶液は，14.6単位の信号を与えた．発光強度とリチウムの濃度には直線性が成り立つとして，血清中のリチウム濃度をppmで求めよ．
29. 水試料中の塩化物イオンを，過剰の$AgNO_3$を加えてAgClとして沈殿させ，ろ過後ろ液内に残った銀を測定することにより間接的に定量する．水試料および100 ppm塩化物イオン試料の標準液それぞれ10 mLを，別々の乾燥した三角フラスコに加えた．25 mLの硝酸銀溶液を，ピペットを用いてそれぞれに加えた．十分時間をかけて沈殿を完了させ，混合物を乾燥した遠心管に入れて沈殿を遠心分離した．ブランク試料は試料の代わりに10 mLの脱イオン水を用いて同様に処理し，上澄み液中の銀を原子吸光分析法で測定した．それぞれの溶液について次のような吸光度信号が記録された場合，水試料中の塩化物イオンの濃度を求めよ．
    ブランク試料：12.8 単位，標準：5.7 単位，試料：6.8 単位

標準添加法

👍 発展問題

【El Paso大学 Wen-Yee Lee教授提供】

30. これは，原子分光分析法で用いられる一般的な標準添加法に関する問題である．あなたは，いくつかのM&M's®チョコレートが入っている紙袋をもっている．空の袋は10.0 gの重さである．あなたはその中を見ることはできない．あなたの任務はもともと紙袋の中に入っていたチョコレートの数を調べることである．あなたがその解を求めることができるように，既知数のチョコレートが袋に加えられ，トータルの袋の重さが計測された．それぞれ加えたあとの重さは次の表にまとめられている．紙袋の中にもともと存在したチョコレートの数を求めよ．

加えたチョコレートの数（合計）	0	10	20	30	40
総重量/g	52.7	58.1	63.6	68.5	74.4

参 考 文 献

一 般 書

1. V. Thomas, A Timeline of Atomic Spectroscopy, *Spectrpscopy*, **21**(10) (2006) 32. 元素の分光化学分析のために原子分光法の実験的及び理論的発展の小史.
2. L. Ebdon and E. H. Evans, eds., *An Introduction to Analytical Spectrometry*, 2nd. ed. Chichester: Wiley, 1998.
3. J. W. Robinson, *Atomic Spectroscopy*, 2nd. ed. New York: Marcel Dekker, 1996.
4. G. M. Hieftje, "Atomic Spectroscopy —— A Primer," http://www.spectroscopynow.com

フレーム発光と原子吸光スペクトル分析法

5. J. A. Dean, *Flame Photometry*. New York: McGraw-Hill, 1960. 基礎に関する古典的な本.
6. G. D. Christian and F. J. Feldman, *Atomic Absorption Spectroscopy. Applications in Agriculture, Biology, and Medicine*. New York: Wiley-Interscience, 1970. 試料前処理手順に関する記述.
7. G. D. Christian, "Medicine, Trace Elements, and Atomic Absorption Spectroscopy," *Anal. Chem.*, **41**(1) (1969) 24A. 生体試料中の微量元素濃度レベルをまとめている.
8. B. Welz and M. Sperling, *Atomic Absorption Spectroscopy*, 3rd ed., Wiley, 1999.
9. B. Welz, H. Becker-Ross, S. Florek, and U. Heitmann. *High Resolution Continuum Source AAS: The Better Way to Do Atomic Absorption Spectrometry*. Wiley, 2005.
10. M. T. C. de Loos-Vollebregt. *Background Correction Methods in Atomic Absorption Spectroscopy. Wiley On-line Encyclopedia of Analytical Chemistry*. Wiley, 2006. http://onlinelibrary.wiley.com/doi/10.1002/9780470027318.a5104/abstract. アブストラクトは無料でアクセス可能. 全文を読むにはアクセス権が必要. 参考文献8はこのトピックスをカバーする.
11. X. Hou and B. T. Jones. *Inductively Coupled Plasma/Optical Emission Spectrometry*. 2000.
12. Y, Cai. *Atomic Fluorescence in Environmental Analysis*. 2000.
13. A. E. Koenig. *Laser Ablation ICP-MS: Performance, Problems, Pitfalls and Potential*.

Chapter 18

試料調製：
溶媒抽出と固相抽出

■ **本章で学ぶ重要事項**

- 分配係数と分配比［重要な式：式(18.1)，式(18.3)，式(18.8)］，p. 107, p. 108
- 抽出パーセント［重要な式：(式 18.10)］，p. 109
- 金属の溶媒抽出：錯体，キレート，p. 111
- 高速溶媒抽出とマイクロ波支援抽出，p. 113
- 固相抽出，p. 114
- 固相マイクロ抽出，p. 119

　19 章では複雑な試料を分析するためのクロマトグラフィーの手法を述べる．クロマトグラフィーでは多数の分析成分がカラム上で分離され，カラムからの溶出順に検出される．しかし，クロマトグラフのカラムに試料を導入する前に"クリーンナップ"がしばしば必要となる．溶媒抽出，固相抽出，およびそれらの関連技術は，クロマトグラフ分析に先立って複雑な試料のマトリックスから分析成分を分離するのにとても有用である．溶媒抽出はまた，吸光光度定量にも有用である．

　溶媒抽出は，混ざり合わない二つの液相間における溶質の分配をともなう．この技術は有機物，無機物の双方に対して，非常に迅速でクリーンな分離のためにきわめて有用である．本章では，2 相間における物質の分配と，この手法が分析的分離のうえでどのように用いられるかについて述べる．金属イオンの有機溶媒への溶媒抽出についても述べる．

　固相抽出では，疎水性の官能基が固体粒子表面に化学結合しており，それが抽出相としてはたらくので，大量の有機溶媒を必要としない．

18.1　分　配　係　数

　2 相を振り混ぜ両相が分相したあとでは，ある溶質 S はこれら 2 相間で分配され，二つの相中での溶質 S の濃度比は一定になる．

$$K_D = \frac{[S]_1}{[S]_2} \tag{18.1}$$

ここで，K_D は**分配係数**(distribution coefficient)であり，下つき数字は溶媒1(たとえば，有機溶媒)および溶媒2(たとえば，水)を示す．分配係数が大きければ，溶質は溶媒1に定量的に分配されることになる．

溶媒抽出では**図18.1**に示すような**分液漏斗**(separatory funnel)が用いられる．溶質は水溶液から水とは混ざり合わない有機溶媒に抽出されることが多い．水溶液と有機溶媒を約1分間振り混ぜたあと，2相に分相するのを待ち，下の相(密度の大きい溶媒)を下から取り出す．このような操作によって分離が行われる．

多くの物質は水相では弱酸のように部分的にイオン化している．このような場合には，抽出は溶液のpHに依存する．水溶液からエーテルへの安息香酸の抽出を例として考えてみよう．安息香酸(HBz)は水中で弱酸であり，固有の酸解離定数 K_a [式(18.4)]をもつ．分配係数は次式で与えられる．

$$K_D = \frac{[HBz]_e}{[HBz]_a} \tag{18.2}$$

ここで，eはエーテル相を示し，aは水相を示す．水相中では，安息香酸の一部は K_a の大きさと水相のpHに依存して，エーテル相へは移動しない Bz^- として存在する．それゆえ，かなりの分率が Bz^- として存在する場合には定量的に分離することはできない．

18.2 分 配 比

各相中に存在する溶質のすべての化学種の濃度の比で示される**分配比**(distribution ratio) D で記述するほうが，分配係数よりも実際上意義がある．安息香酸の場合では次のように示される．

$$D = \frac{[HBz]_e}{[HBz]_a + [Bz^-]_a} \tag{18.3}$$

D と K_D の関係は関連する平衡定数から容易に導かれる．水相における酸の解離に対する酸解離定数 K_a は次式で与えられる．

$$K_a = \frac{[H^+]_a [Bz^-]_a}{[HBz]_a} \tag{18.4}$$

したがって，

$$[Bz^-]_a = \frac{K_a [HBz]_a}{[H^+]_a} \tag{18.5}$$

式(18.2)から，

$$[HBz]_e = K_D [HBz]_a \tag{18.6}$$

式(18.5)と式(18.6)を式(18.3)に代入すると次式が得られる．

$$D = \frac{K_D [HBz]_a}{[HBz]_a + K_a [HBz]_a / [H^+]_a} \tag{18.7}$$

$$D = \frac{K_D}{1 + K_a / [H^+]_a} \tag{18.8}$$

> 中性の有機物は水から有機溶媒へ分配する．"Like dissolves like(似たものは似たものを溶かす)"

図18.1 分液漏斗

この式は，$[\text{H}^+]_\text{a} \gg K_\text{a}$ のとき D はほぼ K_D に等しいことを示し，K_D が大きければ安息香酸は定量的にエーテル相へ抽出される．このような条件下で D は最大となる．反対に，$[\text{H}^+]_\text{a} \ll K_\text{a}$ のとき，D は小さくなって $K_\text{D}[\text{H}^+]_\text{a}/K_\text{a}$ となり，安息香酸は水相に存在したままとなる．すなわち，塩基性溶液中で安息香酸は解離しており抽出されないが，酸性溶液中では大部分が解離していないのでより多く抽出される．これらの結論は化学平衡を注意深くみれば直感的に予測できる．

式(18.1)と同様に，式(18.8)から，抽出効率は溶質の初濃度には依存しないことがわかる．これは溶媒抽出の興味深い特徴の一つであり，溶液の片方の相において溶質濃度が溶解度を超えておらず，抽出種の二量体化のような副反応がない場合には，トレーサー(たとえば，放射性物質)レベルから多量レベルまで等しく適用できることを示している．

もちろん，水素イオン濃度が変われば分配比 D も変わる．水素イオン濃度を維持するための酸–塩基緩衝液(7.8 節参照)が加えられていないとき，安息香酸の例では，安息香酸の濃度が増すにつれて水素イオン濃度は増加する．

式(18.8)の導出に際して，式(18.3)の分子において有機相中で二量体として存在する安息香酸の項を無視している．二量体化の程度は濃度の増加とともに増加する．ルシャトリエの原理からわかるように，これは有機相中の濃度が増加する方向に平衡を移動させる．その結果，このような場合には，抽出効率は実際に高濃度ほど大きくなる．演習としてさらに完全な式の誘導を章末問題 12 に示す．

18.3 抽出パーセント

分配比 D は 2 相の体積比によらず一定であるが，抽出された溶質の割合は 2 相の体積比に依存する．より多量の有機相が用いられる場合，濃度比を一定に保ち分配比を満足させるために，より多くの溶質が有機相に抽出される．

抽出された溶質の割合は，有機相中の溶質の物質量(mmol)を溶質の全物質量(mmol)で割ったものである．物質量(mmol)はモル濃度に体積(mL)を掛け合わせたものであり，抽出パーセント(%E)は次式で示される．

$$\%E = \frac{[\text{S}]_\text{o} V_\text{o}}{[\text{S}]_\text{o} V_\text{o} + [\text{S}]_\text{a} V_\text{a}} \times 100\% \tag{18.9}$$

ここで，V_o と V_a はそれぞれ有機相と水相の体積である．この式から抽出パーセントは次式のように分配比と関係づけられる(章末問題 11 参照)．

$$\boxed{\%E = \frac{100 D}{D + (V_\text{a}/V_\text{o})}} \tag{18.10}$$

$V_\text{a} = V_\text{o}$ のときには，

$$\boxed{\%E = \frac{100 D}{D + 1}} \tag{18.11}$$

同体積の場合，D が 0.001 より小さければ，溶質は定量的に水相に存在したままである．D が 1000 よりも大きいときには，実質的には定量的に抽出される．D が 200 から 1000 に増えても抽出パーセントは 99.5% から 99.9% に変わるだけである．

溶媒抽出においては，通常分離効率は濃度に無関係である．

D 値が 1000 であれば，抽出は定量的(99.9%)である．

例題 18.1

0.10 M 酪酸水溶液 20 mL を 10 mL のエーテルと振り混ぜた．両相を分離したのち，水相に残っている酪酸は滴定により 0.5 mmol と定量された．分配比はいくらか，また抽出パーセントはいくらか．

解　答

最初に 2.0 mmol の酪酸があり，1.5 mmol が抽出されたことになる．エーテル相中の濃度は，1.5 mmol/10 mL = 0.15 M となる．水相中の濃度は，0.5 mmol/20 mL = 0.025 M である．それゆえ，

$$D = \frac{0.15}{0.025} = 6.0$$

1.5 mmol が抽出されたので，抽出パーセントは $(1.5/2.0) \times 100\% = 75\%$ となる．あるいは，

$$\%E = \frac{100 \times 6.0}{6.0 + (20/10)} = 75\%$$

式(18.10)から，V_a/V_o 比の減少，たとえば有機相の体積を増加させることにより，抽出割合は増加することがわかる．同じ体積の有機相を用いて抽出量を増やす効果的な方法は，少量ずつの有機相体積に分けて連続して抽出することである．たとえば，$D = 10$，$V_a/V_o = 1$ では抽出パーセントは約 91％である．$V_a/V_o = 0.5$（2倍の V_o 体積）に減少させると，抽出パーセントは 95％に増加する．しかし，$V_a/V_o = 1$ で連続して 2 回抽出を行うと，全抽出パーセントは 99％となる．

👍 発展実験【Howard 大学 Galina Talanova 教授提供】

有機相に抽出される分析成分の割合に関する式から，n 回の連続抽出で抽出される分析成分の割合を計算することができる．また，数式を簡単にすることで，n 回の連続抽出のあとに水相に残る分析成分の割合も計算できる．

E（抽出割合）＝

$$DV_o \left[\frac{1}{DV_o + V_a} + \frac{V_a}{(DV_o + V_a)^2} + \frac{V_a^2}{(DV_o + V_a)^3} + \cdots + \frac{V_a^{(n-1)}}{(DV_o + V_a)^n} \right] \tag{18.12}$$

あるいは，

$$\text{残留割合} = \left[\frac{V_a}{(DV_o + V_a)} \right]^n \tag{18.13}$$

ここで，n は連続抽出の回数であり，D は分配比，V_a および V_o はそれぞれ水相，有機相の体積である．

例題 18.2

水相からトルエン相への抽出で分析成分 A は分配比 $D = 10$ を有するとする．20 mL の A の水溶液からトルエン相へ抽出する．水相からトルエン相へもっとも効率的に A を除去できるのは次のどの手法か．

(a) 40 mL のトルエンで 1 回抽出

(b) 20 mL ずつのトルエンで 2 回抽出
(c) 10 mL ずつのトルエンで 4 回抽出
解　答
(a) 残留割合 $= [V_a/(DV_o + V_a)]^n = [20/(10 \times 40 + 20)]^1 = 0.048 = 4.8\%$
　　A の抽出割合はおよそ 95%
(b) 残留割合 $= [20/(10 \times 20 + 20)]^2 = 0.0083 = 0.83\%$
　　A の抽出割合はおよそ 99%
(c) 残留割合 $= [20/(10 \times 10 + 20)]^4 = 7.7 \times 10^{-4} = 0.077\%$
　　A の抽出割合はおよそ 100%

結論：有機溶媒を小さな体積に分けて数回の抽出を行うことで，同じ体積を 1 回で用いて抽出を行うよりも効率的に分離することができる．

18.4　金属の溶媒抽出

　金属陽イオンの分離において，溶媒抽出はもっとも重要な応用の一つである．この技術では，適当な化学反応を用いて，金属イオンは水相から水と混ざり合わない有機相に分配される．金属イオンの溶媒抽出は，妨害マトリックスから金属イオンを除去することや，一つまたはあるグループの金属をほかの金属から（正しい化学反応を用いて）選択的に分離する点で有用である．抽出に用いられる試薬はしばしば金属イオンと着色錯体を形成するので，溶媒抽出技術は金属イオンの吸光光度定量に広く用いられる．溶媒抽出はまた，感度向上やマトリックス効果の除去のために，非水溶媒中の試料をフレームに導入するフレーム原子吸光分析法にも利用される．

　分離はいくつかの方法で行われる．無電荷の有機分子は有機相に溶けやすい傾向がある一方で，解離性分子から生じる電荷をもった陰イオンは極性の高い水相に残りやすいということをすでに述べた．これは"似たものは似たものを溶かす (Like dissolves like)"の例である．金属イオンは有機相に相当量溶解することはほとんどない．金属イオンを可溶化するためには，それらの電荷を中和し，疎水性にするために何かを加えなければならない．これを行うには二つの方法がある．

イオン会合体の抽出

　一つ目の方法は，金属イオンがかさ高い分子の中に取り込まれて，反対電荷のほかのイオンと会合し，**イオン対**(ion pair)を生成するか，あるいは金属イオンが大きなサイズの（疎水性の）ほかのイオンと会合することである．たとえば，鉄(Ⅲ)は塩酸溶液からジエチルエーテルに定量的に抽出されることがよく知られている．その機構は完全には解明されていないが，鉄のクロロ錯体にエーテルの酸素原子が配位し（エーテルが配位水と置換している），このイオンがプロトンに配位したエーテル分子と会合しているという証拠がある．

$$\{(C_2H_5)_2O:H^+,\ FeCl_4[(C_2H_5)_2O]_2^-\}$$

　同様に，ウラニルイオン UO_2^{2+} は二つの硝酸イオンとイオン会合体を形成 ($UO_2^{2+}, 2\,NO_3^-$) して硝酸塩水溶液からイソブチルアルコール(2-メチル-1-プロパノール)に抽出される．おそらくウランは溶媒に溶媒和され，溶媒に似た性質

> 金属イオンを有機溶媒に抽出するためには，その電荷は中和されなければならない．そのため，金属イオンは有機試薬と会合しなければならない．

となっている．過マンガン酸イオンはテトラフェニルアルソニウムイオンとイオン会合体[$(C_6H_5)_4As^+$, MnO_4^-]を形成して疎水性となり，ジクロロメタンに抽出される．ほかにも多くのイオン会合による抽出の例がある．川や湖沼，海などの水際でしばしば見かけられる見苦しい泡は天然由来の界面活性剤によることもあるが，多くは合成洗剤由来である．ほとんどの界面活性剤は陰イオン性であり，陰イオン界面活性剤は陽イオン染料であるメチレンブルーとイオン会合体を形成し，クロロホルムのような有機溶媒に抽出される．

過去には抽出溶媒の選択肢としてハロゲン系の有機溶媒がしばしば用いられていた．しかしながら，ハロゲン系溶媒の有毒性に関する関心が高まり，ハロゲン系溶媒の使用はほとんどの実験室で廃止されている．ハロゲン系溶媒は他の炭化水素系の溶媒よりも極性が高いため，水に不溶性のイオン液体に置き換えられることもある．

金属キレートの抽出

もっとも広く用いられている金属イオンの抽出法は，有機キレート試薬を用いるキレート分子の生成反応に基づく．9章で述べたように，キレート試薬は二つあるいはそれ以上の錯形成官能基をもっている．これらの試薬の多くは金属イオンと着色キレートを生成し，金属定量のための吸光光度法の基礎となっている．これらのキレートは水に不溶性のものが多く，水中で沈殿する．しかしながら，それらは通常ジクロロメタンのような有機溶媒に溶ける．10章にあげた有機沈殿試薬の多くは抽出試薬として用いられる．

金属キレートの抽出過程

大部分のキレート試薬は弱酸であり，水中で解離する．キレートを生成するとき，解離するプロトンは金属イオンによって置き換えられ，有機化合物の電荷は金属イオンの電荷を中和する．例として，ジフェニルチオカルバゾン（ジチゾン）がある．これは鉛イオンと次のように反応する．

[Howard 大学 Galina Talanova 教授の厚意による]

通常の操作ではキレート試薬 HR を有機相に加える．キレート試薬は2相間で分配し，水相中で弱酸として解離する．金属イオン M^{n+} は nR^- と反応してキレート MR_n を生成する．生成したキレートは有機相に分配される．分配比は有機相中の金属キレート濃度と水相中の金属イオン濃度の比によって与えられるので，次式が導かれる．

$$D = \frac{[\mathrm{MR}_n]_\mathrm{o}}{[\mathrm{M}^{n+}]_\mathrm{a}} = K\frac{[\mathrm{HR}]_\mathrm{o}^n}{[\mathrm{H}^+]_\mathrm{a}^n} \tag{18.14}$$

ここで，K は HR の K_a，MR_n の K_f，HR および MR_n の K_D からなる定数である[*1]．有機相中の金属キレートが溶解度を超えていないならば，分配比は金属イオンの濃度に依存しない．HR は通常大過剰にあり一定量と考えられる．したがって，抽出効率は pH または試薬濃度を変化させた場合にのみ影響を受ける．試薬濃度を10倍増加させることは，pH を1大きく（[H$^+$] が1/10に減少）するのと同じだけ抽出効率を増加させることになる．それぞれの効果は，n が大きくなるほど大きくなる．高濃度の試薬を用いることによって，抽出はより酸性の溶液で行うことができる．

　異なる金属のキレートは異なった pH 領域で抽出される．いくつかの金属は広い pH 範囲で抽出され，あるものは塩基性溶液でのみ抽出される．金属が有機相に抽出されて有機溶媒が分離されたあと，必要であれば金属は適度な低 pH の水溶液へと逆に抽出することもできる．その過程は逆抽出とよばれる．pH を適切に調整することにより，抽出における選択性を引き出すことが可能である．また，ある金属イオンがキレート試薬と反応することを妨げるような錯形成剤，すなわちマスキング剤の有効利用により選択性を改善することもできる．

　有毒性と廃棄の問題のために，金属のほとんどの有機溶媒抽出法はキレート官能基を有する固相樹脂に置き換わってきた．あるいは，17章で述べた感度が高く妨害が少なく抽出を必要としない誘導結合プラズマ（ICP）に基づく測定方法が用いられている．溶媒抽出の原理，とくに連続的な抽出は，次章で述べるクロマトグラフィーが多段分配過程によりどのように作用するかを本質的に理解する鍵である．

18.5 マイクロ波を用いる高速抽出

高速溶媒抽出（accelerated solvent extraction）は，分析成分を固体試料マトリックスから溶媒へ効率的に抽出する技術である（図18.2）．試料と溶媒を密閉容器に入れ，50～200℃に加熱する．密閉系で加熱すると高圧がかかるので沸点以上に温度が上昇し，高温により分析成分の溶媒への溶解が促進される．必要とする抽出時間と溶媒量は，大気圧下での抽出に比べて大幅に減らすことができる．

　マイクロ波支援抽出（microwave-assisted extraction：MAE）では，溶媒はマイクロ波のエネルギーによって加熱される．分析成分は試料マトリックスから溶媒に分配される．これは，2章で述べた密閉容器を用いた酸分解の拡張例である．試料と溶媒を含む密閉容器は，図2.23のような電子レンジ中におかれる．抽出

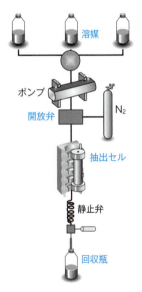

図18.2 高速溶媒抽出装置の操作の模式図

操作手順例：抽出セルをおき，溶媒で満たす（0.5～1 min）．加熱と加圧（5 min）．静止して抽出（5 min）．それらを繰り返すこともある．新しい溶媒で流し出す（0.5 min）．窒素ガスで流出——抽出は12～14 minで終了する．
[Thermo Fisher 社の厚意による]

[*1] ［訳者注］　金属イオン M^{n+} の抽出平衡反応と抽出定数 K は，

$$\mathrm{M}^{n+}{}_{(\mathrm{a})} + n\,\mathrm{HR}_{(\mathrm{o})} \xrightleftharpoons{K} \mathrm{HR}_{n(\mathrm{o})} + n\,\mathrm{H}^+{}_{(\mathrm{a})} \qquad K = \frac{[\mathrm{MR}_n]_\mathrm{o}[\mathrm{H}^+]_\mathrm{a}^n}{[\mathrm{M}^{n+}]_\mathrm{a}[\mathrm{HR}]_\mathrm{o}^n}$$

より，式(18.14)が導出される．
なお，$K_\mathrm{a} = \dfrac{[\mathrm{R}^-]_\mathrm{a}[\mathrm{H}^+]_\mathrm{a}^n}{[\mathrm{HR}]_\mathrm{a}}$，$K_\mathrm{f} = \dfrac{[\mathrm{MR}_n]_\mathrm{a}}{[\mathrm{M}^{n+}]_\mathrm{a}[\mathrm{R}^-]_\mathrm{a}}$，$K_\mathrm{D,HR} = \dfrac{[\mathrm{HR}]_\mathrm{o}}{[\mathrm{HR}]_\mathrm{a}}$，$K_{\mathrm{D,MR}_n} = \dfrac{[\mathrm{MR}_n]_\mathrm{o}}{[\mathrm{MR}_n]_\mathrm{a}}$ の諸定数より，

$$K = \frac{K_{\mathrm{D,MR}_n} K_\mathrm{f} K_\mathrm{a}^n}{K_{\mathrm{D,HR}}^n}$$ の関係式になる．

速度は温度と溶媒あるいは混合溶媒の選択に影響される．大気圧下での加熱による抽出では，溶媒の沸点に制約を受ける．典型的な例では，通常用いる溶媒（沸点 50～80℃）の 1.2×10^6 Pa での密閉容器温度は 150℃ 程度にまで達する．混合溶媒は，それらの一方の溶媒がマイクロ波エネルギーを吸収しない場合に用いられる．ヘキサンのような溶媒はマイクロ波を透過してしまうので加熱されないが，ヘキサンとアセトンの混合溶媒は急速に加熱される．

密閉容器は溶媒に不活性でなければならないし，マイクロ波を透過しなければならない．容器はポリエーテルイミド（PEI）でつくられ，ペルフルオロアルコキシフッ化炭素樹脂（テフロン®PFA）のライナーが用いられる．多くの抽出を同時に行う場合には，数個の試料容器を電子レンジに入れてもよい．

マイクロ波支援抽出は大気圧下で加圧容器を用いずに行ってもよい（参考文献7参照）．溶媒を沸騰させないために，加熱と冷却が繰り返し行われる．この技術は抽出時間を著しく短縮する．

18.6 固相抽出

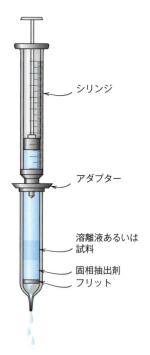

固相抽出では，結合した C18 鎖が有機溶媒の代わりをする．

図 18.3 固相抽出カートリッジと加圧溶出のためのシリンジ

液-液抽出はとても有用ではあるが限界もある．抽出溶媒は水と混じり合わない溶媒に限られる（水溶液試料の場合）．溶媒を振り混ぜたときにエマルション（乳濁液）ができる場合があり，また比較的多量の溶媒が用いられ多量の廃液の問題が発生する．操作は手作業で行われることが多く，逆抽出が必要なこともある．近年まで抽出に用いられていた溶媒のいくつかは，現在では有害物質と考えられている．

これらの困難の多くは，**固相抽出**（solid-phase extraction：SPE）を利用することによって避けられる．固相抽出は，とくにクロマトグラフ分析（次章）に先立って，試料のクリーンナップや濃縮のための技術として広く用いられるようになってきた．この方法では，固体（たとえば，粉末シリカ）の表面に化学的に結合されている有機官能基を用いる．一般的な例としては，粒径 40 μm 程度のシリカ粒子に C18 鎖を化学結合したものがある．結合した炭化水素基は擬似的な液相を形成し，そこに水試料中に存在する疎水性の高い分析成分が分配して抽出される．極性の異なるさまざまな種類の固相が市販されている．高速液体クロマトグラフィー（21章）に用いられているのと同じ固定相であるが，粒径が大きいものが固相抽出に用いられる．

一般的に，粉末にされた相をプラスチックシリンジに似た形の小さなカートリッジに入れる．試料をカートリッジに入れて，プランジャーを用いて押す（加圧）か，あるいは真空（減圧）にするか，または遠心分離する（図 18.3）．微量の有機分子は抽出されてカラムに前濃縮され，試料マトリックスから分離される．その後，有機分子はメタノールのような溶媒で溶出され，たとえばクロマトグラフィー（19～21章）によって分析される．分析に先立って溶媒を蒸発させることにより，さらに濃縮できる．

抽出相の性質，とくに結合した官能基の種類は，異なる化合物群を抽出する目的に応じて変えられる．図 18.4 に，ファンデルワールス力，水素結合あるいは（あるいは双極子間力），静電引力に基づく結合相を示す．

シリカ粒子が疎水性相を結合しているとき，シリカ粒子は"水をはじく"状態

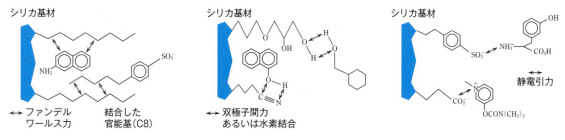

図 18.4 非極性，極性，静電相互作用を活用する固相抽出剤
[N. Simpson, *American Laboratory*, August (1992) 37 より引用．American Laboratory 社の許可を得て複製]

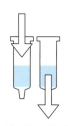

(1) コンディショニング
試料通過前に吸着剤をコンディショニングすることで再現性のよい目的物質（分離対象）の保持につながる．

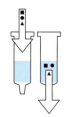

(2) 保持
■ 吸着した分離対象物質
● 不要なマトリックス成分
▲ ほかの不要なマトリックス成分

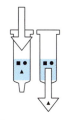

(3) 洗浄
▲ 不要なマトリックス成分を除去するためにカラムを洗浄する

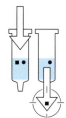

(4) 溶出
■ 精製，濃縮され，分析に供される成分
● 不要なマトリックス成分が残る

図 18.5 固相抽出の原理
[N. Simpson, *American Laboratory*, August (1992) 37 より引用．American Laboratory 社の許可を得て複製]

になっているので，水溶液試料と相互作用させるためにコンディショニングが必要となる．これは吸着層にメタノールあるいは類似の溶媒を通すことによって行う．溶媒が結合相に浸透していき，水分子や分析成分を結合相に分散しやすくする．コンディショニングのあと，試料を加える前に，過剰の溶媒を除くために水を通す．スチレン–ジビニルベンゼン共重合体やほかの高分子基材も，とくにイオン交換を行う SPE 相で一般的に用いられる．キレート官能基（イミノ二酢酸や 8-ヒドロキシキノリン）を有する SPE は，たとえば海水試料から微量金属をオンラインあるいはオフラインで抽出し予備濃縮するために広く用いられる．

図 18.5 に固相抽出の典型的な操作を示す．コンディショニングに続いて，分析成分やほかの試料成分は吸着剤抽出相に保持される．洗浄段階では不要成分の一部が除かれ，溶出段階ではほかの不要成分を残して必要な分析成分を溶出する．これは固相との相互作用の相対的強さ，あるいは溶出溶媒への溶解度に依存している．このような操作は，公定法である米国環境保護庁（Environmental Protection Agency：EPA）法に採用され，飲料水中の有機化合物の定量に用いられている[*2]．

図 18.6 固相抽出チューブに用いる 16 穴真空マニホールド
　　　［Alltech 社の厚意による］

経験則によれば，一般的なSPE充填剤は，破過することなくその質量の約5%を保持できると考えてよい（たとえば，500 mg の充填剤は約 25 mg の保持容量を有すると予想できる）．

SPE カートリッジ

　SPE の吸着剤はポリプロピレンシリンジの円筒部にあらかじめ詰められている．一般的には，3〜5 mL のシリンジに 500 mg を詰めたものが用いられるが，試料や溶媒の必要量を減らし，迅速にクリーンナップするために，100 mg を詰めた小さい 1 mL シリンジが使用されるようになりつつある．さらに 10 mg まで小さくしたものも入手可能である．もちろん，これらの小さいカートリッジの容量は小さい．大きなカートリッジは汚染水のような大量の環境試料を処理するのに必要で，多量の汚染物質を除かなければならないような場合に用いられる．

　SPE カートリッジは生物試料から薬物を分離濃縮するためにも用いられ，通常は真空マニホールド（**図 18.6**）を用いて一度に 12〜24 個の試料を処理する．効率を上げるための自動化液体処理システムもある．一般的に SPE カートリッジは 1 回だけの使い捨てで用いられる．しかしながら，たくさんの試料数を処理するならば，費用が大きな問題になる場合もある．

SPE ピペットチップ

　SPE ピペットチップは少量の試料を処理するのに便利であり，不要な物質を保持する場合にも用いられるが，分析成分を保持し溶媒で溶出するために用いられるのが一般的である．当初，支持体に保持された充填剤が用いられた．これら器具の再現性は使用者の熟練度に大きく依存していたため，初期の形状のものはすでに用いられていない．現在のピペットチップ SPE では，以下の(a)〜(c)の3種類が汎用的である．(a) 多孔性モノリス吸着剤を有するもの（充填剤の支持体は不要，たとえば，Agilent 社の OMIX シリーズは 500 nL ほどの少量の試料を処理でき，タンパク質，ペプチドの精製の第一段階で用いられる），(b) 充填剤がとてもゆるく充填されているタイプ．（しばしば溶媒やほかの添加された試薬とともに）試料が吸引されるとその充填剤と懸濁液を形成する．空気を吸引して

[*2] ［訳者注］ 日本では，たとえば日本工業規格(JIS)として，JIS K0102-2016 工業排水試験方法，JIS K0124-2011 高速液体クロマトグラフィー通則，JIS K0128-2000 用水・排水中の農薬試験方法などに採用されている．

懸濁液をよく混合し，その後液相を送り出すことで不要成分を吸着剤に保持する，(c) チップ下部の壁面に吸着剤が埋め込まれているもの．100 nL ほどの少量の試料までを処理することが可能．代表例としては，NuTip™ と TopTip™ が同じメーカーから市販されている．これらの製品では，2 μm 幅のスリットがピペットチップに彫られていて，ここに少量の 20～30 μm の粒子が保持されている．これらも 100 nL ほどの少量の試料を処理することができる．

SPE ディスク

小さい断面積の SPE ピペットチップはタンパク質試料によって目詰まりしやすい．このため，固相抽出剤はフィルター形（Empore™ 抽出ディスク）としても使用される．この抽出ディスクでは，8 μm のシリカ粒子が PTFE［ポリ（テトラフルオロエチレン）］繊維の網の中に入っている．PTFE よりも丈夫なガラス繊維ディスクも利用できる．層厚が薄く，より大きな断面積のディスクにより，低濃度の分析成分を含む大容量試料，たとえば一般に環境分析で必要とされるような試料の高流量処理が可能となる．ディスクでは，充填型カートリッジでみられるチャネリング（割れ目などが発生して試料の流れにバイパスができ，一部が素通りしてしまうこと）はあまり生じない．試料が粒子状物質を含んでいれば詰まることもあるので，前ろ過をしたほうがよい．通常のカートリッジのように操作できる（ディスクがプラスチック製円筒に導入された）ディスクカートリッジも利用可能である．

96 ウェル SPE プレート

質量分析法（22 章）と組み合わされた液体クロマトグラフィー（21 章）は，迅速で選択的な薬物分析に広く用いられており，試料は 1～3 min で測定される．したがって，多数の試料を処理するには，試料のクリーンナップができるだけ速くできる方法が必要となる．小さいくぼみをもつ 96 ウェル型プレート（いわゆるミクロタイタープレート）が，自動化された機器において多数の試料を処理するのに用いられる．

固相抽出システムは 96 ウェル型ミクロタイタープレートの型式で設計され，自動的に処理される．96 ウェルをもつ単一プレートは吸着剤粒子の充填層かディスクのどちらかをもち，8 列×12 行の長方形をしている（図 18.7）．このプレー

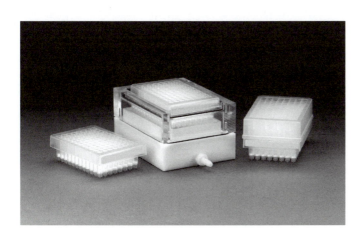

図 18.7 96 ウェル抽出プレートと捕集プレートをもつ真空マニホールド
［Thermo Labsystems 社の厚意による］

トを96ウェル型プレート捕集システムの上におく．用いられる化学の原理は，上述のものと同じである．試料は真空装置を用いるか，マイクロプレートキャリヤーを用いる遠心分離により処理される．SPEカラムは1～2mLの容量で，10～100mgの吸着剤粒子が詰められている．詰められた吸着剤の量により，分析成分や試料マトリックス成分の容量，溶媒や溶離液体積が決まる．吸着剤の量は適当な吸着容量をもち，かつその最少量となる必要がある．これにより抽出時間は最短となる．また，少ない溶出体積ですむため，試料の再溶解や分析に先立って行う溶媒の蒸発時間を短縮できる．

SPE操作を最適条件下で行うには，固定相の種類と量，コンディショニング，試料，洗浄，溶離溶媒の各体積の検討が必要である．これらの変数はカラム方式によって容易に検討できる．しかし，96ウェル型の一部を用いてすべての実験を行うことは，コストがかかり不便である．そこで，モジュラー型ウェルプレートが開発された．それは，小さくて取り外しできるプラスチック製SPEカートリッジで，96ウェルの基本プレートにきっちりと合う．ある分析法を開発するには，このような装置の一部のみを用いればよい．

固相抽出に用いるその他の吸着剤

疎水性分子の分離のためには長鎖(C20, C30)をもつ吸着剤が利用できる．構造的に類似した化合物群を吸着する"ユニバーサル吸着剤"が開発された．**図 18.8**(a)に示す例は，N-ビニルピロリドン(分子の上半分)がジビニルベンゼン(下半分)に結合した合成高分子である．この高分子は，湿潤のための親水性と分析成分の保持のための疎水性を有している．スルホン化したもの[図 18.8(b)]は混合モード吸着剤であり，イオン交換と溶媒抽出の両方の特性をもち，酸性，中性，塩基性薬物を保持する．これら湿潤性の吸着剤はコンディショニングを必要としない．

ポリマー相

一般的なシリカ基材のSPE粒子のほかにも，ポリマー基材の支持体が利用できる．これらは広いpH範囲にわたり安定であるという利点がある．また，金属

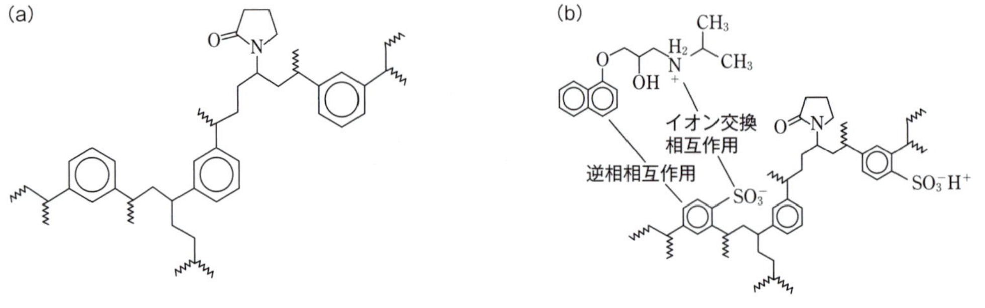

図 18.8 "ユニバーサル吸着剤"

Waters社のOasis(a) HLB高分子吸着剤と(b) MXC高分子吸着剤の化学構造．(b)の上部構造は塩基性薬物のプロプラノロールであり，薬物-吸着剤間の相互作用を示している．

[D. A. Wells, *LC GC*, **17** (7) (1999) 600 より許可を得て転載]

イオンやほかの陽イオン種と相互作用する残存シラノール基（シリカゲル表面に残存するヒドロキシ基）をもたない．シリカ基材のSPE粒子は不規則な形をしているが，ポリマー基材の粒子は球状である．また，ポリマー粒子は湿潤性をもつように設計されている．通常，それらはシリカ基材の粒子よりも高い吸着容量をもっている．

二重相

二つの異なった相を用いることで，抽出化合物の種類を拡張することができる．混合，層状および積み重ねの三つの様式が用いられる．混合モードでは，二つの異なった種類の化学結合型相がカートリッジの中で混合されている．C8粒子と陽イオン交換樹脂粒子を混合する例がある．層状モードでは，二つの異なった相が充填されていて，一つの相がもう一つの相の上にある．積み重ねモードでは，二つのカートリッジを直列に連結して用い，分離を向上させる．混合および層状のモードは，カートリッジを一つだけ用いるので，自動化に容易に適応できる．

18.7 マイクロ抽出

【New York市立大学 Yi He 教授提供】

マイクロ抽出は，溶媒使用量をゼロあるいは最小化するために簡便化，微小化された試料調製技術である．その名称が示すように，マイクロ抽出はわずか数 μL あるいはそれ以下の体積の抽出剤を用いる．マイクロ抽出法は，通常，試料抽出，濃縮，精製をわずか1段階に統合し，その後の分析のためのさまざまな装置と組み合わされる．通常の，あるいは近年のいくつかの改善された試料調製法と比較しても，マイクロ抽出法は試料の使用効率を大きく改善し，多段階操作から生じる誤差を減少させ，全体としての作業コストを低減している．

マイクロ抽出には多数の異なる方式があるが，一般的に固相系と液相系に分類され，それぞれ固相マイクロ抽出（solid-phase microextraction：SPME），液相マイクロ抽出（liquid-phase microextraction：LPME）とよばれる．

固相マイクロ抽出

固相マイクロ抽出（SPME）は溶媒を用いない抽出技術であり，通常，ガスクロマトグラフィー（GC，20章参照）による定量のための分析成分の捕集に用いられる．高速液体クロマトグラフィー（HPLC，21章参照）で用いられる場合もある．図18.9はSPMEの構成を示している．この装置の鍵は抽出繊維であり，シリンジの針の中に収められて保護されている．典型的なSPME繊維は溶融シリカでできており，薄い層（厚さ7〜100 μm）の固定化ポリマーや固体吸着剤，あるいはその両者で覆われている．溶液中あるいはヘッドスペース（閉鎖系で溶液と平衡化された蒸気）中で，分析成分は，繊維にさらされる抽出過程の間に試料マトリックスと繊維のコーティング相との間で分配される．

固体，液体，あるいは気体がSPMEで捕集される．繊維は一定時間の間，一定温度下で，気体あるいは液体の試料中にさらされる．あるいは，固体や液体試料のヘッドスペース中におかれる．分析成分の抽出効率を増すために，通常，試料をかき混ぜる．抽出のあと，繊維は針の中に引き込まれ，GCの注入ポートに

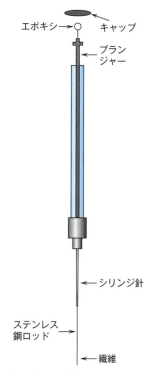

図18.9 固相マイクロ抽出装置の模式図

[C. L. Arther, D. W. Potter, K. D. Buchholz, S. Motlagh, and J. Pawliszn, *LC GC*, **10** (9) (1992) 656より許可を得て転載]

表 18.1 市販の SPME 繊維の被覆剤とそれらの適用例[a]

繊維の被覆剤	分析成分
ポリジメチルシロキサン（PDMS）	非極性の分析成分
ポリジメチルシロキサン／ジビジルベンゼン（PDMS／DVB）	多くの極性物質（とくにアミン類）
ポリアクリル酸	高い極性（フェノール類に最適）
カルボキセン／ポリジメチルシロキサン（CAR／PDMS）	気体状／揮発性の分析成分
カルボワックス／ジビニルベンゼン（CW／DVB）	極性物質（とくにアルコール類）
DVB／CAR／PDMS	広範な極性物質（C3〜C20 の範囲によい）
カルボワックス／鋳型樹脂（CW／TPR）	HPLC 利用に適する

[a] Supelco 社分析例集からの情報

直接導入される．注入ポートで分析成分は加熱して脱着され，分離のために GC カラムへ導入される．LC 分析では，溶媒による脱着のために特別に設計された容器中に繊維が導入される．固相マイクロ抽出で重要なことは，針に組み込まれた繊維の仕組みが屋外でのサンプリングにおいて有用な点である．抽出操作のあと，抽出装置はその後の分析のために容易に屋外から実験室に持ち込むことができる．

さまざまな SPME 繊維と被覆剤が入手可能であり，種々の分析成分（**表 18.1**）に対して用いられている．多くの被覆剤は市販のガスクロマトグラフィー固定相で用いられるものと類似している．抽出の原理は"似たものは似たものを溶かす"に基づいている（つまり，標的分析成分の極性に合う極性をもつ繊維で高い抽出効率が得られる）．たとえば，広く用いられている繊維はポリジメチルシロキサン（PDMS）で被覆され，メチル基の存在により比較的無極性である．この繊維は，非極性の揮発性物質あるいは半揮発性物質の捕集に便利であり，飲料，食品や類似の試料から香料成分を定量するために用いられる．もう一つの例として，ポリアクリル酸を 85 μm 被覆した繊維がある．それはカルボキシ基の存在により極性が高く，フェノール類のような極性物質の抽出に用いられる．

液相マイクロ抽出

液相マイクロ抽出（LPME）は液-液抽出（liquid-liquid extraction：LLE）を微小化したものであり，通常，10 μL 以下の溶媒を用いる．分析成分のすべてを抽出することを目的とした LLE とは対照的に，LPME は試料マトリックスから分析成分を代表する少量部分を抽出することのみを目的とする．LPME は医療用あるいはクロマトグラフィー用の注射筒やキャピラリーカラム，あるいはたんなる試料瓶を用いて行うことができる．典型的な LPME 装置はマイクロシリンジの針の先端に溶媒の液滴をおく（代表的な構成を **図 18.10** に示す．液滴が有機溶媒でありそれ以外の有機層はない）．抽出のあと，シリンジの中に吸い戻すことで液滴は捕集され，クロマトグラフや分光分析計で分析される．液滴の安定性を高めるために，溶媒はたとえば多孔性ポリプロピレンのような中空繊維の中に小さなセグメントとして満たされる．トルエン，オクタノール，オクタン，ヘプタン，n-ドデカンのような水と混ざらない溶媒が汎用される．分析成分の極性に適合させ抽出効率を高めるために，混合溶媒も用いられる．

LPME は 3 相構成によってイオン化する物質も抽出することができる．3 相構

分散系液-液マイクロ抽出（DLLME）：新しい有力な液-液抽出技術．比較的新しいこの技術では，水溶液系の試料液に数 μL の 2 成分の溶媒を注入することで抽出できる．二つの溶媒は相互に混合するが，そのうちの一成分は水に可溶である一方，もう一つの成分は水に不溶である．さらに，水に不溶の成分は，クロロベンゼン，クロロホルム，二硫化炭素のように，水より比重が大きいことが望ましい．水に可溶の成分はメタノール，アセトニトリル，アセトンなどである．試料中へ迅速に注入することで，水に不溶な抽出溶媒の微小な液滴が生成する．大きな界面積により迅速に抽出が進行する．混合物は遠心分離され，比重の大きな抽出溶媒（使われる体積が小さければ大きな濃縮率が達成される）が回収され，適切な手法により分析される．M. Razaee, Y. Yamini and M. Faraji, "Evolution of Liquid-Liquid Microextraction Method" *J. Chromatogr. A*, **1217** (2010) 2342 参照．

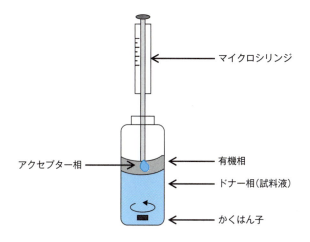

図 18.10　液相マイクロ抽出装置

成は試料液（ドナー液），有機溶媒，有機相中に浸された水相の液滴（アクセプター液）からなる．有機相の薄い層は水性試料液とアクセプター液を分けている（図18.10 参照）．酸性官能基を有する物質では，抽出の前に試料液の pH を分析成分の酸解離定数 pK_a の値より 3 以上低くする．この条件下で，酸性の分析成分はプロトン化した化学種になり有機溶媒に容易に抽出される．アクセプター相では，分析成分が十分にイオン化して水溶液のアクセプター相に高い溶解度を示すように，pH を pK_a の値よりも塩基性側に 3 以上高くする．同様に，塩基性の官能基を有する分析成分では，ドナー液を塩基性にしてアクセプター相を酸性にする．このプロセスは抽出（試料液から有機溶媒）と逆抽出（有機溶媒から水溶液アクセプター相）を 1 段階で行うように集積化している．回収された水溶液の液滴はHPLC やキャピラリー電気泳動などの機器で分析される．3 相系の LPME は環境水試料からのフェノール類，芳香族アミン類，イオン化する医薬品残留物の定量，尿試料中のメタンフェタミンのような違法薬物の定量に用いられている．

18.8　固相ナノ抽出

 発展例題【Central Florida 大学 Andres Campiglia 教授提供】

　固相ナノ抽出（solid-phase nanoextraction：SPNE）は，多環芳香族炭化水素（PAH）を水から抽出し予備濃縮するために開発された最新技術である．PAH の抽出は金ナノ粒子表面への PAH の吸着に基づいている．抽出操作では，数 μL の試料水を平均粒子径 20 nm の金ナノ粒子を含む数 μL の水溶液と混合し，遠心分離により沈殿を回収する．

　SPNE は当初 PAH を目的として開発されたが，水試料中から有機汚染物質を抽出する一般的な方法と比較してさまざまな特長を有することから，魅力的な代替法となっている．SPNE の特長として，分析コストが低いこと，有機溶媒の使用量が少なく実験操作上環境への負荷が低いことがあげられる．また，汚染物質の定量的な抽出に必要とされる水溶液の体積が小さいので，定期的なモニタリングに際して多数の試料を一度に処理し，同時に遠心分離することができる．

　この手法は，原書 web サイトでより詳細に説明されている．

■ 質問

1. 分配係数とは何か．分配比とは何か．
2. 有機塩基であるアニリン $C_6H_5NH_2$ をニトロベンゼン $C_6H_5NO_2$（きわめて有毒）から分離する方法を示せ．
3. 金属イオンの二つの主要な溶媒抽出法を述べよ．また，それぞれの例をあげよ．
4. 金属キレートの溶媒抽出にともなう平衡反応過程について説明せよ．
5. 有機溶媒に抽出される金属キレートの最大濃度はいくらか．最小濃度はいくらか．
6. 金属キレートの溶媒抽出におよぼすpHの影響，試薬濃度の影響について述べよ．
7. 高速溶媒抽出の原理は何か．
8. マイクロ波支援抽出の原理は何か．
9. 固相抽出は溶媒抽出とどのように違うか．
10. 固相マイクロ抽出とは何か．どのようにして分散系液-液マイクロ抽出が機能するか．

■ 問題

抽出効率

11. 式(18.9)から式(18.10)を導け．
12. 式(18.8)を導くとき，安息香酸は有機相で一部二量体を形成するという事実を無視した（$2\,HBz \rightleftharpoons (HBz)_2$，$K_P = [(HBz)_2]/[HBz]^2$，ここで，$K_p$ は二量体化定数）．この二量体化を考慮して分配比を表す式を導け．
13. 50 mLずつの有機溶媒を用いて2回抽出し，水相100 mLから96％の溶質を除去した．溶質の分配比はいくらになるか．
14. 3 M HCl溶液とトリ n-ブチルリン酸の間の $PdCl_2$ の分配比は2.3である．7.0×10^{-4} M の溶液 25.0 mL から 10.0 mL のトリ n-ブチルリン酸に $PdCl_2$ は何％抽出されるか．
15. 水相と有機相の体積が等しいとき，金属キレートの90％が抽出された．有機相体積が2倍になったとすると，抽出パーセントはいくらになるか．

👍 発展問題
【Oklahoma 大学 Shaorong Liu 教授提供】

16. 0.020 M の $RCOOH(pK_a = 6.00)$ を含む水相 10 mL を 10 mL の CCl_4 と混合した．分配係数は 3.0 である．水相の pH を 6.00 に調整したとき，CCl_4 相中での RCOOH 濃度は 0.012 M であった．水相 pH を 7.00 に調整したとき，水相中の RCOOH の全濃度はいくらになるか．

連続抽出

17. 分配比が25.0の溶質に対し，有機相10 mLで水相10 mLから抽出する場合，あるいは有機相5.0 mLで2回に分けて抽出する場合のどちらが抽出効率がよいか計算により示せ．
18. ヒ素(III)は7 M HCl溶液から同体積のトルエンに70％抽出される．トルエンで3回抽出したのちに何％が抽出されずに残っているか．

■ 参考文献

溶媒抽出

1. G. H. Morrison and H. Freiser, *Solvent Extraction in Analytical Chemistry*. New York: Wiley, 1957. 古典. 金属抽出の詳細を解説.
2. J. Stary, *The Solvent Extraction of Metal Chelates*. New York: Macmillan, 1964.
3. J. R. Dean, *Extraction Techniques in Analytical Sciences*. New York: Wiley, 2009.
4. J. M. Kokosa, A. Przyjazny, and M. Jeannot, *Solvent Extraction: Theory and Practice*. New York: Wiley, 2009.
5. R. E. Majors, "Practical Aspects of Solvent Extraction," *LC GC North America*, **26**(12), December 2008. p.1158. http://www.chromatographyonline.com.

マイクロ波を用いる高速抽出

6. B. E. Richter, B. A. Jones, J. L. Ezzell, N. L. Porter, N. Avdalovic, and C. Pohl, Jr., "Accelerated Solvent Extraction: A Technique for Sample Preparation," *Anal. Chem.*, **68** (1996) 1033.
7. K. Ganzler, A Salgo, and K. Valco, "Microwave Extraction. A Novel Sample Preparation Method for Chromatography," *J. Chromatogr.*, **371** (1986) 371.

固相抽出

8. N. J. K. Simpson, ed., *Solid-Phase Extraction, Principles, Techniques, and Applications*. New York: Marcel Dekker, 2000.
9. J. S. Fritz, *Analytical Solid-Phase Extraction*. New York: Wiley-VCH, 1999.
10. R. E. Majors, "Advanced Topics in Solid-Phase Extraction," *LC GC North America*, **25**(1), January 2007, p.1. http://www.chromatographyonline.com.
11. SPME Application Guide, Supelco (http://www.sigma-aldrich.com). 応用, 分析成分/マトリックスにより文献が分類されている.
12. J. Pawiliszyn and R. M. Smith, eds., *Applications of Solid Phase Microextraction*. Berlin: Springer, 1999.
13. S. A. S. Wercinski, ed., *Solid Phase Microextraction. A Practical Guide*. New York: Marcel Dekker, 1999.
14. J. Pawliszyn and L. L. Lord, *Handbook of Sample Preparation*. Hoboken, NJ: Wiley, 2010.
15. Y. He and H. K. Lee, "Liquid Phase Microextraction in a Single Drop of Organic Solvent by Using a Conventional Microsyringe," *Anal. Chem.*, **69** (1997) 4634.
16. S. Pedersen-Bjergaard and K. E. Rasmussen, "Liquid Phase Microextraction with Porous Hollow Fibers, a Miniaturized and Highly Flexible Format for Liquid-Liquid Extraction," *J. Chromatogr. A*, **1184** (2008) 132.
17. G. Shen and H. K. Lee, "Hollow Fiber-Protected Liquid-Phase Microextraction of Triazine Herbicides," *Anal. Chem.*, **74** (2002) 648.
18. G. Shen and H. K. Lee, "Headspace Liquid-Phase Microextraction of Chlorobenzenes in Soil with Gas Chromatography-Electron Capture Detection," *Anal. Chem.*, **75** (2003) 98.
19. L. Hou and H. K. Lee, "Dynamic Three-Phase Microextraction as a Sample Preparation Technique Prior to Capillary Electrophoresis," *Anal. Chem.*, **75** (2003) 2784.
20. Y. He and Y.-J. Kang, "Single Drop Liquid-Liquid-Liquid Microextraction of Methamphetamine and Amphetamine in Urine," *J. Chromatogr. A*, **1133** (2006) 35.

Chapter 19

クロマトグラフィー：原理と理論

■ 本章で学ぶ重要事項

- 向流抽出，p.127
- 化学物質はどのようにカラムで分離されるか，p.130
- クロマトグラフィー技術の分類：吸着，分配，イオン交換，サイズ排除，p.131
- クロマトグラフィーの命名法（下記の用語および式参照），p.132
- カラム効率の理論，p.133
  - 段数[重要な式：式(19.7)，(19.8)]，p.134
  - 充塡GCカラムのためのファンディームター式[重要な式：式(19.13)]，p.136
- 中空GCカラムのためのゴーレイ式[重要な式：式(19.24)]，p.139
- HPLCのためのフーバーおよびノックス式[重要な式：式(19.25)，(19.27)]，p.140
- 保持係数[重要な式：式(19.12)]，p.136
- クロマトグラフィーにおける分離度[重要な式：式(19.31)，(19.33)]，p.142
- 分離係数[重要な式：式(19.32)]，p.142
- クロマトグラフィーのシミュレーションソフトウェアおよびデータベース，p.143

■ 重要な式

段高[式(19.5)]
$$H = \frac{L}{N}$$

段数[式(19.7)]
$$N = 5.545 \left(\frac{t_R}{w_{1/2}}\right)^2$$

補正保持時間[式(19.10)]
$$t'_R = t_R - t_M$$

保持係数[式(19.12)]
$$k = \frac{t'_R}{t_M}$$

充塡GCカラムのファンディームター式[式(19.13)]
$$H = A + \frac{B}{\bar{u}} + C\bar{u}$$

キャピラリーGCカラムのゴーレイ式[式(19.24)]
$$H = \frac{B}{\bar{u}} + C\bar{u}$$

液体クロマトグラフィーのフーバー式[式(19.25)]
$$H = A + \frac{B}{\bar{u}} + C_s \bar{u} + C_m \bar{u}$$

微粒子の場合AおよびBは非常に低い線流速を除いて無視できる．

液体クロマトグラフィーのノックス式[式(19.27)]
$$h = Av^{1/3} + \frac{B}{v} + Cv$$

分離度[式(19.31)]
$$R_s = \frac{t_{R2} - t_{R1}}{(w_{b1} + w_{b2})/2}$$

分離係数[式(19.32)]
$$\alpha = \frac{t'_{R2}}{t'_{R1}} = \frac{k_2}{k_1}$$

分離度[式(19.33)]
$$R_s = \frac{1}{4}\sqrt{N}\left(\frac{\alpha - 1}{\alpha}\right)\left(\frac{k_2}{k_{ave} + 1}\right)$$

ロシアの植物学者ツウェット (Mikhael Tswett, 1872〜1919), クロマトグラフィーの発明者

1901年にロシアの植物学者ツウェット(Mikhail Tswett)は植物色素の研究のなかで吸着クロマトグラフィーを発明した．彼は，炭酸カルシウム，アルミナおよびスクロースのカラムに葉の抽出物を通して石油エーテル/エタノールの混合溶液で溶離することによって異なる色をしたクロロフィルおよびカロテノイド色素を分離した．彼は1906年の出版物のなかで**クロマトグラフィー**（chromatography）という用語をつくりだした．それは"色"を意味する *chroma* と"書くこと"を意味する *graphos* というギリシア語からなる．ツウェットの独創的な実験は数十年間文献上では実質的に気づかれないままであったが，やがてほかの研究者に広く認知されるに至った．今日では数種の異なるタイプのクロマトグラフィーが存在している．クロマトグラフィーは，いまでは一般的に成分の2相間の分布に基づいた試料成分の分離に基づくものと見なされている．その2相は，一つが固定された相で，もう一つが移動する相であり，(必ずしも必要ではないが)通常はそれらはカラムの中に存在する．

国際純正・応用化学連合(IUPAC)は，クロマトグラフィーについて，次のような定義を推奨している．"クロマトグラフィーは物理的な分離法であり，そこでは分離される成分は動かない相(固定相)と一方向に移動する相(移動相)の2相に分布している"〔L. S. Ettre, "Nomenclature for Chromatography(クロマトグラフィーにおける命名法)", *Pure Appl. Chem.*, 65 (4) (1993) 819〕．固定相は，通常カラム内に存在するが，平面的な相(平面板)のようなほかの形をとってもよい．クロマトグラフィー技術は，非常に複雑な混合物の分離や分析に有用であり，分析化学に変革を起こしてきた．本章では，さまざまなタイプのクロマトグラフィーの概念と原理を紹介し，クロマトグラフィー分離過程の理論を述べる．

GC と HPLC はもっとも広く使われているクロマトグラフィーである．

クロマトグラフィーは，ガスクロマトグラフィー(gas chromatography：GC)と液体クロマトグラフィー(liquid chromatography：LC)に大別される．ガスクロマトグラフィーは，気相から固定相への吸着や分配に基づいて気体状の物質を分離するもので，20章で述べる．液体クロマトグラフィーは，サイズ排除(分子の大きさに基づいた分離)，イオン交換(電荷に基づいた分離)，高速液体クロマトグラフィー(high-performance liquid chromatography：HPLC，液相からの分配に基づいた分離)を含む．これらは，平面形LCである薄層クロマトグラフィー(thin-layer chromatography：TLC)，および電場勾配のなかで溶質の電荷の符号と大きさに基づいて分離される電気泳動，イオン性の分析成分を分離し，独特な方法で検出するイオンクロマトグラフィーとともに，21章で述べる．

マーティン(Archer J. P. Martin, 1910〜2002)

現代的な液体クロマトグラフィーとガスクロマトグラフィーの誕生

1941年6月，英国の化学者マーティン(A. J. P. Martin)とシング(R. L. M. Synge)は，ロンドンで開催された生化学会の会議で，分配クロマトグラフィーとよばれる新しい液-液クロマトグラフィー技術を用いた羊毛中のモノアミノモノカルボン酸の分離に関する論文を発表した．その詳細は，*Biochem. J.*, 35 (1941) 91 に掲載されている．この研究業績に対して，彼らは1952年ノーベル化学賞を受賞した．彼らは次の論文で，"移動相は液体である必要はなく，蒸気であってもよい""それゆえ，不揮発性の溶媒を含浸したゲル中を気体

が流れるようにしたカラム内で，揮発性物質の高精密分離が可能である"などと述べている．しかし，この発表は第二次世界大戦中のことであり，人びとの目にはとまらなかった．というのも，当時，多くの図書館は雑誌を受け取っていなかったのである．1950年，マーティンが若い同僚のジェームス(A. T. James)とともに生化学会の10月の会議で"気-液分配クロマトグラフィー"の実証に成功したことを報告[A. T. James and A. J. P. Martin, *Biochem. J. Proc.*, **48** (1) (1950) vii]した頃には，そのような状況は改善されていた．こうして，今日使用される有用な二つの分析技術が誕生した．彼らが開発したクロマトグラフィーのこの興味深い歴史的経緯については，"The Birth of Partition Chromatography(分配クロマトグラフィーの誕生)", *LC GC*, **19** (5) (2001) 506 を参照されたい．

シング(Richard L. M. Synge, 1914～1994)
マーティンとシングは分配クロマトグラフィーの発明により1952年ノーベル化学賞を受賞した．

19.1　向流抽出：現在の液体クロマトグラフィーの先駆け

個々の抽出管(0, 1, 2, 3, 4, ……, r 番)があり，その中で溶媒抽出することを考えてみよう．すべての管が V mL の水を含んでいるとしよう．管 0 に単位量の溶質を加え，有機溶媒 V mL を加えて管 0 を振って抽出を行う．抽出後，全溶質量 s のうち水相中の割合が a で有機相中の割合が b ($a+b=1$) とする．クロマトグラフィーの場合には，分配係数[式(18.1)における K_D]は K で表す．式(18.1)をこれらの項に割りあてると

$$K = \frac{c_o}{c_{aq}} = \frac{b/V}{a/V} = \frac{b}{a} \tag{19.1}$$

水相（しばしば抽出残液とよばれる）に残る割合 a は次のようになる．

$$a = \frac{1}{K+1} \tag{19.2}$$

逆に抽出率 b は次式で表される．

$$b = \frac{K}{K+1} \tag{19.3}$$

有機相が軽く，管 0 の上の有機相を管 1 に定量的に移し，両管を振る．次に管 1 の上の有機相を管 2 に移し，管 0 の上の有機相を管 1 に移し，管 0 を新鮮な有機溶媒で再び補充する．このプロセスを継続する．結果は**図 19.1**に示されている．

ここで描いたシナリオでは，水相を固定して残し，有機相を左から右へ移動させるが，逆にすべての管を水よりも重い有機相で満たしてプロセスを開始することもできる．その場合，溶質を水相として加えて開始し，抽出後，水相を右から左へ移動させる．ポイントは 1 相を固定して残し，もう一つの相をほかに対して移動させるということではない．実際の産業プロセスでは，軽い相が底からポンプで送液され，重い抽出相が細かく分散された液滴として上から注入される．抽出を達成したのち，抽出相は底で集められる．抽出残液(水相)は上から排出される．それゆえ，このプロセスは向流抽出(countercurrent extraction：CCE)とよばれる．

マーティンとシングは英国の羊毛研究所で羊毛から誘導した異なる *N*-アセチルアミノ酸を分離し精製するのに CCE を使用していた．彼らは手動で一つの分

各抽出段階で，各管(移動後の両相)の全量に b を掛けたものは有機相に移る溶質の割合，a を掛けたものは水相に残る溶質の割合となることに注意する．したがって，抽出後の有機相の水相に対する溶質の比はつねに $b/a = K$ となる．この図の例ではある単位量の溶質を採取した．それゆえ，すべての管の内容物の合計量は 1 になる．n 回の抽出後，すべての管の内容物の合計は $(a+b)^n$(二項展開)によって与えられる．$a+b = 1$ であるのでその合計はつねに 1 である．さらには，各管の両相の合計量は，単純に対応する二項展開の連続項であるので n 回抽出後の管 r の合計量 $f_{n,r}$ は

$$f_{n,r} = \frac{n!}{r!(n-r)!} a^{n-r} b^r$$

で与えられる．
式(19.1)から(19.3)に基づいて上式は容易に変換される．

$$f_{n,r} = \frac{n!}{r!(n-r)!} \frac{K^r}{(1+K)^n}$$

異なる分配係数をもつ溶質は，クロマトグラフィーのように管を異なる速度で移動する．そして分離が達成される．詳細については，E. W. Berg, *Physical and Chemical Methods of Separation*, McGraw-Hill, 1963 を参照のこと．

抽出	管 #	0	1	2	3	4	5	6
	Org							
	Aq	1						

抽出↓

	0	1	2	3	4	5	6
Org	b						
Aq	a						

移動↓

	0	1	2	3	4	5	6
Org		b					
Aq	a						

2 抽出↓

	0	1	2	3	4	5	6
Org	ab	b^2					
Aq	a^2	ab					

移動↓

	0	1	2	3	4	5	6
Org		ab	b^2				
Aq	a^2	ab					

3 抽出↓

	0	1	2	3	4	5	6
Org	a^2b	$2ab^2$	b^3				
Aq	a^3	$2a^2b$	ab^2				

移動↓

	0	1	2	3	4	5	6
Org		a^2b	$2ab^2$	b^3			
Aq	a^3	$2a^2b$	ab^2				

4 抽出↓

	0	1	2	3	4	5	6
Org	a^3b	$3a^2b^2$	$3ab^3$	b^4			
Aq	a^4	$3a^3b$	$3a^2b^2$	ab^3			

移動↓

	0	1	2	3	4	5	6
Org		a^3b	$3a^2b^2$	$3ab^3$	b^4		
Aq	a^4	$3a^3b$	$3a^2b^2$	ab^3			

5 抽出↓

	0	1	2	3	4	5	6
Org	a^4b	$4a^3b^2$	$6a^2b^3$	$4ab^4$	b^5		
Aq	a^5	$4a^4b$	$6a^3b^2$	$4a^2b^3$	ab^4		

移動↓

	0	1	2	3	4	5	6
Org		a^4b	$4a^3b^2$	$6a^2b^3$	$4ab^4$	b^5	
Aq	a^5	$4a^4b$	$6a^3b^2$	$4a^2b^3$	ab^4		

6 抽出↓

	0	1	2	3	4	5	6
Org	a^5b	$5a^4b^2$	$10a^3b^3$	$10a^2b^4$	$5ab^5$	b^6	
Aq	a^6	$5a^5b$	$10a^4b^2$	$10a^3b^3$	$5a^2b^4$	ab^5	

移動↓

	0	1	2	3	4	5	6
Org		a^5b	$5a^4b^2$	$10a^3b^3$	$10a^2b^4$	$5ab^5$	b^6
Aq	a^6	$5a^5b$	$10a^4b^2$	$10a^3b^3$	$5a^2b^4$	ab^5	

7 抽出↓

	0	1	2	3	4	5	6
Org	a^6b	$6a^5b^2$	$15a^4b^3$	$20a^3b^4$	$15a^2b^5$	$6ab^6$	b^7
Aq	a^7	$6a^6b$	$15a^5b^2$	$20a^4b^3$	$15a^3b^4$	$6a^2b^5$	ab^6

図 19.1 連続抽出段階のあとの向流抽出における 2 相間の分析成分の分配

液漏斗から別のものへ一つの相を移動させた．この退屈な作業を改善すべく，彼らはツウェットから 40 年後に現代版の分配クロマトグラフィーを再発明した．New York にある Rockefeller Institute of Medical Research では，第二次世界大戦が近づくなかで，クレイグ(Lyman C. Craig)が戦争関連の研究，すなわち，尿中および血中の駆虫剤・抗マラリア薬 Atabrine とその代謝物の分離と精製，に従事していた．彼も CCE を使用していた．分液漏斗を用いる手動操作の煩雑さがすぐれた装置の設計者であるクレイグに半自動的に操作できるよくできた多段階 CCE 装置を考案させるに至った．クレイグの多段階 CCE 装置は分液漏斗としてはたらく一連のガラス管からなる．抽出は管が前後に揺すられるさいにすべての

管で起こる．一回転すると，上の相がある管から次の管へ移動するように管が設計されている．Athens 大学の Constantinos E. Efstahiou 教授はクレイグと彼の装置について web サイトを設けている．彼はクレイグ管がどのようにはたらくかをアニメーションを使って表している（http://www.chem.uoa.gr/applets/Applet-Craig/Appl_Craig2.html）．このサイトにあるアプレットでは，図 19.1 のように，二つの溶質の分配定数を選択して抽出と移動を繰り返したさいに，各溶質がガウス分布的に管に分配し始めるようすをシミュレーションできる．分配定数が十分異なる場合は，プロセスが繰り返されるにつれてどのように分離が達成されるか観察できる．1944 年の *Journal of Biological Chemistry* に掲載された，クレイグの装置について書かれた原著論文は，単著で参考文献が 1 報も含まれておらず，その論文の新規性，オリジナリティーの高さがみてとれる．ポスト（Otto Post）は，クレイグが市販版の多段階 CCE 装置を設計し，実用化するための手助けをした（彼らはその技術を向流分配と一般的に称している）．装置が市販されてからの 20 年の間にその技術を用いた研究による論文の数は 1000 以上にのぼっている．

クレイグ（Lyman C. Craig, 1906～1974）
伝記については N. Kresege, R. D. Simoni, and R. L. Hill, *J. Bio. Chem.*, **280**（2005）e4 を参照のこと．
[National Library of Medicine の厚意による]

クレイグの多段階 CCE 装置は液滴向流クロマトグラフィー（droplet CCC）に進展した．そこでは液滴の移動相は重力によって液体固定相の不連続の各段を移動する．米国国立衛生研究所（NIH）の伊東洋一郎によって発明されたこの技術は適用範囲は広いが分離が非常に遅い．次に開発されたのは遠心分配クロマトグラフィーであった．これは管と経路に相当するものが円盤状の回転体上につくられている．円盤が回転するにつれて遠心力がはたらき，固定相の位置が一定となる．回転数を上げると遠心力は重力の何倍にもなり，移動相は液滴クロマトグラフィーに比べてはるかに速く送液できた．そして速い分離を可能とする．この装置では入口と出口に回転シール*¹ を必要とすることは明らかであろう．最初のデザインは問題が多かったが，最近の回転シールは非常に信頼性がある．最近では伊東は一種の自転公転型遠心装置（planetary centrifuge）を用いたものを発明した*²．それはチューブ [通常はステンレス鋼またはポリテトラフルオロエチレン（PTFE）] をコイル状にしたものを高速で回転させる．混合と相分離のゾーンが交互にコイルに沿って生じる．分離が起こっている間，遠心力により固定相が保持される．初代のものは重力加速度の 80 倍で操作し，高速 CCC とよばれた．これにより初めて，高い移動相流量と数時間での分離が可能となった．現在の装置は，重力加速度の 240 倍で操作することで，1 時間以内の分離を達成でき，通常，高性能 CCC と称されている．CCC は現在も良好に活用されているが，おもには限られたニッチな応用（天然物の分取分離など）に使用されている．愛好家が情報をまとめた web サイトを維持している（http://theliquidphase.org）．A. Berthod による詳細な説明がある（参考文献 1）．

クロマトグラフィーと数値的なシミュレーション

CCE では 2 相間の平衡と移動を段階的に行う．各段階は不連続で，各漏斗，

---

*¹ [訳者注] 構造上，カラムの出入口が回転軸上にあり，さらに試料導入，検出，分取などのために回転していないチューブと接続する必要がある．そのため，回転しているチューブと回転していないチューブをつなぐ機構が必要である．

*² [訳者注] 伊東が開発した CCC はチューブの構造が工夫されており，回転シールを必要としない．

すなわち，各工程は不連続である．クロマトグラフィーにおける分離の工程は不連続ではないが，後述するように，その概念の骨格はそのような理論的な段階，すなわち段(plate)の考え方に基づいている．また，移動相はカラムを連続的に移動するが，次の段に到達するまでには平衡に到達しないこともしばしばある．完全な平衡に到達したのちの各段階から次の段階への移動は明らかに現実的ではないが，概念的な平衡モデルをまったく誤りとするものではない．たとえば，もしすべての段階で移動相が移る前に完全な平衡の90％に達するならば，Kの有効値が(100％平衡に比べて)小さくなるということを意味するだけである．クロマトグラフィーではつねに式(19.1)は式(19.4)で表される．

$$K = \frac{c_s}{c_m} \tag{19.4}$$

ここで，c_s および c_m は，固定相および移動相中の溶質の濃度である(これは通常CCCで移動相と考えられることとまったく反対であることに注意されたい)．吸着等温線が直線である限り，すなわち，c_s が c_m に直線的に依存する限り，CCCに基づいたモデルにより，クロマトグラフィーの挙動をよく予測できる．したがって，図19.1で与えられる $f_{n,r}$ の二項表現のガウス近似を用いた魅力的なアプレット(http://koutselos.chem.uoa.gr/applets/appletchrom/appl_chrom2.html)は五つの溶質の分離をシミュレーションによりよく再現できる．ここでは，各溶質に対して分配係数を与えることができる．また，カラムから溶出して検出器に入るピークも再現することができる．異なる溶質に対し，異なる応答係数をパラメーターとして選ぶこともできる．

> Excel を用いても，クロマトグラフィーの原理や数値のシミュレーションを実演できる．詳細は本書の別冊を参照のこと．

19.2　クロマトグラフィー分離の原理

クロマトグラフィーの分離機構はタイプにより異なるが，すべて固定された固定相と流れる移動相間の分析成分の動的な分布に基づいている．各分析成分は各相にある特定の親和性をもつ．

図19.2は，クロマトグラフィーカラムにおける混合物中の成分の分離を示している．小体積の試料が固定相を構成する充填剤と溶媒で満たされたカラムの上端におかれる．平衡に基づいたクロマトグラフィーの"段による描画"よりもクロマトグラフィーの"速度による描画"がより厳密であるとされる．この見方において，分配比はたんに溶質が固定相中で費やす時間と移動中で費やす時間の比である．

> 物質のクロマトグラフィーによる保持は，固定相と移動相間の平衡の達成に基づいていると見なされるが，現実的にはクロマトグラフィーは速度論的な過程であり，真の平衡は達成されていないと考えられる．

移動相として機能する溶媒をさらにカラムの上端に加え，カラムに浸透させる．個々の成分は異なる度合いで固定相と相互作用する．分配は式(19.4)で表される

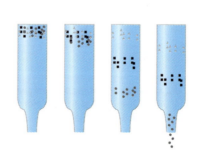

図 19.2　クロマトグラフィー分離のイメージ

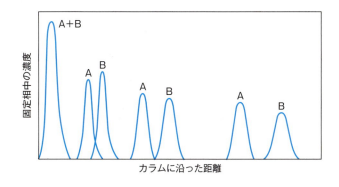

図 19.3 クロマトグラフィー分離におけるクロマトグラフィーのカラムに沿った二つの物質 A および B の分布

理想的な平衡関係によって与えられる.

 2 相間の試料の分配は多くの因子(温度や成分の性質, さらに固定相および移動相のタイプ)によって支配される. 式(19.4)が意味するように, 大きな K を有する溶質は, 小さな K を有する溶質よりも固定相により強く保持される. その結果, 後者のほうがより速くカラムを移動する. カラムを移動するにつれてバンドは拡がり, ピークの高さが減少する. 矩形波状に注入された試料パルスがガウス状ピークへ拡がることはクロマトグラフィーのプロセスにおいて本質的であり, 平衡に到達していないこと, 層流の速度分布が管の中心を最大として放射線状となること(21 章参照), その他の実際に生じる特性によるものではない. それぞれのピークの面積は, 試料量に比例し, 同一に保たれる. バンドの拡がりの効果は以下で扱われる.

 図 19.3 は, カラムを移動するにつれてカラムに沿った二つの成分 A および B の分布を示している. 分析成分がカラムから溶出する時間の関数(あるいはより一般的ではないが, カラムを通過する移動相体積の関数)として表される濃度のプロットは, クロマトグラムとよばれる. フロースルー検出器がカラムの終端におかれ, 溶出成分を自動的に測定し, 分離された成分のピークのクロマトグラムを打ち出す.

 いくつかの異なるタイプのクロマトグラフィーがあるが, この単純化されたモデルはすべての分離機構にあてはまる. すなわち, 移動相と固定相の 2 相間に見かけ上平衡が成立している, というモデルである(実際には真の平衡は決して達成されない). 移動相を連続的に加えることによって分析成分は二つの相間に分布し, 最終的に溶出される. 異なる物質に対して分析成分の分配が十分異なれば, それらは分離される.

19.3　クロマトグラフィー技術の分類

　クロマトグラフィーはそこに含まれる平衡過程の種類によって分類することができ, そして, それらはおもに固定相の種類による. 平衡過程はおもに, (1) 吸着, (2) 分配, (3) イオン交換, および (4) サイズに依存した孔貫通に分類できる. 溶質の固定相-移動相間の相互作用は, しばしば, 上記の種類によって決まる.

吸着クロマトグラフィー

固定相は固体であり，その上に試料成分が吸着する．移動相は液体(液-固クロマトグラフィー)または気体(気-固クロマトグラフィー)でよい．試料成分は吸着および脱着のプロセスの組合せを通して 2 相間に分布する．薄層クロマトグラフィー(TLC)は吸着クロマトグラフィーの特別な例で，固定相は不活性な板の上に平面状に支持された固体の形をとっており，移動相は液体である．

分配クロマトグラフィー

分配クロマトグラフィーの固定相は，通常は固体上に支持された液体，すなわち分子のネットワークであり，実質的には固体担体に結合した液体として機能する．吸着クロマトグラフィーと同様に，移動相は液体(液-液分配クロマトグラフィー)でもよいし，気体(気-液クロマトグラフィー：GLC)でもよい．

液-液分配クロマトグラフィーの通常のモードでは，極性固定相(たとえば，シリカゲルに結合したシアノ基)が，非極性の移動相(たとえば，ヘキサン)とともに使用される．(移動相に溶解した)分析成分が系に注入されると，極性が増大するにつれて保持が増大する．これは**順相クロマトグラフィー**(normal-phase chromatography)とよばれる．非極性の固定相が極性の移動相とともに使用される場合は，溶質の保持は極性が増大すると減少する．このモードは**逆相クロマトグラフィー**(reversed-phase chromatography)と称され，現在ではもっとも広く利用されている．順相クロマトグラフィーは，逆相モードよりもかなり以前から用いられており，もともと液体クロマトグラフィーとよばれていた．逆相クロマトグラフィーが現れたあとに，二つを区別する必要に迫られ，当時よく用いられていた古いタイプが，順相とよばれるようになった．

イオン交換およびサイズ排除クロマトグラフィー

イオン交換クロマトグラフィーはイオン交換能をもつ担体を固定相として使用している．分離機構はイオン交換平衡に基づいている．それにもかかわらず，とくに陰イオン交換クロマトグラフィーでは，疎水性相互作用がイオン交換分離過程で重要な役割を演じている．サイズ排除クロマトグラフィーでは，溶媒和した分子が固定相中の多孔性の空孔や通路に浸透する能力に従って分離される．

ある複数のクロマトグラフィーは，本来は別々の技術であるが，まとめて一つの技術と見なされることもある．たとえば気-固クロマトグラフィーおよび気-液クロマトグラフィーは一般にガスクロマトグラフィーとよばれる．どの場合でも，連続する平衡が，分析成分がどの程度固定相にとどまるのか，あるいは溶離液(移動相)とともに移動するのかを決定する．カラムクロマトグラフィーでは，カラムには，たとえば直接固定相としてはたらく微粒子(吸着クロマトグラフィー)あるいは薄層の液相で表面が被覆された微粒子(分配クロマトグラフィー)が充填されている．ガスクロマトグラフィーでは，もっともよく利用される型はキャピラリーカラムで，しばしば高分子である実質上の液相がキャピラリーチューブの壁にコーティングされたり結合されたりする．これが大きく分離能力を増大させる結果となることは 20 章で述べる．

混合物中の化合物はクロマトグラフィーで分離されるために移動相に溶解されなければならない．順相クロマトグラフィーは，水に溶けない化合物を分離するのに利用される．逆相クロマトグラフィーは，水溶性の化合物を疎水性の違いによって分離するのに使用され，より一般的に利用される．

クロマトグラフィーの命名法と用語

以後の基礎的な議論においては，1993年に発刊されたIUPAC推奨の記号と用語を使用する（参考文献6）．そのリストは非常に広範で54ページにもなる．IUPAC委員会の委員長を務めたL. S. Ettreは記号の略号と従来の用語や定義の重大な変更についてまとめた記事も出版している［L. S. Ettre, "The New IUPAC Nomenclature for Chromatography（クロマトグラフィーのための新しいIUPAC命名法）", *LC GC*, **11** (7) (1993) 502］．MajorsとCarrは有用な"液相分離用語集"を改訂している．［R. E. Majors and P. W. Carr, "Glossary of Liquid-Phase Separation Terms," *LC GC*, **19** (2) (2001)124］．彼らはIUPACの推奨用語をとり入れている．

古い用語と対応する推奨用語を以下の表にまとめた．

旧		新	
記号	用語	記号	用語
α	選択係数 (selectivity factor)	α	分離係数 (separation factor)
HETP	理論段高 (height equivalent to a theoretical plate)	H	段高 (plate height)
k'	キャパシティーファクター (capacity factor)	k	保持係数 (retention factor)
n	理論段数 (number of theoretical plates)	N	効率 (efficiency)，段数 (number of plates)
n_{eff}	有効理論段数 (effective number of theoretical plates)	N_{eff}	有効理論段 (effective theoretical plates)，有効段数 (effective plate number)
t_m	移動相ホールドアップ時間 (mobile-phase holdup time)	t_M	移動相ホールドアップ時間 (mobile-phase holdup time)
t_r	保持時間 (retention time)	t_R	保持時間 (retention time)
t'_r	補正保持時間 (adjusted retention time)	t'_R	補正保持時間 (adjusted retention time)
w	ベースラインピーク幅 (base peak width)	w_b	ピークのバンド幅 (bandwidth of peak)

これらの用語に加え，ガスおよび液体クロマトグラフィーの特徴を記述するのに本章では多くのほかの用語を用いる．簡単に参照できるようここにまとめる．

A = 渦拡散項 (eddy diffusion term) = $2\lambda d_p$
  λ = 充塡因子 (packing factor)
  d_p = 平均粒子径 (average particle diameter)
B = 縦軸方向拡散項 (longitudinal diffusion term) = $2\gamma D_m$
  γ = 障害因子 (obstruction factor)
  D_m = 移動相中の溶質の拡散係数 (diffusion coefficient of solute in the mobile phase)
C = 相間物質移動項 (interphase mass transfer term) = $d_p^2/6D_m$
C_m = 移動相物質移動項 (mobile-phase mass transfer term)
C_s = 固定相物質移動項 (stationary-phase mass transfer term)
L = カラム長 (column length)
u = 移動相線流速 (mobile-phase linear velocity)，単位 cm s^{-1}
$\bar{u}$ = 平均移動相線流速 (average mobile-phase linear velocity)，単位 cm s^{-1}
ν = 換算線流速 (reduced velocity)
h = 換算段高 (reduced plate height)
R_s = 分離度 (resolution)

19.4 クロマトグラフィーにおけるカラム効率の理論

クロマトグラフィーにおけるバンドの拡がりは，分離効率に影響を与えるいくつかの要因の結果である．カラムクロマトグラフィーは数学的にもっとも扱いやすい．本節ではカラム効率を定量的に記述し，それに寄与している因子を評価する．

段　数

> 1 理論段は，一つの平衡段階を表す．理論段が多ければ多いほど分離能力は大きい（より多くの平衡段階となる）．

カラムの分離効率はカラムの段数によって表現できる．1 理論段は蒸留理論から誘導される概念で，クロマトグラフィーにおける各理論段は，一つの平衡を表すものとして考えることができる．それらは，効率すなわちカラムの分離能力の指標である．段数が大きいほどカラムの効率は高い．**段高**(plate height) H はカラムの長さ L を段数 N で割った値である．

$$H = \frac{L}{N} \tag{19.5}$$

長いカラムを避けるために，H はできるだけ小さくなければならない．これらの概念はすべての型のカラムクロマトグラフィーに適応する．

実験的には，段高はクロマトグラフィーのバンド分散 σ^2 とカラムを移動した距離 x の関数で，σ^2/x で与えられる．σ はガウス分布のクロマトグラフィーピークの標準偏差である．半分の高さの幅（半値幅）$w_{1/2}$ は，2.355σ に相当し，ピークのバンド幅 w_b は 4σ に相当する（**図 19.4**）．カラムから溶出する溶質の**段数** (number of plates) N は次式で与えられる．

$$N = \left(\frac{t_R}{\sigma}\right)^2 \tag{19.6}$$

$w_{1/2} = 2.355\,\sigma$ を代入し，次式を得る．

$$N = 5.545 \left(\frac{t_R}{w_{1/2}}\right)^2 \tag{19.7}$$

> ピークが狭いほど段数は大きくなる．

ここで，カラムの段数 N は厳密にいま着目している分析成分のみに適応されるべきであり，t_R は保持時間，$w_{1/2}$ は t_R と同じ単位で半分の高さのピーク幅である．

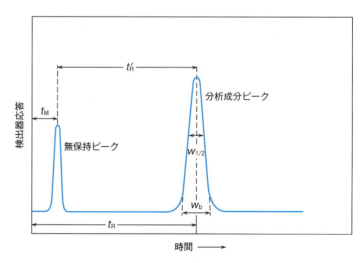

図 19.4 クロマトグラフィーピークの特徴
$w_{1/2} = 2.355\sigma,\ w_b = 1.70\,w_{1/2},\ w_b = 4\sigma$

これらは図 19.4 に示されている．保持体積（retention volume）V_R が t_R の代わりに使われることもある．w_b はピークのベースの幅ではなく，ベースラインとピークの両サイドの変曲点を通る接線との交点から得られる幅であることに注意されたい．N はまた，w_b の項によっても表現できる．

$$N = 16 \left(\frac{t_R}{w_b}\right)^2 \tag{19.8}$$

例題 19.1

図 19.4 におけるクロマトグラフィーピークの結果からカラムの段数を計算せよ．

解　答

定規ではかると $t_R = 44.6$ mm，$w_{1/2} = 4.0$ mm なので

$$N = 5.545 \left(\frac{44.6}{4.0}\right)^2 = 6.9 \times 10^2$$

これは以下にみるようにあまり効率のよいカラムではない．

有効段数は，段数を空隙体積［void volume, 死体積（dead volume）］に対して補正をするもので，カラムの有効段の真の数字の指標となる．

$$N_{\text{eff}} = 5.545 \left(\frac{t_R'}{w_{1/2}}\right)^2 \tag{19.9}$$

ここで，t_R' は補正保持時間である．

$$t_R' = t_R - t_M \tag{19.10}$$

t_M は移動相がカラムを移動するのに必要な時間で，まったく保持されない溶質が溶出する時間である．GC では空気のピークが試料とともに注入された空気からしばしば現れ，この現れる時間を t_M としている．GC でもっともよく利用される検出器は水素炎イオン化検出器（FID）で炭素化合物によく応答する．GC-FID では，しばしば，ライターに用いられるブタンを注入して t_M を測定する．

上式は図 19.4 のようにガウス分布のピークを仮定している．非対称（テーリング）のピークの場合には，効率はピークの重心およびフォーリー–ドーシー式（Foley-Dorsey equation）[J. P. Foley and J. G. Dorsey, "Equations for Calculation of Figures of Merit for Ideal and Skewed Peaks（理想および歪んだピークの性能指数を計算する式）", *Anal. Chem.*, **55** (1983) 730] によって記述された数学的解析による分散によってより正確に決定される．彼らは，図表を用いて測定され得る保持時間 t_R，10％ピーク高さにおけるピーク幅 $w_{0.1}$，10％ピーク高さにおける経験的な非対称係数 $A_{s, 0.1}(B/A)$ にのみ基づいた経験式を誘導した．$A + B = w_{0.1}$ であり，A と B はそれぞれ非対称ピークの t_R から左と右への幅である（時間の進む方向は左から右である，欄外の図参照）．ピークが対称の時は，$A = B = 10\%$ ピーク高さの幅の 1/2 である．

フォーリーとドーシーは次式で段数を誘導した．

$$N_{\text{sys}} = \frac{41.7 (t_R/w_{0.1})^2}{B/A + 1.25} \tag{19.11}$$

この式は，ピークテーリングとカラム外で起こる要因による拡がりに対して保持時間と段数を補正する．

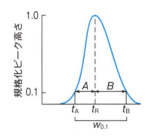

非対称ピークとフォーリー–ドーシー式の項

もっとも効率のよい操作を望むなら，H が最小であったほうがよい．しかし，多くの場合，重要な関心事は，できる限り短い時間で必要な分離を達成することにある．そのため，たいてい，この操作上の最適値は，もっとも効率のよい分離（最小 H）を達成する最適線流速 $\bar{u}_{\text{opt}}$ より大きな線流速で達成される．

対称性のピーク($B/A = 1$)については，この式は $N_{sys} = 18.53(t_R/w_{0.1})^2$ となり，理論式 $N_{0.1} = 18.42(t_R/w_{0.1})^2$ の 0.6% 以内のずれである．すなわち，この式は理想的な場合にも非対称性ピークの場合にも成立する．

段数が一度わかれば，H は式(19.5)から得られる．また，ピーク幅は H に関連し，小さな H ほどピークは狭くなる．H は長さの次元をもっており，通常 μm で表される．有効段高 H_{eff} は L/N_{eff} に等しい．

H はもっとも保守的な値となるように，通常最後に溶出する成分について決定される．5 μm 粒子のうまく充填された HPLC のカラムでは，H は理想的には粒子径の 2～3 倍である．10～30 μm の値が典型的である．

クロマトグラフィーの速度論的理論：ファンディームター式

溶媒抽出で誘導された分配定数は，溶質が 2 相間に分配する平衡と，またある程度その分配機構を含んでおり，クロマトグラフィーにも適用される（吸着クロマトグラフィーやイオン交換クロマトグラフィーでは，溶媒抽出モデルは最大限拡張されて使われている）．クロマトグラフィーは必ずしも平衡プロセスではないので，保持係数 k を用いる．k は，溶質が移動相中で費やす時間に対する固定相中で費やす時間の比である．

$$k = \frac{t'_R}{t_M} \tag{19.12}$$

1993 年にさかのぼるが，IUPAC(19.2 節にある"クロマトグラフィーの命名法と用語"のかこみを参照)は，古い用語であるキャパシティーファクター k' を保持係数 k に置き換えることを推奨した．ただ，その勧告は広く採用されてはいない．ここでは，IUPAC が推奨する表記法や用語に従うが，文献ではキャパシティーファクターという用語や k' という表記も使われている．

クロマトグラフィーの段理論や平衡モデルは分離の動力学を定量的には説明できない．たとえば，もし移動相流量を 2 倍にしたら分離効率はどのように変化するであろうか．ファンディームター式はもっともよく知られ，効率の高い分離条件を説明し決定するのにもっともよく使用される．

GC の充填カラムにおいて，ファンディームターはピークの拡がりはいくつかの要因が相互依存した効果の合計であることを示した．**ファンディームター式**(van Deemter equation)は段高 H を次のように表現する．

$$H = A + \frac{B}{\bar{u}} + C\bar{u} \tag{19.13}$$

ここで定数 A, B および C はある与えられた系で H に影響を与える三つの主要な因子であり，$\bar{u}$ はキャリヤーガスの平均線流速(cm s^{-1})である．ファンディームター式は GC のために開発されたが，一般的な原理は LC にもあてはまる(拡散項は重要でなくなり，平衡項はより重要となる，下記参照)．

$\bar{u}$ の値はカラム長 L を保持のない物質の溶出する時間 t_M で割ったものに等しい．

$$\bar{u} = \frac{L}{t_M} \tag{19.14}$$

クロマトグラフィーの流れの速さを表す一般的な用語は移動相線速度 u である．

ファンディームター(J. J. van Deemter)，彼は Royal Dutch Shell 社の同僚とともに彼の名前をもつクロマトグラフィーカラムの効率を記述した有名な式を開発した．
[E. R. Adlard, *LC GC North America*, **24** (10) October (2006) 1102 より許可を得て転載]

ピークは渦拡散，分子拡散，物質移動速度の限界によって拡がる．小さくて均一な粒子は渦拡散を最小化する．速い流量は分子拡散を減少させるが，物質移動効果を増大させる．最適な流量がある．

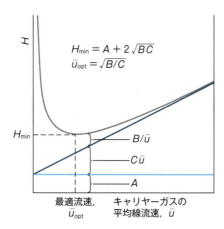

図 19.5 ファンディームター式の概要

しかしながら，GC における線速度は気体の圧縮性に依存するため，カラムの位置によって異なる（最初は遅く，出口に向かって大きくなる）．そこで GC では平均線流速 $\bar{u}$ を用いる．LC においては，圧縮性は無視でき，$\bar{u} = u$ である．以下，一般的に項 u を使用するが，GC においては厳密には $\bar{u}$ を参照することを理解されたい．

充填カラムガスクロマトグラフィーにおける三つの項，A，B および C の重要性を図 19.5 に，H のキャリヤーガス線流速の関数としてのプロットとして示す．ここで，A は渦拡散を表し，カラム粒子間に利用される曲がりくねった道（可変長）に由来する．気体すなわち移動相の線速度とは無関係である．軸方向の線速度の不均一性（渦拡散）は粒子径および充填のよしあしに関係する．

$$A = 2\lambda d_p \tag{19.15}$$

ここで，λ はどの程度良好にカラムが充填されているかに関係している経験的な定数である．一次近似として，λ は u に依存し，良好に充填されたカラムにおいては 0.8〜1.0 の値をとる．また，d_p は平均粒子径である．小さくて均一な粒子を用い，うまく充填することによって A は最小化される．しかしながら，ガスクロマトグラフィーはあまり大きくない圧力で使用されるため，非常に細かで均一に充填された担体は使用されない．

式(19.13)の B は，キャリヤーガスすなわち移動相中の試料成分の縦軸（軸方向）あるいは**分子拡散**（molecular diffusion）を表しており，カラム内の濃度勾配に依存する．すなわち，試料ゾーンと移動相の境界に濃度勾配があり，分子は濃度がより低いほうへ拡散する傾向にある．移動相中の拡散は次式で表される．

$$B = 2\gamma D_m \tag{19.16}$$

ここで，γ は障害因子（充填 GC カラムにおいては 0.6〜0.8），D_m は試料の移動相における拡散係数である．分子拡散は試料とキャリヤーガスの両方の関数である（D_m は気相中の通常の GC 温度では大きく，重要である）．試料成分は，その分析においては変更できないので，B あるいは $B/\bar{u}$ を変える唯一の方法はキャリヤーガスの種類，圧力および流量を変えることである．これは時間依存の寄与であるので，高流量は分子拡散の寄与を減少させる．そして高流量は全分析時間を減少させる．窒素や二酸化炭素などのような高密度の気体は，ヘリウムや水素と比べて B を減少させる．LC では，分子拡散は気体中と比べて非常に小さい．GC では $\bar{u}_{opt}$ よりも小さな流量で支配的になり，LC では通常の操作条件ではし

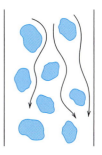

渦拡散

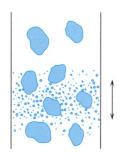

分子拡散

分子拡散の効果は LC では無視できるが，GC では重要である．

ばしば無視できる．すなわち，ほとんどいつも $\bar{u}_{opt}$ よりも大きな流量で操作される．図19.5で示すように，H-u 曲線は $\bar{u}_{opt}$ 付近では急勾配ではなく，$\bar{u}_{opt}$ よりも大きな流量で操作されるとき，分離は速い．

LC では物質移動の項が支配的となる．

式(19.13)の定数 C は，**相間物質移動**(interphase mass transfer)項で，溶質が移動相と固定相の間を移動するさいに二つの相間で達成される平衡に有限な時間が必要であることに由来する．C 項は二つの別々の成分 C_m および C_s を有し，それぞれ移動相中および固定相中の物質移動抵抗を表している．C_m 項はカラム断面において線速度が不均一となることに由来する．カラム壁や充填粒子のごく近傍における流速は，それらから離れた所と比べて小さい．この速度の違いによってピークの拡がりが生じ，速度の増加にともなって差異が増大する．一方，拡散による混合は移動相中の試料成分の拡散係数に比例してこの差異を改善する．球状の粒子を均一に詰めた充填カラムの場合，C_m は次式で与えられる．

$$C_m = \frac{C_1 \omega d_p^2}{D_m} u \tag{19.17}$$

ここで C_1 は定数であり，ω はカラム中の移動相の全体積に関連する．ほかの項は前に説明されている．

固定相物質移動項 C_s は固定相の量に比例し，溶質の保持係数および固定相フィルムの厚み d_f とともに増大する（それを通して溶質は拡散する．d_f^2/D_s は溶質が固定相を拡散して出入りする時間を表す．ここで，D_s は固定相中の試料成分の拡散係数である）．u が大きくなると拡散平衡に達する時間が短くなるので，C_s は u とともに増大する．C_s は保持のない溶質($k = 0$)の場合，0になることを留意されたい．C_s は次式で与えられる．

$$C_s = C_2 \frac{k}{(1+k)^2} \frac{d_f^2}{D_s} u \tag{19.18}$$

ここで C_2 は定数で，ほかの記号はすでに定義されている．

上の議論があてはまる充填カラム GC は，現在ではあまり使用されていない．充填カラム GC は球状よりもむしろ不規則な形の粒子が充填剤としていまだによく利用されている唯一のクロマトグラフィーである．小さな保持係数をもつ試料成分の場合，C_s 項は小さくなり，段高は次の近似式で評価できる．

$$H = 1.5 d_p + \frac{D_m}{\bar{u}} + \frac{1}{6} \frac{d_p^2}{D_m} \bar{u} \tag{19.19}$$

式(19.19)における三つの項は長さの次元をもつことに留意されたい．線流速 $\bar{u}$ は移動相の流量 Q（それはより容易に計測できる）に比例するので，H-Q プロットがしばしば式(19.13)の代わりに作成される．それらはファンディームタープロットと同じ傾向を示す（もちろん定数 A, B, C は数字的には異なる）．特殊な例のファンディームタープロットの表計算シートの計算および $\bar{u}$ の関数としての A, $B/\bar{u}$ および $C\bar{u}$ の変化のプロットについては，原書の web サイトおよび別冊を参照されたい．ファンディームタープロットは条件を最適化するのに役に立つ．A, B および C は3点，すなわち三つの連立ファンディームター式の解から決定することができる．理論的には，式(19.13)のプロットは $\bar{u}_{opt} = (B/C)^{1/2}$ で $A + 2(BC)^{1/2}$ である最小値 H_{min} をとることになる．図19.5 の $\bar{u}_{opt}$ 以上での傾きの重要性に気づかれたい．以前にも述べたように，実際のクロマトグラフィーではめったに $\bar{u}_{opt}$ では分析がなされない．時間がかかりすぎるからである．より多く

の段数をもつ長いカラムや高効率カラムを使用することが多い．

効率のよい充塡ガスクロマトグラフィーカラムは数千段の段数をもつ．キャピラリーカラムはカラム内径に依存する段数を有する．たとえば，$k = 5$ の溶質の場合，膜厚 0.32 μm の内径 0.32 mm のカラムでは 3800 段/m，膜厚 0.18 μm の内径 0.18 mm のカラムでは 6700 段/m の範囲にある．カラム長は通常 20～30 m であり，トータルの段数は 100000 を超える．HPLC（後述）では 1 cm あたり 200 ～5000 オーダーの段が達成され，2 μm 以下の表面多孔性のコアシェル粒子がもっとも高い段数となる．長いカラムは非常に小さな粒子の場合実際的ではないため，通常はカラム長は 5～25 cm である．

換算段高

異なるカラムの性能を比較するためにノックスは粒子径で割ることによって得られる換算段高 h（無次元のパラメーター）を導入した．

$$h = \frac{H}{d_p} \tag{19.20}$$

うまく充塡されたカラムは，最適流速において h は 2 またはそれ以下の値をとる．中空カラムの場合の h は次式で与えられる．

$$h = \frac{H}{d_c} \tag{19.21}$$

ここで d_c はカラム内径である．

換算段高は換算速度 v とともに使用され，広範囲な条件にわたって異なるカラムの比較に使用される．v は移動相中の拡散係数およびカラム充塡剤の粒子径に関係する．

$$v = \bar{u}\frac{d_p}{D_m} \tag{19.22}$$

中空カラムの場合，d_p は d_c に置き換えられる．

ファンディームター式の換算形は次のように示される．

$$h = A + \frac{B}{v} + Cv \tag{19.23}$$

中空カラム

20 章でみるように，内径 180～560 μm の範囲にある中空キャピラリーカラムはガスクロマトグラフィーでもっとも広く使用されており，それらは大きな段数を与える．中空カラムの利用は LC では十分普及していない．管の中央に位置する溶質分子がカラム壁上の活性コーティングに拡散するのに必要な固有時間は $0.25 d_c^2/D_m$ で与えられる．LC における典型的な D の値が GC より 1000～10000 倍小さいことを考慮すると，拡散に要する同じ固有時間を維持するためには d_c の値を 30～100 倍小さく，2～20 μm とする必要がある．注入体積や検出体積は比例的に減少させなければならない．努力は継続的になされているが，ピコリットル（pL）体積スケールの少量の試料注入および高感度検出を達成する技術的な問題が克服されていない．中空カラムには充塡剤がない．それゆえ，ファンディームター式の渦拡散の項が消える．中空カラムの場合，修正されたファンディームター式はゴーレイ式（Golay equation）とよばれ，次式で与えられる．

中空カラムでは渦拡散は起こらない．

$$H = \frac{B}{\bar{u}} + C\bar{u} \tag{19.24}$$

ゴーレイ(Marcel Golay)はGCのキャピラリーカラム開発におけるパイオニアである．彼はそれらが充填カラムよりもはるかに高い効率を与えることを予測して開発を進め，キャピラリーカラムはその後流行した．幸運にも長いガラスやシリカキャピラリーを引いて製造する技術がその後すぐに開発された．

高速液体クロマトグラフィー：フーバー式とノックス式

> LCにおいては，移動相および固定相の両方における物質移動について修正を加えなければならない．

ファンディームター式のC項は移動相および固定相の両方の要素が含まれていること[C_mおよびC_sについては式(19.17)および(19.18)を参照]は，最初にフーバー(Josef F. K. Huber)によってLCで示された．充填カラムGCとは異なり，C_s項は無視できないとし，ファンディームター式が次の形をとることを示した．

$$H = A + B/\bar{u} + C_m\bar{u} + C_s\bar{u} \tag{19.25}$$

これはフーバー式(Huber equation)として知られている．D_mは液相中では非常に小さいので[式(19.16)参照]，線流速が非常に遅い場合を除いて縦軸拡散項Bは無視できる．均一に充填された非常に小さく均一な球状粒子(粒子径5 μm以下)の場合，A項も非常に小さくなり無視することができる．そのため式(19.25)は次式のようにさらに簡略化できる．

$$H = C_m\bar{u} + C_s\bar{u} \tag{19.26}$$

C_s項はある与えられたkにおいて比較的一定と考えてよく，C_m項はこの場合(充填剤の孔の中の)よどんだ移動相の移動を含んでいる．HPLCにおける異なるサイズの粒子径についての代表的な$H-Q$プロットを図19.6に示す．小さな粒子径の場合，非常に小さな流速で分子拡散が効いて，Hが再び増大する．とくに，小さな粒子の場合，高流速ではuにともなうHの増加はガスクロマトグラフィーと比較してかなり小さい．典型的な径5 μmの粒子が良好に充填されたカラムの場合，Hの値は通常0.01～0.03 mm(10～20 μm)である．図19.6のスケールがその範囲にあることに留意されたい．

ノックス(J. H. Knox)は実際の挙動によりよく合致する液体クロマトグラフィー用の速度の3乗根を含む経験式を開発した．ノックス式(Knox equation)は，通常，換算速度の関数として無次元で表される．

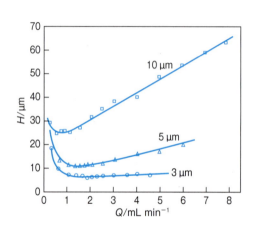

図19.6 粒子径の異なるHPLCにおける$H-Q$プロット
とくに高流量で粒子径が小さいほど高い効率が得られている．カラム内径：4.6 mm，移動相：65%アセトニトリル/35%水，試料：t-ブチルベンゼン[M. W. Dong and M. R. Gant, *LC GC*, **2** (1984) 294から許可を得て転載]．さらに小さな粒子の挙動については図21.25も参照のこと．

19.4 クロマトグラフィーにおけるカラム効率の理論　　141

$$h = Av^{1/3} + \frac{B}{v} + Cv \quad (19.27)$$

A は 1～2 であり，B は約 1.5，C は約 0.1 である．そのため，よいカラムのノックス式は次のようになる．

$$h = v^{1/3} + \frac{1.5}{v} + 0.1v \quad (19.28)$$

HPLC における効率と粒子サイズ

カラム効率は粒子サイズに関係する．均一に充填された HPLC カラムの場合，H は平均粒子径のおよそ 2～3 倍である．すなわち

$$H = (2～3) \times d_p \quad (19.29)$$

コアシェル粒子の場合，H は式 (19.29) が示唆する値よりも小さいことが多い．これらは固体の核と，薄い多孔性の殻をもっているため，拡散距離が制限されている．それらはフューズドコア粒子ともよばれる．同様の構造だが径の大きな粒子でペリキュラー充填剤とよばれる充填剤が LC の初期から提唱されていたが，特定の目的のイオン交換充填剤を除いて，低容量のため普及しなかった．現世代の粒子は 1.25 μm の固体核と 0.23 μm の多孔性の殻を有しており，最小段高 1.5 μm を達成することができる．

保持係数，効率および分離度

保持係数 k [式 (19.12)] は，分析成分が与えられた条件下でカラムによってどの程度保持されるかの指標である．1 組の分析成分間の分離が不十分である場合，もしクロマトグラフィーの条件（GC では温度，LC では溶離液の強度）が変えられ k が増大するならば，分離（分離度）は改善する．大きな保持係数は分離に有利であるが，大きな保持係数は溶出時間の増加を意味する．すなわち，分離効率と分離時間にはトレードオフの関係がある．保持係数は，固定相体積を増加することによって増大できる．保持係数が徐々に減少しているときは固定相が劣化している証である．

有効段数は，保持係数と段数に関係し，次式で計算される．

$$N_{\text{eff}} = N \left(\frac{k}{k+1} \right)^2 \quad (19.30)$$

クロマトグラフィーのカラムの体積は，固定相と，移動相によって占められる体積である**空隙体積**(void volume)からなる．後者は，t_M および流量から決定できる．1 空隙体積の移動相はカラムを 1 回洗浄するのに必要である．しかしながら，前の溶媒を流し出し，新しい溶媒で再平衡状態にするには最小でも 5～10 倍のカラム体積を必要とする．

> 保持係数が小さすぎると，分離ができなくなり，大きすぎると，溶離に時間がかかりすぎる．

例題 19.2

図 19.4 におけるクロマトグラフィーピークの保持係数を計算せよ．

解　答

定規で測定すると，$t_R = 44.6$ mm および $t_M = 7.0$ mm なので，

$$k = \frac{44.6 - 7.0}{7.0} = 5.3_7$$

適当な保持係数の値は1～5である．もし，k の値が小さすぎると成分はカラムを急速に通過し，分離の程度は不十分になる．また保持の弱い分析成分の検出は，ほかの保持のない成分からの妨害を受ける．k の値が大きすぎると，保持時間は大きくなり，分析に長時間を要することになる．

クロマトグラフィーにおける分離度

少なくとも1.0の分離度を達成するために努力しなければならない．

二つのクロマトグラフィーピークの分離度は次式により定義される．

$$R_s = \frac{t_{R2} - t_{R1}}{(w_{b1} + w_{b2})/2} \quad (19.31)$$

ここで，t_{R1} および t_{R2} は二つのピークの保持時間であり（ピーク1が最初に溶出する），w_b はピークのバンド幅である．R_s 値は二つの隣り合うピーク間の分離の質を示している．同じ高さの二つのピークの谷を認めるためには0.6以上が必要とされる．1.0という値は，同じピーク幅の二つのピークの重なりが2.3%であり，クロマトグラフィーの定量における最小の分離度である．分離度1.5は同じ幅のピークの0.1%のみが重なる結果となり，同じ高さのピークのベースライン分離に十分である．

分離度をピーク幅を用いないで熱力学的項で表すことができる．**分離係数** (separation factor) α も分離選択性を表す指標として広く用いられている．すなわち，それは，分析成分の相対的な保持指標となる熱力学的な量であり，次式で与えられる．

$$\alpha = \frac{t'_{R2}}{t'_{R1}} = \frac{k_2}{k_1} \quad (19.32)$$

分離度の式は三つの項を有する．(1) 効率の項，(2) 選択性の項，(3) 保持すなわちキャパシティーの項

ここで，t'_{R1} および t'_{R2} は補正保持時間[式(19.10)]で，その k_1 および k_2 は対応する保持係数[式(19.12)]である．これは二つの分析成分をクロマトグラフィー条件がどれだけうまく識別するかを記述するものである．それは各分析成分が固定相で費やす時間量の比でもある．分離度は，そこで次のように書かれる．

$$R_s = \frac{1}{4}\sqrt{N}\left(\frac{\alpha - 1}{\alpha}\right)\left(\frac{k_2}{k_{ave} + 1}\right) \quad (19.33)$$

ここで，k_{ave} は二つの保持係数の平均値である．この式は分離度を効率，すなわち，バンドの拡がりと保持時間[式(19.7)]に関係づけるもので，分離度の式あるいはパーネル式 (Purnell equation) として知られる．N は L に比例するので，分離度はカラム長の平方根 $\sqrt{L}$ に比例する．したがって，カラム長を2倍にすると分離度は $2^{1/2}$，すなわち1.4倍になる．同様にカラム長を4倍にすると分離度は2倍になる．もちろん保持時間はカラムの長さに直接比例する．非対称のピークの場合，α を計算するためにはピークの重心を使わなければならない．

ある分離度を達成するのに必要な段数 N_{req} は次式によって与えられる．

$$N_{req} = 16 R_s^2 \left(\frac{\alpha}{\alpha - 1}\right)^2 \left(\frac{k_{ave} + 1}{k_2}\right)^2 \quad (19.34)$$

式(19.30)を代入すると，必要な有効段数 $N_{eff(req)}$ は次式で与えられる．

$$N_{\text{eff(req)}} = 16 R_s^2 \left(\frac{\alpha}{\alpha - 1}\right)^2 \tag{19.35}$$

欄外の図は N, k, あるいは α の値を増加させることにより分離度がどのように増加するかを示している．k が増加すると，両方のピークの保持時間は増し，さらにバンドの幅と間隔は拡がる．均一に充填されたカラムにおいては，バンドの幅は移動した距離の平方根にともなって増加するのに対し，ピークの中心間の距離は移動距離に比例して増加する．バンドすなわちピークは，拡がりよりも速く移動するので，分離は改善する．

段数 N を増加させることが必要である場合，充填カラムにおける分離度は，上述のように，N の平方根に従って増大する（たとえば，L についても同様）．しかし，圧力損失は，本質的に L に比例して増加する．移動相や固定相を変えることによって分離係数 α や保持係数 k を変えることのほうが効果的である．もちろん，保持時間の増大は分析時間を長くするので，スピードと分離度の間には一般的にトレードオフの関係がある．

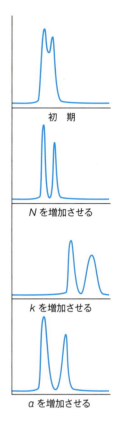

初　期

N を増加させる

k を増加させる

α を増加させる

例題 19.3

メタノールとエタノールがキャピラリー GC カラムで分離され，保持時間がそれぞれ 370 および 385 s であり，半値幅 $w_{1/2}$ が 9.42 および 10.0 s である．保持のないブタンのピークが 10.0 s であるとする．分離係数と分離度を計算せよ．

解　答

もっとも長い溶出ピークを使って N を計算する［(式 19.7)］

$$N = 5.54 \left(\frac{385}{10.0}\right)^2 = 8.21 \times 10^3 \text{ 段}$$

式 (19.32) から，

$$\alpha = \frac{385 - 10}{370 - 10} = 1.04_2$$

式 (19.12) から，

$$k_1 = \frac{370 - 10}{10.0} = 36.0$$

$$k_2 = \frac{385 - 10}{10.0} = 37.5$$

$$k_{\text{ave}} = (36.0 + 37.5)/2 = 36.8$$

式 (19.33) から，

$$R_s = \frac{1}{4}\sqrt{8.21 \times 10^3}\left(\frac{1.04_2 - 1}{1.04_2}\right)\left(\frac{37.5}{36.8 + 1}\right) = 0.91$$

$w_{1/2}$ から $w_b = 1.70\, w_{1/2}$ の関係を用いて w_b を計算することができる．メタノールとエタノールの w_b はそれぞれ 16.0 および 17.0 s となる．

R_s は式 (19.31) から求めることもできる．

$$R_s = \frac{385 - 370}{(17.0 + 16.0)/2} = 0.91$$

この分離度は化合物のベースライン分離には不十分である（$R_s < 1.5$）．メタノールとエタノールのピークはクロマトグラム上で一部重なる．

19.5　クロマトグラフィーシミュレーションソフトウェア

　あなたは新しいクロマトグラフィー分離を開発することに従事しているとする．開発には適当なカラム(固定相)，サイズ，移動相，有機溶媒の割合，溶媒勾配分離または温度勾配分離などの変数の最適化などが含まれる．最適化をはかるためには通常繰り返し操作が必要である．しかし，方法の開発や最適化において分析者を手助けする市販のソフトウェアパッケージがある．これらのうちのいくつかが，原書のwebサイトに詳細な応用の記述とともに情報提供されている．

■ 質　問

1. クロマトグラフィーについて説明せよ．
2. クロマトグラフィーの分離過程の原理を記述せよ．
3. 異なるクロマトグラフィー技術を分類し，基本的な応用例をあげよ．
4. ファンディームター式とは何か．用語を定義せよ．
5. ゴーレイ式はファンディームター式とどのように異なるか．
6. フーバー式とノックス式はファンディームター式とどのように異なるか．

■ 発展問題
【Michigan 大学 Michael D. Morris 教授提供】

7. クロマトグラフィーを支配する相平衡定数は，平衡が固定相にかたよる場合に，より大きな値となる．液体クロマトグラフィーでは，たとえば，それは $K = C_s/C_m$ で与えらる(下つきのsおよびmはそれぞれ固定相および移動相を表す)．分析成分の溶出に必要な時間に与える K の増加の効果は何であるか説明せよ．

■ 問　題

クロマトグラフィーの分離度

8. ガスクロマトグラフィーのピークが65 sの保持時間であった．ベースラインとピークの両側で外挿した線との交点から得られたベース幅は5.5 sであった．もしカラム長が3フィート(91.44 cm)ならば H は cm/段でどれだけであるか．
9. 操作条件下で1.5 cm/段の H をもつカラムを用いて，保持時間85 sおよび100 sの二つのガスクロマトグラフィーピークをベースライン分離する必要がある．どれだけの長さのカラムが必要であるか．二つのピークが同じベース幅をもっていると仮定せよ．
10. 次のガスクロマトグラフィーのデータは，長さ3 mのカラムを用いてガスクロマトグラフにそれぞれ2 μLのヘキサンを注入して得られたものである．各流量における段数と段高を計算し，H を流量に対してプロットし，最適流量を決定せよ．補正保持時間を使用せよ．

流　量	t_M(空気ピーク)	t'_R	ピーク幅
mL min^{-1}	min	min	min
120.2	1.18	5.49	0.35
90.3	1.49	6.37	0.39
71.8	1.74	7.17	0.43
62.7	1.89	7.62	0.47
50.2	2.24	8.62	0.54
39.9	2.58	9.83	0.68
31.7	3.10	11.31	0.81
26.4	3.54	12.69	0.95

11. 三つの化合物A，BおよびCが500段をもつカラムで保持係数 $k_A = 1.40$，$k_B = 1.85$ および $k_C = 2.65$ を示した．それらは最小分離度1.05で分離できるか．
12. 次の状況がどのような場合に起こるか記述せよ．(1) 選択係数が1.02しかないのに，2成分が良好に分離される($R > 1.5$)．(2) 選択係数が1.8であるにもかかわらず二つの化合物が分離されない($R < 1.5$)．

参考文献

一般

1. A. Berthod, Countercurrent Chromatography, *The Support-Free Liquid Stationary Phase. Comprehensive Analytical Chemistry* (D. Barceló, ed.), Volume **XXXVIII**, Elsevier, 2002.
2. J. C. Giddings, *Unified Separation Science*. New York: Wiley-Interscience, 1991.
3. C. E. Meloan, *Chemical Separations: Principles, Techniques, and Experiments*. New York: Wiley, 1999.
4. J. Cazes, ed., *Encyclopedia of Chromatography*. New York: Marcel Dekker, 2001.
5. R. E. Majors and P. W. Carr, "Glossary of Liquid-Phase Separation Terms," *LC GC*, **19** (2) (2001) 124.
6. L. S. Ettre, "Nomenclature for Chromatography," *Pure Appl. Chem.*, **65** (1993) 819.

歴史的記述

これらの文献は，分離技術の進展に関する優れた総説である．とくに，固定相の進歩，そして現在の固定相はなぜ用いられているかについて参考となる．

7. H. J. Isaaq, ed., *A Century of Separation Science*, New York: Marcel Dekker, 2002.
8. L. S. Ettre, "The Rebirth of Chromatography 75 Years Ago," *LC GC North America*, **25** (7) July (2007) 640. クロマトグラフィーの誕生と進展の優れた軌跡．
9. W. Jennings, The History of Chromatography. "From Academician to Entrepreneur—A Convoluted Trek," *LC GC North America*, **26** (7) July (2008) 626. キャピラリークロマトグラフィーのパイオニアの Walt Jennings の生涯と彼のカラム調製会社の設立に関する興味深い記事．

コンピュータシミュレーション

10. R. G. Wolcott, J. W. Dolan, and L. R. Snyder, "Computer Simulation for the Convenient Optimization of Isocratic Reversed-Phase Liquid Chromatography Separations by Varying Temperature and Mobile Phase Strength," *J. Chromatogr. A*, **869** (2000) 3.
11. J. W. Dolan, L. R. Snyder, R. G. Wolcott, P. Haber, T. Baczek, R. Kaliszan, and L. C. Sander, "Reversed-phase liquid chromatographic separation of complex samples by optimizing temperature and gradient time: III. Improving the accuracy of computer simulation," *J. Chromatogr. A*, **857** (1999) 41.

Chapter 20

ガスクロマトグラフィー

■ 本章で学ぶ重要事項

- ガスクロマトグラフィー，p. 148
- GC カラム：充塡カラム，キャピラリーカラム，p. 151, p. 152
- 固定相：極性から非極性まで，p. 155
- GC 検出器，p. 159
- 温度の選択，p. 168
- 定量測定：内部標準，p. 169
- ヘッドスペース分析，熱脱離，パージアンドトラップ，p. 169, p. 170
- 高速分離のための微小内径カラム，p. 172
- 二次元ガスクロマトグラフィー，p. 174

　ガスクロマトグラフィー(GC)は，研究室でもっとも汎用的で，どこにでもある分析技術の一つである．有機化合物の定量のために広く使われている．ベンゼンとシクロヘキサン(沸点 80.1 および 80.8℃)の分離は，GC ではきわめて簡単であるが，従来の蒸留では不可能であった．マーティン(A. J. P. Martin)とシング(R. L. M. Synge)は 1941 年に液-液クロマトグラフィーを発明したが，その 10 年後のジェームス(A. T. James)とマーティンによる気-液分配クロマトグラフィーの導入は，次の二つの理由からただちに大きなインパクトを与えた．第一に，手動で操作された液-液カラムクロマトグラフィーとは異なり，GC の応用には装置化が必要であったが，これは化学者，技術者および物理学者の間の協力により開発された．その結果，分析はずっと迅速で，小さなスケールでできるようになった．第二に，その開発当時石油産業ではモニタリング分析を改善する必要があり，そこですぐに GC が採用されたことである．わずか 2, 3 年のうちに，GC はほとんどすべてのタイプの有機化合物分析に使用されるようになった．

　非常に複雑な混合物でもこの技術によって分離できる．最近の技術である二次元 GC(GC×GC ともよばれる)はこれらの可能性をさらに改善した．質量分析計と結合すると，溶出する実質上すべての化合物の実用的な定性分析が非常に高い感度で可能であり，非常に強力な分析システムをつくり出すことができる．

　二つのタイプの GC，**気-固(吸着)クロマトグラフィー**［gas-solid(adsorption) chromatography］および**気-液(分配)クロマトグラフィー**［gas-liquid(partition) chromatography］がある．二つのうち，より重要なのは気-液クロマトグラフィー

ツウェット(M. Tswett)によるクロマトグラフィーの発見の 75 周年の折に発刊された，"クロマトグラフィーの 75 年，その歴史に関する対語集" [L. S. Ettre and A. Zlatkis, eds., *J. Chromatogr. Library*, 17 巻 (1979)] は，クロマトグラフィーの初期の発展に関係した多くの著名な科学者が個人的な見解を述べた短い記事を載せている．多くの記事がきわめて個人的な見解に基づいているがゆえに，この巻は，ほかには見られない創成期の興奮とエネルギーを伝えた貴重な一冊である．

(GLC)で，キャピラリーカラムの形で使われる．本章では，ガスクロマトグラフィーの操作の原理，GC カラムのタイプ，GC 検出器について記述する．質量分析法(MS)の原理は，ガスクロマトグラフと質量分析計を組み合わせた機器(GC-MS)とともに 22 章で述べる．

20.1　ガスクロマトグラフィー分離

> 気体状態の分析成分は固定相とキャリヤーガス間に分配する．気相平衡は速いので分離度(段数)は高くなり得る．

ガスクロマトグラフィーでは，試料は(それが気体状態でない場合)加熱されたポートへ注入することによって気体状態に変換される．溶離媒体は気体[**キャリヤーガス**(carrier gas)]である．固定相は，一般的に不揮発性の液体で，キャピラリーの壁や珪藻土(kieselguhr：ごく小さい水棲の単細胞藻類の骨格の残骸が堆積したもので，おもにシリカからなる)のような不活性な固体粒子上に担持されている．珪藻土は，通常は粒子径を大きくするために焼かれ，それらは耐火れんがとして知られ，たとえば，Chromosorb® P または W として販売されている．分離は，移動相ではなく液相を変えることによって達成されるため，非常に多種類の固定液相が市販されている．ガスクロマトグラフィーでもっとも重要な点は，意図する特定の分離に対して適切なカラム(固定相)を選択することである．液相や固相の性質が分析成分との交換平衡を決定する．これは，分析成分の溶解度や吸着特性，固定相や試料成分の極性，水素結合の程度および特異的な化学的相互作用に依存する．ほとんどの分離実施手順は経験的に開発されているが，今では理論的なアプローチや適切なソフトウェアも利用できる．

ガスクロマトグラフの概略図を**図 20.1**に示す．また，最新の GC システムの写真を**図 20.2**に示す．試料は，シリンジによりセプタム(注射針を刺せるふた)を通して，またはガスサンプリングバルブからすばやく注入される．典型的には注入された試料は，最初インレット/インレットライナー(試料を気化させ，試料をカラムに導入するためのインターフェース)にいき，キャリヤーガスがそれをカラムに運ぶ[試料をスプリット(分割)する場合，試料の一部がカラムに運ばれる．キャピラリーカラムの場合オーバーローディング(過負荷)を避けるためにしばしばなされる]．試料注入ポート，カラムおよび検出器は，試料が少なくとも 10 Torr(1.3 kPa)の蒸気圧をもつ温度に加熱される．通常は，もっとも高い沸点をもつ溶質の沸点よりも約 50°C 高温に保つ．注入ポートと検出器は通常カラム

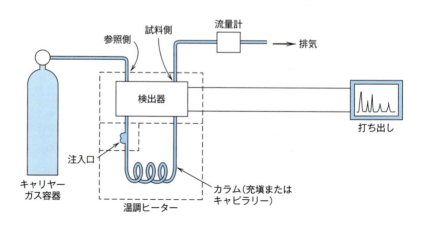

図 20.1　ガスクロマトグラフの概略図

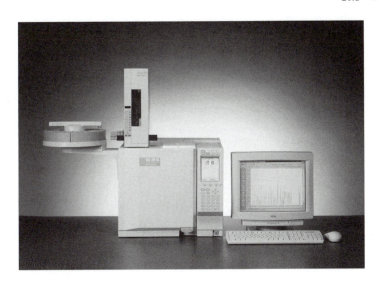

図 20.2 最新の自動ガスクロマトグラフィーシステム
［Shimadzu North America 社の厚意による］

よりも少し高い温度に保たれ，注入された試料の迅速な気化を促進し，検出器における試料の凝縮を抑える．充填カラムの場合，0.1〜10 μL の液体試料が注入され，気体試料は 1〜10 mL が注入される．気体は，ガスタイトシリンジで注入してもよいし，一定体積の特別なガス注入チェンバー(ガスサンプリングバルブ)を用いてもよい．キャピラリーカラムの場合，(大きな分離度にもかかわらず)カラムが低容量であるために，カラムサイズの 1/100 程度の体積しか注入できない．キャピラリーカラムを使用するために，試料スプリッターがクロマトグラフに装着されている．これにより，小さな一定比率の試料をカラムに送入し，残りは排出させる．充填カラムが使われるときには，通常スプリットしない試料注入も可能である(スプリット/スプリットレスインジェクター)．

蒸気成分がキャリヤーガスと固定相の間で平衡になるときに分離が起こる．キャリヤーガスは，アルゴン，ヘリウムあるいは窒素のように純粋な形で入手できる化学的に不活性な気体である．高密度な気体は拡散が遅いので非常によい分離効率を与えるが，低密度気体は速い分離を可能とする．気体の選択は，しばしば検出器のタイプによってもなされる．ガスクロマトグラフィーでは，試料成分がカラムから溶出するさいに試料成分を自動的に検出するフロースルー検出器を使用する．多くの GC 検出器は試料を分解してしまう．

試料は一定の流量でカラムから出てくる．多種多様な検出器が使用され，特異的な応答は分析成分に依存する(下記参照)．いくつかの検出器は**参照側**(reference side)と**試料側**(sample side)からなる．キャリヤーガスはまず参照側を通過し，その後試料側を通過しカラムから検出器に入る．参照側に対する試料側の応答の差異が分析シグナルとして加工される．クロマトグラフィーのピークを表すシグナルがインプットされているデータシステムによって時間の関数として表示される．**保持時間**(retention time：サンプルが注入されてからクロマトグラフィーピークが現れるまでの時間)を測定し，この時間を純物質の標準の時間と比較することによってピークを同定することが可能となる(ただし，二つの化合物の保持時間の一致は化合物が同一であることを保証しない)．ピークの面積は濃度に比例するので，物質を定量できる．ピークはしばしば非常に鋭い(時間

分析成分がカラムから溶出するさいに検出することで，測定は迅速かつ便利になる．保持時間は分析成分を定性的に確認するのに使用される．ピーク面積は定量測定に使用される．

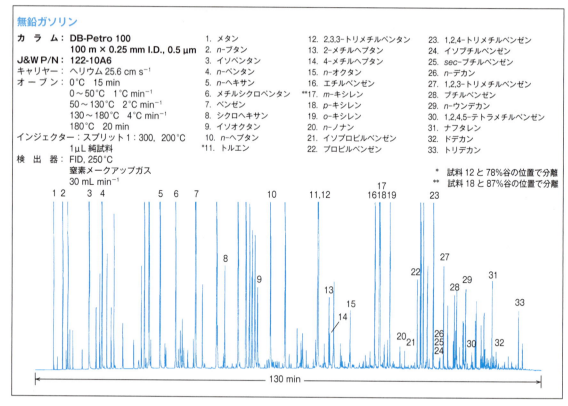

図 20.3 複雑な混合物である無鉛ガソリンのキャピラリーカラムを用いた典型的なガスクロマトグラム
［Agilent Technologies 社の厚意による］

的な幅が狭く，そのため高速に応答する検出器が必要とされる）．また，このように，ピークが鋭い場合は，ピーク高によっても検量線を作成し，試料の定量に用いることができる．クロマトグラフィーのデータ処理システムでは，ピークの自動検出を行い，ピーク面積，ピーク高および保持時間を出力する．

この技術の分離能を，図 20.3 のクロマトグラムに示す．非常に複雑な試料であるにもかかわらず，全体の分析時間は驚くほど短い．また，必要な試料が非常に少量であることも含めて，これらから，この技術が広く用いられている理由を理解することができる．もちろん，これら GC による多くの分析がほかの方法ではできないという，単純でさらに重要な理由があることも忘れてはならない．

複雑な混合物においては，多くのピークを同定するのは簡単な作業ではない．GC を質量分析計に統合した装置が市販されている．この装置では，溶出された試料は，イオン化され，さらに m/z（およびフラグメンテーションパターン）に基づいて同定される．この重要な分析技術は，**ガスクロマトグラフィー-質量分析法**（gas chromatography-mass spectrometry：GC-MS，22 章参照）とよばれる．質量分析計は，感度がよく，選択的な検出器である．キャピラリー GC カラム（非常に高分離能，20.2 節参照）が使用されるとき（キャピラリー GC-MS），この技術は微量物質の非常に複雑な混合物を同定したり，定量したりできる．たとえば，数百の化合物を下水排水中から同定できる．また，尿中や血液中の痕跡量の複雑な薬物や水試料中の汚染物質の定量が可能である．GC-GC はさらに 1 桁以上大

GC-MS についての詳細は 22 章参照．

きなピーク分離能力を示し，この方法により，たばこの煙中の約 4000 の化合物が同定されている．一方，最高の感度については，のちほどあげる元素や化合物に特異的に応答する検出器のなかに，異常なほど低い検出下限を与えるものがある．

> ### GC によってどんな化合物が定量できるか
>
> とても多くの化合物がガスクロマトグラフィーによって定量できるが，限界もある．分析成分は操作温度，典型的には 50～300℃ において揮発性でかつ安定でなければならない．GC は次のものに対して有効である．
>
> ・すべての気体
> ・固体または液体の，ほとんどの非イオン性の有機物質（おおよそ炭素数 25 まで）．
> ・多くの有機金属化合物（金属イオンの揮発性誘導体が調製される）
>
> もし化合物が揮発性でなかったり安定でない場合は，誘導体化することで GC で分析できるようになる．GC は巨大分子や塩には利用できないが，それらは代わりに HPLC やイオンクロマトグラフィーによって定量できる．

20.2 ガスクロマトグラフィーカラム

GC で使用されるカラムには，**充塡カラム**（packed column）と**キャピラリーカラム**（capillary column）の二つのタイプがある．充塡カラムは最初に使用されたタイプで，長年にわたって使用されてきた．キャピラリーカラムは今日ではより一般的に使用されているが，高分離度が必要でないときや大きな容量が必要なときには，依然として充塡カラムが使用されている．

充塡カラム

カラムは，加熱オーブンに入れることができるものであればどんな形でもよい．カラムの形状にはコイル状，U 字形，W 字形のチューブなどがあるが，コイル状のものが汎用されている．充塡カラムは，1～10 m の長さで直径 0.2～0.6 cm である．良好に充塡されたカラムは 1000 段/m を有するので，代表的な 3 m のカラムは 3000 段を有する．短いカラムはガラスまたはガラス / シリカライニングステンレス鋼で作製できるが，より長いカラムはステンレス製またはニッケル製であり，これは充塡のためにまっすぐにすることができる．カラムにはポリテトラフルオロエチレン（テフロン®）製のものもある．不活性という点で，長いカラムにはガラスが依然として好まれている．充塡カラムの分離度は，カラム長の平方根に比例して増加する．長いカラムは高圧と長い分析時間を必要とし，必要なときにだけ使用される（たとえば，あまり保持されない試料成分は適当な保持を達成するのにより多くの固定相を必要とする）．分離は，たとえば，1 m または 3 m のように，一般的に 3 倍ごとの長さのカラムを選択することによって試みられる．短いカラムで分離が完全でなければ，次は長いカラムが試される．

充塡カラムは大きな試料サイズで使用でき，使いやすい．

カラムは，それ自身が固定相としてはたらく小さな粒子で充填される（吸着クロマトグラフィー：adsorption chromatography）か，さらに一般的には極性の異なる不揮発性の液相で粒子がコーティングされる（分配クロマトグラフィー：partition chromatography）．気-固クロマトグラフィー（gas-solid chromatography：GSC）は，H_2，N_2，CO_2，CO，O_2，NH_3，CH_4 や揮発性炭化水素のような小さな気体状の成分の分離に有効である．ここでは，アルミナ Al_2O_3 のような表面積の大きな無機充填剤やポーラスポリマー（たとえば，Porapak® Q：堅い構造と特定の細孔径を有する多環芳香族系架橋樹脂）が使われる．気体分子は，粒子上への吸着による保持力の差に基づいて，サイズにより分離される．気-固クロマトグラフィーは，水溶液試料によく使われる．

液相のための固体担体は，化学的に不活性で液相によって濡れることができる大きな表面積を有していなければならない．担体は，熱的に安定で均一なサイズのものが入手できなければならない．もっともよく使用される担体は，海綿状の珪藻土から調製されている．それらはさまざまな商品名で売られている．Chromosorb® P は，ピンク色をした珪藻土で破砕した耐火れんがから調製される．Chromosorb® W は，アルカリ溶融剤とともに加熱して酸性度を下げたものであり，淡い色をしている．Chromosorb® G は，GC 用に特別に開発された最初の担体で，Chromosrob® W の低吸着特性を有する一方で高い効率と扱いやすさをあわせもっている．一般的に，上のすべての担体は，酸洗浄しないもの，酸洗浄したもの，ジメチルクロロシラン（DMCS）で表面をシラン化（これにより極性が著しく低下する）したもの，および高性能タイプ（HP，均一の微粒子）のものが市販されている．Chromosorb® 750 は非常に不活性で，酸洗浄と DMCS 処理を行った効率のよい担体である．Chromosorb® T は永久ガス（ヘリウムや窒素，酸素など液化しにくい分子）と小さな分子を分離するのに有効で，ポリテトラフルオロエチレンの粒子でできている．Chromosorb® P は Chromosorb® W よりもずっと酸性であり，とくに塩基性官能基を有する極性溶質と反応する傾向にある．

カラム充填剤担体材料は，アセトンやペンタンのような低沸点の溶媒に溶解した適正な量の液相と混合して，コーティングされる．約 5～10％（wt/wt）のコーティング剤により薄層を形成する．コーティング後，溶媒は加熱やかくはんにより蒸発する．最後に残った少量の溶媒は真空下で除去される．新しく調製されたカラムは，できれば検出器などに接続する前に，キャリヤーガスを通しながら高い温度で数時間コンディショニングする．液相の選択については，のちほど議論する．

良好に充填するためには，粒子のサイズは均一でなければならない．直径にして 60～80 メッシュ（0.25～0.18 mm），80～100 メッシュ（0.18～0.15 mm），または 100～120 メッシュ（0.15～0.12 mm）の範囲のものがある．さらに小さな粒子は大きな圧力損失が発生するので実際的でない．

キャピラリーカラム：もっとも広く利用される

1957 年にゴーレイ（Marcel Golay）は，"Vapor Phase Chromatography and the Telegrapher's Equation（蒸気相クロマトグラフィーと電信方程式）" というタイトルの論文［*Anal. Chem.*, **29**（1957）928］を発表した．彼の式は，内壁に保持された固定相をもった細い中空カラムにおいては段数が増加することを予言した．

キャピラリーカラムは，充填カラムと比較して非常に高い分離度を達成できる．

ゴーレイ（Marcel J. E. Golay）キャピラリー GC の発明者で，キャピラリー GC カラムの理論を初めて確立した．彼は初期のステンレス鋼カラムで有名である．E. R. Adlard, *LC GC North America*, **24**(10), October (2006) 1102 より，許可を得て転載．

多流路(渦拡散)によるバンドの拡がりは除去されるであろう．また，細いカラムにおいて，分子は拡散距離が短いので物質移動速度が増大する．さらに，圧力損失が減少するので，より大きな流速が使用できる．これは分子の拡散を低減させる．ゴーレイの研究は，今日非常に高い分離度を与え，GC分析の大黒柱となったさまざまな**中空カラム**(open-tubular column)の開発につながった．これらのカラムは，壊れやすいシリカキャピラリーの保持と保護のために外面にポリイミドポリマーをコーティングした細い溶融シリカ(SiO_2)からできている．そのため，キャピラリーカラムはコイル状に保持できる．ポリイミド層は，カラムを茶色がかった色にし，しばしば使用中に薄黒くなる．キャピラリーの内壁は，シラノール基(Si-OH)とシラン型の試薬(たとえば，ジメチルクロロシラン：DMCS)との反応によって化学的に処理され，試料とチューブ表面にあるSi-OHとの相互作用を最小にする．

キャピラリーは，ステンレス鋼またはニッケルでもつくられる．ステンレス鋼は多くの化合物と相互作用するため，ジメチルクロロシランで処理することにより不活性化され，これにより固定液相の結合が可能なシロキサン層が形成される．ステンレス鋼カラムは，一般的ではないが，溶融シリカカラムよりも頑健で，非常に高い温度を必要とする実験に使用できる．

キャピラリーは，内径が0.10〜0.53 mm，長さが15〜100 mであり，数十万段，場合によっては100万段を達成することができる．それらは，およそ0.2 m径のコイルとして売られている(**図20.4**)．キャピラリーカラムは，狭いピークで高分離度，短い分析時間および高感度(キャピラリーGC用に設計された最新の検出器使用)などの利点を有するが，試料が多すぎると容易に過負荷となる．スプリットインジェクターは，全般的に過負荷の問題を軽減する．

図20.5は，充塡カラム(6.4 mm×1.8 m)から，非常に長いがかなり内径の大きなステンレス鋼キャピラリーカラム(0.76 mm×152 m)および内径が小さいが短いガラスキャピラリーカラム(0.25 mm×50 m)に移行した場合の分離能の改善を示している．カラムが細くなるにつれて，キャピラリーカラムが短くなっても分離度が増加することに注意してほしい．

3種類の中空カラムがある．**WCOT**(wall-coated open-tubular)カラムは，キャピラリーの内壁にコーティングされ保持された薄い液体の膜を有している．内壁は，液相の希釈溶液をゆっくりとカラムに通すことによってコーティングされる．溶媒は，カラムにキャリヤーガスを通すことにより気化される．コーティングに続いて，液相は内壁に架橋される．その結果，固定液相は0.1〜5 μmの厚みとなる．WCOTカラムは，典型的には5000段/mを有する．それゆえ，たとえば50 mのカラムは25万段を有することになる．

SCOT(support coated open-tubular)カラムにおいては，固定相としてコーティングされた固体微粒子が(充塡カラムとよく似ている)，キャピラリーの内壁に貼りつけてある．これらは，WCOTカラムより高い表面積を有し，大きな試料容量をもつ．これらのチューブの径は，0.5〜1.5 mmでWCOTカラムより大きい．小さな圧力損失と長いカラムの利点は維持されているが，カラムの試料容量は充塡カラムのそれに近い．流量は比較的大きく，入口や検出部での連結部の空隙体積(void volume)による問題は少ない．試料体積が0.5 μLまたはそれ以下であれば，多くの場合試料のスプリットは必要ない．分離に10000段以上を要

図20.4 キャピラリーGCカラム
[Quadrex社，Woodbridge, CTの厚意による]

膜厚を増加させると試料容量は増加するが，段高と保持時間も増大する．

中空カラムの分離度は，WCOT > SCOT > PLOTとなる．SCOTカラムは，充塡カラムに近い試料容量を有している．

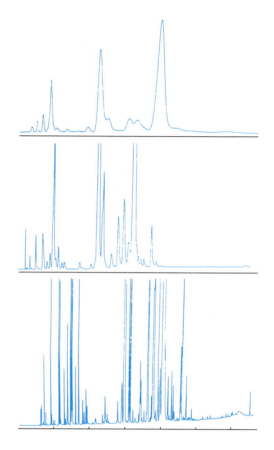

図20.5 三世代のガスクロマトグラフィー

ペパーミントオイルの分離. 上：1/4インチ内径×6フィート (6.35 mm 内径×1.83 m) 充填カラム，中：0.03 インチ内径×500 フィート (0.76 mm 内径×152 m) ステンレスキャピラリーカラム，下：0.25 mm 内径×50 m ガラスキャピラリーカラム

[W. Jennings, *J. Chromatogr. Sci.*, **17** (1979) 363 より Preston Industries 社の一部門である Preston Publications の許可を得て転載]

するならば，充填カラムに代わって SCOT カラムを考慮するべきである．

第三のタイプ，吸着クロマトグラフィーに用いられる **PLOT** (porous layer open-tubular) カラムは，固相微粒子がカラム内壁に貼りつけられている．アルミナやポーラスポリマー（分子ふるい）が使用される．これらのカラムは，充填 GSC カラムと同様，永久ガスや揮発性炭化水素に有用である．中空カラムの分離効率は，一般的に次の順である．WCOT > SCOT > PLOT．ワイドボア（口径が広い）中空カラム (0.5 mm) は，SCOT や充填カラムの試料容量に近い，5 μm までの比較的厚い固定液相をもったものとして開発されているが，分離度は低下する．多くのワイドボアカラムは厚い膜厚をもったものが利用される．

カラムは過負荷が起こるまで，分析成分の注入に耐えることができる．過負荷によりピークのひずみや拡がりが生じ，保持時間が変化する．試料容量は，およそ 100 ng (0.25 μm 厚みの固定相，0.25 mm 内径のカラム) から，5 μg (5 μm 厚みの固定相，0.53 mm 内径のカラム) までの範囲である．

中空カラムはガスクロマトグラフィー分離の大黒柱であるので，多くのメーカーにより生産されている．おもなものには，Agilent Technologies 社，Perkin-Elmer Instruments 社，Phenomenex 社，Quadrex 社，Restek 社，SGE 社および Sigma-Aldrich (Supelco) 社などがある．

固定相：異なる分離に対する鍵

ガスクロマトグラフィーに対して1000種以上の固定相が提案され，多くの固定相が市販されている．数百もの固定相が充填カラムに使用されてきたが，これは全体の効率が低いことにより必要とされたもので，固定相の選択は必要とされる選択性を達成するのに重要である．試行錯誤の技術に頼らずに，液体固定相を適正に選択するために，いくつかの試みがなされてきた（下記参照）．

相は，"似たものは似たものを溶かす（like dissolves like）"を念頭におきながら，極性に基づいて選択される．すなわち，極性固定相は極性化合物とより強く相互作用をし，その逆も同様である．溶質がある程度の溶解度をもつ相が選択されなければならない．無極性固定相は，溶質と溶媒との間の作用がほとんどないので一般的に選択性がない．そのため，分離は溶質の沸点の順に従い，低沸点のものが先に溶出する．極性液相は，溶質と双極子相互作用，水素結合，誘起効果などのいくつかの相互作用を示し，保持係数と揮発性との間に相関がない．

溶融シリカカラムの場合，たいていの分離が各種極性を有する10種類にも満たない固定相で達成できる．これは，分離能が非常に高いからであり，固定相の選択性はあまり重要ではない．固定相は，液体またはゴム質の熱的に安定な高分子である．もっとも一般的な相は，ポリシロキサンやポリエチレングリコール（Carbowax®）である．前者がもっとも広く使用されている．ポリシロキサンは次の骨格を有している．

> 液体固定相は極性に基づいて選択され，溶質の相対的極性によって決定される．

> ポリシロキサンはキャピラリーGCのもっとも一般的な固定相である．

$$\left[-\text{O}-\underset{\underset{R_2}{|}}{\overset{\overset{R_1}{|}}{\text{Si}}}- \right]_n$$

極性を決定する官能基Rにはメチル基（$-CH_3$），フェニル基（—◯），シアノプロピル基（$-CH_2CH_2CH_2CN$），およびトリフルオロプロピル基（$-CH_2CH_2CF_3$）などがある．**表20.1**には，よく使われる固定相をまとめてある．シアノ基を有するものは，水や酸素によって攻撃を受けやすい．Carbowax®は，操作温度では液体でなければならない．フェニル基やカルボラン基をシロキサンポリマー骨格に導入することにより，ポリマー骨格が強くなり，硬くなる．これにより，高温下での固定相の分解が抑制され，結果としてカラムのブリーディング（固定相の蒸発による損失）が少なくなる．これらのカラムは，検出のために高感度な質量分析計と連結するさいに重要である（22章参照）．このとき，ブリーディングを最小にしなければならないからである．イオン液体（IL）固定相は，ほかの多くの固定相とは異なる選択性を与える，最近導入された固定相のグループである．それらは酸素や水に不活性である．それらの極性は，中〜非常に高極性の範囲にある．表20.1の最後の固定相は，ずば抜けて極性が高い．カルボランに続いてIL固定相は高い熱的安定性を有しており，ブリーディングが少ないので，多くのGCにおけるもっとも一般的な検出器である質量分析計による検出に適合する．

多くのメーカーがキャピラリーGCカラムについて非常に有用な指針を提供している（参考文献9〜10）．

表20.1 キャピラリー溶融シリカ固定相

相	極性	用途	最高使用温度 /°C
100％ジメチルポリシロキサン	非極性	ルーチン使用の基本的な一般目的の相，炭化水素，多環芳香族，PCB	320
ジフェニル，ジメチルポリシロキサン	低極性($x = 5$) 中極性($x = 35$) 中極性($x = 65$)	一般目的，良好な高温特性，農薬	320 300 370
14％シアノプロピルフェニル-86％ジメチルシロキサン	中極性	EPA608 および 8081 方法にリストされた有機塩素農薬の分離，水分と酸素による損傷を受けやすい	280
80％ビスシアノプロピル-20％シアノプロピルフェニルポリシロキサン	非常に高極性	遊離酸，多不飽和脂肪酸，アルコール，水やメタノールのような極性溶媒を避ける	275
アリレン	Rを変えることにより極性が変化する	高温，低いブリーディング	300〜350
カルボラン 白丸：ホウ素 青丸：炭素	Rを変えることにより極性が変化する	高温，低いブリーディング	430
ポリエチレングリコール(Carbowax®)	非常に高極性	アルコール，アルデヒド，ケトンや，キシレンのような芳香族異性体の分離	250

表 20.1 つづき

相	極性	用途	最高使用温度 /°C
イオン液体	極性	良好な一般目的のための固定相．アルコール，脂肪酸メチルエステル(FAME)，芳香族化合物，農薬など．ほかのほとんどの相と比べて，非極性化合物に対して低保持を示し，高極性化合物に対して大きな保持を示す．	360
	高極性	非常に高い極性によりほとんどの有機溶媒からの水の分離が可能	300

液体固定相の保持指標

　無数にある固定相から適切な充塡カラム固定相を選択するのは大変難しく，挑戦的な課題と言える．保持特性，たとえば，極性に従って相を分類する方法が開発された．**コヴァッツ指数**［Kovats index，コヴァッツ保持指数（Kovats retention index：KRI）］や**ロールシュナイダー定数**（Rohrschneider constant）は，異なる材料を分類するのに使われている二つのアプローチである．Supina と Rose は，充塡カラム GC で使われている 80 種の一般的な液相についてロールシュナイダー定数を表にした（参考文献 8）．これによって，ある特定の液相を試してみる価値があるかどうかを，一見するだけで決定することができる．同じくらい重要なこととして，非常に似ていて，商品名のみが異なる相を同定するのも容易となる．マクレイノルズ（McReynolds）は，相を**マクレイノルズ定数**（McReynolds constant）により記述する同様なアプローチを行った（参考文献 7）．マクレイノルズは，テスト化合物の標準セットを使用して，20％固定液相を負荷したカラムにおける 120℃ での保持時間の測定結果に基づいて固定相を分類した．

　コヴァッツ保持指数（KRI）はもともとは液相を分類し，異なる試料成分の保持挙動を比較するために開発されたが，一般的な仕組みはキャピラリー GC に適応できる．KRI は，おもに同じカラムにおいて 1 セットの既知の標準の保持と未知成分の保持とを比較することによって，未知成分を同定する手段を提供するために考案された．n-アルカン（パラフィン）がコヴァッツスケールの標準として使われている．KRI は I によって表示され，たんに $100 \times$ 炭素数となる（アルカン C_nH_{2n+2} の KRI は $100n$ である）．等温条件におけるパラフィンの補正保持時間の対数は KRI と直線関係にある（一般に，同族の一連の化合物群であれば，化合物の種類によらず成り立つ）．そのため，他のどんな化合物の KRI でも，その $\log t'_R$ に基づいて単純に決定できる．未知成分の KRI はパラフィンの挙動を示す線上に，$\log t'_{R,\text{unk}}$ をプロットすることにより求められる．数学的には，もし $\log t'_{R,\text{unk}}$ が，n および $n+1$ の炭素数をもつパラフィンの補正保持時間の間になるならば，未知成分の KRI は次式で表される．

$$I_{\text{unk}} = 100\,n + \frac{\log t'_{R,\text{unk}} - \log t'_{R,C_n}}{\log t'_{R,C_{n+1}} - \log t'_{R,C_n}} \times 100 \qquad (20.1)$$

多くの分析成分について，多数のカラムの KRI が表になっているので，未知成分について複数の異なるカラムでその KRI を求めると，それらの値からその化合物を同定することができる．等温操作は大きな分子量範囲にわたる化合物にとっては実際的ではない．特別な温度プログラミング条件における表のデータも利用できる．

ロールシュナイダーは，特別な化合物群に対する，固定相の極性と選択性を定量化するシステムの構築を試みた．これは，さらにマクレイノルズによって相を特徴づける 10 個の化合物(ベンゼン，1-ブタノール，2-ペンタノン，ニトロプロパノン，ピリジン——しばしば，これらの五つの化合物のみで十分な情報を提供すると考えられる．もとの 10 個の化合物には，さらに 2-メチル-2-ペンタノール，1-ヨードブタン，2-オクチン，1,4-ジオキサンおよび cis-ヒドリンダンも含まれる)を使用して開発された．あるカラムにおけるあるプローブ化合物のマクレイノルズ定数(MRC)は，そのプローブに対するそのカラムと標準カラム[通常スクアラン(6 個の等間隔の二重結合を有する C30 炭化水素)固定相が用いられる]の KRI の差異である．これはカラムの相対的極性の指標である．この 10 個の標準化合物群は，固定相とプローブ分子との間の分子間相互作用の程度を測定するのに役立つ．MRC が高いほど分析成分の極性が高く，20％スクアラン固定相と比べてテスト固定相における MRC が高いほど，テスト固定相の極性が高い．たとえば 20％スクアラン固定相において，ベンゼンの KRI は 649 である．また，n-ヘキサンおよび n-ヘプタンは KRI の定義値である 600 と 700 をとる．同じ炭素原子数であるがベンゼンは n-ヘキサンよりも大きな KRI をとる．同じ条件下で，ベンゼンのジノニルフタレートおよび SP-2340 固定相における KRI はそれぞれ 733 および 1169 である．つまり，ジノニルフタレートはスクアランよりも極性の高い固定相で，SP-2340 はさらに高い極性をもつ．

KRI および MRC の実際の応用には，異なる固定相の類似性の比較や極性のランクづけおよび分析成分の保持順の予測が含まれる．KRI およびロールシュナイダー / マクレイノルズ定数とそれらの使い方を考察し，広範囲のデータを表にする優れた参考文献は，原書 web サイトよりアクセスできる(参考文献 11)．より学術的な記事は公式な IUPAC(国際純正・応用化学連合)の出版物(参考文献 12)を参照されたい．

分析成分の揮発性

上記の議論では，効率的な分離を得るさいの固定相(および分析成分)の極性の役割を強調した．ほかの重要な因子は，分析成分の相対的な揮発性である．揮発性がより高い化学種は，より低い揮発性の成分よりもカラムをより速く移動する傾向がある．気体成分，とくに CO のような小さな分子は，速く移動する．保持係数 k [式(19.12)参照]は，揮発性と次のような関係がある．

$$\ln k = \Delta H_v / RT - \ln \gamma + C$$

ここで，ΔH_v は分析成分の蒸発熱であるので，値が高い(沸点が高い)と低い揮発性となり，k は大きくなる．温度 T の増加は保持に対する ΔH_v を減少させる．$\ln \gamma$ 項は，分析成分-固定相相互作用(極性など)の関数であり，また純粋で不希

釈分析成分の場合の 1 以下の活量項である．分析成分が希薄な場合，相互作用が増大し，k を増加させる．また，C は定数（および R は気体定数）である．きわめてわずかな沸点選択性と分離調節能力が，式中の T に依存する項によって与えられる．これは，温度プログラミング（以下参照）を行う理由となっている．分析成分の揮発性は誘導体化によって大きく変化させることができる．トリメチルシリル基を導入するシリル化は，揮発性に加えて検出感度をも増大させるのに広く使われている．同じ炭素原子の数では，揮発性は酸化の割合を増加させるにつれて減少する．25℃ における n-テトラデカンの蒸気圧は 20 mTorr（2.6 Pa）であるが，末端をアルデヒド，アルコール，硝酸塩とすると蒸気圧はそれぞれ 3，0.8 および 0.2 mTorr（0.4，0.1，および 0.03 Pa）に減少する．カルボン酸に至っては 7 μTorr（0.9 mPa）にまで落ち込む．参考までに，n-ペンタデカンは，4 mTorr（0.5 Pa）の蒸気圧を有する．

このように，クロマトグラフィーの条件（カラム，温度，キャリヤー流量）の選択は，化合物の揮発性，分子量および極性を考慮する必要がある．

> Torr は伝統的な圧力の単位で，今では正確に標準気圧の 1/760 として定義されているが，1 気圧（1 atm）は 101325 Pa である．それゆえ，1 Torr は約 133.3 Pa で，およそ 1 mmHg に等しい．

20.3　ガスクロマトグラフィー検出器

GC による最初の実験が始まって以来，多くの検出器が開発されてきた．なかには一般的なほとんどの化合物に応答するように設計されたものもあれば，特定の種類の物質のみに選択的であるように設計されたものもある．より広く使用されている検出器についていくつか記述する．**表 20.2** は，応用，感度および直線性について，一般に使用されている検出器をまとめ，比較してある．

最初の GC 検出器は，**熱伝導度検出器** [thermal conductivity detector：TCD，**熱線検出器**（hot wire detector）] であった．ガスが加熱されたフィラメント線を通過するさい，線の温度，つまり抵抗は，ガスの熱伝導率に従って変動する．この検出器では，通常，参照側と試料側の二つの流路をもつ構成をとる．純粋なガスが一方のフィラメントを通過し，試料成分を含む溶出ガスがもう一方のフィラメントを通過する．これらのフィラメントは，ホイートストーンブリッジ回路（参考文献 13）の反対側のアームに位置し，検出フィラメントの抵抗が変化するさい，電圧を発生する．キャリヤーガスのみが流れている場合は，線の抵抗は同じである．しかし，試料成分が溶出するときは小さな抵抗変化が溶出アームに生じる．抵抗の変化（それは試料成分のキャリヤーガス中の濃度に比例する）は，データシステムによって記録される．TCD は気体混合物および CO_2 などの永久ガスの分析にとくに有効である．

水素およびヘリウムキャリヤーガスは，熱伝導度検出器では好まれる．というのは，それらは，そのほかのほとんどのガスと比べて，きわめて高い熱伝導率を有しているからである．また，それゆえに，試料成分ガスの存在下でもっとも大きな抵抗変化が起こる（安全性の理由でヘリウムがより好まれる）．水素およびヘリウムの熱伝導率は，それぞれ 100℃ で 53.4×10^{-5} および 41.6×10^{-5} cal ℃$^{-1}$ mol^{-1}（SI 単位では，それぞれ 0.224 と 0.174 W m^{-1} K^{-1}）であるのに対し，アルゴン，窒素，二酸化炭素，およびほとんどの有機系蒸気は，典型的にはこれらの値の 1/10 である．熱伝導度検出器の利点は，その単純さとほとんどの物質に対しておおよそ等しい応答となる点である．また，その応答は非常に再現性がある．

> 熱伝導度検出器は安価でどのような成分とも応答を示すが，あまり感度が高くない．

表 20.2 おもなガスクロマトグラフィー検出器の比較

検出器	応用	感度と範囲	直線性	備考
熱伝導度検出器 (TCD)	一般的，すべての物質に応答	よい，5～100 ng，10 ppm～100%	よい，高温でのサーミスターを除く	温度や流量変化に敏感，濃度感応型
触媒燃焼検出器 (CCD)	FID に非常に類似	よい，TCD に非常に類似	よい	高い試料濃度で焼損する傾向
水素炎イオン化検出器 (FID)	すべての有機化合物．いくつかの酸化生成物の応答はよくない．炭化水素に良好に応答	非常によい，10～100 pg，10 ppb～99%	非常によい，10^6 まで	非常に安定なガス流量が必要，水への応答は炭化水素の 10^4～10^6 倍弱い，質量感応型
炎光光度検出器 (FPD)	硫黄化合物 (393 nm)，リン化合物 (526 nm)	非常によい，S：10 pg，P：1 pg	きわめてよい	
熱イオン化検出器	すべての窒素およびリン含有化合物	きわめてよい，0.1～10 pg，100 ppt～0.1%	きわめてよい	ナトリウム塩のスクリーン上への再コーティングが必要，質量感応型
熱イオン化窒素-リン検出器 (ケイ酸ルビジウムビーズ)	窒素およびリン含有化合物に特異的	きわめてよい		質量感応型
アルゴンイオン化検出器 (β線検出器)	すべての有機物質．超高純度ヘリウムキャリヤーガスが必要，無機おもな永久ガスにも応用可能	非常によい，0.1～100 ng，0.1～100 ppm	よい	不純物や水に非常に敏感，非常に高純度なキャリヤーガスが必要，濃度感応型
電子捕獲型検出器 (ECD)	電子を捕獲する親和性を有するすべての物質．脂肪族炭化水素およびフラン系炭化水素に応答なし	ハロゲンを含む物質にきわめてよい，0.05～1 pg，50 ppt～1 ppm	悪い	不純物と温度に非常に敏感，定量分析が複雑，濃度感応型
真空紫外吸収検出器	不活性なガスおよび窒素を除くほとんどすべての物質	きわめてよい，pg レベルまで	10^4 までよい	最近導入された検出器，広く汎用的な応用域，スペクトルマッチングに基づく構造情報を提供
質量分析計	ほとんどすべての物質．イオン化法に依存	きわめてよい	きわめてよい	構造および分子量情報を提供

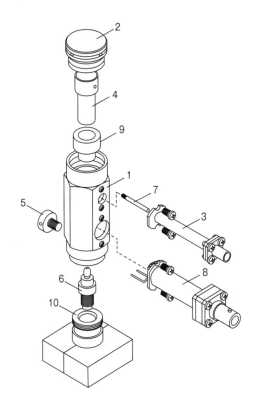

図 20.6 水素炎イオン化検出器
1：検出器本体，2：煙道，3：電気信号取得ユニット，4：コレクティング電極，5：保持ねじ，6：ジェット（ここからフレームが発する），7：コレクティング電極，8：フレーム点火器，9：セラミック絶縁体，10：検出器台座
[Thermo Fisher Scientific 社の厚意による]

しかしながら，あまり感度の高い検出器ではない．

ほとんどの有機化合物は，フレーム中でイオン，一般的には CHO^+ のような陽イオンを形成する．極端に感度のよい検出器である**水素炎イオン化検出器**（flame ionization detector：FID）はこの現象を利用している（**図 20.6**）．イオンは，負に帯電した一対の電極により集められ測定される．その応答（集められたイオンの数）は，試料中の炭素原子の数および炭素の酸化状態に依存する．完全に酸化された原子は，イオン化しない．そして，酸化状態の低い炭素の数がもっとも多い化合物が，最大のシグナルを与える．この検出器は，感度が優れており，ppb 濃度範囲の成分の測定が可能である．これは，熱伝導度検出器よりもおよそ 1000 倍高感度である．しかしながら，直線範囲は比較的狭く，また，純粋な液体の試料は 0.1 μL またはそれ以下に制限される．キャリヤーガスはそれほど重要ではない．ヘリウム，窒素，およびアルゴンがもっとも頻繁に使われる．水素炎イオン化検出器は水を含むほとんどの無機化合物には感度がないので，水溶液を用いることができる．空気の代わりに酸素をフレーム補助ガスに使うと，多くの無機化合物が検出できる．これは，より温度の高いフレームが生成し，それらをイオン化できるからである．

硫黄とリン化合物は，FID タイプのフレーム中で燃焼されると，393 nm（硫黄）および 526 nm（リン）で発光する化学発光種を生成する．光学干渉フィルターで適切な光を高感度な光子検出器である光電子増倍管に通す．これらの検出器は，**炎光光度検出器**（flame photometric detector：FPD）として知られている．

FPD を用いた硫黄の検出では，励起二原子硫黄（S_2^*）から発光が生じる．その結果，発光シグナルは硫黄の濃度に比例せず，その濃度の 2 乗に比例する．これ

水素炎イオン化検出器は，汎用的かつ高感度であるため，もっとも一般的に使用される汎用的検出器である．

は二つの硫黄原子が結合してS_2を生成する確率が，濃度の2乗に比例するためである．この濃度のべき乗のシグナル依存性は感度を増加させる特殊な方法につながる．もしキャリヤーガスに小濃度の硫黄化合物（たとえば，1 ppb の六フッ化硫黄 SF_6）を含ませると，実際に硫黄化合物を検出する感度は増大する．キャリヤーガスが硫黄を含んでいないならば，バックグラウンドの硫黄はゼロであり，1 ppb および 3 ppb の硫黄を含む試料からの応答は，任意の単位で 1 および 9 であろう．もしキャリヤーガスが 1 ppb の硫黄を含んでいるならば，1 ppb および 3 ppb の試料が溶出するさいにはトータルの濃度が 2 ppb および 4 ppb となり，4 および 16 単位のシグナルを生成する．すると正味のシグナルの大きさは 3 および 15 単位となり，硫黄を含まない場合と比べてかなり大きくなる．このように，バックグラウンドにほかの化合物を慎重に加えた場合の有益な効果は特筆すべきである．

触媒燃焼検出器（catalytic combustion detector：CCD）は対象化合物の種類に関してはFIDのように応答し，TCDの感度を有する．検出器は非常に小さく（通常は 1 cm 径），検出素子は貴金属触媒を含むアルミナに埋め込んだ白金線コイルからなる．これは空気をキャリヤーガスに用いるGCでの使用に適している．ほかのキャリヤーガスを使う場合，検出器の前で空気を加える．操作中，ヒーターにより粒子は 500 ℃ に加熱される．この温度は空気と触媒の存在下で炭化水素が容易に酸化（燃焼）するのに十分である．この燃焼熱は白金フィラメントの温度を増加させ，その抵抗変化を通して検出される．そのような検出器では，過多な試料を注入しないように注意する必要がある．過剰の熱の発生により，検出フィラメントが破壊されてしまう．

熱イオン化検出器（flame thermionic detector）は，2段のフレームイオン化検出器からなり，窒素やリンを含む物質に対してとくに高感度な応答を与える．第二のフレームイオン化検出器が第一の検出器の上部に取り付けられ，フレームガスが第一の検出器から第二のフレームに入る．それら2段のステージは，アルカリ金属塩または水酸化ナトリウムのような塩基でコーティングされた金属線網目スクリーンで分けられている．この検出器は窒素-リン検出器（nitrogen-phosphorous detector：NPD）としても知られる．

カラム溶出物は，通常のFIDとして作用する下側のフレームに入り，シグナルが記録される．スクリーンからのナトリウムの蒸発とイオン化により，通常は小さな電流が第二のフレームに流れる．しかしながら，窒素あるいはリンを含んでいる物質が下段のフレームで燃焼されると，それらに由来するイオンは，スクリーンからのアルカリ金属の気化を大きく促進する．この結果，下段のフレームの窒素やリンに対する応答よりもずっと大きな応答シグナル（少なくとも100倍）を与える．両フレームからのシグナルを記録することによって，下段のフレームからFIDの通常のクロマトグラムを得ることができ，窒素およびリンを含む化合物が溶出するときのみ下のチャンネルと比較して上のチャンネルから顕著な応答が現れる．

β線検出器［**アルゴンイオン化検出器**（argon ionization detector）］では，試料は放射線源（たとえば，ストロンチウム-90）からのβ線の衝突によりイオン化される．キャリヤーガスはアルゴンで，アルゴンはβ線により準安定状態に励起される．アルゴンは 11.5 eV の励起エネルギーをもっており，ほとんどの有機化合物

のイオン化エネルギーより大きく，試料分子は励起されたアルゴン分子と衝突するとイオン化される．イオンはFIDと同じ方法で検出される．この検出器はTCDよりも約300倍高感度である．**ヘリウムイオン化検出器**（helium ionization detector：HID）は，HeがArの代わりに使用されること以外は同じ原理で作動する．**放電イオン化検出器**（discharge ionization detector：DID）は，電気放電によって励起ヘリウム原子が生成し，これらが試料分子をイオン化する．

電子捕獲型検出器（electron capture detector：ECD）は，電気陰性度の高い原子を含む化合物に対してきわめて高感度であり，選択的である．アルゴンガスを添加した窒素あるいはメタンをキャリヤーガスとして使用する以外は，設計上β線検出器と似ている．これらのガスはアルゴンと比べて低い励起エネルギーを有し，高い電子親和性をもつ化合物のみが電子を捕捉することによってイオン化される．多くのECDはヘリウムをキャリヤーガスとして，窒素を検出器のメークアップガスとして使用する．

検出器の陰極は，β線を発生する元素（通常はトリチウムかニッケル-63）が含浸された金属箔からできている．前者の同位体は後者より大きな感度を与えるが，高温ではトリチウムの損失があるので最高使用温度は220℃である．一方，ニッケル-63は350℃までの温度で日常的に使用される．また，ニッケル源はトリチウム源よりも洗浄が容易であり，これらの放射線源は，β線発生強度，すなわち，感度を減少させる表面膜を必然的に形成する．β線源は安全性の理由のため密閉された形で使用される．

セルは通常電圧がかかっており，分極している．陰極の線源から発生した電子（β線）がガス分子と衝突し，電子を放出させる．その結果生じた熱電子のカスケードが，陽極に引きつけられ，定常電流を発生させる．電子親和性のある化合物がセルに導入されると，電子が捕捉され，陰イオンが生成する．その陰イオンは，電子よりもサイズがずっと大きいため，電場中の移動度が電子よりも10万倍も小さい．その結果，ECDを通過する試料成分が定常電流の減少となって検出される．

高い電気陰性度を有する化合物は比較的少なく，そのため電子捕獲はきわめて選択的で，非捕捉物質の存在下で微量成分の定量が可能である．高い電子親和性の原子や官能基には，ハロゲン，カルボニル，ニトロ基，ある種の縮合環芳香族およびある種の金属が含まれる．ECDは，農薬やポリ塩化ビフェニル（PCB）の検出に広く用いられている．ECDの感度は，芳香族以外の炭化水素に対しては非常に低い．

多くの分析試料はECDによって直接検出されないが，適当な誘導体を調製することによって定量される．たとえば，重要な生体物質は，低い電子親和性を有している．コレステロールのようなステロイドは，クロロ酢酸塩誘導体にすることによって定量できる．クロム，アルミニウム，銅およびベリリウムなどの微量金属は揮発性のトリフルオロアセチルアセトンキレートにすることによって，ngやpgのレベルで定量できる．汚染された魚に存在する塩化メチル水銀は，ngレベルで定量できる．

ガスクロマトグラフは，元素検出のために原子分光装置と連結してもよい．クロマトグラフィーは異なる形態の元素を分離するのに使用され，原子分光検出は元素を同定する．この強力な結合は，異なる形態の環境中有害元素のスペシエーション分析（speciation analysis：化学形態別分析）に有用である．たとえば，ヘリ

ECDはハロゲン含有化合物，たとえば，農薬に対して非常に感度がよい．

ラブロック（James E. Lovelock，左）とズラトキス（Albert Zlatkis）．ラブロックは電子捕獲型検出器を発明した．ズラトキスが電子捕獲型検出器をもっている．[E. R. Adlard, *LC GC North America*, **24** (10) October (2006) 1102より許可を得て転載]

クロロフルオロカーボン（CFC）は，1928年General Motors社において，ミジリー（Thomas Midgley）によって初めて製造された．それらは，低い沸点と低い毒性を有し，とても非反応性であったため最高の冷媒となった．1930年の米国化学会でミジリーは，一息そのガスを吸ってキャンドルの火を消すことによって，はでやかにこれらの特徴をデモンストレーションした．それらは，エーロゾル噴射剤に用いられた．1970年代までに年間100万t以上が使用され，大気に放出された．それらは反応性がないため，CFCは大気中に残留し測定できるほどになったが，1960年代ではまだ非常に低濃度のこれらの化合物を大気中から検出できる検出器はなかった．

ラブロックは1970年にECDを開発し，大気中のCFCを初めて検出した．彼は使用されている主要なCFCの大気中の濃度が約60pptであることを報告した．当時メタンの大気の濃度は約1.5ppmで，1950年にはメタンを検出することが重視されていた．非汚染大気中か

らCFCを検出したラブロックは，英国政府に対しイングランドから南極大陸行きの船に彼の装置を搭載するためのわずかばかりの研究費を要求した．彼の要求はただちに却下された．ある審査員は，"それはおそらく測定できないであろう．仮に測定できたとしても，利用価値のまったくない小さな知識にすぎないであろう."とコメントした．しかしながら，彼は主張し続けた．彼は自分自身の資金で1971年に実験装置を研究船Shackletonに搭載した．2年後に彼は北大西洋および南大西洋で採取したすべての大気試料中より，CFC-11を検出したことを報告した．のちに，CFCは成層圏で光化学的に分解し塩素原子を生成し，そこでそれらが連鎖反応によりオゾンを破壊することが発見される．オゾン層（われわれを紫外線の照射から保護している）に対するそれらの脅威のため，CFCの生産が段階的に廃止された．ラブロックは"ガイア（地球生命圏）仮説"（個々の有機体は地球上の無機的な周辺物と相互に影響を及ぼし合っており，それが結果的に惑星上での生活条件を維持することに貢献する自己制御型の複雑なシステムを形成しているという仮説）の父でもある．その名による彼の本は古典的名著と考えられている．

ウムマイクロ波誘導**原子発光検出器**(atomic emission detector：AED)は，魚に含まれる揮発性のメチルおよびエチル水銀誘導体を分析するために，GCで分離したあとの検出器として使用されてきた．AEDは多くの元素の原子発光を同時に定量できる．発せられた光は，モノクロメーターを通過し，アレイ検出器によって検出される．また，数種の元素を非常に高感度で同時に検出するために，ガスクロマトグラフは，誘導結合プラズマ質量分析計(inductively coupled plasma-mass spectrometer：ICP-MS)と連結される．ここでは，数元素の化学種の高感度同時検出のため，さらには同じ元素の異なる同位体間を識別するために，原子状の化学種がプラズマから質量分析計に導入される（17章および22章参照）．

ニッチな応用で非常によく利用されている検出器に**硫黄化学発光検出器**(sulfur chemiluminescence detector：SCD)がある．SCDは硫黄化合物の分析においてはもっとも高感度で選択性のあるクロマトグラフィー検出器である．硫黄を含む化合物はまず高温燃焼により硫黄の一酸化物(SO)に変えられる．これをその後オゾンと反応させると，高エネルギーの反応の結果，発光につながるため，その光が光電子増倍管で検出される．異なる化合物中に存在する硫黄に対して比例的かつ等モル応答が観察される．**窒素化学発光検出器**(nitrogen chemiluminescence detector：NCD)も同様にはたらく．窒素を含む化合物から生成したNOがオゾンと反応し，生じた化学発光を検出する．

光イオン化検出器(photoionization detector：PID)は異なるタイプの選択性を提供する．紫外線照射により多くの化合物から電子が脱離し電子と陽イオンを生成する．それはFIDと同様な方法で検出される．カラムからの流出気体は強力な紫外線照射を受ける．検出対象は用いるランプに依存し，現在の装置は，不活性ガスを満たした無電極放電ランプ(EDL，17章参照)を使用している．各分析成分は，それ個有のイオン化エネルギー(IE)をもっている．分析成分が検出されるためには光子エネルギーはIEを超えなければならない．10.6 eVランプ(116.9 nm，クリプトンガス，MgF_2窓)は，ほとんどの揮発性の有機化合物を検出し，かつランプが洗浄しやすいため，もっとも広く使われている．クリプトンランプからは10.0 eV(123.9 nm)の光も照射される．アルゴンランプは，11.7 eV(105.9 nm)の光を照射し，これは，メタノールさえイオン化する．しかし，高価で吸湿性のLiF窓を必要とするため一般的には使用されない．すべてのフレームを用いないイオン化検出器は，試料の非常に小さな割合のみをイオン化し，一般的には非破壊的と考えられている．GCで使用されているほかの非破壊的検出器には吸収分光検出器がある．IRおよびUVの両者，ならびに核磁気共鳴(NMR)もGCの検出器として使われているが，これらはどれも一般的ではない．

GC検出器はしばしば液体クロマトグラフィーの検出にも使用されているが，反対はまれである．一つの例外は，1970年代にPurdue大学の昆虫学者であるホール(Randall C. Hall)によって開発された農薬検出のための溶液用の検出器である**ホール電気伝導度検出器**(Hall electrolytic conductivity detector：HECD)である．HECDは特定の元素の化合物を高感度で検出できる溶液相用の電気伝導度検出器である．この検出器は，炉(500〜1000℃)および電気伝導度セル(1-プロパノールを洗浄溶媒として用いる)の二つから構成される（**図20.7**）．検出器はハロゲン，窒素または硫黄を選択的に検出できる．ハロゲンモードでは，不活性ガスが使用され，熱せられたニッケルの反応管を通すことによって，ハロゲン化炭化水素を

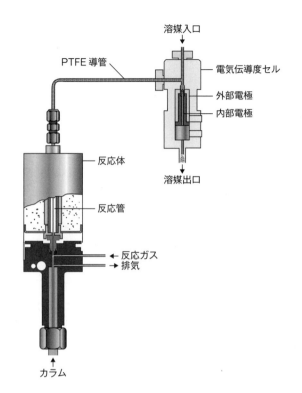

図 20.7 ホール電気伝導度検出器の断面図
[Thermo Fisher Scientific 社の厚意による]

対応する酸(HCl, HBr など)に分解する．硫黄化合物もこれらの条件下で H_2S を生成する．気体は PTFE 導管を通して移動し，洗浄剤としてのわずかに酸性化した 1-プロパノールと T 字管で出合い，電気伝導度セルに進む．溶媒は使い捨てのイオン交換床でリサイクルし再利用される．少量の酸を加えた 1-プロパノールを使用することで H_2S が溶媒に溶解するのを防ぎ，硫黄化合物に対する選択性を提供する．HCl, HBr などはアルコールに溶解すると完全に解離し，電気伝導度を上昇させる．数 pg レベルのハロゲン化有機物が炭化水素に対する識別比 $10^9:1$ で検出できる．窒素モードでは炉はもっと高い温度で操作され(ハロゲン化炭化水素で使用される炉の温度では，NH_3 は十分生成しない)，放出されたガスは $Sr(OH)_2$ で満たされたカートリッジを通過し，酸性ガスが除去される．放出されたアンモニアは，1-プロパノールをわずかに含む(約 15％)弱塩基性の水溶液によって洗浄される．検出限界は pg 範囲で炭化水素に対する識別は $10^5:1$ である．アンモニアは弱い塩基であるので，純プロパノール中のイオン化はさらに小さいため，洗浄溶媒はほとんど水である．直線範囲は，ハロゲンの検出では 6 桁であるのに対して，3 桁である．硫黄モードでは，空気または酸素が加えられ，硫黄は SO_2 または SO_3 に変換される．低い温度では後者の生成が優勢である．1-プロパノールまたはほかのアルコールが洗浄溶媒として使われる．性能と選択性はほかのモードよりも劣る．

GC 用の別のハロゲン選択的検出器は，**乾燥電気伝導度検出器**(dry electrolytic conductivity detector：DELCD)とよばれる．ただし，実際には電気伝導度ではなくハロゲン酸化物(たとえば，ClO_2 や BrO_2)の還元による電流を測定するため，この名称は適切ではない．空気がカラムからの流出気体に加えられ，1000℃ に

加熱されたセラミックチューブを通過すると，ハロゲン化合物は，ほとんど二酸化物に変換される．これらがチューブの出口におかれた Pt 陰極とニクロム陽極の間を通過するときに元素状のハロゲンに還元される．このときの還元電流が測定される．ハロゲン化合物は ppb レベルで検出できる．DELCD は FID のあとにも使用できるが，ほとんどのハロゲンがすでに HCl や HBr に変換され，これらは DELCD には応答しない．約 0.1% のハロゲンが酸化物に変換されるが，ハロゲン化有機物の検出感度は ppm 程度である．

ほとんどの物質に応答する汎用的なモードと高い選択性をもつモードの両方で作動できるもっとも多目的に利用できる検出器の一つに，**パルス放電（イオン化）検出器**［pulsed discharge (ionization) detector：PDD］がある（参考文献 14）．PDD は 1992 年に Houston 大学の William Wentworth によって開発され（参考文献 15），白金電極間のパルス高電圧放電に基づいており，通常ヘリウムキャリヤーガスとともに使用される．励起二原子 He_2 から He 原子基底状態への遷移により，紫外線（60〜100 nm，約 13.5〜17.5 eV）が放出され，この放射は，ネオンを除くすべての元素および化合物をイオン化するのに十分なエネルギーをもっている．PDD は汎用的，選択的あるいは単原子／多原子発光検出器として作動できる．汎用的モードでは，ヘリウムパルス放電光イオン化検出器（helium pulsed discharge photoionization detector：He-PDPID）とよばれる．溶出する分析成分が光イオン化され，その結果生じる電子が下流側の電極間に電流を生む．永久ガスに対する応答が正（定常電流の増加）で，低 ppb 範囲の LOD をもつ．He-PDPID は，フレームと水素の併用による危険を避けたい場合，FID に代わる魅力的な検出器である．PDPID にはアルゴン，クリプトンまたはキセノンを添加したヘリウム放電ガスを用いることができ，このとき，これらのガスの励起原子が生成される．その結果，添加ガスに特徴的なエネルギーをもつ光子が放出され，イオン化される化合物の種類がそれぞれ決まる（前述の PID を参照）．

電子捕捉モード（PDECD）での操作の場合，ヘリウムとメタンが検出器の前で入れられる．そのメタンの存在によって検出電極間に十分な定常電流が発生するフロン，塩素化農薬などのハロゲン化合物は，メタンのイオン化によって生成する電子を捕捉するので（電流が減少するので）非常に高感度に検出される．この場合，LOD は通常の ECD に匹敵し，fg〜pg の範囲にある．検出器は 400℃ までの温度で操作できる．

パルス放電発光検出モード（PDED）は，現在はまだ一般的に使われていない．このモードでは，PDD は末端に石英窓を有し，高エネルギー光子によって励起された分析成分から発せられる発光線をモノクロメーターと検出器によって観測する．初期の装置では，検出器として光電子増倍管が用いられていたが，最近はアレイ検出器がこの検出器においても多く用いられるようになっている．

検出器は，濃度感応型または質量流量（マスフロー）感応型である．濃度感応型検出器からのシグナルは，検出器中の溶質の濃度に関係しており，メークアップガスで希釈することにより減少する．試料は普通は破壊されない．熱伝導度検出器，アルゴンイオン化検出器および電子捕獲型検出器は濃度感応型である．質量流量感応型検出器において，シグナルは，溶質分子が検出器に入る速度に関係しており，メークアップガスにより影響を受けない．こうした検出器は，水素炎イオン化検出器や熱イオン化検出器のように，通常試料を破壊する．当初，分離度

を増加させるために用いられていたダブルカラム GC では，最初のカラムからの溶出分をカットし，第二の分離のために第二カラムに導入していた．最初の検出器は非破壊でなければならない．そうでない場合には，溶出成分は検出前にスプリット（分割）され，一部が第二カラムに入る．現在の GC-GC（以下参照）では，検出器はつねに質量分析計であり，最初のカラムからの溶出分は検出器を通過せずに第二カラムに移る．

GC-VUV

最近開発されたガスクロマトグラフィーの検出の技術に，真空紫外(VUV)分光法がある．おおよそ 120～200 nm の波長範囲の光の吸収を対象とする，VUV 分光法は，かつては特殊なシンクロトロンの施設での研究に制限されていた．そこでは，この短波長の光子は，励起されて極端に高い運動エネルギーをもつ電子から放出される．VUV 分光法の記事は教科書や文献ではほとんど見あたらない．最近になってようやく，いくつかのメーカーが標準的な重水素光源を使うベンチトップの装置を製造した．ランプとセルの窓は MgF_2 からつくられており，短波長の VUV 光の透過を可能にしている．GC は気相の分析成分を分離し，分光計に導くのに理想的な手段を提供する．検出器として VUV は並外れた定量的および定性的能力をもち，多くの最新の GC 検出器と同等か，それを超す性能を備えている．

気相 VUV 分光法のもっとも大きな利点は，すべての分子がこの波長範囲に光吸収を示すことにある．測定が気相でなされるとき，吸収スペクトルはシャープになる（溶液中では，溶媒との相互作用によってスペクトルはなだらかになる）．どの分子も固有のスペクトルをもち，同定に使用できる．1-ナフトールおよび 2-ナフトールの規格化された吸収スペクトルを示す．電子イオン化を用いる標準的な GC-MS はこれらの二つの化合物をフラグメンテーションパターンに基づいて識別することができない．一方，それらの VUV 吸収パターンは非常に異なっている．さらに，VUV における吸収はベールの法則に従うため，定量分析も可能である．論文によると，ほとんどの分子の検出限界は GC-VUV において数十から数 pg の下の方にある．これは質量分析法や水素炎イオン化検出法の能力と同等である．

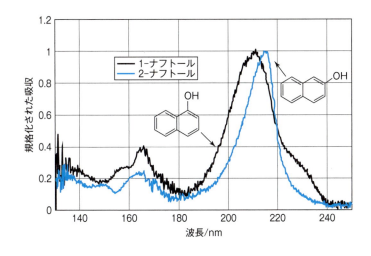

20.4 温度の選択

クロマトグラフィーの条件は，速度，分離度および感度の間における妥協点である．

GCにおける適切な温度の選択は，いくつかの因子の間の妥協によって決まる．**インジェクター[インジェクションポート(注入口)]温度**[injector (injection port) temperature]は，試料の熱的安定性が保てる範囲内で，温度を比較的高く設定することが望ましい．これは，試料がもっとも速く気化し，小さな体積でカラムに導入されることにより，バンドの拡がりを減少させ，高い分離能を得るためである．しかし，注入温度が高すぎると注入セプタムが劣化し，注入口を汚すことになる．**カラム温度** (column temperature) は，スピード，感度および分離度の間の妥協によって決まる．高いカラム温度では，試料成分はほとんどの時間，気相中に存在し，それゆえ試料はすばやく溶出されるが，分離度は低い．低い温度では，試料成分はより広い時間，固定相に存在してゆっくりと溶出する．この場合，分離度は増大するが，ピークの拡がりが増加するので感度は減少する．**検出器温度** (detector temperature) は，試料成分の凝縮を防ぐよう十分高くなければならない．熱伝導検出器の感度は，温度が高くなるにつれて減少する．それゆえ，その温度は必要最低限の値に保たれる．

低温から高温への温度プログラミングは分離を早める．溶質の溶出が困難なものはより高い温度でより速く溶出される．より容易に溶出できるものはより低い温度でよりよく分離される．

分離は，**温度プログラミング** (temperature programming) により促進される．ほとんどのガスクロマトグラフは温度プログラミング機能をもっている．温度は，クロマトグラムの測定中前もって選択された速度で自動的に昇温される．これは，

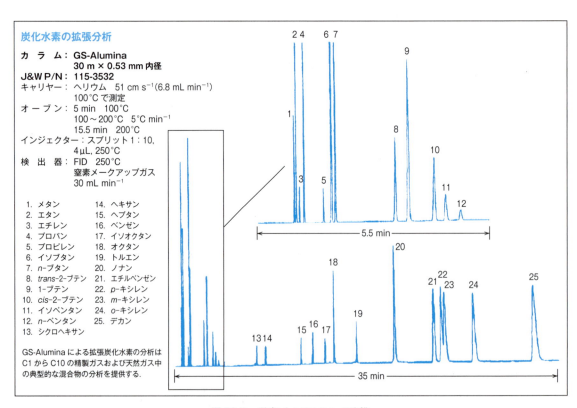

図20.8 温度プログラミング分離
[Agilent Technologies 社の厚意による]

直線状，指数関数的，階段状などのやり方がある．このようにして，溶出が困難であった化合物を，カラムからのほかの成分の溶出を早めすぎないようにして，適当なタイミングで溶出できる．

図20.8は，複雑な炭化水素混合物の階段状直線温度プログラミング分離を示している．最初の12の気体すなわち軽い化合物はすぐに溶出され，低い固定温度(100°C)で，5.5 min で分離されている．一方，ほかの成分はより高い温度を必要としている．5.5 min 後，直線的に5°C min^{-1}で20 min で200°Cまで昇温され，その後，温度は最後の二つの化合物が溶出されるまでその値に保たれている．

以前にも述べたように，もし定量されるべき成分が到達できる温度で揮発性でないならば，**揮発性誘導体**(volatile derivative)に変換される．たとえば，不揮発性の脂肪酸は，揮発性のメチルエステルに変換される．無機のハロゲン化物は，高い温度で十分揮発性であり，GCで定量できる．金属は，たとえば，トリフルオロアセチルアセトンによる錯形成によって揮発性にできる．

20.5　定　量　測　定

溶出する溶質の濃度は，記録されたピークの面積に比例する．一般的なGC装置ではピーク面積と保持時間は電気的に計算・計測され出力される．ピーク高さを測定し，検量線を作成することも可能である．検量線の直線性は，つねに維持されなければならない．

標準添加(standard addition)法は，検量のために有用な方法で，とくに時折分析する試料には有効である．分取された一つまたは複数の試料に既知濃度の標準を加えると，ピーク面積の増加は添加された標準の量に比例する．この方法は，未知の分析成分の保持時間が標準の保持時間と同じであることを確認するのに有効である．しかしながら，もしある未知成分が分析成分と同時に溶出するならば，定量に正の誤差を与えることに留意されたい．この場合，問題は標準添加法によっては解決しない．

定量分析において標準添加法と同じくらい重要な方法に，**内部標準**(internal standard)の使用がある．ここでは，試料溶液と標準液に，保持時間が分析成分と近いある溶質を，それぞれ等量加える．検量線を作成し，未知濃度を定量するために，分析成分と内部標準のピーク面積の比が使われる．この方法を用いると，物理的パラメーター，とくにμL程度の体積のピペット操作や試料を注入するさいの不正確さが相殺される．また，流量が多少変わっても，相対的な保持は一定である．

> 内部標準が通常試料および標準液に加えられ，分析成分のピーク面積の内部標準のピーク面積に対する比が測定される．それは注入体積やクロマトグラフィーの条件のわずかな変化には影響を受けず，つねに一定となるはずである．

20.6　ヘッドスペース分析

18章では，溶媒抽出および固相抽出試料調製法を記述した．それらは，ほかの分析とともにGC分析に応用できる．揮発性試料をGC分析のためにサンプリングする便利な方法は，**ヘッドスペース分析**(headspace analysis)である．密閉された試料瓶中の試料では，たとえば，10 min，ある固定された温度での平衡状態を維持する．その後，試料上の平衡に達した蒸気が採取され，ガスクロマトグラフに注入される．20 mL のガラス試料瓶の場合，ポリテトラフルオロエチレン

> ヘッドスペース分析は揮発性分析成分を溶媒抽出なしに分析できる．

(PTFE)で覆われたシリコーンゴムセプタムでふたをする．シリンジの針を刺して，1 mL だけ吸い取る．あるいは，加圧された蒸気を膨張させ，大気圧下におかれた 1 mL の試料ループに導いてもよい．そして，補助キャリヤーガスで，ループの内容物を GC ループインジェクターに運ぶ．固体または液体試料中の揮発性の化合物は，ppm またはそれ以下のレベルで定量することができる．たとえば，薬剤や錠剤の成分分析では，ヘッドスペース分析のために硫酸ナトリウム水溶液に溶解される．硫酸ナトリウムは揮発性分析試料成分をより効果的に塩析するために加えられる．原書 web サイトの 20 章の図 1 に血液試料中の揮発性化合物のヘッドスペースクロマトグラムが示されている．このタイプの分析のために，現在一般的に行われる方法は，ヘッドスペース中の試料を採取するのに SPME を使うことである（18 章参照）．

20.7 熱脱離

熱脱離では，揮発性分析成分は加熱により試料から脱離され，直接 GC に導入される．

熱脱離(thermal desorption：TD)は，固体や半固体試料が不活性ガスの流れのもとで加熱される分析技術である．揮発性もしくは半揮発性有機化合物が試料マトリックスからガスの流れの中に抽出され，ガスクロマトグラフに送られる．通常，試料は交換可能な PTFE 製チューブにはかりとられ，加熱のためにステンレスチューブに挿入される．

熱脱離は，試料マトリックス中のほかの物質の分解点よりも低い温度で行われなければならない．また，固体物質は大きな表面積をもたなければならない(たとえば，粉末，細粒，繊維)．バルク物質は，ひょう量前にドライアイスのような冷却剤とともに粉砕する．この技術は，試料調製を容易にし，試料の溶解または溶媒抽出を必要としない．熱脱離は，高分子，ワックス，粉末，製剤，固体食品，化粧品，軟膏やクリームのような乾燥した試料もしくは均一な試料に適している．本質的に試料調製は必要でない．

熱脱離の使用例には，有機系の揮発物質についての水性塗料の分析がある．水はイオン液体の固定相以外のほとんどのキャピラリー GC カラムに導入できないため，TD チューブは脱水剤を含む第二のチューブと一緒に用いられる．少量の塗料(たとえば，5 μL)が TD チューブ内のガラスウールにのせられる．塗料からの固体はあとに残る．

少し関連する技術として熱分解 GC があり，ほとんどの場合，質量分析検出器と接合している．試料は典型的には塗料のようなポリマーまたは合成試料である．制御された条件下で加熱され分解する．この熱分解過程で生成した蒸気が GC-MS によって分析される．こうして生成した"指紋"はもし熱分解条件が正確に再現されるのであれば相当特徴的で驚くほど再現性がある．その総説は参考文献 16 を，実際の応用については参考文献 17 を参照されたい．多くの熱分解 GC 装置が市販されており，多くのタイプの材料のキャラクタリゼーションにおいて非常に有用である．*Journal of Analytical and Applied Pyrolysis* はこのトピックに専念した学術雑誌である．

20.8 パージアンドトラップ

　パージアンドトラップ（purge-and-trap）技術は，熱脱離分析の一種である．ある容器に入れられた液体試料にガス（たとえば，空気）をバブリングすることにより揮発性物質を追い出し（パージ），その揮発性物質を適当な吸着剤を含む吸着管に集める（トラップ）．その後，トラップされた揮発性物質を，熱的に吸着剤から脱離させることで分析する．これは，分析成分を GC に導入される前に濃縮する一種のヘッドスペース分析である．典型的な例には水中のクロロホルムあるいは他のハロゲン化有機物の定量がある．一般的に疎水性吸着剤は，ヘキサンと同程度の揮発性がある有機物を吸着する．例として，Tenax® TA あるいはグラファイトがある．これらの吸着剤では，水やエタノールのようなバルクの極性溶媒は保持されずに通過する．たとえばウイスキーでは，熟成度の指標である，C4 から C6 のエチルエステルについて分析される．アルコールは吸着剤にはほとんど吸着されないのでクロマトグラムを妨害することはない．

　パージアンドトラップは，高い水分比の試料を含む比較的多量の試料を取り扱うことができるので，不均質な試料に適する．例として，ピザや果物のような食品の分析があげられる．古い食品試料上のヘッドスペース蒸気中の悪臭性有機系揮発性物質の測定は，"新鮮さ"の必要条件をまだ満たしているかどうかを決定するのに使用される．大きなパージ容器に入れられた食品試料は，空気の流れのもとで加熱され，溶出ガスが吸着剤に吸着される．

　Tenax®タイプの吸着剤より選択性の高い吸着剤も使うことができる．また，二つまたはそれ以上の吸着剤が，異なる種類の化合物の測定のために直列的に使われる．それらの吸着剤には，アルミナ，シリカゲル，フロリジル（PCB 用），ココナツ炭，Porapak®や Chromosorb®などのクロマトグラフィー用に使用されている多くの物質が含まれる．なかには，たとえば，塩基や酸を捕集するために，硫酸や水酸化ナトリウムでコーティングされたシリカゲルのように，特別な応用のためにコーティングされたものもある．

　トラッピングの別の重要な利用法として，空気のようなガス状試料の直接分析がある．試料は，直接吸着管を通して通気され，トラップされた揮発性物質は，脱離されるか，抽出により除去される．これは，室内あるいは室外の空気モニタリングのために広範囲に利用されている．

　大気中の揮発性有機化合物（VOC）は，内部が特殊に電解研磨されたり不動態化され，真空に引かれたステンレス鋼のキャニスターにサンプリングすることによって分析される．その真空容器は体積が 0.4～6 L で，入口バルブ，2 μm 粒子フィルター，流入を制御するオリフィスおよび真空ゲージが装着されている．オリフィスを選ぶことによって 1 min 以内でスポット試料（grab sample：短時間で採取した試料）を集めたり，24～48 h にわたる時間をかけてサンプルを集めたりすることができる．キャニスターサンプリングは一般的に 0.5 ppb 以上の濃度で存在する VOC に適用できる．キャニスターサンプリングの最大の利点は，集められた試料が 30 日間安定であることである．その結果，試料は現場で集めて，分析のために中央実験室に搬送できる．それらは，吸着剤からでは損失や分解なしに熱的に脱離できない多くの VOC の分析を可能とする．EPA（米国環境保護庁）は，

> パージアンドトラップは，ヘッドスペース分析の一つで，揮発性の分析試料が吸着剤に捕集され，熱的に脱離される．

キャニスターサンプリングを用いる室内および室外空気のためのいくつかの公定法をもっている．原書webサイトの表S20.1には，キャニスターサンプリングとGC-MSを用いてEPAの規定した方法による定量を施すことのできる空気中の化合物のリストがまとめられている．低レベルの大気分析では，250〜500 mLの試料がキャニスターから採取され，冷却トラップを使用して濃縮される．試料が適当に濃縮されたあと，VOCは熱的に脱着され，シャープなピークを得るため，再び次の冷却装置(cryofocuser)にトラップし，さらに分離のためGCカラムに導入される．

20.9 微小内径カラムと迅速性

薄層固定相，小さな内径，短いカラム，軽いキャリヤーガスが迅速分離を与える．

　非常に薄い液層フィルムをもつナローボアカラムと高速に応答し，小体積の検出器およびkHz速度でデータを獲得し，処理できるデータシステムとの組合せによって，たとえば，数sでの迅速GC分析が可能となった．小さな内径で，短いキャピラリーカラムが水素(より速い物質移動を可能にする)をキャリヤーガスとして高速温度プログラミングで使われる．より速い流量やより高い圧力が使われる．分析成分の迅速な溶出は，迅速な検出器の応答時間とデータ取得速度を必要とする(通常のキャピラリーGCでは0.5〜2 sかそれ以上となるピーク幅が，ほんの0.5 sとなるため)．その結果，分析時間は5〜10倍短縮される．短いカラムによる高速クロマトグラフィーにおいては，通常のキャピラリーGCよりもカラムの選択(選択性)が難しくなる．**図20.9**に0.32 mm内径，5 m長さ，0.25 μm厚みの固定相のカラムを使用して，10 s以内に炭化水素を分離した高速GCによるクロマトグラムを示す．

　短いカラムにおいて高速温度プログラミングを行うと分離度はいくぶん落ちるが，小さな内径およびより薄い液体フィルムによって一部相殺される．二次元GC分離(20.11節以降)の2段目はつねに高速GCモードで操作される．

　多くのメーカーから小型のポータブルなGCが入手できる．ポータブルGCおよびGC-MS装置では多くの進歩がなされた[C. M. Harris, "GC to Go", *Today's Chemist at Work*, March (2003) 33 参照]．ごく最近になって，高速・高分離能ガスクロマトグラフと組み合わせたミニチュアドーナッツ状のイオントラップ質量分析計が導入されて，現場で揮発性および半揮発性有機化合物が同定されている．サンプリングがSPMEファイバーによってなされる場合もある．ほかにも

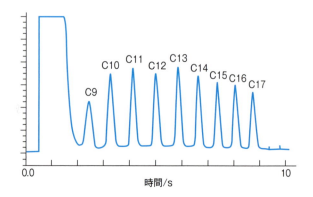

図20.9 高速温度プログラミングを用いた高速クロマトグラフィーによるC9からC17の炭化水素の分離
条件：5 m×0.32 mm，0.25 μm df，60°C，19.2 K s^{-1}．
[G. L. Reed, K. Clark-Baker, and H. M. McNair, *J. Chromatogr. Sci.*, **37** (1999) 300 より Preston Industries 社の1部門であるPreston Publicationsの許可を得て転載]

Waterloo 大学の J. Pawliszyn によって導入されたニードルトラップ，すなわち小さな吸着剤を詰めた針によるサンプリングによって高感度化が達成されている．彼は SPME も発明している．

20.10 キラル化合物の分離

多くの自然由来の化合物はキラル（少なくとも1原子のまわりに非対称性がある．キラル化合物と，その鏡像は互いに重ねることのできない構造となる）である．そのような鏡像異性体の特徴は，とくに生理学的効果が大きく変化することである．多くの薬剤はキラルで，たいてい一方の異性体のみが治療効果を提供し，他方の異性体は望まない副作用を示す．それゆえ，そのような薬剤の中には一方の鏡像異性体しか含まれないようにするための努力がなされている．しばしば一方の鏡像異性体のみを材料としてスタートしたり，立体選択的な合成ルートをとったりする．そのようなプロセスのすべての段階で各鏡像異性体の正確な比が確認されなければならない．キラルな薬剤の世界マーケットは 2012 年の時点で 3500 億ドルを超えるともいわれており，これは非常に重要な応用領域である．

非キラル，すなわち通常の固定相ではキラルな化合物を分離することができない．キラル分離の基本的な原理は，分子スケールで分析成分は固定相の結合サイトと少なくとも三つの独立した位置で相互作用しなければならない，という点である．そうでなければ，立体選択的な認識はなされない．D. Armstrong（現在，Texas 大学 Arlington 校）はシクロデキストリン分子あるいはそれらの誘導体を結合した GC 固定相を開発した（彼は，イオン液体ベースの GC 固定相も発明した）．シクロデキストリンはかご状の形をした分子（図 20.10）で，キラルな分離成分は 3 点相互作用反応を提供するかごの入口部と相互作用する．現在では，キラルな GC 固定相はおもに各種誘導体化シクロデキストリンからなる．キラル分離用 GC カラムの 95％以上がシクロデキストリンを基礎とする固定相を使用していると見積もられている．しかしながら，異なる固定相は非常に異なる選択性をもつことに注意しなければならない．異なるシクロデキストリン誘導体は異なる種類の分子を分離するだけではなく，キラル化合物の溶出順が逆転することもある．キラル分離の歴史的発展については参考文献 18 を参照されたい．

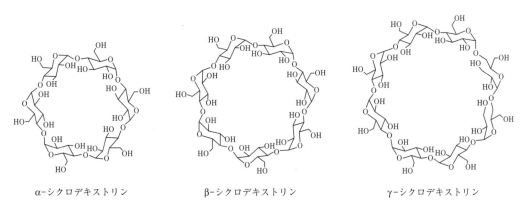

図 20.10　α-，β-および γ-シクロデキストリン分子の構造
穴のサイズはこの順に増加する．

20.11　二次元ガスクロマトグラフィー

【Washington 大学 Rob Synovec 教授提供】

　　広く応用可能な二次元(2D)ガスクロマトグラフィー(GC×GC)は，Southern Illinois 大学の John Philips によって 1991 年に開発されたが(参考文献 19)，近年，複雑な化学試料の分析に適した強力な分離技術に進化した．GC×GC 装置は，試料変調インターフェースとよばれる装置によって相互に連結された二つのガスクロマトグラフィーキャピラリーカラムを使用している．試料変調インターフェースは最初のカラムからの溶出成分の一部分を速い間隔で第二のカラムに注入する．第一のカラムは，二つのカラムのうち長いカラムで，しばしば無極性の固定相を有し，30〜60 min の分離時間を要する．二次元の分離は，溶出成分(キャリヤーガスおよび分離された分析成分化合物)が第一のカラムを出るたびにリアルタイムでなされる．二番目のカラムで分離にかかる時間は，各試料注入に対して 1〜5 s (変調時間とよぶ)である．第一のカラムを出る分析成分のピークにつき，一次元の分離能力を十分保持するために 3〜4 回の変調時間サンプリングがなされなければならない．たとえば，第一のカラムから 8 s のピーク幅(ベースで 4 標準偏差のピーク幅)で溶出する分析成分の場合，十分な分離を行うための変調時間(第二カラムの操作時間)は 2 s である．

　　二次元では，通常，極性固定相カラムが使用される．それによって第一カラムに対して相補的な分離を行い，一次元で，ある与えられた保持時間で分離されない化学種が，二次元カラムによっての分離が可能となる．相補的な分離を行う二つのカラムを利用することによって，ピークの分離度を大きく改善でき，GC×GC を一次元 GC よりも強力にできる．最近の応用では，長い極性カラムをもっと効率よく利用するために，一次元に極性カラムを使用し，二次元に無極性カラムを使う場合もある．イオン液体やキラルなどほかの固定相も用いられるようになっている．

　　二次元分離のピーク幅は 100〜200 ms のオーダーであるので，検出器はデータ解析手順を容易にするために，そのような狭いピークにわたって適当な数の点(たとえば，10〜20)を測定するための十分速いサンプリング周期をもたなければならない．GC×GC 分離における諸条件，すなわちカラム長，カラム内径，キャリヤーガス流量，検出器に必要とされる性能，について以下に例を示す．

　　2D 分離には，相補的な固定相を有するカラムを選択することによって化学的選択性を調整できる機能をもつという特徴がある．また，装置設計における 1D 分離とのおもな差異は，第一カラムの溶出成分を操作し，第二カラムにそれを再注入するのに使用する試料変調インターフェースから生じる．変調インターフェースには，熱的変調，バルブ変調，微分流量変調などいくつかの種類があるが，熱的変調がもっとも一般に用いられる方式である．熱的変調は，第一カラムから溶出する分析試料化合物を変調時間にほぼ等しい時間の間に冷却によりトラップし，トラップされた分析成分を熱的に二次元カラムに短い加熱時間(たとえば，30 ms)で再注入する．たとえば，変調時間(二次元分離操作時間)が正確に 2 s であるならば，分析成分は 1970 ms トラップされ，30 ms のパルス幅で第二カラムに再注入される．ほかの変調方式は，装置構成が異なり，性能においてト

レードオフがあるが，基本的に熱的変調と同じ機能を提供する．

検出も装置設計において重要な要素である．GC×GC で一般的に使用される検出器は FID である．FID は C−H を含むすべての化合物に対し優れた感度をもつ GC の有効な検出器であるので，しばしば GC×GC の検出器に選択される．同様に，質量分析法(MS)と結合した GC は非常に一般的であるので，MS も GC×GC でよく使われる検出器である(MS 検出器の記述については 22 章参照)．GC×GC で検出されるピークは二次元からのものであり，それらのピークは，100～200 ms の幅のオーダーであるので，MS は高速スキャン速度のサンプリング周期を提供できなければならない．この目的のために一次元 GC のための典型的な四重極 MS(qMS)は十分速くなく，飛行時間型 MS(TOFMS)が使われる．qMS と TOFMS は通常ともにユニット分解能(22 章参照)をもち，電子衝撃イオン化(EI)法を使用する．TOFMS における質量スペクトルスキャン速度は，m/z 範囲 5～1000 で 500 Hz (2 ms/スペクトル)である．すなわち，二次元ピーク一つにつき，50 から 100 回質量スペクトルが測定される．その後 SN 比改善のために，平均化し，一つのピークあたり 10～20 のスペクトルを得る．それに対し，qMS のスキャン速度は 1 s あたり約 3 スキャンである．この高い MS スキャン速度により，GC×GC-TOFMS により一つの試料の測定につき，大量のデータを生み出す(たとえば，1 試料測定あたり 300～500 MB)．この大量のデータから有用な情報を容易に収集するためには，強力なデータ解析ソフトウェアを使わなければならない．

例として，誘導体化した代謝物試料の GC×GC-TOFMS クロマトグラムの一部を図 20.11 に示す．そこでは，全イオン電流(TIC)が灰色でプロットされている[質量分析計の TIC モニタリングモードでは，装置は GC ピークのなかの分子が検出器を通過するさい，すべてのフラグメントイオンからの電流を集めて，その合計の電流を表示する．そうすると，FID のような非選択的な検出器によって得られるガスクロマトグラムと近いものが得られる(22 章参照)]．分離中の暗いスポットとして示されている各代謝物のピークは，両分離軸の保持時間および質量スペクトルのライブラリーとあわせて特徴づけられ同定される．全操作時間は 38 min(図にはその約半分を表示)で，二次元の操作時間は 1.5 s(その 2/3 を表示)であった．一次元のカラムは 250 μm 内径で 20 m 長の Rtx-5MS(固定相の膜厚 0.5 μm)で，二次元のカラムは 180 μm 内径で 2 m 長の Rtx-200(固定相の膜厚 0.2 μm)である．キャリヤーガスはヘリウムで 1 mL min^{-1} の流量であった．2D

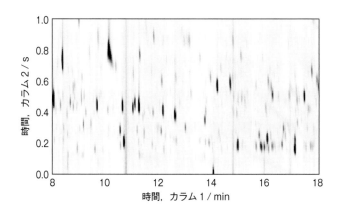

図 20.11 誘導体化された代謝物試料の全イオン電流 **GC×GC-TOFMS** クロマトグラム
ある時間カラム 1 で重なっていた分析試料ピークがしばしばカラム 2 でいくつかのピークに分離される．濃いスポットはより濃度の高い試料成分のピークを示している．さらなる同定は与えられたピークの質量スペクトルのフラグメンテーションをみることによって達成できる．

分離は，メタボローム解析，裁判，環境研究や燃料キャラクタリゼーションを含む多くの応用に対して，この技術が強力な分離能力をもつことを示している．

一般に GC×GC は，また，とくに GC×GC-TOFMS は，非常に複雑な試料を分析することができるために急速に普及している．一次元で完全に分離が困難な複雑な試料の場合，分析者は GC×GC を適用するオプションを考えるべきである．第二の分離次元をもつことによって加わる化学選択性は，複雑な試料をより効果的に分析するのにしばしば不可欠である．

■ 質　問

1. ガスクロマトグラフィーの原理を述べよ．
2. ガスクロマトグラフィーによりどのような化合物が定量できるか．
3. ガスクロマトグラフのおもな種類はどのようなものか．
4. 充塡カラムとキャピラリーカラムを段数について比較せよ．
5. WCOT，SCOT および PLOT カラムを比較せよ．
6. 次のガスクロマトグラフィーの検出器の原理を述べよ．
   (a) 熱伝導度，(b) フレームイオン化，(c) 電子捕獲．
7. 質問 6 における検出器を，感度および検出できる化合物の種類に関して比較せよ．
8. 温度プログラミングはどのように分離を改善するか．
9. 迅速 GC 分析には何が必要か．

■ 問　題

文献調査

10. もし図書館が購入しているならば，*Chemical Abstracts* または SciFinder Scholar（*Chemical Abstracts* にオンラインアクセス，付録 A 参照）を使って，血液中エタノールのガスクロマトグラフィー定量に関する論文を少なくとも一つ見つけよ．その雑誌の論文を読み，方法の原理の要約を書き，使用されている試料調製を含む方法の概要をまとめよ．方法の正確さや精度に関する情報も含まれているか．

■ 参考文献

一般

1. L. S. Ettre, "The Beginnings of Gas Adsorption Chromatography 60 Years Ago," *LC GC North America*, **26**（1）January（2008）48. オーストリアで始まった GC の黎明期に関する記事
2. P. J. T. Morris and L. S. Ettre, "The Saga of the Electron-Capture Detector," *LC GC North America*, **25**（2）February（2007）164. 電子捕獲型検出器の発明に至ったラブロック（James Lovelock）の研究を記述している．
3. P. J. Marriott and P. D. Morrison, "Nonclassical Methods and Opportunities in Comprehensive Two-Dimensional Gas Chromatography," *LC GC North America*, **24**（10）October（2006）1067. GC×GC 法とその増大した分離能力の利点を記述．
4. H. M. McNair and J. M. Miller, *Basic Gas Chromatography*, 2nd ed. Hoboken, NJ: Wiley, 2009.
5. W. Jennings, E. Mittlefehldt, and P. Stremple, eds., *Analytical Gas Chromatography*, 2nd ed. San Diego: Academic, 1997.
6. R. Kolb and L. S. Ettre, *Static Headspace-Gas Chromatography*. New York: Wiley, 1997.
7. W. O. McReynolds, "Characterization of Some Liquid Phases," *J. Chromatogr. Sci.*, **8**（1970）685.
8. W. R. Supina and L. P. Rose, "The Use of Rohrschneider Constants for Classification of GLC Columns," *J. Chromatogr. Sci.*, **8**（1970）214.
9. Agilent J&W 社 GC Column Selection Guide. http://www.crawfordscientific.com/downloads/pdf_new/GC/Agilent_J&W_GC_Column_Selection_Guide.pdf.
10. SGE Analytical Science 社. GC Capillary Column Selection Guide. http://www.sge.com/support/training/columns/capillary-column-selection-guide.
11. Sigma-Aldrich, Supelco Analytical 社. The Retention Index System in Gas Chromatography: McReynolds Constants.

http://www.sigmaaldrich.com/Graphics/Supelco/objects/7800/7741.pdf.

12. D. T. Burns, "Characteristics of Liquid Stationary Phases and Column Evaluation for Gas Chromatography," *Pure Appl. Chem.*, **58** (1986) 1291.

13. Calculator Edge. Wheatstone's Bridge calculator. http://www.calculatoredge.com/new/Wheatstone%20Bridge%20Calculator.htm.

14. D. S. Forsyth, "Pulsed Discharge Detector: Theory and Applications," *J. Chromatogr. A*, **1050** (2004) 63.

15. W. E. Wentworth, S. V. Vasnin, S. D. Stearns, and C. J. Meyer, "Pulsed Discharge Helium Ionization Detector," *Chromatographia*, **34** (1992) 219.

16. K. L. Sobeih, M. Baron, and J. Gonzalez-Rodriguez. "Recent Trends and Developments in Pyrolysis—Gas Chromatography," *J. Chromatogr. A*, **1186** (2008) 51.

17. CDS Analytical. Pyrolyzer Overview. http://www.cdsanalytical.com/instruments/pyrolysis/pyrolysis_overview.html.

18. D. W. Armstrong, "Direct Enantiomeric Separations in Liquid Chromatography and Gas Chromatography." In: *A Century of Separation Science*. ed. H. J. Issaq, Marcel Dekker, Inc. New York, 2002, Ch.33, pp.555-578.

19. Z. Liu and J. B. Phillips, "Comprehensive Two-Dimensional Gas Chromatography using an On-Column Thermal Modulator Interface," *J. Chromatogr. Sci.*, **29** (1991) 227.

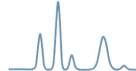

Chapter 21

液体クロマトグラフィーと電気泳動法

■ 本章で学ぶ重要事項

LC システム・カラム
- **HPLC**, p. 181
- **分離モード**：NPC, RPC, IEC, IC, HILIC, SEC（GFC），ICE, キラル LC, アフィニティー LC, p. 182
- **固定相**と充填剤, p. 185
- マクロ孔-メソ/ミクロ孔（パーフュージョン）粒子, p. 187
- イオン交換とイオン交換樹脂, p. 189
- モノリスカラム, p. 193
- HILIC 固定相, p. 195
- キラル固定相, p. 195
- その他の支持体：アルミナ，ジルコニア，チタニア，炭素, p. 197

装 置
- HPLC 装置, p. 197
- 溶媒送液システム, p. 198
- 試料注入, p. 201
- 分離カラム, p. 203

検 出 器
- 検出器には何が必要か, p. 205
- ユニバーサルな検出器：屈折率, p. 206
- 電気伝導度検出器, p. 209
- 荷電化粒子検出器：ELSD, ACD, CNLSD, p. 214
- 検出器応答の直線性, p. 215
- 紫外可視吸光検出器，PDA 検出器, p. 215
- 蛍光検出，（共焦点）LIF, p. 217, p. 218
- キラル検出器：旋光分析 ORD, CD 検出器, p. 218, p. 219
- 電気化学検出器, p. 220

- 化学発光検出器, p. 222
- ポストカラム反応検出, p. 224

イオンクロマトグラフィー
- アミノ酸のイオン交換分離, p. 225
- イオンクロマトグラフィー：サプレッサー方式 IC の作動原理, p. 228
- シングルカラム（ノンサプレッサー方式）イオンクロマトグラフィー, p. 229
- 電解溶離液再生と炭酸除去, p. 232
- イオン対/イオン相互作用クロマトグラフィー, p. 235
- **HPLC におけるメソッド開発**，勾配溶離, p. 235, p. 236
- **UHPLC と高速 LC**, p. 238
- **中空液体クロマトグラフィー**（OTLC），p. 239

薄層クロマトグラフィー
- （HP）TLC の R_f 値, p. 239
- （HP）TLC の固定相, p. 240
- （HP）TLC の移動相, p. 240
- （HP）TLC の試料の塗布, p. 241
- （HP）TLC の展開, p. 241
- HPTLC での勾配溶離, p. 243
- （HP）TLC における成分の可視化, p. 244
- （HP）TLC における定量的計測, p. 245

電気泳動法
- 電気泳動, p. 245
- スラブゲルとキャピラリーゲル電気泳動, p. 246
- SDS-PAGE, p. 247
- キャピラリー等電点電気泳動（CIEF），p. 247, p. 248

- キャピラリー電気泳動法：CZE(CE), p. 249
- CE の操作, p. 249
- 電気的スタッキング, p. 252
- 間接吸光検出, p. 253
- ほかの検出法：電気伝導度, アンペロメトリー, 質量分析, p. 254
- ヘルムホルツ, ゼータ電位, シュテルン層, EOF：層流と栓流, pp. 255, 256
- ジュール熱とその影響, p. 258
- CE における重要な式, pp. 259～261
- ミセル動電クロマトグラフィー(MEKC), p. 263
- キャピラリー電気クロマトグラフィー, p. 264
- (キャピラリー)等速電気泳動(CITP), p. 265

> HPLC は GC の液相版であり, 機器化された液体クロマトグラフィーである. その成功の秘訣は, 小さな渦拡散と迅速な物質移動を与える小さな均一の粒子にある.

> Jorgenson らが *Anal. Chem.* 誌[J. E. McNair, K. C. Lewis, J. W. Jorgenson, *Anal. Chem.*, **69** (1997) 983]において UHPLC について初めて報告した. この論文では 60000 psi (410 MPa)で充塡したカラムを 20000 psi (140 MPa)の圧力で分離分析に利用したことについて述べている. 2 年後, 彼らは 72000 psi (500 MPa) の高圧力下での分離と 130000 psi (900 MPa) までの送液が可能なポンプについて述べている [*Anal. Chem.*, **71** (1999) 700]. さらに彼らは, 100000 psi (680 MPa)を超える高圧力下でのクロマトグラフィーに取り組んでおり, そうした条件では 73万段/m を超える分離が期待される. 現在市販されている UHPLC システムは Jorgenson の "ultra" と比較したらなんとも不十分としかいいようがない.

現代のクロマトグラフィーはマーティン(A. J. P. Martin)とシング(R. L. M. Synge)による液-液分配クロマトグラフィーのアイディアに端を発するが, 1950 年に液相からなる固定相を用いたガスクロマトグラフィー(GC)をマーティンが導入することによって広く世間に広まることとなった. GC のスピードと感度, そしてその幅広い適用可能性により(とくにその当時急速に成長していた石油化学産業において), GC は急速に普及し発展してきた. しかし現在は液体クロマトグラフィー(LC), なかでも機器化された**高速液体クロマトグラフィー**(high-performance liquid chromatography：HPLC)のほうが広く利用されている. 既知化合物のおよそ 80％は, GC による分離を行うには, 十分な揮発性がないかあるいは安定ではないが, LC はそうした化合物の分析に適用できるため潜在的な適用範囲が広い. 当初は, LC の性能は GC に対して大きく後れをとっていたが, (おもに GC によって)蓄積されてきたクロマトグラフィーの知見が HPLC の技術開発へとつながり, 今日, 性能の点でも GC のライバルとなり, 数秒での分離も可能となってきた. 1950 年代に石油化学産業が GC の普及を後押ししたように, 1970 年代初頭に製薬産業が HPLC を主力分析機器の地位へと押し上げた. 今日では HPLC の市場は GC 市場よりも大きいだけでなく, 分析機器業界でも最大の市場規模となり, 2017 年には 40 億ドルを上回ると見積もられている. HPLC には分析対象や目的に応じて, さまざまなシステムや技術が存在する. そのため, 本書では, 現在の HPLC 機器とカラムについて, 全体を網羅して記述する. それは, 方法を選択するときの指針として役立ち, また使用するカラムや検出器の原理を理解するのにも役に立つはずである.

本章では, HPLC の原理とその進歩について述べる. また, 平板型の LC である薄層クロマトグラフィー(TLC)についても本章でとりあげる. さらに, 荷電化学種の電気移動度の差に基づく電気泳動法についても議論する. 超臨界流体は臨界点以上のある温度, 圧力のもとで存在する流体である. その条件では, 液体とも気体とも区別のつかない状態となり, 超臨界流体は液体と気体の中間的な性質を示す. その流体を移動相として用いる**超臨界流体クロマトグラフィー**(supercritical fluid chromatography：SFC)も重要なクロマトグラフィーの形態の一つであるが, 本書ではとりあげない.

21.1　高速液体クロマトグラフィー

初期の LC は比較的大きな粒子を詰めた大きなカラムを用いて, 重力落下に基づく送液によって行われた. 当時は, オフラインでの測定が一般的であり, 溶出

物を手動で分画していた．なお，有機合成化学や分取精製を行っている生化学の研究室ではこの技術はいまだ現役の技術として利用されている．1964 年，Utah 大学の J. Calvin Giddings は，下記の有名な論文［*Anal. Chem.*, **36** (1964) 1890］において，小さな粒子を充填したカラムを，流れにかかる抵抗に耐えて高圧力で送液することができれば，分離効率が改善されると予測した．その後すぐ，Yale 大学の Horvath と Lipsky は，最初の高圧液体クロマトグラフを構築した．また，高効率で高性能な微粒子をつくり出す技術が 1970 年代に登場した．HPLC という用語は現在，高圧ではなく"高性能"を意図する液体クロマトグラフィーとして使われているが，より小さな粒子の開発に向けた継続的な動きは，さらに高圧を必要としている．最近の送液システムのなかには，15 000 ～ 19 000 psi (100 ～ 130 MPa) での送液が可能なものも登場してきており，それらの装置を利用するクロマトグラフィーを**超高圧クロマトグラフィー**（ultra-high-pressure liquid chromatography：UHPLC）とよび区別している．

原　理

図 21.1 に HPLC システムの基本構成を示す．また，図 21.2 には最新の HPLC 装置の外観を示す．これらの装置は，モジュール形式で組み立てられることが多く，GC の装置とは異なり，ユーザーはさまざまな構成要素を自在に変更することが可能となっている．

HPLC において，分析成分は固定相と移動相間での親和性の違いに基づいて分離される．固定相と移動相の両相間での溶質の分配速度はおもに拡散によって支配されている．気体と比べて，液体中での溶質の拡散係数は 1000 ～ 10 000 倍遅い．固定相と移動相の両相間での分析成分の相互作用に必要な時間を短縮するためには，次の二つの基準が満たされなければならない．まず第一に，充填する粒子は小さく，可能な限り均一かつ高密度に充填されるとよい．この基準はサイズのそろった球状粒子によって満たされ，ファンディームター式（van Deemter equation）における A の値の低減（より小さな渦拡散）へとつながる．第二に，固定相は滞留によるよどみがないように，薄くて均一な膜状であることが望ましく，これによって C の値が小さくなる（相間での迅速な物質移動：高速送液に必要）．なお，液体中では分子拡散は小さいので，式 (19.13) の B の値は小さい．それゆえ，図 19.5 のように一般的に遅い流速でみられる H（段高）の増加は，HPLC ではあ

図 21.2　(U)HPLC システム
上から：溶媒トレーと脱気ユニット，(2 成分または 4 成分用の) グラジエントポンプ，サーモスタットつきオートサンプラー，自動転換バルブつきカラム恒温槽，紫外可視吸光検出器［Thermo Fisher Scientific 社の厚意による］

液体中での分子拡散（カラム軸方向の拡散）は遅いため無視できる．

物質移動は HPLC における H の第一決定要因である．

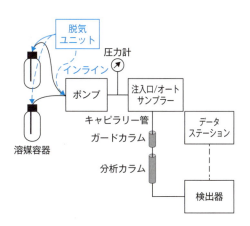

図 21.1　HPLC システムの基本構成

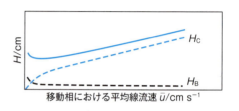

図 21.3 HPLC におけるファンディームタープロット
段高は平均移動相速度に対してプロットされている.図 21.25 に実際に使用されているいくつかの粒子での挙動を示している.

まり明確には現れない.このことは**図 21.3**に図示されており,フーバー式[式(19.26)]とノックス式[式(19.27)]でも表現されている.

HPLC の分類

順相クロマトグラフィー(normal phase chromatography:NPC)は極性の固定相とヘキサンやテトラヒドロフランのような無極性あるいは相対的に極性の低い溶媒を移動相として用いる.初期の HPLC の多くはシリカ粒子が用いられ,その表層に吸着した水への分配により分離が行われていた.その後,オクタデシルシリカ(ODS または C18,詳細は後述)のような無極性の官能基が化学結合された固定相が開発され,極性のある水溶性の有機溶媒,おもにアセトニトリル-水,メタノール-水のような混合溶媒が移動相として用いられた.その当時主流であったクロマトグラフィーとは固定相と移動相の極性が逆であることから,この分離法は**逆相クロマトグラフィー**(reversed-phase chromatography:RPC)と名付けられた.そのうちに RPC のほうが主流となり,今日では RPC は NPC よりも少なくとも 10 倍は使用されているが,用語はそのままである.順相クロマトグラフィーは通常用いられるクロマトグラフィーという意味ではない.

イオン交換クロマトグラフィー(ion exchange chromatography:IEC)は,1930 年代にイオン交換樹脂が調製されて以降に始まった水溶液を移動相に用いるクロマトグラフィーの一つである.イオン交換粒子には正または負の電荷が固定されている.たとえば,スルホン酸型樹脂は$-SO_3^-H^+$をもっており,H^+はほかの陽イオンと交換することができる.そのため,このような樹脂は陽イオン交換樹脂とよばれる.この樹脂が充填されたカラムでは,金属イオンやアミンのような正電荷を有する陽イオンを,固定相に対する親和性に基づいて分離することができる.なお,イオン交換に基づく分離はマンハッタン計画(原子爆弾の製造)におけるウランの濃縮にも用いられた.

イオン交換分離における重要なポイントとして,電気的中性がつねに維持されていなければならないことがあげられる.イオン交換カラムから目的の陽イオンを溶離するためには,代わりとなる陽イオンが必要であり,溶離液はイオン性でなければならない.しかし,静電相互作用がイオン交換における唯一の決定因子であるわけではない.一般的に三価のイオンは二価のイオンよりも強く保持され,二価のイオンは一価のイオンより強く保持されることに相違ないが,水和のしやすさも重要な役割を果たしている.たとえば,Cl^-,Br^-,I^-のような同族のイオンでは,イオン半径が大きくなるにつれ電荷密度が減少する.その結果,固定相との静電相互作用は減少すると考えられる.しかし,実際には水和イオン半径を反映して,どんな陰イオン交換固定相を用いても,観察される保持の序列は$I^->Br^->Cl^-$である.

これまで IEC によってさまざまな分離が行われてきたが，成功の要因は特異な固定相と溶離液の組合せによる選択性の創出にある．古典的な IEC のカラム効率は相対的に乏しく高性能分離技術とはいい難い．IEC は最初に市販された液体クロマトグラフ（アミノ酸分析計）に利用され，現在でも高性能化された装置が市販され利用されている．

イオンクロマトグラフィー（ion chromatography）は効率のよい微粒子のイオン交換体を使用する特別な IEC である．もともとは，サプレッサー装置（溶離液に含まれるイオンを除去する装置，21.4 節参照）を用いた特有の検出原理に基づき電気伝導度検出によってイオンを分析する方法に対して名付けられた用語である．現在は，検出器の指定はなく，分離能に優れた IEC に対してイオンクロマトグラフィーという用語が広く一般に使われている．

親水性相互作用クロマトグラフィー（hydrophilic interaction chromatography：HILIC）は，最近加わった分離モードの一つで，水が固定相の親水性表面に吸着することにより分配相を形成する．この分離モードは，薬物など極性の高い水溶性物質の分離に適している．基本的な分離メカニズムは NPC と同じである．しかし実際のところ，カラムと溶離液の組合せはまったく異なっている．アセトニトリル-水の混合溶液が一般的に使用される溶離液であり，そこでは水が強い溶離作用をもつ．したがって，RPC とまったく反対の順で勾配溶離（グラジエント溶離）が行われ，まずはアセトニトリルの割合が高い状態からスタートし，時間とともに水の割合を増やしていくこととなる．当然のことながら，HILIC での溶出順序は RPC のほとんど逆となる．NPC との類似点と相違点の双方を明確にするために，HILIC は**水性順相**（aqueous normal phase：ANP）クロマトグラフィーといわれることもある．HILIC の利用は現在急速に拡がっており，その重要性は高まっている．

サイズ排除クロマトグラフィー（size exclusion chromatography：SEC）において，分子はそのサイズに基づいて分離される．固定相体積はおもに細孔によって占められる．もっとも大きい細孔径よりも分子のサイズが大きいと，分子は細孔に入ることができないので細孔から"排除"されて，空隙体積（void volume，空隙容量）のところに溶出する．一方，もっとも小さい細孔よりも小さい分子は，固定相中のすべての空間に入ることができるため最後に溶出する．その結果，SEC では，この限られた一定の範囲の時間内にすべての分析成分が溶出することになる．あるサイズ以上の分子は最初に一緒に溶出し，あるサイズ以下の分子は最後に一緒に溶出する．中間のサイズの分子は，この有限の保持体積の範囲内で溶出してくる．

SEC 用の固定相はさまざまな細孔サイズ分布を有しており，そのサイズに合った分子を分離することができる．適正な範囲よりも大きなサイズ，あるいは小さなサイズの分子も溶出はするが，範囲外の大きなサイズどうし，小さなサイズどうしの分子の分離は行えない．原理的には分析成分と固定相担体との間には特異的な相互作用はないが，実際にはそのような相互作用が起こることもあり，保持挙動が変わることもしばしばある．

タンパク質やその他の生体分子の分離に SEC が適用されるとき，水溶性の溶離剤が使用される．この分離法はしばしば**ゲルろ過クロマトグラフィー**（gel filtration chromatography：GFC）とよばれる．一方，SEC はその当初から，そして

現在もなお合成高分子の分子量分布の測定に利用されている．この合成高分子の分離には，多孔性のポリマー固定相が用いられ，高温下，溶離液には有機溶媒が用いられる．この方法は，**ゲル浸透クロマトグラフィー**（gel permeation chromatography：GPC）とよばれる．市販の GPC カラムはポリスチレンに関して**排除限界**（high-end MW exclusion limit）が，下は分子量 1500 のものから上は $2×10^8$ のものまである．

HPLC としては分類されないが，SEC は生化学の分野において重力落下や低圧条件下で生体分子の分取を目的として広く使用されている．充填剤として有名なのは，Pharmacia 社（現在は GE Healthcare 社）の Sephadex®（由来は separation Pharmacia dextran）で，これはデキストランを架橋したゲルである．分画範囲（球形のタンパク質について）として，700 以下のもの（type G-10）から 5000〜600 000（type G-200）のものが市販されている．Bio-Rad 社の Bio-Gel® P も同様の目的で作製されたゲルである．ポリアクリルアミドベースのゲルで粒子サイズは 45〜180 μm のものが，分画範囲は 100〜1800（Bio-Gel® P-2）から 5000〜100 000（Bio-Gel® P100）のものが入手可能である．このような技術は，高濃度の塩を用いた塩析によって精製されたタンパク質の脱塩にも有効である．Sephadex® 25 のような排除限界の小さなゲルを用いれば，タンパク質が塩よりもはるかに速くカラムから通過してくることとなる．

イオン排除クロマトグラフィー（ion exclusion chromatography, ion chromatography exclusion：ICE）は SEC のように排除の原理に基づいて分離を行っており，そのためすべての分析成分はある限定された保持時間内に溶出する．弱電解質をこの技術により分離することができる．なかでも有機酸の分離に有効であり，pK_a の違いによって分離がなされる．

スルホン酸型の陽イオン交換樹脂からなるカラムを考えてみよう．スルホ基は完全にイオン化しており，樹脂は負に帯電している．その結果，静電気的な力（しばしばドナン電位とよばれる）によって，樹脂の内部に陰イオンが浸透するのが抑制される．一方，中性分子に対してはそのような浸透の制限は存在しない．たとえば，ある弱酸（HA）を考えたとき，陰イオンの A^- は樹脂の内部から排除されるがイオン化していない中性の酸 HA は排除されない．かくして**イオン排除**（ion exclusion）という用語が用いられるようになった．完全にイオン化した酸は空隙体積のところで溶出し，弱酸はその pK_a が大きくなるに従って後ろに溶出する．ほとんどイオン化していない酸は最後に溶出する．pH やイオン化の程度を制御するために酸性の溶離液が用いられる．なお，分離の途中で溶離液の酸の濃度を減少させていく勾配溶離も可能である．弱塩基も同様にして強塩基性陰イオン交換樹脂を用いて分離することができるが，通常は使われない．

多くの医薬品はキラル中心をもつことから，分析目的であれ分取目的であれ，どちらにおいてもキラル分離が重要であることを前章で述べた．GC では分離できないものが多いため，**キラルクロマトグラフィー**（chiral chromatography）では，HPLC は GC よりも大きな役割を果たしている．エナンチオマーを識別するためには，固定相は二つのエナンチオマーに対して異なる作用を示す必要があり，それ自体がキラルでなければならない．ただし，キラルな添加剤を移動相に加えることによってアキラルな固定相でキラル分離を行うことも可能ではある．

アフィニティークロマトグラフィー（affinity chromatography）は特異な生体分

子の分離や精製に広く使われている．これは，抗原と抗体の結合のように，分析対象物質とそのカウンターパート（相手役）となる物質との特異性の高い結合に基づいた分離法である．カウンターパートとなる物質が固定化されたカラムをアフィニティーカラムという．分析成分を共存物質とともにこのカラムに通すと，分析成分のみがカラムに保持されて，それ以外の物質はすべてカラムを通り抜ける．カラムに保持された分析成分は，カウンターパートと相互作用し得る何らかの溶離液を用いてカラムから溶出させる．特異な親和性に基づくアフィニティークロマトグラフィーは原理的には容易であるが，選択的かつ高い親和性で分析成分を捕捉する試薬が必要であり，さらに捕捉した分析成分を変性させることなく溶離する試薬も必要であることから，決して容易な手法ではない．

21.2　HPLCにおける固定相

初期の微粒子は形状がいびつな相当直径が10 μm以下の多孔性のシリカゲルもしくはアルミナであった．その後，球状の粒子（**図21.4**）が開発され，均一に充填できるようになり，分離効率が改善されてきた．現在，微量金属の含有量が少ない**高純度シリカ**（high-purity silica）が開発され，粒径は10 μm以下，さらには2 μm以下の粒子さえも調製できており，その表層が官能基で修飾されたものがHPLCの主流となっている．より小さい直径の粒子はより高い背圧を生じるが，高流速で送液してもほとんど分離効率が落ちない（図21.3参照）ため，高速分離が可能となる．

小さい分子，ポリペプチドや多くのタンパク質，きわめて高分子量のタンパク質の分析には，それぞれ60〜150 Å（Å = 10^{-10} m），220〜300 Å，1000〜4000 Åの細孔を有する粒子が使用される．ほとんどのHPLCは液-液分配モードで行われる．なお，GCの充填剤は固定相液体が担体に吸着あるいは被覆されていることが多いが，HPLCの充填剤の場合は，固定相液体は担体粒子に化学結合により固定されていることが多い．吸着クロマトグラフィーもしばしば有用である．

HPLCにおいて固定相の基盤となる最適な担体粒子に関してはまだ改善が進んでいるが，今日までもっともよく使用されているのが**ミクロポーラス粒子**（microporous particle）である．分析成分と溶離液溶媒が浸透できる細孔がある［**図21.5**(a)］．表面積（活性部位）の大部分はこの細孔内にある．

ほとんどの移動相は粒子のまわりを流れる．溶質は，細孔内に滞留している移

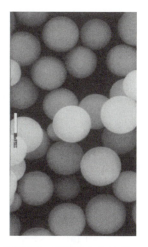

図21.4　球状のミクロポーラスなシリカ微粒子

粒子径は10 μmで倍率は800倍．粒子は100 Åの細孔を有する完全に多孔性のものである．吸着クロマトグラフィー用の基材シリカとして，また結合相を有する基材シリカとして入手可能である．
［Stellar Phases社の厚意による］

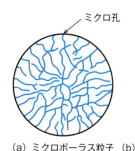
(a) ミクロポーラス粒子　(b) パーフュージョン（貫通型）粒子

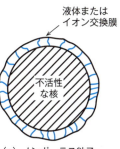
(c) ノンポーラス粒子　(d) コアシェル粒子

図21.5　HPLCで使用される粒子の構造

動相に拡散によって入り込んで固定相と相互作用し，その後，拡散によってバルクの移動相へと出てくる．小さな粒子の使用は拡散距離が短くなるので試料成分の拡がりを小さくできる．粒子の製造法は特許技術が多く詳細は不明であるが，多くの場合，一つの粒子でできているというよりは，高純度のコロイド状シリカ微粒子が集合してミクロ多孔性の球状粒子が形成されている[**図 21.6**(a)]．アルキルケイ酸塩などの可溶性のケイ酸塩を酸性化する手法が，アモルファスで表面積が大きく，多孔性で丈夫なシリカ粒子の生成に用いられ，こられはキセロゲルとよばれている[図 21.6(b)]．

シリカ粒子は表面にシラノール基（−SiOH）をもっている．シラノール基は極性の相互作用場を提供する．これは好ましくない場合もあるかもしれないが，効果的に使うこともできる．シリカ粒子を修飾するさいの結合サイトとして使うことができる．たとえば，モノクロロシラン $R(CH_3)_2SiCl$ [$R = CH_3(CH_2)_{16}CH_2-$]との反応によって，もっとも汎用されている C18 シリカ（ODS ともよばれる）固定相を調製できる．

$$-Si-OH + Cl-Si(CH_3)_2-R \longrightarrow -Si-O-Si(CH_3)_2-R + HCl$$

シラノール基が官能基化される程度は，シリル化剤の鎖長に依存している．上記の例において，Rが 18 の炭素鎖である場合，シラノール基の 30% 以上を修飾するのは困難である．未反応のシラノール基はもっとも小さなトリアルキルシラン，すなわちトリメチルクロロシラン（$R = -CH_3$，欄外の図を参照）でエンドキャップ（末端保護）する．それでも，残留するシラノールのおよそ 50% が反応している程度である．しかし，さらに高効率でエンドキャップが達成されると主張する特許技術がある．

同様にして，さまざまな官能基がシラノールに固定化されている．逆相であれば，フェニル基の導入されたもの（$R = -C_6H_5$，π–π 相互作用も付加される．しばしばスペーサーとして一つ，あるいはそれ以上のメチレン鎖がついているものや，ビフェニルも一般的である），C8 基 [$R = -(CH_2)_7CH_3$，C18 より疎水性が低い] が導入されたものなどがある．順相であれば（極性が増大する順番で）シアノプロピル基 [$R = -(CH_2)_3CN$] やジオール基 [$R = -(CH_2)_2OCH_2CH(OH)CH_2OH$]，2～3 のメチレン鎖を含むアミノ基やジメチルアミノ基 [$R = -(CH_2)_3NH_2$, $R = -(CH_2)_3N(CH_3)_2$] が導入されたものなどがある．

官能基化の程度は，C18 結合相の場合，炭素含有量（重量%）でしばしば表される．C18 結合相が前述のモノクロロトリアルキルシランから調製されるときは，表面のヒドロキシ基とは単結合しか生じない．これはモノメリック（単層）な結合相を形成し，ブラシのような構造をとる．すなわち，ブラシの毛のそれぞれがその官能基に相当する．C18 のような長い炭素鎖の場合，それは表面に結合した油の分子膜のようにはたらくと考えられる．

モノクロロトリアルキルシランの代わりに，ジクロロジアルキルシラン，あるいはトリクロロアルキルシランを，水を完全には取り除かない条件でシリカと反応させた場合を想定してみよう．平均すると，おのおのの試薬からの一つか二つ

エンドキャップ．真ん中がトリメチルシランによってエンドキャップされている．左の太線はシリカ表面を表す．

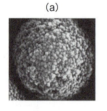

(a)

ZORBAX Rx-SIL (Silica Sol)

(b)

キセロゲルシリカ

図 21.6 シリカ粒子
(a) Zorbax の多孔性シリカミクロ球状粒子，多孔率 50%，細孔径 100 Å．
(b) キセロゲルシリカ粒子，多孔率 70%，細孔径 100 Å．
[Agilent Technologies 社の厚意による．]

の塩素原子がシリカと反応し，残りのすべては未反応のままである．これらは加水分解し，シラノール基を形成し，それがさらに試薬と反応することによってポリメリック(多層)な結合相が形成される．これはブラシのような構造というよりは三次元網目構造に似ていて，これにより形状やサイズ選択性が向上する．これは，幾何異性体や多環芳香族炭化水素類などの分離に有効である．

ポリメリック結合相の％炭素含有量は，モノメリック結合相よりもかなり高くなる．C18 結合相の炭素含有量はカラムの能力を示す指標として使われる(炭素含有量の増加は無極性的性質が増すとしばしば誤って解釈されることもある)．エンドキャップは炭素量の増加にほとんど寄与しないが，遊離のシラノール基の減少は相の極性を大きく変化させる．現在，モノメリック型の固定相とポリメリック型の固定相，また，エンドキャップされているものと，されていないもののすべてが市販されている．ただし，三次元網目構造内の遊離のシラノール残基は簡単には保護できない．その結果，ポリメリックな固定相の炭素含有量が多かったとしても，その極性は十分にエンドキャップがなされたモノメリックな C18 結合相よりも必ずしも低くなるというわけではない．

極端な pH と温度条件での加水分解からの安定性の向上：標準的なシリカベースのカラムは，pH 2 以下または pH 8 以上で使用するとカラム寿命が短くなる．エンドキャップあるいは官能基化に使われるシリル化反応では，クロロジメチルアルキルシランの二つのメチル基をより大きなイソプロピル基，またはイソブチル基に替えると，立体的な障害と疎水的な環境によりシロキサン(Si－O－Si)結合へのプロトンの接近が困難となり，酸性の pH に対する安定性が大幅に向上する．

架橋された有機ポリマー製の粒子，たとえばポリメタクリラート，とくにポリスチレンベースのものは，あらゆる pH に耐えることができる．グラファイト，アルミナ，チタニア，そしてジルコニアをベースとしたカラムも入手でき，これらはすべてシリカよりも pH 耐久性に優れている．ところが，同等の粒子の大きさにおいて，これらの粒子は，シリカ粒子で得られる効率を出すことはできておらず，また，官能基の修飾法についてもシリル化反応に匹敵する洗練された技術は確立されていない．

C18 シリカ充填剤の塩基性条件での pH 安定性を向上させるためにさまざまな方法が開発された．Agilent 社の科学者は，プロピレン架橋された二座の C18 シランを 2 カ所(欄外の図参照)でシリカに結合させる技術を開発した．C18 の結合層が所定の位置に立体的に固定されており，その下層にあるシリカを水酸化物イオンが攻撃することを困難にする．室温で有機塩基緩衝液を用いた場合，この相は pH を 11.5 まで上げても長期にわたって使うことができる．もう一つの方法は，Waters 社によって開発されたもので，有機と無機のハイブリッド型シリカ粒子を合成する方法である．この方法では，二つの高純度なモノマー試薬，テトラエチルオルトシリケートとビス(トリエトキシシリルエタン)が用いられる．これらのモノマー試薬を用いてポリエトキシシランを合成し，さらにこれを加水分解すると，加水分解に対して安定な－Si－CH_2－CH_2－Si－鎖(欄外の図参照)を有するシリカ粒子が得られる．

マクロポーラス-ミクロ/メソポーラス構造およびパーフュージョン(貫通型)充填剤(macroporous-micro/mesoporous structure, perfusion packing)：ミクロ，

メソ−,そしてマクロ孔を区別する厳密な境界は定められていない.一般的にHPLCの充填剤では,100Åより小さい孔をミクロ孔といい,1000Åよりも大きい孔をマクロ孔と見なしている.ミクロ孔とマクロ孔の中間サイズの孔をメソ孔とよぶことが多い.

　マクロ孔は非常に大きな分子を分析するさいに重要である.マクロ孔が多ければ表面積が大きくなり保持容量も大きくなる.保持容量の増加はイオン交換クロマトグラフィーにおいてとくに有効である.ミクロ/メソ孔も容量と関係しており,Purdue大学のRenierは大きなマクロ孔(6000〜8000Å)に非常に多くのメソ孔(約800Å)の流路が接続した構造のポリマー充填剤を設計した.図21.5(b)に示されているように表面積の多くはこのメソ孔に由来する.溶媒と接触可能な表面は官能基を修飾することができる.このタイプの粒子は拡散係数の小さい非常に大きな分子,なかでもタンパク質を分離するのに適する.たとえば,郵便配達員がさまざまな小道に立ち並ぶ無数の家々に手紙を配達する,あるいはそれらから手紙を収集する場合を想定してみよう.このとき,枝分かれした小道からではなく数本の大通りから手紙を収集することができれば仕事の効率はよくなるだろう.この貫通型粒子を使えば,移動相の送液速度を速くでき,溶質を分離が行われるメソ孔に早く届けることができる.ただし,これらの充填剤は当初,粒径が10〜20 μmのビーズとして調製され,現在も市販されているものは粒径が10〜50 μmのビーズであり,製薬産業における大容量での分取がおもな利用目的となっている.この貫通型粒子に遺伝子組換えで調製したプロテインAやプロテインGといった親和性のリガンドを固定化したカラムは,抗体を迅速に分離精製するのによく使われる.反応性の高いアルデヒドやエポキシドを有する充填剤は遊離のアミノ基を介してタンパク質を結合させることができる.

　無孔性充填剤[nonporous packing,図21.5(c)]は粒径が1.5 μm程度の非常に小さなシリカを使ったHPLCにおいて一時期人気を集めた.多孔性シリカでの物質輸送は粒子内拡散が律速となっている.また,細孔内のエンドキャップの施されていない活性部位が望ましくない相互作用を引き起こす可能性もある.もし,こうした細孔が存在しなければ,細孔内での拡散によるピークの拡がりが解消される.非常に小さい粒子では,移動相と固定相の間を行き来する拡散距離が非常に短い.したがって,カラム効率は移動相の流速にあまり左右されなくなる.しかし,移動相を同じ流速で送液した場合,その背圧は粒子径の2乗に反比例する.そのため,粒径5 μmの粒子を充填したカラムを1.5 μmの粒子充填カラムに変更すると背圧は1100%も高くなる.市販のポンプで送液できる圧力には限界があるため,実際に使用できる粒子サイズや流速も制限されることとなる.また,19000 psi (130 MPa)の圧力に耐えられる機械的強度の優れたシリカ粒子が現在では市販されているが,通常の粒子のほとんどは,これよりも低い圧力で容易に変形/破壊される.

　無孔性充填剤は表面積がかなり小さいので,カラムに負荷できる試料量が制限される(低カラム容量).また,多孔性のカラムと比較して保持時間も短くなる傾向がある.高圧力を要することから,カラムの長さは短くせざるを得ない.また,無孔性充填剤を高密度かつ均一に充填することも難しい.かくして,無孔性充填剤は後述する表面多孔性充填剤に取って代わられることになった.

　表面多孔性粒子(superficially porous particle):液体クロマトグラフィーの黎明

期から，固い芯のまわりに薄い活性な層のある充填剤が物質輸送に適した特徴をもっていることが知られていた．1967 年に Horvath らはイオン交換樹脂などをコーティングしたガラスビーズによるヌクレオシドの HPLC 分離を報告した[*Anal. Chem.*, **39**(1967)1422]．1975 年に Dow Chemical 社の Small, Stevens, Bauman らはイオンクロマトグラフィーを開発した．彼らは，高効率なイオン交換固定相をつくるため，スチレン-ジビニルベンゼン共重合体(PSDVB)ベースの芯の表層をわずかにスルホン化して，表面に負に帯電したスルホ基($-SO_3^-$)を導入した．コロイドサイズの正電荷を帯びた陰イオン交換ナノ粒子(一般的にはラテックスとよばれる，詳細は後述)の懸濁液を，スルホ基が導入された PSDVB 充填カラムに通すと，正電荷をもつラテックスが負電荷を帯びた PSDVB の表面と強固に結合して安定したイオン交換体が調製できる(欄外の図参照)．

同様にして，**表面多孔性粒子**(superficially porous particle：SPP)，**コアシェル**(core-shell)あるいは**フューズドコア**(fused core)粒子ともよばれる微小粒径の充填剤も近年多用されるようになってきた．充填剤は，内部は無孔性の粒子で，外側は多孔性の微粒子が集まった殻[図 21.5(d)]で構成されている．すなわち，分析成分は外側の殻の部分でだけ相互作用をするので，物質移動の抵抗は減少し，優れた分離能を示す．粒子の中心部分での溶質の滞留が解消され，溶質は効率よく固定相から移動相の流れに出てこられるようになる．現在，粒子径が 1.3 μm の SPP が充填されたカラムが市販されている．

古典的なイオン交換樹脂でのクロマトグラフィー：クロマトグラフィーを用いた分離では，これまで古典的な**ゲルタイプのイオン交換体**(gel-type ion exchanger：ポリマーの網目以外には細孔がほとんどないポリマー粒子という意味)が利用されてきたが，粒子サイズはかなり大きく(直径 25〜37 μm)，いまでは分析目的で使用されることはない．ただし，そうしたイオン交換樹脂は，水の浄化や軟化，高純度水の精製，金属の除去(放射性物質を含む)，触媒として，また，医薬品，糖，飲料(フルーツジュースの精製など)の製造などで重宝されている．さらに実験室レベルでは，ある物質のイオン形を異なるイオン形に変えるさいにも広く用いられている．

市販のイオン交換樹脂のなかにはアクリル酸骨格のものもあるが，大多数はジビニルベンゼンで架橋されたポリスチレン骨格を有する．この架橋ポリマー樹脂の芳香環骨格には比較的容易に$-SO_3^-$や$-NR_3^+$のようなイオン性官能基，$-COOH$や$-NH_2$のような解離性の官能基を修飾できる．**表 21.1** に示すように，分析化学では強酸性，強塩基性，弱酸性，弱塩基性の四つのタイプのイオン交換樹脂が用いられる．

そうした固体ビーズゲル状樹脂のほかに，現在は"ポロゲン(細孔形成剤)"とよばれる溶媒を用いて製造される樹脂もある．ポロゲン溶媒は粒子の形成過程において骨格の間に存在し，ポリマー粒子の合成後にそれらを洗い流すことによって，隙間がマクロ/メソ孔となる．こうして得られた樹脂が**マクロポーラス**(macroporous)あるいは**マクロ網状**(macroreticular)樹脂とよばれている．これらはゲル状樹脂よりも非常に大きな表面積を有する．

陽イオン交換樹脂(cation exchange resin)は陽イオンが固定されておらず，ほかの陽イオンと置き換わることができる官能基をもっている．通常は H$^+$ 形か Na$^+$ 形として販売されている．強酸性陽イオン交換体は完全に解離する$-SO_3H$

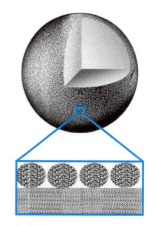

表面凝集型のイオン交換体はコアシェル粒子の初期型とみなせる．

陽イオン交換樹脂においては，陽イオンはほかの陽イオンによって置換される．これは平衡反応である．

表21.1 イオン交換樹脂の種類[*1]

イオン交換体の種類	イオン交換官能基	商品名
陽イオン		
強酸性	スルホン酸	Dowex[a] 50, Amberlite[b] 200C, Ionac[c] C249, Rexyn[d] 101(H)
弱酸性	カルボン酸	Amberlite IRC-50, Rexyn 102, Amberlite CG-50
陰イオン		
強塩基性	第四級アンモニウム塩	Dowex 1, Amberlite IRA 400, Ionac A544, Rexyn 201, Amberlite IRA-900*
弱塩基性	アミン	Dowex M43, Dowex 22*, Amberlite IR-45, Ionac A365

[a] Dow Chemical 社.
[b] Rohm and Haas 社(現在は Dow Chemical 社の一部).
[c] Sybron Chemical 社.
[d] Fisher Scientific 社.
* マクロポーラス構造.ほかのものはゲル型

を有している.弱酸性陽イオン交換体は−COOH(−PO$_3$H も特殊な用途で使われることがある)を有しており,これらは部分的に解離している.

$$n\,樹脂-SO_3^-H^+ + M^{n+} \rightleftharpoons (樹脂-SO_3)_n M + n\,H^+ \quad (21.1)$$

$$n\,樹脂-COO^-H^+ + M^{n+} \rightleftharpoons (樹脂-COO)_n M + n\,H^+ \quad (21.2)$$

この平衡は H^+ や M^{n+} の濃度,あるいは樹脂の量を変えることによって右方向や左方向に移動させることができる.

樹脂の**交換容量**(exchange capacity)は,単位体積あたり,あるいは単位重量あたりの交換し得る水素イオンの当量で表され,樹脂に固定されているイオン交換基の数と強度に依存する.典型的な樹脂のイオン交換容量は $1 \sim 4\,\mathrm{meq\,g^{-1}}$ である.イオン交換容量が大きいほど,溶質の保持が強くなる.強酸性陽イオン交換樹脂の保持挙動は pH の影響をほとんど受けない.一方,弱酸性陽イオン交換樹脂は pH に依存しており,pH 4 以下では水素イオンがほとんど解離しなくなり陽イオン交換は起こりにくくなる.しかし,この pH の制御に基づいて親和性を調節できる点は,強酸性陽イオン交換樹脂とは異なる利点といえる.現在,イオンクロマトグラフィーで陽イオンの分離を行うさいには,ほとんどの場合,弱酸性陽イオン交換体が使用されている.ただし,これらの交換体は弱塩基とは相互作用しにくいので,弱塩基の分離には強酸性陽イオン交換体が用いられる.

陰イオン交換樹脂(anion exchange resin)は $-NR_3^+$ のように完全解離した陽イオン,あるいは $-NR_2 + H^+ \rightleftharpoons -NR_2H^+$ のように部分的にイオン化した官能基を有しており,これらは樹脂に化学的に固定されている.通常は,Cl^- 形か OH^- 形として供給され,陰イオンを置き換えることができる.交換反応は以下のように表され,

$$n\,樹脂-NR_3^+Cl^- + A^{n-} \rightleftharpoons (樹脂-NR_3)_n A + n\,Cl^- \quad (21.3)$$

R は強塩基性樹脂の場合はアルキル基で(通常はメチル基で,ベンジル基やヒド

[*1] [訳者注] 国産のイオン交換樹脂としては,ムロマックシリーズ(室町ケミカル),ダイヤイオンシリーズ(三菱化学),TSK シリーズ(東ソー)などが知られている.

ロキシエチルベンジル基もある），弱塩基性樹脂の場合は R 基のうちの一つ以上が H となっている．あとで詳述するが，現在，水酸化物溶離イオンクロマトグラフィーでは，エタノールアミンのようなアルカノールアミンで修飾されたカラムが OH⁻ に対してより選択性があり汎用されている．

強塩基性陰イオン交換体は pH 12 までの陰イオンを交換する能力を有するが，弱塩基性の交換樹脂は塩基性条件では効果的な陰イオン交換体ではない．この樹脂は弱酸と相互作用しにくいが，スルホン酸のような強酸を分離するのに有効である．

スチレンには不飽和基が一つしかなく，その重合体は柔らかくて簡単に変形してしまう．2 個以上の不飽和基をもったモノマー［たとえば，ジビニルベンゼン（DVB）やそのエチル誘導体］を取り込ませると，直鎖のポリスチレンは DVB の架橋によって補強される．この**架橋**(cross-linking)は樹脂を堅固なものとし，溶媒による膨潤も減る．その結果，圧力に対する耐性が向上する．**架橋度**(degree of cross-linking：一般的には％ DVB といわれる）の上昇は剛性を上昇させるとともに，イオンに対する選択性も改善される．ゲル型樹脂は 2% DVB から 16% DVB のものが入手可能であるが，一般的には 4～8% DVB のものが汎用されている．樹脂名は架橋度を表していることが多く，たとえば Dowex® 50WX4 と Dowex® 50WX8 は同じ強酸性樹脂であるが，それぞれ％ DVB が 4% と 8% であることを示している．

陽イオンは陰イオン交換体に親和性はなく，本質的に陰イオン交換体で分離されることはないことは明白であるが，重金属や希土類元素のような遷移金属の多くが陰イオン交換体で分離されてきた．このからくりは，陰イオン性の錯形成剤の存在のもとで，実際には金属イオンは陰イオン性の錯体を形成して陰イオン交換体に結合することに基づいている．濃塩酸は数元素を除くほとんどの金属イオンと陰イオン性のクロロ錯体を形成する．その結果，塩酸の濃度勾配溶離によって，さまざまな金属イオンを強塩基性陰イオン交換体によって分離することができる．塩酸は腐食性が高いので，最近は α-ヒドロキシイソ酪酸(HIBA)や 2,6-ピリジンジカルボン酸(PDCA)のような錯形成剤が，陰イオン交換体や場合によっては陽イオン-陰イオン混合交換体を固定相に用いた現代的なイオンクロマトグラフィーの溶離剤として使われることが多い．実際，通常の陽イオン交換体での遷移金属や希土類元素に対する選択性の違いはきわめて小さく，陽イオン交換に基づく分離は困難である．錯形成剤との錯形成定数の違いが分離にはきわめて重要となる．錯形成剤は弱酸性あるいは弱塩基性であるので，その錯形成能は pH に依存しており，pH 勾配が分離の制御に有効である．電気的に中性な錯形成剤も分配平衡状態に影響を与える．その理由として，直接的には金属イオンのイオン交換する化学種の濃度を変化させること，また間接的には錯体形成によりイオン交換体との親和性が変化すること（一般に疎水性が増すために親和性が増す）があげられる．

　最新のイオン交換相：図 21.7 に現在使用されているさまざまなイオン交換固定相を示す．これは C. Pohl(Thermo Fisher Scientific 社）によって分類されたもので，これらのいくつかは彼自身によって開発されたものである．コアシェル粒子のところで述べたように，IC が登場した当初から 50～200 nm のイオン交換ナノ粒子（コロイド状の有機ポリマー製イオン交換粒子で，しばしばラテックス

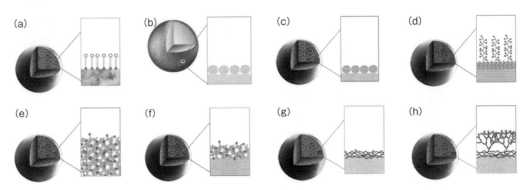

図 21.7 イオン交換固定相の種類
(a) シランカップリング剤で修飾した多孔性シリカ基材，(b) 非多孔性の基材上に静電的に凝集したラテックス，(c) マクロポーラスな基材上に静電的に凝集したラテックス，(d) ポリマーがグラフト化された多孔性基材，(e) 独自に化学的に修飾された基材，(f) ポリマーがカプセル化された基材，(g) 吸着したポリマーで被覆された基材，(h) 段階成長型の静電グラフト多孔性ポリマー基材．
[Thermo Fisher Scientific 社の C. A. Pohl の厚意による]

とよばれる)が基質粒子に凝集したものが固定相として使われてきた．図 21.7(a) に示されているように，シランカップリング反応を介して結合したイオン交換基を有する多孔性のシリカベースのイオン交換体が，HPLC タイプの分離に応用されてきた．この種のイオン交換体はイオン交換容量が大きいのが特徴であるが，水系溶離剤や極端な pH 下では基材となるシリカの安定性が低いため IC では使われることはない．

図 21.7(b) は，もっとも初期の IC 用のコアシェルタイプの充填剤であり，表面多孔性粒子が用いられる．この種の充填剤は比較的交換容量が小さい．初期の基質(基材粒子)は架橋度が低かったが，徐々に架橋度が上げられることにより有機溶剤や高圧に対する耐性が向上した．原理的には，pH 安定性に優れた無機の基質や無機ナノ粒子イオン交換体を利用できるが，実際にはまだ実現していない．この型は現在予備濃縮とガードカラムでのみ使われている．

図 21.7(c) はマクロポーラスな基質に基づく充填剤であり，基本的な原理は図 21.7(b) と同じであるが，基質には 100～300 nm の孔があり，ラテックスのサイズは孔内に入り込めるぐらいに十分に小さい．その結果，同等の大きさの無孔性の基質よりおおむね 1 桁大きな交換容量となる．これは現在の IC 用カラムとして広く使われている．

図 21.7(d) は，多孔性の基質上に高分子のグラフト膜が結合しているもので，高交換容量を目指しているが架橋度は制御できていない(また架橋を通して選択性を上げることは困難である)．この基質は重合性の官能基を用いて調製し表面に官能基を導入するか，もしくは修飾によって表面に重合性官能基を導入する．その基質とモノマーと開始剤を反応させグラフト重合膜が結合した粒子をつくる．有機ポリマー，無機基質のどちらも理論上は使うことができるが，実際にはポリマー基質のもののみが市販されている．

図 21.7(e) は，高交換容量をもつ汎用的なイオンクロマトグラフィーの充填剤である．官能基を導入するために直接的に誘導体化したモノマーを用いた多孔性ポリマーである．もっとも一般的な方法は，ビニルベンジルクロリドやグリシジルメタクリラートのような反応性の高いモノマーと架橋剤の共重合体を形成し，

続いて第三級アミンと反応させると第四級アンモニウム基を有するイオン交換体が形成される．この技術は日本のカラムメーカーでよく利用される．

基質を包みこんだポリマー［図 21.7(f)］は Max Planck 研究所の G. Schom によって開発されたものである．二重結合が残存するポリマーと溶媒に溶解した重合開始剤を基質粒子に添加する．その後，ある温度をかけるとポリマーは硬化し，溶媒は取り除かれる．かくして基質粒子をカプセル化した架橋ポリマーが得られる．この技術で一番成功した例として，多孔性シリカをポリ（ブタジエン-マレイン酸）共重合体で被覆したものがあげられる．これは陽イオン分離に適した弱酸性陽イオン交換体として利用される．

図 21.7(g) は低分子量のイオン性ポリマー，あるいは長鎖のイオン性界面活性剤と基質とを接触させることによって作製される固定相である．このコーティングは水溶液中では安定であるが，その他の溶媒とは適合性が悪い．図 21.7(h) は Thermo Fisher Scientific 社で広く使われている固定相で，10 種類以上のカラムバリエーションがある．固定相は一連の反応工程を繰り返して調製される．まずは，負に帯電した表面をもつ粒子を用意する．第一級アミンとジエポキシドの 1：1 の混合物が基礎コーティング液である．次にジエポキシドと第一級アミンの反応工程を交互に行う．この反応の繰返しはジエポキシドと第一級アミンの反応サイクルにつき，カラム容量を倍増させる．すでにパックされたカラムもさらに化学的に修飾できるが，そうした応用はまれである．

モノリスカラム（monolith column）は名前のとおり，ひとかたまりの棒であり，その孔はつながっており完全に貫通している．クロマトグラフィーのカラムは微細な粒子が大量に必要であるという考えが一般的であったが，80 年代後半に Uppsala 大学の S. Hjertén がこれに対して疑問を投げかけた．彼は"流体力学的な流れを可能とする十分に大きな流路をもつ連続ゲルが理想的な分離カラムである"と 1989 年に述べ，陽イオン交換体の連通多孔体によるタンパク質の分離を報告した．このカラムでは，分離効率は，流速が 1 桁変化しても影響を受けなかった．2 年後，彼と彼の学生はこのカラムの調製法と使用方法について発表した．ポリマーモノリスは Tennikova（ロシア科学アカデミー）と Svec（California 大学 Berkeley 校）によって，円板状のものが商品化された．大容量のモノリス（カラム体積が数 L のものまで）が大規模な生物試料の分離のために開発された．非常に短いカラム（長さ 5 mm，直径 5 mm）も現在は市販されており，抗体（IgG, IgM）やプラスミド DNA，ウイルス，ファージ，生体高分子の迅速・高性能な分離分析あるいは分取精製に利用されている．

有機ポリマーに続いて，シリカモノリスも市販されるようになった．基本的な合成法は京都工芸繊維大学の田中信男らによって研究が進められた．貫通型充填剤と同じく，シリカモノリスも二つの細孔構造を有している（**図 21.8**）．マクロ孔は流路孔として機能し，直径はおよそ 2 μm である．このシリカ骨格は直径 13 nm（130 Å）のメソ孔を含んでおり，その表面は C18 のような固定相で修飾できる．そのシリカモノリスロッドは，カラムの外壁に沿って溶液が流れてしまう"壁効果"を防ぐために，ポリエーテルエーテルケトン（PEEK）製のプラスチックチューブのホルダーに入れ，収縮包装することによってカラムとする．メソ孔の表面積は約 300 m^2 g^{-1} で，全多孔率は 80％ である．なお，粒子充填型の場合は 65％ 程度である．シリカモノリスカラムは 3.5 μm の粒子を充填したカラムと

モノリスカラムに関する歴史的な論文として以下があげられる．S. Hjertén, J. L. Liao, and R. Zhang, *J. Chromatogr. A*, **473** (1989) 273；J. L. Liao, R. Zhang, and S. J. Hjertén, *J. Chromatogr. A*, **586** (1991) 21.

 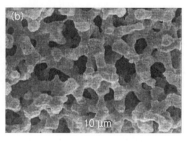

図21.8 棒状モノリス(Merck社のChromolith®)の電子顕微鏡写真
(a) メソポーラス構造，(b) マクロポーラス構造．
[D. Lubda, K. Cabrera, W. Krass, C. Schaefer, and D. Cunningham, *LC GC*, **19** (12) (2001) 1186 より許可を得て転載]

同等のファンディームター曲線を示すが，充填型カラムと比較して同じ流速であれば圧力は40%程度で行える．標準的な直径4.6 mmのカラムは長さ10 cmのものまで調製できる．長さが短く多孔率に優れたカラムでは，9 mL min^{-1} での送液と高速分離が可能となる．物質輸送は拡散に加えて対流によって促進される．その結果，低分子から高分子まで効率よく分離できる．より高い段数を得るためには，複数のカラムを直列に接続することも可能である．最近，シリカモノリスのメソ孔/マクロ孔の比が最適化され，第一世代のモノリスと比べてわずかに圧力は高くなるものの分離効率は50%向上している．その分離性能は2.6 μmの表面多孔性粒子を充填したカラムと同等であるが，同じ流速であれば圧力は低くなる．

シリカベースのモノリスもポリマーベースのモノリスも低分子，高分子どちらに対しても良好に機能することが多くの研究例で示されている．より新世代の表面積の高いモノリスは分子サイズによって分離することに長けている．ポリマーモノリスは，非常に高度に架橋されているため，高い機械的耐久性を有し，有機溶媒中での膨潤割合も低い．荷電したモノリスロッド（棒状モノリス）の表面にイオン交換ラテックスナノ粒子を凝集させる方法の有用性も示されている．ポリマーモノリスは内径が0.1～1 mmのキャピラリー管内でつくられ，長さは250 mmまでのものが多い．このキャピラリーサイズのカラムは，試料注入量の少ない質量分析計のような検出器との相性がよい．ポリマーモノリスは，小さな無機イオンだけでなく大きな生体高分子の分離も可能である．長さが25 cmのカラムを四つ直列に接続することによって，20万段の段数が得られたとの報告もある．

親水性相互作用クロマトグラフィー(hydrophilic interaction chromatography：HILIC)：すべての親水性表面が必ずしもHILICに適している訳ではない．水の吸着がpHに強く依存するような固定相では，pHの変化によって保持が変化しやすい．HILIC用の固定相には中性のもの，電荷を帯びたもの，両性イオン性のものの三つの異なるタイプがある．一般的な中性のHILIC固定相は多孔性シリカにアミドやジオール基が結合したものである．電荷を有するHILIC固定相は，シリカそのものも使われるが，より一般的にはアミノ基，アミノアルキル基，スルホ基などが多孔性シリカに結合したものが用いられ，強い静電相互作用を示す．異なる分析成分どうしの分離選択性はこの静電相互作用によって生じる．しかし，静電相互作用が強すぎるときは，適切な時間内で溶出させるために高濃度の塩を含む水溶液が必要となる．不揮発性の塩溶液は，検出器として汎用的に用いられるエレクトロスプレーイオン化質量分析装置(22章参照)との相性が悪く，このことが事態を複雑にすることがある．

負電荷($-SO_3^-$)が外側になっている両性イオン性のHILIC (ZIC-HILIC)カラム．

Umeå大学(スウェーデン)のK. Irgumによって提案された両性イオン性固定相の電荷バランスを利用した分離はHILICで汎用されている．たとえば，スル

ホベタイン型の両性イオン[$^-$O$_3$S(CH$_2$)$_3$-N$^+$(CH$_3$)$_2$CH$_2$-]が結合した固定相があり，分離能を重視して多孔性のシリカ担体に結合されているものと，pH 適用範囲が広いポリマーベースの担体に結合されているものが市販されている．正に帯電した官能基と負に帯電した官能基のどちら側が支持体近くに結合されているかも分離に影響を及ぼす．上記の例では両性イオンの正の側が支持体に近くなっている．反対の側が結合している場合もあり，多くの場合は選択性も反転する．

　キラル固定相(chiral stationary phase：CSP)：HPLC 用の CSP には四つの基本形が存在する．

1．パークル型固定相　　パークル型キラル固定相は，Illinois 大学のパークル(W. H. Pirkle)が π 電子受容体タイプの CSP を最初に開発したのが始まりである．この CSP は π 供与基を含む鏡像異性体を分離することができる．なお，その π 電子は鏡像異性体の芳香環から供給されたものである．π 電子受容体となるキラル分子が CSP の活性部位であり，共有結合によって多孔性シリカ粒子に結合されている．CSP 上でのキラル認識のための相互作用部位としては，π 塩基性(電子供与)あるいは π 酸性(電子受容)の芳香環，酸性部位，塩基性部位，さらに立体相互作用部位に分類される．π-π 相互作用は分析成分の芳香環と CSP の芳香環との間で起こる．酸性部位は水素結合のためのプロトンを供給することができ，塩基性部位は π 電子を供給し得る．また，立体的な相互作用はかさ高い物質間で生じる．

　GC 用の CSP と同様に，ターゲットとなる鏡像異性体と CSP との間には少なくとも三つの異なる相互作用点が必要となる．一般的な π 受容体型 CSP は，L-または D-フェニルグリシン，L-または D-ロイシン，アミノフェニルアルキルエステル，アミノアルキルホスホネートなどのジニトロベンゾイル誘導体に基づいている．また，β-ラクタムに基づく CSP もある．こうした CSP の重要な特性として，二つのキラル配置のうちの一方に有効であることがあげられる．したがって，鏡像異性体の溶出の順番は適切なカラムの選択により変更できる．これは，一方が過剰に存在する鏡像異性体の分離のさいに重要であり，最初に微量の成分が溶出するようにしたほうが，安定な分離や正確な定量を行いやすい．

　π 電子供与型の CSP はアミン，アミノ酸，アルコール，チオールを分離するために設計されている．キラル認識のメカニズムは，π 受容体型の CSP の逆である．ナフチルロイシンを固定化したカラムが一般的な CSP である．

　パークル型キラル固定相の三つ目のタイプは π 電子受容と π 電子供与の両方の属性をもつカラムである．例として，アミノテトラヒドロフェナントレン，ジフェニルエチレンジアミン，ジアミノシクロヘキサンなどのジニトロベンゾイル誘導体があげられる．なお，ほとんどのパークル型キラル固定相は逆相モードと順相モードのどちらでも用いることができる．

2．キラルキャビティー(空孔)型固定相　　シクロデキストリン(CD，20.10 節および図 20.10 参照)のような内部空孔タイプの固定相がガスクロマトグラフィーにおいて以前に議論された．α-，β-および γ-シクロデキストリンは，それぞれ 6，7 および 8 個の α-D-グルコピラノースが α-1,4 結合でつながった化合物である．そのかご状の分子には中央にやや疎水性の空洞があり，外側は親水性である．HPLC では，β-と γ-シクロデキストリンが加水分解に安定なエーテル結合を介して多孔性シリカに結合されたものを用いることが多い．1983 年以降，

さまざまに誘導体化されたCDベースの固定相も市販されるようになり，現在でもキラルHPLC分離の主力商品となっている．これらは基本的に逆相モードで使用されている．一方の鏡像異性体が空孔内に入り，その内部で相互作用するのに加えて，その異性体の一つあるいは複数の官能基が空孔の入り口と相互作用することによってキラル分離が達成される．

シクロフラクタン(CF)はD-フルクトフラノースがβ-2,1結合したものである．CF6とCF7はそれぞれ六つ，七つのユニットからなる．CDとは対照的にCFは極性をもったクラウンエーテルがコアとなっている．CDと同じようにCFも容易に誘導化される．CF系の固定相は，2011年に初めて導入された．それ以降，これらのCSPはHPLCの通常の分離モードで使用されており，とくにキラルな第一級アミンの鏡像異性体を分離する能力に優れている．これらのアミンはさまざまな医薬品の前駆体として非常に重要である．スルホン化されたCF誘導体化固定相はHILICモードで使用されている．

CDやCF固定相と同様に，大環状グリコペプチド系抗生物質からなるCSPは，D. Armstrongによって開発された．3個の空孔を取り囲んで18個のキラル中心を含むバンコマイシン(これらの空孔を五つの芳香環を含む構造でつないでいる)はその典型例の一つである．水素供与体の受容部位が環構造付近にある．また，四つの空洞を囲むように23個のキラル中心を含んでいる両親媒性の糖ペプチド，テイコプラニンのCSP固定相もある．さらに，こうした化合物のうちでもっとも複雑な構造をもつものとして，四つの空洞のまわりに38個のキラル中心をもっているリストセチンAのCSPもある．六つの糖，ペプチド鎖およびイオン性官能基によって，このCSPでは多様な成分の分離が可能となっている．

多孔質シリカに18-クラウン-6-テトラカルボン酸が結合した(＋)あるいは(－)配置のCSPカラムも市販されており，このカラムはとくにアミノ酸の光学分割に適している．

3. らせんポリマー型固定相 セルロースエステルのようなポリマーはらせん構造を有している．右まわりと左まわりのらせんは重ね合わせることができないためキラル構造といえ，実際に鏡像異性体の分離に利用される．空孔包接や水素結合，疎水性，あるいは親水性相互作用などさまざまな要因が分離に関与している．よく使われている固定相としては，カルバモイルセルロースあるいはアミロースのトリス(ジメチルフェニルあるいはクロロメチルフェニル)誘導体があげられる．

4. 配位子交換カラム 多孔性シリカが，あるアミノ酸(たとえば，プロリンやあるいはその誘導体)の一方の鏡像異性体(L体またはD体)を有しているとしよう．そのようなカラムを銅塩で処理すると，Cu^{2+}が可逆的にアミノ酸に配位し，多座配位結合が形成される．すなわち，複数の結合位置をもつ．Cu^{2+}と結合し得るキラル分子がカラム内に導入されると，キラル分子とアミノ酸，キラル分子とCu^{2+}の配位結合が競合することとなり，この相互作用の強さによって分離がなされる．パークルπ受容体型CSPと同様に，カラムはL体あるいはD体のどちらかが遅くなるように設計されており，目的の成分が先に溶出するほうを選択できる．通常，カラムがL体用の場合，D体の鏡像異性体が最初に溶出する．ただし，例外もあり，たとえばAstec社の配位子交換カラムでは乳酸，リンゴ酸，酒石酸，およびマンデル酸の分離において，酒石酸エナンチオマーだけ反対の溶出順となる．

その他の支持体：アルミナ(alumina)は初期の順相HPLCにおいて支持材料として重要な役割を担っていた．現在，アルミナカラム（一般的にはアルキル基が結合したポリブタジエンまたはポリシロキサンで被覆された微小細孔を有する直径5 µmの粒子）が市販されており，pH 1.3〜12の範囲で利用できる．

Minnesota大学のCarrの研究以降，**ジルコニア**(zirconia) ZrO_2 ベースのカラム充填剤も入手可能となり，粒子径が2 µm以下（sub-two-micron，しばしばSTMと略記される）のもの，ポリブタジエンやポリスチレン，さまざまなイオン交換基，元素状炭素，カーボン層に結合したC18，キラルセレクターで被覆されたものまである．ジルコニアベースのカラムは，pH 1〜14の範囲で化学的に安定で，さらに熱的にも200℃まで安定である．このジルコニアカラムを用いることによってGC用の検出器の使用とGCのような分離がLCで可能となる．一例として，純水での芳香族化合物の溶離を欄外の図に示す．圧力損失と蒸気圧の計算により，液体状態の水がカラム内に存在していることが示されている．その使用した流量は，通常の内径4.6 mmのカラムであれば5.6 mL min^{-1}に相当する．室温で，粒径3 µmの粒子を充填したカラムにそんな流量にまで上げることは禁止されるだろう．しかし，過熱状態の水の粘度は著しく減少するためこうしたことも可能となる．

チタニア(titania) TiO_2 も粒径が3 µmまでの微小な充填剤を入手でき，粒子表面の細孔サイズもさまざまなものがある．チタニアカラムもpHと温度に対して広い範囲で耐久性がある．最後に，**多孔質グラファイトカーボン**(porous graphitic carbon)がpH 0〜14の範囲で使用可能であり，3，5および7 µmの粒子サイズのものが市販されている．この固定相は，結晶構造のかなり均一な表面を有し，高極性化合物の分離や幾何異性体，ジアステレオマーの分離に有効である．

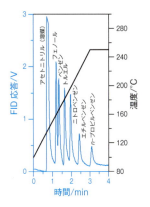

アルキルベンゼンの温度勾配溶離（100〜250℃）．移動相は水で流速は8.6 µL min^{-1}，カラムは粒子径が3 µmのZirChrom®-CARBを充填した内径0.18 mm，長さ130 mmのステンレス鋼製のキャピラリーカラム．検出器は水素炎イオン化検出器．液体からガスへの膨張がテーリングのおもな原因である．
[T. S. Kephart and P. K. Dasgupta, *Talanta*, **56** (2002) 977]

21.3 HPLC装置

HPLCシステムには，少なくともポンプ，インジェクター，分離カラム，検出器の四つの構成要素が必要である．一般的に，データの取得と構成要素の制御はコンピュータ（専用のソフトウェア）で行われる．オートサンプラーも多くの研究室で使用されている（図21.2）．分析目的（アナリティカルスケール）のHPLCと分取HPLCの間にはそのスケールにかなりの差があるが，分析目的のHPLCでも，直径0.1 mmのキャピラリーカラムと直径4.6 mmの通常サイズのカラムがあり大きな差がある．移動相の流速（流量）はカラムの内径によって変える必要があるが，そのさいには線流速が目安となる．通常のHPLCにおける線流速は1 mm s^{-1}（6 cm min^{-1}）であり，内径4.6 mmのカラムは流量が1〜2 mL min^{-1}程度で送液される．流量は直径の2乗に比例するので，0.1 mmの内径のカラムであれば0.48〜0.96 µL min^{-1}の流量に変更する．すなわち，流量で2000倍の開きがある．同様に最適な試料注入量も変更する必要がある．単一のシステムで上述のきわめて広範な範囲をすべて満たすことのできる装置はない．一部のシステムでは，3.7桁（たとえば，1〜5000 µL min^{-1}）に及ぶ広い適用範囲をもっているが，2桁以上の流量範囲で性能を維持したまま分析できるのはまれである．カラム内壁に固定相が修飾された中空LCは，内径が20 µm以下のキャピラリー管をカラムとして用いる．この中空LCの流量はサブ〜数十 nL min^{-1}のオーダーであり，この流量に

対応できるポンプは市販されておらず，研究室レベルでしか実施できていない．

直径，長さ，粒子サイズのさまざまなカラムには異なる装置が必要である．2014年時点での主流は，圧力400 bar (40 MPa) 未満の標準的なHPLCで行われており，3 μmか5 μmのシリカベースの粒子が充填された短いカラムが使用されている．STM (sub-two-micron) 粒子が充填されたカラムは，10 cmより長くなると400 bar (40 MPa) より高い圧力が必要となり，1300 bar (130 MPa) の送液圧力を有するUHPLC用のポンプが必要になるが，まだ使用者は少ない．STMカラムと同等の分離効率を有し，かつ背圧が低いSPP (表面多孔性粒子) が市販されるようになったこともUHPLCへの移行が進んでいない要因かもしれない．なお，HPLCカラム市場のおよそ25％がSTMとSTM-SPP充填剤が占めるようになっており，それらはUHPLCとともに用いられることが多い．一方，多くのHPLCユーザーはまだUHPLCシステムを使用していない．医薬品やバイオ産業においては，400 bar (40 MPa) 以上の圧力を必要としない5 μmの粒子を充填した所定のカラムを用いて定められた方法で分析しなければいけないことも普及していない要因の一つである．

1. 溶媒送液システム　溶媒送液システムのおもな構成要素はポンプである．そのほかの補助的な構成要素は，吸込フィルター，溶媒脱気システム，脈流ダンパーである．

　粒子がポンプ室に入るとピストンや壁などを傷つけたり，チェックバルブの機能不全を引き起こしたり，あるいはカラムフリットの目詰まりの原因となることから，溶離液のろ過が必要となる．吸込フィルターは，一般的に孔径0.2 μm程度のステンレスもしくは樹脂製のフィルターで，リザーバ (溶媒溜め) からポンプで溶離液を吸い上げるPTFE (ポリテトラフルオロエチレン，テフロン®) またはPEEKチューブの末端に取り付けられている．HPLC使用者の多くは高純度のHPLCグレードの溶媒を使用する．UV吸収は，HPLCでもっとも汎用されている検出モードの一つであり，HPLCグレード溶媒ではUV吸収を有する不純物が低減されている．

　何も対策を立てないと溶媒溜めは空気と接触しているので，溶離液は空気を溶存していることになる．アイソクラティックな分離条件 (定組成溶離) では，溶媒溜めがポンプの上におかれているだけで，重力の効果も手伝って気泡が発生しにくくなっている．検出器のあとに適度な背圧をかけることによって，検出器内での気泡の発生とそれに付随する問題を回避できることもある．しかしながら，HPLCでは，勾配溶離が必要な場合が多い．空気の溶解度 (CO_2のようにイオンとなって溶解するようなガス以外の多くの一般的なガス) は水や水／有機溶媒の混合溶液よりも有機溶媒においてかなり高い．したがって，有機溶媒を水溶性の溶離液に加えると，すなわち，溶離液の溶媒組成をオンラインで変化させていくと，気泡が発生する可能性が高い．ガスの溶解度は温度の上昇とともに減少するため，溶媒の混合によって熱が発生するとさらに促進されることになる．気泡の発生は，チェックバルブの適切な作動を妨げ，また，ポンプや検出器の操作にも問題を引き起こす．多くの場合，検出セルは，検出ノイズを減らすために，やや高めの温度になるように管理が徹底されている．とくに，屈折率 (RI) や粘度計，伝導度検出器は温度変化に敏感である．いずれにしても，気泡は溶媒の脱気の欠如によって生じる．

いくつかの脱気法が知られている．オフライン法として(a) 加熱かくはん法，(b) 減圧法，オンライン法として(c) 加熱かくはん法，(d) ガス透過性膜を用いる減圧法（テフロン AF® やほかのフッ素樹脂の膜，またシリコーン膜は高いガス透過性を示す），(e) ヘリウムガスによるパージ法などである．(d)と(e)が一般的に用いられる．インラインの脱気装置は溶媒溜めとポンプの間に設置する．(d)タイプの脱気装置は，溶媒に溶解したガスのうち 70～90％を除くことができるが，流速が上がるとその効率は減少する．酸素は短波長の光を吸収するので，流速の勾配溶離を行うと，190～200 nm のベースラインが上昇する．もっとも高性能の減圧型の脱気装置では，一定の短い周期で真空ポンプのオン／オフが繰り返される．また，複数の脱気ラインが準備されていて，それらを直列につなぎ，溶媒を何度も脱気することにより，さらに高い脱気効率が得られる．

ヘリウム脱気(e)はもっとも一般的に用いられており，減圧ユニットよりも脱気性能は高い．ただし，最適な操作のためには注意が必要である．移動相にヘリウムをバブリングすると溶解していた空気と置き換えられる．これによって，UV や蛍光検出（蛍光は溶解した酸素によってしばしば影響を受ける）だけでなく，RI 検出においても，安定したベースラインが得られ感度の向上につながる．空気の再暴露を防ぐために，ヘリウムパージシステムは密閉されており，また，ポンプへの溶媒の送液を促進するために溶媒溜めは少し加圧されている．高度な脱気が必要な場合には，ヘリウムパージと減圧脱気装置とを組み合わせて用いる．しかし，この方法ですら，溶存酸素を還元してしまうぐらいの高電圧が印加される還元的電気化学検出においてはまだ不十分であり，できる限り完全に酸素を取り除く必要がある．このような場合には，ポンプの前に電気化学還元ユニットを設置して取り除く．また，酸素の混入が起こりやすそうな箇所はポリマー製ではなく金属製のものを使用するなどの配慮がなされている．

溶媒供給用ポンプ：HPLC ポンプは，液体の非圧縮性に依存した容積型（移送式）のポンプである．その耐圧能の範囲内において溶媒の粘度やカラムの背圧には依存せず，一定の流量で送液することができる．

HPLC でもっとも一般的に使われているポンプは往復式のポンプである．単純な構造のものでは二つの一方向逆止弁を備えた小型の円柱状のピストンチャンバーからなる．入口側のバルブは溶離液の溶媒溜めにつながっており，チャンバー内を満たせるように吸引動作中は開いており，その間は出口側のバルブは閉じられている．圧送ストローク中には出口側バルブが開き，入口側バルブは閉じられ，溶媒を下流側へと流すことができる．バルブはサファイアのシート，ルビーのボール，サファイアのピストンで構成されている（あたかも宝石箱のように思えるが，ルビーとサファイアはともに工業的に生産された非常に硬い Al_2O_3 である）．そのようなバルブを介しての漏れ率は非常に低いが，非常に低流量あるいは高圧条件では漏れが認められることもある．単一のハウジング内に直列に二つあるいはそれ以上のバルブを使用することも一般によくある．ばねで留められたスプリング式のバルブも一般に用いられる．この場合，流れる液体の圧力はバルブのばねによってかけられる圧力よりも高くなければならない．

単一のピストンポンプでは，吸引中の流れの停止時間を最小限にするために，吸引ストロークが分注ストロークよりもはるかに高速になるようにピストン駆動カムが設計されている．それにもかかわらず，単一のピストンポンプからの脈流

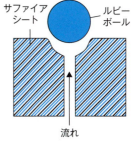

開いたときのチェックバルブ

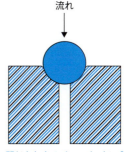

閉じたときのチェックバルブ

は大きく，それを抑える必要がある．パルスダンパーはそのようなポンプには必須である．ポンプから出てきた溶液は，柔軟性に富むデバイス(ステンレス製のものが多く，それらは曲げられるほどに十分に薄いが，断裂しそうになるほど薄くはない)を通過する．たとえば，イオンクロマトグラフィーで使用されるような水系移動相の場合では長いTefzel®が有効である．

> Tefzel®はエチレンとテトラフルオロエチレンの共重合体(ETFE)である．Tefzel®はPTFEと同程度に不活性で，機械的強度はPTFEよりも優れている．

このような単一のピストンポンプがHPLCで使われるのは今日ではまれであり，デュアルピストンポンプヘッドが通常は用いられる．溶離液は溶媒溜めからそれぞれのチェックバルブを介して二つのポンプヘッドに送られ，各ヘッドから出てきた溶液はT字コネクタによって結合されている．二つのヘッドは交互に溶液を送り出し流れが一定になるように駆動される．コンピュータで設計されたシリンダーは二つのヘッドを駆動しており，単一のヘッドポンプと比較すると脈流が大幅に低減される．

別の設計のものでは，低圧ヘッドとよばれる一つ目のチャンバーから溶離液を下流へと運ぶ高圧ヘッドに送液する仕組みのものがある．この設計では二つの入口側バルブと一つの出口側バルブが必要である．高圧チャンバーの充填中に，低圧ピストンが迅速に高圧チャンバーを満たしていき，(送液サイクルの1%未満で充填する)パルス時間を最小限にする．

さらにもう一つ別なデュアルピストンデザインでは，小さいほうのピストンが溶離液を下流側に流している間に，大きいほうのピストンチャンバーが溶離液で満たされる．大きいほうのピストンチャンバーは入口側と出口側に一つずつバルブがあり，出口側のバルブは二つ目のピストンチャンバーと直接つながっている．それ以外のバルブは必要としない．ピストンがその向きを変えると，大きいほうのピストンは小さいほうのチャンバーを満たし，それと同時に溶離液を装置に流し込む．

ピストンチャンバーは一般的にステンレスでできている．しかし，ステンレスと相性のよくない溶離液も存在する．たとえば，低pHでのハロゲン化合物や多くのキレート試薬はステンレスにダメージを与える．とくに溶離液が脱気されていないような場合において顕著である．イオンクロマトグラフィーでは，金属感受性を示す多くの生物系の分析の場合と同様に，ポリエーテルエーテルケトン(PEEK)が用いられる．PEEKは水溶液(濃硝酸や濃硫酸を除く)に不活性であり，またエタノールやアセトニトリルなどの多くの有機溶媒に対しても不活性である．しかし，耐圧性にはやや難があり，また，ジクロロメタンやテトラヒドロフラン(THF)，ジメチルスルホキシド(DMSO)中では膨潤する．PEEKの耐圧は400 bar(40 MPa)以下である．UHPLCシステムでは，医療グレードのチタンがピストンチャンバーに使われている．

勾配溶離はHPLC分離に必要不可欠である．4液までのグラジエント(勾配)をかけられる送液システムが市販されている．グラジエント送液システムは溶媒の混合をポンプに入る前(低圧側)に行う場合とポンプから出たあと(高圧側)に行う場合の二つのタイプがある．たとえば，メタノールとリン酸緩衝液での2液高圧グラジエントを行うためには，二つの独立したポンプが使われ，ポンプAはメタノールを，ポンプBは緩衝液を送液する．その二つのポンプからの拍出液はT字型のミキサーで混ぜられる．このさい，活発にかき混ぜることができる混合チャンバーが使われることもあるが，現在は効率的なパッシブミキサーも一般的

であり，UHPLCなどではよくこのパッシブミキサーが使用される．クロマトグラフィーの測定中は，二つのポンプを制御しているグラジエントプログラムは徐々にポンプAの流量を増やし，一方でポンプBの流量を減らしている．ただし流量の総量は一定に保たれている．流量グラジエントを行うこともできるがそれを使う機会はほとんどない．二つの同一のポンプが必要とされるため，高圧送液システムはとても高価であり，2液よりも多い高圧送液システムが用いられることはきわめてまれである．なお，高圧送液システムでは混合量が少なくてすむので，階段状のステップ勾配溶離も効果的に行える利点がある．

　低圧グラジエントシステムにおいて，n種類の勾配溶離を実現するためにn個の独立した2ポートソレノイドバルブが使われる．それぞれのバルブの入口ポートが少し圧力のかかった独立した溶離液の溶媒溜めとつながっている．また，すべてのバルブの出口側ポートは共通のポートに接続されており，そこからポンプへと送液されていく．これらのバルブは10〜15 msという非常に速いスピードでオンとオフを繰り返し，ポンプの吸引行程の間，おのおののバルブは迅速に閉じたり開いたりしている．仮に溶媒Aと溶媒Bにバルブがつながっており，それぞれが全体の時間の50％の間開いているとすれば，吸引量は名目上50％のAと50％のBで構成されている．なお，流量は一定であっても，濃度グラジエントによってポンプにかかる圧力は変動することを理解しておくとよい．とくに混合溶媒の粘性は純溶媒と比較して高くなることが多く，なかでも水／メタノールのグラジエントシステムではかなり圧力が高くなる．

　シリンジポンプ(syringe pump)はその名前が示すとおり，モーターで動くシリンジ（通常は，よく研磨された内壁をもつステンレス製）からなるポンプであり，シリンジ内には十分な量の溶離液が満たされており，再充塡することなくクロマトグラフィーを行うことができるようになっている．開口端側は3-wayバルブの共通ポートに接続されている．ほかの二つのポートはおのおのインジェクターや溶媒溜めに接続されている．必要があれば，バルブは溶離液の吸引と再充塡のために溶媒溜めに切り替えられる．あるメーカーは65〜1000 mLの容量を備えたポンプを提供している．流量の範囲はポンプの容量に依存して10 nL min^{-1}〜25 mL min^{-1}，0.1〜410 mL min^{-1}とさまざまであり，一方，耐圧能はそれぞれ20 000 psi (140 MPa)と2000 psi (14 MPa)となっている．長期にわたっての使用や現実的に適用できる流量については制限があるが，シリンジポンプの大きな価値はきわめて脈流の少ない操作ができるところにあり，とくに脈流に敏感な検出器を使用する場合には威力を発揮する．HPLC用のシリンジポンプは高価であるが，勾配溶離を行うためには複数のポンプが必要である．

　定圧ポンプ（空気圧で圧縮されたリザーバ）は今日のLCで使われることはあまりないが，中空LCが実用的になれば使われるかもしれない．

2. 試料注入システム　ほとんどのHPLCの試料注入（インジェクション）システムは6ポートのループタイプの注入バルブで構成されている．このタイプのインジェクターは外部との接続がなされる固定子（ステーター）と円板状の回転子（ローター）でできている．**図21.9**にインジェクターを背面から見た図を模式的に示す．インジェクターの上から時計まわりに1〜6の番号を振った．そのポートはチューブでつなげられ，その接続にはねじつきナットとフェルールが用いられる．

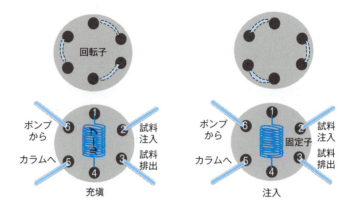

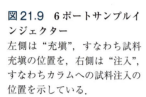

図 21.9 6ポートサンプルインジェクター
左側は"充填",すなわち試料充填の位置を,右側は"注入",すなわちカラムへの試料注入の位置を示している.

　ある固定された容積のインジェクションループが1と4のポートにつなげられ,ポート2は試料注入口とつながっている(これは手動で操作されたシリンジ,自動試料注入シリンジ,あるいはバルブ中央に位置するニードルポート).ポート3は過剰に注入された試料を排出する役割を担っている.ポート5と6はカラムおよびポンプにそれぞれつながっている.ローターディスク(図21.9上部)にはポート(孔)があるわけではない(黒い丸は固定子に対して回転子がおかれた位置,どのようにして回転子が設置されるかを示すために描いている.代わりに,ポートの間に三つの溝が彫られている.図21.9の左半分を見てみると,回転子は固定子にきつく押しつけられている.試料がポート2から入ってくると,試料はポート1へと細い隙間をぬって進み,それを続けるとインジェクションループが満たされ,ポート4からさらにポート3にまで流れて排出される.一方,その間,ポート6からポンプからの溶離液はポート5を介してカラムへと流入している.1〜6のポートは60°間隔で対称性よく配列されている.回転子は必要以上に回すことはできず,とれる配置は二つだけである.回転子を60°手動で,または空気圧式アクチュエーターで,もしくはもっとも一般的には電子モーターで回転させたときバルブは注入位置に入る(図21.9右側).この位置に来たとき,ポンプからの溶離液はループの中を通ってからカラムに流れていき試料の注入が行われる.

　一方,そのさいの試料注入孔であるポート1は直接廃液孔(ポート2)につながっている.このタイプのインジェクターは外部ループ式インジェクターとよばれ,注入量は注入ループの容量を変えることによって変更できる.ただし,ループの容量が小さいと,ポート内や隙間における内部容量が無視できなくなってくる.回転子は一般的に固定子より柔らかい素材でできている.PEEKや強化されたPTFEは密閉性がよく摩擦も小さいので回転子の素材として適している.インジェクターのなかには,流れの圧力により回転子と固定子の密閉がなされるように設計されたバルブを用いているものもある.

　ポート間のわずかな隙間やループをポートにつなぐために必要な最低限の長さが必要であるなどの理由により,μL以下の注入ループの接続は実用的には意味をなさない.そうしたロスをなくすために,外部ループの代わりにインジェクションループとして機能する小さな穴の開いた取り替え可能な内部ディスクを利用することもできる.容量が4 nLの内部ディスクを有するマイクロインジェクターがnano LC用として現在入手可能である.外部ループのインジェクターには注入量に限界はない.注入量はカラム断面積によって変更する必要がある(つまり,

注入される試料量はカラムの長さ方向に対して同じ程度にする必要がある). 充填剤粒子径が 5 μm, 内径 4.6 mm で長さ 200 mm のカラムであれば試料注入量は 10 μL 程度であるが, 内径が 0.1 mm の中空キャピラリーカラムになると 5 nL が妥当な注入量である.

十分な試料を送液して完全にサンプルループ内を満たすと, 装置のほかの要素の再現性と比較しても, 十分に再現性のよい結果が得られるので, 試料導入が最終的な分析値の再現性に影響を与えることはほとんどない. 稀少なサンプルの場合は, バルブ中央に位置するニードルポートからマイクロシリンジを使ってマニュアルで, あるいは自動試料注入シリンジを用いて, サンプルループの一部に試料を注入する. そのさいはインジェクションポジションの状態で瞬時に注入するとよい. しかし, いずれにせよ, サンプルループを完全に満たしたときに比べて, 再現性は低下する.

6 ポートバルブよりもさらにポート数が多い 8～14 ポートバルブ(偶数のポート数のみ)も入手でき, それらの特異な機能を活用すると, たとえば一つのサンプルを二つの異なったカラムに同時に注入する, 二つのカラムの一方にサンプルを注入するなど, さまざまなことができる.

3. カラム RMS(二乗平均平方根)表記で表面の粗さ 0.2 μm 未満に磨かれた内壁を有するステンレスチューブがカラム管としてもっとも一般的に使用されている(図 21.10). 標準的なカラムサイズは内径が 4.6 mm のもので, 現在は内径 4 mm や 2.1 mm のものも一般的に用いられる. 内径が 1 mm 以下のカラムはキャピラリーカラムとよばれ, さらに内径が 0.1 mm 以下のカラムは "nano LC" とよばれる. イオンクロマトグラフィーや金属の使用が避けられる場合は PEEK 製のカラム管が用いられる. キャピラリーカラムは一般的に溶融シリカ, PEEK あるいは PEEK で被覆された溶融シリカチューブがカラム管として用いられる.

細かい粒子を取り除くため, また, 流れを円滑にしたり, カラム充填剤を支えたりするために, カラムの入口と出口の両方にフリットとよばれるフィルター構造をした円盤状の部品が用いられる. まわりがポリマー製のリングで囲まれた焼結型ステンレスディスクがよく用いられるフリットであり, 0.5～2 μm の孔が開いている. 典型的なステンレスフリットは表面積が大きいが, そのようなフリットは, 生物系の試料のような鉄が影響する場合には適さない. そのような場合にはチタン製あるいはポリマー製のフリットが利用される.

カラムの長さは, アフィニティーカラムのような 5 mm で十分なものもあれば, 標準的な 5 μm の粒子充填型カラムでは 250 mm のものまでさまざまである. サ

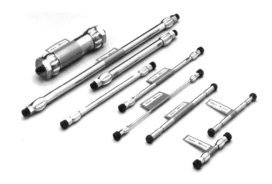

図 21.10　典型的な HPLC カラム
[Waters 社の厚意による]

イズ排除クロマトグラフィー(SEC)分離を思い出してほしいのだが，保持体積の範囲はカラム内で利用可能な細孔容積に依存している．すなわちこれはカラム容積に依存していることを意味し，SEC / ICE のような排除モードのカラムはしばしば大容量のカラムが用いられる．SEC カラムでは 7.8×300 mm といったサイズの大きなカラムが用いられる．

粒子充填型カラムでは，カラム効率はおおむね粒子径 d_p の逆数に比例して増加するが，製造元によってさまざまなカラムが供給されている．あらゆる成分に対して等しく効率のよい万能なカラムはないといってもよい．たとえば，ある研究においては，5 種類のカラムは $d_p = 10\,\mu m$，3 種類は $d_p = 2\,\mu m$，残りは $d_p = 5\,\mu m$ であった．中性化合物のトルエンに関して，市販のカラムのうちでもっとも高い効率のものと低い効率のものの段数は，それぞれ 115 000段/m と 32 000段/m であった．しかし，トルエンに最高の効率を示したそのカラムは，塩基性のピリジンに対してはもっとも効率の悪いカラムの一つであった．ピリジンに対してもっとも高い効率を示したカラムは，$d_p = 5\,\mu m$ のもので，その段数は 65 000段/m であった．

段数(プレート数)に及ぼす d_p の効果を決定するとき，同じ会社でつくられたサイズの異なる充填剤を比較することは意味がある．シリカベースの多孔性の C18 カラムにおいて，Agilent 社の科学者は d_p が 5, 3.5, 1.8 μm のカラムの段数を 85 000, 140 000, 240 000段/m と報告した．ある別の会社の X カラム($d_p = 2\,\mu m$)，Y カラム($d_p = 2.5\,\mu m$)，またモノリスカラムを同等の分離条件で比較してみたところ，どれも分離能はほとんど同じで，Agilent 社の $d_p = 3.5\,\mu m$ のカラムよりも若干性能は劣っていた．さらに，Phenomenex 社によれば，SPP ベースの Kinetex カラムは $d_p = 1.3, 1.7, 2.6, 5\,\mu m$ の充填カラムでそれぞれ 400 000, 320 000, 280 000, 180 000段/m の分離能を有している．

d_p が 2 μm 以下の微粒子充填カラムでは，圧力損失が非常に大きくなるため，通常は 3〜5 cm の長さで利用される．また，UHPLC 装置を使用することが多い．$2.5 \leq d_p < 5\,\mu m$ のサイズの充填剤では，カラムの長さは 150 mm が一般的で，d_p が 5 μm の場合は 25 cm のカラムが標準的であり日常的に使われている．

$d_p = 5\,\mu m$ カラムに関して，1〜5 cm の長さの短いカラムを**ガードカラム**(guard column)として利用することがある．ガードカラムは通常，インジェクターと分析カラムの間に設置され，充填剤の種類は分析カラムと同じものが用いられる．そこには二つの理由があり，一つは装置基材から生じる破片や試料中の固形物をトラップし，分析カラムに付着したり汚したりしてカラム効率や選択性が変化することを避けるためである(ポンプとインジェクターの間にさらにインラインフィルターを設置することを推奨する研究者もいる)．二つ目は，分析カラムに強く吸着して溶離困難な成分をガードカラムでトラップするためである．そのためガードカラムは分析カラムの寿命を延ばすことができる．ただし，再生やクリーンアップ，また定期的な交換の必要がある．分析カラムのなかにはガードカラムと一体化しやすいようにデザインされたものもある．これはつなぎ合わせのためのチューブによって生じるバンドの拡がりを最小限に抑えることができる．ただし，微粒子を充填した高効率カラムではカラム外での拡がりが無視できないため，ガードカラムは一般的には使用されない．

カラム恒温槽：液体クロマトグラフィーでの分離にカラムの温度制御は必ずしも

ガードカラムを用いると，カラムに非常に強く吸着する物質や汚染物質(コンタミネーション)を除去できるので，分析カラムの寿命を延ばすことができる．しかし，STM 粒子を用いるカラムでは，カラム接続などによりピークがさらに拡がるために，通常は使われない．

重要ではないが，再現性はおおいに改善される．高性能なHPLCシステムにはほとんどの場合カラム恒温槽が備わっており，通常は周囲の温度より少し高い30℃で使用することが多い．温度を上げると拡散性が上昇するので，カラム効率も上昇する．温度を上げるとファンディームター式における段高の最小値を与える速度が高流速側にシフトするため，より高速での送液が期待され分析時間の短縮にもつながる．また，高温条件では溶離液の粘度が低下するため圧力損失も低くなるメリットがある．高温条件の設定で生じるデメリットはカラムの劣化が早まることであり，とくにシリカベースのカラムや陰イオン交換体では注意を要する．なお，GCと違ってカラム温度の上昇によって必ずしも保持係数が減少するわけではない．温度グラジエントは可能ではあるが，LCではほとんど利用されない．屈折率検出器や電気伝導度検出器のような検出器は温度変化にきわめて敏感である．こうしたタイプの検出器には温度制御ツールが備わっていることが多く，その場合は検出器の温度とカラム温度を同じに設定することが賢明である．電気伝導度検出器に関して，セルの部分を取り外すことができるものがあるので，その場合はカラム恒温槽の中に設置するとよい．

　カラム恒温槽が備わっていないときには，気泡緩衝材や発泡断熱材（発泡スチロール）でカラムを包むことにより急激な温度変化を避けることができる．

4. **検出器：HPLC検出器とデータ取得に一般的に望まれる基準**　あらゆる検出器において検出限界の改善につながるノイズの低減と感度の向上が望まれている．複雑な試料を分析する場合，1回のクロマトグラム測定は非常に長時間（1 h以上）かかる．それゆえ，検出器のベースラインが大幅にドリフトしないことがきわめて重要である．カラム効率の向上にともない，ピーク幅が減少し，より短い時間で溶出させることができるようになった．このことは，検出器にはより速い応答が求められ，また，十分に高い時間分離能でデータを取得する必要があることを意味する．さらに，検出器のセル容量が十分に小さく，セルの手前および内部の流路の構造が全体的なバンド幅の拡散をほとんどもたらさないようなものでなくてはならない．これらの基準のどれか一つでも満たされない場合に得られるクロマトグラムは，カラムの出口で実際に得られるはずのものよりも劣った形状となる．

　およその目安として，クロマトグラムのピーク形状を正しく示すためには，一つのピークにつき少なくとも20個のデータポイントが必要である．ピーク全体が1 s以内に収まっている場合，検出器の反応時間は50 ms以下であるべきである．検出器の応答時間は一般的に，時定数（e-folding time：信号が1/eに変化するのに要する時間，eは自然対数の底）を用いて表現する．ただし，検出器信号の上昇と下降に要する時間は同じとは限らない．そこで時定数の少なくとも3倍，さらに確実性をとるなら5倍（上昇または下降信号のいずれか制限となるほうの）を反応時間として考慮すべきである．この例では，われわれは10 msの時定数を検出器に期待することになる．検出器出力が内部でデジタル化されていれば，データ収集システムに信号を直接取り込むことができる．これは，現在利用されている検出器では一般的である．上記の例では，最低でも100 Hzのデータ収集速度が必要とされる．今日のfast LC測定で利用される検出器は200 Hzでデータを転送することができる（欄外参照）．

　そのほかにもHPLC検出器として備えるべき特徴は多い．移動相の流速（およ

検出器からのアナログ信号を外部でデジタル化して取得する場合，さらに考察が必要となる．データ取得のための経験則によると，n Hzの周期で起こっている事象を正確に表現するためのデータ取得は，少なくとも5倍（$5n$ Hz）周期のサンプリングレートを必要とする．たとえば検出器の時定数が10 ms（周波数100 Hz相当）である場合に，そのシグナルを確実に記録するためにのデータ収集頻度は≥500 Hzであるべきである．しかし，検出器自体のレスポンスが遅ければ，サンプリングレートを速くすることに意味はない．

び背圧)や温度(たいていの検出器はこれを満たさない)のわずかな変動には応答しないこと，操作が簡単なこと，ほかの検出器と直列に接続できるように非破壊かつピークが拡がらないこと，などである．幅広い濃度での定量を容易にするために，直線応答を示すダイナミックレンジが広いこともまた検出器に求められる特性である．現在ではコンピュータの処理能力は十分に高く，またデータストレージも十分に安価になり，高分解能の検量線を保存，再取得することが可能となった．こうした状況で感度(濃度の単位変化量あたりの応答の変化)が十分に稼げるなら，直線性はそれほど重要ではない場合もある．実際，一部の検出器(たとえば，エーロゾル粒子形成を検出に利用する蒸発型検出器の大部分)の応答は原理的に広範囲にわたって直線的ではない．それゆえメーカーは出力を"直線化"するための信号処理を検出器に内蔵されるプログラム(ファームウェア)に組み込んでおり，ユーザーはその信号処理を意識しなくてよくなっている．

　検出器を選ぶとき，選択的／非選択的いずれが望ましいかは場合によって異なる．ほぼすべての化学種に対して応答する非選択的検出器は，探索的な分析に有効である．しかし，たとえば医薬品中の特定の不純物を分析しようとしていて，その分析成分がほかの妨害成分と共溶出するような場合，検出器が分析したい不純物にだけ応答し，共溶出する物質には応答を示さなければ，精度のよい結果を得ることができる．選択イオンフラグメント化・モニタリングモード(22章参照)で動作する質量分析計以外では，特定の分析成分にだけ応答する検出器は存在しない．質量分析とLC-MSは22章で詳述するが，LC-MSにおいてさえも分析成分をマトリックスからクロマトグラフィー分離する必要がある．さもなければ共存するマトリックスの影響によって分析成分のイオン化効率が変化し，定量値に過誤が生じてしまう．

　一般的な検出器と準一般的な検出器：質量分析計と**屈折率(RI)検出器**(refractive index detector)は，どちらもあらゆる物質に応答する真にユニバーサルな検出器である．RI検出器は，すべてに対応できる検出器であり，その構成物のいかなる変化も，RIによって反映される．一方で，RI検出器には，二つの重要な欠点が存在する．

　まず，RIは温度変化に敏感である．そのため，RI検出器の光学ブロックはたいてい温調機能を備えており，移動相が検出セルに到達する前に恒温状態になるようにしている．通常は，熱伝導率の高い素材でできた十分な長さの細管をセル手前のエントランスチューブとして検出セルと同じブロックに埋め込むことによってこの目的を達成している．こうした熱伝導性のエントランスチューブによって温度変動を≤0.01℃に保つことができるが，エントランスチューブの長さはバンド幅を拡げる原因にもなる．

　また，RI検出器には一般的に勾配溶離を用いることができない．勾配溶離では溶媒組成をパーセントレベルで変化させるが，このとき示差屈折率も同様にパーセントレベルで変化する．これに対し，ほんの数ppmの濃度の溶質の溶離を検出しようとすることがある．これは，地形図から急な山腹中の小石を発見するようなものである．また，RIは溶媒組成の一次関数でない場合もある．たとえば水-メタノールのグラジエントで水100％からメタノール100％へ組成を変えていくとき，メタノールの添加とともにRIははじめのうち上昇するが，極大に達したのちに再び減少する．

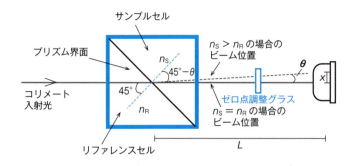

図 21.11 示差屈折率検出器の簡略図

 ほかにもいくつかのタイプが試行あるいは商品化されているが，多くの HPLC 用 RI 検出器は**図 21.11** に示すような屈折率差検出の方式を利用している．示差屈折率検出器の中心は 2 室に仕切られた石英フローセルからなり，それぞれが 45° の中空プリズムになっている．図の黒い実線は 2 室の境界面を，青い破線は境界面に対する垂線を示している．リファレンスセルは任意の溶離液(リファレンス，RI n_R)で満たされており，通常，測定中は変化しない．カラム流出液(サンプル，RI n_S)はもう一方のセルを流れる．RI は波長依存的なので，光源は LED などの単色光源を使用しなければならない．光源からの単色光をコリメーターで平行ビームとし，リファレンスセルに入射する．すべての入射角に同じ原理を適用して図示できるが，ここでは単純のため 45° を入射角として想定する．$n_S = n_R$ のとき，ビーム光がリファレンスセルを通過したときの光路の延長線に沿って一直線にサンプルセルを通過し，屈折が起こらない(実際は石英と液体の各境界面で屈折が起こっているが，影響は相殺される)ので，光検出器へ到達する．

 光検出器は，隣り合わせに配置した 2 個の同一のフォトダイオードから成り，これらは陰極を共有し，二つの別々の陽極をもつ(このような検出器は一次元位置検出素子，PSD とよばれる)．シグナル処理回路は，2 個のフォトダイオードが発生する電流の違いを計測する．$n_S = n_R$ のとき，2 個のフォトダイオードに同量の光が届き，PSD シグナルはゼロになる．ゼロ点からの微小なズレは電気的に補正されるが，大きなズレは "zero glass(ゼロ点調整グラス)" 部を移動/回転させてビーム光を曲げることにより補正することができる．$n_S \neq n_R$ のとき(典型的には，図で示されるように，溶質が存在すると RI が上昇する)，ビーム光の屈折が起こり，PSD は有限のシグナル値を生成する．

 スネルの屈折の法則に従って考察すると，

$$n_R \sin(45) = n_S \sin(45 - \theta) \quad (21.4)$$

あるいは，

$$\frac{n_R}{n_S} \sin(45) = \sin(45 - \theta) \quad (21.5)$$

また，微小な θ に対して以下を容易に導ける(誘導は原書 web サイト参照)．

$$\sin(45 - \theta) = \sin(45) \times [1 - \tan(\theta)] \quad (21.6)$$

式(21.5)と式(21.6)より，

$$\frac{n_R}{n_S} = 1 - \tan(\theta) \quad (21.7)$$

 液-液界面から検出器表面までの距離を L，検出器表面のビーム光の中心が距離 x 移動したとすると，

$$\tan(\theta) = \frac{x}{L} \tag{21.8}$$

リファレンスのRIとサンプルのRIの差はきわめて微小である($n_R \simeq n_S$). この差,$n_R - n_S$をΔnとし,1から式(21.7)の両辺を引き,式(21.8)を足すと,

$$\Delta n = n_R \frac{x}{L} \tag{21.9}$$

が得られる.

ある与えられたΔnについてPSDに入射するビーム光のシフトを大きくするために,セルの後ろにおいた鏡で反射させたビーム光をさらに反射して,セルの光源側に設置したPSDで検出する方法が一般にとられる.これによりLを容易に2倍にすることができ,それにともないxも2倍にできる.いずれにせよ,Lとn_Rは定数なので,xとΔnは直線的な比例関係になる.PSD出力シグナルはxと直線的に比例している.それゆえ検出器の出力シグナルもまたΔnと直線的に比例する.たいていのクロマトグラフィーで対象とするような狭い溶質濃度範囲においては,溶液と純粋溶媒間の屈折率差は溶質濃度と直線的に比例するので,PSD出力シグナルは分析成分の濃度にも比例する.

典型的なRI検出器では,測定範囲は$1.5 \sim 3 \times 10^{-9}$ RI単位(RIU)のノイズレベルにおいて$\sim 0.0005 - 0.0006$ RIUである.理論的には,ショ糖濃度に対してショ糖水溶液のRIを座標系にプロットしたときの傾きは0.15 RIU g^{-1} mLである.それゆえ$5 \sim 10^{-9}$ RIUの検出限界(LOD)は約3×10^{-8} g mL^{-1}の濃度のLODに相当する.一対のフォトダイオードを使用する代わりに,直線型フォトダイオードアレイ検出器を使用することもできる.検出器として512素子フォトダイオードアレイを使用することにより,Wyatt T-rEX™の測定範囲は$\pm 4.7 \times 10^{-3}$ RIUと大幅に拡がり,その$< 5 \times 10^{-3}$℃という温度安定性の恩恵によりノイズレベルは7.5×10^{-10}に抑えられている.十分な長さの受光素子配列が対応可能なビームシフト範囲を大幅に拡げたことにより,素子配列上に入射されるビーム光の絶対位置から検出器は$1.2 \sim 1.8$ RI範囲の絶対RIを2×10^{-3} RIUの精度で読み取ることができる.この検出器の高濃度版は,ノイズレベルの上昇を2倍に抑えながら対応ΔRI範囲を8倍に拡大している.

RI検出器は一般的に,UV検出器より低感度であるとはいえ,ここ数年で著しく改善されてきた.また,RI検出器がUV検出器より1000倍低感度であるというような記述はほとんど無意味であることも付け加えておきたい.多くの溶質,たとえば炭水化物はほとんどUV吸収をもたないか,もっていたとしても分析が可能となる吸収はほとんどない.

ほかの多くの検出器にも原理的に何にでも応答するものもあるが,一般的に適用するには感度が低すぎるため,特殊な用途にしか利用されない.現在,さまざまなポリマーが広範囲に使用されている.合成ポリマーの多くは,特定の鎖長または一定の分子量のポリマーから構成されるのではなく,さまざまな分子量のポリマーの混合物である.ポリマーのキャラクタリゼーションと分子量分布測定(ポリマーの特徴のおもな決定要因)は,一般的にサイズ排除クロマトグラフィー(SEC)によって行われる.可溶性ポリマー(ポリマーの多くは高温で適当な有機溶媒に可溶であり,多くのSEC装置は,たとえば150℃といった高温での測定が可能である)のSEC分析では,一般的に**粘度検出器**(viscosity detector)が使用

される．

　もっとも単純な形では，毛管をT字管でカラム出口に接続することでクロマトグラフィー流出液の粘度を容易に測定できる．毛管に起因する背圧はハーゲン–ポアズイユ方程式(Hagen-Poiseuille equation)によって与えられる．

$$\Delta P = \frac{8F\eta L}{\pi r^4} \quad (21.10)$$

ΔPは圧力低下，Lは内半径rの毛管の長さ，Fは流量，ηは液体の粘度を示す．所定の毛管で流量一定のとき，圧力低下は粘度と直線的に比例する．RI同様，粘度は温度に強く依存する．このような単毛管粘度検出器や，静的圧力源で変換器の一端を加圧することで圧力差をゼロにする示差圧力変換器を使用した粘度検出器は非常に安価だが，感度は低い．

　示差粘度計(differential viscometer)はカラム流出液の流れる四つの流体抵抗器をホイートストンブリッジ回路に組んだものである．熱平衡化コイルと0.01℃以下の精度で定温制御された測定ブロックをもつ示差粘度計の感度はSECに利用される示差屈折率計と同等である．SECで一定のクロマトグラフィー条件下で分子量(MW)既知の標準品を用いてMWと保持時間の校正をしておけば，濃度検出器(たとえば，RIまたはそれに準ずる検出器)を用いてポリマーサンプルの分子量分布を測定することができる．一方で，粘度検出器は質量濃度が等しければMWのより大きなポリマーにより強い応答を示し，屈折率計に比べ，高分子量領域での応答の差が増幅される．さらに，RIと粘度検出器を同時使用することで，ポリマーのMW分布と分岐度を同時に測定することができる．この意味において，低角度光散乱を計測し，ゼロ角(固有値)における散乱として処理する**低角度(レーザー)光散乱**[low-angle (laser) light scattering：LALS, LALLS]検出器を濃度検出器と連動して用いることで，数平均分子量(M_n)と重量平均分子量(M_w)を算出することが可能となる．**多角度光散乱**(multiangle light scattering：MALS)検出器は，この点でもっとも優れている．標準試料を用いずに分子量と分子サイズ[とくに回転半径R_g：分子の形状パラメーターでしばしば二乗平均平方根(RMS)半径とよばれる]の絶対値を測定することができる．R_gと分子量の両対数プロットは，分子の形態/形が分子量によって変化するかどうかを表している．

　電気伝導度検出器(electrical conductivity detector)は屈折率計と同様，すべてに対応する検出器である．しかし，溶存物質のすべてが電荷を帯びているとは限らず，非荷電の溶存物質も存在し得るという点を考慮すれば，**準非選択的検出器**(quasi-universal detector)と捉えられる．荷電コロイドを含むすべての荷電物質は溶液中で有限の電気的移動度，つまり電場の中を動く性質を示す．所定の電場から生じる電流，すなわち，単位時間あたりに移動した電荷，が溶液の電気伝導率の尺度となる．

　イオンの電気移動度μ(イオン移動度μ^0または電気泳動移動度μ_{ep}ともよばれ，とくに後者は電気泳動における移動度を表す場合に用いられる)は電荷およびサイズに依存的である．ここでいうイオンのサイズは，ストークス半径r(長さの単位)として表される．

$$r = \frac{kT}{6\pi\eta D} \quad (21.11)$$

> 示差粘度計において，ベースラインとなる液体と同じ移動相のサンプルの区別は，遅延コイルを取り入れることによって解決されている．

> アインシュタイン(Albert Einstein)(1905年)とスモルコフスキー(Marian Smoluchowski)(1906年)は，独立してブラウン運動に関して予想外の関係式を発見した．一般的な形では次のように表される
> $$D = \mu k_B T$$
> ここで，k_B はボルツマン定数．

η は溶液の粘度，D は荷電した化学種の拡散係数を表す(イオンという用語は，しばしば小さな r の化学種に限定して用いられる．すなわち，たとえば，コロイドや荷電したタンパク質には使用されない)．式(21.11)は**ストークス-アインシュタインの関係式**(Stokes-Einstein equation)とよばれる．イオン移動度は単位電場強度あたりの移動速度 $\left[\dfrac{\text{m/s}}{\text{V/m}}\right] = \text{m}^2\,\text{V}^{-1}\,\text{s}^{-1}$ ($\text{cm}^2\,\text{V}^{-1}\,\text{s}^{-1}$ もしばしば用いられる)として定義され，

$$\mu = \frac{DzF}{RT} \tag{21.12}$$

によって与えられる．z はイオンの電荷数($+1$ や -2 など)を意味し，F はファラデー定数である．式(21.12)は**アインシュタインの関係式**(Einstein relation)，または**アインシュタイン-スモルコフスキーの関係式**(Einstein-Smoluchowski relation)の一つの形である．ある定電場で，電流はイオンがいかに速く移動するかだけでなく，電流のキャリヤーであるイオンがどれぐらい多く存在するのか，すなわちイオン濃度にも依存していることに注意してほしい．濃度依存性は**極限当量伝導率**(limiting equivalent conductivity)$\lambda°$，

$$\lambda° = \mu F \tag{21.13}$$

に取り入れられている．

　上つきの°のついた λ は，ある単位面積，単位距離の二つの電極を含んでいる測定セル内で $1\,\text{eq}\,\text{L}^{-1}$ の濃度単位で示される電気伝導率であり，この値は非常に薄い濃度の溶液で得られる値である．λ または $\lambda°$ は，すでにイオン電荷が考慮されていることに注意すべきで，いくつかのテキストではモル濃度単位で λ が表記されている．その場合，電荷数 z は，式(21.13)の右辺にも現れる．さらに，λ は符号をもたないが，μ は，とくに電気泳動で μ_{eq} として使われるとき，ベクトル量と見なされ，陽イオンと陰イオンの μ_{eq} 値は，それぞれ正と負の値である．どのようなイオンでも，溶液中では反対電荷のイオンによって囲まれている．溶液のイオン濃度が増加するにつれ，この反対電荷の"イオン雰囲気"により，中心イオンは電場から遮蔽される．その結果，実効の z は減少する．濃度を下げれば，z，したがって λ は漸近的に極限値に達する．この極限 λ 値($\lambda°$)は，**無限希釈時での当量伝導率**(equivalent conductivity at infinite dilution)ともよばれている．

　さまざまなイオンの極限当量伝導率の値を**表21.2**に記す．$1\,\text{meq}\,\text{L}^{-1}$ の濃度まで，これらの無限希釈極限値を使ったときの誤差は小さく，2%未満である．

　電気伝導度(conductance)の単位は，電気抵抗[オーム(Ω)]の逆数で，ジーメンス(S)と名付けられている．電気伝導度 G(S)は電極間で実際に測定される電気の流れやすさであり，イオン溶液の特性を表す**電気伝導率**(conductivity)σ_c($\text{S}\,\text{cm}^{-1}$)および**セル定数**(cell constant)κ と次式で関連づけられる．

$$G = \frac{\sigma_c}{\kappa} \tag{21.14}$$

> 電気伝導度の単位は当初は Mho(モー：Ohm のスペルの逆)であった．

κ は次式

$$\kappa = \frac{L}{A} \tag{21.15}$$

によって与えられる．すなわち，2本の平行に向かいあった電極(おのおのの面積 A)が距離 L を隔てている．κ が長さの逆数の次元をもっていることに注意してほしい．ある溶液の電気伝導率 σ_c は，この電気伝導率 σ_c に寄与するすべての

表 21.2 さまざまなイオンの極限当量導電率 (25°C)*

イオン	極限当量伝導率 ($\lambda°$) S cm² eq⁻¹	イオン	極限当量伝導率 ($\lambda°$) S cm² eq⁻¹	イオン	極限当量伝導率 ($\lambda°$) S cm² eq⁻¹	イオン	極限当量伝導率 ($\lambda°$) S cm² eq⁻¹
無機陽イオン		無機陰イオン		有機陽イオン		有機陰イオン	
Ag^+	61.9	Br^-	78.1	イソブチルアンモニウム	38	アゼライン酸	40.6
Ba^{2+}	63.9	Cl^-	76.35	エチルアンモニウム	47.2	p-アニス酸	29
Be^{2+}	45	ClO_2^-	52	エチルトリメチルアンモニウム	40.5	安息香酸	32.4
Ca^{2+}	59.5	ClO_3^-	64.6	ジエチルアンモニウム	42	オクタンスルホン酸	29
Cd^{2+}	54	ClO_4^-	67.9	ジプロピルアンモニウム	30.1	ギ酸	54.6
Ce^{3+}	70	CN^-	78	ジメチルピリジニウム	51.5	クエン酸³⁻	70.2
Co^{2+}	53	CO_3^{2-}	72	n-デシルピリジニウム	29.5	クエン酸二水素	30
Cs^+	77.3	CrO_4^{2-}	85	テトラエチルアンモニウム	33	α-クロトン酸	33.2
Cu^{2+}	55	F^-	54.4	テトラ-n-ブチルアンモニウム	19.1	クロロ安息香酸	33
D^+(重水素)	213.7(18°C)	$Fe(CN)_6^{4-}$	111	テトラ-n-プロピルアンモニウム	23.5	クロロ酢酸	39.7
Eu^{3+}	67.9	$Fe(CN)_6^{3-}$	101	テトラメチルアンモニウム	45.3	コハク酸²⁻	58.8
Fe^{2+}	54	$H_2AsO_4^-$	34	n-ドデシルアンモニウム	23.8	酢酸	40.9
Fe^{3+}	68	HCO_3^-	44.5	トリエチルアンモニウム	34.3	サリチル酸	36
Gd^{3+}	67.4	HF_2^-	75	トリエチルスルホニウム	36.1	シアノ酢酸	41.8
H^+	349.82	HPO_4^{2-}	57	トリプロピルアンモニウム	26.1	ジエチルバルビツール酸	26.3
Hg^{2+}	53	$H_2PO_4^-$	33	トリメチルアンモニウム	46.6	ジクロロ酢酸	38.3
K^+	73.5	HS^-	65	トリメチルスルホニウム	51.4	3,5-ジニトロ安息香酸	28.3
Li^+	38.69	HSO_3^-	50	ヒスチジン	23	ジメチルマロン酸²⁻	49.4
Mg^{2+}	53.06	HSO_4^-	50	ピペリジニウム	37.2	シュウ酸 ($C_2O_4^{2-}$)	74.2
Mn^{2+}	53.5	I^-	76.8	ピリジルアンモニウム	24.3	シュウ酸 ($HC_2O_4^-$)	40.2
NH_4^+	73.5	IO_3^-	40.5	プロピルアンモニウム	40.8	酒石酸	64
Na^+	50.11	NO_2^-	71.8	メチルアンモニウム	58.3	デカンスルホン酸	26
Nd^{3+}	69.6	NO_3^-	71.4			ドデシルスルホン酸	24
Ni^{2+}	50	$NH_2SO_3^-$	48.6			トリクロロ酢酸	36.6
Pb^{2+}	71	N_3^-	69			乳酸	38.8
Ra^{2+}	66.8	OCN^-	64.6			ピクリン酸	30.2
Rb^+	77.8	OH^-	198.6			フェニル酢酸	30.6
Sr^{2+}	59.46	PO_4^{3-}	69			プロパンスルホン酸	37.1
UO_2^{2+}	32	SCN^-	66			プロピオン酸	35.8
Zn^{2+}	52.8	SO_3^{2-}	79.9			マロン酸²⁻	63.5
		SO_4^{2-}	80			メタンスルホン酸	48.8
		$S_2O_3^{2-}$	85			n-酪酸	32.6

* [訳者注] 日本ではイオンの極限モル伝導率ともよばれている.この場合,多価イオン,たとえば,Fe^{2+}は $\frac{1}{2}Fe^{2+}$ と表記される.

イオンの貢献による総和である．

$$\sigma_c = \sum \lambda_i C_i \tag{21.16}$$

λ_i はそれぞれのイオンの当量伝導率であり，C_i は eq L^{-1} 単位でのイオンの濃度である．

> ### 例題 21.1
> 表 21.2 のデータを用いて，純水の電気伝導率および抵抗率(specific resistance)，また，1 mm 隔てておかれた直径 10 μm の二つの円板状電極間での純水の電気伝導度を計算せよ．
>
> **解 答**
> 純水は H$^+$ と OH$^-$ だけを含み，それぞれ 10^{-7} eq L^{-1} の濃度で，それは 10^{-10} eq cm^{-3} と表すことができる．式(21.16)を用いる．
>
> $\sigma_c = \lambda_{H^+}[H^+] + \lambda_{OH^-}[OH^-]$
> $= 349.82$ S cm^2 eq^{-1} $\times 10^{-10}$ eq cm^{-3} + 198.6 S cm^2 eq^{-1} $\times 10^{-10}$ eq cm^{-3}
> $= 548.4 \times 10^{-10}$ S cm^{-1} = 54.84 nS cm^{-1}
>
> 純水の比抵抗，すなわち**抵抗率** ρ は単純に電気伝導率の逆数である（1 nS の逆数は 10^9 Ω）．かくして，
>
> $$\rho = \frac{1}{54.84} \times 10^9 \, \Omega \, \text{cm} = 1.823 \times 10^7 \, \Omega \, \text{cm} = 18.23 \, \text{M}\Omega \, \text{cm}$$
>
> 高純度の水の品質は，その抵抗率でしばしば表現される．高純度の水は，その自己解離から生じる H$^+$ と OH$^-$ 以外のイオンを含まない．
> 直径 10 μm の円板状電極の面積 A は
>
> $$A = \pi(10^{-3} \, \text{cm})^2/4 = 7.85 \times 10^{-7} \, \text{cm}^2$$
>
> $L = 0.1$ cm のとき，式(21.15)によれば，
>
> $$\kappa = 0.1 \, \text{cm}/7.85 \times 10^{-7} \, \text{cm}^2 = 1.27 \times 10^5 \, \text{cm}^{-1}$$
>
> 式(21.14)より，
>
> $$G = 54.84 \, \text{nS cm}^{-1}/(1.27 \times 10^5) \, \text{cm}^{-1} = 430 \, \text{fS}$$

ネルンスト-アインシュタインの式(Nernst-Einstein equation)は極限当量伝導率 $\lambda°$ を拡散係数 D と関連づける．

$$\lambda° = \frac{DzF^2}{RT} \tag{21.17}$$

少なくとも希薄溶液において，イオンの移動はほかのイオンの存在に影響されないと仮定し，**極限モル伝導率**(limiting molar conductivity) $\Lambda_m°$ がしばしば用いられる．

$$\Lambda_m° = \nu_+ \lambda°_+ + \nu_- \lambda°_- \tag{21.18}$$

$\lambda°_+$ と $\lambda°_-$ がそれぞれ陽イオンと陰イオンの極限モル伝導率である．ν_+ と ν_- は電解質の式単位あたりの陽イオンと陰イオンの個数である．上記のさまざまな単位元の組合せによってネルンスト-アインシュタインの式の一般式が導かれる．

$$\Lambda_m° = (\nu_+ D_+ z_+ + \nu_- D_- z_-)\left(\frac{F^2}{RT}\right) \tag{21.19}$$

D_+ と D_- はそれぞれ陽イオンと陰イオンの拡散係数である．ネルンスト-アインシュタインの式は，電気伝導度測定からイオンの拡散係数を求めるために，また，イオン拡散モデルを用いて電気伝導率を予測するのに使われている．

例題 21.2

298 K における水溶液中の銀イオンの移動度を 6.40×10^{-8} m^2 V^{-1} s^{-1}, また, 298 K での水の粘度を 8.94×10^{-4} kg m^{-1} s^{-1} と仮定する. 表 21.2 の NO$_3^-$ の λ° 値を利用して, 銀イオンの拡散係数と有効半径, および極限当量伝導率, さらに AgNO$_3$ の極限モル伝導率を計算せよ.

解 答

式(21.12)を用い, 298 K において $\dfrac{RT}{F} = \dfrac{0.0592}{2.303} = 0.0257$ V, $z = 1$ より,

$$D = \frac{\mu}{z}\frac{RT}{F} = \frac{6.4 \times 10^{-8}\,\text{m}^2 \times 0.0257\,\text{V}}{\text{V s}} = 1.64 \times 10^{-9}\,\text{m}^2\,\text{s}^{-1}$$

となり, ストークス半径は式(21.11)から計算することができる.

$$r = \frac{kT}{6\pi\eta D} = \frac{1.38 \times 10^{-23}\,\text{J K}^{-1} \times 298\,\text{K}}{6\pi \times 0.894\,\text{g m}^{-1}\,\text{s}^{-1} \times 1.64 \times 10^{-9}\,\text{m}^2\,\text{s}^{-1}} = 1.49 \times 10^{-13}\,\frac{\text{J s}^2}{\text{g m}}$$

$$= 1.49 \times 10^{-15}\,\text{m}^2\,\text{kg}\,\text{s}^{-2} \times \frac{\text{s}^2}{\text{g m}} \times \frac{10^3}{\text{kg}}\,\text{g} = 1.49 \times 10^{-10}\,\text{m} = 0.149\,\text{nm}$$

式(21.13)を用いると,

$$\lambda^\circ_{\text{Ag}^+} = \mu F = 6.40 \times 10^{-8}\,\text{m}^2\,\text{V}^{-1}\,\text{s}^{-1} \times 96485\,\text{C eq}^{-1}$$
$$= 61.8\,\text{cm}^2\,\text{V}^{-1}\,\text{s}^{-1} \times \text{V}\,\Omega^{-1}\,\text{s eq}^{-1} = 61.8\,\text{S cm}^2\,\text{eq}^{-1}$$

(表 21.2 には 61.9 S cm^2 eq^{-1} と記載されている)

$$\lambda^\circ_{\text{NO}_3^-} = 71.4\ (\text{表 21.2 より})$$

AgNO$_3$ の極限モル伝導率は式(21.18)から計算することができる.

$$\Lambda^\circ_m = \nu_+ \lambda^\circ_+ + \nu_- \lambda^\circ_- = (1 \times 61.8 + 1 \times 71.4)\,\text{S cm}^2\,\text{mol}^{-1}$$
$$= 133.2\,\text{S cm}^2\,\text{mol}^{-1}$$

フロースルー型の一般的な電気伝導度検出器は, 1 mm 程度の間隔を隔てた 2 枚の円板状のステンレス製電極(直径 1 mm 程度)からなっており, 有効セル体積は 0.8～1.8 μL で, セル定数は 12.7～8.3 cm^{-1} である. 電気伝導率の温度依存性を補正するために, 流路内には温度センサー(通常は低熱量サーミスター)も設置されている. 通常は電極と直角の位置関係で設置されるが, セルブロックに単純に埋められている場合もある. 一般的に補正係数は伝導率が 1.7% K^{-1} で増加すると仮定するが, 大部分の検出器は温度補正の値をユーザーが自分で入力する必要がある. もう一つの形状の電気伝導度検出器では, 二つの環状の電極が, 環状の絶縁スペーサーで隔てられている.

もっとも単純な構成(2 電極方式)では, 周波数 1～1.5 kHz の交流電圧が電極に印加されており, これにより生じた電流が計測, 整流されて電圧信号に変換される. 印加電圧に対する電流の比が電気伝導度である. 電極で望ましくない電気化学反応が起こることもあるため, 直流電源の適用は一般的にはよいとはいえない. 電気化学反応が電極表面で起こることがないので, 電気伝導度測定は本質的には電気化学技術ではない. サプレッサー型イオンクロマトグラフィーのようにバックグラウンド抵抗が高いとき, DC 測定は非常に簡単で安価な代替手段を提供することができる.

四電極方式の伝導度測定(four electrode conductivity measurement)では, 外側の一対の電極に一定電流を印加し, 内部の一対の電極間の電圧低下が測定される.

これは電極間の電気伝導度の逆数に比例している．しかし，前述の二つの測定法は，電極-溶液界面でのキャパシタンス(静電容量)の影響を受ける．**両極性パルスコンダクタンス測定法**(bipolar pulse conductance measurement)では，抵抗素子に直列的あるいは並列であっても静電容量の影響を受けない．この技術では，大きさが等しい反対の極性の二つの連続する電圧パルスが測定セルに印加され，2回目のパルスの終了時にセルを通過する電流を測定する．

直径の小さなキャピラリーを用いる中空液体クロマトグラフィーやキャピラリー電気泳動のようなマイクロ・ナノスケールの分析装置では，配管内での拡散が問題になるため，測定セルを独立に設けるのではなく，キャピラリー上で直接行うことが望ましい．キャピラリーの壁面に開けられた穴を通じて挿入されたワイヤー電極で溶液を流れる直流電流を測定する報告があるが，より明解で一般に適用しやすい方法として**容量結合非接触伝導度検出**(capacitively coupled contactless conductivity detection：C^4D)があげられる．この技術では，一対の環状電極が1 mmを隔てて分離・測定用のキャピラリー上につけられる．励起電圧は，一般的には数百 kHz の周波数で一方の電極に印加される．この周波数はキャピラリー壁を介して溶液内部に到達する(容量結合される)のに十分なほど高い．この電気伝導度を測定する方法はいくつかある．もっとも簡単な方法としては，電圧変換器が二つ目の電極と接地との間に挿入されている．得られた信号は整流され，その値は溶液の電気伝導度に比例している．

そのほかの準万能型検出器として，エーロゾルの測定に基づくものがある．この技術ではカラムからの溶出液が噴霧され，乾燥によってエーロゾルを形成するすべての不揮発性の溶質(気体)に適用できる．まったく残査が生じない揮発性の溶質は，このような方法で検出することはできない．この様式でもっとも古くから広く用いられている検出器は**蒸発光散乱検出器**(evaporative light scattering detector：ELSD)で，いくつかの製品が市販されている．こうしたエーロゾル生成型の検出器の最初の工程は，原子スペクトル分析で用いられる噴霧器と同じであるが(17章参照)，容積を最小にして試料の拡がりを最小限にするために，噴霧された蒸気がまっすぐに流れるように工夫されている．エーロゾルはカラム溶出液中に存在する不揮発性の分析成分から生じる．一般にエーロゾルを含んだガス流に対して垂直な方向からダイオードレーザーからの収束光が通過する．粒子によって散乱された光は，その後，光ビームと同様に流れの方向に対して直角に配置されたフォトダイオードで検知される．

荷電化粒子検出器(aerosol charge detector：ACD)は California 州立大学 Sacramento 校の R. Dixon によって開発され，ELSD と比較してより高感度でより均一であることから普及が進んだ．ACD において，エーロゾルはコロナ放電を通過し(粒子は大きさに比例して帯電する)，気体分子は荷電されない．ガスクロマトグラフィー(20章参照)で用いられるさまざまなイオン化検出器のように，荷電粒子は検出され，それらによって運ばれる全電荷が連続的に測定される．

この種の最新の検出器は，**凝縮核形成光散乱検出器**(condensation nucleation light scattering detector：CNLSD)である．この機器では，光散乱を測定する前に，過飽和状態の水蒸気をエーロゾル上に凝結させ成長させる．ELSD に比べてこの方法は応答が早くベースラインノイズが低いため，より高感度な測定が可能となる．

荷電化粒子検出器は，微量成分から主成分まで，分析成分の多くが不揮発性である製剤の分析において（製薬業界で）よく用いられる．広い濃度範囲において，これらの検出器の応答は直線的ではない．むしろ，応答 Y は濃度 C のべき関数となる．

$$Y = kC^n \tag{21.20}$$

k は比例定数，n は通常 1 未満である．きわめて狭い範囲での応答は直線と見なせるが，より高濃度で勾配は低濃度のときよりも小さくなる．応答挙動を線形化するために，しばしば検出信号は m 乗され（理想的には $m = 1/n$），加工された信号 Y^m がアウトプットされる．しかし，応答挙動は式（21.20）と完全に一致するわけではないため，線形化は完全なものとはいい難い．

　HPLC で開発当初からもっともよく用いられる検出法は UV 吸収測定である．初期の頃は，254 nm での水銀ランプの発光とその波長を透過するバンドパスフィルターを用いた波長固定の吸光検出器が汎用された．近紫外域から遠紫外域に渡る単色の LED の出現により，今日では単一波長専用の検出器を容易に組み立てることが可能となっており，それらはニッチな用途に有用である．現在，多くの HPLC 装置は波長可変の**紫外可視吸光検出器**（variable wavelength UV-visible absorbance detector）が装備されて市販されている．これらの検出器でもっとも単純なものは波長の手動選択を必要とし，単一の波長での吸光度が測定される．それとは反対に，**フォトダイオードアレイ検出器**［photodiode array（PDA）detector，diode array detector（DAD）ともよばれる］は広範囲に及ぶ波長域，すなわちスペクトルを連続的にモニターし続けることが可能である．フォトダイオードアレイ検出は 16 章で詳述した．HPLC 用の検出器では適切なフローセル［いくつかは液体コア光導波路（LCW）に基づく］が備えられており，また，データ処理能力を高めるための最適化がなされている．用途の広さから PDA は現在ももっとも汎用されている HPLC 検出器である．

　現在，紫外可視吸光検出器の一般的なノイズレベルは 5×10^{-6} AU（吸光度単位）であり，ベースラインドリフトは 10^{-4} AU h^{-1} である．全波長を一度にモニタリング可能な PDA 吸光検出器のノイズとドリフトは $2 \sim 3 \times 10^{-5}$ AU，$5 \sim 10 \times 10^{-4}$ AU h^{-1} でありやや高い．なお，二つから四つの異なる波長を連続的に測定することができる中間的な検出器のノイズレベルは，単一波長検出タイプのものよりわずかに悪い程度である．これらの中間的な検出器は，もちろんすべてのスペクトルをとることはできないので，物質の同定の目的には使いにくいが，両方法の長所をもっている．質量濃度またはモル濃度での検出限界（LOD）は分析成分の吸光係数に依存する．吸収の強い物質（たとえば，モル吸光係数が $\varepsilon = 10^4$）の場合，10^{-5} AU のノイズレベルは 3×10^{-5} AU または 3×10^{-9} M の LOD に相当する．典型的なクロマトグラフィーでの希釈ファクター（注入したときの濃度とピークとして検出されたときの濃度の比）は最小でも 10 であり，注入時の濃度としての LOD は 3×10^{-8} M である．分子量が 200 の場合，LOD は 6 μg L^{-1} である．温度依存的な RI 変化による光透過の変化にもかかわらず，吸光検出器は比較的温度感度は小さい．しかし，もっとも高感度な検出器では測定セルの前に熱の安定化を行う部分が必要である．逆相クロマトグラフィー（RPC）において用いられる一般的な HPLC の溶媒は，190 nm までほとんど吸収を示さない．水-メタノールや水-アセトニトリルの勾配溶離において UV でのベースライン変化はとるに

クロマトグラフィー検出器でそのようなパワー関数を適用することによる興味深い結果の一つとして，$m > 1$ で，分離効率が見かけ上増加することがあげられる．クロマトグラフィーにパワー関数を適用したときの詳細については，P. K. Dasgupta, Y. Chen, C. A. Serrano, G. Guiochon and A. Shalliker, *Anal. Chem.*, **82** (2010) 10, 143 参照

足らないレベルである．分析成分によって感度には大きな違いがあるが，大多数の物質は遠紫外域(190～220 nm)で測定可能な吸収があるので，これらの波長でUV検出は，ほとんど普遍的に適用できる．もちろん，UV吸収を有する溶媒を用いる場合やまったくUV吸収を示さない成分の分析には使用することはできない．

二つの異なる波長で吸光度を測定することができる検出器において，異なる二つの波長で得られた吸光度の比は，クロマトグラフィーのピークとして検出された物質の同定や純度に関する重要な情報を提供する．それぞれ，分析成分が波長 λ_1 と λ_2 で ε_1 と ε_2 のモル吸光係数をもっているとする．ピークがどの地点でも，分析成分の濃度が c で，光路長が b であるならば，それぞれ二つの吸光度 A_1 と A_2 は $\varepsilon_1 bc$ と $\varepsilon_2 bc$ によって与えられる．注目すべきは，A_1/A_2 の比率は $\varepsilon_1/\varepsilon_2$ で一定で，濃度に依存していないことである．すなわちこの比は一定であり，前もって決定しておいた $\varepsilon_1/\varepsilon_2$ の値と比較することでピークの同定ができる．

二つの分析成分が部分的に，あるいは完全に同一ピークとして共溶出することはクロマトグラフィーでは珍しいことではない．なお，これはクロマトグラムから容易に判断することはできない．二つの分析成分が100%重複してまったく同じ保持時間で溶出してくる場合を除いて，ピークの前半分と後半分の組成は異なるだろう．両方の分析成分の $\varepsilon_1/\varepsilon_2$ の値が同じになることはほとんどありえないので，この比が増加あるいは減少するような変化を示せば共溶出の可能性が強く示唆される．

紫外可視吸光測定におけるセルのデザインは重要であり，そのスケールに依存することもある．キャピラリースケールでの測定では，分散を避けるためにキャピラリー上での直接検出が最善である．一般的なキャピラリーでの検出では，キャピラリー保護用の被覆を1 mm程度取り除いて検出窓とし，そこに収束させた光を通過させる．球状レンズや光ファイバーなどを利用して透過光が検出される．キャピラリーの内径が光路長に相当しておりとても短い．鏡面反射可能なキャピラリーに，ある角度で光を入射させることにより多数反射を利用して光路長を増やすことが可能であるが，あまり一般的な方法ではない．バブル(キャピラリーの内径を太くしたところ)を有するキャピラリーも入手可能である．また，ある場合には光路長が1 mm以上となるZ形状のキャピラリーセル(欄外の図参照)を接続することが可能である．

Z形状の流路は洗浄しやすく通常サイズのフローセルで汎用されている．それらの光路長は6～8 mmでフローセルの内径は1 mm以下のものが一般的である．フロースルー型の光学的な吸収測定は屈折率(RI)の影響を受けやすい．分析成分が溶離液と異なるRIを有している場合，分析成分のバンドが放物線状でセル内に移動すると，仮想のレンズが形成される．分析物のRIが溶離液のそれよりも高いか低いかに依存して，光が収束されたり発散されたりすることで検出器に到達する光の量に多かれ少なかれ影響する．分析成分が検出セルから出ていき，溶離液が流入してくる場合にはその逆のことが起こる．結果として，そこに光の吸収がない場合でさえも，屈折率の変化によって引き起こされるベースラインの変動(ピークのディップもしくは逆のことが起こる)が観察される．たとえば，試料成分が純粋なメタノールあるいはアセトニトリルに溶解しており，水溶性の溶離液が用いられた場合，溶媒は保持されることなく溶出する．その溶媒はその波長

吸光度のレシオグラム(ratiogram)は，ピークの純度を推定し，さらにピークを同定するのに役に立つ．

分離キャピラリーの末端を，その外径と内径が等しいより太いキャピラリーに挿入しても，バブルセル(光路長を長くする目的でセル部分の流路を膨らませたもの)と同様の効果が得られる[たとえば，S. Liu and P. K. Dasgupta, *Anal. Chim. Acta*, **283** (1993) 747 を参照]

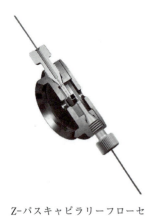

Z-パスキャピラリーフローセル
[Agilent Technology社の厚意による]

で吸収はないが，前述の理由で双方向の応答として観察される（これは，実際には空隙体積マーカーとして都合よく利用できる）．

そういった RI 由来のシグナルが本来の吸収シグナルに重なることはもちろん望ましいことではない．ε の値が小さい溶質の場合は，検出するためには高濃度の溶液を注入しなければならないが，そうした場合にはいびつなピーク形状となり定量において大きな誤差を生じる可能性がある．RI 効果の程度はセルの壁の反射率や光学系に依存する．あるメーカーは RI 効果を最小限に抑えるために，光の射出側の窓が入射窓よりも大きいテーパー状のセルを開発した．また，RI 効果を低減するために二分岐光ファイバーを用いたセルが P. K. Dasgupta［*Talanta*, **40** (1993) 341］らによって報告されている．二分岐光ファイバーは，フローセルの同じ側の窓におかれ，反対側の窓にはミラーがおかれている．入射した光はミラーで反射され，また入射窓に戻る．光の入射，透過光の受光がこの光ファイバーにより行われる．本方式は，同じ光路長をもち光を反対側で受ける通常のセルに比べて，10 倍以上 RI 効果を受けない．さらに，同じセル容積で光路長が 2 倍になるという利点もある．

液体コア光導波路（liquid core waveguide：LCW）の原理に基づくセルが HPLC で利用されることも多くなっている．どのようなセルであれ，光の損失はセルの光路長とともに指数関数的に大きくなり，セルの内径が小さくなると劇的に増加する．内径が小さくて光路長が長いセルでは，検出器に到達する光量が少ないためノイズの原因となる．そのため一般的には実用的とはいえない．LCW の原理は 16 章に記載されている．ある LCW（もっとも一般的なテフロン AF®クラッドシリカチューブ）の単位長さあたりの光損失は内径が同じ円柱状のチューブでの光損失よりもかなり少ない．このように，内径の小さな長光路セルも最近は実用的になってきた．テフロン AF®はそれ自身を光導波管として使用することも可能であるが，高いガス透過性を有しており，これは一般的には好ましくない．このガス透過性を巧妙に利用するアイディアとして，テフロン AF®チューブを光吸収セルとして，また，ポストカラム反応の場として兼用することができる．その配置を余白に記す．その装置は雨水および大気中のニトロフェノール類を測定するために用いられた．ニトロフェノールは塩基性の溶液では黄色（400 nm の光を吸収）になるので，酸塩基の指示薬として利用できる．分離には C18 で修飾されたシリカゲルカラムが用いられたが，シリカベースのカラムは塩基性条件では使用できないため，ガス状のアンモニアをテフロン AF®チューブの壁に沿って導入し pH を上昇させることにより長光路検出を可能とした．

蛍光検出器（fluorescence detector）は HPLC で使われている装置のなかでもっとも感度がよい検出器の一つである．特有の蛍光を発するのはごく一部の化合物であるので，この蛍光を測定する手法はきわめて選択性が高い．一方，多くの化合物は蛍光性を示さないため，分離の前もしくはカラムで分離後（ポストカラム）に，蛍光を発するような誘導体化を施すことも一般的に行われている．アミノ酸やアミン，アルコールの蛍光誘導体化の反応式は原書 web 上の図 21.S1 にリストアップされている．

蛍光分光検出器には励起用と発光用の二つのモノクロメーターが使われている．光源には広帯域のキセノンランプもしくはキセノンフラッシュランプが使われている．後者は高輝度を有し SN 比もいくぶん優れている．特定の応用では，

LCW に基づくポストカラム反応と吸光度測定セル．0.15×1420 mm のテフロン AF®チューブは濃アンモニア溶液の上に吊り下げられている．光と液体の出入口は各端部に設けられており，光源には 400 nm の LED が用いられ，検出はフォトダイオードで行われる．

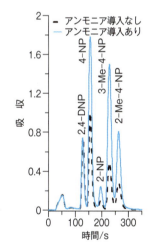

大気中で検出されるニトロフェノール類（NP）の標準混合物のクロマトグラム．アンモニアを導入した場合と導入していない場合のクロマトグラムを示す．1 mL の NP（前から順番にそれぞれ 4，8，4，8 および 4 ng mL^{-1}）は濃縮され，2.2 μm の粒子を充填した 2×50 mm の C18 カラムで分離した．
［L. Ganranoo et al., *Anal. Chem.*, **82** (2010) 5838 から転載］

光源と励起バンドパスフィルター，発光ロングパスフィルターを組み合わせて，低コストで優れた機能を発揮させることができる．ある装置では励起モノクロメーターを使うが発光側にはロングパスフィルターが用いられている．

蛍光検出器のSN比は，350 nm の光で励起された水のラマン光で一般的に記される．エネルギーの損失は 3382 cm^{-1} で起こり，したがって発光は 397 nm で起こる．純水が容易に入手でき，微弱なラマン光は微弱な蛍光とよく似ている．水のラマンバンドの典型的なSN比は一般的なHPLCタイプの蛍光装置において，積分時間が1～1.5 sで300～350である．なお，ベンチトップ型の最新鋭の分光蛍光計では 10000 以上である．

さまざまな化合物を定量しようとするとき，たいていの化合物は遠紫外域の光で励起される．しかし，それらは異なる波長で蛍光を発する．ある装置は四つの異なる検出(蛍光)波長を同時にモニタリングすることができる．これは上述のような場合にとても便利であり，また選択性の面でも有利である．ある装置では励起光と蛍光のスキャニングだけでなく同期スキャニングも可能である．あるプログラム制御可能な装置では，時間ごとに励起波長と検出波長を変更することができ，物質ごとに最適な条件で検出できる．量子収率が0.1以上の高いものであれば，サブフェムトグラムの検出限界が得られる．

キャピラリースケールの蛍光検出では，とても狭い領域に光を収束させることができ光量も大きなレーザー光源が理想的である．欄外の図に示した共焦点配置が一般的である．平行光とされたレーザー光はダイクロイックミラー（これはレーザー光を効果的に反射するがほかの光は通す）に入射し反射され，さらに対物レンズによってキャピラリー上につくられた検出窓に集められる．発光した蛍光はダイクロイックミラーを通過し，迷光となるレーザー光を除くためにおかれたバンドパスフィルターを通過する．そして装置の空間フィルター（ピンホール）上に焦点を結んだあと，検出器に到達する．共焦点**レーザー励起蛍光**(laser-induced fluorescence：LIF)が使われているキャピラリーカラムによる分離を**図 21.12** に示す．

LCWに基づく蛍光検出器は単純ではあるが効果的な検出器である．その一般

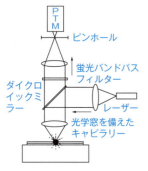

共焦点レーザー誘起蛍光検出装置

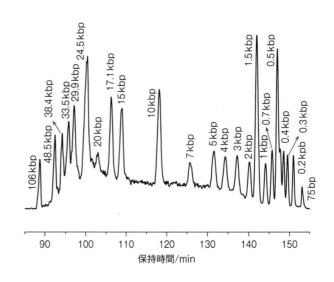

図 21.12 75 bp から 106 kbp のある DNA混合物のクロマトグラフィー分離

bp：塩基対．試料はさまざまな種類のDNAの混合物である．カラム長は 4.4 m，内径は 5 μm で化学修飾のされていない中空シリカキャピラリーである．半径が 2.5 μm で全長は 445 cm（有効長さは 440 cm）．試料は 10 s, 100 psi(0.69 MPa) で注入され，分離は 360 psi(2.5 MPa) で実施された．蛍光色素 YOYO を DNA にインターカレート（包摂）させ，共焦点 LIFが検出に用いられた．
［X. Wang et al., J. Am. Chem. Soc., **132** (2010) 40 より許可を得て転載］

的な配置は図 16.34 に示されており，そこに詳しい説明もある．

キラル検出器(chiral detector)はキラルクロマトグラフィーにおいてユニークな情報を提供する．キラル化合物は直線偏光を回転させる．旋光の方向により異性体が識別される．また，旋光の程度はキラル化合物の濃度や**ビオの法則**(Biot's law)によって定義されるその物質固有の性質である**比旋光度**(specific rotation)に依存している．

$$[\alpha]_\lambda^T = \frac{\alpha_\lambda^T}{cl} \tag{21.21}$$

$[\alpha]_\lambda^T$ は温度 T，波長 λ における比旋光度である．l は dm で表した光路長で，α は観測された比旋光度，c は濃度 (g mol^{-1}) を示す．**旋光検出器**(polarimetric detector)において信号強度は分子の旋光度に依存するが，吸収特性には依存しない．旋光検出器において，一般的に光源として，赤色ダイオードレーザー(波長 670 nm)や LED (波長 400〜450 nm) が用いられている．ある波長での**旋光分散**(optical rotatory dispersion：ORD)を表す**ドルーデの式**(Drude's equation)を以下に示す．

$$[\alpha]_\lambda = \sum \frac{A_i}{|\lambda^2 - \lambda_i^2|} \tag{21.22}$$

ここで λ は，ある吸収帯に含まれる，いま注目している波長である．λ_i はその吸収帯中で λ_i 以外ならばどんな波長でもよい．分母はそれらの波長の 2 乗の差であり，分子の A_i はそれぞれの波長 λ_i に特有の定数である[*2]．この式は旋光分散の一般的な挙動を示しており，発色団がない場合や吸収バンドから離れたスペクトル領域における，光学活性分子の旋光度の程度の波長依存性を示している．その式は，旋光の程度が波長の減少とともに増加することも示している．したがって，より短波長側では高い応答が得られる．しかし，より低波長側では，右円偏光と左円偏光が異なる速度で伝播し，分子の吸収の程度が異なる．これを**円偏光二色性**(circular dichroism：CD)とよぶ．CD が観察されるとき，**コットン効果**(Cotton effect)として知られるドルーデの式からの偏差を引き起こす．比旋光度は 400〜460 nm で最大となり，コットン効果は最小となる．430 nm の光源を使用することでこれらの効果を最適化できる．

HPLC 旋光計ではファラデー機構が用いられる．すなわち，試料からの旋光を補償し，その補償量から旋光の程度と方向を測定する機構である．ファラデー(Michael Faraday)は，平面偏光が透明な媒体を通過するとき，電場によりその偏光面が回転することを見出した．この回転は電場の強さに比例する．非機械式旋光検出器では，フローセル内のキラル化合物によって光が回転し，その後ろにおかれたファラデーステージ(その光路をコイルで取り囲んだ簡単な装置)で逆方向に回転させベースラインに戻す．光検出器の出力をモニターし，フィードバック回路を用いてファラデーステージにかける電場の強さと方向を，光がもとの位置に戻るように調整する．この電流は旋光の大きさとして取得される．優れた旋光検出器のノイズレベルは 2×10^{-5}° (度) である．これは，地球の大きさの円における約 2 m の弧の長さと一致する．ビオの法則によれば，長光路にすることによってより検出能を上げることがでる．25 mm の光路長をもったセルが旋光

[*2] ［訳者注］ 温度，pH，分子構造の変化などに依存する定数．

計やほかのキラル検出器では一般的である．一部の機器メーカーでは効率的に光路長を伸ばすために多重反射を用いている．

ORD 検出器(ORD detector)は，広帯域 Hg-Xe 光源を使用したモノクロメーターを使用していること以外は旋光計と非常によく似ていて，350〜900 nm の範囲の任意の波長を設定できる．旋光計と比較して波長への回転の依存性を調べることができるので，分子をより詳しく調べることができる．この検出器の一般的なノイズレベルは旋光計と同程度であり，1 h あたり $5 \times 10^{-5}°$(度)のドリフトである．

CD 検出器(CD detector)の信号は，右円偏光と左円偏光の吸収の差であり，$[A_r - A_l]$ で表される．この値は非常に小さい．UV 吸収のように CD シグナルも波長依存的である．キラル分子は 200〜420 nm を吸収し強い CD シグナルをもつ．一般的な CD 検出器は 220〜420 nm の波長の範囲を設定でき，ノイズレベルは $3 \times 10^{-5}°$(度)で，ドリフトは 1 h あたり $5 \times 10^{-5}°$(度)である．CD と UV 吸収を CD 検出器で測定できるが，その UV 吸収測定に関する性能は一般的な UV 検出器と比べるとわずかに劣る．

クーロメトリー(電量測定)検出器(coulometric detector)と**アンペロメトリー(電流測定)検出器**(amperometric detector)はともに非常に高選択的かつ高感度な電気化学検出器(15 章参照)である．電気化学検出器は酸化還元活性な基質や電極酸化由来のイオンと生成物を形成する基質(たとえば，アミノ酸は銀電極から生じた Ag^+ とキレートを形成する)を検出することができる．セルの形状は一般的に薄層セル(溶液は狭い平面電極間を流れる)とウォールジェットセル(溶液が作用電極に衝突する)がある．

電量測定(クーロメトリー)は，クーロメトリー検出器(より大きい電極とより長い滞留時間が必要な装置)内で分析成分が定量的に変換されるという点で，電流測定(アンペロメトリー)と異なる．その反応の電気的な化学量論量が既知であれば，電量測定では校正のためのリファレンスが必要なく絶対定量ができる．クーロメトリー検出器の酸化還元プロセスにより，分析成分を新たな特徴をもった化合物に変換できれば，異なる検出器をクーロメトリー検出器のあとに接続することにより，以下の例のように，新たな分析情報を得ることができる．

大気中のニトロ多環芳香族化合物(NPAH)は突然変異原である．ニトロ基($-NO_2$)はヒドロキシアミノ基($-NHOH$)，さらにアミノ基($-NH_2$)に容易に還元される．後者の二つの官能基は強い蛍光性物質を生じさせる．大気粒子の抽出物にはニトロ芳香族以外にも多くの電気化学活性な物質が含まれているかもしれないので，クロマトグラムから化合物を特定するのは困難である．一方，蛍光検出器をクーロメトリー検出器のあとにおき，クーロメトリー検出器をはたらかせたときのみに得られる蛍光検出器のピークは，目的物質由来である可能性がきわめて高い．すなわち，同定能力が格段にアップする．図 21.13 にそのような装置の構成例を示す．また，図 21.14 には，その応用例としてクロマトグラムを示す．脈動を抑制するために充填カラムを使用したり，インジェクターの前に溶離液中の O_2 を還元して除去するガードセル(しばしばクーロメトリー検出器に必要となる)を挿入していることに注意してほしい．なお，このように直列に接続された検出器の構成では，一つ目の検出器のセル内での拡散に注意を払う必要がある．

クーロメトリー検出器はアンペロメトリー検出器よりも非常に大きなシグナルを与えるが，ノイズはさらに大きくなる傾向がある．そのためアンペロメトリー

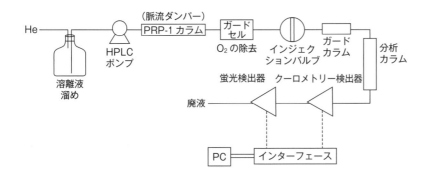

図21.13 電気化学（クーロメトリー）検出器（ECD）と蛍光検出器を直列に接続した装置の概略

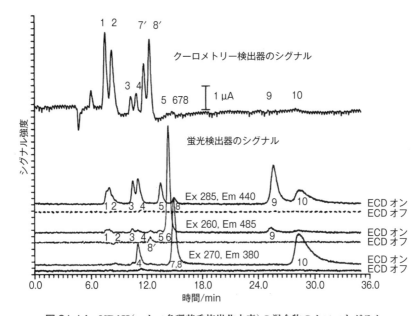

図21.14 NPAH（ニトロ多環芳香族炭化水素）の混合物のクロマトグラム

ピークは以下のとおり．なお，かっこ内に示されている数値の単位はnmolでカラムに注入された量を表す．
1：1-アミノ-4-ニトロナフタレン（10），2：9-ヒドロキシ-3-ニトロフルオレン（10），3：1-ニトロナフタレン（1），4：2-ニトロナフタレン（2），5：2-ニトロナフトール（0.05），6：9-ニトロアントラセン（0.05），7：2-ニトロフルオレン（0.05），8：2-ニトロ-9-フルオレノン（2），9：1-ニトロピレン（0.01），10：1-アミノ-7-ニトロフルオレン（0.2）．ピーク7′と8′は化合物7および8中に存在する未知の不純物．クロマトグラムは電量検出器のほかに三つの異なる励起/蛍光波長で検出されたものである．電気化学検出器のオンとオフによって蛍光検出のクロマトグラムに大きな違いがみられる．電気化学（クーロメトリー）検出器（ECD）の感度は脈動に鋭敏であるため注意が必要．Ex：励起波長，Em：蛍光波長．

［M. Murayama and P. K. Dasgupta, *Anal. Chem.*, **68** (1996) 1226 より許可を得て転載］

検出器のほうがLODの観点からはクーロメトリー検出器よりもかなり優れており，分析的にはより有用性が高い．とくにマイクロファイバー電極を用いるキャピラリースケールでのアンペロメトリー検出は神経科学研究において有効であり，クロマトグラフィーや電気泳動による脳内の微量なカテコールアミンの分析には不可欠である．ただし，電極表面のわずかな変化が応答に影響を及ぼし，それが再現性の低下を招くため，アンペロメトリー検出をルーチン分析に使うことは難しかった．

Iowa州立大学のD. Johnsonによって紹介された**パルスアンペロメトリー検出器**（pulsed amperometric detection：PAD）は，ほぼ継続的な方法で電極表面を洗

浄/更新することによってこの問題をおおむね解決した．PADは設定したパルス電位を一定時間（通常は 1 s 未満）作用電極に印加するという動作を継続的に繰り返す．たとえば，炭水化物（糖類）の－OHは，金電極上で特定の電位において容易に酸化される．このとき発生する電流を測定することによって糖類の選択的で高感度な検出が可能となる．

その後，還元用パルスと再酸化用パルス電位を印加して，酸化によって結合した分析成分を除去し，電極表面を更新する（トリプルパルスアンペロメトリー，これに活性化パルスを付け加えた四電位波形も一般的に利用される）．各パルスを数百 ms ずつ持続させ，波形を通常 1 Hz 以上の周波数で繰り返すことで，クロマトグラフィーのデータポイントを最低でも 1 s ごとに記録することを可能としている．PADではピコ～フェムトモルの感度を達成することができ，もっとも高感度な検出技術の一つである．PADでは，作用電極に接触した分析成分が酸化される．サンプル中の分析成分の大部分は酸化されないので，必要な場合には，残りを捕集して別の分析に利用することができる．光吸収がほぼ起こらない炭水化物の選択的かつ高感度検出法として，PAD以外の選択肢はほとんどないといえる．**図 21.15** に炭水化物の分離を示す．

作用電極は使い捨てで，多様な素材の電極，たとえば，炭素，金，銀，白金，ホウ素ドープダイヤモンドなどが入手可能である．炭素電極はフェノール，抗酸化物質，カテコールアミンなどの酸化電流測定に適している．金電極は炭水化物，アミノグルコシド，アミノ酸に，銀電極はハロゲン化物，擬ハロゲン化物，シアン化物そして硫化物（AgXとAg_2Xの形成）に，白金電極はアルコール，EDTA，その他のキレート剤の酸化電流測定にそれぞれ適している．

キャピラリークロマトグラフィーやキャピラリー電気泳動（CE）のような毛管分離での検出には制約があるが，カラム出口に直接PADを接続するエンドカラムアンペロメトリー検出法は電気的活性のある化合物をきわめて高感度で検出することができる．入手可能なサンプルサイズの制約によってキャピラリー分離しか利用できないことが多い神経科学の分野において，エンドカラムアンペロメトリー検出法は絶大な価値を認められてきた．神経伝達物質セロトニン，アドレナリン，ノルアドレナリン，ドーパミンはすべて電気的活性をもつため，アンペロメトリーにより超高感度で検出することができる．直径数 μm の炭素繊維作用電極をキャピラリー出口に設置するといった技術がある．

化学発光検出器[chemiluminescence（CL）detector]は，検出器に到達する手前でカラム流出液に 1 種類以上の反応試薬を添加することで誘起した化学発光（CL）を検出する．それゆえ，化学発光検出器はポストカラム反応（PCR）型検出器の一種といえる．フロースルー型化学発光検出器については 16.15 節で詳述されている．CLはきわめて迅速な現象で減衰時間も短い．このため，欄外の図のように，カラムからの流出液に化学発光試薬を添加した混合液は，暗箱内の高感度光電子増倍管（PMT）開口部に固定されたCLセルにただちに導入される．**図 21.16** にCLクロマトグラムを示す．CL検出はマイクロチップのスケールにも適応することができる．その例はあとで図 21.33 において紹介する．

放射性標識した分析成分を検出するために用いられる**放射能検出器**（radioactivity detector）はCL検出器と並ぶ特殊検出器の一つである．設計の一例として，**同時計数法**（coincidence counting）で動作する 2 個のPMTのフォトカソード（光

キャピラリースケール測定にマイクロファイバー電極アンペロメトリーを利用するのは目新しいものではない．中空キャピラリー LC（OTLC）やキャピラリー電気泳動（CE）により 20 年以上前から単一の神経細胞における神経伝達物質が測定されてきた ［R. T. Kennedy and J. W. Jorgenson, *Anal. Chem.*, **61**（1989）436；T. M. Olefirowicz and A. G. Ewing, *J. Neurosci. Met.*, **34**（1990）11］．

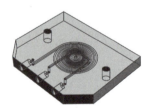

CL（化学発光）セルは透明なブロック内部に刻まれた渦巻き状の流路で構成される．カラム流出液とCL試薬は左側の 2 カ所のポートから流入し，渦巻き部を通過したあと，右側のポートから流出する．

［S. Mohr *et al.*, *Analyst*, **134**（2009）2233 より，英国王立化学会の許可を得て転載］

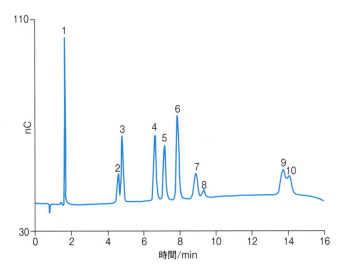

図 21.15　パルスアンペロメトリーによる炭水化物の検出例

炭水化物は非常に弱い酸で，pK_a はたとえばフルクトースの 12.31 からソルビトールの 13.60 の範囲である．この分離は 23× 150 mm の陰イオン交換カラムで KOH 勾配溶離を行い，2 Hz 周期の 4 電位パルスを用いたパルスアンペロメトリー検出によって行われた．

分析成分は次のとおり．1：マンニトール，2：3-*O*-メチルグルコース，3：ラムノース，4：ガラクトース，5：グルコース，6：キシロース，7：サッカロース，8：リボース，9：ラクトース，および 10：ラクツロース．注入：10 μL，リボース（0.32 μg mL^{-1}）以外の全化合物の濃度：1.67 μg mL^{-1}．

［Thermo Fisher Scientific 社の厚意による］

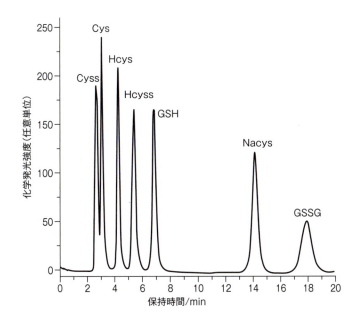

図 21.16　生物学的に重要なチオール類（各 10 μM）の CL クロマトグラム

C18 充塡カラム（粒径 5 μm）流出液にホルムアルデヒドを T 字コネクタで合流させ，CL セルで強力な酸化剤 Mn^{VI} と反応させる．

［G. P. McDermott *et al.*, *Anal. Chem.*, **83** (2011) 6034 より許可を得て転載］

PCRリアクター．上段：左から右の順に，3-D(Superserpentine) I, II, III. 下段：左から右の順に，Superserpentine IV, 2-D Serpentine II, 結び目つきリアクター．Superserpentine I〜IV はメーカー(global FIA 社)による呼称．

電陰極)間にフローセルを配置するものがある．この種の同時計数法では，2個のPMTが同時にカウントしたときのみを真のカウントとすることで，各PMTのランダムノイズ(カウント)から区別している("同時に"というのは相対的な言葉である．実際の電気回路構成では"同時"と判定されるカウントの間隔は調整可能で，しばしば数百 ns の幅になる)．フローセルとPMTの間に二次シンチレーターを設置する場合，使用するシンチレーターの種類ごとに同時計数のタイムウインドウを調整する必要がある．液体シンチレーションカクテルをポストカラム添加して検出する場合もある．放射能検出器は放射性トレーサーをクロマトグラフィーで分離・分析するのに優れている．

5. ポストカラム反応(PCR)検出　ポストカラム反応検出では，検出前に化学反応が起こる．試薬を導入するのがもっとも一般的だが，物理的な試薬添加なしでUV照射や加熱によって分析成分を変換させることも可能である．またリアクター固相，たとえば酵素固定化カラムやイオン交換カラムなどを通過させることで物質変換させることもできる．実際，このあとで簡単に説明するが，電気伝導度検出を用いたイオンクロマトグラフィーにおける"サプレッション"は，特殊な PCR 検出法の一例である．クロマトグラフィーを用いた微量分析，とくにイオン分析において多大な貢献をした Tasmania にあるオーストラリア政府分析研究所の J. P. Ivey は，電気伝導度検出を用いたイオンクロマトグラフィーでサプレッションを行う独特な手法を提示した．この手法ではアセト酢酸を溶離液として用いる．カラムからの流出液を加熱するとアセト酢酸が脱炭酸によって電気伝導率の低いアセトンとCO_2に分解する．

$$CH_3COCH_2COOH \xrightarrow{加熱} CH_3COCH_3 + CO_2$$

光化学を用いる PCR が一般的に用いられる．UV 透過性のテフロン®，とくにFEP(フルオロエチレン-プロピレン共重合体)テフロン®チューブをニット状に編み，棒状の UV ランプに巻きつけたものが高感度検出用光化学リアクター(PHRED)として商品化されている．光照射でより高感度で検出可能な化学形態に変換され得る分析成分は，数多く存在する．たとえば，バルビタールはかつてよく使われた睡眠導入剤の一種だが，270 nm での吸光測定による検出感度は光化学転化によって向上する(バルビタールからペントバルビタールへの変換で 10〜30 倍)．光照射産物もまた酸化電流測定による高感度測定ができる．

もっともシンプルな化学反応は pH 調整である．pH 調整は酸や塩基流を添加することでも可能だが，テフロン AF®やシリコーンゴムなどの適切なガス透過性チューブを通してガス状の酸や塩基(HCl や NH_3 など)を導入することで体積変化による希釈をともなわずに pH 調整をすることも可能である(p. 217 の欄外図の液体コア光導波路の記述参照)．多くの化合物の吸収極大波長は塩基性溶媒中で赤色側へシフトし，それに付随して ε_{max} も増大する．それゆえ塩基性溶媒中での検出によって LOD が向上する．しかし，多くのシリカベースのカラムは塩基性耐性がないために高 pH 溶離剤を使用することができない．この問題はポストカラム溶液の塩基性化により解決できる．

試薬導入によるポストカラム反応の例はあまりに多く，ここですべてを取り上げることはできないので，古典的な例を二つ紹介する．一つは，ニンヒドリンによる反応後に 530 nm での可視吸光度検出を行うアミノ酸定量である．この反応

を迅速に完了させるためには高温にする必要がある．反応に含まれる一連のステップは原書 web サイトの図 21.S2 に示されている．ほかの例は，欄外図に示した，発色性リガンドとの反応に続くランタノイド金属イオンの PCR 検出である．

PCR 検出法において重要なパラメータは二つある．一つ目は混合効率である．試薬を導入するためにもっとも一般的に使用されているのはおそらく伝統的な T 字コネクタであるが，同様なデザインで高性能なのはアロー（矢印型）ミキサーである（二つのアームから流入し，中心のシャフトから流出する．中心シャフトにはビーズを詰めることもある．欄外の図参照）．スクリーン T リアクターは古くから知られており，加圧して試薬溶液を多孔質膜（液体を導入する数百万の小さな入り口 / T 字コネクタと同等とみなせる）に通す．これは混合効率が高い［R. M. Cassidy, S. Elchuk and P. K. Dasgupta, *Anal. Chem.*, **59** (1987) 85 参照］．ミクロスケールマグネスチックスターラーなどは通常，拡散が著しいため実用的ではない．

二つ目は反応に必要な時間である．一瞬で終わる反応はほとんどない．このことは，ある有限の反応時間を許容する必要があることを意味するが，そのために必要となる滞留時間は滞留容量を流速で除した商で直接制御される．そのうえ，多くの場合，反応を速めるために加熱が必要となる．一般にテフロン®製のチューブリアクターが使用される．これに付け加えて重要なのはリアクターの構造で，移動相の拡散を最小に抑えるものでなくてはならない．配管の径を細くして同じ滞留容量をもたせれば，移動相の拡散をより低く抑えられるが，式(21.10)によると配管内の圧力は内径の 4 乗に反比例するため，すぐに装置の耐圧限界を超えてしまう．移動相の拡散は直管で大きくなるのに対し，特殊な方法で結び目のある / 編みこまれたチューブでは拡散が抑制される．二次元または三次元で曲がりくねっている編み込まれたチューブが市販されている．圧力変動を抑えた低拡散の"パールストリングリアクター"は内径の約 60% 程度の大きさのビーズで満たされたチューブで構成されている．2 min 以上の滞留時間を必要とする反応機構は拡散が大きすぎるため一般的な HPLC では有用ではない．このような場合，ガスセグメント化によって拡散を抑制することが有効である．検出の前に，気相と液相は気–液セパレーターで分離できる．いくつかの例では，分析成分をリアクターでの反応によって検出可能なガス状物質に変化させている．酵素固定化リアクターのような固相リアクターもまた PCR システムで使用されている．ここで説明した概念の多くを **図 21.17** に具体的に示した．

PCR 検出の重要な応用例：アミノ酸のイオン交換分離

溶離液の pH を変化させることによって，たとえ効率の低い固定相であっても複雑な分離を成し遂げることが可能となることが，S. Moore と W. H. Stein ［*J. Biol. Chem.*, **192** (1951) 663］によって示された．この成果によって彼らは，1972 年のノーベル化学賞を受賞した．彼らは 0.9×100 cm のカラムに 25〜37 μm サイズの Dowex® 50WX8 を充填し，流速 67 μL min^{-1} で pH 4.25 から 11.0 のステップグラジエントをかけながら，25〜75℃ の範囲で温度を変化させる（イオン交換平衡は温度の影響を受ける）ことで全 50 種類のアミノ酸を 175 h（1 週間よりわずかに長い時間）で分離することを可能にした．多くの物質のイオンの形態は溶離液の pH の影響を受ける．金属イオンの加水分解と弱酸と塩基のイオン化は pH 調整によって制御できる．弱酸は低 pH では解離せず，イオン交換もし

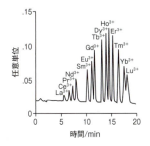

陰イオン交換によるランタノイドの分離．分離後にアンモニア塩基性で 4-(2-ピリジンアゾ)レゾルシノール（PAR）と反応させ，530 nm での可視吸収で検出．
［Thermo Fisher Scientific 社の厚意による］

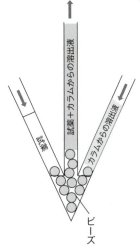

ビーズを充填した矢印型ミキサー

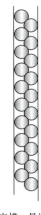

数珠型反応槽．最適条件：$d_{bead} = 0.60\, d_{tube}$

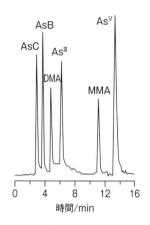

アルセノコリン(AsC),アルセノベタイン(AsB),ジメチルアルシン酸(DMA),ヒ素(Ⅲ),モノメチルアルソン酸(MMA),ヒ素(V)の分離.各 25 μg As L^{-1}.

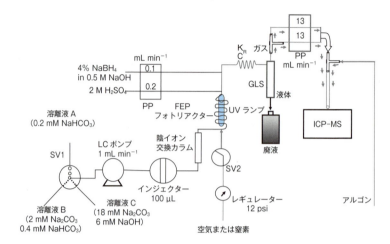

図21.17　ヒ素化合物の分離システム

1台のアイソクラティックポンプと3液切替ソレノイドバルブSV1を使用し,陰イオン交換カラム上で3段階のステップグラジエントを実行している.無機ヒ素は酸性条件下でNaBH$_4$と反応しすみやかにAsH$_3$に還元されるが,有機ヒ素ではこの反応は進行しにくい.したがって,試薬添加前に,すべての化学形態のヒ素をフォトリアクター内でのUV照射によってヒ素(V)へと光酸化する.定量的な光酸化のために,約4 minが必要である.流路内での拡散を防ぐために,ソレノイドバルブSV2をパルス動作させて空気またはN$_2$を導入し,ガスセグメント化を行う.ガス状のAsH$_3$は気-液セパレーターで分離後,ICP-MSに送られる.クロマトグラムは欄外図に示した.

[M. K. Sengupta and P. K. Dasgupta, *Anal. Chem.*, **81** (2009) 9737 より許可を得て転載]

ない.高pHでの弱塩基についても同様である.アミノ酸は**両性**(amphoteric：アミノ酸は酸としても,塩基としても作用する)である.三つの形態がある.

$$R-CH-CO_2H \underset{}{\overset{+H^+}{\rightleftharpoons}} R-CH-CO_2^- \underset{}{\overset{-H^+}{\rightleftharpoons}} R-CH-CO_2^-$$
$$\underset{NH_3^+}{|} \qquad \underset{NH_3^+}{|} \qquad \underset{NH_2}{|}$$
$$A \qquad\qquad B \qquad\qquad C$$

Bの**両性イオン**(zwitterion,双性イオン)はpHが一致するアミノ酸の**等電点**(isoelectric point：pI)において優勢な化学形態である.等電点とは分子全体の電荷がゼロの状態になるpHである.等電点よりも酸性の溶液では,-COO$^-$はプロトン化して-COOHとなり,それゆえA形分子は全体として正電荷をもつ.pH > pIの状態では,-NH$_3^+$はプロトンを失い-NH$_2$になるので,C形分子は陰イオンとなる.アミノ酸の等電点は,カルボキシ基とアミノ基の相対的な酸性度と塩基性度に依存してアミノ酸ごとに値が異なる.それゆえに,pHコントロールにより等電点に基づいてアミノ酸をグループ分けすることができる.原理的に,任意のpHにおいて,陰イオン交換カラムと陽イオン変換カラムを連続的に通過させることによりアミノ酸を三つのグループに分離できる.電荷をもたない両性イオン(等電点でのアミノ酸)は陽イオン,陰イオンどちらのイオン交換カラムも通過するのに対し,正負どちらかの電荷を帯びたアミノ酸はどちらか一方のカラムにより保持される(実際にはアミノ酸と共存するpH緩衝用のイオンも交換を受けてpHが変化するので,アミノ酸のクラス分離は複雑になる).実際,MooreとSteinが示したように,pHをゆっくりと変化させることで1種類のイ

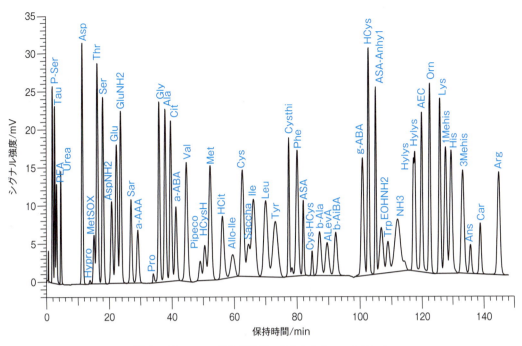

図 21.18　アミノ酸分析装置で得られたクロマトグラム
アミノ酸 53 種とアンモニア（それぞれ 2 nmol）を 4.6×60 mm 陽イオン交換カラム（粒子径 3 μm）を装着した Hitachi-L8900 アミノ酸分析装置で勾配溶離し，ニンヒドリンによるポストカラム反応を行った．
[日立ハイテクノロジーズの厚意による]

オン変換カラムでアミノ酸の完全分離を達成することができる．

　LC-MS とプロテオミクスベースの手法が登場し，タンパク質の解析にアミノ酸分析装置を用いる機会が激減してきているが，最新の高性能アミノ酸分析装置で得られるデータは依然として優れた情報を提供する（図 21.18）．

21.4　イオンクロマトグラフィー

　イオンクロマトグラフィー（IC）は，ポストカラムイオン交換反応を応用したユニークな分析法で，なかでも小さな無機イオンの分析に汎用されている．高性能なイオン交換体の分離能と高感度にイオンのみを検出する電気伝導度検出器の利点を組み合わせることによって優れた分析能力が発揮される．すでにアミノ酸の分析の項で述べたように，非常に優れた分離を成し遂げるイオン交換体の能力は古くから知られていた．しかし，イオンを検出するための適切な手段を見つけ出さなければならなかった．アミノ酸と異なり，多くの分析成分イオンについてPCR により吸光度検出が可能となるような一般的な反応はほとんど知られていない．注目する多くのイオンには，直接的に定量できるような十分な光吸収がない．また，重金属イオンと異なり，アルカリ金属イオンやアンモニウムイオンは，水溶液中で光学検出を可能とするような複合体を形成することも容易ではない．クロマトグラフィーによる分離のあとに，もっとも一般的なイオンの一つである硫酸イオンをサブ ppm レベルで検出することは分析化学的に重要な課題の一つであった．イオンは電気伝導度により高感度に検出できるが，電気的中性がつね

に保たれなければならないことから，イオン交換カラムから分析成分イオンを置換し溶離するためには，イオン性溶離液を用いる必要があることをすでに述べた．高い電気伝導度で，しかも分析成分イオンと比較して高濃度の溶離液バックグラウンドのなかで，電気伝導度の変化を観察して，微量の分析成分イオンを検出することは，不可能ではないが容易ではない．

　この問題は，1975 年に Dow Chemical 社の H. Small, T. Stevens および W. Bauman によって解決された．彼らは，溶離液バックグラウンドを除去する方法を提示した．その方法は，溶離液をより低電気伝導性の形態へ，また分析成分をより高電気伝導性の形態へポストカラムで変換するために第二のイオン交換カラムを用いるもので，これにより分析成分イオンの高感度検出が可能になった．この第二のカラムは，溶離液の電気伝導性を抑制して分析成分の電気伝導性をオリジナルな形態よりも高めることから，**サプレッサーカラム**（suppressor column）とよばれる．陰イオン分析の場合，サプレッサーは H^+ 形の陽イオン交換カラムであり，陽イオン分析の場合，サプレッサーは OH^- 形の陰イオン交換カラムである．

　陰イオンクロマトグラフィーの概略図を**図 21.19** に示す．溶離液 MX が NaOH であるとすると，分離媒体としてはたらく第一のカラムは OH^- 形である．溶離液の NaOH がサプレッサーに入ると，Na^+ が H^+ に置き換えられ，水が生成する．これが検出器に入るが，この純水の電気伝導度が低いため検出器のバックグラウンドが限りなく低減される．塩類の MA，M_2B および M_3C（ここで HA，H_2B および H_3C はそこまで弱い酸ではない）が装置に注入されると，A^-，B^{2-} および C^{3-} が陰イオン交換カラムによって保持されて，その代わりにイオン交換基を占有していた 1，2 および 3 個の OH^- がおのおの遊離してくる．M^+ は陰イオン交換カラムに保持されることなく，空隙体積のところで速やかに溶出する．これが MOH としてサプレッサーに入ると，M^+ が H^+ に変換され，再び水が生成する．すなわち，M^+ による応答は生じない．A^-，B^{2-} および C^{3-} に目を向けると，陰イオン交換カラムからこの順番で溶出し，サプレッサーに NaA，Na_2B および Na_3C として入ると，Na^+ が H^+ に交換されたあと，HA，H_2B および H_3C としてサプレッサーから出てくる．これらの酸は十分に，あるいは少なくとも部分的にイオン化されているので，これらは純水のバックグラウンド上で電気伝導度の増加信号として記録される．

　上で述べたような水酸化物の溶離液は，純水がバックグラウンドとなるので，もっとも低いバックグラウンド電気伝導度とベースラインノイズ，さらに，ほかの溶離液と比べて最良の検出限界（LOD）をもっている．勾配溶離を実施して水

> イオンクロマトグラフィーの歴史的な論文として，以下があげられる．
> H. Small, T. S. Stevens, and W. C. Bauman, *Anal. Chem.*, **47** (1975) 1801．

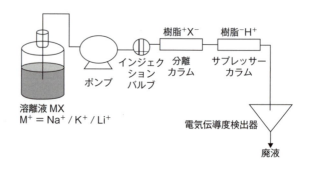

図 21.19 陰イオン分離用のイオンクロマトグラフの概略図

酸化物の溶離液の濃度を増加させたとしても，原則としてバックグラウンドは水のままでベースラインは変化しない．しかし，あとに述べる理由により，ICの発展の初期段階では，水酸化物の溶離液は使用されなかった．弱酸の塩，とくに炭酸ナトリウムや炭酸水素ナトリウムが溶離液として使用された．また，四ホウ酸ナトリウムとナトリウム p-シアノフェノラートも同様に用いられた．それぞれの溶離液に対するサプレッサー反応は以下のとおりである．

$$NaOH \xrightarrow{陽イオンが H^+ へ} H_2O$$

$$Na_2CO_3 \xrightarrow{陽イオンが H^+ へ} H_2CO_3$$

$$Na_2B_4O_7 \xrightarrow{陽イオンが H^+ へ} 4\,B(OH)_3$$

$$CNC_6H_4ONa \xrightarrow{陽イオンが H^+ へ} CNC_6H_4OH$$

これらのすべての場合において，サプレッサーを通過したバックグラウンドは水または非常に弱い酸であり，低い電気伝導度のバックグラウンドとなるため，より強酸である分析成分に由来する電気伝導度シグナルを高感度に観測することが可能である．

同様の原理で，たとえば CH_3SO_3H のような強酸の溶離液が，サプレッサー方式の陽イオンクロマトグラフィーで使用される．分離カラムはしたがって H^+ 形である．アルカリ金属，アルカリ土類金属，アンモニウムは，このイオンクロマトグラフィーによって定量できる陽イオン性の分析対象である．OH^- 形の陰イオン交換サプレッサーに通す必要があるので，可溶性の水酸化物を形成する陽イオンだけが測定できる．サプレッサーにおいて $CH_3SO_3^-$ は OH^- に置換され，したがってバックグラウンドとして CH_3SO_3H（ほかの強酸も溶離液として用いられる）から水が生成し，一方で Li^+，Na^+，Ca^{2+} は $LiOH$，$NaOH$，$Ca(OH)_2$ としてサプレッサーから溶出することで感度よく検出される．サプレッサー方式の陰イオンクロマトグラフィーでは，分析成分が対応する酸を形成するときに溶けない酸がごくわずかであるのに対して，可溶性の水酸化物を形成する金属・陽イオン性の分析成分の種類はかなり限定される．金属の定量ではさまざまな原子スペクトル分析法が利用できるという現実から，サプレッサー方式の陰イオンクロマトグラフィーのほうがより一般的に利用されている．

シングルカラム（ノンサプレッサー方式）イオンクロマトグラフィー（SCIC）：SCIC はサプレッションなしで電気伝導度検出によるイオンクロマトグラフィーを行う方法である．サプレッサー方式のイオンクロマトグラフィーは優れた手法であるが，オリジナルの充填カラム型サプレッサー（後述）の技術が特許による制限を受けたことから，代替技術の開発が進んだ．解決の鍵は，どのタイプのイオン交換においても電気的中性はつねに保たれるということである．すなわち，1 L あたりのイオン当量で考えたとき，イオン交換に供されるイオン濃度と溶離液のイオン濃度はつねに一定である．陰イオンクロマトグラフィー装置を用いて，x meq L^{-1} の NaOH 溶離液で分析すると，カラム溶出液中の Na^+ 濃度はつねに x meq L^{-1} で一定である．カラムから SO_4^{2-} が溶出するとき，たとえばピークの SO_4^{2-} 濃度が y meq L^{-1} であるとすると，総陰イオン当量濃度は電気的中性を維持するために x meq L^{-1} であるはずであるから，そこでの OH^- 濃度は $x-y$ meq

L^{-1}であるはずである．

　溶離液に由来するバックグラウンドの電気伝導率(σ_{bgnd})は，$x(\lambda_{Na^+} + \lambda_{OH^-})/1000$と表すことができる（$\lambda$は当量伝導率）．一方で，硫酸塩に特異的なピークの頂点における電気伝導率(σ_{peak})は，$(x\lambda_{Na^+} + y\lambda_{SO_4^{2-}} + (x-y)\lambda_{OH^-})/1000$となる．したがって，正味の差異（硫酸塩に特異的な電気伝導率のピークの高さに相当する）は，以下の式で示すことができる．

$$\sigma_{response} = \sigma_{peak} - \sigma_{bgnd} = y(\lambda_{SO_4^{2-}} - \lambda_{OH^-})/1000$$

OH$^-$の極限当量伝導率はほかのどの陰イオンの当量伝導率よりも高いことから，かっこ内は負となる．したがって，応答($\sigma_{response}$)も実際的に負のシグナルとなる．このような手法における感度は，溶離液イオンと分析成分イオンの当量伝導率の差異に直接的に基づいているのだが，達成可能なLODもベースラインノイズに直接依存している．すなわち，LODは，一般にバックグラウンドの電気伝導度が増せば高くなる．比較可能な条件においてサプレッサー方式イオンクロマトグラフィーの場合には，水がバックグラウンドとなるので，応答はλ_{H^+}と$\lambda_{SO_4^{2-}}$の和に比例する．後者の状況のほうが明らかに好ましい．

　水酸化物イオンを溶離液イオンとしてとりあげて，サプレッサー方式のイオンクロマトグラフィーをこれまで説明してきたが，水酸化物イオンは溶出力に乏しい．すなわち，高い溶離液濃度が必要とされる．その結果，OH$^-$の高い当量伝導率によりバックグラウンド電気伝導度が上昇し，ベースラインノイズが非常に高くなるので，そのようなアプローチは実際には行われない．むしろ，水酸化物イオンよりもずっと優れた溶出力と低い当量伝導率を有するフタル酸や安息香酸のような有機酸イオンが，溶離液として低容量カラムとともに用いられた．これにより溶離液の低濃度化が実践的になった．多くの小さな無機イオンは大きな当量伝導率を有しているので，正のシグナルを生じる．この方法はサプレッサーを必要としないシンプルな手法ではあるが，全体の性能はサプレッサーを用いたものに劣るので，もはや使われていない．

　陽イオンクロマトグラフィーでは，溶離液のイオンとしてH$^+$を用いるため，状況は完全に同じとはいえない．どんな分析成分の陽イオンM$^+$に対しても，SCICの感度指標である$\lambda_{H^+} - \lambda_{M^+}$の値は，サプレッションの場合の感度指標である$\lambda_{M^+} + \lambda_{OH^-}$の値よりもつねに優れている．しかし，より大きな検量線の勾配（感度）が，よりよいLODを与えるとは限らない．SCICの場合のノイズとなるバックグラウンド電気伝導度はつねにより高い．しかしながら，錯形成により金属の溶出を助ける比較的濃度の低い有機配位子（たとえば，酒石酸）は，H$^+$形弱酸性陽イオン交換体と組み合わせたSCICモードにおいて，バックグラウンド電気伝導度を管理しやすいレベルに保ち，魅力的な検出限界を得ることに成功している．水酸化物の沈殿が生じる問題がない点に注目すると，このアプローチは原理的にサプレッサー方式では測定できない多数の金属イオンを計測できる可能性がある．多くの弱塩基の検出も可能であると思われる．

　サプレッサーの進歩：サプレッサー方式の陰イオンクロマトグラフィーにおいて，最初はH$^+$形であったサプレッサーカラムはNaOHが通り抜けるたびに次第にNa$^+$形へと置換されていく．カラムが最終的に完全にNa$^+$形へ置換されれば，はたらきを失うことは明らかである．オリジナルのサプレッサー方式IC装置では2本のサプレッサーカラムが使われた．一方を使用している間，他方を第二の

ポンプを用いて酸で H$^+$ 形へと再生し水で洗浄しておく．

サプレッサーカラムの利用における留意点として，第一に水で洗浄したサプレッサーを使用するために切替えるとき，ベースラインが安定化するのに十分な時間が必要となることがあげられる．第二に十分な稼働時間を確保するために，サプレッサーカラムはかなりの容量の樹脂を含む必要がある．サプレッサーカラムは一般的に分離カラムよりもかなり大きい．したがって，サプレッサー内での拡散は，全体の分離効率の制限要因となる．第三に，H$^+$ 形と Na$^+$ 形の陽イオン交換樹脂の水和状態はまったく同一ではなく，前者は内部により多くの水を保持する．強酸性の陰イオンは陽イオン交換樹脂の内部に浸透することはないが，部分的にイオン化された分子形態をとる酸ではそのようなイオン排除効果ははたらかない．すなわち，酢酸を例にとると，CH$_3$COO$^-$ は陽イオン交換体の内部から排除されるかもしれないが，イオン化されていない CH$_3$COOH は排除されない（HPLC 項のイオン排除クロマトグラフィーを参照のこと）．したがって，カラム型のサプレッサーは強酸性陰イオンの余分な保持を引き起こさないが，弱酸の陰イオンでは保持が生じる．さらに，H$^+$ 形サプレッサーは内部により多くの水を有するため，Na$^+$ 形サプレッサーのほうが H$^+$ 形よりもこの余分な保持は減少する．結果的に，サプレッサーが使用され H$^+$ 形から Na$^+$ 形へ変換されるとき，弱酸の陰イオンの保持がわずかに減少し，保持時間をもとにした同定を複雑にする．第四に亜硝酸やチオ硫酸のような反応性が高く，容易に分解し得る酸は，かなりの体積をもつサプレッサーカラムを通過する長い道のりの間に無視できない分解が生じる．

解決策としては，数時間にわたる運転を想定した大容量サプレッサーを使用するのではなく，1 回のクロマトグラムを実行するのに十分な容量である極小容量のカラム型サプレッサーを使用することである．その後，システムは次のクロマトグラムのためにもう一方のサプレッサーへ切り替えるのである．現在，このコンセプトに基づく製品として，三つの同等な極小スケールカラム型サプレッサー（それぞれ U 字形の形態）をプログラム可能な回転バルブに組み込んだものが存在する．一つ目が分離カラムの溶出液を処理して検出器へ到達する間に，二つ目，三つ目は，低圧力ポンプにより，それぞれ洗浄・再生される．クロマトグラムが完了すると，二つ目が運転の位置へ回転し，三つ目は洗浄が始まる，一つ目は再生される．これが繰り返されて，連続して分析が実行される．

イオンクロマトグラフィーのための膜型サプレッサー：上述のカラム型デザインは高圧に耐えるという利点をもつが，より優れたデザインなのは，中断することなく連続して運転可能なイオン交換膜を使用するものである．実際に，膜型サプレッサーは，上述の回転カラム型サプレッサーよりも先に日の目を見た．陰イオンクロマトグラフィーで使用される膜型サプレッサーを**図 21.20** に模式的に示す．

典型的な実施例では，陰イオン交換カラムの（塩基性の）溶出液は，外部が酸に浸された陽イオン交換膜（チューブまたは二つの平面状の陽イオン交換膜）を通過する．この過程で Na$^+$ は H$^+$ へ交換されるが，物質移動の制限要因が変化しなければ，その交換は実質的に定量的である．陽イオン交換膜の負電荷によって，分析成分イオンまたは再生された陰イオンの膜透過は阻止される．注目すべきは，膜を介したプロトン勾配による駆動力により交換が成立するということである．

チューブ型あるいは平面型のイオン交換膜を用いるサプレッサーのどちらを使うにしても，イオンの膜透過効率を高め，分散を最小にするように装置形状の最適化がはかられる．チューブ型のサプレッサーでは，チューブ内部にその容積を減らすためにフィラメントが挿入されている．さらに分散を減らすためにチューブを編んでいる．一方，平面型の交換膜は互いに非常に近くに配置され，交換膜へのイオンの輸送を高めるために膜の間に薄い仕切り板を入れている．再生液中の陰イオンが，大きな多価イオン（たとえば，ポリスチレンスルホン酸のような高分子のイオン）の場合に，再生液中の陰イオンの内部の流れへの移動が最小となるため，電気伝導度は最小となる．大量の廃液の発生を抑制するために，使用された再生液は，かなり大きな容量をもつ H$^+$ 形の陽イオン交換樹脂を通して再循環される．その陽イオン交換樹脂が消費されてしまった場合には，オフラインで再生するか廃棄する．

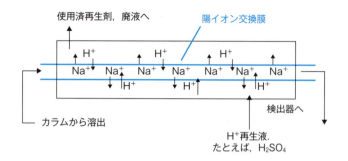

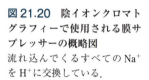

図 21.20 陰イオンクロマトグラフィーで使用される膜サプレッサーの概略図
流れ込んでくるすべての Na^+ を H^+ に交換している.

もし NaOH の代わりに NaCl を継続的に流すと，交換は定量的ではなくなる．なぜならば，内部と外部の $[H^+]$ が等しいとき，正味の交換は起こらないからである．膜型サプレッサーを連続的に再生してサプレッサーの状態をいつでも同じ状態に保つことで，継続的に再現性のある結果を得ることができる．実際には装置のデザインに依存するが，膜型サプレッサーは充塡カラム型サプレッサーよりも背圧耐性が低くなる.

膜型サプレッサーでは，電気透析膜型の再生法も利用できる．この場合，電場勾配によって溶出液中の陽イオンを除去して，電解により生成した H^+ をそこに供給する．これを図 21.21 に模式的に示す.

そこには電解しきい値を超える電位を印加しなければならないが，電極は中心の流路と二つの膜によって隔てられているため，中心の流路で気体は生成しない．このような電気透析膜型サプレッサーはかなりの処理能力をもっており，たとえば，200 mM KOH 溶液を 1 mL min^{-1} で通液しても，これを完全に水へと変換できる．また，外部流路に検出器の出口からの廃液を再利用する便利な方式により，再生電気透析膜型サプレッションはもっとも一般的に使われるサプレッション様式となっている．しかしながら，図 21.20 で示したような化学的再生方式のほうが，より低い検出器ノイズを達成できる.

溶離液生成と炭酸除去のための電気透析膜装置：KOH や NaOH のような水酸化物イオンの溶離液は，炭酸やホウ酸のような溶離液と比較して最良の選択であると長い間認識されてきた．しかし，OH^- の溶出力の低さのため，高い濃度の溶離液が必要となり，急速にカラム型サプレッサーが消耗し，そのため頻繁な再生が必要であった．水酸化物イオンにより選択性を有する陰イオン交換体が開発されたことで，より低い濃度で水酸化物イオンを利用できるようになった．また，

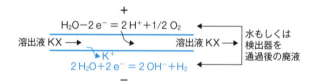

図 21.21 陰イオンクロマトグラフィーで使用される電気透析膜サプレッサーの概略図
横線で示される膜は，陽イオン交換体である．溶離液 KX（通常は KOH）は膜の間を流れ，一方，水（検出器を通過後の廃液を用いることもできる．そのなかにはさまざまな陰イオンが存在するが，膜を通過することはできない）が膜の外側（再生）の流路を向流方向に流れている.

電気透析膜型サプレッサーも，高濃度の水酸化物イオンのサプレッションが可能になったことから，水酸化物イオンの溶離液の魅力はさらに高まった．

しかしながら，水酸化物を溶離液とする勾配溶離条件では，不純物となる陰イオンが調製された溶離液中に存在するために，期待されるような安定したバックグラウンドは実現しなかった．これらの不純物は，勾配溶離の初期の間にカラムに蓄積し，溶出力が増加すると大きなこぶとして溶出する．入手可能な最高純度のアルカリ水酸化物でも，検出できるレベルの不純物のイオンを含んでいる．その製造方法のため，たとえばNaOHはつねにNaClやNaClO$_3$などを含む．さらに，仮に溶離液が最初にどんなに純粋であろうと，炭酸が生成してしまう．われわれはいわばCO$_2$の海の中で暮らしているようなものなのだ．

これらの問題は，水酸化物の溶離液を電気透析的に生成することよって解決された（図21.22）．KOHを生成するためのK$^+$のソースとしてKOHが低圧リザーバーに充填されており，その中に白金陽極が設置されている．このリザーバーは，重ね合わせて厚みをもたせた陽イオン交換膜を挟んで，クロマトグラフィーのポンプによって押し出される水の通る高圧の陰極側と接続している．その陽イオン交換膜は，1枚の陽イオン交換膜として機能し，その厚さは圧力耐性と漏出する不純物の陰イオンの減少に寄与している．電流が流れると，K$^+$はOH$^-$やH$_2$が生成する陰極側へ運ばれる．KOHとH$_2$の流れは，気体透過性のテフロンAF$^®$チューブを通って，下流のシステム（インジェクター・カラム・サプレッサー・検出器）へと向かう．発生したH$_2$は，圧力差によりテフロン$^®$チューブ壁を抜けて除去される．

このような電気的な溶離液生成装置はいくつかの利点を有している．第一の，そしてもっとも重要なものは，陽イオン交換膜と電場の方向のため，低圧リザーバー内の陰イオン不純物（塩化物イオンなど）は陰極チャンバーで発生した溶離液へ輸送されないということである．第二に，陰極側で発生したKOHの量は，ファラデーの法則により，加えた電流に比例する．陰極を通る水の流速は一定なので，溶離液の濃度は電流に比例する．溶離液の勾配を生み出すための複数のポンプや低圧側のソレノイド選択バルブなどは必要ない．溶離液の濃度は電流のプログラミングによって制御される．第三に，溶離液生成装置の稼働のさいに必要とされるクロマトグラフィーのポンプは，純水のみを流すために使われることから，ポンプのメンテナンス頻度が下がり，ピストンシールの寿命が延びる．

LiOH, NaOH, KOH, K$_2$CO$_3$およびMSAを生成する電解生成装置が市販されて

大気のバックグラウンドのCO$_2$濃度は，1958年以来ハワイのマウナロア観測所で測定されている．当時のCO$_2$濃度は$3.15×10^{-4}$ atmで季節変動は$±2×10^{-6}$ atmであった．2013年においては，季節変動による最大値は$4.00×10^{-4}$ atm[400 ppm（体積分率）]を超えている．

電気透析溶離液作製装置のC^{3}とは，電流による濃度制御（Current Controls Concentration）を意味する．

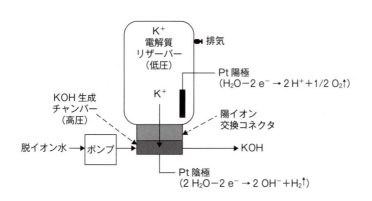

図21.22　KOH生成用の電気透析溶離液調製装置の概略図
陽イオンクロマトグラフィー用のメタンスルホン酸（MSA）生成装置では，リザーバー（陰極）内にMSAが含まれており，陰イオン交換コネクタや高圧フロースルーチャンバー内に配置された陽極で構成される．
［Thermo Fisher Scientific社の厚意による］

いる．K^+は上記のアルカリ金属のなかでもっとも高い移動度を有しており，生成装置の膜を横切るさいに最小の電圧降下とジュール熱発生ですむことから，KOH生成装置がもっとも一般的に使用されている．高い移動度をもつK^+は，電気透析膜型サプレッサーでも容易に除去可能で，溶離液の最大濃度でもサプレッション可能である．K_2CO_3発生装置は純粋な炭酸塩を生成するが，陽イオン交換膜をもとにした電気透析装置を用いるので，カリウムを一部除去し，炭酸-炭酸水素塩溶離液を生成することもできる．

電気透析的に生成された水酸化物の溶離液の純度は，陽極チャンバーへくみ出された水の純度におもに支配されている．水が溶解したCO_2を含んでいる(これはシステムが新鮮な脱イオン水生成装置と完全に結合されていないと回避しがたい)とすると，水酸化物溶離液が生成したときに炭酸へ変換されてしまう．生成された溶離液から非水酸化物の陰イオンを除去するために，連続再生陰イオントラップカラム(continuously regenerated anion trap column：CR-ATC)とよばれる第二の浄化装置が，溶離液生成装置のあとに配置されて用いられる．

CR-ATCは，基本的に陰極上に敷き詰められた陰イオン交換樹脂となっており，陰イオン交換膜により陽極の存在するレセプター水の流路区画と分離されている(図21.23)．レセプター水には，しばしばサプレッサー廃液が利用される．不純物の陰イオンは，水酸化物イオンと同様に，陽極区画へ電場によって除去され，陰極において電気生成された新鮮な水酸化物がこれに取って代わる．

膜装置によるポストサプレッサーCO_2除去：炭酸系溶離液は陰イオン分析において最初に成功した溶離液であり，今でも広く使われている．サプレッション後に生成されるH_2CO_3はバックグラウンド電気伝導度およびノイズの主要な要因である．サプレッサー流出液を塩基性の吸収体(サプレッサー再生廃水など)で浸されたCO_2浸透性膜管を通過させることにより，H_2CO_3バックグラウンドは除去され，より低いバックグラウンドと検出限界が得られる．揮発性の酸で，気体を形成するその他の陰イオンも，程度に差はあるが失われていく．H_2S, HCNなどは著しく失われるが，サプレッサー方式電気伝導度ICを用いて検出するには，これらは酸として弱すぎるので，いずれにせよ分析できない．酢酸やギ酸のような有機酸は，ほんの少量失われるが，この損失は全体の検量手続きのなかで補正する．したがって，このようなCO_2除去装置(carbon dioxide removal device：CRD)は，炭酸系溶離液を用いるさいに威力を発揮する．その性能は水酸化物イオン系の溶離液によって達成されるものに匹敵する．

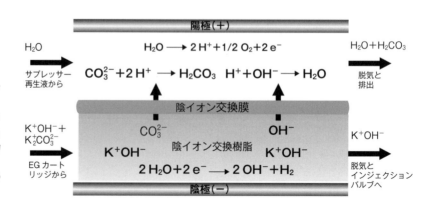

図21.23 連続再生陰イオントラップカラムの概略図
連続再生陰イオントラップカラムは生成した溶離液から生じる炭酸などの陰イオン性の不純物を除去する．
[Thermo Fisher Scientific社の厚意による]

電気透析による溶離液生成，電流でプログロラム可能な溶離液の濃度勾配，そしてポストカラムでの溶出液の水への変換（サプレッション）は，数あるHPLC技術のなかにおいてもICに固有であり，サンプルの前濃縮なしに低い検出限界値を得ることを可能にした．しかし，ICでは前濃縮も容易である．圧力損失の少ない短い"濃縮器"となるカラムをインジェクションループの代わりにして，希望する量のサンプルをこの濃縮器に通したあとに，バルブを注入位置へ切り替える．原子力産業において，塩化物イオンなどはどんなに少量であっても腐食の要因となるため，水中の不純物イオンの測定は非常に重要である．原子炉冷却水では，10 mL以上のサンプルを前濃縮後，pptレベルの不純物を日常的に測定している．

イオン交換カラムは二次元HPLC分析においても一般的に使用される．IC（一次元目分離）に用いる水性の溶離液は，二次元目の逆相クロマトグラフィーによる分離と非常に相性がよいからである．217ページで紹介したLCWに基づくポストカラム反応検出器を利用したニトロフェノールの分析は，分析成分のイオン交換カラムによる前濃縮とC18シリカカラムにおける分離を駆使して実施したものである．

現代的な高効率カラムを用いた電気透析型溶離液生成サプレッサー方式電気伝導度検出ICの威力を如実に示した例を，**図21.24**に示す．このような分析はほかのどの方法でも実施するのは難しいだろう．

最後に，**イオン対クロマトグラフィー**[ion pair chromatography：イオン対形成は移動相中ではほぼ生じないので，**イオン相互作用クロマトグラフィー**（ion interaction chromatography）と称するのがより適切だろう]は，溶離液中への疎水性の陽イオンまたは陰イオンの塩の添加と逆相カラムを使用して行われる．たとえば，テトラブチルアンモニウム塩（NBu$_4$Cl）のような塩を添加した溶離液を

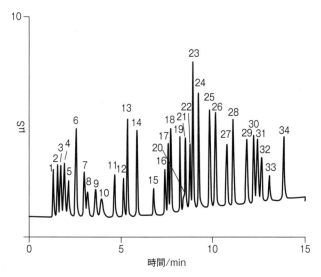

図21.24 有機酸および無機イオンの水酸化物イオンを用いた勾配溶離

濃度レベルは1〜10 mg L^{-1}．試料注入量は10 μL．粒子サイズ13 μmのAS-11カラムを使用．

[Thermo Fisher Scientific社の厚意による]

ピークは以下のとおり．かっこ内は濃度を表し，単位はmg L^{-1}．
1：イソプロピルメチルホスホン酸(5)，2：キナ酸(5)，3：フッ化物イオン(1)，4：酢酸(5)，5：プロピオン酸(5)，6：ギ酸(5)，7：メタンスルホン酸(5)，8：ピルビン酸(5)，9：亜塩素酸(5)，10：吉草酸(5)，11：モノクロロ酢酸(5)，12：臭素酸(5)，13：塩化物イオン(2)，14：亜硝酸(5)，15：トリフルオロ酢酸(5)，16：臭化物イオン(3)，17：硝酸(3)，18：塩素酸(3)，19：亜セレン酸(5)，20：炭酸(5)，21：マロン酸(5)，22：マレイン酸(5)，23：硫酸イオン(5)，24：シュウ酸(5)．以下のすべての試薬は10 mg L^{-1}．25：メソシュウ酸ジエチル，26：タングステン酸，27：フタル酸，28：リン酸，29：クロム酸，30：クエン酸，31：トリカルバリル酸，32：イソクエン酸，33：*cis*-アコニット酸，34：*trans*-アコニット酸．

C18カラムと一緒に用いると，著しい量のNBu$_4^+$陽イオンがカラムに吸着して，実質的に陰イオン交換部位を形成する．強酸イオンでも弱酸イオンでも分離が可能である．サプレッサー方式の電気伝導度検出法を用いたイオン相互作用クロマトグラフィーが報告されているが［たとえば，P. K. Dasgupta, *Anal. Chem.*, **56** (1984) 769］，典型的には光学的検出法が用いられている．

相互接続について：HPLCシステムの構成装置を相互に接続するとき，最少量の接続容量とする必要がある．また，可能な限り細い内径の最短の接続チューブを使用すべきである．システムの校正装置どうしをつなぐために，ステンレス鋼またはPEEKのキャピラリーチューブが用いられる．現在の高効率HPLC／UHPLCシステムでは，通常は内径125 μm（0.005インチ）のチューブが推奨される．

21.5 HPLCの分析法の開発

分析成分の大きさと極性は分離モードを選択するさいの重要な因子となる．前述したように，高分子は生体高分子も合成ポリマーもサイズ排除モードで一般的に分離される．アフィニティークロマトグラフィーはとくにタンパク質の精製に優れている．キラル分離ではキラル固定相を選択する．低分子量のイオンの分離と検出にはイオンクロマトグラフィーがよい．ただし，弱酸と弱塩基はサプレッサー方式の電気伝導度検出では十分に応答しないため，イオン交換やイオン相互作用分離のあとに，ほかの検出法を採用することも多い．そのほかの低分子量の分析成分に対しては，カラムへの吸着や移動相への溶解度に影響を及ぼす極性が分離モードの選択の鍵となる．化合物の極性はおよそ次のような順である：炭化水素とその誘導体 ＜ 含酸素炭化水素 ＜ プロトン供与体 ＜ イオン性化合物．つまり RH ＜ RX ＜ RNO$_2$ ＜ ROR（エーテル）＜ RCOOR（エステル）＜ RCOR（ケトン）＜ RCHO（アルデヒド）＜ RCONHR（アミド）＜ RNH$_2$, R$_2$NH, R$_3$N（アミン）＜ ROH（アルコール）＜ H$_2$O ＜ ArOH（フェノール）＜ RCOOH（酸）＜ ヌクレオチド ＜ $^+$NH$_3$RCO$_2^-$（アミノ酸）．

順相クロマトグラフィー（NPC）と親水性相互作用クロマトグラフィー（HILIC）で使用する固定相は極性がある．前者の場合，*n*-ヘキサン，ジクロロメタン，クロロホルムのような非極性の移動相が用いられる．上記の溶媒やそれに類する溶媒に可溶な非極性および低極性の分析成分は，その極性の程度に基づいて分離される．より極性が強い成分ほど長く保持される．

しかし，親水性の高い分析成分は，上記のNPCの移動相に溶けない．それらは逆相モードで分離することも困難である．多くの薬物や代謝物がこの分類にあてはまる．そのような場合，HILICが有力な分離モードとなる．固定相と移動相はともに極性のあるものを用い，一般的な移動相はアセトニトリル–水で，親水性の高い化合物ほど長く保持される．HILICにおいて水は強力な溶媒である．通常は，アセトニトリルの割合が高い状態で分析成分を保持させ，徐々に水の割合を高めて溶出させる．HILICモードの方法論の開発は，その利用可能な固定相の範囲の広さと，分析成分とこれらの相との間の相互作用の多様さから，初心者にとってはかなり難しい課題といえる．HILICカラムとしては，シリカやポリマー製の基材に両性イオンや陽イオン性，陰イオン性，ジオールなどの官能基が導入されたものが使用されている．

PEEK（ポリエーテルエーテルケトン）管がHPLCシステムの各要素を接続するために，一般的に用いられている．PEEKは比較的不活性で，ほとんどの水–有機混合溶媒移動相に耐性をもっている．しかし，順相分離では純粋な有機溶媒が用いられるので，それには適していない．

逆相クロマトグラフィー(RPC)における分析成分は疎水性の程度に基づいて分離される．多くの有機化合物が水−有機溶媒の混合液に可溶であり，それらの溶液を移動相に用いて分離できる．そのため RPC はもっとも HPLC で汎用されている．移動相は一般的にメタノールかアセトニトリルをベースとしてさまざまな割合で水を混合する．テトラヒドロフランも有機溶媒として用いられるが，それほど一般的ではない．これらの溶媒は UV 透過性が高く，試料成分の UV 検出が可能となる．

GC ではキャリヤーガス，すなわち移動相は分離にほとんど影響を及ぼさないが，HPLC では溶離液は分離に大きな影響を及ぼす．溶離液を変えるのはカラムを変えるよりもずっと簡単であり，移動相組成を最適化することは HPLC の分離法を発展させる重要な方法である．ほとんどの応用において，純溶媒が用いられることはまれで，二つ以上の溶媒を混合して用いるのが一般的である．ここで，弱溶媒と強溶媒をそれぞれ A, B とする(溶出力の弱い溶媒を弱溶媒，強い溶媒を強溶媒という)．試行錯誤(またはカラムと溶離液組成から保持時間を予測するソフトが入手できる)によって，最適な溶媒組成や勾配溶離の条件を得る．

興味の対象となる二つのパラメーターは，保持係数 k(容量を表す用語)と，分離係数 α(選択性を表す用語)である[式(19.32)参照]．通常は，k の値が 1～10 の範囲内ですべての溶質がバンドを形成するように溶媒の強さを調節すると，多くの化合物にとって最適な分離能が得られやすい．プロトリシス可能な分析成分の場合，プロトン化と非プロトン化の形態によってクロマトグラフィーの挙動はかなり異なる．よいピークの形状と分解能を得るためには，移動相に酸や塩基，緩衝液を添加して pH を調整する必要がある．生物学的に関心のある分子の多くは，適切な pH での緩衝がしばしば必須である．なお，緩衝液の組成や pH は，勾配溶離を行っている間に変わりやすいことを付記しておく．

HPLC における勾配溶離は，均一溶媒を用いる場合では保持時間が大きく異なる化合物相互の分離において，もっともよい方法の一つといえる．均一溶媒(アイソクラティック溶離)では，先に溶出するピークどうしの分解能に乏しく，長く保持されるピークは拡がっている．RPC では，移動相の強溶媒の割合(%B)を徐々に増やすことで勾配溶離が達成される．これは弱く保持される成分の溶出を遅らせて分離能を改善し，一方で強く保持される成分をより早く溶出するようにする．その結果，バンドの拡がりが抑えられ，ピーク間隔やピーク形状の改善，さらに検出限界も向上する．GC の温度プログラミングと同様に，勾配は段階的または連続的に変化させることができる．一般的に，全体の流速は一定に保持されている．分離開始時の溶媒は，最初に溶出する成分を早く，しかし適切に分離できる組成にする．その後，次第に組成を変化させ，最後のピークが適当な時間内に溶出するように調節する．

勾配溶離においては，1 回の測定ごとに分離開始時の溶媒でカラムを再平衡化する必要がある．このためには，カラムを 15～20 倍のカラム体積の溶媒で洗浄する必要がある．十分な分離能での分離を，できる限り短い時間で行うのが望ましい．この観点から，勾配溶離がつねによい選択であるとは限らない．製薬産業およびバイオテクノロジー産業が HPLC 分析の大きなシェアを占めている(食品および化学／石油化学産業がそれらに続く)．製薬産業における品質管理部門では，一般に錠剤や製剤のなかから活性成分を見出すことを求められている．

21.6　UHPLC と高速 LC

それほど複雑でない試料の分析では，均一組成の移動相で分析は可能である．使用できる HPLC の装備や性能によって，高効率な微粒子充填型カラム (STM カラム，p. 197 参照) を適用できるか，すなわち高い線流速で迅速な分析を行えるかが決まってくる．また，高価な溶離液を使用するさいには，消費される溶媒の量も分析条件を決定する重要なファクターとなり得る．これらの観点から，設備的に可能ならば，より細いカラムがよい．時間も重要な課題であり，UHPLC システムは価値がある．充填剤のサイズが小さくなると，物質移動に対する抵抗が小さくなるため (ファンディームターの式の C 項が減少する)，ファンディームターのプロット (H–u プロット) は，高流速でフラットになる (図 21.25)．

なお，粒子径 d_p が 2.7 μm の表面多孔性粒子は STM 粒子と同様の分離能を半分の圧力でもたらす (これは大きな利点である)．したがって，分離能を向上させるために長いカラムを使用することができ，また，分析時間を短縮するためには速い流速も適用可能となる．多くの場合において，UHPLC 装置を特別に購入しなくても古い世代の HPLC システム [最大圧力 6000 psi (41 MPa)] で対応できる．

21.7　中空液体クロマトグラフィー (OTLC)

今日 GC は，細管の内壁を化学修飾した中空のキャピラリーカラムを用いておもに行われている．しかし，これは LC にはあてはまらない．液相中での拡散は気相中と比較して 10^3〜10^4 倍遅く，また，カラムの直径はこの因子の平方根だけ小さくする必要がある．過去 30 年間，多くの研究が行われてきたが，上述の

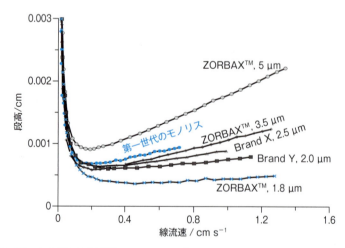

図 21.25　さまざまな粒子径のカラムおよびモノリスカラムにおける H–u プロット

カラムの寸法：内径 4.6 mm×長さ 50 / 30 / 20 mm，溶離液：アセトニトリル–水 (85：15)，流速：0.05〜5.0 mL min^{-1}，温度：20℃，試料：1.0 μL のオクタノフェノン．粒子径が小さくなるにつれ，線速度が増加しても段高の増加を低く抑えられることがわかる．このことは，高圧に耐えられる微小な充填カラムと送液システム，またデータ取得および処理速度に優れた検出システムを用いれば，高流量で送液することにより分離効率の低下を抑えながら高速分離を実現できることを示唆している．なお，図は http://www.chem.agilent.com/Library/posters/Public/Performance%20Characterizations%20of%20HPLC%20for%20High%20Res%20RRLC%20separations.pdf のデータをもとにプロットしたものである (2016 年 12 月アクセス)．

ような細いキャピラリーカラム内にコーティングする技術や，カラムサイズに適した試料注入や検出を行うことはきわめて困難であった．そのような状況において，半径 800 nm ほどのキャピラリーカラムを用いて首尾よく OTLC に成功したとの報告もある．Oklahoma 大学の S. Liu 博士によるその好例が原書の web サイトに示されている．

21.8 薄層クロマトグラフィー

薄層クロマトグラフィー（thin-layer chromatography：TLC）は迅速な定性分析のために，広く用いられる平面形のクロマトグラフィーである．TLC は高性能モード（高性能薄層クロマトグラフィー：HPTLC）で使うこともある．定量分析も可能だが，TLC は迅速なスクリーニングのためにより広く用いられている．たとえば，有機合成化学の研究室で目的化合物ができたかどうかを確認したり，不純物がどの程度あるかを確認したりするために使われている．固定相は，ガラスまたは金属（一般にアルミニウム），プラスチックシートの支持体上に細かく砕いた吸着剤を薄層状にしたものである．プレートと吸着剤を結合させることができる適切な接着剤があれば，実質的には HPLC で使われるどんな固定相でも利用できる．TLC は多検体試料を同時に分析できるという点において HPLC と異なる．

薄層クロマトグラフィーの配置

HPLC における注入，分離，検出の三つの段階は TLC では試料スポットと展開，検出つまり可視化に対応する．もっとも簡単に実施するためには，プレートの底（底からおおよそ 5〜10 mm のところ）に鉛筆で水平に線を描く．この線上におのおのの試料をスポットする．試料（通常 0.5〜5 μL）を線上にマイクロピペットを用いて一定の間隔（おおよそ 20 mm 間隔）を空けてスポットする．そのままのプレートまたは短冊状に切断したプレートの底を展開溶媒に浸すことでクロマトグラムは展開される（欄外の図参照）．溶媒は毛管現象によりプレートを上昇し，異なる速度でプレート上を分析成分が移動する．分析成分の移動速度は，固定相と移動相のどちらとより親和性が高いのか，その相対的な親和性の高さに依存する．展開終了後，それぞれの溶質のスポットの位置を記録する．おのおのの分析成分は溶媒の移動速度に対してある比率をもって移動する．そのため，それぞれの分析成分は次の R_f 値により特徴づけられる．

$$R_f = \frac{溶質の移動距離}{溶媒先端の移動距離} \tag{21.23}$$

移動距離は試料スポットの原点からはかる．また，溶媒先端はプレート上を横切る線状に現れる．分析成分のスポットが尾を引いたり，拡がった場合はもっとも濃度の濃い位置を展開後の溶質の位置として記録する．HPLC における保持係数と同様に，R_f 値は利用した固定相と溶媒の組合せに対して固有の値をもつ．今日では，利用者や研究者が TLC プレートを自作することはほとんどない．一般に市販のプレートは品質安定性が高い．しかし，プレートのできが微妙に異なるため，特定の化合物（化合物セット）の定性スクリーニングを実施するときには試料に含まれる成分の R_f 値と比較するために，つねに同一のプレート上にそれらの標準物質をスポットするのが好ましい．

TLC を例に用いて，クロマトグラフィーの原理を説明した記事を，http://www.chemguide.co.uk/analysis/chromatography/thinlayer.html で読むことができる．これは簡単で，短くまた大変わかりやすい．

TLC / HPTLC の固定相

　HPLC 用の固定相のいくつかは TLC で用いることができるが，TLC / HPTLC プレートの主要メーカーの Merck-Millipore 社によると約 80％の TLC のアプリケーションは非修飾型の 60 Å 細孔径のシリカ固定相である．このような非修飾型の固定相が最新の HPLC で利用されることはまれである．残りの 20％は CN やジオール，アミン，C18 で修飾されたシリカや酸化アルミニウム，さらにセルロースが利用されている．典型的な TLC プレートは 20×20 cm だが，しばしば切断して使われる．一般的に，どこのプレートの端にも試料をスポットすることができ，底の端から展開することができるが，多くのメーカーではプレートの 1 カ所を濃縮ゾーンとして設計しており，その場合はこの領域に試料を載せなければならない．さらに，優良試験所規範（GLP）の規則ではプレートはつねに特定の方向に展開したほうがよいとされている．

　この TLC プレートの粒径範囲は 5～20 μm，平均粒径は 10～12 μm である（HPTLC では粒径範囲は 4～8 μm，平均粒径は 5～6 μm）．TLC プレートの吸着相の厚みは典型的にはガラス上では 250 μm で，ほかの基材上では 200 μm であり，HPTLC プレートでは 100～200 μm である．0.5～2 mm の層の厚さでつくられたプレートは，g 単位で分画分離（分取）ができる．典型的な TLC プレートを用いた場合の試料の移動距離は 10～15 cm であり，HPTLC プレートではこれよりも小さく 3～6 cm である．しかし，HPTLC の段高が 12 μm（分離時間は 3～20 min）であるのに対して，標準的な TLC の段高は 30 μm（分離時間は 20～200 min）であり，HPTLC のほうがより高性能な分離を行える．

　HPTLC プレートは高価であるが，一度に多くの分析を行う場合，時間を節約できる点において，これを使うことは魅力的である．さらに，バンドの拡がりをかなり小さく抑えることができるので，TLC プレートより HPTLC プレートのほうが 4 倍多くの試料成分を分析でき，また，よりよい質量検出限界が得られる．

TLC の移動相

　吸着クロマトグラフィーにおいて，純粋なシリカや酸化アルミニウムを固定相としたとき，移動相溶媒の溶出力はそれらの極性の順に強くなる（たとえば，ヘキサン＜アセトン＜アルコール＜水となる）．展開溶媒は 3 種類以上の溶媒を含むべきではない．なぜなら，混合溶媒は薄層を上昇していくときにクロマトグラフィーによって，おのおのの溶媒がそれぞれ移動・分離することとなり，プレート上の移動距離が伸びるにつれて溶媒組成も連続的に変化してしまう．これにより，スポットがどの程度移動するかによって，R_f 値が変化してしまう危険が生じる．R_f 値の再現性を得るうえで，溶媒組成のわずかな変化や，その時々の温度，展開槽内での温度差が大きな要因となる．しかし，このあとで説明するが，適切に管理された展開槽を使うことで，溶媒グラジエントをあえて利用しつつ再現性が得られる展開法もある．なお，展開溶媒は高純度でなければならない．少量の水や不純物の存在により，クロマトグラムが再現不可能となることがある．

試料塗布

　簡易分析の場合，通常，キャピラリーマイクロピペットを用いて手動で試料を

塗布する．

　薄層上に0.5〜5 μLの体積の試料を，乾燥せずにスポット状に塗布すればよい．HPTLCプレートの場合，試料塗布量は少なく，上限はスポットあたり1 μL程度である．試料濃度がとても低い場合には，検出・可視化するために，より多くの試料を塗布する必要がある．その場合，試料は乾燥後に同じスポット上に繰り返し塗布する．

　定性分析，定量分析あるいは分取のための分離において，高い精度が要求されるさいには，スプレーオン手法を用いた自動試料塗布器を用いるとよい．HPTLCにおいて最大の分離能力と再現性を得るためには，正確な自動位置調整と塗布量のコントロールが必須である．

　最高級の装置としては，たとえばCAMAG社からオートサンプラー，アプリケーターなどが上市されている．この装置はオペレーターなしで，接触移動でスポット上に，また，スプレーオン手法で長方形バンド状に試料を塗布することができる．これには，インクジェットプリンターと同様の技術が使われている．スプレーオン手法は，少量の0.5 μLから50 μLを超える容量の試料をバンド状や長方形状に塗布することができる．狭いバンドとして試料をスプレーすると，もっともよい分離が得られる．矩形に試料をスプレーすると，薄層を傷めることなく，大量の試料を正確に塗布することができる．クロマトグラフィーに先立って，このように矩形に塗布された試料を溶離力の強い溶媒で狭い範囲に集束（フォーカッシング）できる．

クロマトグラムの展開

　簡単なTLC展開槽として時計皿でビーカーにふたをしたものが利用できる．しかし，TLCは詳しく理解しようとすると，きわめて複雑な系である．つまり，実際のところTLCは固相，液相，気相のすべてが分離過程に関与している．気相の役割は通常無視されることが多いが，分離の結果に著しく影響を及ぼす．

　標準的なTLCの展開では，展開槽の中にプレートをおく操作があり，展開槽中には十分な量の展開溶媒が入っている．プレートの下端を溶媒中に数mmを浸すが，試料を塗布した高さまでは浸さない．溶媒は求める高さに達するまで，毛管力によって薄層を上昇させる．展開溶媒の成分と気相の間に平衡が成り立つことを展開槽の飽和という．気相の組成は，展開溶媒の組成とは明らかに異なり，それぞれの溶媒成分の相対的な蒸気圧に依存している．吸着クロマトグラフィーにおいて，閉鎖状態の展開層中では以下のプロセスが進行する．

(a) 乾燥した固定相は気相から分子を吸着する．吸着的飽和過程も平衡に達するまで進行する．シリカやそれに基づく固定相では，この過程において，より極性の高い気相成分が選択的に固相吸着剤へ移行する．

(b) 同時に，固相の一部がすでに移動相によって湿っていると気相と相互作用する．これは移動相の低極性成分の気相への選択的な移動を引き起こす．(a)と異なり，この過程は気相と液相の平衡よりも吸着平衡により支配されている．

(c) 分離の間，移動相の成分自体が固定相によって分離される．その結果，二つ目の溶媒先端が生じる．

展開溶媒の種類が1種類の場合を除いて，展開溶媒と移動相という用語は同じ意味で使われることが多いが，実際は同じ意味ではない．展開相中にもともと入れてある液体が展開溶媒だが，移動相の組成はプレート上を移動するにつれて変化する．正確には展開溶媒の組成だけがわかっている．

(a)と(b)の過程は，どちらも実験的には以下の手順でうまく処理することができる．展開溶媒を十分に浸したペーパータオルなどの素材を展開槽中におく．クロマトグラフィーを開始する前に展開溶媒の蒸気で展開槽が飽和するまで十分な時間をおく．これにより，液体溶媒と接触することなく，プレートに塗布した試料と展開溶媒の蒸気が相互作用することができる．この過程は前処理ともいわれる．一方，(b)と(c)の過程は，クロマトグラフィーが行われる分析プレートの薄層面と向かい合わせに，2枚目のTLCプレートを1～数mmの間隔をおいて設置することで，効果的に抑えることができる．これを"サンドイッチ"法とよぶ．(a)または(b)，もしくはその両方の過程の吸着作用が，十分に平衡に達しており，移動相の成分間の吸着挙動の差がより小さければ，(c)はそれほど重要ではない．十分に飽和した展開槽中でプレートを前処理すると二次的な溶媒先端が生じることはほぼない．

水やメタノールのような非常に極性の高い成分を除いて，気相から優先的に吸着する展開溶媒の成分は，クロマトグラフィー展開中に溶媒先端をより先に押し上げる．これは，飽和されていない展開相中やサンドイッチ法で分析するよりも，飽和した展開相中でとくに前処理された薄層上を用いたほうが，R_f値が小さくなるという結果をもたらす．(c)の過程に基づく複雑な現象が生じる可能性があるので，サンドイッチ法や飽和していない縦型の展開相（下記参照）で展開を実施する場合，単一成分の溶媒やおのおのの成分の性質がよく似ている混合溶媒を用いるのが最良である．

TLC展開は多くの場合，非平衡状態で実施されていること，および，再現性のよい結果を得るためには，すべてのパラメーターを同一に維持する必要があることを理解することは重要である．現在，何種類かのさまざまな形の展開槽が利用できる．展開槽の型式と飽和状態はともに重要であり，同じ展開溶媒を用いたとしても展開槽の型式が異なればR_f値は異なったものとなる可能性があることを意味する．さまざまな展開槽があるなかでつねに最良である展開槽は存在しないが，いくつかの展開槽では最適なパラメーターを比較的よく維持できるようになっている．

欄外の図として前に示したような底が平らな古典的なTLC展開槽は，溶媒の蒸気により槽内の気体が，部分的または完全に飽和しているという条件で使われる．一般的にこのような展開槽では，固定相の溶媒飽和前処理の度合いをコントロールできない．二槽式クロマト展開槽では，古典的な展開槽の底は高さの低い仕切りが加えられている（欄外の図参照）．溶媒の使用量を減らすため，二つある溝の一方だけが溶媒で満たされる．さらに，溶媒で満たされた溝とプレートをおいたもう一方の溝によって，プレートの前処理が可能である．展開はプレートがおかれた溝に溶媒を加えるまで始まらない．

展開は溶媒先端が最大限に至るかそれよりも早く停止しなければならない．もし，止めなかった場合，分析成分は移動し続け，結果としてR_f値は実際よりも大きな値を与えてしまう．溶媒先端が事前に設定した高さまで達すると，オペレー

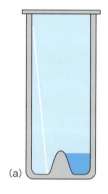
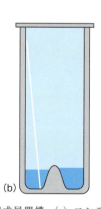

二槽式展開槽．(a) コンディショニングの状態，(b) 展開中の状態
[CAMAG Scientific社の厚意による]

ターに知らせる光学モニターが市販されており，そのような過剰な展開を防止するのに役立つ．

より洗練された展開槽が頻繁にHPTLCで使われる．水平展開槽（図21.26）は，再現性のよい結果を得ることができる多目的の展開タンクである．この装置では，プレートの一方の端に試料を塗布することができる．展開槽は両端に溶媒の溝が入っており，展開と試料塗布は片端または両端からできる．後者の場合，両端に試料を塗布したあと，表面を下にして両端の溶媒の溝の上にプレートをおき，両端から一斉に展開が始まる．両端展開の移動距離が，両端の試料の分離に十分な場合には，試料処理能力は2倍になる．水平展開槽は，不飽和や飽和，サンドイッチ法における展開に適しており，プレートの前処理にも利用することができる．

全自動展開槽というものがあり，優れた再現性をもっている．展開槽の飽和やプレート前処理など，クロマトグラフィーを始めるにあたり必要な操作にオペレーターによる関与が不要であるだけではなく，クロマトグラフィー開始前の固定相の活性化にも関与が必要ない．展開のあと，プレートは迅速かつ完全に乾燥が完了する．二つの溝をもった展開槽では，展開の間，あらかじめ選択したある一定の湿度を保つための塩溶液を二つ目の溝に入れておくことができる．

HPLCでは，シリカゲル固定相で溶媒の極性を増加または減少させる勾配溶離が行われることはまれである．一度極性溶媒が用いられると，固定相の再構築の時間がきわめて長くなるからである．また，特定の溶離液を用いると，固定相は不可逆的な分解を受けることもある．TLCでは，HPLCの状況とは異なり，固定相を複数の試料で繰り返し用いることはない．さらに，HPLCにおいては，全カラムイメージングが示されることはまれで，分離はカラムから出てきたあとの検出器によって可視化される．すなわち，成分Aがカラム内の特定の位置に到達したときにクロマトグラフィーを停止させるようなことはない．これもTLCの場合にはあてはまらない．

とくに幅広い極性をもつ成分を含む試料を分析するさいに，自動化多重展開法（AMD）が非常に有用である．プレートは何度も同方向に展開され，溶媒先端があらかじめ設定した距離まで達したときに止められる．そのさい，溶媒は完全に取り除かれ，プレートは真空状態下で乾燥される．次の展開は，より極性の低い（弱い）溶媒で行うが，それぞれの連続的な展開の実行は徐々に移動距離を伸ばし（前もってプログラムした手順で），溶媒先端は展開が終了する前までの移動が可能である．このような方法で，段階的な勾配溶離は達成される．

HPTLCプレート上では集束効果と勾配溶離の組合せにより，1mm以下の非

全カラムイメージング（whole column imaging）は，文字どおり，カラム全体を可視化して分析成分のバンドの位置とそれらの濃度がわかるようにすることを意味している．ツウェット（Tswett）が最初に植物色素を白い吸着材を含むガラスカラムで分離したときには，彼はその分離の進行度を目で確かめることができた．しかし，皮肉にも，現代のHPLCではそれはなかなか困難である．

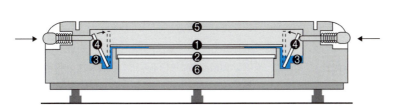

図21.26　水平展開槽

1：HPTLC（表面下向き），2：ガラスプレート（サンドイッチ法で使用するときの二枚目のプレートの場所），3：溶媒溜め，4：ガラスストリップ（毛管現象で溶媒を供給），5：カバープレート，6：調整トレイ（溶媒をつけたパットのおき場），
［CAMAG Scientific社の厚意による］

常に幅の狭いバンドを形成する．これにより 80 mm の分離距離で最大で 40 成分の分離が達成できる．

1944 年に R. Consden, A. H. Gordon と A. J. P. Martin がペーパークロマトグラフィーで示したように TLC は二次元でも実行できる．正方形の TLC プレートが用いられ，試料はプレートの一角にスポットされる．一つの溶媒系で展開後，プレートは 90° 回転され，二つ目の溶媒系で展開される．分離部分はそのときプレート全体を占める．二次元 TLC 法の大きな分離能はとりわけ生化学，生物学，天然物化学，薬学，環境分析学の分野で多くの有用性をもつ．

> 二次元ペーパークロマトグラフィーの歴史的論文として，R. Consden, A. H. Gordon, and A. J. P. Martin, *Biochem. J.*, **38** (1944) 224 があげられる．

可視化：スポットの検出

色がついた化合物は白い TLC プレート上で容易に見ることができる．TLC の分離についてもっとも有名な実演の一つの実例は，TLC プレートに黒いマーカーペンでスポットし，黒色インクの成分を分離するというものである．この黒色インクは昔から，区別が簡単な複数の異なる染料の混合物としてつくられている．蛍光性の分析成分は展開後のプレートを長波長 (365 nm) または短波長 (254 nm) の UV ライトのもとで観察することで迅速に可視化することもできる．逆の技術もよく用いられる．すなわち緑色蛍光マーカーが固定相に結合している TLC プレートを用いるのだが，この場合，UV ライトのもとで非蛍光性の分析成分は暗いスポットとして可視化される．

ビジュアライザーという装置が市販されている．この装置は，短波長の UV，長波長の UV または白色光を照射することができ，透過もしくは反射した光の映像を取得するためのデジタルカメラが備えつけられている．供給されるソフトウェアはブランクイメージの補正を実行することができ，イメージからスポット強度の数値に変換できる．

TLC では，分離後の分析成分はプレート上に残存しており，その分析成分は可視化・定量の前に化学的に処理される．そのような処理の目的は，目に見えない物質を見えるようにすること，検出能を改善 (たとえば，蛍光誘導体化) すること，選択的な誘導体化試薬により特定の種類の一群の物質のみを検出することである．一方，すべての試料成分を比較可能な強度で検出することが好ましい場合もある．

プレートを誘導体化試薬に暴露する方法では，精度を高めるために誘導体化の均一性を保つ必要がある．ヨウ素蒸気への暴露のような気相の誘導体化は，均一に実行しやすい．ヨウ素蒸気は試料成分と化学的に反応するか，それらに溶解することにより呈色する．液相の試薬はより一般的に用いられる．たとえば，アミノ酸やアミンはプレートをニンヒドリン溶媒とともに処理することにより検出される．青紫のスポットは最終的に熱したあとに生じる．そのほかの一般的な有機化合物の検出法としては，破壊分析になるがプレートに硫酸溶液を噴霧したのち加熱して化合物を炭化させ，黒色のスポットを生じさせる方法がある．

プレートを液状試薬にさらす 2 種類の一般的な方法として，プレートに試薬をスプレーするか試薬に浸すという方法があげられる．このような方法を実施するために用いられる試薬噴霧器 (毒性物質の吸引を防ぐためにエーロゾル液滴の拡がりを抑える噴霧箱を一緒に用いる) と浸漬装置と平らなヒーターが市販されている．可能であれば，直接的浸漬が好まれる．なぜなら，より高い均一性が達成

できるからである．しかしながら，浸漬と引き上げは円滑に行う必要がある．専用の浸漬装置はこの速度をコントロールすることで再現性よく行うことができる．

定量的計測

かつては定量化するためにいったんスポットを削り取り，その後，適した抽出溶媒で物質を抽出し，その抽出物を分光学的に計測した．定量的なTLC測定を実現するために，現在はHPTLCと機器を用いた測定が行われることが多い．写真撮影とソフトウェアによる濃度測定は一般的な方法となり，一度にプレート全体を映像化できるという利点がある．しかし，現在のカメラは可視光の波長しか検出できないという限界がある．可変波長反射率測定に基づく濃度測定スキャナーが市販されおり，全体として190～900 nmの範囲をカバーできる．広帯域の光源がモノクロメーターとともに用いられ，これはスキャンの空間的な解像度を調節するために波長と波長幅を可変できるスリットを備えている．クロマトグラムのレーンは一度にスキャンされ，拡散反射光が測定される．測定すべき個々のスポットについて，分析成分の同定のため，また最適な測定波長を選択するために，バックグラウンド補正した吸収スペクトルを取得することができる．

原理的にはダイオードアレイTLCスキャナーも蛍光スキャナーと同様に実用的であると考えられる．しかし，今のところこれらの装置の商業化は成功していない．マトリックス支援レーザー脱離イオン化質量分析(MALDI-MS, 22章参照)が汎用されるようになり，TLC-MSのインターフェイスも入手可能である．また，生物発光も現在一般的な検出法となっており，たとえば毒性物質などの検出に使われる．TLCプレート上のこのような生物発光を測定するための検出機器も市販されている．

21.9 電気泳動

電気泳動(electrophoresis)という言葉は荷電粒子の移動[ギリシャ語：*elektron* + *pherein*(運搬)]に由来する．したがって，分離における電気泳動の方法は，一定電場下で異なる電荷を有する物質の移動度に違いがあることに基づく．電気泳動分離は分離を行う媒体により大きく二つに類別される．第一のグループは，小さな直径を有するキャピラリーやマイクロチップ内での自由溶液(free solution)[*3]中で行う方法である．試料液は有限のゾーン，すなわちバンドとして注入され，個々のゾーンに細分化される．この方法は**キャピラリーゾーン電気泳動**(capillary zone electrophoresis：CZE)，あるいはたんに**キャピラリー電気泳動**(capillary electrophoresis：CE)とよばれる．マイクロチップ上で行われる電気泳動も類似している．第二のグループは，アガロースなどの水性ゲル中で行う方法である．DNAなどの大きな生体分子では，分子量にかかわらず電荷/サイズ比がほとんど一定であり，自由溶液中での電気泳動移動度にほとんど差異はない．そのため，DNA断片はCZEでは分離できない．しかしながら，高い粘性を有するゲル中ではこれら大きな分子の移動度は三次構造に強く関連しており，分離が可能となる．ゲル媒体下での電気泳動は，大きな生体分子の分離分析に高い分離

electrophoresis(とその科学)という用語は比較的近代に起源をもつ．Merriam-Websterによれば，最初の使用は1911年であった．現在，その言葉は広範に使われていて，*Electrophoresis*という名称の雑誌はこのトピックだけを扱っている．また，電気泳動のみに関する学会もある．

タンパク質のような大きな分子はそれらの移動度に基づいて電場内を泳動するが，タンパク質の三次元構造がどのようにゲルと相互作用するかによりそれらの動きが影響される．

次に示す対話式の仮想実験室では，異なる長さのDNA断片を分離するスラブゲル電気泳動の実験を体験できる．まずはゲルをつくろう！http://learn.genetics.utah.edu/content/labs/gel/ を確認のこと！

[*3] ［訳者注］ゲルなどのイオンの移動をさえぎる夾雑物のない，普通の溶液．

度を得るためにキャピラリー中でも行われ，**キャピラリーゲル電気泳動**（capillary gel electrophoresis：CGE）とよばれる（図 21.27）．

　試料調製のためのゲル電気泳動は，上下に電極をおいたチューブ（カラム）の中で行われる（電極の極性は泳動バンドがカラムの下に向かうようにする）．また，（TLC と同様に）薄いゲル層の平面上で行われることもあり，それは**スラブゲル電気泳動**（slab gel electrophoresis）とよばれる．チューブ形のゲルでは，適切な直流電源以外に特別な装置を必要としない．そのようなチューブゲル分離は，水平方向に移動することなく分子がゲル内を移動するという利点がある．このことは，とくにタンパク質について，スラブゲルよりもバンド間の高い分離度につながる．一方，スラブゲルの板は TLC と同様に向きを変えることができ，1 回目の方向での電圧印加が終わったあと，2 回目の電気泳動で 1 回目の電圧印加方向と垂直の向きで電気泳動することができる．そのような二次元電気泳動は強力な分離手法であり，生物学の研究室で日常的に用いられている．

　ゲル電気泳動で一般的に用いられるのはアガロース，ポリアクリルアミド，デンプンなどのゲルである．タンパク質の分離では陰イオン界面活性剤の硫酸ドデシルナトリウム（ドデシル硫酸ナトリウム：SDS）が用いられる．陰イオン界面活性剤はタンパク質分子を直線状にし，分子に負の電荷を与える．一般的に，電荷は単位質量あたりで均等に分布するので，それゆえにポリアクリルアミドゲル電気泳動（PAGE）ではサイズについて大体均一な分離が得られる．SDS-PAGE の技術はタンパク質の分離に汎用される．

寒天（agar）はマレー語のゼリーを意味する agar-agar に由来する．海草の *Gelidium* 属から得られ，アガロースとアガロペクチンからなる．アガロースは容易に混合物から分離される．

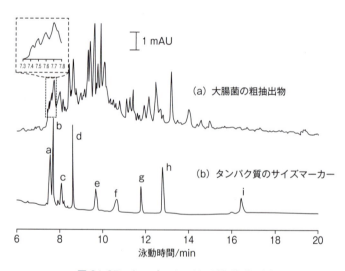

図 21.27　キャピラリーゲル電気泳動の例
(a) 内壁をポリアクリルアミドゲルで修飾した内径 75 μm，キャピラリー有効長 30 cm のキャピラリーを用いた場合での大腸菌抽出物（6 μg μL^{-1}）の CGE 分離．電場強度 290 V cm^{-1}，220 nm で吸光検出．(b) 同条件での標準物質混合物の測定．a：アプロチニン（6.5 kDa），b：リソザイム（14.4 kDa），c：トリプシン阻害剤（21.5 kDa），d：炭酸脱水酵素（31 kDa），e：オボアルブミン（45 kDa），f：血清アルブミン（66.2 kDa），g：ホスホリラーゼ *b*（97.4 kDa），h：β-ガラクトシダーゼ（116.25 kDa），i：ミオシン（200 kDa）．
[J. J. Lu, S. Liu, and Q. Pu, *J. Proteome. Res.*, **4**（2005）1012 より許可を得て転載］

試料調製条件と分離条件に依存して，試料中の異なった分析成分は正あるいは負に帯電する．しかしSDS-PAGEのように，すべて負に帯電する場合も多い．前者では，正負の双方に帯電した物質が反対電極方向に泳動できるように，試料はゲル平板の中央におかれる．後者では分析成分は負に帯電しているので，ゲル上の負電極に近いところにおかれる．

一定pH条件下での分子の移動速度は，単位長さあたりの電圧（V cm^{-1}）で表される印加電場の強度により制御される．電場強度は系を流れる電流を制御する．電流と電場強度の積は単位長さあたりの発熱量につながり，それゆえ温度も電場強度に比例して上昇する．一方，電場強度が大きければ大きいほど移動速度は速く，分離は迅速である．しかしながら，発熱量が大きすぎると温度上昇は局所的な温度勾配や拡散による混合をもたらすため，分離を低下させることもある．平板電気泳動では4～6 V cm^{-1}が一般的である．後述するパルスフィールドゲル電気泳動では，最適な電場強度は分離する分子サイズの増加にともない減少する．たとえば，Mbp（メガ塩基対）サイズのDNAの分離では2 V cm^{-1}が最適である．平板上でのゲル長は20 cmを超えることはまれであり，電源により供給される最大電圧は約125～300 Vになる．

内径の小さなキャピラリーやマイクロチップでは，平板や大きな径のチューブ状ゲルよりも放熱が効率的である．また，とても小さな断面積のために電気抵抗は高く電流は制限される．したがって，高電圧を印加することができる．キャピラリー電気泳動分離での一般的な電場強度は，50～75 μmのキャピラリー内径で300 V cm^{-1}であり，10～60 cmの長さのキャピラリーが用いられる．電源装置は30 kVまでの高電圧を印加するが，最大電流は通常約300 μAになる．短い分離長と細いキャピラリー／マイクロチップでは数kV cm^{-1}までのより高い電場強度を用いることができる．

タンパク質のもう一つの重要な分離技術は，それぞれのタンパク質の有効電荷数がpH条件により変化し，等電点pH（pI）では有効電荷がゼロとなり，電気泳動移動度がゼロになることを利用したものである．**等電点電気泳動**（isoelectric focusing：IEF）あるいは焦点電気泳動（electrofocusing）とよばれるこの技術では，分離媒体は固定化されたpH勾配（immobilized pH gradient：IPG）のゲルである．IPGは，ゲルの場所により弱酸や弱塩基（およびその塩）の官能基をもつ単量体を，比率を変えてpH勾配を形成するように共重合したアクリルアミドゲルから構成される．両性電解液が泳動緩衝液として用いられる．負電極が高pH側のゲル末端におかれる．あるタンパク質がその等電点pIよりも低いpH中にあると正に荷電し，負電極側に泳動する．徐々に上昇するpHの媒体中を泳動するにつれて，そのタンパク質はpIに等しいpH条件の位置に到達する．等電点で有効電荷はなくなり，電気泳動は止まる．その結果，個々のタンパク質はpHがpIと等しくなる位置にバンドとして集まる．IEFは一つのプロトン化部位の有無で分離できるほど高い分解能を示す．IEFはまたキャピラリー中でも行われ，**キャピラリー等電点電気泳動**（capillary isoelectric focusing：CIEF）はマイクロチップ上でも行われる．

第一の電気泳動分離のあと，第二の電気泳動分離が続くこともある．アガロースゲル電気泳動で分離されたバンドは切り出され，SDS-PAGEにより分離される．

速度は移動度と電場強度の積であり，電場強度は印加電圧に正比例する．移動度はpH（分析成分の電荷数に影響を与える）に影響される．

等電点pHにおいて，タンパク質は有効電荷をもたず泳動しない．

エチジウムブロミドの構造

SYBR Green I の構造

画像分析ソフトウェアは平板ゲルの定量に広く用いられている．ImageJ は米国国立衛生研究所（NIH）から無料で入手可能であり，ゲル電気泳動の研究においてとくに有用で評判がよい．

DNA 断片の長さは，通常，含まれる塩基対の数で分類される．20 kbp の DNA 断片は 20000 の塩基対を有している．

可視化と定量

平板ゲル電気泳動で分離された分離バンドの可視化／定量は，TLC 板で行われるのと同じように行われる．DNA の分離後に可視化するもっとも一般的な可視化試薬はエチジウムブロミドである．エチジウムブロミドは DNA 鎖にインターカレートし，赤褐色の蛍光を発する．可視化した蛍光はデジタル処理され，画像解析ツールにより定量される．

しかしながら，核酸は紫外線照射により容易に分解されるので，分離された DNA を用いて次の実験を行うわけにはいかない．青色光源を用い，青色光で励起可能な着色剤（たとえば，SYBR Green I，青色光励起により緑色蛍光を発する）がより望ましい．エチジウムブロミドは突然変異原性が高い．さらに，適切な保護がなければ，紫外光は目に障害を与える．青色光で励起される蛍光タグにより両者を防ぐことができる．加えて，青色励起光は透明ガラスやプラスチックを通過するときに減衰せず，広範な物質に対して用いることができ，照射も可視化も容易である．

分離された DNA バンドは，ゲルから切り出されて再溶解によって抽出・回収される．溶液中での定量はそれで可能になる．DNA シーケンスにおいて核酸を分離するゲル電気泳動の利用は，原書 web サイトの G 章で述べている．

タンパク質の定量に際して，クマシーブリリアントブルーがしばしば染色に用いられる．その染料はすべてのタンパク質に強く結合する．洗浄によって非結合の染料を除いたあと，染色されたタンパク質バンドを確認し，定量する．結合した染料の量はタンパク質の量に比例している．染色したゲルはまた，乾燥して保存される．TLC のように，濃度測定スキャナーにより定量することもできる．ときには，タンパク質が放射性物質で標識されることもある．放射線はオートラジオグラフィーにより検出される．この過程では，ゲルを写真フィルムに直接接触させる．現在では，固体撮像装置により直接撮影する技術もあるが，装置が高価である．

関連技術

一般的な一次元アガロースゲルでは，10〜15 kbp 以上の DNA 断片はサイズに関係なく予測不能に泳動する．**パルスフィールドゲル電気泳動**（pulsed field gel electrophoresis：PFGE）では，電圧は一方向に数秒間印加され，その後数秒間は逆方向に印加される（順方向の印加時間は逆方向の時間よりも長く，全体としては順方向に印加される）．電圧印加方向を正逆方向に反転させることで，DNA をゲル中で往復させる．小さい分子は大きな分子よりも迅速に方向を変えるので，この操作は，大きな DNA 断片の速度を遅くする．このようにしてより優れた分離が可能になる．実際，一定の交互反転の時間プログラムは，ある決められたサイズ範囲の DNA 分離に便利である．より広い分離の範囲を達成するには，24 h にもわたる分離の間に，正方向と逆方向の持続時間（一般的には両方）を増やす．数 Mbp の長さの DNA 断片が PFGE で分離される．病原体の特定の系統を識別するための代表的な手法である．

PFGE にはいくつかの仕様がある．上述の方法は，**電場反転ゲル電気泳動**（field inversion gel electrophoresis：FIGE）とよばれる．実際のところ，正方向，逆方

向の印加時間が同じでも分離は可能である．これは，分子が動きを反転させるとき，その速度が非対称（速度が異なる）であるからである．そのような**ゼロインテグレイテッドフィールド電気泳動**（zero integrated field electrophoresis：ZIFE）では，FIGE よりも非常に時間がかかるが，極端に長い DNA 断片を分離することができる．PFGE のもう一つのタイプに，DNA を斜めに向けさせて DNA がゲルの中をジグザグで進むようにするものがある．最適条件下では，似通ったサイズ範囲のものに対して，分離が速く，広範囲のサイズを分離でき，FIGE と比較してゲルの広い範囲を有効に使える．この方式の極端な例としては，**回転電場ゲル電気泳動**（rotating field gel electrophoresis：RGE）がある．電場の方向が絶えず変化し（現在の装置では，たとえば Analytik Jena 社の the Rotaphor 6.0 のように電極を回転させる），広い分離空間と優れた分離を実現している．

21.10 キャピラリー電気泳動

　S. Hjertén は分離科学の先駆者と考えられている．彼は電気泳動（とクロマトグラフィー）でアガロースゲルを初めて使い，モノリスカラムにも影響を与える貢献をなした．A. W. K. Tiselius が最初にゲル媒体を用いずに自由溶液での電気泳動がタンパク質を分離できることを示した一方で，理論に基づいた応用として 1967 年に細い（1～3 mm 内径）石英ガラスチューブによるゾーン電気泳動を示したのも Hjertén であった．ただ当時，それほど細いチューブ内での分離を測定する検出器がなかったため，長軸を中心にチューブをゆっくり回転することで熱対流の影響を最小化した．J. W. Jorgenson（North Carolina 大学 Chapel Hill 校，もう一人の分離科学の先駆者であり UHPLC の開発にも功績がある）まで，キャピラリー電気泳動（capillary electrophoresis：CE）は実現しなかった．彼は学生の K. D. Lukacs とともに，この技術がきわめて優れていることを実証した．75 μm 径のシリカキャピラリー（溶融シリカは優れた熱伝導体である）と 30 kV までの電圧を用いて，400 000 段を超える段数を得て，当時達成できないだろうと思われた 10～30 min での分離を行った．小径のキャピラリーでは，電気泳動とは別に，電気的浸透（通常たんに電気浸透とよばれる）がキャピラリー中のバルク流体に**電気浸透流**（electroosmotic flow：EOF）を発生させる．EOF は電気泳動の動きと比較して大きく，同一の固定検出器により正にも負にも荷電した分析成分の両方を検出することを可能にした．

操　作

　この技術の基本的な構成を**図 21.28** に，市販装置を**図 21.29** に示す．
　CE 装置に必要とされる要素は，検出器以外は単純であり，そのため CE の利用は簡単である．電気泳動は溶融シリカキャピラリー管内（通常内径 25～75 μm，外径 ≦ 375 μm，長さ 25～75 cm）の，緩衝能を有する電解質（background electrolyte：BGE）溶液中で行われる．キャピラリーの両端は，BGE と高電圧電源（high voltage power supply：HVPS，通常 30 kV，300 μA まで）につながった白金電極を含む小体積の溶液溜めに浸される．高電圧電源の一方は接地される（図 21.28 では陰極端が接地されている）．キャピラリーはオンカラム検出器を通り，もう一方の溶液溜めにつながっている．

自由溶液での電気泳動と CZE についての古典的論文を読んでみよ．S. Hjertén, *Chromatographic Reviews*, **9** (1967) 122 ; J. W. Jorgenson and K. D. Lukacs, *Anal. Chem.*, **53** (1981) 1298.

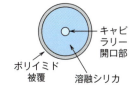

CE の溶融シリカキャピラリー

溶融シリカキャピラリーはとても割れやすく，外部を保護するため被覆しなければならない．もっとも一般的な被覆はポリイミドである．ポリイミドは光学的に透明でない．テフロン AF® で覆われたキャピラリーは 200 nm まで透明であり入手可能である．

電気浸透は電場によって誘起されたキャピラリー内の流体のバルク流れである．カナダ，British Columbia 大学の D. Chen 教授は，試料注入を一団の泳者が川に飛び込むようすにたとえた．何人かの泳者は流れに逆らって泳ごうとしているが，何人かは流れに乗っている．川が反対方向に泳ぐ泳者の誰よりも速く流れれば，すべての泳者は全体として下流へ流される．飛び込み位置より下流にいる観測者（検出器）は，注入されたすべての分析成分を結局は見ることになる．流れに乗る一番速い泳者を最初に，流れに逆らう一番速い泳者を最後に見ることになる．

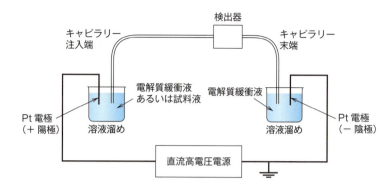

図 21.28 キャピラリー電気泳動装置の構成

図 21.29 Agilent 7100 キャピラリー電気泳動システム
CE 装置内の高電圧は危険である．すべての装置にインターロック機能がついている：装置のカバーが開くと，高電圧は遮断される．
[Agilent Technologies 社の厚意による]

　高電圧が遮断された状態で，高電圧側のキャピラリーが引き上げられて試料容器に入れられる．少量の試料液がキャピラリー内に注入される．注入は，(a) 試料バイアルを一定高さまでもち上げてプログラムされた時間の間そこにとどめるか，(b) 密封された試料バイアルに一定時間空気圧を加圧（ある機器では代わりに出口側の容器を減圧）するか，のどちらかの**圧力注入**(pressure-based injection)で行われる．(a)の試料注入法は，**流体静力学的注入**(hydrodynamic injection)あるいは**重力注入**(gravity-based injection)ともよばれる．上記の注入法で共通することは，導入される試料の体積は，圧力差と注入時間の積に比例することである．通常，試料体積はキャピラリーの全体積の 1〜2% 以下であり，長さ 60 cm，内径 75 μm の中空キャピラリーでは < 25〜50 nL であり，より細い内径のキャピラリーではそれよりも少ない．注入における流量は式(21.10)を用いて容易に計算でき，注入時間で乗算することで注入体積を計算できる．

> #### 例題 21.3
> 　試料注入時間が 10 s，圧力高度差が 10 cm のとき，長さ 60 cm，内径 75 μm のキャピラリーに注入される試料の体積を計算せよ．装置は 25°C で調温されている．
> #### 解　答
> 　流体深さ h，流体（水）密度 ρ，重力加速度 g から，

$$\Delta P = h\rho g = 10 \text{ cm} \times 1 \text{ g cm}^{-3} \times 981 \text{ cm s}^{-2}$$
$$= 9.81 \times 10^3 \text{ g cm}^{-1}\text{s}^{-2} = 9.81 \times 10^3 \text{ dyn cm}^{-2}$$
$$(\text{dyn} = 10^{-5} \text{ N, dyn cm}^{-2} = 0.1 \text{ Pa})$$

式(21.10)を書き換えると,

$$F = \frac{\Delta P \pi r^4}{8\eta L}$$

ここで, η は水の粘度であり, 25℃ で 8.90×10^{-3} dyn s cm^{-2} である.

$$F = \frac{9.81 \times 10^3 \text{ dyn cm}^{-2} \times 3.14 \times (3.75 \times 10^{-3})^4 \text{ cm}^4}{8 \times 8.90 \times 10^{-3} \text{ dyn s cm}^{-2} \times 60 \text{ cm}}$$
$$= 1.43 \times 10^{-6} \text{ cm}^3 \text{ s}^{-1} = 1.43 \text{ nL s}^{-1}$$

10 s では, 14.3 nL が注入される.

ほかにも, CE で特徴的な動電注入法により試料液が導入される. **動電注入** [electrokinetic injection, **電気移動注入**(electromigration injection)ともよばれる] では, 入口側のキャピラリー端を試料液に入れ, 適切な極性で一定の電圧(注入電圧)が必要な時間だけ(通常数秒間)試料液に印加される. イオン種に対して非選択的に試料液を導入する EOF に加えて, 試料液中のイオンは電気泳動移動度と電位の極性に基づいてキャピラリー中に電気泳動する. たとえば, 正の注入電圧が用いられた場合, 試料液から陽イオン種が陰イオン種よりも選択的にキャピラリー中に移動する. キャピラリーに注入される陽イオン種の相対量はそれらの移動度に依存し, 大きな移動度を有する陽イオン種が小さな移動度を有する陽イオン種よりも優先的に注入される. 言い換えれば, EOF がなければ, 印加電場によりキャピラリー中への移動により注入されるイオンについて, 試料液中のイオン種 i, j の濃度が C_i および C_j であれば, キャピラリー中へ注入されるこれらイオンの比は, $(\lambda_i C_i)/(\lambda_j C_j)$ になる, ここで, λ_i はイオン種 i の当量伝導率である. 対照的に, 圧力による注入は特定のイオンに対する選択性がなく, キャピラリー中に一定量の体積が注入される.

例題 21.4

ある患者の除タンパクした血漿は 4.2 mM の K$^+$ と 140 mM の Na$^+$ を含んでいる. 試料液は水で 50 倍に希釈され, 長さ 50 cm, 内径 75 μm のキャピラリーに 3 kV の電圧で 5 s 動電注入された. 注入された試料の [Na$^+$] に対する [K$^+$] の比はいくつか.

解　答

問題は解に必要でない多くの無関係な情報を含んでいる. 表 21.2 に示す当量伝導率のデータと試料液中の K$^+$ と Na$^+$ の濃度を用いれば, 注入された試料中の濃度比が求まる.

$$\frac{[\text{K}^+]}{[\text{Na}^+]} = \frac{73.5 \times 4.2}{50.1 \times 140} = 4.4 \times 10^{-2}$$

イオンの移動度の差異のために, この値はもとの試料液中の [K$^+$]/[Na$^+$] 比である 3.0×10^{-2} よりも十分大きいことに注意せよ. カリウムの定量が目的であるならば, この結果は定量を容易にする.

上述のように動電注入法は圧力注入よりも利点も多い．動電注入を拡張すると注入する試料液中に含まれるイオン種の量よりも多くの試料イオンを注入することができ，試料イオンを実際的に濃縮するのに用いることもできる．しかし，異なるイオン種は注入される度合いが異なるというかたよりの問題はそのまま残る．実際，注入されるあるイオンの正確な量は，試料液の電気伝導率に依存する．試料液中の電極とキャピラリーの先端とBGEで満たされたキャピラリーが直列につながっていることを考えてみよう．試料液の電気伝導率が低ければ，試料液区間にかかる電場強度は大きい．単位時間に導入されるある種のイオンの数は，この区間にかかる電場強度に依存する．導入される分析成分イオンの正確な量は，分析成分のイオン移動度と成分濃度に比例するばかりでなく，溶液全体の電気伝導率にも比例する．これらすべての因子が動電注入での定量を複雑にする．同じタイプの試料液(たとえば，マトリックスがおよそ同じ場合)が繰り返し分析され，そのようなマトリックス中での分析成分濃度を変えて検量線が描かれるのであれば，動電注入は利用可能である．標準添加法が試料注入に使われるのであれば，動電注入はやはり利用可能である．もし有限で少量の試料体積が動電注入に用いられるのであれば，必然的に試料イオンは電気泳動して余す所なくすべて注入されるので，移動度に基づくかたよりを減らすことができる[P. K. Dasgupta and K. Surowiec, *Anal. Chem.*, **68** (1996) 4291]．しかし，この手法は広く用いられているわけではない．

イオンクロマトグラフィー(IC)では，ある程度の大きな試料体積が分析に先立って予備濃縮カラムで濃縮されることがある．圧力法による注入で大きな体積の試料液がキャピラリーへ導入される場合，ICと同じ結果にはならない．試料液の電気伝導率がBGEの電気伝導率よりも十分低くなければ，分離バンドはたんに拡がるだけである．試料液の電気伝導率が十分低い条件下では，**電気的スタッキング**(electrostacking)が生じる．CEで低い電気伝導率の試料液を大きな体積で注入することにより，この現象はとくに容易に得られる．

50 cmのキャピラリー長があり，とても希薄な試料液(電気伝導率がBGEよりも十分低い)を1 cmの長さで圧力法により注入することを考える．正電荷のイオンが分析対象であり，図21.28のように正の高電圧が印加されるとする．圧力法であれ動電注入であれ，試料液の導入のあとに試料液バイアルからキャピラリーを引き上げてもとのBGEのバイアルに戻す．そのあと，電気泳動を始めるために電圧を印加する．この場合，キャピラリーの長さ方向において電場は均一でない．試料液ゾーンの単位長さあたりの電気抵抗は，BGEで満たされているほとんどのキャピラリー部分よりも希薄な試料液ゾーンでとても大きい．結果として，この領域での電場強度はそれに比例して高くなる(系全体を流れる電流がiならば，キャピラリーのどの部位においても抵抗Rによる電圧降下はiRである)．したがって，試料液ゾーン中のイオンは，試料液中にある場合にBGE中に入った場合よりも，非常に速く前へ移動する．BGE部分が始まる境界で試料陽イオンは溜まり，境界で"スタック"する(電気的中性は反対方向へ向かうBGE陰イオンにより保たれる)．試料液ゾーンでスタックされた電気伝導率がBGEの電気伝導率と同程度になり，スタッキングがそれ以上起こらなくなるまで，この過程は続く．電気的スタッキングは，CEで魅力ある感度とシャープなピークを得る点できわめて重要である．

電気的スタッキングはBGEよりも十分低い電気伝導率の試料液でなければ起こらないという事実は，BGEは可能な限り高濃度がよいということを示唆する．しかしながら，BGE濃度とそれにともなう電気伝導率の増加によって，より多くの電流が流れる．印加電圧が一定であれば，消費される電力(とそれにともなう温度上昇)は電気伝導率に比例して増加する．温度上昇はキャピラリー管の管径方向で均一でなく，中心部で最大である．これは分離効率を悪くする．したがって，BGE濃度の上限はジュール熱により決定される．両性電解質，両性イオン，イオン化しにくい物質を除けば，BGE濃度は50～75 μm 内径のキャピラリーでは10～20 mM を超えることはほとんどない．内径の小さなキャピラリーでは，高濃度を用いることができる．1.5 M NaCl ほどの高濃度のBGEを用いて操作したいくつかの報告がある［たとえば，J. S. Fritz, *J. Chromatogr. A*, **884** (2000) 261］が，これはほとんど不可能である．内径の細いキャピラリーを用いれば高いBGE濃度が可能であるが，電気的スタッキングで得られるものよりも，検出の困難など失うものが多い．

CE での検出器

LCやCEに用いられるキャピラリーの規模で用いられる検出器は，これまですでに議論されてきたものとほぼ同じである．紫外可視検出器はやはり頼みの綱である．間接吸光検出の利用は，イオンクロマトグラフィーよりもCEでより一般的である．検出シグナルの増大は電気伝導率に基づくノンサプレッサー型イオンクロマトグラフィーと相似形のシステムである．BGEは分析成分イオンと同じ電荷符号で強い光吸収(通常可視域)を有するイオンを含む．分析成分の溶出にともない，BGEイオンの減少が付随する．分析成分イオンとBGEイオンとの間で(当量関係において)光吸収の差がシグナルの上昇を与える．シグナルはベースラインから負の方向に伸びて現れるが，直接検出により得られるほかの**エレクトロフェログラム**(electropherogram)と同じに映るように，シグナルはしばしば反転される．**図 21.30** は，約 6 min でメチルベンジルアンモニウムイオンをBGE陽イオンとして用いる間接吸光検出により，27種類の金属イオンを分離した例を示している．このエレクトロフェログラムは，間接吸光検出の有用性とCEの優れた分離能力を示している．

蛍光を有する物質や蛍光誘導体化された物質では，蛍光検出が非常に魅力的である．焦点を絞ったレーザー光源を用いるレーザー励起蛍光(laser-induced fluorescence：LIF)検出では，検出下限がzmol(ゼプトモル，10^{-21} mol)レベルまで到達する．液体コア光導波路キャピラリーやマイクロチップでは，LEDによる管径方向からの励起と簡単で安価な仕組み(集光光学系を用いない)によるカラム末端での検出により，アミノ酸の fmol(フェムトモル，10^{-15} mol)からサブフェムトモルの検出が容易に可能である［P. K. Dasgupta *et al.*, *Anal. Chem.*, **71** (1999) 1400；S. L. Wang *et al.*, *Anal. Chem.*, **73** (2001) 4545］．

ガルバニ式電気伝導度検出はCEにおいて用いられる．サプレッサー型電気伝導度検出も提案されている．分離キャピラリーは検出キャピラリー(液体に触れる電極を収容している)につなげられ，イオン交換膜のキャピラリーがサプレッサーとして作用する．膜は再生液に浸され，検出器を高電圧から隔てるために接地される(参考文献24)．同様な配置はインキャピラリーでの電気化学検出に用

間接吸光検出はイオンクロマトグラフィーで最初に提案された．古典論文を読むこと．H. Small and T. E. Miller Jr., *Anal. Chem.*, **54** (1982) 462.

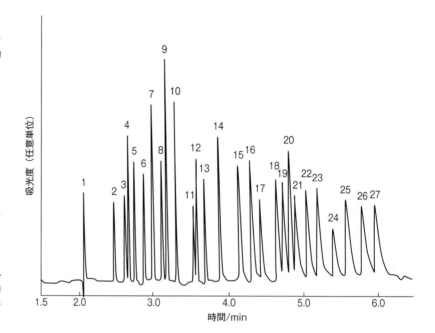

図21.30 錯形成剤電解質を用いたキャピラリー電気泳動法による金属イオンの分離
1：K^+, 2：Ba^{2+}, 3：Sr^{2+}, 4：Na^+, 5：Ca^{2+}, 6：Mg^{2+}, 7：Mn^{2+}, 8：Cd^{2+}, 9：Li^+, 10：Co^{2+}, 11：Pb^{2+}, 12：Ni^{2+}, 13：Zn^{2+}, 14：La^{3+}, 15：Ho^{3+}, 16：Pr^{3+}, 17：Nd^{3+}, 18：Sm^{3+}, 19：Gd^{3+}, 20：Cu^{2+}, 21：Tb^{3+}, 22：Dy^{3+}, 23：Ho^{3+}, 24：Er^{3+}, 25：Tm^{3+}, 26：Yb^{3+}, 27：Lu^{3+}.
BGE：8 mM 4-メチルベンジルアミン，15 mM 乳酸，5%メタノール，pH 4.25．印加電圧：30 kV．
[Y. Shi and J. S. Fritz, *J. Chromatogr. A*, **640** (1993) 473. © 1993, Elsevier 社より許可を得て転載]

いられる（下記参照）．しかしながら，非接触型の電気伝導度検出器がより一般的であり，0.3 µM までの検出限界(LOD)をもつ．10 nL の注入体積で fmol レベルの LOD になる．

前述のように，アンペロメトリー検出もまた CE において魅力的である．先に，非常に小さい炭素繊維作用電極(WE)を用いるエンドカラム検出を述べた．炭素繊維をキャピラリー内に差し込むことによりこの検出が行われる．しかしながら，検出電極の前に電場を接地する仕組みが不可欠である．さもなければ，強い電場下でとても低い電流を検出することは不可能である．そのような接地は，分離キャピラリーと WE を収容する短い検出キャピラリー部分を，(a) 多孔質ガラス管，あるいは(b) イオンを透過するイオン交換膜チューブに接続して，高電圧(HV)の接地端を多孔質ガラス管やイオン交換膜チューブの外側につなげることにより達成される．キャピラリー内の液体は分離キャピラリーから検出キャピラリーへと流れ続ける．ほかの接地方法も利用されている．

エレクトロスプレーイオン化質量分析(22 章参照)は CE にふさわしい検出器となる．HV の接地端は一般的に質量分析装置(MS)の入口におかれる．一般的なエレクトロスプレーの配置は二重環構造(CE キャピラリーが中心で，付加的なシース液がその外，ネブライザーガスがその外側)で，MS 入口で取り込まれる荷電した液滴を生み出す．ICP-MS や ICP-OES 装置との接続においても同様の配置が用いられる．

サブ µL min^{-1} の流速で操作できる"ナノスプレー"装置の実用化とともに，外部液体とガスの流れは不要になっている．一般に，第二の電源装置が用いられる．この電源と CE の高電圧電源は，MS の入口につながる接地を共有する．CE キャピラリーはナノスプレーの針の中まで届き，ナノスプレーの針はエレクトロスプレーの電圧を供給する第二の電源につながる．したがって，CE 分離の電圧は CE 高電圧電源と第二の電源装置の電圧の差になる．

CEはどのように高効率分離を得ているのか

図21.30はCEが高効率分離を行えることを明瞭に示しており，実際，この本で述べるよりもずっと高い分離効率を達成しているCEの多数の分離例がある．中空の管を用いる場合やCEキャピラリーと同程度あるいはそれよりも細い内径のカラム管を用いる場合でさえ，クロマトグラフィーではCEほど高い分離効率を得ることはない．どのようにして，CEはそれほどの分離効率を得ているのだろうか．

実は，なぜクロマトグラフィーはそれほどの分離効率を得られないのだろうかというのがよい質問になる．その答えは，圧力による流れのプロファイル（内径の小さい中空のキャピラリーでは層流になっている）にある．層流では流体の速度は壁面でゼロであり，管の中心で最大（平均流速の2倍）となり，放物線の分布になる．結果として，完全に円柱状の溶質のプラグ（栓）を管の中に注入したとしても，溶質が保持されない（管壁と相互作用しない）場合でさえ，その栓がもう一方の端に到達するときには軸方向の流れは（管径の位置に依存して）異なった速度で流線形になり，栓の各部分は異なった時間で検出器に到達する．この結果，栓が分散し，低い高さのガウス分布として観測される．この分散は平坦ではない流れのプロファイルに起因しており，中空管でも充填管でも，あらゆる圧力流れに共通していて，クロマトグラフィーで可能な極限の分離効率を制限している（欄外参照）．

CEでは電気浸透流（EOF）にともなって分析成分が電気泳動的に移動する．層流での管径方向の速度プロファイルとは異なり，管径方向の電場プロファイルは平坦で，イオンは栓のように電気泳動的に移動する．

EOFの速度分布を議論するためには，EOFがどのように発生するかを最初に理解する必要がある．ヘルムホルツ（Helmholtz）は1800年代に水平におかれたガラス管を塩溶液で満たして電流を流す実験をし，流体が正極から負極へ流れることを初めて観測した．測定された電流とファラデーの法則から，陽イオンの輸送に関連づけられる水の量を計算するのは容易（陽イオンは陰イオンよりもより広範囲に水和されていることを思い出そう）であったが，管全体の水の輸送はそれよりも非常に多い．それでは，この流れは何に起因するのであろうか．ガラス管と同様に，溶融シリカキャピラリーではイオン化が可能な$-SiOH$が表面に存在する（類似の条件はたいていのポリマー管でもある．表面の酸化により，これらは当然$-OH$や$-COOH$を表面に有している）．強酸性を除くすべてのpH領域で$-SiOH$は解離して$-SiO^-$になる．表面の**ゼータ電位**（zeta potential）として測定される固定化された負電荷は電気的に補償されなければならない．この役割はBGEの対イオンによりなされる．たとえばホウ酸緩衝液[Na^+と$B(OH)_4^-$から構成される]がBGEとして用いられると，Na^+が電気的中性を満たすために壁面で静的な層を形成する．この層は**二重層**（double layer）あるいは**シュテルン層**（Stern layer）とよばれる．溶媒和したイオンの中心の位置は**外部ヘルムホルツ面**（outer Helmholtz plane）とよばれる．そのほかのNa^+は拡散層に存在し，それらの濃度はキャピラリーの中心に向かうにつれてバルク濃度に近づいていく．陰イオンは拡散層からバルク溶液に存在して電気的中性を保つ．シュテルン層にもっとも近い陽イオンは陰イオンにほとんど覆われていないことに注意しよう．電場が印加

クロマトグラフィーはCEと同じくらい効率的になるだろうか．

とても小さな空間では，流体は壁面との引力がなければ，圧力下での流れであっても境界層での速度はゼロではない．Purdue大学のM. Wirth教授と彼女の学生たちは最近スリップフロー（slip flow）が生じることを示した[B. Wei, B. J. Rogers and M. J. Wirth, *J. Am. Chem. Soc.*, **134** (2012) 10780]．速度プロファイルはもはや放物線ではない．非常に小さな流路をつくるために200 nm以下の結晶コロイド状シリカの充填剤を用いて，きわめて短いカラムで15 nm（！）までの小さな段高と100万段以上の段数が得られた．実際，段数はカラムの長さに依存しない．CEと比較せよ：分離効率はキャピラリーの長さに依存しない，電圧に依存する！

ヘルムホルツ(Hermann Ludwig Ferdinand von Helmholtz, 1821〜1894)は先導的なドイツ人医師，物理学者，哲学者であり，生理学，心理学，色の三次元知覚，色覚，化学的および機械的熱力学，電気力学，その他多くの多様な分野で独創的な貢献をした．ドイツでもっとも大きな研究機関であるHelmholtz-Gemeinschaft Deutscher Forschungszentrenは彼の名前を冠している．

されたとき，それら陽イオンはもっとも強い力を効果的に受ける．そのため，電圧が印加されたとき，固定化されたシュテルン層の陽イオンは動かないが拡散層やバルク溶液の陽イオンは自由に動く．それら陽イオンは負極に向かって動く．イオンは多くの溶媒分子により溶媒和されていて，イオンを溶媒和している水は分子間で水素結合を形成している．内径の小さなキャピラリーでは拡散層の移動が始まるにつれて結合した溶媒が前進し，粘性により互いがつなげられているので全体が前進する．ある程度まで，水分子が陽イオンにより強く結合していればEOFはより大きくなる．EOFは，単位電場強度($V\,cm^{-1}$)あたりの電気浸透流の速度($cm\,s^{-1}$)として$cm^2\,V^{-1}\,s^{-1}$の単位の電気浸透移動度μ_{eo}で数値として表される．参考文献24は，未修飾のシリカキャピラリーで2 mMのK，Na，Liの四ホウ酸塩電解質がμ_{eo}値として9.0，9.1，$9.5\times10^{-4}\,cm^2\,V^{-1}\,s^{-1}$を示すことを述べている．このようすは図21.31の模式図に描かれている．図21.32は層流とEOFの流れのプロファイルを，模式図と実験での測定結果で示している．

EOFの方向と大きさはゼータ電位の符号と大きさに依存する．シリカとポリマーのキャピラリーでは，中性から塩基性のpHで，表面は全体として負電荷を帯びており(ゼータ電位は負であり)，図21.31で示すようにEOFは陽極から陰極へと進む．弱塩基性pH(たとえば，pH 9)と比較的低いイオン強度のBGEでは，溶融シリカの表面がもっとも高いEOFを生じる．ある一定のBGEと一定のキャピラリー表面では，この量はキャピラリーの内径($d \leq 100\,\mu m$の場合)に依存しないが，BGEのイオン強度に依存して，イオン強度の増加にともない低下する．10 mMの$Na_2B_4O_7$溶液(pH 9)のBGEでは，溶融シリカキャピラリーにおける一般的なμ_{eo}値は$6\sim7\times10^{-4}\,cm^2\,V^{-1}\,s^{-1}$となるが，表面処理の状況でこれより高くなることがしばしばある．慣例として，正のμ_{eo}値は陽極から陰極への流れを示し，負の値は流れが陰極から陽極へ進むことを示す．

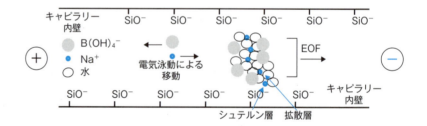

図21.31 電気浸透流(EOF)の起源の模式図

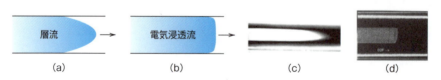

図21.32 層流(a，c)と電気浸透流(b，d)

(a)，(b)は概念的なものであり，(c)，(d)は実験結果である．(c) 幅500 μm，高さ100 μmのガラスマイクロ流路内での圧力下のフロープロファイル[Texas大学Arlington校 P. K. DasguptaとTexas Tech大学 K. Surowiecの厚意による]，(d) 直径75 μm溶融シリカキャピラリー中でのEOFプロファイル[Y. Fujimoto *et al.*, *Anal. Chem.*, **68** (1996) 2753より許可を得て転載]

例題 21.5

UV吸収があり電荷をもたない溶質であるアセトンは，しばしば"中性マーカー"としてEOFの測定に用いられる．内径75 μmの未修飾のシリカキャピラリーが10 mM $Na_2B_4O_7$ 溶液(pH 9)のBGEで用いられる．BGEに溶解した少量の10％アセトン溶液を圧力法により注入する．キャピラリー先端をBGEバイアルに戻し，60 cmの長さのキャピラリーに+25 kVの電圧を印加する．キャピラリーの有効長(注入端から検出点までの距離)は50 cmである．泳動時間(電圧の印加時点から検出器でピークを検出するまでの時間)が181.5 sならば，EOF，電気浸透流速度，電気浸透流移動度はいくらか．

解　答

電気浸透流速度は

$$\frac{50 \text{ cm}}{181.5 \text{ s}} = 0.275 \text{ cm s}^{-1}$$

EOFは体積の流量なので，電気浸透流速度にキャピラリー断面積を乗じることにより得られる．

キャピラリー断面積 $= \pi d^2/4 = 3.14 \times (7.5 \times 10^{-3})^2/4 \text{ cm}^2 = 4.42 \times 10^{-5} \text{ cm}^2$

EOF $= 0.275 \text{ cm s}^{-1} \times 4.42 \times 10^{-5} \text{ cm}^2 = 1.22 \times 10^{-5} \text{ cm}^3 \text{ s}^{-1} = 12.2 \text{ nL s}^{-1}$

電気浸透流移動度は単位電場強度あたりの電気浸透流速度である．電場強度は

$$\frac{25\,000 \text{ V}}{60 \text{ cm}} = 416.7 \text{ V cm}^{-1}$$

電気浸透流移動度 $\mu_{eo} = 0.275 \text{ cm s}^{-1}/416.7 \text{ V cm}^{-1} = 6.6 \times 10^{-4} \text{ cm}^2 \text{ V}^{-1} \text{ s}^{-1}$

EOFは最適分離には速すぎたり遅すぎるかもしれないし，pHで変化してしまうおそれもある．多くの場合，EOFがまったくないのが最良かもしれない．キャピラリーをスルホン化したポリマーで被覆するとpHに依存しないEOF(陽極から陰極へ流れる)をもつようになる．EOFの絶対値はポリマーのスルホン化の程度により制御される．キャピラリーがポリビニルアルコールやポリアクリルアミドのような中性物質で被覆されると，ゼータ電位がゼロに近くなり，EOFがゼロになる．ポリエチレンイミンやポリブレンのような陽イオン性ポリマーで被覆すると，正のゼータ電位を有しEOFは反転する(流れは陰極から陽極に向かう)．キャピラリー内壁は動的に被覆されることもある．たとえば，BGEに陽イオン界面活性剤を添加することにより，界面活性剤濃度に依存してEOFを低下させたり，反転させたりすることができる．

もう一つの優れた方法は，外側からキャピラリー内壁に独立した電位を印加することによるゼータ電位の動的制御である [K. Ghowski and R. J. Gale, *J. Chromatogr. A*, **559** (1991) 95；C.-T. Wu et al., *Anal. Chem.*, **64** (1992) 2310]が，これはそれほど使われていない．

EOFの栓状のプロファイルが直径およそ100 μm以下で保たれることに注意すること．直径が200 μmに達すると，もはや平坦なプロファイルを維持することができなくなり，管の中心付近の速度を壁面付近と同等に保つ粘性流動は起こらない．層流とは正反対に，中心付近の速度が壁面付近よりも遅い．より大きな直径では壁面で生じる流れは中心付近へ循環し，全体の流量はごくわずかになる．

ジュール熱：キャピラリー中で消費される電力は熱として放出される．先に，

EOFが非常に小さい(あるいはほとんどゼロの)とき，例題21.5の解法はEOFの正確な値を決めるのに実際的ではない．J. Horvath, V. Dolnikの総説を参照 [*Electrophoresis*, **22** (2001) 644]．そのなかでは，CEキャピラリーで用いられるさまざまなポリマー被覆およびEOFを決定するための技術がまとめられている．また，HuhnらはCE-MSに絞ってCEの被覆を調査している．[*Anal. Bioanal. Chem.*, **396** (2010) 297]．

EOFの流れが栓流だからCEは高い分離効率を示すのだと，一般的に誤解されている．実際には，もっとも効率的なCE分離のいくつかは，ゼロのEOFを有する被覆キャピラリーで示されている．管径方向に電場が均一なので，CEは効果的な分離を実現する．このことが電気泳動の移動を栓状にする理由となる．EOFが果たす役割は，栓状であることにより分離を悪化させないことである．

高い BGE 濃度が電気的スタッキングに望ましい一方で，上昇した BGE 濃度により発生するたくさんの熱量が利用可能な BGE 濃度の上限を決めていることを述べた．直径が太くなるのにともない，同じ BGE でも電気伝導率は直径の 2 乗に比例して増加する．したがって，同じ電場強度では，消費電力と発熱量は直径の 2 乗に比例して増加する．一方で，キャピラリーが，空冷あるいは液冷により外部冷却されていても，あるいはたんに空気中におかれている場合でも，その熱はキャピラリーの外表面を通して放散される．そのため，熱放射の面では，体積に対してより高い比表面積をもつことが望ましい．これはキャピラリー内径の減少により達成されるが，一方で，キャピラリー内径の減少にともない検出下限はたいていの場合悪くなるので，無限に小さくすることはできない．ほとんどの CE 実験は内径 25〜75 μm の溶融シリカキャピラリーで行われる．溶融シリカは光学的に少なくとも 190 nm まで透明であるばかりではなく，熱の放散を促進する熱伝導体としても優れている．

　ジュール熱の効果を理解するうえで，重要な問題は，温度の上昇ではなく，管径方向（および管軸方向）の不均一な温度上昇である．キャピラリーは熱を外表面から放散するので，流体の中心付近がもっとも高温で管径方向に温度勾配があり，その勾配は全消費電力に比例する．温度勾配はまた，キャピラリー内径の 2 乗にも比例し，流体の熱伝導度に反比例する．温度は粘度に影響し，電気泳動移動度と EOF を変化させる．一般的なイオンの電気泳動移動度はおよそ $1.7\%~\mathrm{K}^{-1}$ で変化する．キャピラリー管の中心付近のイオンや流体が壁面付近よりも速く動くのであれば，層流と同じような状況になる．さらに，流体は流入時点よりも明らかに熱くなっているので，キャピラリーの管軸方向にも同じように温度勾配がある．キャピラリー全体には一つのバルク流れしかないので，キャピラリーの流入地点で温度が低く EOF は小さく，出口に向かうにつれて温度が高く EOF は大きくなるのであれば，明らかに EOF は平坦なプロファイルを保つことはできない．

電気泳動移動度と分離

　無電荷物質とは異なり，荷電した化学種は EOF に流されるばかりでなく，それ自身も電気泳動で移動する．電気泳動移動度 μ_{ep} は式（21.13）で示される当量伝導率 λ から計算される．一般的なイオンについて λ を表 21.2 に記した［表 21.2 は極限当量伝導率 λ^o を一覧にしているが，ほとんどの CE 実験は十分低濃度の BGE で行われるため，$\lambda \simeq \lambda^o$ としても大きな誤差はない］．2 種類の荷電化学種が分離されるかどうかの唯一の決定要因は，電気泳動移動度の差異のみに基づいている．一方，印加電圧や注入点から検出点の距離が分離時間や分離効率を決める．EOF は両方向とり得る（ベクトル量になる）ので，荷電化学種が示す有効移動度 μ_{net} は電気浸透流と電気泳動移動度のベクトル和になる．

$$\mu_{net} = \mu_{ep} + \mu_{eo} \tag{21.24}$$

泳動時間 t_m は単純に移動距離を有効速度で割った値である．

$$t_m = L/(\mu_{net} \times E) = L^2/(\mu_{net} \times V) \tag{21.25}$$

式（21.25）は，電圧 V がかかる長さ L_E と泳動距離 L_m がおよそ同じとした場合の式である．そうでなければ，最初の右辺で L は泳動距離 L_m となる．E は V/L_E であり，L_E は電極間のキャピラリー長さである．もし $L_m \neq L_E$ ならば，式（21.25）中の L^2 は $L_m L_E$ で置き換わる．

例題 21.6

電気伝導率を低減した CE システム（参考文献 24）では，著者らは 2 mM $Na_2B_4O_7$ 溶液（pH 9）の電解質で平均の μ_{eo} 値として $9.1 \times 10^{-4}\,cm^2\,V^{-1}\,s^{-1}$ を観測した．60 cm の長さに +20 kV の電圧を印加し，この装置では注入端から検出器までも同じ長さとする．次の溶質の泳動時間を予測せよ．(a) 安息香酸イオン，(b) ヨウ素酸イオン，(c) スルファミン酸イオン，(d) フッ化物イオン，(e) 硫酸イオン，(f) 臭化物イオン．それらはこの順番での溶出がみられた．また，リン酸イオンの泳動時間も予測せよ．

解 答

表 21.2 にあげられている 6 種類の陰イオンおよび HPO_4^{2-} と PO_4^{3-} の $\lambda°$ 値は，それぞれ 32.4, 40.5, 48.6, 54.4, 80, 78.1, 57, 69 S $cm^2\,eq^{-1}$ である．例として，式 (21.13) を用いて安息香酸イオンについて計算すると [陰イオンに対して μ_{ep} のベクトル符号は負 (−) であることに注意]，

$$\mu_{ep,Bz-} = \lambda_{Bz-}/(zF) = \frac{32.4\,S\,cm^2\,eq^{-1}}{96485\,C\,eq^{-1}}$$

電気伝導率/電気量 = (電流/電圧)/(電流 × 秒) の等価性を考慮すると，

$$\mu_{ep,Bz-} = -3.36 \times 10^{-4}\,cm^2\,V^{-1}\,s^{-1}$$

ヨウ素酸イオン，スルファミン酸イオン，フッ化物イオン，硫酸イオン，臭化物イオンについても同様に，それぞれの μ_{ep} 値を −(4.20, 5.04, 5.64, 8.29, 8.9) × $10^{-4}\,cm^2\,V^{-1}\,s^{-1}$ と計算できる．

pH 9 では，リン酸イオンは主として HPO_4^{2-} として存在していて，PO_4^{3-} はごくわずかである．K_3 値は 4.8×10^{-13} であるから，$\alpha_{HPO_4^{2-}} = [H^+]/(K_3 + [H^+]) = 0.9995$ となる．リン酸イオンについて加重平均の λ は pH 9 で $57 \times 0.9995 + 69 \times 0.0005 = 57.01$ となる．対応する μ_{ep} 値は $5.91 \times 10^{-4}\,cm^2\,V^{-1}\,s^{-1}$ となる．

式 (21.24) を用いて，安息香酸イオンについて計算でき，

$$\mu_{net,Bz-} = (9.1 - 3.4) \times 10^{-4}\,cm^2\,V^{-1}\,s^{-1} = 5.7 \times 10^{-4}\,cm^2\,V^{-1}\,s^{-1}$$

式 (21.25) から，

$$t_{m,Bz-} = (60)^2/(5.7 \times 10^{-4} \times 2 \times 10^4)\,s = 316\,s$$

その他すべての陰イオンの泳動時間は同様に計算でき，それらは予想された順番で（参考文献 24 に報告されているように）実際に溶出する．唯一の例外は臭化物イオンで，硫酸イオンの前に予想されているが，実際の観測では順番が逆転している．さらに，予測される泳動時間は速く溶出するイオンについては観測される時間と近いが，遅く溶出するイオンでは予測された時間よりも非常に速く溶出する．これは，μ_{ep} 値が増加するにつれて μ_{net} が小さくなり，μ_{net} の不確かさは大きくなることを考慮すればよい．もし，極限当量伝導率から計算される値よりも μ_{ep} 値が小さければ，観測される t_m は計算される時間よりも小さくなる．さらに，この不一致は SO_4^{2-} や HPO_4^{2-} のような二価イオンで大きくなる．

例題 21.7

参考文献 24 の著者はポリビニルアルコール，リン酸，塩化ポリ（ジアリルジメチルアンモニウム）の混合ポリマーで内壁を被覆することにより正電荷を有する内壁を作製した．分離長 60 cm のキャピラリーに −20 kV の電圧を印加したところ，NO_3^-（$\lambda°$ は 71.4 S $cm^2\,eq^{-1}$ である）の泳動時間は 150 s であった．μ_{eo} を計算せよ．

解 答

式(21.13)に基づいて，$\mu_{ep,NO_3^-} = -7.40 \times 10^{-4}\,\text{cm}^2\,\text{V}^{-1}\,\text{s}^{-1}$
式(21.25)に従って，

$$\mu_{net,NO_3^-} = (60\,\text{cm})^2/(150\,\text{s} \times -2 \times 10^4\,\text{V}) = -1.2 \times 10^{-3}\,\text{cm}^2\,\text{V}^{-1}\,\text{s}^{-1}$$

有効な電気泳動移動度の負の符号は，全体の移動が陽極方向に向かっていることを示す．

$$\mu_{eo} = \mu_{net,NO_3^-} - \mu_{ep,NO_3^-} = (-1.2 \times 10^{-3} + 7.4 \times 10^{-4})\,\text{cm}^2\,\text{V}^{-1}\,\text{s}^{-1}$$
$$= -4.6 \times 10^{-4}\,\text{cm}^2\,\text{V}^{-1}\,\text{s}^{-1}$$

負の符号は，流れが陽極方向に向いていることを示している．壁面が正に帯電しているので，電気浸透流は陽極に向かう．

CE での段数と分離度

バンドの拡がりはその分散 σ[式(19.6)]を用いて表現されることを思い出そう．CE では，拡散以外にクロマトグラフィーで分散の原因となるいずれもがあてはまらない．式(19.6)は時間に注目して分散を表現していた．それはまた，分析成分が通過する長さの関数として記述される[式(19.6)]．

$$N = \left(\frac{L}{\sigma_{長さ}}\right)^2$$

分散 $\sigma_{長さ}$ は，拡散係数 D を有する化学種が泳動時間 t_m で分散する固有長として表現される．

$$\sigma_{長さ} = \sqrt{(2Dt_m)} \tag{21.26}$$

すなわち，式(21.25)から t_m の値を代入して，

$$\sigma_{長さ}^2 = 2Dt_m = 2DL^2/(\mu_{net} \times V) \tag{21.27}$$

式(21.26)の $\sigma_{長さ}$ を代入して，N についての式を得る．

$$N = (\mu_{net} \times V)/2D \tag{21.28}$$

注目すべきことは，CE の効率は印加電圧と分析成分の有効移動度だけに依存する点である．後者は分析成分が移動する時間と反比例の関係にあり，時間が長くなればバンドは拡がり効率は下がる．μ_{net} と D の両方が分析成分に依存することに注意すること．結果として，CE では効率は分析成分に依存する．

例題 21.8

例題 21.6 で扱ったキャピラリーを用い，60 cm キャピラリーと 2 mM $Na_2B_4O_7$ 溶液の BGE に＋20 kV の電圧を印加したところ，$9.1 \times 10^{-4}\,\text{cm}^2\,\text{V}^{-1}\,\text{s}^{-1}$ の μ_{eo} が得られた．小さなイオン Ag^+ と $D = 3 \times 10^{-7}\,\text{cm}^2\,\text{s}^{-1}$ を有する 100 kDa タンパク質について段数を計算せよ．BGE の pH はタンパク質の等電点にとても近く，そのためタンパク質の μ_{ep} はゼロであるとする．

解 答

例題 21.2 に従うと，Ag^+ の μ_{ep} は $6.4 \times 10^{-4}\,\text{cm}^2\,\text{V}^{-1}\,\text{s}^{-1}$（表 21.2 の極限当量伝導率のデータからも計算可能）で，そこから D を計算すると，$1.64 \times 10^{-5}\,\text{cm}^2\,\text{s}^{-1}$ となる．

したがって，

$$\mu_{net} = \mu_{eo} + \mu_{ep} = (9.1 + 6.4) \times 10^{-4}\,\text{cm}^2\,\text{V}^{-1}\,\text{s}^{-1} = 1.55 \times 10^{-3}\,\text{cm}^2\,\text{V}^{-1}\,\text{s}^{-1}$$

となり，Ag^+ の段数は，
$$N = \frac{(1.55 \times 10^{-3} \text{ cm}^2 \text{ V}^{-1} \text{ s}^{-1}) \times 20\,000 \text{ V}}{2(1.64 \times 10^{-5} \text{ cm}^2 \text{ s}^{-1})} = 945\,000 \text{ 段}$$

タンパク質については，
$$N = \frac{(9.1 \times 10^{-4} \text{ cm}^2 \text{ V}^{-1} \text{ s}^{-1}) \times 20\,000 \text{ V}}{2(3.0 \times 10^{-7} \text{ cm}^2 \text{ s}^{-1})} = 30\,000\,000 \text{ 段}$$

上記の段数はどちらも非常に大きく，タンパク質の段数はさらに Ag^+ の30倍以上大きい！ 実際には，段数を制限する多くの因子がある．きわめて大きな μ_{net} 値は，得られるピークに対して非常に高い効率を与えるが，すぐに検出されるのでよい分離にはならない．さらに，注入された試料液には有限の幅があり，キャピラリー中での発熱は防ぐことができず，検出器は有限の幅で検出する．小さなイオンに対して，100 000 の段数はとてもよいと考えられる．百万を超える段数は，タンパク質分離において珍しくない．

クロマトグラフィーでの分離度［式(19.31)，(19.33)］と同様に，二つの溶質 1, 2 間の分離度 R_s は次式で与えられる．

$$R_s = \frac{1}{4}(\Delta\mu_{net}/\mu_{net,Av})\sqrt{N} \tag{21.29}$$

ここで，$\mu_{net,Av}$ は二つの溶質 1, 2 の μ_{net} の平均値である．$\Delta\mu_{net} = \Delta\mu_{ep}$ であることに着目し，式(21.28)から N の項を代入すると，

$$R_s = 0.177\,\Delta\mu_{ep}\sqrt{\frac{V}{\mu_{net,Av} D_{Av}}} \tag{21.30}$$

式(21.30)は，pH，BGE の組成，化学的誘導体化のいずれかによっても，二つの分析成分の電気泳動移動度の差が大きくなることが，電圧を上げることよりも，分離度の向上により効果的であることを示している．分離度を2倍にするには電圧を4倍にしなければならない．μ_{net} を増加させることは，実際的に分離を低下させる．式(21.30)はまた，EOF が正確に制御できるなら，非常に近い μ_{ep} 値を有する2種類の分析成分でも分離されることを暗示している．近い μ_{ep} 値を有する二つの分析成分を考えると，どちらも電気泳動により検出器の方向へ移動する．仮に，反対向きの EOF があり，移動が遅い分析成分の電気泳動による動きと正確につり合うように調整できれば，この分析成分の μ_{net} はゼロになりまったく動かない．もう一方の分析成分は，その動きはゆっくりであってもやがては検出器に到達する．

式(21.28)～(21.30)はキャピラリーの長さと直径に依存しないことを示している．しかしながら，キャピラリー長の最小値と直径の最大値はジュール熱を考慮して決められる．短いキャピラリーは迅速分析に向いており，太い内径は LOD の向上につながる．それゆえ，実際の分析では妥協点を必要とする．電気泳動分析をマイクロチップ上で行うことは容易で，適切な試料導入のために多くの技術が開発されている．図 21.33 は，チップ上でのエレクトロフェログラムの例である．

1980 年代の末期から 1990 年代の初頭に，CE は小さなイオンの分析にとても有望であると考えられた．CE は，そうした応用において，IC を置き換えるだろうと，多くの人が感じた．実際，IC 装置の有名な販売元は CE 装置をそのよう

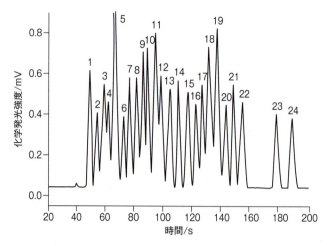

図 21.33 *N*-(4-アミノブチル)-*N*-エチルイソルミノール(**ABEI**)による誘導体化後のマイクロチップ分離と化学発光検出

BGE は触媒として 1.0 mM Co^{2+}，増感剤として 1.0 mM アデニン，35 mM SDS を含む 15 mM のホウ酸緩衝液(pH 9.8)．約 350 V cm^{-1} の電場下，幅 65 μm，深さ 25 μm，長さ約 6 cm のチャネルで分離が行われている．ドーパミン，ノルアドレナリン，γ-アミノ-*n*-酪酸，アグマチン，オクトパミン，カルノシン，ホモカルノシン，アンセリン，と 20 種類の一般的なアミノ酸混合物の分離である．それぞれの溶質濃度は 1 μM．検出ピークは，1：ABEI，2：アグマチン＋オクトパミン，3：アルギニン，4：リシン，5：過剰の ABEI，6：ノルアドレナリン，7：ドーパミン＋バリン，8：プロリン，9：アスパラギン，10：グルタミン＋メチオニン，11：ロイシン＋イソロイシン，12：ヒスチジン，13：カルノシン，14：ホモカルノシン，15：アンセリン，16：フェニルアラニン，17：γ-アミノ-*n*-酪酸，18：アラニン＋トリプトファン，19：トレオニン＋チロシン，20：セリン，21：シスチン，22：グリシン，23：グルタミン酸イオン，24：アスパラギン酸イオン．

[S. Zhao, Y. Huang, M. Shi, and Y-M. Liu, *J. Chromatogr. A*, **1216** (2009) 5155, ⓒ2009, Elsevier 社より許可を得て転載]

な目的で開発した．しかし，現在，どの装置も市場に残っていない．CE は頑健性，再現性，実試料に対して真の微量分析を行う能力(とくに他成分が大量にある場合)をもつことに，結局成功しなかった．EOF は CE 分離に強く影響する．EOF はキャピラリー表面によって発生する．壁面に吸着するいかなる物質も EOF を変化させる．これが多くの実試料分析で大きな問題となる．しかしながら，CE は，とくにマイクロチップの様式で，特定分野であれば成功するだろう．試料液が十分希薄で(イオン性成分が電気的スタッキングを生じるほど希薄で)，界面活性剤が BGE に添加されて壁面に強く吸着し，一定の EOF を保つならば，実現するだろう．**図 21.34** は，マイクロチップ CE 装置により得られた発電プラントの蒸気凝縮水のエレクトロフェログラムである(発電プラントの冷却水は，金属配管の腐食を防ぐために高純度に保たれている)．

21.11 電気泳動に関連する技術

電気的中性分子の分離：MEKC

CE では分離が μ_{ep} の差異に基づいてのみ起こる．すべての中性分子は $\mu_{ep} = 0$ であり，電荷を有する物質が中性分子から分離される一方で，中性分子間は相互に分離されない．姫路工業大学の寺部茂と学生たちは，電荷を有する界面活性剤(たとえば，硫酸ドデシルナトリウム：SDS)をその臨界ミセル濃度以上で BGE に添加すれば，この状況を変えられることに気づいた．いま，ミセル相が BGE

MEKC に関する古典的論文を参照されたい．S. Terabe, K. Otsuka, K. Ichikawa, A. Tsuchiya, and T. Ando, *Anal. Chem.*, **56** (1984) 111.

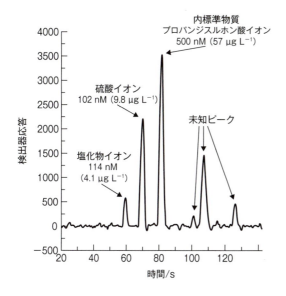

図21.34 マイクロチップによる発電プラントの蒸気凝縮水のエレクトロフェログラム

1.5 s（−125 V cm^{-1}）の電気的注入．分離チャネルは 50×50 μm，長さ7 cm であり，分離電場強度も−125 V cm^{-1}（負の高電圧を印加）．検出極（＋）が接地されている．すべてのイオンについて $\mu_{eo} < \mu_{ep}$ であり，全体の方向は EOF と反対向きである．検出は電気伝導率による．

[Advanced MicroLabs 社の厚意による]

中に存在する状態を考えてみよう．そのようなミセルは疎水性の内部をもち，そこに中性の溶質が分配する．溶質の親水性が低ければ低いほど，バルクの BGE にとどまるよりもミセル内部に分配されやすくなる．たとえば，試料中に微量のアセトンとトルエンがある場合，より疎水性の高いトルエン分子が，アセトンよりも SDS ミセルの内部により効果的に分配される．

欄外の図に示したようにイオン性ミセルは帯電しており，EOF により運搬されるのと同時に電気泳動で移動する．一方，バルクの BGE にありミセルの外部にある中性分子は，バルクの EOF により移動するだけである．模式図のなかで SDS はホウ酸緩衝液中で正の高電圧が印加されており，μ_{eo} が正の値で，負に帯電したミセルの μ_{ep}（負の符号）よりも大きいとする．したがって，BGE はミセルの有効速度よりも速く検出器の方向へ移動する．それゆえ，大部分がミセルへ分配する分析成分は遅れて検出器に到達する．

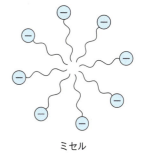

ミセル

それぞれの溶質はミセル相へ異なった分配挙動を有するために分離が生じる．すなわち，電気的に誘導された力によって移動が引き起こされても，この分離の原理は本質的にクロマトグラフィーである．この技術はその本質にふさわしく，**ミセル動電クロマトグラフィー**（micellar electrokinetic chromatography：MEKC）とよばれている．ミセルが擬似固定相としてはたらくクロマトグラフィーである．上記の例では，荷電したミセルとの静電相互作用があるので，陽イオンの移動も影響を受けることに注意が必要である．MEKC は水に難溶性の中性物質の分離に便利である．多くの小分子やステロイドなどの生体関連物質がこの分類に入る．キャピラリーでもマイクロチップでも，CE と MEKC で必要とされる装置に違いはない．図 21.33 の分離は実際 MEKC により行われている．

ある分析成分の保持時間は保持係数 k に依存しており，k はバルク BGE 中の溶質（n_{BGE}）に対するミセル中の溶質（n_{MC}）のモル比で与えられる．すなわち，

$$k = \frac{n_{\mathrm{MC}}}{n_{\mathrm{BGE}}} \tag{21.31}$$

溶質の保持時間 t_R は $t_0 < t_R < t_{\mathrm{MC}}$ の範囲であり，溶質はチャート上に現れる．

界面活性剤(surfactant)という用語は，Surface Active Agent の省略である．界面活性剤が表面張力を低下させるためそのようによばれる．界面活性剤は，およそ12以上の炭素数の炭化水素鎖の尾部とイオン化できる極性の頭部を有する．洗剤は陰イオン界面活性剤であり，硫酸ドデシルナトリウムのように，スルホン酸基あるいは硫酸基を有している．髪のコンディショナーは陽イオン界面活性剤であり，ほとんどの場合，第四級アンモニウム基を有している．臨界ミセル濃度(critical micelle concentration : CMC)とよばれるある濃度以上では，界面活性剤分子は自己会合してミセルを形成する．ミセルは疎水性の尾部を内側に向けて非極性の核を形成し，そこに中性の溶質が分配する．極性の頭部は外側の殻を形成する．陰イオン界面活性剤からなるミセルを前ページに示した．

炭素鎖の長さが増加するにつれて CMC は低下する．SDSのCMCは8.2 mMである．CMC値の表として，http://www.nist.gov/data/nsrds/NSRDS-NBS361.pdf を参照のこと．

Unimicro Technologies 社は数少ない CEC を専門に扱う供給元の一つである．

ここで，t_0 はミセルに分配しない中性マーカーの泳動時間であり，t_{MC} はミセルの観測される泳動時間である．溶質の水相中の分率である R は，次式で与えられる．

$$R = \frac{\mu_i + \mu_{MC}}{\mu_{eo} + \mu_{MC}} \tag{21.32}$$

ここで，μ_i は分析成分 i の泳動速度であり，μ_{MC} がベクトル量であることに注意すると，たとえば，負に帯電した SDS ミセル中で μ_i は負になる．R は次のように記述さる．

$$R = \frac{1}{1 + k} \tag{21.33}$$

L を注入点から検出点までの長さとすると，$\mu_{eo} = L/t_0$, $\mu_{MC} = L/t_{MC}$, $\mu_i = L/t_R$ となり，これらを式(21.32)に代入して式(21.33)と結合すると，次式が得られる．

$$k = \frac{t_R - t_0}{t_0\left(1 - \dfrac{t_R}{t_{MC}}\right)} \tag{21.34}$$

$[1-(t_R/t_{MC})]$ の項は電気泳動分離の保持挙動の特徴に由来する．t_{MC} が無限になる(つまり，ミセル擬似相は静止している)場合を考えると，式(21.34)は通常のクロマトグラフィーで見慣れた式になる[式(19.12)を参照]．

MEKC は電気で移動するキャピラリー分離のなかでもっともうまくできた形であることは間違いない．キラル分離はキラルな界面活性剤で行える．界面活性剤の存在は，キャピラリー内壁への分析成分の不可逆な吸着を防ぎ，永続的にEOFを変える．

キャピラリー電気クロマトグラフィー

キャピラリー電気泳動とHPLCの特徴を組み合わせると，それぞれの特徴を引き継いだハイブリッド技術を形成できる．それは**キャピラリー電気クロマトグラフィー**(capillary electrochromatography : CEC)とよばれ，HPLCのように中性分子の分離に用いられる．一般的に，キャピラリーは通常 $d_p \leq 3\,\mu m$ の逆相クロマトグラフィーの固定相粒子で充填される．ほかの固定相が用いられることもある．カラム両端に電圧が印加されると電気浸透流を生じる．カラムを通過する流れは，圧力よりも電気浸透流により駆動する．しかしながら，同時にポンプにより圧力がかけられることも珍しくはない(これは圧力支援CEC，p-CEC とよばれる)．CEC の一般的な操作は HPLC の操作と同様であるが，効率はおよそ2〜3倍よい．

CECがCEとHPLCの長所を生かしているのか，欠点を増やしただけなのか，まだ最終結論には至っていない．効率の面で明らかに利点がある一方で，カラム充填剤により流れが生じるので充填剤の汚染(試料成分の不可逆吸着)が流速を永続的に変えてしまうことがある．また，電気浸透だけによって発生する流速は要求水準を満たさないこともある．これが，圧力による補助が用いられる理由である．さらに，発生するEOFは電場下でシステム全体で同じでなければならない．大きな表面積のために，出口のフリットがその前におかれるカラムよりも大きなEOFを発生すると気泡が生じる．多くの場合，CEC は分析上の課題を探すことに用いられている．

等速電気泳動とキャピラリー等速電気泳動

J. W. Jorgenson と K. D. Lukacs の成果まで,等速電気泳動(isotachophoresis:ITP)がもっとも広く用いられた管状電気泳動であり,内径 0.25〜0.50 mm の管内で行われた.ITP を行うための市販装置は 1970 年代から入手できた.現在,ITP はおもにキャピラリー内で行われる.キャピラリー等速電気泳動(capillary isotachophoresis:CITP)は EOF がゼロのキャピラリーで行われ,1 回の測定で一方の種類のイオン(陽イオンか陰イオン)について行われる.陰イオンの ITP について考えてみよう.まず,リーディング液とよばれる電解質が選ばれる.リーディング液中の電解質の陰イオンは試料中の他のどの陰イオンよりも速い移動度を有している.リーディング液でキャピラリーを満たしたあと,試料液が注入される.陽極端をリーディング液の緩衝液溜めに入れ,陰極端をターミナル液の緩衝液溜めに入れる.ターミナル液の電解質の陰イオンは試料中の他のどの陰イオンよりも遅い移動度を有する.リーディング液とターミナル液との間の空間で分離が行われる.

異なる種類の陰イオンの分析成分は,それらの移動度に従って順序を形成する.図 21.35 に示すように,個々の陰イオン成分の間で安定なゾーン境界を形成する.

等速電気泳動の特徴は,定常状態に達するとすべてのバンドが同じ速度で移動することである.速度はイオン移動度 μ と電場 E との積であるので,定常状態での**等速電気泳動条件**(isotachophoretic condition)は,

$$\mu_L E_L = \mu_A E_A = \mu_B E_B = \mu_C E_C = \mu_T E_T \quad (21.35)$$

ここで,L:リーディング液電解質の陰イオン,A, B, C:分析成分イオン,T:ターミナル液電解質イオンであり,E_i はイオン種 i を含むゾーンにかかる電場である.直列回路ではそれぞれのゾーンで同じ電流が流れているので,電場はすべてのゾーンで単位ゾーン長さあたりの抵抗に直接関連する.単位長さあたりの電気伝導率がおよそ $\lambda_i C_i$ で与えられ(C_i は eq L^{-1} で表されるイオン種 i の濃度),同じ対イオン q がキャピラリー全体にあることを考慮すると,抵抗は容易に $1/C_i(\lambda_i + \lambda_q)$ と計算できる.式(21.35)中の最初の等式だけをとりだすと,次式になる.

$$C_i = \frac{C_L \mu_i (\lambda_L + \lambda_q)}{\mu_L (\lambda_i + \lambda_q)} \quad (21.36)$$

C_i は分離されたゾーンでのイオン種 i の濃度を表しており,もとの試料液中の濃度でないことに注意すること.もとの試料液中のイオン種 i の総量(試料液中の濃度と関連する)は,C_i とイオン種 i を含むゾーン長さの積に比例する.したがって,ゾーン長さはもとの試料液中のイオン種 i の濃度の指標になるが,式(21.36)

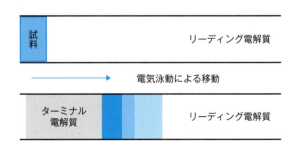

ギリシャ語の *Tachos* は速度を示す.よって,Isotachophoresis は異なる化学種がすべて同じ速度で動いている状況を表している.等速電気泳動の原理はコールラウシュ(Kohlrausch)により 1897 年に確立された[F. Kohlrausch, *Ann. Phys. Chem.*, 62 (1897) 209].

コールラウシュ(Friedrich Wilhelm Georg Kohlrausch, 1840〜1910)は溶液の電気伝導率の説明,電気伝導度測定のための交流技術の発明でよく知られている.彼の有名な学生には,ネルンスト(Walther Nernst)とアレニウス(Svante Arrhenius)がいる.

図 21.35 等速電気泳動による分離
イオンは移動度に基づいて順序を形成し,もっとも速いイオンがリーディング電解質側になる.上図は試料液が最初に導入された状態で,下図は定常状態に達した状態である.ゾーンの幅は分析成分イオンの濃度に関連している.

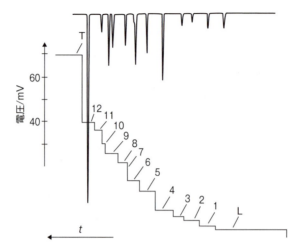

図21.36 内径105μmのフルオロカーボンキャピラリー中での陰イオンの等速電気泳動分離
L：ヒスチジンでpH6に中和された10 mM HCl溶液，T：2 mM ヒドロキシエチルセルロース，5 mM MES．下側の図は抵抗の増加に対応する．1：塩化物イオン，2：硫酸イオン，3：塩素酸イオン，4：クロム酸イオン，5：マロン酸イオン，6：アジピン酸イオン，7：安息香酸イオン，8：未知の不純物，9：酢酸イオン，10：β-ブロモプロピオン酸イオン，11：ナフタレン-2-スルホン酸イオン，12：グルタミン酸イオン，13：ヘプタン酸イオン．
［D. Kaniansky, M. Koval, and S. Stankoviansly, *J. Chromatogr. A*, **267** (1983) 67.©1983, Elsevier社より許可を得て転載］

で示したようにゾーン長さはイオンの移動度と対イオンの移動度の関数でもある．図21.36は，下に抵抗検出器で得られたイソタコフェログラムを，上には微分電気伝導度検出器で得られたものを示す．

ITPでは，バンドの形成は自己修復的である．あるバンドからイオンが次の速く動くバンドに入り込むことを想定しよう．そこでは，もとに存在したゾーンよりも低い電場に遭遇することになり，速度が遅くなってもとのバンドに戻ることになる．イオンが遅くなり後ろのゾーンに入り込んだ場合にも，反対のことが起こる．ITPはキャピラリーゾーン電気泳動の予備濃縮法として使われるようになっている．

■ 質 問

HPLCの基礎

1. 装置的な面とファンディームターの挙動の面から，HPLCはGCとどのような違いがあるか．
2. 基本的なHPLC装置とあなたが思い描く装置（金に糸目をつけず！）の概念図を描け．
3. (a) 分離のモード，(b) カラムの物理的性質に基づいて，HPLCの類別を述べよ．

イオン交換クロマトグラフィー

4. イオン交換樹脂とは何か．イオン交換樹脂からイオンを溶離するために，溶離液が必須とする要素は何か．
5. ゲル型と網目状のイオン交換樹脂の違いを述べよ．
6. 弱酸性と強酸性，弱塩基性と強塩基性のイオン交換樹脂の違いを述べよ．
7. H^+形強酸性陽イオン交換体とOH^-形強塩基性陰イオン交換体の混合物はミックスベッド樹脂とよばれる．水道水をそのような樹脂の充填層にゆっくりと浸透させて電気伝導率を測定したら，溶出液の電気伝導率はどのようになると考えられるか．
8. 現代のイオン交換相のいくつかについて，その構成を述べよ．

HPLC の相

9. モノリスカラムとは何か．モノリスカラムは構造と性能の点で通常の充塡カラムとどのように異なるのか．誰がモノリスカラムを発明したか．彼が成し遂げた分離科学へのほかの貢献は何か．
10. 両性イオンを結合した HILIC 固定相で，強い静電相互作用を有する分析成分の溶出順は，両性イオンがどの向きで結合しているかに依存してしばしば反転する．その理由を説明せよ．
11. キラル固定相のおもな型式を表にして示せ．キラル異性体間の識別について少なくとも一つの機構の詳細を述べよ．
12. 極端な pH や温度条件下で，耐えられる固定相は何か．どのようにすればこれは達成できるか．

HPLC 装置

13. ポンプ以外のどのような要素が HPLC の溶媒送液系を構成できるか．
14. HPLC で用いられる 2 種類の基本的なポンプの類型を述べよ．
15. 低圧グラジエントと高圧グラジエントの溶離システムは何を意味するか．クォーターナリーポンプは何を意味するか．
16. "HPLC ポンプは紛れもなく宝石箱だ." この言葉の意味を説明せよ．
17. どのように 6 ポート外部ループのインジェクターが作動するか説明せよ．内部ループのインジェクターとは何か．それにはいくつの外部ポートがあるか．

その他の相，適用例

18. アセトニトリル-水混合液を溶離溶媒に用いた場合，C18 逆相カラムから次の物質はどの順番で溶出するか：ベンゼン，アセトン，安息香酸．
19. 逆相 HPLC で一般的に用いられる非極性の結合相は何か．HILIC で用いられる結合相は何か．
20. 結合型逆相粒子で，なぜシリカ粒子はエンドキャッピングされるのか．
21. ミクロポーラス粒子，パーフュージョン粒子，ノンポーラス粒子，表面多孔性粒子の違いについて簡潔に述べよ．それらに特有の特徴/適用は何か．
22. ガードカラムとは何か．なぜ用いられるのか．ガードカラムを用いるのが難しいのはどのような場合か．
23. HPLC と UHPLC はどのように異なるのか．

👍 発展質問

【Michigan 大学 Michael D. Morris 教授提供】

24. 液体クロマトグラフィーでは，広範囲の分配係数を有する物質群を比較的短時間で同程度の分離効率で分離するために，勾配溶離が用いられる．どのように機能するのか．またなぜ機能するのか．ガスクロマトグラフィーで同様の結果を得るために，用いられる方法を簡潔に説明せよ．
25. HPLC で管径の小さなカラムが有する利点は何か．

サイズ排除クロマトグラフィー

26. サイズ排除クロマトグラフィーの原理を述べよ．排除限界とは何か．
27. サイズ排除クロマトグラフィーとイオン排除クロマトグラフィーを比較せよ．それぞれのおもな適用分野は何か．
28. ミセル動電クロマトグラフィーとサイズ排除クロマトグラフィーを対比せよ．

検出器

29. HPLC で非選択的(すべての種類の分析成分に応答する)と考えられている検出器は何か．それらの限界は何か．
30. 屈折率，粘度，光散乱検出器のおもな利用分野は何か．屈折率検出器の作動原理を述べよ．
31. エーロゾル検出器あるいは溶液の電気伝導度検出器が準非選択的検出器とされるのはどのような観点から正しいとみなされるか．
32. 電気伝導率の交流測定を実現したのは誰か．電気伝導率を直流ではかるときに直面する問題は何か．
33. HPLC 検出器として一般的に望まれる指標は何か．
34. 既知の粘度の液体をある一定流量で既知の内径と長さのチューブを通して送液している．必要とされる圧力を計算する式を述べよ．もし，チューブの直径を 1/2 に細くしたら，必要な圧力は何倍に変化するか．
35. 溶液を電極に接触することなく電気伝導率を測定することは，どのようにしたら可能か．その手法は何とよばれるか．この方法での電気伝導率の測定に，何か利点を見出せるか．
36. HPLC で用いられるエーロゾル検出器の作動原

理を述べよ．

イオンクロマトグラフィー

37. サプレッサー方式の電気伝導度検出イオンクロマトグラフィーの原理を説明し，ノンサプレッサー方式のイオンクロマトグラフィーと比較せよ．
38. ノンサプレッサー方式のイオンクロマトグラフィーの電気伝導度検出を間接吸光検出と比較せよ．
39. 充填カラムを用いるサプレッサーとサプレッサー膜について，利点と欠点を述べよ．
40. 化学反応により再生するサプレッサー膜と電気透析により再生するサプレッサー膜の利点と欠点を述べよ．
41. イオンクロマトグラフィーにおける勾配溶離の陰イオンとして，なぜ水酸化物イオンは選択肢の一つになるか．どのようにして純粋な水酸化物イオン溶離液を生成させるか．どのようにして生成した溶離液中の不純物である炭酸イオンを除去するか．
42. 電気透析により生成された溶離液について，なぜKOHがNaOHやLiOHよりも一般的に用いられるのか．

ほかの検出方法

43. 吸光検出において，LCWセルを用いる利点は何か．蛍光検出ではどうか．
44. HPLCにおいて，もっとも一般的に用いられる検出器は何か．その概念図を描け．
45. 2種類の分析成分が同じ保持時間で溶出するとき，どのようにしたら異なる二つの波長での吸光度の比のプロットが定量に活用できるか．
46. HPLCで用いられるフォトダイオードアレイ検出器の概念図を描け．
47. 電気化学検出（クーロメトリー／アンペロメトリー）で検出できる分析成分をいくつかあげよ．
48. ポストカラム反応（PCR）検出とは何か．PCRによる検出で大切な二つの指針は何か．PCR検出は試薬を導入することなく可能か．
49. ポストカラム反応器の異なる設計について述べよ．どのような設計をすると，十分長い反応時間をとることができるか．

応 用

50. HPLC技術のなかで，イオンクロマトグラフィー

は溶離液の調製と操作の点で多くの電気透析の手法を利用する点が特徴的である．その概要を説明せよ．
51. イオンクロマトグラフィーでは異なる2カ所でガス除去装置が用いられる．一つはインジェクターの前であり，もう一つは検出器の前である．その理由を説明せよ．
52. 勾配溶離が望ましくない場合を述べよ．
53. 内径の小さなカラムを用いる利点は何か．
54. 大きなカラム容積を用いることで分離空間が増加するのは，どのタイプのクロマトグラフィーか．

薄層クロマトグラフィー

55. HPLCの保持係数をTLCのR_f値と比較せよ．R_f値でとり得る最大値，最小値はいくつか．
56. TLCとHPTLCはどのように違うか．どのような場合に後者が価値あるか．広範な(HP)TLCの適用事例でどのような種類の固定相が用いられるか．
57. 試料液をHPTLC板に滴下するもっともよい方法は何か．スポットを可視化するために液相での試薬との反応が必要なとき，それを行うための最善の方法は何か．TLCで用いられる間接吸光検出に相当する検出方式は何か．
58. 次の記述を説明せよ：薄層クロマトグラフィーは典型的な非平衡過程である．容器下部におかれている展開液の組成は既知であるが，実際にプレート上で移動する溶媒はそれとは異なり組成を知ることは難しく，さらにプレートの位置により組成が異なるかもしれない．
59. HPTLCではどのようにしたら勾配溶離が遂行できるか．
60. (HP)TLCで用いられる可視化法と定量法を述べよ．

電 気 泳 動

61. CZEの分離の基礎を述べ，クロマトグラフィーの分離と比較せよ．
62. 自由溶液での電気泳動ですべての種類の分析成分を分離することはなぜできないのか．ゲルはなぜ用いられるのか．
63. パルスフィールドゲル電気泳動とスラブゲル電気泳動の違いを述べよ．
64. 平板ゲル電気泳動とCE，マイクロチップCEで用いられる典型的な電場強度はどの程度か．な

65. 等電点電気泳動とは何か．キャピラリー等電点電気泳動（CIEF）ではどのような種類の分離が可能か．
66. SDS-PAGE とは何か．試料液がおかれるのはゲルの陰極側か，陽極側か，それとも中央か．
67. CE と HPLC の利点と欠点を比較せよ．
68. エチジウムブロミドは今日でももっとも一般的な DNA と相互作用する蛍光タグである．しかし，ほかのタグに移行する動きが強い．なぜか．
69. ZIEF とは何か．実質上ゼロ電場で分離を行うことはどのようにしたら可能か．
70. すべての市販 CE 装置で採用されている安全装置は何か．
71. CE で用いられる 2 種類の基本的な試料液の注入モードを述べ，それぞれの利点と欠点を述べよ．
72. どのような条件下で電気的スタッキングが生じるか．電気的スタッキングは CE において有益か有害か．
73. 最初に電気浸透流（EOF）を観測したのは誰か．その人物の科学におけるほかの貢献をあげよ．EOF はどのように発生するのか．
74. あなたの友人の本には，EOF のプロファイルは CE で観測される高い分離効率のおもな原因であると書いてある．その記述は正しいか．あなたの立場を主張せよ．
75. CE では印加電圧の上昇とともに段数が増大するが，高すぎる電圧印加は過剰な電力消費になり，ある点を越えると効率は悪化する．なぜこのようなことが起こるのか，正確に述べよ（"発熱するから" はよい答えではない）．
76. ゼータ電位とは何か．ゼータ電位はどのように変化するか．
77. 典型的なミセルの内部は炭化水素に類似している．会合によりミセルを形成する分子数は 2～200 分子であり，SDS では約 60 分子である．MEKC を HPLC と比較するとき，MEKC はどのタイプの HPLC にもっとも類似するか．どの種類の分子が MEKC の分離に適し，どの種類の分子が MEKC による分離に適さないか．
78. 等速電気泳動で何が起きるのかを説明せよ．等速電気泳動の条件は何か．

問題

クロマトグラフィーの基礎の復習

👍 発展問題
【Wake Forest 大学 Christa L. Colyer 教授提供】

79. 図 21.16 を参考に，GSH，GSSG，HCys を分配定数 C_s/C_m の順（大きいものから小さいもの）に並べよ．なぜその順序で並べたのか，友人に説明せよ．

👍 発展問題
【Brigham Young 大学 Milton L. Lee 教授提供】

80. 二つの物質 A と B を 30.0 cm のカラムを用いて分離したところ，A，B に対してそれぞれ 15.80 min と 17.23 min に保持時間を示し，保持されない物質の溶出時間は 1.60 min のクロマトグラムを得た．A と B のピークのバンド幅はそれぞれ 1.25 min と 1.38 min であった．（a）このカラムの段数の平均値，（b）段高，（c）A と B の分離度，（d）分離度 1.5 を得るのに必要なカラム長，（e）その長さのカラムで A と B を溶出するのに必要な時間，を計算せよ．

イオン交換クロマトグラフィー

81. アルカリ金属イオンは H^+ 形イオン交換樹脂を通すことによって容量分析により定量される．アルカリ金属イオンは当量の水素イオンと置き換わり，水素イオンは溶出液中に入り滴定される．もし，陽イオン交換樹脂を通った 5.00 mL の溶出液を 0.0506 M NaOH 溶液で滴定したところ，26.7 mL 要したとすると，何 mmol のカリウムイオンが溶液 1 L 中に含まれるか．

82. 10 g L^{-1} の NaCl を含む溶液 200 mL 中のナトリウムイオンが H^+ 形の陽イオン交換樹脂を通ることにより除去される．もし，樹脂の交換容量が乾燥樹脂で 5.1 meq g^{-1} の場合，必要とされる乾燥樹脂の最小重量はいくつか．

83. 下記の希薄溶液をそれぞれ H^+ 形陽イオン交換樹脂に通すとき，溶出液の組成はどのようになるか．
(a) NaCl，(b) Na$_2$SO$_4$，(c) HClO$_4$，(d) FeSO$_4$，(e) (NH$_4$)$_2$SO$_4$．

検出器，データ，検出限界

👍 発展問題
【アイルランド Dublin 市立大学 Apryll M. Stalcup 教授提供】

84. UV と比較して IR は情報量が多いが，なぜ，IR は HPLC の検出法として用いられないのか．

👍 発展問題
【Michigan 大学 Michael D. Morris 教授提供】

85. 強く光を吸収する2種類の蛍光色素が，CE と通常スケールの HPLC により分離された．蛍光による検出限界はほぼ同じであるが，吸光検出では CE による検出限界のほうがとても悪い．なぜか．

86. 1, 5, 10, 20, 50, 100, 200 Hz の可変周波数でデジタル出力ができる検出器がある．速いデータ取込速度は，大きなノイズを生じる．検出ピークが完全にガウス分布を示し，もっともシャープなピークが 3 s の半値幅であるなら，どれほどのデータ転送速度を用いたらよいか．

87. 多くの生体関連物質はキラルであり旋光性を示す．イチイの木から単離される天然化合物タキソールは商品名 Paclitaxel® (パクリタキセル) として販売されている．タキソールは 589 nm に $-49°$ の比旋光度をもつ．クロマトグラフィーで，タキソールを他の物質との同時溶出を防ぐことは困難である．MS 検出器も利用可能であるが，共溶出物質が光学不活性であるならば，旋光度検出器でタキソールを選択的に測定することができる．利用可能な旋光度計が 589 nm の LED を用い，20 mm の光路長のセルを有し，検出器のノイズレベルが一般的な検出器と同程度の $0.00002°$ であるとき，クロマトグラフィーの希釈係数が 10 のときの試料液中のタキソールの検出限界はいくらか．

88. 蛍光検出器の SN 比は水のラマン発光により測定される．低圧水銀ランプを用い，253.7 nm の固定励起波長を使用する場合，ラマン発光線はどの波長で観測されるだろうか．なお，エネルギー損失は $3382\ cm^{-1}$ である．

89. CE の間接吸光検出では，可視に吸収を有する添加物，たとえば，クロム酸イオンがしばしば BGE に用いられ可視域での吸光度が測定される．分析成分は一つも可視域に吸収がないとする．もし検出器が既知のクロム酸イオン濃度で少なくとも $eq\ L^{-1}$ 単位で検量線が得られていれば，完全解離の分析成分にそれ以上の検量線は不必要だとされる．このことを定量の見地から擁護できるか，議論せよ．

HPLC と CE における試料注入，ポンプの圧力

90. 50 cm のキャピラリーで $+25\ kV$ の電圧を印加し，希薄な試料液の導入に圧力注入が用いられる．5 psi (0.34 MPa) で 2 s 注入するとき，どれほどの量の試料液が導入されるか．同じキャピラリーで，塩化物イオンとヨウ素酸イオンを含む試料液が $+2\ kV$ で 5 s 導入される．2種類のイオンが同量導入された場合，もとの試料液中のそれらの濃度比はいくらか．

91. 前の問題で，実際的には間接吸光検出が定量に用いられ，ヨウ素酸イオンと塩化物イオンのピーク面積は同じであった．このことから，分析者は間違えて分析成分の量は同じであると結論づけた．しかし，君はそれが間違いだと気づいている．中性マーカーの μ_{eo} 値が $9\times10^{-4}\ cm^2\ V^{-1}\ s^{-1}$ であることを確認した．実際の試料に含まれる2種類の陰イオンの本当の濃度比はいくらか．

92. いくつの三方ソレノイドバルブを用いれば，低圧の注入器を構成できるか．

93. 二つの別々のカラムに同じ試料液を注入するために，どのように一つの 10 ポートバルブを配管したらよいか述べよ．なお，それぞれのカラムは別々のポンプと検出器につながっている．

94. 原書の web 上の付録では，さまざまな組成のメタノール-水，メタノール-アセトニトリル，並びに純水の粘度が温度の関数として表に与えられている．50％メタノールを 30℃ で内径 100 μm，長さ 1 m のシリカキャピラリーに 100 μL min^{-1} の流速で送液するのに必要な圧力を計算せよ．50％アセトニトリルおよび純水で，同じ計算をせよ．

電気伝導率 (電気伝導度)

👍 発展問題
【大韓民国 Yonsei 大学 Dong-Soo Leeg 教授提供】

95. 純粋な (つまり有機溶媒を含まない) 水溶液中で純水よりも低い電気伝導率をとることは不可能だと，友人が力説している．一方で，あなたはとても希薄な強酸や強塩基の溶液で電気伝導率

が純水よりも実際低くなることを知っている．$0.02 \sim 5\,\mu M$ の LiOH 溶液について，電気伝導率を計算し図示せよ．

96. 1 mM の KCl 溶液が電気伝導度検出セルの校正の標準として用いられる．表 21.2 にあるデータを用いて，予想される電気伝導率を計算せよ．その値を実際の値 $147.2\,\mu S\,cm^{-1}$ を用いてどのように校正するか．

97. 25℃ での K^+ と Cl^- の拡散係数を計算せよ．これらイオンのストークス半径はいくつか．

98. 中空のクロマトグラフィーや CE 装置では極端に小さな検出器が必要となる．直径 10 μm の白金線が内径 50 μm キャピラリーの中に封入される．もう一方の電極の表面はキャピラリー内表面におかれる．そのような検出セルにおいて，セル定数はいくつか．検出キャピラリーの長さを 1 μm とする．純水がセルに満たされたとき，抵抗値はいくらか．キャピラリーが 1 mM KCl 溶液で満たされたとき，電気伝導率はいくらか．

99. 一般的な電解質のなかで，KCl は参照電極など多くの電気化学装置でもっとも用いられる．何の特性がこの選択につながるのか．

電気泳動

100. 図 21.33 において，アルギニンがアミノ酸のなかでもっとも速く溶出するのはなぜか．

👍 発展問題

【Marshall 大学 Bin Wang 教授提供，101～103】

101. 同じサイズの三つの分子が，それぞれ -1，-2，-3 の電荷を有している．
    (a) どの分子がもっとも大きな電気泳動移動度を有しているか．
    (b) 電気泳動移動度は正の値か，負の値か．

102. 電気泳動移動度が $0.8\times 10^{-8}\,m^2\,V^{-1}\,s^{-1}$ の分子が，表面を改質したシリカキャピラリーの中を泳動した．pH 9.00 では，分子の見かけの移動度は $3.1\times 10^{-8}\,m^2\,V^{-1}\,s^{-1}$ であった．pH 3.00 では，分子の見かけの移動度は $-1.2\times 10^{-8}\,m^2\,V^{-1}\,s^{-1}$ であった．この分子の電気浸透移動度を計算し，これら二つの pH 条件で流れの向きを確認せよ．

103. 例題 21.6 について，安息香酸イオンとヨウ素酸イオンとの間で期待できる理論的な分離度を計算せよ．

104. ある BGE を用いて pH 7 の条件で正の高電圧を印加し，カリウムイオンとアンモニウムイオンの CE による分離を試みたが，困難に直面している．状況を改善するために，(a) BGE に 18-クラウン-6 を添加する，(b) pH を上げる，(c) 電圧を上げる，(d) 長いキャピラリーを用いる，(e) 電圧の極性を反転する，(f) 細いキャピラリーを用いる，という助言を得た．ほかの因子を変えないで，これらを個別に選択する場合，何が起こると予測されるか．

105. SDS ミセルの MEKC 実験で，50 cm のキャピラリーに +20 kV の電圧を印加する．中性マーカー，ミセル，分析成分は電圧印加後にそれぞれ 2.1，10.7，6.4 min に検出器で検出された．ミセル擬似固定相における分析成分の保持係数はいくつか．

106. 陰イオンの等速電気泳動の実験で，内径 0.1 mm の PTFE キャピラリーに 500 V の電圧を印加した．対イオンはナトリウムイオンである．スルファミン酸イオンのゾーン長さが硝酸イオンのゾーンの 2 倍の長さで，試料液中のスルファミン酸イオンの濃度が 0.2 mM のとき，試料液中の硝酸イオンの濃度を計算せよ．

■ 参考文献

高速液体クロマトグラフィー

1. L. R. Snyder, J. J. Kirkland, and J. W. Dolan, *Introduction to Modern Liquid Chromatography*. New York: Wiley, 2011.
2. V. R. Meyer, *Practical High-Performance Chromatography*, 3rd ed. New York: Wiley, 1999.
3. L. R. Snyder, J. J. Kirkland, and J. L. Glajch, *Practical HPLC Method Development*, 2nd ed. New York: Wiley, 1997.
4. A. Weston and P. R. Brown, *HPLC and CE: Principles and Practice*. San Diego: Academic, 1997.
5. U. D. Neue and M. Zoubair, *HPLC Columns: Theory, Technology, and Practice*. New York: Wiley, 1997.
6. R. P. W. Scott, *Liquid Chromatography for the Analyst*. New York: Dekker, 1994.
7. P. C. Sadek, *The HPLC Solvent Guide*. New York: Wiley, 1996.
8. L. Huber and S. A. George, eds., *Diode-Array Detection in HPLC*. New York: Dekker, 1993.
9. R. L. Cunico, K. M. Gooding, and T. Wehr, *Basic HPLC and CE of Biomolecules*. Hercules, CA: Bay Analytical Laboratory, 1998.

サイズ排除クロマトグラフィー

10. Chi-San Wu, ed., *Handbook of Size Exclusion Chromatography and Related Techniques*, Vol. **91**. Boca Raton, Fl: CRC Press, 2003.
11. A. Striegel, W. W. Yau, J. J. Kirkland, and D. D. Bly, *Modern Size-exclusion Liquid Chromatography: Practice of Gel Permeation and Gel Filtration Chromatography*. New York: Wiley, 2009.

イオン交換およびイオンクロマトグラフィー

12. J. Inczedy, *Analytical Applications of Ion Exchangers*. Oxford: Pergamon, 1996.
13. O. Samuelson, *Ion Exchange Separations in Analytical Chemistry*. New York: Wiley, 1963.
14. J. S. Fritz and D. T. Gjerde, *Ion Chromatography*. Wiley-VCH, 2009.
15. H. Small, *Ion Chromatography*. New York: Plenum, 1989.
16. H. Small and B. Bowman, "Ion Chromatography: A Historical Perspective," *American Laboratory*, (1998) 56C. イオンクロマトグラフィーの先駆者によるもの．
17. *LC GC* 増刊号，イオンクロマトグラフィーの特集，2013年4月

薄層クロマトグラフィー

18. M. Srivastava, ed. "High-performance thin-layer chromatography (HPTLC)," *Anal. Bioanal. Chem.*, **401**, No. 8 (2011) 2331-2332.
19. Spangenberg, Bernd, Colin F. Poole, and Christel Weins, *Quantitative Thin-Layer Chromatography: a Practical Survey*. Springer, 2011.
20. B. Fried and J. Sherma, *Thin-Layer Chromatography*, 4th ed. New York: Marcel Dekker, 1999.

キャピラリー電気泳動

21. P. G. Righetti and A. Guttman, *Capillary Electrophoresis*. New York: Wiley, 2012.
22. G. Lunn, *Capillary Electrophoresis Methods for Pharmaceutical Analysis*. New York: Wiley, 1999.
23. J. P. Landers, ed. *Handbook of Capillary and Microchip Electrophoresis and Associated Microtechniques*. Boca Raton, FL: CRC Press, 2007.
24. P. K. Dasgupta and L. Bao, "Suppressed Conductometric Capillary Electrophoresis Separation Systems," *Anal. Chem.*, **65** (1993) 1003.

キャピラリー電気クロマトグラフィー

25. I. S. Krull, R. L. Stevenson, K. Mistry, and M. E. Schwartz, *Capillary Electrochromatography and Pressurized Flow Capillary Electrochromatography: An Introduction*. New York: HNB, 2000.
26. Z. Deyl and F. Švec, eds., *Capillary Electrochromatography*, Vol. **62**. Chromatography Library, Elsevier Science, 2001.
27. D. B. Gordon, G. A. Lord, G. P. Rozing, and M. G. Cikalo, *Capillary Electrochromatography*. Royal Society of Chemistry, London, 2001.
28. webサイト：http://www.ceandcec.com キャピラリー電気泳動とキャピラリー電気クロマトグラフィーの双方を基礎から網羅している．ほかの多くの有用なwebサイトにもリンクしている．

Chapter 22

質量分析法

■ 本章で学ぶ重要事項

- 質量分析計とは何か，また，その基本的な装置構成とは，p. 274
- 質量分析では平均質量ではなく，計算精密質量とモノアイソトピック質量を用いる，p. 275
- 質量分析計の性能は，分解能と質量確度によって決まる，p. 276
- 分離分析法との組合せによって（たとえば，GC-MSとLC-MS），インターフェースやイオン化法が異なる，p. 279
- イオン源の種類によって（たとえば，EIとESI），イオンの生成機構が異なる，p. 281, p. 286

- 原子を質量分析する（たとえば，ICP-MS），p. 293
- イオンを分離するためには，質量分析部を高真空に保つ必要がある，p. 294
- イオンを分離するとき，電場と磁場はそれぞれの役割が異なる，p. 295
- 種類の異なる質量分析計を結合してハイブリッド型装置にすると，個別に存在した装置制限が緩和される，p. 306
- タンデム質量分析法は，定量分析や定性分析に威力を発揮する，p. 307

　質量分析法（MS）は，定量分析および定性分析が可能なもっとも有力な分析技術の一つとして，ここ5～60年間にわたり発展，成熟してきた．今日では，MSは，科学や工学の多様な幅広い分野において，学術研究や日常分析を支える技術として枚挙にいとまがないほどに広く利用されている．19世紀の末頃に，E. Goldstein, J. J. Thomson, W. Wien らは，電場と磁場を用いた実験によりプロトンと電子の存在を明らかにした．20世紀初頭には，F. Aston が同様の装置を用いて原子の同位体を発見した（参考文献4に，質量分析法の発展の歴史に関する優れた解説をあげてある）．今日では，複雑な生体システムを解き明かすために，MSは多くの研究者らによって日常的に利用されており，ウイルスでさえそのまま荷電粒子として質量分析計の中を飛行させることが可能になった．実験物理学者の手によって開発され発展してきた質量分析の分野は，今では分析化学の領域に移ったといってもよいであろう．われわれは今でもなお，装置の高耐久化，高感度化，高速化など質量分析計の性能が驚くほど速いペースで進歩し続けるさなかにある．かつて，当時のある著名な分析化学者が，"もし，それが質量分析法で解決できない問題だとすれば，それは分析するに値しないのかもしれない．"と述べ

たことがある．そのような逸話は，MSがいかに幅広い分析能力をもっているかを物語ったものといえよう．

22.1 質量分析法の原理

質量分析法は，気相中でイオンの生成・分離・検出を行う，精密な機器分析法である．図22.1に質量分析計の基本的な構成要素を示す．何種類かある試料導入システムを介して，試料をイオン源に導入する．試料の形態や分析成分の性質を考慮して，イオン化するために最適な試料導入法とイオン源を選択する必要がある．分析対象となる分子は通常は中性なのでイオン化しなければならない．そのために，いろいろな方法が用意されている．イオン源の種類には大きく分けて二つあり，一方は電子流衝撃，レーザー光照射，放電などを利用した高エネルギーのイオン源であり，もう一方は，大気圧イオン化法に見られるような低エネルギーのいわゆる"ソフト"なイオン源である．一般的なイオン源についてはあとの節で解説する．

イオンは真空中で生成させるか，あるいは外部イオン源から高速で高真空($10^{-4} \sim 10^{-7}$ Torr，1 Torr = 1 mmHg = 約133 Pa)環境下に送られたあとに，電場と磁場(さまざまな配置のものがある)の作用を受けて，イオンの質量をその電荷の絶対値で除した値(m/z)[*1]に基づいて分離される．質量分析部にはいくつか種類があり，それぞれに利点，欠点，コスト，ならびに適用範囲に違いがある．分離されたイオンは検出器に衝突し，そこでイオン流は電気信号に変換されて，データ処理システムで読み取ることができるようになる．さまざまな種類の検出器が存在するが，電子増倍管の形式のものがよく使われる．

この20年来，質量分析計が発展し成熟してきた最大の要因の一つに，データ取得と処理を行うソフトウェア環境の進歩があげられる．分析の目的(用途)によって，定性分析や定量分析に特化した，たとえば，元素組成分析，比較分析，バイオインフォマティクス(生物情報科学)，そのほか多岐にわたり，複雑な分析操作に対応した種々のソフトウェアを手に入れることができる．そのようなソフトウェアの形式や機能は特殊なものが多く，メーカーによって異なるので，ここでの詳述は避けることにする．ただ，質量分析計の作動原理やハードウェアは理

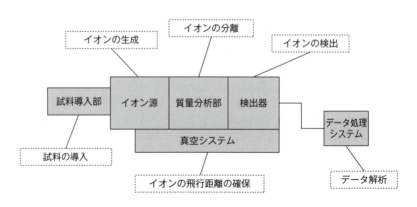

図22.1 典型的な質量分析計の構成要素

[*1] ［訳者注］ m/zは質量/電荷比ではなく，イオンの質量を統一原子質量単位で割った値を，さらにイオンの電荷数で割って得られる，無次元の物理量を表す記号である．

解できたとしても，装置を動かすためのソフトウェアを使いこなすことのほうが大変である．

質量分析法で取り扱う質量の種類

多くの分析化学的な手法において，化合物の式量を求めるためには，元素の周期表から得られる原子量を用いて計算すれば十分である．一方，質量分析法では元素の同位体種の寄与による質量を識別できるので，いままでとは少し違った方法で計算する必要がある．周期表にある原子量（平均原子量）を用いて計算した式量は，**平均質量**（average mass）である．平均原子量は，原子の同位体の天然存在度とその質量に基づいて計算されている．質量分析法では，**計算精密質量**（exact mass）が用いられる．計算精密質量は，**モノアイソトピック質量**（monoisotopic mass）ともよばれ，各構成元素の（通常は）天然同位体存在度が最大の同位体の質量の和として表される．統一原子質量単位（unified atomic mass unit）は，質量数 12 の炭素原子の質量 12.0000… Da の 1/12 の質量と定義され，単位は u（ユニット）である．Da（ドルトン）は u に等しい単位としてともに非 SI 単位であるが，質量を表すさいに用いられる．たとえば，メタンのモノアイソトピック質量は，その構成元素をそれぞれ最大存在度の同位体で表すと $^{12}C^1H_4$ となり，したがって $12.0000 + 1.007825 \times 4 = 16.0313$ Da と計算される．質量分析法によりメタンイオンが検出されるとき，このモノアイソトピック質量に対応するシグナルが観測される．また，炭素原子には質量数 13 の同位体が約 1% 含まれるので，メタンの同位体種 $^{13}C^1H_4$（$13.00335 + 1.007825 \times 4 = 17.0365$ Da）に相当する小さなシグナルが同時に観測される．代表的な元素の同位体の質量とその相対存在度を**表 22.1** に示す．

質量分析の結果を出力したものが，**質量スペクトル**（mass spectrum）である（質量スペクトルの実例は本章後半の図 22.4 に示す）．質量スペクトルは，横軸 m/z

1 Da = 1 u
（統一原子質量単位）

表 22.1 代表的な元素の同位体の質量と相対存在度[a]

元素	同位体	質量	相対存在度(%)
水素	^1H	1.007825	100.0
	^2H	2.014102	0.0115
炭素	^{12}C	12.000000	100.0
	^{13}C	13.003355	1.08
窒素	^{14}N	14.003074	100.0
	^{15}N	15.000109	0.365
酸素	^{16}O	15.994915	100.0
	^{17}O	16.999132	0.038
	^{18}O	17.999160	0.205
硫黄	^{32}S	31.972071	100.0
	^{33}S	32.871450	0.790
	^{34}S	33.967867	4.474
塩素	^{35}Cl	34.968852	100.0
	^{37}Cl	36.965903	32.00
臭素	^{79}Br	78.918338	100.0
	^{81}Br	80.916291	97.28

[a] もっとも存在度の高い同位体の存在度を 100% として，ほかの同位体存在度を相対的に表したもの．

に対して縦軸にイオン量をプロットしたものである．イオン量とは，検出器に到達したある特定のイオンの総量であり，もとの分析成分の濃度と相関するので定量分析が可能である．m/z 値は，分析成分を同定するための定性情報になる．上の例によれば，メタンをイオン化して $CH_4^{+\bullet}$（ラジカルカチオン）を"ユニット分解能"をもつ装置（分解能については後述）で測定すると，2本のシグナルが観測される．すなわち，m/z 16（分子イオン，$M^{+\bullet}$ で表す）に強いシグナルが，m/z 17［分子イオンの同位体，$(M+1)^{+\bullet}$ のように表すことが多い］に約1％の相対強度をもつ小さなシグナルをともなって現れる．質量スペクトルにおけるイオン量（縦軸）は，たいていの場合，相対強度に規格化されており，記録されたすべてのイオンのシグナルは，**ベースピーク**（base peak，基準ピーク）すなわち最大イオン量のピークに対する相対値で表される．

分 解 能

質量分析法における解像力，すなわち隣り合う2本のピークの質量を識別できる能力は，分解能 R で与えられ，あるピークの質量を近接ピークとの質量差で割った値と定義される．

$$R = m/\Delta m \tag{22.1}$$

> 分解能とは，二つの接近したピークの質量を識別できる限界を指す．ユニット分解能とは，1質量単位（1 u）を識別できることを意味する．

ここに，Δm は2本の分離したピークの質量差で，m は注目ピークの質量を表す．質量差としては，ピーク高さに対するある決められた割合の高さにおけるピーク幅がよく用いられる．たとえば，メーカーの仕様書では，ピークの半値幅（full-width half maximum：FWHM）で定義した分解能がよくみられる．半値幅を用いる分解能は，得られた質量スペクトルシグナルの頂点における m/z を，ピーク高さの1/2におけるピーク幅で割ることによって求められる．式(22.1)によれば，分解能 1000 ということは m/z 1000 と m/z 1001 のイオンを（同様に，m/z 10.00 と m/z 10.01 を，あるいは m/z 500.0 と m/z 500.5 を）識別できることを意味する．**ユニット分解能**（unit resolution）は，質量を識別できる性能を表すのに用いられる．ユニット分解能をもつ装置は，（最低でも）m/z 50 と m/z 51，m/z 100 と m/z 101，あるいは m/z 500 と m/z 501 を識別できるはずである．ユニット分解能を達成するためには，分子量が大きくなればなるほど正味の分解能が高くなければならないことは明らかである．一般に，分解能が 1500 あれば日常的な質量分析には十分であるが，ある種の用途によってはより高い分解能を必要とする．

> **例題 22.1**
> あるイオンのピークが m/z 465.1 に観測され，その半値幅が 0.35 u であるとき，質量分解能を計算せよ．
> **解 答**
> $$R_{\text{FWHM}} = m/\Delta m = 465.1/0.35 = 1330$$

> 質量分析法における質量確度とは，着目イオンの計算質量と実測質量との近接度を表す指標である．

分解能という概念は**質量確度**（mass accuracy）と密接に関係している．質量確度は測定質量の相対誤差を百万分率（ppm）で表すことが多く，次のように計算する．

$$\frac{m_{\text{測定}} - m_{\text{計算}}}{m_{\text{計算}}} \times 10^6 \tag{22.2}$$

ここに，$m_{測定}$は計測されたイオンの質量で，$m_{計算}$はそのイオンのモノアイソトピック質量である．有機合成の分野では，ある新規化合物を学術雑誌に報告する場合，多くの出版社では，その化合物のモノアイソトピック質量に対して，誤差 5 ppm 以内の質量確度で質量が求められていることを要求している．このレベルの正確さを達成するためには，飛行時間型やイオンサイクロトロン共鳴型装置のような，高分解能測定が可能な質量分析計を使用することが求められる．ある新規合成化合物のモノアイソトピック質量が 634.45792 u とするとき，相対誤差を 5 ppm 以下に抑えるためには，実測された質量が上のモノアイソトピック質量に対して ±0.0032 u の範囲に入っていなければならない．分解能が 200000（634.45792/0.0032 ≈ 198000）に迫るような装置には，目的イオンのシグナルをわずか 3 mDa 離れただけの近接シグナルと完全分離することが要求されるのである．現在では，このレベルの分解能を得ることは可能であるが，そのような装置は非常に高価である（1 億円以上）．しかし実際問題としては，きわめて高い分解能を必要とする場合を除いて，適切な質量校正が行われ系統誤差が最小限に抑えられていれば，分解能 30000 程度の装置でも，十分な質量確度を得ることができる．内標準法（質量校正用標準を試料に混ぜて同時に測定する）あるいは外標準法（質量校正用標準を試料と別々に測定する）を用いて質量校正を慎重に行えば，質量分析計に由来する系統誤差を補正することができ，必要な質量確度が得られる．

例題 22.2

エレクトロスプレーイオン化により生成するトリフルオロ酢酸ナトリウムのクラスターイオンは，装置の質量校正に利用される．$[(CF_3COONa)_2+Na]^+$ が m/z 294.7532 に観測されたとすると，質量確度は何 ppm か計算せよ．

解　答

次の表から，$[(CF_3COONa)_2+Na]^+$ のモノアイソトピック質量は 294.756325 である．

元素	質量	原子数	質量の合計
^{23}Na	22.989769	3	68.969307
^{12}C	12.00000	4	48.00000
^{19}F	18.998403	6	113.990418
^{16}O	15.994915	4	63.979660

ppm で表した質量確度は，次のように計算できる．
$$(294.7532 - 294.756325)/294.756325 \times 10^6 = -10.6 \text{ ppm}$$
質量確度が負の誤差で与えられるということは，その装置による実測値はつねにモノアイソトピック質量より小さいことを示している．

m/z の大きさが異なるイオン種を異なる分解能で測定した場合，質量スペクトルシグナルがどのように観測されるか，シミュレーションした結果を**図 22.2** に示す．たいていの市販ソフトウェアは，そのようなシミュレーションを行うことができる．低分子量化合物であるバリンのプロトン化分子と，隣接する同位体に

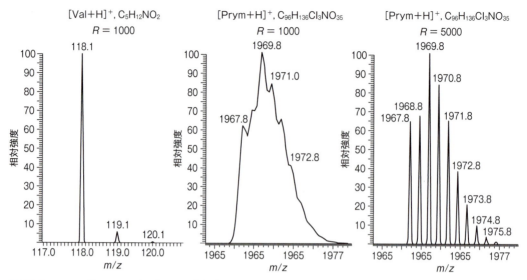

図 22.2 アミノ酸のバリン(Val)および藻類毒素プリムネシン-2(Prym)それぞれのプロトン化分子を異なる分解能で測定したときの質量スペクトルシミュレーション

由来するイオンを分離したピークとして観測するためには，分解能は 1000 あれば十分なことがわかる．しかし，プリムネシン-2(モノアイソトピック質量 1967.7958 Da)のような質量の大きな化合物になると，多数存在する同位体イオンによるピークの重なりを識別するためには，分解能 1000 では不十分であり，5000 は必要であることがわかる．プリムネシン-2 のシミュレーションスペクトルでは，プロトン化分子の各同位体の寄与率もピーク強度に反映されている．この化合物は 3 個の塩素原子を含み，それぞれの塩素原子は約 25% の ^{35}Cl と 75% の ^{37}Cl が存在するため観測される同位体ピークパターンは非常に複雑になる．

元素組成分析

原子や分子の質量を決定したり検証したりすることは，質量分析法のもっとも基本的で有用な用途のうちの一つである．しかし，まったくの未知化合物の場合，同定(や構造決定)を質量分析法だけで行うには限界がある．ある種のソフトウェア手法と組み合わせた装置を用いれば，未知化合物の元素組成を決定することが可能になる．この種の測定には，分子イオンあるいはプロトン化分子とその同位体に由来するイオンの m/z と相対強度を正確に決定できるような，高分解能かつ高い質量確度が得られる装置が必要である．分子を構成する原子の合理的な組成比(たとえば，C_2H_{18} のような分子式は誰も考えないだろう)に関するいくつかのよく知られた原則や，特異な元素の存在が予想される場合(C, H, O, N は共通の構成元素として，化合物に S やその他の原子が含まれているかどうか)など，使用者による入力情報に基づいて，観測されたイオンの質量に近い式量を与える化学式を，可能性の高い順に表示させることができる．イオンの質量測定の正確さと精度が高ければ高いほど，その質量にあてはまる元素組成の候補数は少なくなる．たとえば，m/z 823.1 に近い式量を与える C, H, O, N の組合せの数は非常に多いが，もし，質量分析計がそのイオンの質量を m/z 823.1342 に特定できる

とすれば，すなわち，われわれが質量確度 ±2 ppm 未満の誤差で正確な質量を知り得るならば，合致する元素組成の組合せは大幅に減少し候補が絞り込まれる．

質量分析のデータから化学式を導き出すために，いろいろな原則を利用することができる（参考文献 5 参照）．なかでも**窒素ルール**(nitrogen rule)はよく知られている．このルールによれば，偶数個(0, 2, 4……)の窒素原子を含む分子の質量は偶数になり，逆に，奇数個の窒素原子を含む分子のそれは奇数になる．そのほかに，"13 則"とよばれるルールがある．まず，実測された質量を 13 で割り，（炭素原子と水素原子だけから成る）基本分子式を求める．この基本式から水素原子の不足分を決めることができ，炭素と水素以外の原子が存在するかを考える手がかりとなる．もちろん，問題の分子の質量が大きくなればなるほど，また，含まれるヘテロ原子の数が多くなるほど，手作業で分子式を求めることは事実上不可能になる．このような事情により，企業や研究者らの間では，独自のコンピュータ支援ユーティリティソフトウェアが開発されている．California 大学 Davis 校の Fiehn らのグループは，とくにメタボロミクス研究において遭遇するような未知化合物を同定するための，非常に包括的な解析方法を開発した．"黄金 7 則"による解析法は，得られた種々の質量スペクトルデータに基づいて，既知化合物に関する複数のデータベースの検索情報と組み合わせて分子式を推定する，系統的に構築されたコンピュータ手法である．とはいえ，新規化合物，すなわち，データベースに掲載されていないような未知化合物については，質量スペクトルデータだけでその結果を信用することはできない．賢明な分析化学者は，NMR, IR, 元素分析（たとえば，CHN 分析）などほかの定性分析法を併用して，構造決定の裏づけをとることを怠らないであろう．

22.2 試料導入部とイオン源

試料導入部とイオン源の最大の目的は，高真空環境下で分子を気相イオンに変換することである．イオンの分離は，イオンの**平均自由行程**(mean free path)，すなわち，イオンがほかの粒子と衝突することなく飛行できる平均距離を増大させるために，真空下で行う必要がある．衝突が起こるとイオンの運動が阻害（あるいは中性化）され，検出器まで到達するイオンの収率，すなわち感度が低下する．なお，平均自由行程は圧力に反比例する．

試料や分析成分の形態に応じて，さまざまな種類の試料導入部がある．分析成分が熱的に安定で揮発性の場合は，たんに加熱することによって気化させることができる．もし，それら分析成分が混合物に含まれる場合は，ガスクロマトグラフィーを用いて分析成分を妨害物質から分離することが可能で，そのキャピラリーカラムの出口導管は質量分析計のイオン源に直結されており，試料導入部の役割を果たす．ガスクロマトグラフィー-質量分析法(GC-MS)は，研究室ではありふれた機器分析法であり，その詳細は次節で説明する．分析成分がほぼ純粋に近い状態であれば，直接気相導入法あるいは直接導入プローブを用いて導入できる．両者ともに，試料を加熱し気化させて，イオン源内に移行させる．もし分析成分が不揮発性，あるいは熱不安定性の場合は，何らかの方法を用いて揮発性の誘導体に変換してからイオン化する必要がある．とくに生体分子などの極性あるいはイオン性化合物が，その部類に入る．そのような極性化合物の混合物試料

は，液体クロマトグラフィーを用いて分析するのが普通である．液体クロマトグラフィー–質量分析法(LC-MS)は，過剰にある移動相溶媒を除去すると同時に，難揮発性の化合物をイオン化して気相に取り出す必要があり，とくに，エレクトロスプレーイオン化(ESI)などの大気圧イオン化(API)法が開発されたことによって，この20年ほどで急速に普及した．なお，これらのイオン化法は，直接インフュージョン法，直接注入法，あるいはフローインジェクション分析法による試料溶液の導入法にも対応している．フローインジェクション分析法は24章で詳しく述べる．固体の試料でも質量分析が可能である．それらの試料は種々の形でイオン源に導入され，レーザー照射，原子またはイオン衝撃，あるいは放電などを利用してイオン化できる．最近は，質量分析法による固体材料のキャラクタリゼーションに，レーザー照射(レーザー脱離イオン化)やイオン衝撃(二次イオン質量分析法)によるイオン化法が多用されている．

22.3　ガスクロマトグラフィー–質量分析法

クロマトグラムに観測された未知化合物の保持時間が，(同一条件で分離された)高純度の標準化合物のそれと一致すれば，完全な同定とはならないが，両者が同一物質であることの必要条件となる．完全な同定ができるかどうかは，試料の形態や複雑さ，用いた試料前処理法など，さまざまな要素に依存する．ガスクロマトグラフィー–質量分析法(GC-MS)は，種々の化合物の存在を明確にするための強力な手段である．科学捜査や環境科学などの研究現場では，揮発性有機化合物の複雑な混合物を分析するために，GC-MSが日常的に使われている．GC-MSによれば，質量分析法により得られる高度な定性分析情報の支援のもとに，非常に高い精度で定量分析が可能である．一昔前のGC-MSシステムは一部屋を占有するほどの大きさがあり，価格も数千万円はしていたが，最近では，小型化されて作業台にのる程度の装置が比較的安価に市販されるようになり，分析化学の研究室ではありふれた存在となった．**図22.3**に最新のベンチトップ型GC-MS装置の外観を示す．

代表的な質量分析イオン化法の特徴を**表22.2**に示す．これらのうちGC-MSでもっともよく利用されるイオン化法は，**電子イオン化**(electron ionization：EI)である．GCカラムから溶出してきた気体状の分子は，高真空下でタングステンフィラメントから放出される，通常70 eVの高エネルギー電子流に衝撃される．中性分子と衝突する電子は，分子から電子1個をはぎ取るのに十分なエネルギーをもっているので，結果として一価に帯電したイオンが生成する．

$$M + e^- \longrightarrow M^{+\bullet} + 2e^-$$

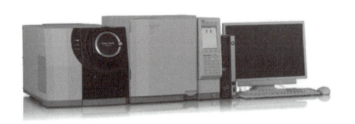

図22.3　最新型のガスクロマトグラフ–質量分析計
［島津理化の許可を得て掲載］

表 22.2　各種イオン化法の比較[a]

イオン化法	分析対象	試料導入法	質量範囲	特徴
電子イオン化(EI)	比較的低分子量の揮発性有機化合物	GC または試料プローブにより直接	1000 Da 以下	ハードなイオン化法．用途が広く，構造情報が得られる
化学イオン化(CI)	比較的低分子量の揮発性有機化合物	GC または試料プローブにより直接	1000 Da 以下	ソフトなイオン化法．$[M+H]^+$ が生成
エレクトロスプレーイオン化(ESI)	ペプチド，タンパク質，難揮発性有機化合物	液体クロマトグラフィーまたはシリンジにより直接	200 000 Da まで	ソフトなイオン化法．多価イオンを生成
マトリックス支援レーザー脱離イオン化(MALDI)	ペプチド，タンパク質，ヌクレオチド	試料を固体マトリックスと混合しターゲットに塗布	500 000 Da まで	ソフトなイオン化法．高質量化合物の測定が可能

[a] Ohio 州立大学 Vicki Wysocki 教授の web サイトより許可を得て転載．

ここに，M は分析対象分子を，$M^{+\bullet}$ は分子イオンを表す．生成した $M^{+\bullet}$ は種々のエネルギー状態にあり，その内部エネルギー(回転，振動，電子エネルギー)は，化学結合が切れることによって消費され，質量のより小さいフラグメントが生成する．フラグメントはさらに開裂するか，あるいは，さらに電子と衝突して，新たなフラグメントを生成する．フラグメンテーションのパターンは条件(電子の加速エネルギー)が一定であればかなり再現性が高い．分子イオンのピークは非常に小さいか，あるいはまったく観測されないこともある．もし分子イオンが現れて，ほかに同位体ピークがないとすれば，それは，EI 質量スペクトルのもっとも高質量側に位置するはずである．芳香族環や環状構造，あるいは二重結合をもつ化合物は，電子の非局在化効果によりフラグメンテーションが減少し，分子イオンピークを与える可能性が高い．低分子量化合物の例として，メタノールの EI スペクトルを図 22.4 に示す．CH_3OH の分子量を直接示す分子イオンピークが m/z 32 に現れている．m/z 33 にある小さなピークは，メタノールの ^{13}C 同位

電子イオン化は，多くのフラグメントを生成するので，"ハード"なイオン化に分類される．

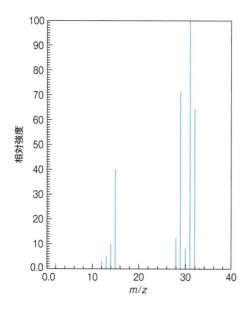

図 22.4　メタノールの電子イオン化質量スペクトル
[NIST Mass Spectrometry Data Center の許可を得て掲載]

体による分子イオンであり，^{12}C メタノールの強度100％に対して，1.1％の相対強度をもつ．ベースピークである m/z 31 は，フラグメント $CH_2=OH^+$ である．

GC-MSで定性分析するさいの大きな利点は，数十万にも及ぶ非常に多種多様な有機化合物のEIスペクトルデータが収録されたライブラリーを利用できることにある．日常的に行われるEI測定では，70 eVのイオン化エネルギーで操作することが多い．このエネルギーはほとんどの分子がフラグメンテーションを引き起こすのに十分高く，またフラグメント生成のEI装置間再現性も非常によい．したがって，測定装置に依存しない再現性のよい質量スペクトルが得られるので，データ処理ソフトウェアにより，ライブラリー（たとえば，NIST Mass Spectral Library は http://www.nist.bov/srd/nist1a.cfm にみることができる）を検索し，実測スペクトルとよく一致する候補を見いだして未知成分を同定することができる．たとえ得られたスペクトルがライブラリーに収録されている化合物にヒットしない場合でも，フラグメンテーションパターンを類似の官能基を有する化合物のそれと比較して探し出すことも可能である．たとえば，ある化合物が置換ベンゼン環を有する場合，その存在を示唆するピークが m/z 77 に現れるであろう．これは $C_6H_5^{+\bullet}$ ラジカルカチオンに相当する．有機化合物のEIスペクトルによく観測される，官能基由来の特徴的なフラグメントイオンとニュートラルロスを**表22.3**に示す．未知化合物のEI質量スペクトルから，これらフラグメント情報と前に述べたいくつかの原則（たとえば，窒素ルールや13則など）および分子式を考慮することにより，手作業によっても化学構造を明らかにすることが可能である．もちろん，ライブラリーと一致するものを見つけることのほうがはるかに簡単である．

例題 22.3
【Cornell 大学 F. McLafferty 教授提供】

　Cornell 大学の F. McLafferty 教授の質量分析学者としてのキャリアは，ある企業においてポリスチレンの製造における深刻な問題を質量分析の技術を用いて解決したことから始まった．彼は，1953年に質量分析研究室の所属となった．あるときポリスチレンに黒い斑点が生じたことから，1日あたり 450 t のポリマー生産設備を停止せざるを得なくなった．彼は早速スチレンモノマーの質量スペクトルを測定し，ある不純物を検出して，それが原因であると結論づけた．次に示すこの化合物の質量スペクトルから，その不純物が何であるかを推定してみよ．また，同じ試料を赤外吸収分光法により分析したが，この化合物の存在を確認できなかった．その理由を説明せよ．

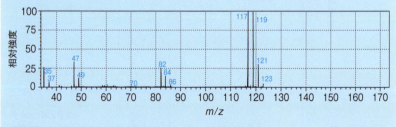

[質量スペクトルは Texas 大学 Arlington 校，島津先進分析化学センターの厚意による]

解 答

スチレンモノマーの質量スペクトルには m/z 117, 119, 121, 123 に主要なピーク群が現れており,その同位体強度比から CCl_3^+ によるものとわかる.McLafferty 博士は約 300 ppm の四塩化炭素が混在すると結論づけた.IR 分析の専門家であった施設の管理者は,CCl_4 の存在を報告していなかった(CCl_4 は対称分子なので,赤外不活性であることがその理由である.16 章参照).そのスチレンの入手先を調査したところ,Texas 州の化学会社からタンクローリーで運ばれてきたことがわかり,直前に運搬したものが実は CCl_4 であった.当時最新の質量分析装置は高価であったが,McLafferty 博士はその有用性をはからずも証明した形となった.

表 22.3 有機化合物の EI 質量スペクトルに観測されるおもなニュートラルロス[*2]とフラグメントイオン

質量	ニュートラルロス	由来官能基	質量	ニュートラルロス	由来官能基
14	CH_2 だけ少ない		29	$C_2H_5^•$	アルキル
	同族体混入		30	$CH_2=O$	メトキシ
15	$CH_3^•$	メチル		$NO^•$	芳香族ニトロ化合物
16	CH_4	メチル		C_2H_6	アルキル(CI)
	$O^•$(まれに)	アミンオキシド	31	$CH_3O^•$	メトキシ
	$NH_2^•$	アミド	32	CH_3OH	メチルエステル
17	NH_3	アミン(CI)	33	$CH_3OH_2^+$	アルコール
	$OH^•$	カルボン酸,第三級アルコール		$HS^•$	メルカプタン
18	H_2O	アルコール,アルデヒド,カルボン酸(CI)	35	$Cl^•$	塩素化合物
			36	HCl	塩素化合物
19	$F^•$	フッ素化合物	42	$CH_2=CO$	アセテート
20	HF	フッ素化合物	43	$C_3H_7^•$	プロピル
26	C_2H_2	芳香族化合物	44	CO_2	酸無水物
27	HCN	ニトリル,複素環芳香族	46	$NO_2^•$	芳香族ニトロ化合物
28	CO	フェノール	50	CF_2	フッ素化合物
	C_2H_4	エーテル			
	N_2	アゾ化合物			

質量	フラグメントイオン	由来官能基	質量	フラグメントイオン	由来官能基
15	CH_3^+	メチル,アルカン	50	$C_4H_2^+$	アリール
29	$C_2H_5^+$, HCO^+	アルカン,アルデヒド	51	$C_4H_3^+$	アリール
30	$CH_2=NH_2^+$	アミン	77	$C_6H_5^+$	フェニル
31	$CH_2=OH^+$	エーテルまたはアルコール	83	$C_6H_{11}^+$	シクロヘキシル
39	$C_3H_3^+$	アリール	91	$C_7H_7^+$	ベンジル
43	$C_3H_7^+$, CH_3CO^+	アルカン,ケトン	105	$C_6H_5C_2H_4^+$	置換ベンゼン
45	CO_2H^+, CHS^+	カルボン酸,チオフェン		$CH_3C_6H_4CH_2^+$	2置換ベンゼン
47	CH_3S^+	チオエーテル		$C_6H_5CO^+$	ベンゾイル

[Chhabil Dass, *Fundamentals of Contemporary Mass Spectrometry*. Hoboken, NJ: wiley, 2007 を改変]

[*2] [訳者注] ニュートラルロス:フラグメンテーションによりプリカーサーイオンから電荷をもたない中性種が脱離すること.

EIはいわゆるハードなイオン化法であり，分子イオンを有意に高いイオン強度で観測することは難しい．分子量を決定する目的の場合には，分子イオンの生成量がより多いほうが望ましい．理論的には，EIフィラメントの電圧を下げて測定すれば可能ではあるが，**化学イオン化**(chemical ionization：CI)とよばれる方法を利用するほうがより確実である．CIは比較的フラグメンテーションの少ないよりソフトなイオン化法であり，CI質量スペクトルではプロトン化分子のピークが優勢であることが多い[*3]．化学イオン化では，EIイオン源にメタン，イソブタン，アンモニアなどの試薬ガスを1〜10 Torr(試料に対して大過剰)導入し，試料分子と反応してプロトン付加あるいは水素化物イオン引き抜き(ほかにも正イオン付加，負イオン脱離や電荷交換によるイオン化過程がある)によるイオンを生成する．CIのイオン化過程は，まず，EIイオン源内で試薬ガスが電子イオン化されるところから始まる．メタンの場合，電子が衝突して$CH_4^{+\bullet}$やCH_3^+が生成し，さらにそれらがCH_4と反応してCH_5^+や$C_2H_5^+$が生成する．

$$CH_4^{+\bullet} + CH_4 \longrightarrow CH_5^+ + CH_3^{\bullet}$$
$$CH_3^+ + CH_4 \longrightarrow C_2H_5^+ + H_2$$

これらの試薬イオンと試料分子との間で，プロトン(H^+)移行反応あるいは水素化物イオン(H^-)引き抜き反応が起こり，試料分子の一価の正イオンが生成する[*4]．

$$CH_5^+ + M \rightarrow [M+H]^+ + CH_4 \quad (プロトン付加)$$
$$C_2H_5^+ + M \rightarrow [M-H]^+ + C_2H_6 \quad (水素化物イオン引き抜き)$$

また，$[M+H]^+$や$[M-H]^+$はフラグメンテーションを起こす可能性がある．分子イオン$M^{+\bullet}$は観測されないが，分子量は$[M+H]^+$や$[M-H]^+$から容易に知ることができる．より弱酸性の試薬イオンを用いれば，スペクトルはより単純になる．イソブタンから生じる$C_4H_9^+$やアンモニアからのNH_4^+も，プロトン移行反応により試料をイオン化するが，内部エネルギーの蓄積が少ないので，$[M+H]^+$のフラグメンテーションは最小限にとどまる．**表22.4**に，試薬ガスの違いによるCIの特徴をまとめてある．最近のGC-MS装置のほとんどがCIに対応しており，GCから溶出してきた化合物の分子量を決定することができる．もしCIが装備されていないと，よりハードなEIにより極端に起こるフラグメンテーションのために，分子量を決めることが難しくなる．

表22.4 試薬ガスの違いによる化学イオン化の特徴

試薬ガス	生成付加イオン種	測定対象／限界
メタン	$[M+H]^+$, $[M+C_2H_5]^+$	ほとんどの有機化合物．付加イオン生成は少ない．フラグメンテーションが比較的起こりやすい．
イソブタン	$[M+H]^+$, $[M+C_4H_9]^+$	万能性に乏しい．付加イオン生成が多い．フラグメンテーションは少ない．
アンモニア	$[M+H]^+$(塩基性化合物) $[M+NH_4]^+$(極性化合物)	極性および塩基性化合物に適用できるが，それ以外には難しい．フラグメンテーションはほとんど起きない．

[*3] [訳者注] CIで生成するイオンはおもにプロトン化分子である．
[*4] [訳者注] メタンはプロトン親和力が小さいので多くの有機化合物をイオン化するが，内部エネルギーを多く蓄えるのでフラグメンテーションが起こりやすい．

通常，EIでは正イオンのみが生成する．また，上のCIでも正イオンの生成を中心に解説した．EIにより生成するラジカルカチオンは（不対電子が1個ある）"奇数電子"イオンである．一方，CIにおいてプロトン付加あるいは水素化物イオン引き抜きにより生成したイオンは，ほとんどが（すべての電子が対になっている）"偶数電子"イオンである．気相におけるCIでは，**負イオン化学イオン化**（negative-ion chemical ionization：NICI）過程により，負イオンの生成も可能である．負イオンを観測するためには，化合物がプロトン脱離，あるいは電子捕獲して生じる負イオンが安定である必要がある．効率よく負イオンを生成する化合物（たとえば，酸性基やハロゲン原子を含む化合物など）はある程度限られており，NICIはイオンの生成に選択性をもつため，複雑な試料を分析するさいに有用である．消火剤，殺虫剤，ポリ塩化ビフェニル（PCB）などのハロゲン化合物は，電気陰性度が高いので，安定な負イオンを生成しやすい．環境分析においては，これらの化合物はありふれた分析成分であるため，NICI法はよく使われる分析法である．ほかの化合物でも，誘導体化することによりNICI分析が可能になる場合があり，目的化合物にペルフルオロアルキル基を結合させると，負イオンの検出感度が増大する．NICIについての詳細は参考文献6を参照されたい．

GC-MSの開発当初においては，カラム出口と質量分析計を接続するためのインターフェースが大きな問題であった．当時のGCでは充填カラム（パックドカラム）が使われており，大量の試料が高流量のキャリヤーガスによって運ばれてくるため，真空条件下で作動するMSシステムへの導入とは両立しなかった．それを解決するために，特殊なインターフェースが考案された．その後，溶融シリカキャピラリーカラムが登場すると，GC-MSのインターフェースは必要なくなり，カラムからの溶出ガスを直接イオン源に導入できるようになった．カラムからの固定相液体の流出（ブリーディングとよぶ）を最小限に抑えることは不可欠で，さもないと，質量分析計のバックグラウンドが上昇してしまう．シリカキャピラリー内壁にアルキルシロキサンを化学結合することや固定相を架橋結合することにより，ブリーディングを抑えることができる．ブリーディングの少ない固定相については20章で述べた．キャピラリーGCは高分解能であり，非常に多くの化合物を分離したピークとして与え，質量分析計によりそれらを同定することが可能である．たとえあるピークに二つあるいはそれ以上の化合物が重なって溶出したとしても，保持時間の情報と組み合わせることにより，手作業あるいはライブラリー検索により化合物を同定することができる．もちろん，GCピークを記録するためには（1sに5〜6点ほどの）非常に大量のデータ処理能力を必要とする．高速で大容量のコンピュータの出現は，GC-MSをいっそう普及させたもう一つの技術的要因である．分離されたイオンビームは，16章で述べた光電子増倍管と類似する電子増倍管によって検出される（イオン検出器については本章の後半でも簡単に述べる）．最新のGC-MS装置の検出限界は，pgレベルが普通である．

22.4 液体クロマトグラフィー-質量分析法

質量分析法と液体クロマトグラフィーを組み合わせることは，ガスクロマトグラフィーとの組合せと同様に，質量分析法が検出器として高感度で高選択的であ

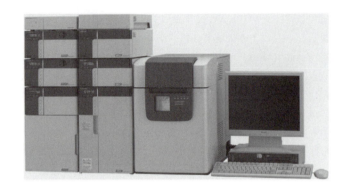

図 22.5 最新型の液体クロマトグラフ-質量分析計
［島津理化の許可を得て掲載］

るため，複雑な試料を分析するための強力な手段となる．液体クロマトグラフと質量分析計を接続するためには，大量の移動相溶媒を除去する必要があるため，かなり難しいインターフェース技術が必要である．しかも，分析成分は難揮発性あるいは熱分解性であることが多く，それらを気相に取り出さなければならない．それゆえに，LCとMSの結合は"うまくいきそうもない結婚"とまで揶揄され，信頼性が高く使い勝手のよいインターフェースの開発までに多くの年月が費やされた．今日では，種々の大気圧イオン化(API)法がインターフェースとして実用化され，LC-MSは日常分析技術として確立された．さまざまなタイプの比較的小型のベンチトップ型装置が市販されている(図 22.5)．

もっとも広く使われているAPIインターフェースは，エレクトロスプレーイオン化(ESI)法と大気圧化学イオン化(APCI)法である．分析成分の極性や熱安定性などを考慮して両者を使い分ける．ESIは極性やイオン性化合物の測定に適しており，小さな分子からペプチドやタンパク質などの大きな生体分子まで，幅広く適用できる．APCIは低分子量化合物に適しており，また比較的極性の低い化合物にも適用できる．両イオン源は装置互換性があり，市販装置には両方とも装備されていることが多い．また，いくつかのメーカーから，大気圧光イオン化(APPI)イオン源が市販されており，ESIやAPCIで効率よくイオン化できないような，特殊な試料のイオン化に有用である．

> エレクトロスプレーイオン化法は非常にソフトなので，化学結合していない錯体でさえも液相からそのままの形で気相へ取り出すことができる．

エレクトロスプレーイオン化(electrospray ionization：ESI)はソフトなイオン化法である．試料溶液は，数 kV の電場を介してニードルキャピラリーから噴霧され，インターフェース内の対向するオリフィス(細孔)まで導かれる(図 22.6)．加熱ガスの流れにより帯電液滴は徐々に脱溶媒し，液滴は次第に縮小し細分化して，ついには試料化合物の帯電粒子(および，それに溶媒クラスターが付加した

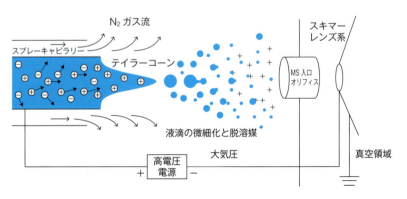

図 22.6 エレクトロスプレーイオン化インターフェースの概念図

イオン)となり，質量分析計に入っていく．生成したイオンに蓄積する内部エネルギーは非常に小さいので，それらはそのままの形で観測される．ESI スペクトルでは，プロトン化分子や脱プロトン分子あるいはカチオン(アニオン)付加分子などの偶数電子イオン(たとえば，正イオンモードでは$[M+H]^+$，$[M+Na]^+$，$[M+NH_4]^+$など，負イオンモードでは$[M-H]^-$，$[M+Cl]^-$など)が強く現れる．また，溶液中にある非共有結合性の弱い力で結びついている錯体でさえも，そのままの形のイオンとして気相に取り出すことができる．生成するイオンの極性は，キャピラリーに印加する電場の極性を変えるだけで正イオンから負イオンに変えることができる．一般に，塩基性化合物はプロトン化により正イオンを生成しやすく，一方，酸性化合物は脱プロトン化により負イオンを生成しやすい．いくつかのメーカーから市販されている装置では，測定中に電場の極性を高速で切り替えることが可能であり，1回の分析で正負両イオンを同時に観測することができる．

ESI のイオン化機構の詳細については長年研究され，試料イオンが液滴から放出される過程は，溶質の存在形態によって異なることが報告されている(参考文献 7, 8)．たしかに興味深い基礎研究としての話題性はあるが，実際の ESI は，個々の液滴の組成が気相イオンの相対的な生成効率に影響するような，競争的なイオン化過程であることを理解しておく必要がある．イオンが生成するためには，溶質が液滴の表面に移動し，そこで電荷を受け取る過程が必要である．界面活性の高い化学種はイオン化効率が非常に高い．脂質などの界面活性成分が共存する試料中の化合物を分析する場合，限られた面積の液滴表面でこれらの界面活性成分が優先的にイオン化するので，分析成分のイオン化がかなり抑えられてしまう．複雑な混合物の ESI-MS 分析では，このようなマトリックス効果がよく現れる．したがって，**安定同位体標識内標準**(stable isotopically labeled internal standard：SIL-IS)を試料に添加して分析するか，あるいは，分析成分を含む試料の組成に合わせて，同じでなくともできる限り類似したマトリックスを用いて，濃度対イオン強度を校正しておくことが非常に有効である．分析成分を重水素化あるいは^{13}C 置換したような SIL-IS を使う方法は，ESI 過程において分析成分と内標準が確実に同じ挙動をとるため，もっとも確実な定量手段である．同位体標識内標準は，液体クロマトグラフから分析成分と同じ保持時間に溶出し，質量スペクトル上には分析成分の質量より数ユニットだけ高 m/z 側に現れる．このように，同位体標識内標準は，分析成分と同じ(適切に補正可能な)イオン化効率でイオン化される．とはいえ，適切な SIL-IS 化合物の入手の可否やその価格には問題がある．これらの制約にうまく対応できれば，HPLC-ESI-MS は試料中成分の ppt(すなわち fg)レベルの分析も可能な方法である．

ESI は，分子の質量が大きくなるに従って電荷の数が増加し多価イオンを生成するので，タンパク質などの巨大分子を分析できる大きな利点をもつ．この現象を見いだしたことにより，John B. Fenn 教授は 2002 年のノーベル化学賞を受賞した．タンパク質やペプチド(および類似の高機能生体分子)の骨格には，プロトン化や脱プロトン化が起こりやすい複数の官能基が存在する．そして，高質量のタンパク質は，複数の電荷をもったイオンによるピーク群として観測され，デコンボリューションとよばれる簡単な計算法により，もとの高分子の分子量を決定することができる．したがって，上限質量が 2000～3000 Da 程度の典型的な質

フェン(John B. Fenn, 1917～2010)教授は，ESI-MS を実用化し巨大生体分子の研究に貢献した功績により，2002 年ノーベル化学賞を受賞した．参考文献 9 には，エレクトロスプレーイオン化開発の経緯が記されている．

量分析計の質量範囲を大きく超えるような高質量化合物でも，m/z の電荷数 z が増加するので測定が可能となる．たとえば，50000 Da のタンパク質にプロトンが 50 個付加したイオン($m = 50050$, $z = 50$)は，m/z 1005 にピークが現れる．ほとんどの場合，このピークは同じタンパク質による電荷数の異なる多数のピークと同時に観測される．図 22.7 にウシ心筋タンパク質シトクロム c の ESI 質量スペクトルを示す．ここでは，多価イオンのピーク群が 2 種類観測されている．より高次の荷電イオン群(+8〜+16 価)は変性したタンパク質によるもので，より低い荷電状態(+5〜+7 価)のピーク群は未変性のタンパク質に由来する．変性した，すなわち広げられたタンパク質には，折り畳まれた(自然の)状態のそれに比べて，プロトンが付加しやすい塩基性部位がより多く存在するので，より高い荷電状態をとることができる．きわめて高い荷電状態(超荷電)のタンパク質イオンを生成することは，タンパク質のアミノ酸配列を研究する科学者にとっては非常に利用価値が高い．なぜならば，構造解析を目的とするタンデム質量分析法を使えば，超高次荷電イオンは，より効率よくフラグメンテーションを起こすからである(たとえば，電子捕獲開裂や電子移動開裂など．以下に述べるタンデム質量分析法を参照)．

大気圧化学イオン化(atmospheric pressure chemical ionization：APCI)は，液体クロマトグラフィーと質量分析法をつなぐための大気圧イオン化インターフェースの一つである．インターフェースは ESI 用のそれとよく似ているが，大気圧下で気相状態にある試料をコロナ放電でイオン化するところが異なる(注意：GC-MS の項で説明した，真空下で行われる化学イオン化法とは別物である)．液体クロマトグラフからの溶出液は，加熱された(約 400℃)プローブを通ってイオン化室に噴霧され，気化した試料は，約 5 kV を印加した針電極によるコロナ放電のエネルギーによりイオン化される(図 22.8)．ESI は液相におけるイオン化(酸-塩基反応)が支配的と考えられているが，APCI では，気相におけるイオン-分子反応によりイオンが生成する．気相における低極性化合物のイオン化効率は

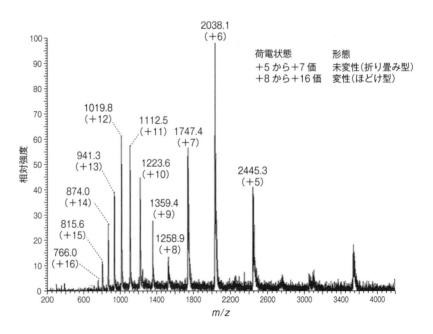

図 22.7　ウシ心筋シトクロム c のエレクトロスプレーイオン化質量スペクトル
［A. Lo and K. A. Sehug, *Separation & Purification Reviews*, 38 (2009) 148 より許可を得て転載］

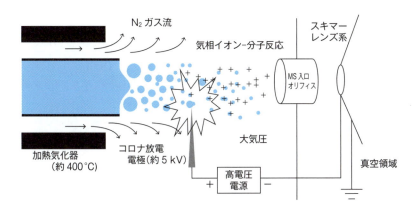

図22.8 大気圧化学イオン化（APCI）インターフェースの概念図

ESI法より高いが，質量範囲はおよそ2000 Daが限界である．ESIとAPCIは，どちらかでイオン化できなかった場合はもう一方で試してみる，というように相補的に使われる．APCIを行う場合，移動相にメタノールを加えるのが普通である．CH_3OHはコロナ放電により$[CH_3OH+H]^+$（とりわけ他の化学種より有効）を生成し，さらにプロトン移行反応が起こり目的化合物の正イオンを生成する．最初にコロナ放電でイオン化されるのは大量にある溶媒分子であり，次いで，これらのイオンが試料分子と衝突して電荷（H^+）移動が起こるのである．

　大気圧光イオン化（atmospheric pressure photoionization：APPI）では，APCIイオン源のコロナ放電電極の代わりに，高出力の紫外線（UV）ランプが用いられる．UV光源は有機化合物をイオン化するのに十分なエネルギー（約10 eV）を放射する．APCIと同様に，溶媒としてメタノールがよく使われ，メタノールがイオン化されて（メタノールのイオン化エネルギーは低いので，UVエネルギーで十分イオン化できる）生じた試薬イオンが，試料分子と衝突して電荷移動が起こり，試料イオンが生成する．トルエンはAPPI効率を上昇させるための添加剤として有効である．また，とくに，電子不足の芳香環をもつ分子（たとえば，芳香族ニトロ化合物）などの場合は，ESIやAPCIによるイオン化よりも，APPIによるほうが高いイオン化効率でイオンを生成する．ただし，APPIが使われる頻度はそれほど高くない．

> ### アンビエントイオン化法
>
> 　ここ数年来，大気圧イオン化イオン源は，その場分析のための新しい技術として多種類が開発され発展してきた．アンビエントイオン化（AI）はそれらの技術に与えられた名称であり，試料導入法と大気圧下におけるイオン化法を個々に最適化でき，大気圧下で試料ホルダーに試料をおくだけで質量分析できる特徴をもつ．これらの方法の共通理念は，創生期に登場し，もっともよく知られたAI技術のうちの一つ，脱離エレクトロスプレーイオン化法（desorption electrospray ionization：DESI）の論文によくまとめられている（参考文献11）．DESIでは，質量分析計への導入孔付近に塗布された試料表面に向けて，ESIで生成したプロトン付加溶媒がスプレーされる．そして，その溶媒が試料表面を濡らして試料分子を抽出するための溶液薄膜を形成する．

次いでエレクトロスプレー液滴は試料分子を抽出し，質量分析計の入口へ向かって試料イオンを脱離させる．液滴から試料イオンが生成する過程は，通常のエレクトロスプレーイオン化とほとんど同じである．DESI は，インターフェースを介して試料(たとえば，錠剤薬品)のサンプリング(イオン化)を繰り返す連続分析を可能にしている．

ほかのタイプのイオン化法を紹介しよう．DESI と同時期に開発された DART (direct analysis in real time, 参考文献 12)では，グロー放電により生成した準安定ヘリウム原子を試料に照射する．これらのエネルギーに富んだ化学種は試料中の分析成分をイオン化し脱離させることができる．この装置は連続工程の監視などに利用されている．

DESI と DART が発表されて以来，何種類もの AI 法が開発されてきた．この種のイオン化法については数多くの文献や総説にとりあげられている(参考文献 13)．DESI のように，さまざまな形態の試料からイオンを取り出すために，あるものは電気的に噴霧し生成させた溶媒スプレーを利用し，またあるものは，化学イオン化，熱イオン化，光イオン化，あるいは種々のエネルギー源によるイオン化を利用している．また，AI 法では，ほとんど試料調製(前処理)を必要としないことが一つの特徴である．抽出エレクトロスプレーイオン化(extractive electrospray ionization：EESI，参考文献 14)などいくつかのイオン化法では，質量分析計への導入孔付近でエレクトロスプレーからの噴霧気流(プルーム)と試料の噴霧気体を混合する方式により，尿のような複雑な組成の試料の直接分析に適用できることが示されている．

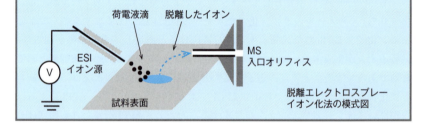

脱離エレクトロスプレーイオン化法の模式図

22.5 レーザー脱離イオン化法

分子からイオンを生成するための方法はさまざまである．なかでも，レーザー光照射は非常に有効な方法の一つである．レーザーは非常に強い単色光を放射し，多くの種類の光源が入手可能で，また，いろいろな物理状態にある物質をイオン化するためにたいへん有用である．現在の質量分析法におけるレーザーエネルギーの用途として，(a) 固体物質を直接脱離しイオン化する[**レーザー脱離イオン化**(laser desorption ionization：LDI)]，(b) 分析成分とマトリックスとの混合結晶を照射，脱離し，光励起されたマトリックスを介して試料を間接的にイオン化する[**マトリックス支援レーザー脱離イオン化**(matrix-assisted laser desorption/ionization：MALDI)]，(c) 誘導結合プラズマ質量分析法などほかの分析装置に導入するため，試料を蒸散しサンプリングする(17 章に加えて，本章でも後述する)，(d) 質量分析計内にトラップされたイオンを励起し，気相における光化学反応を研究する(発展的内容であるため，本書では扱わない)などをあげるこ

とができる.

　市販されているLDIとMALDIの装置構成は非常によく似ている．多くの場合，ステンレス鋼製のプレート上に塗布された試料に向けて，半導体または窒素UVレーザーを照射する．レーザー光照射によって生成したイオンは，質量分析部（飛行時間型が一般的である．質量分析部については後述）へと加速される．LDIとMALDIの大きな違いは，MALDIではマトリックス化合物が試料に加えられることである．MALDIは，固体マトリックスを使うことによって，種々の極性をもつ小さな分子から巨大分子まで分析対象が広く，ソフトイオン化法の一つである．一方LDIでは，試料分子がレーザー照射に直接さらされるため，生成したイオンのフラグメントを生じやすく，ハードイオン化法に分類される．

　田中耕一氏は，MALDIが巨大生体分子の分析に有効なことを証明した功績により，2002年ノーベル化学賞を受賞した（前述したフェン教授のESIと同時受賞）．MALDI法はその対象化合物の範囲が非常に広く，低分子量化合物，脂質，高分子量から低分子量にいたる合成ポリマー，ペプチド，そしてもちろんタンパク質などを分析するための方法として，過去15〜20年の間に大きく成長・発展を遂げた．MALDI法でイオン化を成功させるための秘訣は，適切なマトリックス化合物を選択することにある．典型的なマトリックスは，比較的低分子量の有機化合物であり，分析成分と混合して光沢仕上げのステンレス鋼製の試料プレートに（1μL程度の液体として）塗布する．マトリックス化合物（分析成分に対して十分過剰な量が必要）のおもな役割は，(a)試料スポットが乾燥することにより共晶を形成すること，(b)照射されたレーザー光エネルギーを吸収すること，(c)照射により気相に脱離して励起状態になること，そして，(d)分析成分に対してプロトン移行またはプロトン脱離反応を起こしてイオン化し，質量分離に供することである．試料によって適切なマトリックスを選ぶ必要がある．よく使われるマトリックスの一部を図22.9に示す．

　多くの革新的な研究の成果として，MALDI質量分析法の実用性はさらに向上した．マトリックス化合物が試料に対して大過剰に存在するので，質量スペクトルの低質量側にマトリックス由来の強いピークが現れ，低分子量化合物を対象とする場合，イオンの検出を妨害することがある．そこで，表面にナノ構造（たと

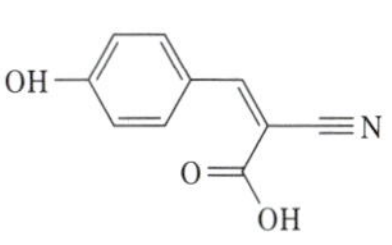

α-シアノ-4-ヒドロキシケイ皮酸
（α-cyanoまたはCHCA）
ペプチド，低分子量化合物(<10 kDa)

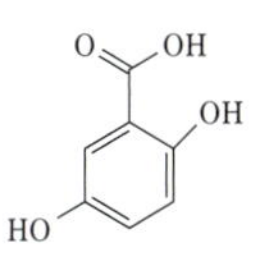

2,5-ジヒドロキシ安息香酸
（DHB）
ペプチド，糖，ポリマー

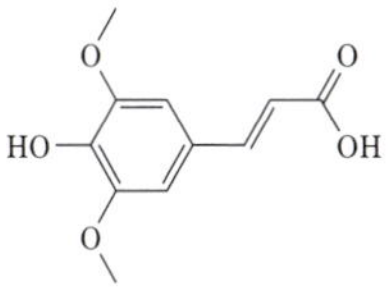

3,5-ジメトキシ-4-ヒドロキシケイ皮酸
（シナピン酸）
ペプチド，タンパク質(>10 kDa)

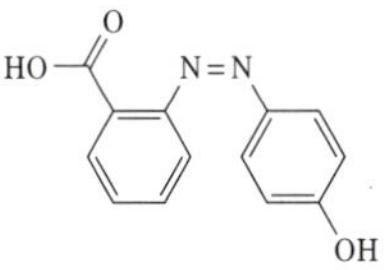

2-(4-ヒドロキシフェニルアゾ)安息香酸
（HABA）
タンパク質，オリゴ糖，ポリマー

図22.9　代表的なMALDI用マトリックスと適用対象

えば，カーボンナノチューブやシリカ系の表面)を形成させた試料基板が開発され，マトリックスなしでも，低バックグラウンドで効率よくイオン化できることが示された．この方法は，ナノ粒子支援レーザー脱離イオン化法(nanoparticle-assisted laser desorption/ionization：NALDI)として知られている．加えて，従来法のマトリックス分子と試料分子による混合結晶の形成過程は，試料スポット間で再現性が悪く，定量的な操作にかなり影響するため，一般に，MALDI法は定量分析には適さないと考えられている．そこで，さらに均一な試料スポットを調製するための方法が検討され，イオン液体を利用したMALDIマトリックスが開発された．一般にそれらは，マトリックスとなる陰イオン性化合物と，かさ高い対陽イオン(結晶化を防ぐため)を化学量論的に混合した溶融塩であり，試料分子を均一に溶解することができるので，この均一混合物試料を用いると，試料スポット上のレーザービームの位置に関係なく，相当するイオン強度のシグナルを得ることができる．こうしてMALDIは，メタボロミクス(代謝産物解析)から脂質解析やペプチド・タンパク質解析に至るまで，定量的な分析法が必要とされる分野で幅広く使われるようになった．さらにその技術を改良するための方法論の開発研究は，現代分析化学の時流に乗った学問分野となっている．とはいえ，MALDI分析において最良の結果を得るためには，細心の注意を払いつつ試料調製し試料ターゲットに塗布する技術の習得が不可欠である．

イメージング質量分析法

通常の抜き取り的な実験からでは情報不足となる場合でも，試料の状態をそのまま画像化できれば，その組成に関する有力な情報となる．最近になって開発されたイメージング質量分析法(mass spectrometry imaging：MSI)は，材料を観察するためのまったく新しい方法である．従来型のMALDIでは，分析成分を含んだ試料溶液をマトリックスと混合し，ステンレス鋼製のプレートにスポットする．それと同じように，組織を薄くスライスした断片(厚さ10 μm程度)をプレート上にのせ，マトリックスの薄膜で覆うようにする．次いで，レーザー光が試料表面にまんべんなく当たるよう縦横に動かし測定(ラスター法とよぶ)すると，試料表面上のいろいろな位置における質量スペクトルが得られる．試料表面の空間的な位置情報に対応する質量スペクトルを集めれば，試料表面の化学種の分布状態を，種々のイオン信号の相対強度を用いて画像化できる．このような測定によれば，膨大な量のデータを処理することにより，多くの化学種の濃度を反映した画像が得られ，生体組織片におけるタンパク質や脂質，あるいは薬物などの空間的分布状態に関する有力な情報となる．この技術の有用性を示す実例としては，生体組織片におけるがん化したタンパク質部位の内側，境界，および外側の表現型を可視化し比較したことであろう．

このように大変有用な方法ではあるものの，試料表面における空間分解能を上げる技術は今なお研究段階にある．試料表面の"画素"数による解像度は，レーザービームの径(約50～100 μm)による限界があり，また，分析試料の調製法にも依存する．後者の例として，妨害物質を取り除くために使う溶媒の影響や，マトリックスを塗布すると目的成分の特徴が"ぼやける"などの現象が生じる．試料中の化学物質が移動する現象も起こり得るので，さらに空間分解能が低下する原因となる．そのようなことから装置メーカーでは，最適なMSI測定のための，生体組織試料のスライス法，展着法，マトリックスの塗布法を開発し推奨している．MALDIや二次イオン質量分析法のほかに，種々のアンビエントイオン化法によるMSIも実用化されている．

22.6 二次イオン質量分析法

二次イオン質量分析法(secondary ion mass spectrometry：SIMS)は20世紀中頃に開発された，固体表面や材料の元素組成を分析するための初めての方法である．SIMSは微量元素の分析法として開発されたが，分子イオンからのフラグメントも生成する．一次イオン(イオン銃により生成した，Xe^+，Ar^+，O^-，O_2^+，SF_5^+，C_{60}^+など)を高真空下(10^{-4} Pa以下)で試料の表面や薄膜に照射し，脱離した二次イオンを質量分析する方法である．このようなイオン衝撃によって中性種，正イオン，負イオンが同時に生成するので，適当なイオンレンズ系を用いて生成したイオンを質量分析部に導入する．SIMSは，扇形磁場(セクター)型，四重極型，あるいは飛行時間型質量分析部と相性がよい．SIMSは，その検出限界が低く(1 cm^3あたりpmolの原子)，イオンビームの光束が細く(空間分解能10 μm)，また，試料表面をビームで走査するラスター法による二次元マッピングが可能なことから，電子回路，隕石，花粉，微化石など，さまざまな形の試料表面における元素を直接分析する方法として有用である．また，深さ方向の観察も可能である．再現性のよい結果を得るためには，分析に先立って試料を十分に研磨しておくこと，あるいは導電性のない試料の場合は，帯電を防ぐために導電性の純粋な金属でコーティング処理しておくことが必要である．この分野の研究でもっとも権威のある解説書の一つとして，Benninghovenらによる著書(参考文献15)をあげておく．

22.7 誘導結合プラズマ質量分析法

誘導結合プラズマ(inductively coupled plasma：ICP)は1960年代に発明され，1970年代にかけて市販されるにともない，有力な元素分析法として急速に普及した．ICPは，原子発光分析用の原子化源として開発され，また，質量分析法(ICP-MS)のイオン源としても有用である．ICPの概要は17章に記した．この元素分析装置の心臓部は，およそ10000 Kのアルゴンプラズマトーチであり，有機化合物を完全に分解し，プラズマ内で元素が基底状態から励起状態やイオン化された状態へと遷移する割合を増進する役割をもつ(17章参照)．ICP-MSはICP-OES(発光分析)と同様に多くの利点をもち，とくに遷移金属元素に対してはかなりの高感度を示す．ICP-OESでは，各元素に固有である不連続の発光スペクトル輝線が(モノクロメーターによる波長スキャンにより)順次，あるいは(ダイオードアレイ検出器により)同時に検出される．一方，ICP-MSでは，イオン化された原子は高効率で質量分析部に送られ，イオンのm/zに従って質量分離される．検出限界はpptレベルに達し，検量線の直線範囲は7桁にも及ぶ．

プラズマトーチ内で生成したイオンは，サンプリングコーンとスキマーレンズ系を通って質量分析部へと導かれる．イオン源と質量分析部との境界に配置されているこれらのレンズ電極系は，質量分析部の高真空を保つ役割も担っている．化学種の原子質量を測定できるということが，分析の特異性を高めているのは事実であるが，一方で，ある種の妨害の可能性を考えておく必要がある．たとえば，m/z 40, 56, 80に観測されるような試料イオンは，それぞれプラズマ内で大量

に生成したAr$^+$，ArO$^+$，Ar$_2^+$の妨害を受ける．カルシウムと鉄のもっとも存在度の高い同位体である^{40}Caと^{56}Feのシグナルを観測することが難しいのは，これらの同重体干渉によるものと考えてよい．これらの干渉現象の多くは，多種の原子からなる酸化物など，多原子イオンによるものである．この干渉を除去するため，すべてのイオンが質量分析部に入る前にコリジョン/リアクションセル(衝突/反応セル，collision/reaction cell)を通過する仕組みの装置が，現在では主流となっている．メーカー各社は，それぞれ独自の設計に基づく反応セルに種々の名称をつけているが，多原子イオン干渉を除去するために，コリジョンガス(He)やリアクションガス(H_2, CH_4, NH_3)あるいは複数種の混合ガスを，イオンの通り道(イオンレンズ)に導入する方法論は共通している．反応セルは，種々の電極配置(四重極，ヘキサポール，オクタポール)をもつ高周波イオンガイド，すなわちイオンレンズとしてイオンが質量分析部まで飛行する軌道を安定させ，中性化学種を排除し，固体粒子を真空排気する役割も担っている．市販されるほとんどのICP-MS装置には，分析対象イオンの選択と分離のために，四重極アナライザーが装備されている．四重極を含め，主要な質量分析部の装置構成については次節で解説する．

22.8 質量分析部と検出器

　質量分析部(アナライザー)は質量分析計の心臓部にあたる．高真空下のイオン源(たとえば，電子イオン化)あるいは大気圧下のイオン源(たとえば，エレクトロスプレーイオン化)で生成したイオンは，電位勾配に沿って質量分析部に移行する．正イオンは正電場により反発され負電場に引きつけられる．イオンレンズあるいはイオンガイドは，イオン源から検出器までのイオンビームの軌道を安定化するために用いられる．中性種は物理的な障壁により軌道を外れ(たとえていうなら，イオンはカーブに沿って曲がれるが，中性種は直進する)，高真空の操作条件を維持するためのターボ分子ポンプにより排気され除去される．イオンパケット(塊)が質量分析部に到達すると，電場と磁場の適切な掃引によって質量分離される．最終的に，目的イオンは検出器に導かれイオン量が計測される．

　イオンが質量によって分離されるためには，イオンは相当の距離を飛行しなければならないので，適切な**平均自由行程**(mean free path)を維持するための高真空ないし超高真空環境が必要である．平均自由行程とは，粒子どうしの衝突の可能性を示す指標で，距離の単位で表したものである．すなわち，与えられた真空度において，一つの粒子がほかの粒子と衝突することなく，どのくらい遠くまで飛行できるかを表している．いろいろな真空度において，存在可能な分子の数と平均自由行程との一般的な関係を**表22.5**に示す．質量分析法でイオンを質量分離するためには，実際に飛行する距離の10〜100倍の平均自由行程を維持することが望ましい．ところで，質量分析部の達成可能な分解能は，イオンの飛行距離の限界に大きく関連している．たとえば，2 mの飛行管をもつ飛行時間型装置は，1 mの装置より高い分解能を示す．イオンサイクロトロン共鳴装置では，電場と磁場の作用によりイオンは周回軌道を飛行するため，きわめて高い分解能が得られる．しかし，表22.5に見られるように，適切な平均自由行程を得るためには，高真空から超高真空を維持できるような排気ポンプが必要である．真空を

表22.5 質量分析法における真空度と平均自由行程との関係

真空度	圧力/Pa	分子数/cm^{-3}	平均自由行程/m	質量分離部
大気圧	約 10^5	$10^{20}\sim10^{19}$	$10^{-8}\sim10^{-7}$	ナノスケール
低真空	$10^4\sim10^2$	$10^{19}\sim10^{16}$	$10^{-7}\sim10^{-4}$	マイクロチップ
中真空	$10^2\sim10^{-3}$	$10^{16}\sim10^{13}$	$10^{-4}\sim10^{-1}$	超小型
高真空	$10^{-1}\sim10^{-5}$	$10^{13}\sim10^{9}$	$10^{-1}\sim10^{3}$	四重極, イオントラップ
超高真空	$10^{-5}\sim10^{-10}$	$10^{9}\sim10^{4}$	$10^{3}\sim10^{8}$	飛行時間型, サイクロトロン

維持するためには相当な電力と費用がかかり，高性能装置になればなるほど，維持費の上昇は避けられない．ポータブル質量分析計の開発が進まないのも，おもに真空装置のためである．とはいえ，最近になって質量分析計の小型化がかなり進んだ．マイクロチップ化された，あるいは十分小型の装置を組み立てることができれば，大気圧に近い，あるいはそれより少し低い程度の圧力でも十分な平均自由行程が得られるので，真空装置への依存度は低下するであろう．

19世紀末のE. GoldsteinとW. Wienの研究を経て，1905年にCambridge大学Cavendish研究所のトムソン(J. J. Thomson)は，ガス放電により生成した陽粒子線に電場と磁場を作用させて，"ぼんやりした"投影点を分離するための重要な実験を行った．トムソンは"質量分析法の父"と称されている．その後，放電管のガス圧力を小さくすることにより，粒子どうしの衝突による影響を低減した．彼の実験装置は放物線型質量分析計とよばれており，その概略を図22.10に示す．この装置によれば，放電により生じた正に帯電した粒子は写真乾板に向かって押し出される．そしてイオンが細いスリット空間を通過したのち電場と磁場の作用を受け，イオンはその質量と電荷数に基づいて分離されたのである．この発見は，質量分析法の発展の基礎となったもので，彼に敬意を表して，その名をm/zを表す単位とすることが提案された．Thomson (Th) は質量の単位(1 Th = m/z 1)として多くの学術論文で最近まで使われていたが，非SI単位であることに加えて，IUPACの用語としても採用されていない．

図22.10に示す放物線型質量分析計では，右側の装置内で生成したイオンは，(左方向に向かって)移行管に押し出され，そこで電場ないし磁場あるいは両方の作

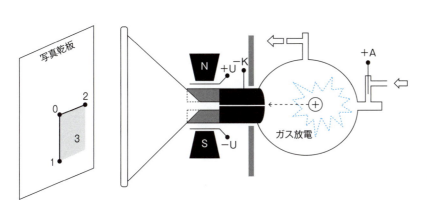

図22.10 J. J. Thomsonの放物線型質量分析計
+A→−Kの電位差だけで加速されたイオンは，0の位置に到達する．+U→−U間に電場だけを印加すると，正イオンは写真乾板上の0と1(電荷qの大きさに従って)の間に収束する．磁場だけを印加するとイオンは曲げられプレート上の0と2(運動量mvに従って)の間に収束する．電場と磁場の両方を印加すると，イオンはプレート上の3の領域に収束し，qとmvの大きさに従って分離される．

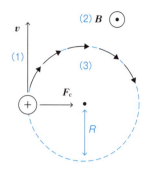

図 22.11　磁場内における荷電粒子の運動
はじめに速度 $v(1)$ に加速された荷電粒子は、強度 $B(2)$（紙面の裏面から表面へ垂直に出る方向）の一様磁場に入る。磁場により粒子の進行方向は曲げられ、固有の半径 R の円を描くように運動する(3)．

ここの計算で使われる単位系はやや複雑なので、次の表にあげる単位換算を用いて問題を解くとよい．

$1\,V = 1\,J\,C^{-1}$
$1\,J = 1\,kg\,m^2\,s^{-2}$
$1\,C = 1\,A\,s$
$q = ze$
$e = 1.602 \times 10^{-19}\,C$
$1\,u = 1.6605 \times 10^{-27}\,kg$
$1\,T = 1\,kg\,C^{-1}\,s^{-1}$
　　$= 1\,kg\,A^{-1}\,s^{-2}$
$v = m\,s^{-1}$（速度）

用を受ける．もし、何の力もはたらかないと、イオンは（左後方の）写真乾板上の"0"で示した点に収束する．もし、イオンの飛行経路に対して上側を正電極、下側を負電極とする垂直方向に電場がかかっている場合は、正イオンはプレート上の0と1を結ぶ線に沿って曲げられる．イオンにかかる力 ($F = qV$) は、電場強度 (V) にイオンの電荷 (q) [q は電荷数 (z) に電子の電荷（電気素量：$e = 1.602 \times 10^{-19}$ C）を乗じた値、$q = ze$] を乗じた値に等しい．したがって、二価のイオンは、一価のイオンの2倍の力を受け、2倍量曲げられることになる．電場の方向とイオン流の方向に対して垂直方向に一様磁場を印加すると、イオンに対してローレンツ力 ($F = qvB$：q はイオンの電荷、v はイオンの速度、B は磁場強度を表す) がはたらく．磁場だけが印加されると、正イオンは0と2の線上に収束する．図22.10に示したように、正イオンは磁場の方向に対して右に曲がるように力を受ける．図22.11に示すように、曲率半径 R は、イオンの運動量と磁場強度に依存する ($R = mv/qB$)．したがって、磁場だけでイオンを分離する質量分析計は、運動量分離器とよばれる．放物線型質量分析計に電場と磁場の両方が印加されると、イオンの電荷、質量、速度および電場と磁場の強度に依存して、正イオンは図の0と3で囲まれた領域のどこかに収束する．ガス放電により生じた種々のイオン種が、明瞭に分離されたのである．トムソンと彼の弟子だったアストン (F. Aston) は、この方法を用いて元素の同位体を発見し帰属に成功した．

> **例題 22.4**
> m/z 375.9 の一価のプロトン化分子が、5000 V で加速され、イオンの進行方向に垂直な強度 4 T の一様磁場に入射するとき、このイオンの磁場内における曲率半径はいくらか．
>
> **解　答**
> まず、イオンの速度を計算する必要がある．位置エネルギー (qV) は運動エネルギー ($0.5\,mv^2$) に等しいとおくことができる．
>
> $$qV = (+1)(1.602 \times 10^{-19}\,C)(5000\,V) = 8.01 \times 10^{-16}\,J$$
> $$8.01 \times 10^{-16}\,J = 0.5[(375.9\,u)(1.6605 \times 10^{-27}\,kg\,u^{-1})](v^2)$$
> $$v = 50661\,m\,s^{-1}$$
>
> 次のように曲率半径を求めることができる．
> $$R = mv/qB$$
> $$R = \frac{(375.9\,u)(1.6605 \times 10^{-27}\,kg\,u^{-1})(50661\,m\,s^{-1})}{(+1)(1.602 \times 10^{-19}\,C)(4\,T)}$$
> $$R = 0.0493\,m = \mathbf{4.93\,cm}$$

Cavendish 研究所における発見は、20世紀中頃における、種々の扇形（セクター）電場型、磁場型、二重収束（電場と磁場）型装置の開発へとつながった．**二重収束セクター型**(double-focusing sector) 装置には、いくつか配置の異なるものがある．飛行経路がC字を描く（すなわち、2台のセクターを通過するさいのイオンの方向が同じ方式）装置はニール–ジョンソン (Nier-Johnson) 型として知られ、イオンは先に電場を通ってから磁場に入る（前方収束型 EB 配置）か、あるいはその逆（後方収束型 BE 配置）であり、イオンの軌道が同じ方向に連続するため、非常に高い分解能が得られる．一方、飛行経路がS字を描く（すなわち、1台目の

セクターを通過するイオンの方向と2台目のそれが逆になる方式)マックウフ-ヘルツォーク(Mattauch-Herzog)型のEB配置装置も使われてきた．最近では，価格が手頃で，高速，小型の装置が台頭してきたので，二重収束型装置はあまり使われなくなったが，いまでも購入は可能であり(たとえば，日本電子製)，種々のイオン化法と組み合わせた高分解能質量測定に特化した研究などに使われている．

四重極質量分析部

1950年代から60年代にかけて，ドイツの物理学者ポール(W. Paul)は，気相のイオンが飛行空間を通過できる条件を変えることによって質量分離する，小型で簡便な**四重極質量分析部**(quadrupole mass analyzer)を発明した．彼はこの研究により1989年のノーベル物理学賞を受賞した．四重極質量分析部の概念図を**図22.12**に示す．それは，平行におかれた4本の双極面(または円柱面)をもつ金属製棒状電極からなり，直流電圧(U)と高周波の交流電圧($V\cos\omega t$, ωは周波数を，tは時間を表す)を同時に印加する．2本の対向する電極に正の電位を，ほかの2本には負の電位を印加しておき，測定中はそれらの極性が交互に変化するようになっている．印加される電圧は，$(U+V\cos\omega t)$と$-(U+V\cos\omega t)$である．四重極の間の飛行空間を通るイオンの軌道は印加電圧により変化する．イオン源から出たイオンが，四重極のz軸に沿った高周波(RF)領域に侵入すると，イオンは振動しながらz軸方向に進行する．ある特定のm/zをもつイオンだけが共鳴し，電場に沿って検出器まで安定に飛行できる．共鳴できないほかのイオン種は(不安定経路をたどり)飛行経路から外れたり，電極に衝突したりして消滅する(除去される)．UとVを一定にしてωを変化させるか，あるいはU/Vの比を一定に保ちながらUとVを変化させるかして，印加電圧を高速で走査(スキャン)することにより，イオンは質量の大きさに従って次から次へと安定な飛行経路をたどり検出器に到達する．

四重極質量分析部は，質量分析のために都合のよい多くの利点をもつ．イオンの飛行経路はその運動エネルギー(たとえば，速度)や入射角度に依存しないので，イオンの透過効率が高い．印加電圧を変化させるだけなので，高速フルスキャンが可能である．m/z 800までのスペクトルならば毎秒20枚を記録することも可能である．クロマトグラフィーにおける多様な共溶出ピークや，秒単位の幅をもつ小さなピークなどを検出するためには，高速スキャンは欠かせない．装置の分

四重極質量分析部はGC-MSで多用される．

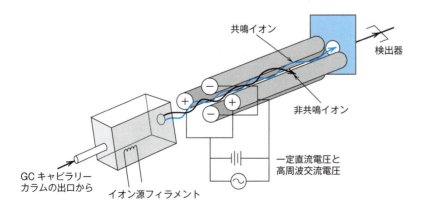

図22.12 四重極質量分析部の概念図

解能は1500程度であり，低分子量の分子ならユニット分解能で識別可能である．加えて，一般に四重極はほかの質量分析部に比べてダイナミックレンジ（測定範囲）が広く，定量分析に適している．四重極（あるいは，ヘキサポールやオクタポール）を，RF電圧だけを印加するモード（直流電圧を印加しない）で操作すると，イオンを装置内のある位置からほかの位置まで効率よく透過させるためのイオンガイドとして利用できる．高周波（RF）単独印加モードでは，すべての質量のイオンが四重極の z 軸に沿って安定に飛行できる．

イオントラップ

ポールは**イオントラップ**（ion trap）型質量分析部も開発した．図22.13に示すような三次元空間にイオンを閉じ込めるタイプのイオントラップを，四重極イオントラップあるいはポールトラップとよんでいるが，それ以降，ほかの形状のイオントラップもいろいろ開発されてきた［たとえば，リニア（二次元）イオントラップ，レクチリニアイオントラップ，オービトラップなど］．イオントラップは四重極分析部と同様に，高周波電場の作用に基づいている．3種の電極（入口，リング，エンドキャップ）が組み合わされた形をしており，電場が印加されるとイオンはかなりの長時間トラップされるので，その時間的な余裕を利用してさまざまな操作，すなわち，一連のタンデム質量分析法（励起，フラグメンテーション，イオンの検出）を行うことが可能である．

本法は，不安定振動するイオンから順に検出する方式であり，まず入口電極とエンドキャップ電極を接地電位にしておき，リング電極に $U+V\cos\omega t$ $(U=0)$ の電位を印加すると，すべての質量のイオンがトラップ内に捕捉される．イオンはトラップ内でその m/z に依存した周波数で歳差運動する．また，イオンのトラップ効率を高めるために，トラップ内には少量（約 10^{-3} Torr）のヘリウムガスが導入されている．ただし，イオンは，ヘリウムとの衝突によりフラグメンテーションを引き起こすほどのエネルギー状態にはない．直流電圧と交流電圧およびRFの周波数を適切に走査すると，イオンは徐々に不安定振動するようになり，順にトラップから出て行き検出される．一連の測定操作の過程で，フラグメンテーションを起こさせたいイオンを共鳴励起してトラップ内にとどめることができる．イオントラップ内の**衝突活性化解離**［collisionally activated dissociation：CAD，衝突誘起解離（collision-induced dissociation：CID）ともいう］は，まず着目イオンを選択してから加速し，ある時間内（約 10 ms）に多数回の衝突（Heガスと）を起

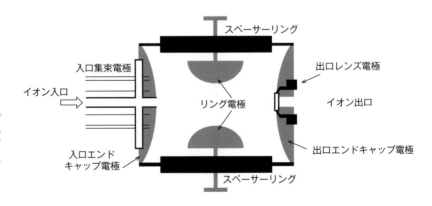

図22.13 四重極イオントラップ質量分析部の断面図
［Mass Spectrometry Resource of the University of Bristol, School of Chemistry（http://www.chm.bris.ac.uk/ms/qit.xhtml）より引用．2016年12月アクセス］

こさせフラグメンテーションを誘起する方法である．イオントラップ理論のより詳しい解説は，R. March の論文にまとめられている（参考文献 17）．

　四重極と同様に，ポールトラップの分解能はそれほど高くないが，小型で低価格である．イオントラップと四重極の違いは，m/z を広範囲にスキャンしても検出感度が変わらないことである．しかし，一度にトラップできるイオンの量に制限があり，また，トラップされたイオンが多すぎると，空間電荷効果を引き起こし，分解能，精度および感度に著しい低下をもたらす．イオントラップのスキャン速度は速いが，CID を繰り返すなどより複雑なイオン検出操作を行う場合は，超高速のクロマトグラフィーや，きわめて複雑な試料の分析に適用することは難しい．このように感度と分解能にある程度の限界があるという問題は，別の設計によるトラップ装置や特殊な操作方式の装置を用いることで解決できる．リニアイオントラップ（参考文献 18）は，四重極イオントラップより一般に高感度であり，オービトラップ（参考文献 19）は，精密に加工された糸巻様の電極のまわりをイオンが周回する方式で，非常に高い分解能が得られる．

> イオントラップはダイナミックレンジに制限がある．イオンがトラップ内に過剰に捕捉されると，空間電荷効果により通常のイオンの動きが阻害され，質量確度が悪くなり，分解能も低下する．

飛行時間型質量分析部

　飛行時間型（time-of-flight：TOF）質量分析部は 1970 年代に開発されたが，1990 年代に至るまでは，質量分析法の主流装置としては普及しなかった．飛行時間型装置によるイオンの分離のようすを図 22.14 に示す．生成したイオンは，1～10 kV の電圧が印加されたリペラー（加速プレート）により，パケット（塊）としてパルス的に加速される．イオンパケットは 1 s に 20000 回を超える頻度でフライトチューブ（飛行空間）へとパルス的に送られ，そのとき個々のイオンは一定の運動エネルギーを得る．したがって，イオンの m/z によって飛行速度が異なるので，フライトチューブの端に設置された検出器まで到達する時間に差が生じる（質量の小さいイオンは大きいイオンより速く飛行する）．イオン源を離れたイオンの運動エネルギーは次の式で与えられる．

$$\frac{mv^2}{2} = Vq \tag{22.3}$$

ここに，m はイオンの質量（kg），v はイオンの速度（m s^{-1}），V は加速電圧（V），q はイオンの電荷（ze）である．式を変形すると次のようになる．

$$v = \sqrt{\frac{2Vq}{m}} \tag{22.4}$$

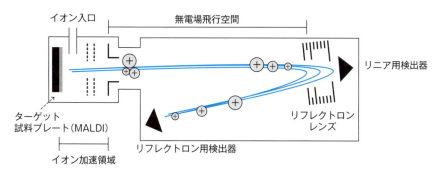

図 22.14　飛行時間型質量分析部の概念図

したがって，イオンの速度はイオンの質量(m/z)の平方根に反比例する．検出器に到達するまでの時間を t，フライトチューブの長さを L とすると，$t = L/v$ となる．二つのイオンを分離するために必要な到達時間の差(Δt)は，次の式で表され，

$$\Delta t = L \frac{\sqrt{m_1} - \sqrt{m_2}}{\sqrt{2Vq}} \tag{22.5}$$

質量の平方根に依存する．全イオンの分離は，通常，数十 μs～ns の時間軸内で行われる．

例題 22.5

m/z 435.67 のイオンが 15.0 kV で加速されて 1.850 m のフライトチューブ内を飛行するのに要する時間はいくらか．

解 答

$v = \sqrt{\dfrac{2Vq}{m}}$ から

$q = ze = (+1)(1.602 \times 10^{-19}\,\text{C}) = 1.602 \times 10^{-19}\,\text{C}$

$m = (435.67\,\text{u})(1.6605 \times 10^{-27}\,\text{kg u}^{-1}) = 7.2343 \times 10^{-25}\,\text{kg}$

$v = [(2)(15\,000\,\text{V})(1.602 \times 10^{-19}\,\text{C})/(7.2343 \times 10^{-25}\,\text{kg})]^{0.5} = 81\,507\,\text{m s}^{-1}$

$t = L/v = 1.850\,\text{m}/81\,507\,\text{m s}^{-1} = 2.270 \times 10^{-5}\,\text{s} = \mathbf{22.70\,\mu s}$

例題 22.4 の欄外の表より，単位は次のように換算できる．

$(\text{V C kg}^{-1})^{0.5}$
$= (\text{J C}^{-1}\,\text{C kg}^{-1})^{0.5}$
$= (\text{kg m}^2\,\text{s}^{-2}\,\text{kg}^{-1})^{0.5}$
$= \text{m s}^{-1}$

飛行時間型では，連続イオン化法により生成したイオンを連続的に加速すると，いろいろな質量のイオンの連続した流れになり，個々の飛行時間が計測できないので，パルス状のイオン加速が必要である．一連のパルス操作においては，まず，イオンパケットを生成するためにイオン化電圧を 10^{-9} s 印加し，次いで，イオンを加速してドリフト(フライト)チューブに送るため，加速電圧を 10^{-4} s 印加する．そして，イオンパケットがチューブ内を飛行して検出器に到達するまでの間(この飛行に 10^{-6} s 程度を要する)，パルス間隔として電位を切っておく．TOF 質量分析部は，四重極と同様に質量スペクトルを高速でスキャンすることができる一方で，理論上は質量上限がないため，より高質量イオンの検出が可能である．とはいえ，現在のように飛行時間型装置がここまで普及した背景には，いくつかの欠点が克服されてきた歴史がある．

TOF の分解能は，質量の同じイオンが検出器に到達したときの時間的な幅で決まる．イオンが初めて生成するとき，イオンパケットはもともと時間的，空間的，速度的な拡がりをもっている．イオン化の過程を経て(たとえば，レーザーエネルギーの照射により)生成したイオンは，運動エネルギーの拡がりをもっている．高い分解能を得るためには，運動エネルギーのそろっていることが不可欠であるため，エネルギーの分散を制御するための新技術が求められた．現在のTOF では，(a) より長いフライトチューブ，(b) リフレクトロンレンズ，(c) 遅延引き出し法，などの技術開発により，分解能が 20 000 を超えるのは当然のこととなった．また，真空装置の改良によって，より長いフライトチューブを利用できるようになった．加えて，リフレクトロンレンズは，イオンパケットを(検出器の手前で)反射させて第二の検出器に焦点を結ぶように設計されており，フライトチューブを長くしたのと同じ効果がある．質量が同じイオンどうしでも，

運動エネルギーの大きいイオンほど，リフレクトロン電場のより奥深くまで侵入してから反射されるので，イオンパケットの運動エネルギーの分布を狭めることができる．リフレクトロン TOF の分解能は，リニア TOF のそれより高いが，リフレクトロンレンズにより反射可能なイオンの質量には限界（通常は m/z 20000 以下）がある．さらに，遅延引き出し法では，イオン化と加速の間に時間差を設けることにより，運動エネルギーの高いイオンは，その間に加速領域を飛び出し除去され，また低エネルギー（中性）種は真空によって排気されてしまう．こうして，遅れて加速されたイオンパケットは運動エネルギーの拡がりが狭く，また，ほかの粒子と衝突して軌道が変化する可能性のある間は加速されない．これらの改良を経て，TOF 質量分析部は種々の試料導入法およびイオン化法と組み合わされて広く使われるようになった．

リニア TOF 質量分析部は高質量分子の分析に適している．

例題 22.6
【Michigan 大学 Michael Morris 教授提供】

プロテオミクスでは，MALDI と組み合わせた飛行時間型質量分析部（図 22.14）がもっともよく使われる．しかし，GC-MS や LC-MS で使われる質量分析部は四重極型（図 22.12）が主流である．これらの実用分析法に対して適する質量分析部が異なる理由を説明せよ．

解 答
TOF では，MALDI で行われるような，パルス状のイオン導入が必要である．質量分離に要する時間は普通 100 μs 以下である．レーザー照射の時間は 5〜20 ns 程度なので，飛行時間に比べれば非常に短い．

四重極型装置は，パルスイオン化には対応していない．イオンの質量は直流/交流の電圧比により選択されるので，連続イオン化が必要である．GC-MS や LC-MS では，クロマトグラフ分離された成分が数 s から 1〜2 min の間連続してイオン源に入ってくるので，四重極が適している．0.1 s 程度の高速スキャン時間に比べて，イオンが生成している時間は十分に長い．

イオンサイクロトロン共鳴

1941 年に California 大学 Berkeley 校のローレンス（E. Lawrence）教授は，放射性ウランを濃縮することを目的として，サイクロトロン粒子加速器を改良し，180° 扇形磁場型装置と同様のはたらきを実現した．"カルトロン"（California University Cyclotron の短縮名）と命名されたこの装置は，原子爆弾製造のためのマンハッタン計画におけるウランの予備濃縮に不可欠として，米国政府によりただちに大量生産された．**サイクロトロン**（cyclotron）は円筒を二つの D 字形に分割した形の伝導体チャンバーからなり，イオンを超高速に加速できるよう，きわめて高い真空度に保たれている．図 22.15 に示すように，チャンバー内に導入されたイオンは，一様磁場の垂直方向に力を受け閉じ込められる．イオンは二つの D 型電極で囲まれた空間を周回し，電極の間を通過するさいに電場によりさらに加速される．すなわち，イオンは，電極間を通過するたびに連続的に電場と磁場の影響を受けて加速され，ある周回軌道に閉じ込められる．イオンがサイクロトロン内の軌道を周回するのに要する時間（t）は，1 電荷あたりの質量と磁場

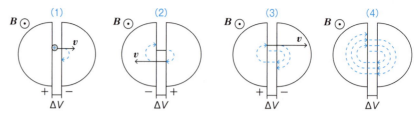

図22.15 サイクロトロン内における荷電粒子の動き

(1) サイクロトロン内にトラップされたイオンは ΔV の電位差により加速される．イオンは磁場の影響を受け，サイクロトロン軌道へ入っていく．(2) 電場の極性が反転しイオンが軌道の加速領域に戻るとさらに速度が増し，結果として軌道半径が大きくなる．(3) 再びイオンが加速されると，運動エネルギーが上昇し，軌道半径が増大する．(4) イオンは加速を繰り返すことにより，サイクロトロン軌道半径はさらに増大していく．

強度に依存し，次の式で表される．

$$t = \frac{2\pi m}{qB} \tag{22.6}$$

たとえば，50 MeV の運動エネルギーをもつプロトンが，1 T の磁場内を 1 回転するのに要する時間は 66 ns ときわめて高速である．この運動エネルギーは，プロトンがサイクロトロン内を 1 周するごとに 40 keV を得ながら，1225 周して 80 μs 間で獲得するエネルギーに相当する．このとき，高周波の周波数は 30 MHz が必要である．実際には，非常に高いエネルギー状態に達する（速度は光の速さに近づくようになる）と，周回にかかる時間は一定を保てなくなり，相対論的効果を補正するために周波数の調整が必要となる．それを可能とする装置をシンクロトロンとよんでいる．

カルトロンの開発があって，現在の**フーリエ変換イオンサイクロトロン共鳴**（Fourier transform-ion cyclotron resonance：FT-ICR）質量分析法へと発展した．FT-ICR では，イオンは，**図22.16** に示すような，一般にペニングトラップと称される改良型のサイクロトロンセルに導入される．セルに入ったイオンはただちに，回転面方向には強電場で，また，回転軸方向には強磁場により閉じ込められる．したがって，基本的な設計の異なるイオントラップと考えてよい．トラップ内では，励起プレートに印加された幅広い周波数帯の高周波パルス（"チャープ"とよばれる）を受けて，共鳴したイオンのサイクロトロン軌道半径が次第に大きくなる．イオンが検出プレート（電極）を通過するさいに，（エネルギーが吸収されて）イメージ電流が発生し，時間領域信号として記録される．記録されたイメージ電流を質量スペクトルとして可視化するために高速フーリエ変換が用いられ，時間領域信号は周波数領域信号に変換され，さらに質量スペクトルに置き換えられる．

サイクロトロン共鳴周波数（ν_c）は式（22.6）に類似し，次のように表される．

$$\nu_c = \frac{1.536 \times 10^7 B_0}{(m/z)} \tag{22.7}$$

共鳴周波数は印加された磁場の強度に比例しイオンの m/z に反比例するが，イオンの速度とは無関係である．最近の市販装置で用いられる典型的な磁場強度は 4〜12 T であり，たとえば，Florida 州にある National High Magnetic Field Laboratory のような研究施設においては，25 T に達する特異な装置も開発されている．

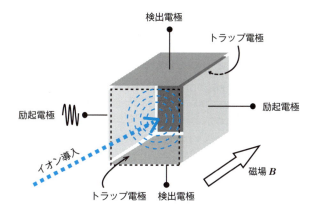

図 22.16 イオンサイクロトロン共鳴質量分析部

　磁場強度が高ければ高いほど，より高質量のイオンを加速してより高い運動エネルギーを与えることができるため，さらなる高分解能（通常でも $R = 100\,000$ 以上）が得られ，質量が非常に近いイオンでも両者の識別が可能になる．9.4 T の超電導磁石をもつ装置では，計測可能な質量上限は $m/z\,10\,000$ である．超高分解能であることが，高度な精密質量測定を可能にしている（通常，1 ppm 以下の誤差で質量を求めることができる）．

　しかしながら，この性能を手に入れるためには高額出費は免れない．中程度の大きさのイオンを高分解能測定するためには，相当長い時間を装置内で周回させる必要がある．磁場強度 9.4 T の装置で $m/z\,1000$ のイオンを $R > 100\,000$ で観測するためには，1 s 以上の分析時間が必要である．酵素消化した細胞溶解物のような複雑な組成の試料を分析する場合など，クロマトグラフィーの時間軸で考えると，個々の成分について高分解能測定するのは困難であろう．その代わりに，FT-ICR は四重極などより高速の質量分析部と組み合わせた，すなわちハイブリッド装置として使われることもしばしばあり，とくに着目したイオンだけを選んで FT-ICR へ送り込むと，質量確度の高い測定を行うことができる．加えて，FT-ICR 質量分析計は，市場でもっとも高価格帯の装置に位置づけられる．装置の初期投資額はゆうに 1 億円を超え，年間維持費においても，とくに超電導磁石の維持に必要な極低温液化ガス（窒素とヘリウム）だけでも，年間 2～3 百万円はかかるであろう．

> ### イオンモビリティースペクトロメトリー
>
> 　イオンモビリティースペクトロメトリー（ion mobility spectrometry：IMS）は，1950 年代から 1960 年代にかけてその原型が開発され，その間，軍事や警護の現場において相当の需要があった．IMS では，気相でイオン化された分子が，キャリヤーバッファーガス中の移動度の差に基づいて分離される．バッファーガスは，イオンがドリフトチューブ内を電場の影響を受けながら移動するさいに，イオンの動きを遅らせるはたらきをもつ．イオンの移動時間は，その質量，電荷，形や大きさによって変わる．イオンモビリティー K は，次に示すメイソンの式（Mason equation）で表すことができる．

$$K = \frac{3}{16}\sqrt{\frac{2\pi}{\mu kT}}\frac{q}{n\sigma}$$

ここに，q はイオンの電荷(ze)，μ はイオンとバッファーガスによる換算質量($\mu = m_{ion}m_{gas})/(m_{ion}+m_{gas})$，$k$ はボルツマン定数，T はドリフトガスの温度，n はドリフトガスの数密度(単位体積あたりの粒子数)，σ は衝突断面積である．衝突断面積，すなわちイオンの形と大きさに基づいた衝突の確率は，イオンの形状の違いを区別するために有用である．空港では，爆発物の有無を確認するためカバンをふき取り，その採取物を熱脱離して IMS 装置に送り込み，活性物質あるいはそのマーカー(たとえば，溶剤など)に特異的なドリフト時間を監視している．

ごく最近になって，IMS と質量分析法を組み合わせることによって，その適用範囲が非常に拡がることがわかってきた．IMS 分離が ms スケールで行われることと，MS 分析は μs スケールで測定できることから，IMS と MS は非常に相性がよくその連結は容易である．両者を組み合わせる方法は 1960 年代初頭に Bell 研究所で初めて開発されたが，最近になってようやく，一体型の装置として市販されるようになった．IMS-MS は，MS 単独では解決できないと思われるような，生体分子のアイソフォーム解析において大変価値の高いことが示された．IMS は，質量とは異なる観点に基づく分離結果を与えるので，複雑な混合物の解析手法としてきわめて有用である．

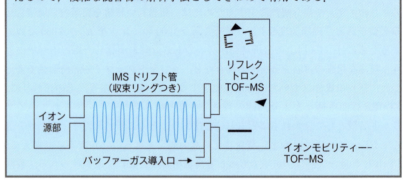

イオン検出器

質量分析部で分離されたイオンやフラグメントイオンは，データ処理装置で解析できるように，そのイオン量に応じた電気信号に変換する必要がある．実のところ，質量分析法のイオン化効率はそれほど高くない．試料分子のごく一部がイオン化されて検出器に到達するだけである．微小なイオン電流を確実に捕らえるためには，高い利得(ゲイン)の検出器が必須であるとはいえ，フェムトモル(fmol, 10^{-15} mol)やアトモル(amol, 10^{-18} mol, 分子の数にするとたった 100000 個のオーダーである)といった極微量の分析成分を検出できるという事実から考えれば，そのようなデバイスの性能が飛び抜けた水準にあることがよくわかる．

トムソンは，当初，イオンの検出に写真乾板を用いた(図 22.10)が，その後すぐにエレクトロメーター(電位計)にとって代わられた．今日では，ファラデーカップや電子増倍管を用いるのが主流となっている．ファラデーカップでは，イオン

が凹面形の金属電極に当たると，衝突したイオンによる電荷を中和するために発生する電流をエレクトロメーターで計測する．しかし，これらのデバイスはそれ自身による増幅効果はなく，高エネルギーあるいは高濃度でのイオン検出にのみ適用できる．最近の装置では，電子増倍管検出器が多用される．これらのなかには，ダイノード（電極）が不連続的に（電位差が設けられる）多段に並べられた形の二次電子増倍管や，連続的な電極面（電位勾配がかけられる）をもつチャネルトロンがあり，いずれにしても，イオンは，まず，コンバージョンダイノードに向かって加速されることになる．コンバージョンダイノードにイオンが衝突すると二次電子が発生し，それらが電子増倍管に送られる．電子がダイノードに衝突するたびにその数が増大し，電子増倍管により最終的に $10^6 \sim 10^8$ 倍に増幅される．増幅率はダイノードの段数および衝突するイオンの強度に依存する．中性分子でもコンバージョンダイノードに衝突するとシグナルを発生しノイズとして観測されるので，検出器を質量分析計からのイオン入射口からずらして配置した軸外（off-axis）構造をとることが多い．

そのほかの検出器システムもいまなお開発途上にある．微小の電子増倍管が多数並べられた構造のマイクロチャネルプレートでは，電子が移動するべき距離を減らすための研究が行われ，そうすることによって応答時間を短縮でき，検出器への供給電力を低減できるようになる．より小型の質量分析計の開発に際しては，電力消費量は重要な検討項目になる．また，ある種の飛行時間型装置では，極低温検出器が開発された．これらは100％に近い検出効率が得られ，移動速度の遅い高質量イオンの検出に有効であるが，一方で，この検出器は2Kほどの極低温で扱う必要があり，また，電流応答時間は最新のマイクロチャネルプレート検出器に比べると見劣りがする．

22.9　ハイブリッド装置とタンデム質量分析法

個々の質量分析部にはそれぞれに利点と限界がある．各種の質量分析部が備えている一般的な性能と特徴の比較を**表22.6**に示す．個々の装置制限を最小限にとどめ利点を最大限に活用するという理念に基づき，複数の質量分析部を直列に接続したいろいろな組合せのハイブリッド装置が開発された．たとえば，四重極質量分析部単独では定性・定量分析を目的としたイオンのフラグメンテーションを起こさせることはできないが，四重極分析部3台を連続的に配置した三連四重極（QQQ）装置や，飛行時間型分析部と組み合わせた四重極–飛行時間型（Q-

表22.6　代表的な質量分析部の基本性能

質量分析部	測定 m/z 範囲	分解能	質量確度（m/z 1000 における誤差）	ダイナミックレンジ	タンデム質量分析の可否	価格
四重極	10^3	10^3	0.1%	$10^5 \sim 10^6$	否	安価
イオントラップ	10^3	$10^3 \sim 10^4$	0.1%	$10^3 \sim 10^4$	可　MS^n	安価
三連四重極	10^3	10^3	0.1%	$10^5 \sim 10^6$	可　MS/MS	中程度
リニアTOF	10^6	$10^3 \sim 10^4$	$0.1 \sim 0.01\%$	10^4	否	中程度
リフレクトロンTOF	10^4	10^4	$5 \sim 10$ ppm	10^4	可　PSDのみ	中程度
二重収束セクター型	10^4	10^5	<5 ppm	10^7	可　MS/MS	高価
FT-ICR	$10^4 \sim 10^5$	10^6	<5 ppm	10^4	可	高価

TOF)装置によれば，それらが可能となる．QQQ は非常に高感度で高選択的な定量分析に利用でき，Q-TOF では，選択したイオンやフラグメントイオンの質量確度の高い分析が可能である．

さまざまな種類のハイブリッド装置が開発されつつある．イオントラップ-飛行時間型(IT-TOF)装置では，イオントラップで多段階のタンデム質量分析したのちに，リフレクトロン TOF で確度の高い精密質量測定を行うことが可能である．イオントラップ-フーリエ変換イオンサイクロトロン共鳴質量分析計は，プロテオミクス研究で行われるような非常に複雑な試料の構造決定に威力を発揮する．FT-ICR 質量分析部は超高精密質量測定に際しては比較的時間がかかる．そこで，リニアイオントラップと組み合わせると(LIT-FT-ICR)，FT-ICR 測定の有無を切り替えることができる分析フローが組めるようになり，分析の幅が拡がる．たとえば，あるペプチドに対してイオントラップで MS/MS 測定を行い，選択した前駆イオン(後述)を FT-ICR に送って高分解能測定を行う．このハイブリッド装置にはそれぞれに独立した検出系が装備されているので，それぞれの質量分析部で分析したイオンを同時に記録することが可能である．

そのほかによく使われるハイブリッド装置として，TOF-TOF 質量分析計がある．TOF 単独では，通常の衝突誘起によるフラグメンテーション測定を行うことはできない．ただし，リフレクトロンモードにおいては，ポストソース分解(post-source decay：PSD)が可能で，すなわち，余剰エネルギーを得た準安定イオンが，イオン源を出たあと飛行中に開裂して生じるフラグメントイオンを観測できる．TOF-TOF 配置の装置では，二つの TOF 質量分析部の間に衝突室(コリジョンセル)が設置されている．この装置には大きな利点が二つある．高質量域の測定条件を維持したままで，イオンは高い運動エネルギーをもつまで加速され，高エネルギーの衝突誘起解離によるフラグメンテーションが起こる．その後，2台目の TOF 分析部により高質量のフラグメントイオンまでも観測することができる．このように，TOF-TOF はタンパク質や高分子のフラグメント解析に非常に適している．高エネルギー衝突誘起解離は，イオントラップや QQQ 装置で行われる低エネルギー衝突誘起解離に比べると，得られるフラグメント情報量は非常に豊富である．大きな分子は高エネルギー衝突によって余剰エネルギーが結合の振動や回転エネルギー(低エネルギー衝突による効率の悪いフラグメンテーションを起こす原因である)として蓄積されることはあまりないので，化学結合は分子全体にわたって切れやすく，豊富なフラグメント情報を与える．

タンデム質量分析法

ハイブリッド装置が開発されたおもな動機の一つは，**タンデム質量分析法**(tandem mass spectrometry：MS/MS ないし MS^n)を実施可能にすることである．MS/MS では，選択したイオンに過剰な運動エネルギーを与えて化学結合を開裂させ，フラグメント化する．このエネルギーは，ガスとの衝突，光(赤外線)照射，あるいは電子線照射によって与えられ，前駆イオン(プリカーサーイオン，precursor ion)に由来した生成イオン(プロダクトイオン，product ion)が生成する[*5]．MS/MS や MS^n は定性分析にきわめて有用である．イオントラップで実行可能な MS^n とは，目的イオンの選択とフラグメンテーションを繰り返し行う方法である．たとえば MS^3 では，ある前駆イオンを選択してフラグメンテーショ

ンを起こさせてプロダクトイオンを観測し，さらにそのプロダクトイオンのなかから前駆イオンを一つ選んで壊し，そのフラグメントイオンをすべて検出する．MS^4 では MS^3 で生じたプロダクトイオンの一つを選んでフラグメンテーションを起こさせる，という具合である．（実際に観測される）フラグメントイオンと（観測されない）ニュートラルロス（中性脱離種）の組合せを，互いにジグソーパズルのように解析していくと，もとの前駆イオンの構造をうまく突き止めることができる．さらに，タンデム質量分析法は，定量分析においても高い選択性と高感度が期待できる．

タンデム質量分析法の有用性を説明するために，QQQ 配置の質量分析計で実行可能な 4 種類の測定モードの概念図を図 22.17 に示す．ここでは，第一（Q1）と第三（Q3）の四重極について，ある特定の m/z をもつイオンのみが通過できる選択イオン検出（SIM）モード，および，直流と交流（高周波）電圧の（比を一定にして）大きさを変化させて走査し，ある質量範囲にある全イオンを検出するスキャンモードに切り替えられるように，それぞれを設定しておく．両者の間に設置された四重極（Q2）は衝突室である．すなわち，高周波電圧だけが印加されたイオンガイド（すべての質量のイオンが通過できる）であり，衝突ガス（たとえば，ヘリウムやアルゴン）を導入しておくと，通過してくるイオンがガスと衝突してフラグメンテーションを引き起こす．

プロダクトイオンスキャン（product ion scan）モードは，タンデム質量分析法を用いた定性分析法である．QQQ 配置の装置では，まず Q1 で特定の前駆イオンを選択し（SIM モード），Q2 でフラグメンテーションを起こさせ，Q3 で生成

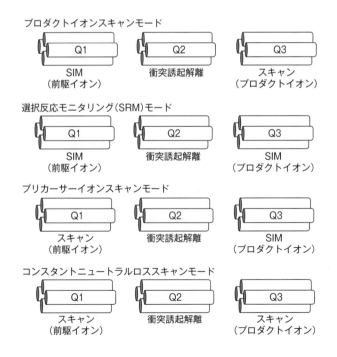

図 22.17　三連四重極質量分析計によるタンデム質量分析法の測定モード

[*5]　［訳者注］　一つのイオンがフラグメンテーションを起こしより質量の小さいイオンが生じるとき，もとのイオンを前駆イオンまたはプリカーサーイオンとよび，生じたフラグメントイオンをプロダクトイオンとよぶ．

したすべてのフラグメントイオンを観測する．もう一つの代表的なQQQ操作として，**選択反応モニタリング**（selected reaction monitoring：SRM）とよばれる方法がある．SRMでは，Q1とQ3の両方ともにSIMモードで操作する．すなわち，Q1で着目した前駆イオンを選び，Q2でフラグメンテーションを行い，Q3では再びSIMモードで操作する．前駆イオンから生成したある特定のm/zのプロダクトイオンだけを検出する．SIMモードによる測定では，バックグラウンドノイズが大幅に下がり感度が向上する．また，ある特定のm/zのイオンのみを観測するように設定するので，四重極にとって最高感度が得られる．SRMモードでは，Q1で選択した特定の前駆イオンからのみ生成する特定のプロダクトイオンを検出するため，選択性が非常に高い．したがって，夾雑物による妨害シグナルの影響を低減できる．QQQ型質量分析計はスキャン速度が速いので，一度の測定で複数成分の定量が可能である多反応測定モードを選択できる．この方法は，SRMをソフトウェア的に拡張したもので，**多重反応モニタリング**（multiple reaction monitoring：MRM）[*6]とよばれている．多数のプリカーサーイオン/プロダクトイオンの組合せをソフトウェアに登録しておくと，与えられた時間内に同時検出が可能となる．あるメーカーのQQQ装置によるMRMモードによれば，1分析あたり最大500の化合物を効率よくモニターする能力があるとしている．

QQQ装置では，**プリカーサーイオンスキャン**（precursor ion scan）モードによる測定も可能である．この方法では，Q1をm/z範囲でスキャンし，Q3では特定のフラグメントイオンを検出するためにSIMモードで操作する．つまり，Q1を通過するすべてのイオンがQ2で開裂し，Q3では特定の質量のイオンのみが通過するので，ある特定のフラグメントを与えるすべての前駆イオンを検出することができる．たとえば，ホスホリル化合物は衝突誘起解離によってしばしばPO_3^-（m/z 79）のフラグメントを与える．プリカーサーイオンスキャンモードによれば，Q3をm/z 79のイオンのみが通過できるように設定しておくと，Q1を通過して開裂しこのプロダクトイオンを与えるすべての前駆イオンを検出できる．同様に，**コンスタントニュートラルロススキャン**（constant neutral loss scan，ニュートラルロスモニタリングともよぶ）モードを用いると，ある特定の中性フラグメントを失うイオンを検出することができる．このモードでは，Q3をQ1よりあるm/z値だけ低く保ってQ1とQ3を同時にスキャンする．カルボキシ基をもつ化合物を例に，この方法の有用性を示す．これらの化合物は衝突誘起解離によって，多くの場合，電荷をもたない中性化合物のCO_2（44 u）を脱離する．したがって，Q1のスキャン範囲をm/z 100からm/z 350とし，Q3のそれをm/z 56からm/z 306として同時にスキャンすると，Q2におけるフラグメンテーションで44 uの中性種を失ったすべてのイオンがQ3を通過し，検出器まで到達できる．

[*6]　［訳者註］　MRMはある装置メーカーが他社との差別化のために命名したもので，SRMと同じことであり，誤解を招く恐れがあるため質量分析用語としては誤りとされる．

発展例【Toronto 大学 Ulrich Krull 教授提供】

Toronto 大学の Ulrich Krull 教授により，どのようにしてハレー彗星のちりを採取しその化学組成を分析したかという，興味深いサンプリングと測定法の実施例に関する問題が寄せられた．測定機材を搭載した宇宙船を彗星のコマ（彗星の核を囲む粒子の明るい雲）内部に送り込み，分光学的な測定と同時に質量分析を行った．装置の損傷を避けるために，試料採取には特別な対策をとる必要があった．詳しい任務の内容と試料採取および測定法に関しては，原書の web サイト Professors Favorite Examples に掲載されている．

■ 質 問

1. 質量分析計の主要な装置構成要素を六つあげよ．
2. モノアイソトピック質量と平均質量との違いを説明せよ．
3. 分解能と質量確度は互いにどのように関連づけられるか述べよ．
4. 分子イオンとは何かを説明せよ．
5. 窒素ルールとは何かを説明せよ．
6. GC-MS に適するイオン化法をあげよ．
7. LC-MS に適するイオン化法をあげよ．
8. エレクトロスプレーイオン化によるイオンの生成機構について述べよ．
9. エレクトロスプレーイオン化法のどのような側面が評価されて，2002 年のノーベル化学賞をフェンが受賞したのか説明せよ．
10. 大気圧化学イオン化（APCI）と化学イオン化（CI）の違いを述べよ．
11. 平均自由行程とは何か，また，質量分析部の種類に応じて考慮しなければならない理由を述べよ．
12. ローレンツ力とは何かを説明せよ．
13. シングル四重極およびイオントラップについて両者の性能を比較しながら違いを明らかにせよ．
14. FT-ICR の質量上限は磁場強度に依存する理由を述べよ．
15. 三連四重極を用いて定性および定量分析を行うとき，どのように操作すればよいか説明せよ．

■ 問 題

質量と同位体
16. カフェインのプロトン化分子およびナトリウムイオン付加分子のモノアイソトピック質量を計算せよ．
17. 2-クロロ安息香酸の脱プロトン化分子の質量スペクトルを，横軸 m/z に対する相対強度として表せ．

分解能と質量確度
18. m/z 432.1124 のイオンと m/z 432.1186 のイオンを識別するために必要な分解能を求めよ．
19. 次に示す質量スペクトルシグナルから分解能を半値幅（FWHM）法で計算せよ．また，この質量分解能が得られる質量分析部をあげよ．

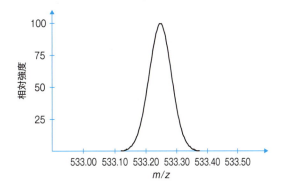

20. 分子量が 34 525 Da のタンパク質をエレクトロスプレーイオン化法でイオン化した．+34 価と +35 価イオン（すべての電荷はプロトンによる

21. ある標準化合物のプロトン化分子のモノアイソトピック質量は 1234.1223 Da である。この化合物を飛行時間型質量分析計で測定したところ、観測されたイオンの質量は 1234.1198 Da であった。この測定における質量の誤差はいくらか。

電場および磁場内におけるイオンの挙動

22. m/z 324.9 の一価のプロトン化分子が 0.75 MeV の運動エネルギーで加速されるときの速度 (m s^{-1}) を求めよ。また、このイオンが 7 T の一様磁場を通るとき、その曲率半径はいくらになるか。

23. 飛行時間型質量分析計において、m/z 1252.054 と m/z 1253.138 の二つの一価イオンが 20 kV で加速されて 1.750 m のフライトチューブを通るとき、検出器に到達するまでの時間差を求めよ。

■ 参考文献

一般

1. F. W. McLafferty and F. Turecek, *Interpretation of Mass Spectra*, 4th ed. Sausalito, CA: University Science Books, 1993.
2. C. Dass, *Fundamentals of Contemporary Mass Spectrometry*. Hoboken, NJ: Wiley, 2007.
3. J. H. Gross, *Mass Spectrometry: A Textbook*, 2nd ed. Heidelberg, Germany: Springer-Verlag, 2011.
4. M. A. Grayson ed., *Measuring Mass: From Positive Rays to Proteins*. American Society for Mass Spectrometry. Santa Fe, NM: Chemical Heritage Press, 2002.
5. T. Kind and O. Fiehn, "Seven Golden Rules for heuristic filtering of molecular formulas obtained by accurate mass spectrometry," *BMC Bioinformatics*. **8** (2007) 105.

個別技術

6. H. Budzikiewicz, "Negative Chemical Ionization (NCI) of Organic Compounds," *Mass Spectrom. Rev.*, **5** (1986) 345.
7. R. B. Cole, "Some Tenets Pertaining to Electrospray Ionization Mass Spectrometry," *J. Mass Spectrom.*, **35** (2000) 763.
8. N. B. Cech and C. G. Enke, "Practical Implications of some Recent Studies in ESI Fundamentals," *Mass Spectrom. Rev.*, **20** (2001) 362.
9. J. B. Fenn, "Electrospray Ionization Mass Spectrometry: How It All Began," *Journal of Biomolecular Techniques.*, **13** (2002) 101.
10. A. Lo and K. A. Schug, "A Birds-Eye View of Modern Proteomics," *Separation & Purification Reviews*., **38** (2009) 148.
11. Z. Takats, J. M. Wiseman, B. Gologan, and R. G. Cooks, "Mass Spectrometry Sampling Under Ambient Conditions with Desorption Electrospray Ionization," *Science*, **306** (2001) 471.
12. R. B. Cody, J. A. Larance, and H. D. Durst, "Versatile New Ion Source for the Analysis of Materials in Open Air Under Ambient Conditions," *Anal. Chem.*, **77** (2005) 2297.
13. H. Chen, G. Gamez, and R. Zenobi "What Can We Learn from Ambient Ionization Techniques?" *J. Am. Soc. Mass Spectrom.*, **20** (2009) 1947.
14. H. Chen, A. Venter, and R. G. Cooks, "Extractive electrospray ionization for direct analysis of undiluted urine, milk and other complex mixtures without sample preparation," *Chem. Commun.*, (2006) 2042.
15. A. Benninghoven, F. G. Rüdenauer, and H. W. Werner, *Secondary Ion Mass Spectrometry: Basic Concepts, Instrumental Aspects, Applications, and Trends*. New York: Wiley, 1987.
16. Z. Ouyang and R. G. Cooks, "Miniature Mass Spectrometers," *Ann. Rev. Anal. Chem.*, **2** (2009) 187.
17. R. E. March, "An Introduction to Quadrupole Ion Trap Mass Spectrometry," *J. Mass Spectrom.*, **32** (1997) 351.
18. D. J. Douglas, A. J. Frank, and D. Mao, "Linear Ion Traps in Mass Spectrometry," *Mass Spectrom.*, **24** (2005) 1.
19. M. Scigelova and A. Makarov, "Orbitrap Mass Analyzer—Overview and Applications in Proteomics," *Proteomics.*, **6** (2006) 16.

Chapter 23

反応速度分析

"万物は流転する．"
——Heraclitus

■ 本章で学ぶ重要事項

- 一次反応とその半減期［式(23.3)，(23.4)］，p. 312，p. 313
- 二次反応とその半減期［式(23.7)，(23.8)］，p. 313
- 酵素触媒作用，ミカエリス定数の計算［式(23.14)］，p. 317
- 基質の定量（表23.1）と酵素の定量（表23.2），p. 320

　ある酸化還元反応では反応速度を変えるために触媒を使うことを6章と14章で述べた（As^{III}のCe^{IV}による滴定反応ではOsO_4が触媒として作用する）．反応を速やかに進行させるために十分な濃度の触媒が加えられている．触媒濃度が低く反応が遅い場合には，反応速度を測定して，その反応速度と触媒濃度との関係を求めることができる．本章では，律速反応の基礎的速度論について述べる．そのあとに，酵素とよばれる特異的触媒によって触媒される反応について議論する．また，溶液に一定量の酵素を加えたときの酵素活性（濃度），あるいは触媒基質の濃度を求めるための反応速度の測定法についても論じる．

　反応速度を用いる分析法は，とくに臨床化学において有用である．それらの多くの分析法が酵素反応に基づいている．この場合，その反応速度が測定されるかあるいは，反応が完結したのちに測定される．たとえば，グルコースはグルコースオキシダーゼとよばれる酵素の存在下で酸素と反応し，グルコン酸と過酸化水素を生成する．この過酸化水素が分光光度法あるいは電気化学的方法によって測定され，グルコース濃度が求められる．これはおそらく実質的に世界中でもっともよく用いられる化学分析であろう．多くの脱水素酵素（デヒドロゲナーゼ）反応は，分析成分である基質がニコチンアミドアデニンジヌクレオチド（nicotinamide adenine dinucleotide：NAD^+）と反応しNADHを生成する反応において用いられる．このとき，NADHを測定することにより基質が定量される．その例として，乳酸デヒドロゲナーゼを用いる乳酸の定量がある．酵素自体の定量も重要である．その多くは，その酵素反応による生成物がNADHと反応するような基質を用いて行われる．代表例はグルタミン酸-オキサロ酢酸トランスアミナーゼ（glutamic-oxaloacetic transaminase：GOT)の定量である．

23.1 速度論：基礎

速度論(kinetics)とは**反応速度**(reaction rate)を詳しく説明する分野である．反応の**次数**(order)は，反応速度が反応化学種の濃度にどのように依存するかを表すものである．反応次数は実験に基づいて決定されるものであり，必ずしも反応の化学量論に関係しているわけではない．むしろ，反応の**機構**(mechanism)，すなわち，反応が起こるために衝突する化学種の数によって支配される．

> 反応の次数は，化学量論的ではなく，反応する化学種の数で決まる．

一次反応

反応速度が単一の物質の濃度に直接比例する反応は，一次反応とよばれる．次のような反応を考えてみよう．

$$A \longrightarrow P \tag{23.1}$$

物質 A は一つあるいはそれ以上の生成物に分解する化合物である．この反応速度は A の消失速度に等しく，A の濃度に比例する．

$$\boxed{-\frac{d[A]}{dt} = k[A]} \tag{23.2}$$

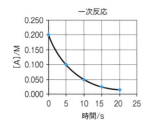

この反応は 5 s おきに半分完結する．ここでは 4 半減分の反応を示している．

これが**速度式**(rate expression)あるいは**速度則**(rate law)である．左辺の項の負の符合は，時間とともに A の濃度が減少することを意味する．定数 k は特定の温度における**速度定数**(rate constant)であり，時間の逆数の次元，たとえば，s^{-1} をもつ．**反応次数**(order of a reaction)は，速度式中の化学種の濃度項の指数の総和である．したがって，この反応は一次反応であり，その速度は A の濃度にのみ依存する．

式(23.2)は一次反応速度式の**微分形**(differential form)である．その**積分形**(integrated form)は次のようになる．

$$\boxed{\log[A] = \log[A]_0 - \frac{kt}{2.303}} \tag{23.3}$$

ここで，$[A]_0$ は A の初濃度($t=0$)であり，$[A]$ は反応開始後の時間 t における A の濃度である．この式から，ある時間経過後における A の量が求められる．この式は直線の式であり，異なる時間で A の濃度を測定して，t を log $[A]$ に対してプロットすると，傾きが $-k/2.303$，切片が $\log[A]_0$ の直線が得られる．このようにして速度定数が求まる．

> 反応速度は時間とともに減少する．

式(23.2)から，A の濃度が減少するので，反応が進むにつれ反応速度(速度定数ではない)は減少することに注意しよう．$[A]$ は時間とともに対数的に減少するので[式(23.3)参照]，反応速度は時間とともに指数関数的に減少する．物質の 1/2 が反応する時間は，**半減期**(half-life)とよばれ，$t_{1/2}$ と表される．この時間における比 $[A]/[A]_0$ は 1/2 である．これを式(23.3)に代入して，$t_{1/2}$ について解くと，一次反応に対する次の式が得られる．

$$t_{1/2} = \frac{0.693}{k} \qquad (23.4)$$

反応が半分進んだあと，残りの反応物質の半分が同じ時間 $t_{1/2}$ 内に反応し，これが繰り返し起こっていく．これが前述した指数関数的な減少である．理論的には，反応が完結するには無限に長い時間を要するが，現実的な目的では半減期の10倍の時間でほぼ完結(99.9%)すると見なす．半減期，および反応が完結する時間は，一次反応については濃度に無関係であることに留意しなければならない．

放射性崩壊は一次反応の典型的な例である．

> 反応は半減期の10倍の時間で完結すると考えてよい．しかし理論上は完結には無限の時間を要する．

二次反応

次の反応を考えてみよう．

$$A + B \longrightarrow P \qquad (23.5)$$

反応速度はAまたはBの消失速度に等しい．経験的に次式が成り立てば，

$$-\frac{d[A]}{dt} = -\frac{d[B]}{dt} = k[A][B] \qquad (23.6)$$

この反応は[A]と[B]おのおのについては一次反応，全体では二次反応(濃度項の指数の総和は2)である．反応速度定数は，**モル濃度**と時間の逆数の次元，たとえば $M^{-1}s^{-1}$ となる．

式(23.6)の積分形はAとBの初濃度($[A]_0$と$[B]_0$)が等しいかどうかで変わる．それらが等しい場合には，次のようになる．

$$kt = \frac{[A]_0 - [A]}{[A]_0[A]} \qquad (23.7)$$

$[A]_0$と$[B]_0$が等しくない場合には，次のようになる．

$$kt = \frac{2.303}{[B]_0 - [A]_0} \log \frac{[A]_0[B]}{[B]_0[A]} \qquad (23.8)$$

もし一つの化学種の濃度，たとえば，Bの濃度がほかの化学種の濃度に比べて非常に大きく，その濃度が反応の過程でほぼ一定と見なすことができれば，式(23.6)は一次反応速度式に近似できる．

$$-\frac{d[A]}{dt} = k'[A] \qquad (23.9)$$

ここで，k' は $k[B]$ に等しく，積分形は次のようになる．

$$kt = \frac{2.303}{[B]_0} \log \frac{[A]_0}{[A]} \qquad (23.10)$$

$[B]_0$は一定であるので，式(23.10)は式(23.3)と同等である．これは**擬一次反応**(pseudo first-order reaction)とよばれる．

$[A]_0 = [B]_0$の場合の二次反応の半減期は，次のようになる．

$$t_{1/2} = \frac{1}{k[A]_0} \qquad (23.11)$$

> 一つの化学種の濃度をほかのものより高くすると，二次反応は擬一次反応のようにふるまう．

二次反応の半減期は濃度に依存する．

このように，一次反応の半減期と異なり，二次反応の半減期は初濃度に依存する．

AとBとの反応は必ずしも二次反応とは限らない．反応次数が分数である場合もよくある．$2A + B \longrightarrow P$ のような反応は三次（速度 $\propto [A]^2[B]$），または二次かもしれないし（速度 $\propto [A][B]$），あるいはもっと複雑な次数（次数が分数）かもしれない．

反応時間

反応が完結するまでの時間は，速度定数 k に依存する．また二次反応の場合には初濃度にも依存する．k が $10\,s^{-1}$ より大きい場合には，一次反応は瞬時に起こる（1s未満に99.9%進行）．k が $10^{-3}\,s^{-1}$ より小さいときには，99.9%反応する時間は100 min を超える．二次反応の反応時間を予測することは難しいが，k がおよそ $10^3 \sim 10^4\,M^{-1}\,s^{-1}$ より大きいときには，一般的に反応は瞬時に起こると考えてよい．もし $10^{-1}\,M^{-1}\,s^{-1}$ より小さいときには，その反応が完結するまでに何時間も必要となる．

23.2　接触（触媒）作用

反応の速度は**触媒**（catalyst）の存在により加速されることがある．触媒とは，ある反応の速度を変化させる物質と定義される．このさい，平衡移動をともなわず，かつ触媒自体は反応の前後で変化することがない．接触作用という興味深い現象があり，そこでは反応の速度が触媒の濃度に比例する．この作用が触媒の接触分析の基本となる．反応物の減少速度あるいは生成物の増加速度を測定することにより，触媒濃度が求められる．多くの触媒がこの技術によって高感度に定量される．

酸化還元反応のいくつかは遅いため，それらの反応を用いる分析の多くが触媒作用を利用している．これらの反応で用いられている触媒を分析成分とすれば，接触分析を行うことができる．もっともよく知られている接触分析法は，Ce^{IV}–As^{III} 反応におよぼすヨウ化物イオンの触媒作用を用いる微量ヨウ化物イオンの定量法である．そこでは，As^{III} が As^V へと酸化され，黄色の Ce^{IV} が無色の Ce^{III} へと還元される．これは，1937年に開発されたサンデル–コルトフ（Sandell–Kolthoff）反応とよばれる［E. B. Sandell and I. M. Kolthoff, "Microdetermination of iodide by catalytic method", *Mikrochim. Acta*, **1**（1937）9］．

サンデル–コルトフ反応は，尿中ヨウ素（urinary iodine：UI）の定量に広く用いられている．UI はヨウ素が十分摂取できているかの判定に利用される．UI の中央値が く$100\,\mu g\,L^{-1}$ の場合，その被験者はヨウ素欠乏症と診断される．豊かな国々では，UI は既知濃度の ^{129}I（このヨウ素同位体は天然には存在しない）を尿に添加して希釈ののち ICP-MS で定量される．開発途上国では，尿試料は含まれる有機物を酸化するために分解され（かつては過塩素酸分解が使われたが，現在は尿 1 mL に対し 200 µL の 1 M ペルオキソ二硫酸アンモニウム溶液を添加して 95℃で 30 min 加熱することが推奨される），冷却後に Ce^{IV} と As^{III} が添加される．一定時間後（一般には 10 または 15 min）の 410 nm における Ce^{IV} の吸光度が測定される．Ce^{IV} がより多く消失（吸光度の減少）することは，ヨウ素の量が多いことを意味する．$10\,\mu g\,L^{-1}$ レベルの UI が測定可能である．この方法は，多数の試料を分析す

ることができる連続流れ分析法あるいはマイクロプレートリーダーを用いることによって容易に自動化される（マイクロプレートリーダーはデータの信頼性を高めながら時間の関数としての測定値を得ることができる）．米国食品医薬品局（FDA）は，食品中ヨウ素の定量のための標準法として，過塩素酸分解をともなう本法を採用している．自動化された分節フロー分析計（連続流れ分析計）を用いることによって良好なサンプル処理能が達成されている．

23.3 酵素の触媒作用

酵素（enzyme）は，自然起源の優れたタンパク質で，高効率で特定の反応を触媒する．酵素の式量は 10000～2000000 に及ぶ．酵素はもちろん生体内における生化学反応に深く関与しており，生命現象そのものといっても過言ではない．それゆえに，生体内のある酵素の定量は病気の診断に重要な意味をもつ．しかし，このこととは別に，酵素は**基質**（substrate：酵素が触媒作用する反応物質）の定量分析に非常に役に立つこともわかってきた．

酵素はタンパク質であり，生体内に存在する天然由来の触媒である．

酵素の反応速度論

簡単な反応モデルを用いて酵素反応の速度式を記述することができる．典型的な酵素触媒反応は，次のように表すことができる．

$$E + S \underset{k_2}{\overset{k_1}{\rightleftarrows}} ES \xrightarrow{k_3} P + E \tag{23.12}$$

ここで，E は酵素，S は基質，ES は反応のエネルギー障壁を下げる**活性複合体**（activated complex），P は生成物，そして k はそれぞれの段階での反応速度定数である．すなわち，酵素は基質と複合体を形成し，それから解離して生成物を生じる（**図 23.1**）．次式に示すように，反応速度 R は複合体濃度に比例し，ゆえに基質および酵素の濃度にも比例する．

$$R = k_3[ES] = k[S][E] \tag{23.13}$$

反応速度は基質や酵素に対して一次である．[S] が大きければ，反応は S に対してゼロ次となる．

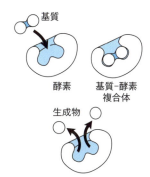

図 23.1 酵素活性のメカニズム
[D. Leja, National Human Genome Research Institute の許可を得て転載]

k_1 と k_2 が k_3 より十分大きければ，反応速度は活性複合体の解離速度によって決まる．

酵素触媒反応速度の基質濃度依存性を**図 23.2** に示す．酵素は，単位時間あたりに複合体をつくり生成物に移行する基質の分子数，すなわち，**ターンオーバー数**（turnover number）によって特徴づけられる．基質濃度が酵素濃度に対して十分に低い（ターンオーバー数を超えない）場合，反応速度は基質濃度に比例する．すなわち，基質に関して一次反応となる［式(23.13)］．酵素濃度が一定に保たれていれば，全反応は一次であり，基質濃度に直接比例する［式(23.13)］において $k[E]$ ＝ 一定．これは基質定量の基礎となる[*1]．しかしながら，基質の量が共存する酵素の量のターンオーバー数を超えると，酵素は複合体をつくることができる分子数に関して飽和状態となり（基質に対して飽和する），反応速度は極大値に

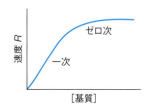

図 23.2 酵素触媒反応速度の基質濃度依存性
基質濃度が大きくなると，酵素は基質で飽和される．このとき [ES] は一定になるので，反応速度は最大かつ一定となる［式(23.13)］．

[*1] 基質は反応速度から定量する必要はない．その代わりに，基質が完全に生成物に変換されるまで反応を進行させる．生成物の濃度は反応前（ブランク試料）と反応後で測定される．これらの技術のそれぞれについては，酵素および酵素基質の定量の項でさらに詳細に考察する．

達する．このとき，反応は基質濃度のさらなる増加と無関係となる．すなわち，酵素濃度が一定（図23.2）ならば，式（23.13）において[ES]が一定となり，$R = $ 一定であるため，この反応は**擬ゼロ次反応**（pseudo zero order）となる．

酵素が基質で飽和されているときには，全反応は酵素濃度に関して一次である［式（23.13）で$k[S] = $ 一定］．これは，酵素定量の基礎となる．このとき，反応速度と酵素濃度の間には直線関係が成り立つからである．しかしながら，基質は反応によって消費されるので，反応が基質に関してゼロ次を維持するように（すなわち，酵素が飽和状態にあり続けるように），基質の濃度は十分高く保たれなければならない．最終的には，酵素濃度が高くなると，基質による飽和が起こらなくなる．一連の変化をプロットすると，図23.2と同様の曲線が得られる．

> 酵素が基質で飽和されると反応速度は酵素濃度に比例する．

酵素の性質

酵素反応の速度は，温度，pH，イオン強度などを含む多数の因子に依存する．反応速度は温度が上がると，ある点までは増加する．ある温度を超えると，タンパク質である酵素は変性するため，酵素の活性が減少する．すなわち，水素結合が切れて，酵素の三次構造が壊れる．タンパク質の三次構造とは，水素結合，塩橋，ジスルフィド結合，無極性の疎水性相互作用を含むアミノ酸間の結合相互作用によって決まる三次元構造のことである．酵素の立体的性質は，その触媒機構に本質的にかかわっている．ほとんどの動物の酵素は，約40℃以上の温度で変性する．

> 酵素は最適温度を超えると変性する．卵を加熱するとタンパク質が固まるのは，変性のよい例である．また酵素反応には最適なpHがある．

ほかの触媒反応のように，ある分析条件下で1～2℃ほどの小さな温度変化であっても，その反応速度は10～20%程度の大きな変化を引き起こすことがある．したがって，酵素反応の測定では温度制御が重要である．

酵素は適度な温度であっても時間が経過すると最終的には失活するので，5℃以下で保存されなければならない．いくつかの酵素は，凍結されると活性を失う．

反応速度はあるpHで最大になる．これは基質，活性複合体および生成物間の酸解離のような複雑な酸塩基平衡によるものである．また，最大の速度は，イオン強度や使われる緩衝液にも依存する．たとえば，グルコースオキシダーゼの存在下でグルコースを空気酸化する速度はpH 5.1の酢酸緩衝液で最大となるが，同じpHのリン酸緩衝液では速度は減少する．

通常は酵素を100%まで精製することができないので，酵素標品の**活性**（activity）はその入手先によって異なっている．すなわち，標品によって酵素の純度（%）が異なる．ある標品の活性は，**国際単位**（international units：U）で表される．国際生化学連合（International Union of Biochemistry）によって，国際単位は一定の条件下で1 minに1 μmolの基質の変換を触媒する酵素の量として定義されている．規定された条件には，温度とpHが含まれる．たとえば，グルコースオキシダーゼの市販標品は，1 mgあたり30単位（U）の活性をもっている．このように，基質の定量には，ある単位数の酵素（U）が使われる．**比活性**（specific activity）とは，タンパク質1 mgあたりの酵素の単位である．**分子活性**（molecular activity）とは，酵素1分子あたりの単位として定義される．すなわちこれは，酵素1分子によって1 minに変換される基質の分子数である．溶液中の酵素の濃度（concentration）はmLまたはLあたりの国際単位で表される．

> 通常，酵素濃度はモル濃度ではなく活性を用いて表される．

酵素の阻害剤と活性化剤

酵素は特定の反応または特定のタイプの反応だけに触媒作用をおよぼすが，それらは妨害を受けることもある．活性複合体が形成されるとき，基質は酵素の活性部位(active site)に吸着している．基質と同様の大きさおよび形状のほかの物質が活性部位に吸着されることがある．吸着されても，それらは何ら変化を起こさない．しかしながら，それらは活性部位に対し基質と拮抗し，触媒作用の速度を低下させる．これは，**競合阻害**(competitive inhibition)とよばれる．たとえば，コハク酸デヒドロゲナーゼはコハク酸を脱水素し，フマル酸を生成する反応に対して特異的に触媒作用を示す．しかし，コハク酸に似たほかの化合物は競合的に反応を阻害する．たとえば，マロン酸やシュウ酸のような二塩基酸である．競合阻害は，大多数の酵素分子が基質と結合するように，基質の濃度を妨害物質に比べて相対的に高くすることによって減少させることができる．

非競合阻害(noncompetitive inhibition)は，阻害が阻害剤の濃度のみに依存する場合に起こる．これは通常，阻害剤が活性部位ではなく，活性化に必要なほかの部位に吸着することによって引き起こされる．言い換えれば，酵素の不活性誘導体が生成される．たとえば，酵素のスルフヒドリル基(チオール基，－SH)に対する重金属の水銀，銀および鉛の反応がその例である．チオール基は重金属と結合し($ESH + Ag^+ \rightarrow ESAg + H^+$)，この反応は不可逆である．これは重金属が有毒である理由である．つまり，重金属は生体内で酵素を不活性化する．

いくつかの酵素は，活性化のためにある金属の存在が必要である．おそらく，金属は，酵素と適切な立体化学的特性をもつ錯体を生成する．そのため，金属イオンと錯体を形成するどのような物質も阻害剤になり得る．たとえば，マグネシウムイオンは多くの酵素に対して活性化剤として必要とされるが，シュウ酸イオンやフッ化物イオンはこのマグネシウムイオンと錯形成し，阻害剤となる．酵素の活性化剤は**補酵素**(coenzyme)とよばれることがある．

過剰の基質が存在するとき，ときどき**基質阻害**(substrate inhibition)が起こる．このような場合には，反応速度は極大の速度に達したのち，減少する．このことは，非常に多くの基質分子が酵素表面の活性部位と競合して活性部位をブロックし，ほかの基質分子がそれらを占有できないためと考えられる．

ミカエリス定数

先に説明したように，基質濃度が増加すると，一定濃度の酵素は最終的には基質に対して飽和状態となり，反応速度が最大値R_{max}となる．次の**ラインウィーバー–バーク式**(Lineweaver–Burk equation)は，触媒としての酵素の有効性と最大速度の関係を示している．

$$\frac{1}{R} = \frac{1}{R_{max}} + \frac{K_m}{R_{max}[S]} \qquad (23.14)$$

ここで，K_mは**ミカエリス定数**(Michaelis constant)である．ミカエリス定数は酵素活性の尺度であり，式(23.12)の$(k_2+k_3)/k_1$に等しい．また，この定数は式(23.14)において$R = R_{max}/2$としたときに導かれるように，最大速度の1/2，すなわち$R_{max}/2$における基質濃度に等しい．$1/R$に対して$1/[S]$をプロットすると直線が

得られ，その切片は $1/R_{max}$，傾きは K_m/R_{max} である．このようにして，基質に対する酵素の特性を表すミカエリス定数が求められる．

例題 23.1

ある酵素反応において，基質濃度 [S] (M) と反応速度 R (ΔA min^{-1}) との関係を得た．ここで，ΔA は吸光度差を示す．

[S]/M	$R/\Delta A$ min^{-1}
0.00400	0.093
0.0100	0.231
0.0400	0.569
0.0800	0.758
0.120	0.923
0.160	0.995
0.240	1.032

ラインウィーバー–バークプロットを作成し，最大速度 R_{max} (ΔA min^{-1}) とミカエリス定数 K_m (M) を求めよ．

解　答

$\dfrac{[S]}{M}$	$\dfrac{R}{\Delta A \text{ min}^{-1}}$	$\dfrac{1/[S]}{M^{-1}}$	$\dfrac{1/R}{\Delta A^{-1} \text{ min}}$
0.00400	0.093	250	10.753
0.0100	0.231	100	4.329
0.0400	0.569	25	1.757
0.0800	0.758	12.5	1.319
0.120	0.923	8.333	1.083
0.160	0.995	6.25	1.005
0.240	1.032	4.167	0.969

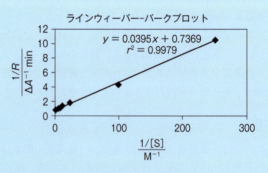

R_{max} (ΔA min^{-1}) $= 1/0.7369 = 1.357\cdots \approx 1.4$

K_m (M) $=$ 傾き $\times R_{max} = 0.0395 \times 1.357 = 0.0536\cdots \approx 0.054$

K_m のもつ意味は，図 23.3（図 23.2 と同様）を見ればよくわかる．反応速度が基質濃度とともに急激に増加するときは，K_m は小さい（曲線 1）．ある特定の酵素に対して最小の K_m を与える基質は，多くの場合（ただし，必ずではない），その酵素の天然基質（最適基質）である．したがって，基質濃度の増加にともない速度が急速に増加する．小さな K_m は，酵素が低い基質濃度で飽和されることを示す．反対に，大きな K_m は，最大の反応速度に達するのに高濃度の基質を必要とする

小さい K_m は，反応速度が速く，容易に基質による飽和が起こることを意味する．

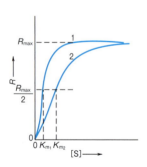

図 23.3 反応速度とミカエリス定数との関係（$R_{max}/2$ のとき $K_m = $ [S]）
曲線 1: K_m が小さい．曲線 2: K_m が大きい．

ことを示す．このような場合には，基質に関してゼロ次の速度を達成することは困難であり，その基質は酵素の定量にとってふさわしくない．

酵素の特異性

一般に，酵素の特異性は四つのタイプに分類される．
(1) **絶対特異性**(absolute specificity)：酵素は特定の一つの反応だけに触媒作用を及ぼす．
(2) **群特異性**(group specificity)：酵素はアミノ基，リン酸基，あるいはメチル基のような特定の官能基を有する分子に対して作用する．
(3) **結合特異性**(linkage specificity)：酵素は特定の型の化学結合に対して作用する．
(4) **立体化学特異性**(stereochemical specificity)：酵素は特定の立体あるいは光学異性体に対して作用する．

作用を受ける基質に加えて，多くの酵素は第二の補助的な基質を必要とする．このような補助的基質は多くの酵素を活性化し，**補因子**(cofactor)あるいは先に述べた**補酵素**(coenzyme)の一例である．ニコチンアミドアデニンジヌクレオチド(NAD^+)は，その例であり，これは次式で示されるように，多くのデヒドロゲナーゼ反応に対して水素受容体として作用する補因子である．

$$SH_2 + NAD^+ \xrightleftharpoons{酵素} S + NADH + H^+ \qquad (23.15)$$

ここで，SH_2 は基質の還元体，S はその酸化体(脱水素化物)で，NADH は NAD^+ の還元体である．

NAD^+は臨床化学測定でよくみかける補因子である．反応はNADHの濃度を測定してモニターされる．

酵素の命名法

酵素は，反応のタイプおよび基質，すなわち，反応特異性や基質特異性によって分類される．ほとんどの酵素名の語尾は"アーゼ(ase)"である．酵素は触媒作用をおよぼす化学反応の種類に基づいて，四つのグループに分けることができる．
(1) 水の付加(ヒドロラーゼ，hydrolase)，あるいは水の脱離(ヒドラーゼ，hydrase)を触媒するもの．ヒドロラーゼ(加水分解酵素)はエステラーゼ，カルボヒドラーゼ，ヌクレアーゼおよびデアミナーゼを含む．一方，ヒドラーゼ(脱水酵素)は炭酸デヒドラターゼ(炭酸脱水酵素)とフマラーゼ(フマル酸ヒドラターゼ)のような酵素を含む．
(2) 電子の移動を触媒するもの．オキシダーゼ(酸化酵素)とデヒドロゲナーゼ(脱水素酵素)．
(3) トランスアミナーゼ(アミノトランスフェラーゼ，アミノ基転移酵素)，トランスメチラーゼ(メチルトランスフェラーゼ，メチル基転移酵素)，あるいはトランスホスホリラーゼ(ホスホトランスフェラーゼ，リン酸基転移酵素)のような官能基の移動を触媒するもの．
(4) C−C結合の切断あるいは形成を触媒するもの．デスモラーゼ．

たとえば，α-グルコシダーゼはすべてのα-グルコシドに作用する．その反応の速度はグルコシドの種類によって異なることがある．しかしながら，より一般的には，酵素は特定の一つの基質に対して絶対的な特異性を示す．たとえば，次式のようにグルコースオキシダーゼはグルコースのグルコン酸と過酸化水素への好

β-グルコース

グルコースオキシダーゼはグルコースを定量するために使われる．

気的(酸素)酸化を触媒する.

$$C_6H_{12}O_6 + O_2 + H_2O \xrightarrow{\text{グルコースオキシダーゼ}} C_6H_{12}O_7 + H_2O_2 \quad (23.16)$$

実際には，この酵素は，β-D-グルコースに対してほぼ完全な特異性を示す．β形に対する速度を100とすれば，α-D-グルコースに対しては，わずか0.64の速度でしか反応しない．β形では，すべての水素はアキシアル位，ヒドロキシ基はエクアトリアル位にあり，酵素の活性部位に平面的に位置し，酵素-基質複合体を形成する．α形では，水素やヒドロキシ基の配置が異なるので，酵素に平面的に近づけない．したがって，グルコースの好気的変換は，α形からβ形(通常はα 36%とβ 64%)への変旋光(旋光度が自発的に変化する現象)に依存する．変旋光(平衡)は，β形が除かれるのにともないシフトする．もう一つの酵素，ムタローゼ(mutarotase)は変旋光に影響するが，これは通常必要ではない．グルコースオキシダーゼによって影響を受けるもう一つの別の基質に，2-デオキシ-D-グルコースがある．その反応の相対的速度はβ-D-グルコースの約10%であるが，この基質はグルコースを定量する血液試料中には通常存在しない．

自然界には何千もの酵素があり，これらのほとんどが絶対的特異性を示す．

酵素の定量

> 酵素活性は，擬ゼロ次となる基質濃度の条件下で基質変換の速度を求めることにより測定される.

酵素自体は，所定時間内に変換される基質量，または，所定時間内に生成される生成物量を測定することによって定量される．反応速度が酵素濃度のみに依存するように，基質は過剰にしなければならない．結果は，酵素の国際単位として表される．たとえば，グルコースオキシダーゼ標品の活性は，1 minごとに消費される酸素の物質量を圧力測定法あるいはアンペロメトリーによりμmol単位で測定することができる．一方，基質を定量するための特異的手法の開発にとって，酵素の利用はとくに臨床化学においてきわめて有用であることがわかってきた．この場合には，反応速度が基質濃度に依存するように酵素濃度を過剰にする．

酵素基質の定量

酵素基質を測定するために，二つの一般的な方法が使用されている．まず，基質の**完全変換**(complete conversion)が利用される．酵素による触媒反応の前後で，生成物が分析されるか，あるいは，もとの過剰にあった反応物の減少量が測定される．分析された物質の正味の変化は，もとの基質濃度と関係がある．これらの反応は，起こり得る副反応，あるいは生成物か反応物の不安定さのために，しばしば基質濃度に関して化学量論的にはならない．また，反応が完結するのに非常に長い時間を要することもある．このような理由により，分析操作は通常，測定量と基質の既知濃度，または既知量との関係を示す検量線を作成することによって標準化される．

> 酵素は消費されない．よって速度を測定するときに酵素濃度は一定に保つ必要がある.

基質の定量に利用される第二の方法は，酵素活性の定量に使われるように，酵素によって触媒される**速度**(rate)を測定することである．これには，次の三つの手法のうちのいずれかが用いられる．一つ目は，あらかじめ決められた量の生成物が生成するか，または，決められた量の基質が消費される反応に要する時間を測定する手法である(終点法)．二つ目の手法は，所定の時間内に生成された生成物，あるいは消費された基質の量が測定される(完全変換反応，原書webサイト

にある，グルコースの定量に対する実験41を参照）．これらの手法は一点測定であり（終点測定とよばれる），反応条件が明瞭に規定されている必要がある．それらは容易に自動化でき，また，手動でも行われる．三つ目の手法は，生成物または基質濃度を時間の関数として連続的に測定し，反応速度曲線の傾き $\Delta c/\Delta t$ を得るものである（速度法）．これはいわゆる真の速度測定法である．その測定は，一般的に擬一次である反応の初期に行われなければならない．

速度法は一般に，終点法や完全変換反応よりも迅速である．完全変換反応は一方で，完全な変換に十分な時間が与えられれば，酵素阻害剤や活性化剤からの妨害を受けにくい．基質を測定する別のアプローチに関しては，15章の酵素電極に関する記述を参照されたい．

例題 23.2

ヒトの血中アルコール含有量は，NADHを生産する酵素であるアルコールデヒドロゲナーゼ共存下でエタノールを NAD^+ と反応させることによって定量される（表23.1）．NADHの生成速度は340 nmにおける吸光度を測定して求められる（図23.4）．0.100%（wt/vol）の標準アルコールおよび未知試料を同じ手順で処理したとき，次の吸光度が得られた．吸光度変化の傾きから未知濃度を求めよ．

T/s	$A_{標準}$	$A_{未知}$
0	0.004	0.003
20	0.052	0.036
40	0.099	0.070
60	0.147	0.098
80	0.201	0.132
100	0.245	0.165

解 答

与えられたデータから標準アルコールと未知試料の吸光度変化の速度 $\Delta A_{標準}/\Delta T$ と $\Delta A_{未知}/\Delta T$ を計算して，次のようにデータを整理する．

T/s	$A_{標準}$	$\Delta A_{標準}$	$\Delta A_{標準}/\Delta T$	$A_{未知}$	$\Delta A_{未知}$	$\Delta A_{未知}/\Delta T$
0	0.004			0.003		
20	0.052	0.048	0.00240	0.036	0.033	0.00165
40	0.099	0.095	0.00238	0.070	0.067	0.00168
60	0.147	0.143	0.00238	0.098	0.095	0.00158
80	0.201	0.197	0.00246	0.132	0.129	0.00161
100	0.245	0.241	0.00241	0.165	0.162	0.00162
平均値			0.00241			0.00163
標準偏差			0.00003			0.00004
試料濃度			0.068%（wt/vol）			

標準アルコールと未知試料の吸光度変化速度の平均値 0.00241 と 0.00163 から，試料中のアルコール濃度は，0.100% × (0.00163/0.00241) = 0.068% となる．

酵素を用いる分析例

吸光光度法は，酵素反応を測定するのに幅広く用いられている．反応生成物と

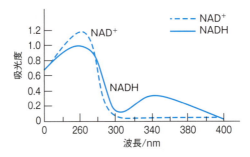

図 23.4 NAD$^+$ と NADH の紫外吸収スペクトル
[Worthington Biochemical 社の厚意による]

基質の吸収スペクトルがかなり異なれば，生成物あるいは基質を容易に測定することができる．ほかの場合では，生成物あるいは基質と反応して発色する試薬が使われ，色調の増加あるいは減少が測定される．しばしば，第二の酵素を用いて，発色試薬と生成物を結合させる．

> デヒドロゲナーゼ（脱水素酵素）の反応は，NADH の紫外吸光度を測定することによってモニターされる．

1. デヒドロゲナーゼの反応（dehydrogenase reaction） ニコチンアミドアデニンジヌクレオチドの還元体（NADH）と酸化体（NAD$^+$）は，紫外吸収スペクトルに顕著な違いを示すので，デヒドロゲナーゼの反応の過程を追跡するのに幅広く使用されている．NAD$^+$ と NADH の紫外吸収スペクトルを図 23.4 に示す．NAD$^+$ は 340 nm でほとんど吸収を示さないのに対して，NADH は 340 nm に極大吸収をもつ．よって，NADH 濃度の増加あるいは減少を容易にモニターできる．

測定に NADH を用いる例として，**乳酸デヒドロゲナーゼ**（lactic acid dehydrogenase：LDH）の定量がある．これは心筋梗塞を診断するのに重要である．NAD$^+$ は，LDH の触媒作用による乳酸のピルビン酸への酸化に必要である．

$$\underset{\text{乳酸}}{\begin{array}{c}\text{CH}_3\\|\\\text{CHOH}\\|\\\text{CO}_2\text{H}\end{array}} + \text{NAD}^+ \xrightleftharpoons{\text{LDH}} \underset{\text{ピルビン酸}}{\begin{array}{c}\text{CH}_3\\|\\\text{C}=\text{O}\\|\\\text{CO}_2\text{H}\end{array}} + \text{NADH} + \text{H}^+ \tag{23.17}$$

この反応は可逆的であり，正逆双方の反応が利用可能である．正反応では，未知量の LDH を含む血清が，酵素反応にとって十分な量の乳酸と NAD$^+$ を含んでいる溶液に加えられ，340 nm における吸光度の増加が時間の関数として測定される．

NADH はしばしば，それが直接関与しない酵素反応を追跡するためにも用いられる．つまり，NADH は生成物と二次的に反応する試薬として用いられる．たとえば，次式のように血清グルタミン酸-オキサロ酢酸トランスアミナーゼ（glutamic-oxaloacetic transaminase：GOT）は，α-ケトグルタル酸とアスパラギン酸との反応を触媒し，その生成物はほかの酵素であるリンゴ酸デヒドロゲナーゼ（malic acid dehydrogenase：MDH）の存在下で NADH により還元される．

$$\text{α-ケトグルタル酸} + \text{アスパラギン酸} \xrightleftharpoons{\text{GOT}} \text{グルタミン酸} + \text{オキサロ酢酸} \tag{23.18a}$$

$$\text{オキサロ酢酸} + \text{NADH} \xrightleftharpoons{\text{MDH}} \text{リンゴ酸} + \text{NAD}^+ \tag{23.18b}$$

過剰の MDH の共存下では，第二の反応は第一の反応に比べて速いので，NADH

濃度の減少速度は GOT 活性に直接比例する．

2. よく定量される基質　血液あるいは尿中で定量されるいくつかの基質を**表23.1**にあげる．これらについて，以下に順に考察する．

　ウレアーゼは初めて単離され，結晶として得られた酵素である．これは定量的に尿素をアンモニアと二酸化炭素に変換する．尿素の量は，生成したアンモニアあるいは二酸化炭素を測定して求められる．通常はアンモニアが測定される．これは，発色試薬とアンモニアを反応させる吸光光度法により行われる．

　グルコースは通常，グルコースオキシダーゼを加え，生成する過酸化水素を測定することによって定量される．これは，o-トルイジンのような試薬と過酸化水素とをカップリング反応させて，その吸光度を測定して行われる．このカップリング反応は，第二の酵素である西洋ワサビペルオキシダーゼの存在下で起こり，結果として着色生成物を生成する．市販のグルコースオキシダーゼ標品はたいてい不純物を含んでいて，それが過酸化水素の一部と反応し消費するので，過酸化水素への変換は化学量論的ではない．たとえば，カタラーゼは酵素不純物の一つであり，過酸化水素の分解に特異的である．しかしながら，カタラーゼが含まれていたとしても，着色生成物に変換される過酸化水素の割合は一定であるため，異なった濃度のグルコースを使用して検量線を作成することができる．

　グルコースの定量では多くの物質が阻害剤になる可能性がある．しかし，それらのほとんどは第二の酵素反応で起こる．過酸化水素が第二の酵素を必要とせずに，直接測定できれば，グルコースオキシダーゼ法はより特異的となるだろう．たとえば，加えられたヨウ化物イオンは，モリブデン(VI)触媒の存在下ですみやかにヨウ素に酸化される．ヨウ素濃度は，アンペロメトリーで追跡することができる(15章)．別の方法として，酸素の減少量をアンペロメトリーで測定することもできる．

　尿酸は通常 292 nm における紫外光吸収を測定することによって定量される．しかし，血液中の尿酸量はわずかで，その吸収は特異的ではない．そこで，吸光度を測定したのち，酵素としてウリカーゼ(尿酸オキシダーゼ)を加えて尿酸を分解し，その吸光度をもう一度測定する．それらの吸光度の差は存在する尿酸に依存する．尿酸のみがウリカーゼによって分解されるので，本法は特異的である．同じような尿酸の比色定量法には，モリブデン酸塩が尿酸を酸化して，モリブデン(V)化合物であるモリブデンブルーを生成する方法がある．原理的には，尿酸はグルコースの定量と同様に，生成する過酸化水素により定量可能であるが，実際にはウリカーゼ標品中の不純物が，生成されたごく微量の過酸化水素を通常す

> オキシダーゼ(酸化酵素)の反応は，O_2 の消費あるいは H_2O_2 の生成を測定することでモニターされる．

表 23.1　臨床化学において基質定量によく利用される酵素反応の例

基質	酵素	反応
尿素	ウレアーゼ	$NH_2-\overset{\overset{O}{\|\|}}{C}-NH_2 + H_2O \longrightarrow 2\,NH_3 + CO_2$
グルコース	グルコースオキシダーゼ	$C_6H_{12}O_6 + H_2O + O_2 \longrightarrow C_6H_{12}O_7 + H_2O_2$ (グルコース)　　　　　　　(グルコン酸)
尿酸	ウリカーゼ	$C_5H_4N_4O_3 + 2\,H_2O + O_2 \longrightarrow C_4H_6O_3N_4 + CO_2 + H_2O_2$ (尿酸)　　　　　　　　　(アラントイン)
ガラクトース	ガラクトースオキシダーゼ	D-ガラクトース + O_2 ⟶ D-ガラクトヘキソアルドース + H_2O_2
血中アルコール	アルコールデヒドロゲナーゼ	エタノール + NAD^+ ⟶ アセトアルデヒド + $NADH + H^+$

みやかに分解してしまう．

　ガラクトースはグルコースと同様に，ペルオキシダーゼの存在下で H_2O_2 による発色体の酸化によって定量される．血中アルコールは生成された NADH の UV 測定によって定量することができる．

二つ(一対)の酵素反応がしばしば検出反応に用いられる．

3．よく定量される酵素　表 23.2 は，臨床検査室で頻繁にみられるいくつかの酵素の活性を定量するのに用いられる反応をまとめたものである．グルタミン酸-ピルビン酸トランスアミナーゼ(glutamic-pyruvic transaminase：GPT)反応で生成するピルビン酸は，添加された LDH の存在下で NADH と反応する．クレアチニンホスホキナーゼ(creatinine phosphokinase：CK)は，クレアチニンリン酸のリン酸基をヌクレオチドであるアデノシン二リン酸(adenosine diphosphate：ADP)へと転移する反応を触媒し，アデノシン三リン酸(adenosine triphosphate：ATP)を生成させる．酵素としてヘキソキナーゼの存在下でこの ATP をグルコースと反応させて，グルコース 6-リン酸を生成させる．グルコース 6-リン酸は，次にグルコース-6-リン酸デヒドロゲナーゼの存在下で NAD^+ と反応する．また，CK は液体クロマトグラフィー，サイズ排除クロマトグラフィー，イオン交換クロマトグラフィーあるいは電気泳動法によっても定量される．

　天然の LDH は，**アイソザイム**(isozyme)または**アイソエンザイム**(isoenzyme)とよばれる五つの成分からなり，それらの割合は組織によって異なる．電気泳動でもっとも速く移動する二つの成分は，心筋内の LDH 中に高い割合で存在し，心筋障害をもつ患者の血中では，これら 2 成分の濃度が優先的に増加する．LDH 法は全 LDH アイソザイムを測定するもので，通常，心臓疾患の指標となる．しかしながら，先に述べた二つの心筋アイソザイムは，電気泳動でゆっくり動く肝臓起源の成分よりも α-ケト酪酸の還元に対して触媒作用を示すので，α-ヒドロキシ酪酸デヒドロゲナーゼ(α-hydroxybutyrate dehydrogenase：HBD)活性とよばれる．上昇した HBD は表中の反応によって定量することができ，心筋梗塞に対して LDH よりもさらに特異的である．また，それは梗塞後長い期間上昇したままである．

表 23.2　臨床化学においてよく定量される酵素の例

酵　素	略号	反　応
グルタミン酸-ピルビン酸トランスアミナーゼ	GPT	α-ケトグルタル酸 ＋ L-アラニン $\xrightleftharpoons{GPT}$ グルタミン酸 ＋ ピルビン酸 ピルビン酸 ＋ NADH ＋ H^+ $\xrightleftharpoons{LDH}$ 乳酸 ＋ NAD^+
グルタミン酸-オキサロ酢酸トランスアミナーゼ	GOT	α-ケトグルタル酸 ＋ アスパラギン酸 $\xrightleftharpoons{GOT}$ グルタミン酸 ＋ オキサロ酢酸 オキサロ酢酸 ＋ NADH ＋ H^+ $\xrightleftharpoons{MDH}$ リンゴ酸 ＋ NAD^+
クレアチニンホスホキナーゼ	CK	クレアチニンリン酸 ＋ ADP $\xrightleftharpoons{CK}$ クレアチン ＋ ATP ATP ＋ グルコース $\xrightleftharpoons{\text{ヘキソキナーゼ}}$ ADP ＋ グルコース 6-リン酸 グルコース 6-リン酸 ＋ NAD^+ $\xrightleftharpoons{G-6PDH}$ 6-ホスホグルコン酸 ＋ NADH ＋ H^+
乳酸デヒドロゲナーゼ	LDH	L-乳酸 ＋ NAD^+ $\xrightleftharpoons{LDH}$ ピルビン酸 ＋ NADH ＋ H^+
α-ヒドロキシ酪酸デヒドロゲナーゼ	HBD	α-ケト酪酸 ＋ NADH ＋ H^+ $\xrightleftharpoons{HBD}$ α-ヒドロキシ酪酸 ＋ NAD^+
アルカリホスファターゼ		チモールフタレインリン酸ナトリウム $\xrightarrow{pH\ 10.1}$ チモールフタレインナトリウム ＋ リン酸
酸ホスファターゼ		アルカリホスファターゼと同じ(ただし pH 6.0)

ホスファターゼ(phosphatase)は，強塩基性溶液中で一定時間後に，チモールフタレインの青色を測定することによって定量される．塩基性が高すぎると酵素反応が停止する．もちろん，酵素反応は吸光光度法以外の手法によっても測定することができる．用いられる手法には，アンペロメトリー，電気伝導度測定，クーロメトリー，イオン選択性電極がある．ある酵素反応は，特定の反応で応答が特異的である酵素電極を用いて測定される．これらは15章で説明してある．

酵素阻害剤(enzyme inhibitor)や**活性化剤**(activator)は，酵素反応を用いることにより定量される．もっとも簡単な手法は，酵素反応の速度の増加あるいは減少を測定することである．あるいは，酵素は阻害剤で"滴定され"（あるいは逆も同様），完全に阻害するために必要な阻害剤の量が測定される．たとえば，微量元素は酵素反応の阻害あるいは活性化によって定量されてきた．

多くの酵素は，非常に特異的な反応剤という分析化学者たちの夢を理想的に象徴するものである．しかし，酵素を扱うときは，pHやイオン強度の調整にかかわる問題とともに阻害剤の影響にも注意を払わなければならない．

これまで議論されたほとんどの分析操作は，酵素分析のための自動速度モニタリングシステムに組み込むことができる．

■ 質 問

一 般

1. 一次反応と二次反応の違いを説明せよ．
2. 反応の半減期とは何か．反応が完結したと見なすには半減期の何倍かかるか．
3. 擬一次反応とは何か．
4. 二つの物質AとBの間の特定の反応が，一次反応かあるいは二次反応かを決定する方法を述べよ．

酵 素

5. 国際単位とは何か．
6. 酵素の競合阻害と非競合阻害の違いは何か．
7. 重金属がしばしば体内で有毒となるのはなぜか．
8. 補酵素とは何か．
9. 酵素阻害が競合的かあるいは非競合的かを検証する方法を述べよ．
10. 阻害剤が競合的か非競合的かを決定するラインウィーバー–バークプロットはどのように使われるかを述べよ．

■ 問 題

速 度 論

11. ある一次反応は生成物への50％の変換に10.0 minを必要とする．90％の変換に必要な時間はいくらか．99％の変換ではどうか．
12. ある一次反応では生成物への30％の変換に25.0 sを必要とする．その反応の半減期はいくらか．
13. 二次反応で反応する物質AとBがそれぞれ0.100 Mの溶液がある．この反応が6.75 minで15.0％完結した場合，これらの条件下での半減期はいくらか．AとBがそれぞれ0.200 Mであるならば，その半減期はいくらになるか．また，その反応の15.0％の変換に時間はどれくらいかかるか．
14. スクロースは加水分解してグルコースとフルクトースになる．

    $$C_{12}H_{22}O_{11} + H_2O \longrightarrow C_6H_{12}O_6 + C_6H_{12}O_6$$

    希薄水溶液中では，水の濃度は実質的に一定である．よって，その反応は擬一次であり，一次の反応式に従う．0.500 Mスクロース溶液の25.0％が9.00 hで加水分解する場合には，どれ

ぐらいの時間でグルコースとフルクトース濃度が，残っているスクロース濃度の 1/2 に等しくなるか．

15. 過酸化水素は二次反応により分解する．

$$2\,H_2O_2 \xrightarrow{触媒} 2\,H_2O + O_2$$

0.1000 M 溶液の 35.0% が 8.60 min で分解するとき，標準状態において 0.1000 M の H_2O_2 溶液 100.0 mL から O_2 の 100 mL がどれくらいの時間で発生するか．

酵 素

16. グルコースオキシダーゼ標品の活性は，消費される酸素ガスの体積を時間の関数として測定することによって定量される．標品 10.0 mg が 0.01 M グルコース溶液に加えられ，酸素で飽和された．20.0 min 後，標準状態で酸素 10.5 mL が消費された．mg あたりの酵素単位で表したこの酵素標品の活性はいくらか．精製された酵素が 61.3 U mg^{-1} の活性をもつ場合には，この酵素標品のパーセント純度はいくらか．

■ 参 考 文 献

速 度 論

1. H. H. Bauer, G. D. Christian, and J. E. O'Reilly, eds., *Instrumental Analysis*. Boston: Allyn and Bacon, 1978, Chapter 18, "Kinetic Methods," by H. B. Mark, Jr.
2. R. A. Greinke and H. B. Mark, Jr., "Kinetic Aspects of Analytical Chemistry," *Anal. Chem.*, **46** (1974) 413R.
3. H. L. Pardue, "A Comprehensive Classification of Kinetic Methods of Analysis Used in Clinical Chemistry," *Clin. Chem.*, **23** (1977) 2189.
4. D. Perez-Bendito and M. Silva, *Kinetic Methods in Analytical Chemistry*. New York: Wiley, 1988.
5. H. A. Mottola, *Kinetic Aspects of Analytical Chemistry*. New York: Wiley-Interscience, 1988.

酵 素

6. H. U. Bergmeyer, *Methods of Enzymatic Analysis*, 3rd ed. New York: Wiley. 全 12 巻および索引，1983-1987.

web サイト

7. http://www.worthington-biochem.com　Worthington Biochemical 社へのリンク．Enzyme Manual をクリックすると，酵素の性質，評価法，文献情報を入手できる．
8. http://www.chem.qmul.ac.uk/iubmb/enzyme　国際生化学・分子生物学連合(IUBMB)と国際純正・応用化学連合(IUPAC)による酵素の命名法．
9. http://www.chem.qmul.ac.uk/iubmb/kinetics　速度論における記号と用語．

Chapter 24

測定の自動化

"物事をどうやるかを知らなければ，それをコンピュータでどうやったらよいかもわからない．"
——筆者不詳（J. F. Ryan, *Today's Chemist at Work*, 1999, 11月号, p.7）

■ 本章で学ぶ重要事項

- プロセス制御：連続分析計およびディスクリート式分析計, p.328
- 自動装置, p.331
- フローインジェクション分析, p.333
- シーケンシャルインジェクション分析, p.335

　よりよい多くの分析試験方法が開発されるにつれ，とくに環境分析および臨床分析を行う機関において，分析化学者の業務は絶えず増加している．分析者はしばしば数多くの試料を取り扱い，また大量のデータを処理しなければならない．分析ステップの大部分またはすべてを自動的に行う機器が利用可能となり，試験機関の処理能力は大きくなっている．得られたデータは通常，分析機器に接続されたコンピュータにより処理される．自動化で重要な分野はプロセス制御であり，それによって生産工場のプロセスがリアルタイム（すなわちオンライン）でモニターされ，連続的に得られる分析情報が，あらかじめ設定されたプロセス条件が保たれるように制御システムに送られる．

　年間数十億の試験が臨床化学試験所において実施される．よって，大多数の試料を処理することにおいて自動化は重要な役割を担う．臨床化学で用いられる分析計は，ほとんどが自動システムである．たとえば，1日に多数の試料を迅速に測定するためのディスクリート方式の分析計または連続分析計が使用されている．しばしば，一つの試料中の多数の分析対象物が同時に測定される．オンライン測定は，化学工場において生産をモニターするため，設計どおりに反応が進んでいるかを確認するため，また質の悪い生産ロットを最小にするために行われる．フィードバックループにおいて製品の生産効率と純度を改善するためにリアルタイム測定も行われる．反応が進む間のpH制御がその例である．

　本章では，一般に使用されているいくつかの自動化された機器や装置，そしてそれらの背後にある操作原理について簡単に触れる．その後，プロセス制御への応用について考察する．また，フローインジェクション分析とシーケンシャルイ

ンジェクション分析についても述べる．これらの技術は，一般的な分析測定のほとんどを，μLレベルの体積の試料や試薬を用いて自動的に実行することを可能にするものである．

24.1 自動化の原理

自動化設備には二つの基本的なタイプがある．**自動装置**（automatic device）とは，分析過程における決められたポイント，しばしば測定段階において特定の操作を行うものである．たとえば，自動滴定装置は溶液の性質の変化を感知し，機械的あるいは電気的に終点で滴定を停止する．一方，**自動化装置**（automated device）は人が関与することなく，プロセスを制御および調整するものである．これは，単一あるいは複数のセンサーからのフィードバック情報をもとに，機械的装置と電気的装置を通して制御と調整を行う．ゆえに，自動化された滴定装置は，設定したpHからのずれがpH電極によって感知されるときに，酸あるいは塩基を添加して，試料のpHを決められた値に保つ．このような機器はpHスタットとよばれ，たとえば，プロトンが放出あるいは消費される酵素反応において，pHを一定に保つために使用される．実際に，反応の速度は，溶液のpHを一定に保つために添加された酸あるいは塩基の添加の速度を記録することによって決められることがある．

自動装置は，手動で行う操作のいくつかを機器が行うことで，分析者の仕事の効率を改善する．自動化装置は，分析結果に基づいてシステムを制御する．

自動化装置はプロセス制御で幅広く使用されている．一方，精巧さの程度が異なるさまざまな自動装置が分析化学実験室で使用されている．これらの自動装置は，試料採取，測定，データ整理や表示を含むすべての分析のステップで用いられている．

24.2 自動化装置：プロセス制御

プロセス分析において，分析は，プロセスの経過および製品の品質についての情報を提供するために，化学プロセスのなかで行われる．図24.1に示すように，プロセス分析にはさまざまな方法がある．試料が断続的に採取され，測定のために実験室へ運ばれる．このようなやり方では，実験室によくある分析機器が使われ，さまざまな測定を行うことができる．しかし，この手法は比較的時間がかかり，分析した情報が得られる前に化学的プロセスが完結してしまう．したがって，実験室での分析は，製品の品質を確かめる品質管理に適している．分析機器を化学工場に移せば，より効率的な測定を行うことができる．しかし，真のリアルタイム分析を行うには，自動的にサンプリングおよび分析ができる機器を化学プロセスへ直接接続するべきである．より理想的なアプローチは，センサーを直接インライン接続しておくことだろう．そうすることで，測定は連続的に行われ，試料の化学処理は不要となる．このようなセンサーは，分析対象物に対して選択的で，汚染されないように化学的環境に耐え，さらにセンサーの校正が保たれる必要があるので，使用できる範囲や有効性には限界がある．さらに理想的なアプローチは，非侵襲（非接触）型の測定である．たとえば，化学システムに光を通すことにより分析成分が吸収スペクトルを示す場合には，選択的な測定が可能である．しかし，これらのタイプのプロセス計測には限りがあるだろう．

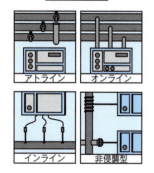

図24.1 プロセス分析に使われる方法
[J. B. Callis, D. Illman, and B. R. Kowalski, *Anal. Chem.*, **59** (1987) 624A より許可を得て転載]

リアルタイムのプロセス分析の重要な点は，制御装置へ情報をフィードバックし，化学プロセスを制御するために分析データを使用することである．このような制御装置を使えば，たとえば，中間体をあらかじめ定めたレベルに保持するために化学反応物の添加量を変化させることができる．化学プロセスにおいて，フィードバック制御をともなうオンライン測定を適用することにより，最高の反応効率と製品生産を達成し，さらに望ましくない反応を抑え，また汚染物などを検出するためのプロセスの最適化を行うことができる．これによって年間に数億円，あるいはさらに数百億円もの経費削減を化学会社にもたらすことが可能である．分析化学におけるこのような応用は，工業生産の重要な役割となっている．Washington 大学のプロセス分析・制御センター（Center for Process Analysis & Control：CPAC）は，最先端のプロセス計測技術の研究を推進するために，企業によって支援されている．

測定装置は，連続分析計とディスクリート（バッチ）式分析計に分類される．**連続分析計**（continuous instrument）は，試料の物理的あるいは化学的特性をつねに測定し，時間の（滑らかな）連続関数としての出力を絶え間なく与える．**ディスクリート式分析計**（discrete instrument）すなわち**バッチ式分析計**（batch instrument）では，不連続で個々に装填された試料を分析するので，情報は個々の段階のものである．どちらの場合でも，測定された変数に関する情報は，モニタリング装置あるいは制御装置にフィードバックされる．それぞれの技術では，通常の分析操作が用いられ，連続的な無人の操作が可能でなければならない．

> 自動化プロセス制御では，分析データを利用して生産効率や製品の品質を改善することができるので，数億円の節約が可能である．

連続分析計

連続的なプロセス制御装置は，流れの中，あるいは発酵槽のようなバッチプロセス反応器中で直接測定を行う．このような場合は一般に，試料に対して分析操作を行うことができないため，電極のような直接的な検知装置を使用しなければならない．もし試料の希釈，温度制御あるいは試薬の添加が必要とされる場合，または測定が非プローブ型の機器で行われる場合には，流れの一部を試験用の流れに分岐させることにより，それが試料の流れとなり，試薬と連続的かつ自動的に混合され，試験測定が行われる．この試料は測定前にフィルターを通過する場合がある．

プロセス制御装置は，三つの主要な部分から構成される**制御ループ**（control loop）によって作動している．

1. 制御される変数をモニターする**センサー**（sensor）または測定装置
2. 測定された変数を参照値（設定点）と比較して，操作部へ情報を送る**制御部**（controller）
3. 変数を設定値に戻すためにバルブのような装置を作動させる**操作部**（operator）

制御ループは，図 **24.2** に示すような**フィードバック機構**（feedback mechanism）によって作動する．このプロセスは，目的製品を生産する工業プロセスそのものであり，目的製品（アウトプット）を供給するために，一つあるいは複数の制御される操作変数（インプット）をもつ．センサーは，制御される変数（たとえば，pH，温度，反応物）を測定する．その情報は制御部に伝えられ，そこで測定値が

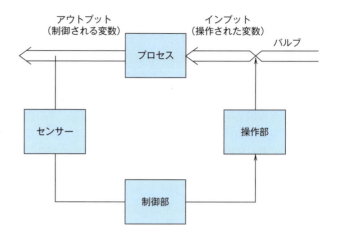

図 24.2 フィードバック制御ループ

参照の設定値と比較される．その差が操作部に伝達され，変数をもとの設定値へ戻るようにバルブ(開けるか，閉める)あるいはほかの適当な装置が作動する．

これらの装置には**空白時間**(dead time)がある．この空白時間は，インプット側で変数が変化したのち，アウトプット側での変数の変化がセンサーによって感知されるまでの時間間隔である．それは分析の空白時間でもある．この空白時間は，センサーをできるかぎりインプット側の近くにおくか，流速を速くすることによって，最小にすることができる．センサーは，実際にはプロセスの前のインプットの位置におかれることがある．このようにすれば，操作変数(それがもし誤って変化しても)に対する修正動作は，プロセスが起こる前に行われるので，誤差はアウトプット側では生じない．その代わり，そうした修正動作の結果はアウトプット側では検出されない．このようなシステムは**フィードフォワードシステム**(feedforward system)とよばれ，**開放ループ制御**(open-loop control)である．対照的に，フィードバックシステムは**閉鎖ループ制御**(closed-loop control)である．

コンピュータを用いる精巧なアルゴリズムが，ケモメトリックス法や多変量解析に基づいた制御に使用されるが，これらは本書では触れない．

ディスクリート式分析計

ディスクリート式分析計においては，バッチ試料が一定間隔で採取され，分析される．その情報は通常の方法で制御部や操作部に送られる．明らかに，サンプリングと分析までの空白時間は連続分析計より長くなる．また操作変数は，測定中はある固定された値に保たれている．測定の間に一時的な誤差が生じた場合には，それは検出されず，補正することもできない．一方，短時間の一時的な誤差は測定インターバルの間に検出され，その補正が測定間の全体のインターバルにわたって行われる．

ディスクリート式の測定は，クロマトグラフ装置やフローインジェクション分析計(後述)のように，計測機器が個別の試料を必要とするときに行われる．

自動化されたプロセス制御に用いられる機器

原理的には，従来のどのような測定装置や測定技術であってもプロセス制御に

用いることができる．しかし，実験室の機器は通常オンライン測定に適していない．プラント従事者は熟練した分析化学者ではないことが多いので，熟練していなくても操作できるように，プラント用の機器は頑丈で，操作に手間が掛からないように設計されていなければならない（しかし，将来分析化学者となった読者は，測定技術や機器を選択し，信頼できるデータを取得することに責任がある！）．

その選択には，問題に対する費用と適用性が関わってくる．もっとも広く使われている方法には，可視光，紫外光あるいは赤外光の吸収，濁度，膜厚などを測定する分光光度法，pH，陽イオンあるいは陰イオンの活量を測定する電位差測定を中心とした電気化学分析法などがある．またとくに，蒸留塔からの複雑な混合物をモニターする石油化学工業では，ガスクロマトグラフィーや液体クロマトグラフィーが使われる．フローインジェクション分析法を用いることにより，しばしば分光光度法やほかの検出法による測定が迅速に行われる．

24.3 自動装置

すでに述べたように，自動装置はフィードバック制御装置ではなく，ある分析の一つあるいは複数段階の操作を自動的に行うように設計されている．それらは一般的に，多数個の試料中の1成分あるいは複数成分について分析するようになっている．

自動装置は，次の操作の一つあるいはそれ以上を行う．

1. 試料の採取（たとえば，ターンテーブルあるいは組立てライン上の小さなカップから）
2. 試料の分注
3. 希釈と試薬の添加
4. インキュベーション
5. 反応した試料の検出系への導入
6. データの読取りと記録
7. データ処理（ブランクの補正，非線形な検量線の補正，平均値や精度の計算，試料番号との関連づけなど）

> 自動装置を用いれば，分析者はいくつかの分析操作を行わなくてもよくなり，分析精度も高くなる．

臨床分析装置には，試料の除タンパク機能も含まれていることがある．主として電子データ処理を行うなど，これらのステップのいくつかのみを行う装置は，**半自動装置**(semiautomatic instrument)とよばれる．

すべての自動装置は，個々の独立した試料を分析することから，前節の自動化プロセス分析計における用語を用いるとディスクリート式であるが，それらは次のように分類される．

1. **ディスクリート式サンプリング装置**(discrete sampling instrument)
   ディスクリート式サンプリング装置では，各試料は別々のキュベットやチャンバーの中で反応する（通常は測定も行われる）．これらの試料は逐次的にあるいは並列に分析される（下記参照）．
2. **連続流れサンプリング装置**(continuous-flow sampling instrument)　　連続流れサンプリング装置では，試料は空気で分節されて，順次かつ連続的

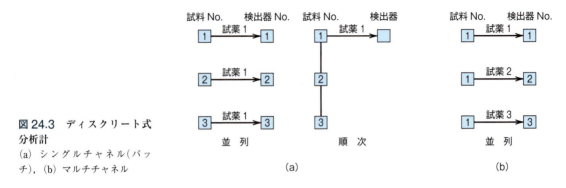

図 24.3 ディスクリート式分析計
(a) シングルチャネル(バッチ), (b) マルチチャネル

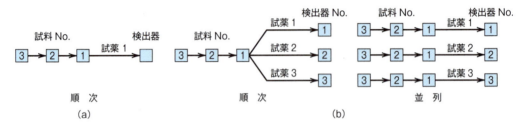

図 24.4 連続流れ分析計
(a) シングルチャネル(バッチ), (b) マルチチャネル

にチューブの中を流れている．それらはそれぞれ同じチューブ内において下流の同じ場所で試薬と混合され，順次検出器へと流れていく．

ディスクリート式サンプリング装置は，試料間の汚染を最小限にするか，汚染を避けることができる利点がある．しかし，連続流れサンプリング装置ではほとんど機械的操作がなく，また非常に精度の高い測定を行うことができる．

ディスクリート式分析計は，1回につき試料中の1成分だけを分析するように設計されることがある．これは**バッチ式装置**(batch instrument)あるいは**シングルチャネル分析計**(single-channel analyzer)とよばれている(**図 24.3**)．しかし，並列に，すなわち一回につき1試料を順次に分析するのではなく同時に分析する装置は，多くの試料をたいへん速く分析できる．そして，そのような装置は，異なる分析が行えるように容易に変更することができる．ディスクリート式分析計では，同じ試料から分取したもの(1カップに1試料)について，いくつかの異なる分析対象物を並列に分析するようにもできる．これが**マルチチャネル分析計**(multi-channel analyzer)である．

連続流れ分析計もまた，単一の分析成分について一連の試料を順次に分析するシングルチャネル分析計(バッチ式装置)である場合がある(**図 24.4**)．あるいはマルチチャネル分析計にもなり，この場合には，異なる分析成分を分析するように試料を下流で1カ所または数カ所で異なる流れに分けるか，あるいはいくつかに分取した試料を異なる流れに並列に送り込む．

最近の装置は非常に精巧であり，分析を自動的に行うか否かにかかわらず，自動化された機能をもつようになっている．たとえば，それらの装置は試料チャンバーの温度をモニターし，調整器へフィードバックして温度を一定に保つことができる(このことは酵素反応では重要である)．

24.4 フローインジェクション分析

フローインジェクション分析(flow injection analysis：FIA)は，移動していて分節されていない適切な液体の連続したキャリヤーの流れの中に，試料を注入することが基本となっている．注入された試料はゾーンを形成し，検出器に運ばれる．流れの中での試薬との混合は，おもに分散制御プロセスによってなされ，そこで化学反応が起こる．検出器は試料物質がフローセルを通過する結果として変化する吸光度，電極電位，あるいはほかの物理的パラメーターを連続的に記録する．

もっとも簡単な FIA の一例として，シングルチャネルシステムによる塩化物イオンの吸光光度定量を**図 24.5** に示す．これは，チオシアン酸水銀(II)からチオシアン酸イオンが遊離し，それが鉄(III)と反応して生じた赤色錯体の測定に基づいている．5〜75 ppm の範囲内にある塩化物イオンを含む試料(S)が，30 µL のバルブを通して，0.8 mL min^{-1} で送液されている試薬を含むキャリヤー溶液に注入される．注入された試料ゾーンが試薬のキャリヤー流れの中で拡散することにより，鉄(III)-チオシアン酸錯体が検出器(D)へとつながる混合コイル(長さ 50 cm，内径 0.5 mm)内で生成される．試料ゾーンのバンド広がり(流れの進行方向に拡散する現象)は，混合コイルの遠心力によって最小限に抑えられ，その結果，鋭いピークが得られる．マイクロフローセル(体積 10 µL)を用いて 480 nm における吸光度が連続的にモニターされ，記録される[図 24.5(b)]．分析の出力の繰り返し性(併行精度)を示すために，この実験においては 7 種の濃度の塩化物イオン溶液がおのおの 4 回ずつ注入され，計 28 試料が分析されている．この実験には 14 min かかっているので，平均の試料処理速度は 1 h あたり 120 試料である．75 ppm と 30 ppm の試料に対し，単位時間あたりに記録紙が移動するスピードを速くしてピークを得ると[図 24.5(b)の右側に示されている]，次のことが確認された．すなわち，次の試料(S_2 で注入)がセルに到達する時間までに，フローセ

> FIA はカラムをもたない HPLC のようなものである．それは低圧で作動し，分離機能はない．注入された試料は流れの中で混合し反応する．過渡的シグナル(ピーク)が記録される．

> FIA 測定は非常に迅速である．

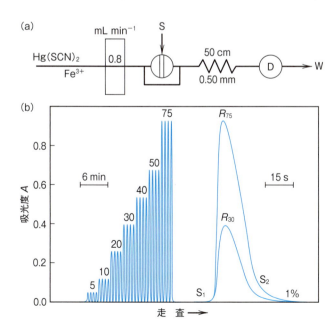

図 24.5 シングルチャネルシステムによる吸光光度定量
(a) 塩化物イオンの吸光光度定量のためのフローインジェクションシステムの概略図：S は試料注入点，D は検出器，W は廃液，(b) (a)に示したシステムを用いて 5〜75 ppm の範囲にある塩化物イオンを分析したときのアナログ出力．

ルに残る溶液は1%以下であり，またこのことは，30 s間隔で試料が注入されてもキャリーオーバー（先に注入された試料と次の試料が重なってしまうこと）がないことを示す．

FIAの重要な特徴は，すべての条件が再現されるので，分散が非常に制御されていて，併行精度がよいことである．すなわち，すべての試料が流路を通過する間，まったく同じ条件で連続的に処理される．言い換えれば，ある試料に対して起こることは，ほかのいかなる試料に対してもまったく同じように起こっているということである．

ほんの2〜3 μLの試料があればよい．

一般的なFIAでは，ペリスタポンプが送液のためによく使われる．しかしプロセス分析にとっては，ポンプのチューブを頻繁に交換しないといけないペリスタポンプは適さず，シリンジポンプのようなもっと頑丈なポンプが使われるか，またはリザーバーの中に空気を入れその圧力で送液が行われる．試料注入には，高速液体クロマトグラフィーで使われるようなループインジェクターが用いられる．このインジェクターバルブが試料充填の位置にあるとき，キャリヤーはバイパスループを通って流れていく．試料注入体積は1〜200 μL（典型的には25 μL）であるので，必要な試薬は1試料につき0.5 mL以下である．このことにより，FIAは高い試料処理速度，少ない試料量や試薬消費量を可能にする簡便なマイクロ化学技術となっている．ポンプ，バルブ，検出器は自動化操作のためにコンピュータで制御されることもある．

FIAは一般的な溶液ハンドリング技術で，pHまたは電気伝導度測定から比色法や酵素分析に及ぶいろいろな分析操作に応用できる．FIAシステムを適切に設計するには，測定に必要な機能を考えなければならない．pH測定，電気伝導度測定，あるいは簡単な原子吸光測定において，試料組成が測定されるとき，その試料は再現性の高い方法で希釈されないままFIAの流れを通過し，フローセルに運ばれなければならない．吸光光度法のようなほかの方法では，分析成分は使用される検出器で測定できる化合物に変換されなければならない．このような分析を行うために必要なことは，FIAの流れを通過する間に，試料ゾーンを試薬と混合させ，目的の化合物が検出可能な量だけ生成するために十分な時間をかけることである．

2流路システムがもっともよく使われる．

図24.5で述べたシングルチャネルシステムのほかに，ほぼすべての化学系に応用するために，さまざまなマニホールドが使われる．いくつかのマニホールドを**図24.6**に示す．2流路システム[図24.6(b)]は，もっとも一般的に使われる．このシステムでは，試料は不活性なキャリヤーに注入され，試薬と混合される．

図24.6　いろいろなFIAマニホールド
下向きの矢印は試料注入を表す．(a) シングルチャネル，(b) 一つの合流点をもつ2流路，(c) 試薬をあらかじめ混合してシングルチャネルにする場合，(d) 試薬をあらかじめ混合して一つの合流点で合流させる2流路，(e) 二つの合流点をもつ3流路．

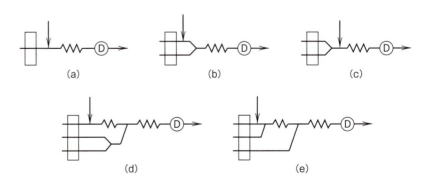

この場合には，試薬は一定の比率でつねに希釈される．シングルチャネルとは対照的に，試料が注入されたときも希釈率は同等である．シングルチャネル系では，試薬が過剰にある限り，試料注入による希釈によってバックグラウンド応答は変化しない．もし二つの試薬が混合されると不安定（反応したり，分解する）ならば，それらはオンラインで混合されるか[図24.6(c)，(d)]，または注入後に試料と混合すればよい[図24.6(e)]．混合コイルは，混合の前に分散させるために複数の合流点の間におかれることがある．

24.5 シーケンシャルインジェクション分析

シーケンシャルインジェクション分析（sequential injection analysis：SIA）は，マニホールドを単純化したコンピュータ制御のシングルチャネルの注入技術で，無人操作においてより強みをもつ．その流れは断続的であり，必要な試薬の量はわずか数μL程度である．試料導入のためのインジェクションバルブの代用として，SIAでは**図24.7**で示されるマルチポートバルブが用いられる．バルブの共通のポート（中心）は，電気的にバルブを回転させることで，ほかのどのポートにもつながる．このバルブは，2方向バルブを介して上下双方向のピストンポンプに接続されている．2方向バルブを切り替えることにより，キャリヤーがピストンポンプ内に吸引されたり，マルチポートの方向へ押し出されたりする．保持コイルがピストンポンプとマルチポートバルブの間におかれる．これは，マルチポートバルブを介して吸引された（注入された）溶液がピストンポンプに入ってしまうのを防ぐためである．マルチポートバルブの各ポートは，試料，試薬，標準，廃液ボトル，検出器へとつながっている．操作では，まず，ピストンポンプがキャリヤーで満たされる．マルチポートバルブが検出器のポートに切り替えられ，ピストンはキャリヤーを廃液口まで押し出す．その後，バルブが試料のポートへと切り替わり，数μLの試料が正確なタイミングで，ポンプの流れを逆にすることにより吸引される（分析を始める前に，保持コイル内に試料および試薬を余分に吸引することにより，試料と試薬のチューブはそれぞれの溶液で満たされ，保持コイル内に吸引された試料または試薬は補助廃液ポートに排出される）．ピスト

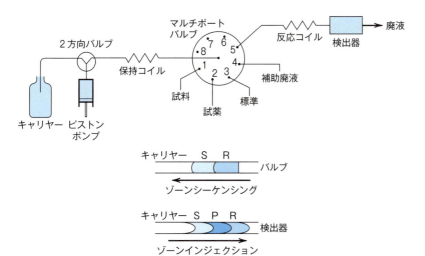

図24.7 SIAマニホールドとシーケンシャルインジェクション
S，P，Rはそれぞれ試料，生成物，試薬．

ンポンプは，圧力の急激な変動を避けるため，バルブの回転中は止められる．試料が注入されたのち，それに接するように次に試薬が吸引される（ゾーンシーケンシング）．このように，試料と試薬が保持コイルに順次に注入されるので，シーケンシャルインジェクション分析とよばれる．最後に，マルチポートバルブが検出器ポートへ切り替えられ，ピストンポンプは上方向の流れに変わり，注入された溶液が反応コイルを通って検出器のフローセルへと送液される（ゾーンインジェクション）．その溶液は拡散と二次的な力によって混ざって反応し，検出される化合物を生成する．その結果として，従来のFIAのような過渡的信号（ピーク）が得られる．

　SIAは，一つのポンプとバルブからなる．すべての操作は，必要とされる正確なタイミングを得るためにコンピュータ制御されている．また，市販システムには，シーケンスおよび吸引時間をセットするためのプログラム可能なソフトウェアがある．そのようなソフトウェアは，さらに高精度なピーク高さのデータを集めて，検量線をつくり，濃度を計算する．別の分析を行うには，FIAで要求されるように配管を変更するのではなく，異なる試薬を異なるポートから吸引するようにキーボードからプログラミングするだけでよい．二つの試薬を用いる化学反応も利用可能である．すなわち，小体積の試料を二つの試薬ではさむようにすれば，三つのゾーンが検出器に達する前に重なり合って反応する．

24.6　ラボラトリー情報管理システム

　分析実験室は，とくに自動化されたシステムにおいて，非常に多くの情報を生み出す．試料，測定およびデータを管理し，優良試験所規範（good laboratory practice：GLP）の必要条件を満たすことは，大変なことである．ラボラトリー情報管理システムは，データを処理，保管，管理するために専用のソフトウェアを利用する．多機能を有する多くのソフトウェアパッケージが市販されている．それらには，たとえば試料の識別，バーコード化，承認と記録のための電子署名，報告書作成，webアクセス，電子メール，ファックスなどを通じてエンドユーザーへ結果を配信することが含まれる．それらには，標準業務手順書（standard operating procedure：SOP），保守手順書，校正法，トレーサビリティーや監査記録が含まれる場合もある．統計分析による結果の自動計算がしばしば含まれている．このようなシステムは，大きな試験所の運営には不可欠である．

■ 質　問

1. 自動装置と自動化装置の違いは何か．
2. ディスクリート式分析計と連続分析計の違いは何か．
3. ディスクリート式サンプリング装置と連続流れサンプリング装置の違いは何か．
4. フィードバックループとは何か．
5. フローインジェクション分析の原理を述べよ．
6. シーケンシャルインジェクション分析の原理と，それが従来のフローインジェクション分析とどう異なるのかを述べよ．

参考文献

一般
1. G. D. Christian and J. E. O'Reilley, eds., *Instrumental Analysis*, 2nd ed. Boston: Allyn and Bacon, 1986. Chapter 25, "Automation in Analytical Chemistry", by K. S. Fletcher and N. C. Alpert. さまざまなタイプの自動化装置と自動装置およびそれらの操作について詳細かつ簡潔な優れた記述がある．

フローインジェクション分析
2. J. Ruzicka and E. H. Hansen, *Flow Injection Analysis*, 2nd ed. New York: Wiley, 1988.
3. M. Valcarcel and M. D. Luque de Castro, *Flow Injection Analysis, Principle and Applications*. Chichester: Ellis Horwood, 1987.
4. Z. Fang, *Flow Injection Separation and Preconcentration*. Weinheim: VCH, 1993.
5. Z. Fang, *Flow Injection Atomic Absorption Spectrometry*. New York: Wiley, 1995.
6. J. L. Burguera, ed., *Flow Injection Atomic Spectrometry*. New York: Marcel Dekker, 1989.
7. S. D. Kolev and I. D. McKelvies, eds., *Advances in Flow Injection Analysis and Related Techniques*. Amsterdam: Elsevier, 2008 (Vol. 54 of Wilson & Wilson's Comprehensive Analytical Chemistry series).
8. M. Trojanowicz, ed., *Advances in Flow Injection Analysis*. Weinheim: Wiley-VCH, 2008.

シーケンシャルインジェクション分析
9. G. D. Christian, "Sequential Injection Analysis for Electrochemical Measurements and Process Analysis," *Analyst*, **119** (1994) 2309.
10. P. J. Baxter and G. D. Christian, "Sequential Injection Analysis: A Versatile Technique for Bioprocess Monitoring," *Accounts Chem. Res.*, **29** (1996) 515.

web データベース
11. Hansen's FI Bibliography：http://www.flowinjection.com web サイトにアクセスし TUTORIALS，DATABASE をクリックすると，データベースをダウンロードできる．キーボード上の Ctrl キーと F キーを押して，分析成分，マトリックス，著者などを入力すれば，検索できる．フローインジェクション分析に関するおよそ 20000 件の文献を収録．
12. Chalk's Flow Analysis Database：https://www.fia.unf.edu 1954 年から 2007 年までのフロー分析法に関する 17000 件以上の文献を収録．分析成分，著者，技術などで検索可能．

FIA 電子書籍
13. Jarda Ruzicka, *Flow Injection Analysis*, 4th ed. 多くの歴史的情報，先駆者たちの写真が収められている無料 CD. http://www.fialab.com の TUTORIALS，PRINCIPLES から入手可能．

プロセス分析
14. G. D. Christian and E. D. Yalvac, "Process Analytical Chemistry," in R. Kellner, J.-M. Mermot, M. Otto, and H. M. Widner, eds. *Analytical Chemistry*. Weinheim: Wiley-VCH, 1998.
15. J. B. Callis, D. L. Illman, and B. R. Kowalski, "Process Analytical Chemistry," *Anal. Chem.*, **59** (1987) 624A.
16. M. T. Riebe and D. J. Eustace, "Process Analytical Chemistry. An Industrial Perspective," *Anal. Chem.*, **62** (1990) 65A.

付録 A

分析化学関連の文献

"歯車をつくり直すことは，時間と才能の無駄である．"
——筆者不詳

　問題を明確にするさいに，分析化学者がまず行わなければならないことの一つは，科学的な文献を調査し，特定の問題が既存の方法ですでに解決されているかどうかを確かめることである．分析化学分野には多くの参考書があり，一般的によく用いられる分析操作だけでなく，やや特殊な操作についても掲載されている．これらの記述は，よく原著論文のなかで参考文献として利用される．多くのルーチン分析や特殊な分析法に関しては，公定標準操作が，さまざまな専門分野によって採用されている．

　参考書により問題の解決策を見い出せない場合は，科学論文を調べる必要がある．*Chemical Abstracts* は文献検索の最初に調べるべきものである．この雑誌には，世界の主要な化学関連出版物に掲載されているすべての論文の概要が収録されている．年次別および多年次別の検索項目があり，文献調査のさいに検索の助けとなる．分析する試料の種類のみならず，定量する元素や化合物についても，有用な手法を調査することができる．著者索引も利用できる．所属機関の図書館が *Chemical Abstracts* のオンラインアクセスが可能な *SciFinder Scholar* と契約している場合には，化学物質，トピックス，著者，会社名，雑誌名により，検索が可能である．オンラインジャーナルを利用すれば，その論文の参考文献にリンクすることも可能になる．

　また，インターネットの検索機能を利用することにより，特定の問題に関する多くの論文を探し当てることも可能である．次に示すのは分析化学関連の文献の抄録である．測定法ごとの参考文献は，関連する章の末尾に掲載した．

A.1　学　術　雑　誌[*1]

1. *American Laboratory*

[*1]　各種誌名のイタリック体で示された部分は，*Chemical Abstracts* で採用されている略称である．

2. *Analytical Biochem*istry
3. *Analytical Chim*ica *Acta*（P. K. Dasgupta, Editor──ぜひ見てみよう！）
4. *Analytical Abstracts*
5. *Analytical Chem*istry[*2]
6. *Analytical Instrum*entation
7. *Analytical Lett*ers
8. *Analyst*, The
9. *App*lied *Spectros*copy
10. *Clin*ica *Chim*ica *Acta*
11. *Clin*ical *Chem*istry
12. *Electroanalysis*
13. *J*ournal of *AOAC Int*ernational
14. *J*ournal of *Chromatogr*aphic *Sci*ence
15. *J*ournal of *Chromatogr*aphy
16. *J*ournal of *Electroanal*ytical *Chem*istry and *Interfac*ial *Electrochem*istry
17. *Microchem*ical *J*ournal
18. *Spectrochim*ica *Acta*
19. *Talanta*（G. D. Christian, Joint Editor-in-Chief──ぜひ見てみよう！）
20. Zeitschrift für *Analy*tische *Chem*ie[*3]

A.2　一般的な参考書

一般的な参考書は辞典類も含めて1章に掲載した．また，特殊な参考文献や有用なwebサイトは章ごとに記した．次に示すのは，分析者にたいへん有用な情報をもたらす古典的な文献である．それらは多くの図書館で利用できる．

1. *Annual Book of ASTM Book of Standards*, Multiple volumes for many different industrial materials. Philadelphia: American Society for Testing and Materials.
2. R. Belcher and L. Gordon, eds., *International Series of Monographs on Analytical Chemistry*. New York: Pergamon. シリーズ図書．
3. N. H. Furman and F. J. Welcher, eds., *Scott's Standard Methods of Chemical Analysis*, 6th ed., 5 vols. New York: Van Nostrand, 1962-1966.
4. I. M. Kolthoff and P. J. Elving, eds., *Treatise on Analytical Chemistry*. New York: Interscience. シリーズ図書．
5. I. M. Kolthoff, E. B. Sandell, E. J. Meehan, and S. Bruckenstein, *Quantitative Chemical Analysis*, 4th ed. London: Macmillan, 1969.
6. C. N. Reilly, ed., *Advances in Analytical Chemistry and Instrumentation*. New York: Interscience. シリーズ図書．
7. C. L. Wilson and D. W. Wilson, *Comprehensive Analytical Chemistry*, G. Sveha, ed., New York: Elsevier. シリーズ図書．

[*2] この雑誌では，異なる分析分野について，各分析方法とそれらを用いる応用に関する総説が隔年ごとにまとめられ，毎年4月に交互に掲載されている．

[*3] ［訳者注］　現在は *Analy*tical and *Bioanaly*tical *Chem*istry という雑誌名で出版されている．

8. *Official Methods of Analysis of AOAC International*, 18th ed., Revision 3, G. W. Lewis and W. Horwitz, eds. Gaithersburg, MD: AOAC International, 2010. CD-ROM で入手可.

A.3 無 機 物 質

1. *ASTM Methods for Chemical Analysis of Metals*. Philadelphia: American Society for Testing and Materials, 1956.
2. F. E. Beamish and J. C. Van Loon, *Analysis of Noble Metals*. New York: Academic, 1977.
3. T. R. Crompton, *Determination of Anions: A Guide for the Analytical Chemist*. Berlin: Springer, 1996.

A.4 有 機 物 質

1. J. S. Fritz and G. S. Hammond, *Quantitative Organic Analysis*. New York: Wiley, 1957.
2. T. S. Ma and R. C. Rittner, *Modern Organic Elemental Analysis*. New York: Marcel Dekker, 1979.
3. J. Mitchell, Jr., I. M. Kolthoff, E. S. Proskauer, and A. W. Weissberger, eds., *Organic Analysis*, 4 vols. New York: Interscience, 1953–1960.
4. S. Siggia, Jr. and J. G. Hanna, *Quantitative Organic Analysis via Functional Group Analysis*, 4th ed. New York: Wiley, 1979.
5. A. Steyermarch, *Quantitative Organic Microanalysis*, 2nd ed. New York: Academic, 1961.

A.5 生物および臨床物質

1. M. L. Bishop, E. P. Fody, and L. E. Schoeff, eds., *Clinical Chemistry: Techniques, Principles, Correlations*, 6th ed. Baltimore: Lippincot Williams & Wilkins, 2010.
2. G. D. Christian and F. J. Feldman, *Atomic Absorption Spectroscopy. Applications in Agriculture, Biology, and Medicine*. New York: Wiley-Interscience, 1970.
3. D. Glick, ed., *Methods of Biochemical Analysis*. New York: Interscience, シリーズ図書.
4. R. J. Henry, D. C. Cannon, and J. W. Winkelman, eds., *Clinical Chemistry. Principles and Techniques*, 2nd ed. Hagerstown, MD: Harper & Row, 1974.
5. M. Reiner and D. Seligson, eds., *Standard Methods of Clinical Chemistry*. New York: Academic. 1953 年からのシリーズ図書.
6. C. A. Burtis, E. R. Ashwood, and D. E. Bruns, eds., Tietz *Fundamentals of Clinical Chemistry*, 6th ed., St. Louis, MO: Saunders: Elsevier, 2008. 976 pages.

A.6 気　　体

1. C. J. Cooper and A. J. DeRose, *The Analysis of Gases by Gas Chromatography*. New York: Pergamon, 1983.

A.7 水質および大気汚染

1. *Quality Assurance Handbook for Air Pollution Measurement Systems*, U. S. E. P. A., Office of Research and Development, Environmental Monitoring and Support Laboratory, Research Triangle, NC 27711. Vol. I, *Principles*. Vol. II, *Ambient Air Specific Methods*.
2. *Standard Methods for the Examination of Water and Wastewater*. New York: American Public Health Association.

A.8 労働安全衛生

1. National Institute of Occupational Health and Safety (NIOSH), P. F. O' Connor, ed., *Manual of Analytical Methods*, 4th ed. Washington, DC: DHHS (NIOSH) Publication No. 94-113 (August 1994).

付録 B

数学的取扱いの復習
指数，対数，方程式

B.1 指数

対数を扱う計算においては，数値を指数を用いて表現すると，数学的な取扱いとして便利である．指数を用いる数学的取扱いを次にまとめる．

$$N^a N^b = N^{a+b} \quad たとえば，10^2 \times 10^5 = 10^7$$

$$\frac{N^a}{N^b} = N^{a-b} \quad たとえば，\frac{10^5}{10^2} = 10^3$$

$$(N^a)^b = N^{ab} \quad たとえば，(10^2)^5 = 10^{10}$$

$$\sqrt[a]{N^b} = N^{b/a} \quad たとえば，\sqrt{10^6} = 10^{6/2} = 10^3$$

$$\sqrt[3]{10^9} = 10^{9/3} = 10^3$$

指数による表示法（semiexponential form）では，小数点を用いることにより，数値は便利に表現される．まず，ある数値を1桁の位置に小数点を用いた数値として書く．次にその数値に，その桁まで小数点を移動した位の数を乗数にもつ10の倍数を掛ける．小数点を右に移した場合（1以下の数値）には指数は負であり，小数点を左に移した場合（10より大きい数値）には指数は正である．次に例を示す．

数	指数表示
0.00267	2.67×10^{-3}
0.48	4.8×10^{-1}
52	5.2×10^{1}
6027	6.027×10^{3}

0を指数にもつ数値は1に等しい（$10^0 = 1$）．ゆえに，2.3は対数を用いる表示法では 2.3×10^0 となる．1から10までの数値は，指数表示をする必要はない．

B.2 対数の計算

対数の計算の場合，またはその対数から数値を求める場合には，数値を指数を用いる表示法にしておくと便利である．次のような計算の法則が適用される．

$$N = b^a$$
$$\log_b N = a$$

また，
$$N = 10^a$$
$$\log_{10} N = a$$

たとえば，
$$\log 10^2 = 2$$
$$\log 10^{-3} = -3$$

また，
$$\log ab = \log a + \log b$$

たとえば，
$$\log(2.3 \times 10^{-3}) = \log 2.3 + \log 10^{-3}$$
$$= 0.36 - 3 = -2.64$$
$$\log(5.67 \times 10^7) = \log 5.67 + \log 10^7$$
$$= 0.754 + 7 = 7.754$$

指数は実際にはある数値の対数の指標(characteristic)であり，1から10までの数値の対数はその仮数(mantissa)である．ゆえに，$\log 2.3 \times 10^{-3}$ を例にとると，-3 が指標，0.36 が仮数である．

B.3 対数値の求め方

次の関係がある．
$$\log_{10} N = a$$
$$N = 10^a = \text{antilog } a$$

たとえば，
$$\log N = 0.371$$
$$N = 10^{0.371} = \text{antilog } 0.371 = 2.35$$

一般に，対数から数値を求めるには，その数値を指数形で書き，対数を仮数(m)と指標(c)に分ける．次に，仮数の真数(antilog)をとり，指標の指数形を掛ける．
$$\log_{10} N = mc$$
$$N = 10^{mc} = 10^m \times 10^c$$
$$N = (\text{antilog } m) \times 10^c$$

たとえば，
$$\log N = 2.671$$
$$N = 10^{2.671} = 10^{0.671} \times 10^2 = 4.69 \times 10^2 = 469$$
$$\log N = 0.326$$
$$N = 10^{0.326} = 2.12$$
$$\log N = -0.326$$
$$N = 10^{-0.326} = 10^{0.674} \times 10^{-1} = 4.72 \times 10^{-1} = 0.472$$

対数が負の値の場合には，上記の最後の例のように，指数は負の整数(指標)と1より小さい正の非整数(仮数)に分ける．この例のように，二つの指数の和はもとの指数(-0.326)に等しくなることに注意しよう．次にもう一つの例を示す．

$$\log N = -4.723$$
$$N = 10^{-4.723} = 10^{0.277} \times 10^{-5} = 1.89 \times 10^{-5} = 0.0000189$$

B.4 対数を用いるルートの計算

対数を用いればある数のルートを求めるのは簡単である．たとえば，325 の立方根を求めたいとする．N で立方根を表す．
$$N = 325^{1/3}$$
両辺の対数をとると，
$$\log N = \log 325^{1/3}$$
1/3 は前に出せるので，
$$\log N = \frac{1}{3} \log 325 = \frac{1}{3}(2.512) = 0.837$$
$$N = 10^{0.837} = \text{antilog } 0.837 = 6.87$$

B.5 二 次 方 程 式

二次方程式の一般式は，
$$ax^2 + bx + c = 0$$
次のような公式で解くことができる．
$$x = \frac{-b \pm \sqrt{b^2 - 4ac}}{2a}$$
二次方程式は，平衡定数を使って表されるイオン種の平衡濃度の計算によく出てくる．たとえば，次のような形の方程式を解く必要がある．
$$\frac{x^2}{1.0 \times 10^{-3} - x} = 8.0 \times 10^{-4}$$
変形すると，
$$x^2 = 8.0 \times 10^{-7} - 8.0 \times 10^{-4} x$$
上式を二次方程式の形に整理すると，
$$x^2 + 8.0 \times 10^{-4} x - 8.0 \times 10^{-7} = 0$$
これから，$a = 1$, $b = 8.0 \times 10^{-4}$, $c = -8.0 \times 10^{-7}$ より，
$$x = \frac{-8.0 \times 10^{-4} \pm \sqrt{(8.0 \times 10^{-4})^2 - 4(1)(-8.0 \times 10^{-7})}}{2(1)}$$
$$= \frac{-8.0 \times 10^{-4} \pm \sqrt{0.64 \times 10^{-6} + 3.2_0 \times 10^{-6}}}{2}$$
$$= \frac{-8.0 \times 10^{-4} \pm \sqrt{3.8_4 \times 10^{-6}}}{2}$$
$$= \frac{-8.0 \times 10^{-4} \pm 1.9_6 \times 10^{-3}}{2} = \frac{1.1_6 \times 10^{-3}}{2}$$
$$x = 5.8_0 \times 10^{-4}$$
濃度はつねに正であるので，x は負の値にはならない．
Excel ソルバーを使って解くこともできる．詳細は本書の別冊を参照のこと．

付録 C

定 数 表

表 C.1 酸の解離定数

化合物名	化 学 式	解離定数 (25°C)			
		K_{a1}	K_{a2}	K_{a3}	K_{a4}
亜硝酸	HNO_2	5.1×10^{-4}			
亜ヒ酸	H_3AsO_3	6.0×10^{-10}	3.0×10^{-14}		
アラニン	$CH_3CH(NH_2)COOH$ [a]	4.5×10^{-3}	1.3×10^{-10}		
亜硫酸	H_2SO_3	1.3×10^{-2}	1.23×10^{-7}		
亜リン酸	H_3PO_3	5×10^{-2}	2.6×10^{-7}		
安息香酸	C_6H_5COOH	6.3×10^{-5}			
エチレンジアミン四酢酸	$(^-O_2CCH_2)_2NH^+CH_2CH_2NH^+(CH_2CO_2^-)_2$ [a]	1.0×10^{-2}	2.2×10^{-3}	6.9×10^{-7}	5.5×10^{-11}
ギ酸	$HCOOH$	1.76×10^{-4}			
クエン酸	$HOOC(OH)C(CH_2COOH)_2$	7.4×10^{-4}	1.7×10^{-5}	4.0×10^{-7}	
グリシン	H_2NCH_2COOH [b]	4.5×10^{-3}	1.7×10^{-10}		
クロロ酢酸	$ClCH_2COOH$	1.51×10^{-3}			
酢酸	CH_3COOH	1.75×10^{-5}			
サリチル酸	$C_6H_4(OH)COOH$	1.07×10^{-3}	1.82×10^{-14}		
次亜塩素酸	$HOCl$	1.1×10^{-8}			
シアン化水素	HCN	7.2×10^{-10}			
シュウ酸	$HOOCCOOH$	6.5×10^{-2}	6.1×10^{-5}		
スルファミン酸	NH_2SO_3H	1.0×10^{-1}			
炭酸	H_2CO_3	4.3×10^{-7}	4.8×10^{-11}		
トリクロロ酢酸	Cl_3COOH	1.29×10^{-1}			
乳酸	$CH_3CHOHCOOH$	1.4×10^{-4}			
ピクリン酸	$(NO_2)_3C_6H_2OH$	4.2×10^{-1}			
ヒ酸	H_3AsO_4	6.0×10^{-3}	1.0×10^{-7}	3.0×10^{-12}	
フェノール	C_6H_5OH	1.1×10^{-10}			
o-フタル酸	$C_6H_4(COOH)_2$	1.12×10^{-3}	3.90×10^{-6}		
フッ化水素酸	HF	6.7×10^{-4}			
プロピオン酸	CH_3CH_2COOH	1.3×10^{-5}			
ホウ酸	H_3BO_3	6.4×10^{-10}			
マレイン酸	$cis\text{-}HOOCCH=CHCOOH$	1.5×10^{-2}	2.6×10^{-7}		
ヨウ素酸	HIO_3	2×10^{-1}			
硫化水素	H_2S	9.1×10^{-8}	1.2×10^{-15}		
硫酸	H_2SO_4	$\gg 1$	1.2×10^{-2}		

表 C.1 （つづき）

化合物名	化学式	解離定数(25°C) K_{a1}	K_{a2}	K_{a3}	K_{a4}
リンゴ酸	HOOCCHOHCH$_2$COOH	4.0×10^{-4}	8.9×10^{-6}		
リン酸	H$_3$PO$_4$	1.1×10^{-2}	7.5×10^{-8}	4.8×10^{-13}	
ロイシン	(CH$_3$)$_2$CHCH$_2$CH(NH$_2$)COOH [b]	4.7×10^{-3}	1.8×10^{-10}		

[a] 最初の二つのカルボキシ基はすぐに解離する．塩基性の窒素上のプロトンはもっとも強固に保持されている（K_{a3} および K_{a4}）．
[b] プロトン化した化合物 R—CH—CO$_2$H の段階的解離に対する K_{a1} および K_{a2}．
　　　　　　　　　　　|
　　　　　　　　　NH$_3^+$

表 C.2a　塩基の解離定数

化合物名	化学式	解離定数(25°C) K_{b1}	K_{b2}
アニリン	C$_6$H$_5$NH$_2$	4.0×10^{-10}	
2-アミノエタノール	HOC$_2$H$_4$NH$_2$	3.2×10^{-5}	
アンモニア	NH$_3$	1.75×10^{-5}	
エチルアミン	CH$_3$CH$_2$NH$_2$	4.3×10^{-4}	
エチレンジアミン	NH$_2$C$_2$H$_4$NH$_2$	8.5×10^{-5}	7.1×10^{-8}
グリシン	HOOCCH$_2$NH$_2$	2.3×10^{-12}	
ジエチルアミン	(CH$_3$CH$_2$)$_2$NH	8.5×10^{-4}	
ジメチルアミン	(CH$_3$)$_2$NH	5.9×10^{-4}	
水酸化亜鉛	Zn(OH)$_2$		4.4×10^{-5}
トリエチルアミン	(CH$_3$CH$_2$)$_3$N	5.3×10^{-4}	
トリス(ヒドロキシメチル)アミノメタン	(HOCH$_2$)$_3$CNH$_2$	1.2×10^{-6}	
トリメチルアミン	(CH$_3$)$_3$N	6.3×10^{-5}	
ヒドラジン	H$_2$NNH$_2$	1.3×10^{-6}	
ヒドロキシルアミン	HONH$_2$	9.1×10^{-9}	
ピペリジン	C$_5$H$_{11}$N	1.3×10^{-3}	
ピリジン	C$_5$H$_5$N	1.7×10^{-9}	
1-ブチルアミン	CH$_3$(CH$_2$)$_2$CH$_2$NH$_2$	4.1×10^{-4}	
メチルアミン	CH$_3$NH$_2$	4.8×10^{-4}	

表 C.2b　塩基の酸解離定数

化合物名	化学式	解離定数(25°C) K_{a1}	K_{a2}
アニリン	C$_6$H$_5$NH$_3^+$	2.50×10^{-5}	
2-アミノエタノール	HOC$_2$H$_4$NH$_3^+$	3.1×10^{-10}	
アンモニア	NH$_4^+$	5.71×10^{-10}	
エチルアミン	CH$_3$CH$_2$NH$_3^+$	2.33×10^{-11}	
エチレンジアミン	NH$_3$C$_2$H$_4$NH$_3^{2+}$	1.41×10^{-7}	1.18×10^{-10}
グリシン	HOOCCH$_2$NH$_3^+$	4.4×10^{-3}	
ジエチルアミン	(CH$_3$CH$_2$)$_2$NH$_2^+$	1.18×10^{-11}	
ジメチルアミン	(CH$_3$)$_2$NH$_2^+$	1.69×10^{-11}	
水酸化亜鉛	Zn(OH)$_2$H$^+$	2.27×10^{-10}	
トリエチルアミン	(CH$_3$CH$_2$)$_3$NH$^+$	1.89×10^{-11}	
トリス(ヒドロキシメチル)アミノメタン	(HOCH$_2$)$_3$CNH$_3^+$	8.3×10^{-9}	
トリメチルアミン	(CH$_3$)$_3$NH$^+$	1.59×10^{-10}	
ヒドラジン	H$_3$NNH$_3^{2+}$	10.0	1.0×10^{-15}
ピペリジン	C$_5$H$_{11}$NH$^+$	7.7×10^{-12}	
ピリジン	C$_5$H$_5$HN$^+$	5.9×10^{-6}	
1-ブチルアミン	CH$_3$(CH$_2$)$_2$CH$_2$NH$_3^+$	2.44×10^{-11}	
メチルアミン	CH$_3$NH$_3^+$	2.08×10^{-11}	

表 C.3 溶解度積

元素	物質	化学式	K_{sp}
Ag	ヒ酸銀	Ag_3AsO_4	1.0×10^{-22}
	臭化銀	$AgBr$	4×10^{-13}
	炭酸銀	Ag_2CO_3	8.2×10^{-12}
	塩化銀	$AgCl$	1.0×10^{-10}
	クロム酸銀	Ag_2CrO_4	1.1×10^{-12}
	シアン化銀	$Ag[Ag(CN)_2]$	5.0×10^{-12}
	ヨウ素酸銀	$AgIO_3$	3.1×10^{-8}
	ヨウ化銀	AgI	1×10^{-16}
	リン酸銀	Ag_3PO_4	1.3×10^{-20}
	硫化銀	Ag_2S	2×10^{-49}
	チオシアン酸銀	$AgSCN$	1.0×10^{-12}
Al	水酸化アルミニウム	$Al(OH)_3$	2×10^{-32}
Ba	炭酸バリウム	$BaCO_3$	8.1×10^{-9}
	クロム酸バリウム	$BaCrO_4$	2.4×10^{-10}
	フッ化バリウム	BaF_2	1.7×10^{-6}
	ヨウ素酸バリウム	$Ba(IO_3)_2$	1.5×10^{-9}
	マンガン酸バリウム	$BaMnO_4$	2.5×10^{-10}
	シュウ酸バリウム	BaC_2O_4	2.3×10^{-8}
	硫酸バリウム	$BaSO_4$	1.0×10^{-10}
Be	水酸化ベリリウム	$Be(OH)_2$	7×10^{-22}
Bi	塩化酸化ビスマス	$BiOCl$	7×10^{-9}
	水酸化酸化ビスマス	$BiOOH$	4×10^{-10}
	硫化ビスマス	Bi_2S_3	1×10^{-97}
Ca	炭酸カルシウム	$CaCO_3$	8.7×10^{-9}
	フッ化カルシウム	CaF_2	4.0×10^{-11}
	水酸化カルシウム	$Ca(OH)_2$	5.5×10^{-6}
	シュウ酸カルシウム	CaC_2O_4	2.6×10^{-9}
	硫酸カルシウム	$CaSO_4$	1.9×10^{-4}
Cd	炭酸カドミウム	$CdCO_3$	2.5×10^{-14}
	シュウ酸カドミウム	CdC_2O_4	1.5×10^{-8}
	硫化カドミウム	CdS	1×10^{-28}
Cu	臭化銅(I)	$CuBr$	5.2×10^{-9}
	塩化銅(I)	$CuCl$	1.2×10^{-6}
	ヨウ化銅(I)	CuI	5.1×10^{-12}
	チオシアン酸銅(I)	$CuSCN$	4.8×10^{-15}
	水酸化銅(II)	$Cu(OH)_2$	1.6×10^{-19}
	硫化銅(II)	CuS	9×10^{-36}
Fe	水酸化鉄(II)	$Fe(OH)_2$	8×10^{-16}
	水酸化鉄(III)	$Fe(OH)_3$	4×10^{-38}
Hg	臭化水銀(I)	Hg_2Br_2	5.8×10^{-23}
	塩化水銀(I)	Hg_2Cl_2	1.3×10^{-18}
	ヨウ化水銀(I)	Hg_2I_2	4.5×10^{-29}
	硫化水銀(II)	HgS	4×10^{-53}
La	ヨウ素酸ランタン	$La(IO_3)_3$	6×10^{-10}
Mg	リン酸アンモニウムマグネシウム	$MgNH_2PO_4$	2.5×10^{-13}
	炭酸マグネシウム	$MgCO_3$	1×10^{-5}
	水酸化マグネシウム	$Mg(OH)_2$	1.2×10^{-11}
	シュウ酸マグネシウム	MgC_2O_4	9×10^{-5}
Mn	水酸化マンガン(II)	$Mn(OH)_2$	4×10^{-14}
	硫化マンガン(II)	MnS	1.4×10^{-15}
Pb	塩化鉛	$PbCl_2$	1.6×10^{-5}
	クロム酸鉛	$PbCrO_4$	1.8×10^{-14}
	ヨウ化鉛	PbI_2	7.1×10^{-9}
	シュウ酸鉛	PbC_2O_4	4.8×10^{-10}

表 C.3 （つづき）

元 素	物 質	化学式	K_{sp}
	硫酸鉛	$PbSO_4$	1.6×10^{-8}
	硫化鉛	PbS	8×10^{-28}
Sr	シュウ酸ストロンチウム	SrC_2O_4	1.6×10^{-7}
	硫酸ストロンチウム	$SrSO_4$	3.8×10^{-7}
Tl	塩化タリウム(I)	$TlCl$	2×10^{-4}
	硫化タリウム(I)	Tl_2S	5×10^{-22}
Zn	フェロシアン化亜鉛	$Zn_2Fe(CN)_6$	4.1×10^{-16}
	シュウ酸亜鉛	ZnC_2O_4	2.8×10^{-8}
	硫化亜鉛	ZnS	1×10^{-21}

表 C.4 EDTA-金属キレート化合物の生成定数
($M^{n+} + Y^{4-} \rightleftharpoons MY^{n-4}$)

元 素	化学式	K_f	元 素	化学式	K_f
亜 鉛	ZnY^{2-}	3.16×10^{16}	鉄(Fe^{2+})	FeY^{2-}	2.14×10^{14}
アルミニウム	AlY^-	1.35×10^{16}	(Fe^{3+})	FeY^-	1.3×10^{25}
イットリウム	YY^-	1.23×10^{18}	銅	CuY^{2-}	6.30×10^{18}
インジウム	InY^-	8.91×10^{24}	トリウム	ThY	1.6×10^{23}
カドミウム	CdY^{2-}	2.88×10^{16}	鉛	PbY^{2-}	1.10×10^{18}
ガリウム	GaY^-	1.86×10^{20}	ニッケル	NiY^{2-}	4.16×10^{18}
カルシウム	CaY^{2-}	5.01×10^{10}	バナジウム(V^{2+})	VY^{2-}	5.01×10^{12}
銀	AgY^{3-}	2.09×10^7	(V^{3+})	VY^-	8.0×10^{25}
コバルト(Co^{2+})	CoY^{2-}	2.04×10^{16}	(VO^{2+})	VOY^{2-}	1.23×10^{18}
(Co^{3+})	CoY^-	1×10^{36}	バリウム	BaY^{2-}	5.75×10^7
水 銀	HgY^{2-}	6.30×10^{21}	ビスマス	BiY^-	1×10^{23}
スカンジウム	ScY^-	1.3×10^{23}	マグネシウム	MgY^{2-}	4.90×10^8
ストロンチウム	SrY^{2-}	4.26×10^8	マンガン	MnY^{2-}	1.10×10^{14}
チタン(Ti^{3+})	TiY^-	2.0×10^{21}			
(TiO^{2+})	$TiOY^{2-}$	2.0×10^{17}			

表 C.5 標準電極電位および式量電位

半 反 応	$E°/V$	式量電位/V
$F_2 + 2H^+ + 2e^- \rightleftharpoons 2HF$	3.06	
$O_3 + 2H^+ + 2e^- \rightleftharpoons O_2 + H_2O$	2.07	
$S_2O_8^{2-} + 2e^- \rightleftharpoons 2SO_4^{2-}$	2.01	
$Co^{3+} + e^- \rightleftharpoons Co^{2+}$	1.842	
$H_2O_2 + 2H^+ + 2e^- \rightleftharpoons 2H_2O$	1.77	
$MnO_4^- + 4H^+ + 3e^- \rightleftharpoons MnO_2 + 2H_2O$	1.695	
$Ce^{4+} + e^- \rightleftharpoons Ce^{3+}$		$1.70(1M\,HClO_4), 1.61(1M\,HNO_3),$ $1.44(1M\,H_2SO_4)$
$HClO + H^+ + e^- \rightleftharpoons (1/2)Cl_2 + H_2O$	1.63	
$H_5IO_6 + H^+ + 2e^- \rightleftharpoons IO_3^- + 3H_2O$	1.6	
$BrO_3^- + 6H^+ + 5e^- \rightleftharpoons (1/2)Br_2 + 3H_2O$	1.52	
$MnO_4^- + 8H^+ + 5e^- \rightleftharpoons Mn^{2+} + 4H_2O$	1.51	
$Mn^{3+} + e^- \rightleftharpoons Mn^{2+}$		$1.51(8M\,H_2SO_4)$
$ClO_3^- + 6H^+ + 5e^- \rightleftharpoons (1/2)Cl_2 + 3H_2O$	1.47	
$PbO_2 + 4H^+ + 2e^- \rightleftharpoons Pb^{2+} + 2H_2O$	1.455	
$Cl_2 + 2e^- \rightleftharpoons 2Cl^-$	1.359	
$Cr_2O_7^{2-} + 14H^+ + 6e^- \rightleftharpoons 2Cr^{3+} + 7H_2O$	1.33	
$Tl^{3+} + 2e^- \rightleftharpoons Tl^+$	1.25	$0.77(1M\,HCl)$
$IO_3^- + 2Cl^- + 6H^+ + 4e^- \rightleftharpoons ICl_2^- + 3H_2O$	1.24	

表 C.5 （つづき）

半反応	$E°$/V	式量電位/V
$MnO_2 + 4H^+ + 2e^- \rightleftharpoons Mn^{2+} + 2H_2O$	1.23	
$O_2 + 4H^+ + 4e^- \rightleftharpoons 2H_2O$	1.229	
$2IO_3^- + 12H^+ + 10e^- \rightleftharpoons I_2 + 6H_2O$	1.20	
$SeO_4^{2-} + 4H^+ + 2e^- \rightleftharpoons H_2SeO_3 + H_2O$	1.15	
$Br_2(水溶液) + 2e^- \rightleftharpoons 2Br^-$	1.087 [a]	
$Br_2(液体) + 2e^- \rightleftharpoons 2Br^-$	1.065 [a]	
$ICl_2^- + e^- \rightleftharpoons (1/2)I_2 + 2Cl^-$	1.06	
$VO_2^+ + 2H^+ + e^- \rightleftharpoons VO^{2+} + H_2O$	1.000	
$HNO_2 + H^+ + e^- \rightleftharpoons NO + H_2O$	1.00	
$Pd^{2+} + 2e^- \rightleftharpoons Pd$	0.987	
$NO_3^- + 3H^+ + 2e^- \rightleftharpoons HNO_2 + H_2O$	0.94	
$2Hg^{2+} + 2e^- \rightleftharpoons Hg_2^{2+}$	0.920	
$H_2O_2 + 2e^- \rightleftharpoons 2OH^-$	0.88	
$Cu^{2+} + I^- + e^- \rightleftharpoons CuI$	0.86	
$Hg^{2+} + 2e^- \rightleftharpoons Hg$	0.854	
$Ag^+ + e^- \rightleftharpoons Ag$	0.799	0.228 (1 M HCl), 0.792 (1 M HClO$_4$)
$Hg_2^{2+} + 2e^- \rightleftharpoons 2Hg$	0.789	0.274 (1 M HCl)
$Fe^{3+} + e^- \rightleftharpoons Fe^{2+}$	0.771	
$H_2SeO_3 + 4H^+ + 4e^- \rightleftharpoons Se + 3H_2O$	0.740	
$PtCl_4^{2-} + 2e^- \rightleftharpoons Pt + 4Cl^-$	0.73	
$C_6H_4O_2(キノン) + 2H^+ + 2e^- \rightleftharpoons C_6H_4(OH)_2$	0.699	0.696 (1 M HCl, H$_2$SO$_4$, HClO$_4$)
$O_2 + 2H^+ + 2e^- \rightleftharpoons H_2O_2$	0.682	
$PtCl_6^{2-} + 2e^- \rightleftharpoons PtCl_4^{2-} + 2Cl^-$	0.68	
$I_2(水溶液) + 2e^- \rightleftharpoons 2I^-$	0.6197 [b]	
$Hg_2SO_4 + 2e^- \rightleftharpoons 2Hg + SO_4^{2-}$	0.615	
$Sb_2O_5 + 6H^+ + 4e^- \rightleftharpoons 2SbO^+ + 3H_2O$	0.581	
$MnO_4^- + e^- \rightleftharpoons MnO_4^{2-}$	0.564	
$H_3AsO_4 + 2H^+ + 2e^- \rightleftharpoons H_3AsO_3 + H_2O$	0.559	0.577 (1 M HCl, HClO$_4$)
$I_3^- + 2e^- \rightleftharpoons 3I^-$	0.5355	
$I_2(固体) + 2e^- \rightleftharpoons 2I^-$	0.5345 [b]	
$Mo^{6+} + e^- \rightleftharpoons Mo^{5+}$		0.53 (2 M HCl)
$Cu^+ + e^- \rightleftharpoons Cu$	0.521	
$H_2SO_3 + 4H^+ + 4e^- \rightleftharpoons S + 3H_2O$	0.45	
$Ag_2CrO_4 + 2e^- \rightleftharpoons 2Ag + CrO_4^{2-}$	0.446	
$VO^{2+} + 2H^+ + e^- \rightleftharpoons V^{3+} + H_2O$	0.361	
$Fe(CN)_6^{3-} + e^- \rightleftharpoons Fe(CN)_6^{4-}$	0.36	0.72 (1 M HClO$_4$, H$_2$SO$_4$)
$Cu^{2+} + 2e^- \rightleftharpoons Cu$	0.337	
$UO_2^{2+} + 4H^+ + 2e^- \rightleftharpoons U^{4+} + 2H_2O$	0.334	
$BiO^+ + 2H^+ + 3e^- \rightleftharpoons Bi + H_2O$	0.32	
$Hg_2Cl_2(固体) + 2e^- \rightleftharpoons 2Hg + 2Cl^-$	0.268	0.242 (標準 KCl-SCE), 0.282 (1 M KCl)
$AgCl + e^- \rightleftharpoons Ag + Cl^-$	0.222	0.228 (1 M KCl)
$SO_4^{2-} + 4H^+ + 2e^- \rightleftharpoons H_2SO_3 + H_2O$	0.17	
$BiCl_4^- + 3e^- \rightleftharpoons Bi + 4Cl^-$	0.16	
$Sn^{4+} + 2e^- \rightleftharpoons Sn^{2+}$	0.154	0.14 (1 M HCl)
$Cu^{2+} + e^- \rightleftharpoons Cu^+$	0.153	
$S + 2H^+ + 2e^- \rightleftharpoons H_2S$	0.141	
$TiO^{2+} + 2H^+ + e^- \rightleftharpoons Ti^{3+} + H_2O$	0.1	
$Mo^{4+} + e^- \rightleftharpoons Mo^{3+}$		0.1 (4 M H$_2$SO$_4$)
$S_4O_6^{2-} + 2e^- \rightleftharpoons 2S_2O_3^{2-}$	0.08	
$AgBr + e^- \rightleftharpoons Ag + Br^-$	0.071	
$Ag(S_2O_3)_2^{3-} + e^- \rightleftharpoons Ag + 2S_2O_3^{2-}$	0.01	
$2H^+ + 2e^- \rightleftharpoons H_2$	0.000	
$Pb^{2+} + 2e^- \rightleftharpoons Pb$	−0.126	
$CrO_4^{2-} + 4H_2O + 3e^- \rightleftharpoons Cr(OH)_3 + 5OH^-$	−0.13	

表 C.5 （つづき）

半 反 応	$E°$/V	式量電位/V
$Sn^{2+} + 2e^- \rightleftharpoons Sn$	−0.136	
$AgI + e^- \rightleftharpoons Ag + I^-$	−0.151	
$CuI + e^- \rightleftharpoons Cu + I^-$	−0.185	
$N_2 + 5H^+ + 4e^- \rightleftharpoons N_2H_5^+$	−0.23	
$Ni^{2+} + 2e^- \rightleftharpoons Ni$	−0.250	
$V^{3+} + e^- \rightleftharpoons V^{2+}$	−0.255	
$Co^{2+} + 2e^- \rightleftharpoons Co$	−0.277	
$Ag(CN)_2^- + e^- \rightleftharpoons Ag + 2CN^-$	−0.31	
$Tl^+ + e^- \rightleftharpoons Tl$	−0.336	−0.551 (1 M HCl)
$PbSO_4 + 2e^- \rightleftharpoons Pb + SO_4^{2-}$	−0.356	
$Ti^{3+} + e^- \rightleftharpoons Ti^{2+}$	−0.37	
$Cd^{2+} + 2e^- \rightleftharpoons Cd$	−0.403	
$Cr^{3+} + e^- \rightleftharpoons Cr^{2+}$	−0.41	
$Fe^{2+} + 2e^- \rightleftharpoons Fe$	−0.440	
$2CO_2(気体) + 2H^+ + 2e^- \rightleftharpoons H_2C_2O_4$	−0.49	
$Cr^{3+} + 3e^- \rightleftharpoons Cr$	−0.74	
$Zn^{2+} + 2e^- \rightleftharpoons Zn$	−0.763	
$2H_2O + 2e^- \rightleftharpoons H_2 + 2OH^-$	−0.828	
$Mn^{2+} + 2e^- \rightleftharpoons Mn$	−1.18	
$Al^{3+} + 3e^- \rightleftharpoons Al$	−1.66	
$Mg^{2+} + 2e^- \rightleftharpoons Mg$	−2.37	
$Na^+ + e^- \rightleftharpoons Na$	−2.714	
$Ca^{2+} + 2e^- \rightleftharpoons Ca$	−2.87	
$Ba^{2+} + 2e^- \rightleftharpoons Ba$	−2.90	
$K^+ + e^- \rightleftharpoons K$	−2.925	
$Li^+ + e^- \rightleftharpoons Li$	−3.045	

[a] Br_2(液体)に対する $E°$ は Br_2 飽和溶液について用いられ，Br_2(水溶液)に対する $E°$ は不飽和溶液について用いられる．

[b] I_2(固体)に対する $E°$ は I_2 飽和溶液について用いられ，I_2(水溶液)に対する $E°$ は不飽和溶液について用いられる．

付録 D：実験室の安全

原書 web サイトに掲載．

付録 E：インターネット上の周期表

原書 web サイトに掲載．

問題の解答

16章
29. $0.25\ \mu m$, 250 nm
30. 7.5×10^{14} Hz, 25000 cm^{-1}
31. 20000 〜 150000 Å, 5000 〜 670 cm^{-1}
32. 9.5×10^4 cal einstein^{-1}（ジュール単位で表すと 4.0×10^5 J einstein^{-1}）
33. 0.70 A, 0.10 A, 0.56 T, 0.10 T
34. 20
35. 4.25×10^3 cm^{-1} mol^{-1} L
36. (a) 0.492 (b) 67.8%
37. 5.15×10^4 cm^{-1} mol^{-1} L
38. 1.25
39. 0.528 g
40. 79.0%
41. (a) 0.152 g L^{-1} (b) 0.193 g day^{-1} (c) 0.25
42. 0.054 mg
43. 0.405 ppm N
44. 1.59$_3$
45. 4.62 mg L^{-1}, 2.61 mg L^{-1}
46. 0.332% Ti, 1.62% V
48. (a) 1.3×10^{-7} M (b) 200 (c) 120
49. 551 nm
50. (b) $c \to 0$ のとき傾き $= \varepsilon b_2$, $c \to \infty$ のとき傾き $= \varepsilon b_1$
51. (a) 256 nm (b) 重水素ランプまたはキセノンアークランプ．LED も使用可能である．
    (c) 溶融石英ガラスセル

17章
24. 1.5 ppm
25. 13%
26. 4.5×10^{-9}%
27. 190 ppm
28. 5.9 ppm
29. 84 ppm
30. 袋の中には 79 個のチョコレートが入っている．

18章
12. $D = K_D(1 + 2K_P K_D[\text{HBz}]_a)/(1 + K_a/[\text{H}^+]_a)$
13. 8.0
14. 48%
15. 95%
16. 0.016 M
17. 10 mL で 96.2% 抽出される．5 mL で 2 回抽出すると 99.45% 抽出される．
18. 2.7%
19. (a) 1.3×10^{-7} (b) 200 (c) 120

19章
8. 0.041 cm/段
9. $2.4_0 \times 10^3$ cm
10. mL min^{-1}, N_{eff}, H_{eff}：120.2, 3940, 0.076；90.3, 4270, 0.070；71.8, 4450, 0.067；62.7, 4210, 0.071；50.2, 4080, 0.074；39.9, 3340, 0.090；31.7, 3120, 0.096；26.4, 2850, 0.105. 75 mL min^{-1} 付近が最適.
11. $R_s = 0.96$. 分離されない．

21章
80. (a) 2525 段 (b) 0.012 cm (c) 1.09
    (d) 57 cm (e) $t_{R_A} = 29.86$ min, $t_{R_B} = 32.56$ min
81. 270 mmol L^{-1}
82. 6.7 g resin
83. (a) HCl (b) H$_2$SO$_4$ (c) HClO$_4$ (d) H$_2$SO$_4$
    (e) H$_2$SO$_4$
86. 5 Hz
87. 61 μg mL^{-1}
88. 277.5 nm
90. 1200 nL, $C_{Cl}/C_{IO_3} = 0.53$
91. $C_{Cl}/C_{IO_3} = 0.23$
94. MeOH：H$_2$O：141 psi (9.72×10^5 Pa). アセトニトリル：H$_2$O：73.5 psi (5.07×10^5 Pa). 純水：80.5 psi (5.55×10^5 Pa).
95. 0.02 μM LiOH では 54.1 nS cm^{-1}, H$_2$O では 54.8

nS cm^{-1}

96. 149.85 μS cm^{-1}
97. (a) $D_{K^+} = 1.95 \times 10^{-9}$ m^2 s^{-1}, $D_{Cl^-} = 2.03 \times 10^{-9}$ m^2 s^{-1}
    (b) $r_{K^+} = 0.125$ nm, $r_{Cl^-} = 0.120$ nm
98. $\kappa = 6.37 \times 10^3$ cm^{-1}. 純水の場合, 120 GΩ. 1 mM KCl の場合, 23.5 nS.
102. pH 9.00：$\mu_{eo} = 2.3 \times 10^{-8}$ m^2 V^{-1} s^{-1}. 有効移動度は陰極に向かう方向をとる.
     pH 3.00, $\mu_{eo} = -2.0 \times 10^{-8}$ m^2 V^{-1} s^{-1}. 有効移動度は陽極に向かう方向をとる.
103. $R_s = 29$
105. $k = 5.1$
106. 0.1 mM

22章

16. 217.07015 Da
17. $[M - H]^-$, $m/z\, 155 = 100\%$. M + 1, $m/z\, 156 = 7.7\%$. M + 2, $m/z\, 157 = 32.4\%$.
18. $R = 70000$
19. $R_{FWHM} = 6700$
20. $R = 35$
21. -2.03 ppm
22. $v = 6.7 \times 10^5$ ms^{-1}, $R = 32$ cm. 二重収束扇形磁場型, 飛行時間型, オービトラップ型, FT-ICR.
23. 14 ns

23章

11. 33.2 min, 66.5 min
12. 48.5 s
13. 38 min, 19 min, 3.4 min
14. 12.7 h
15. 132 h
16. 3.82%
17. $K_m = 1.20 \pm 0.05$ mM

索 引

和 文

あ

アイソエンザイム　324
アイソザイム　324
アインシュタイン(Einstein, A.)　37
アインシュタイン-スモルコフスキーの
　関係式　210
アインシュタインの関係式　210
圧力注入　250
アバランシェフォトダイオード　38
アフィニティークロマトグラフィー
　184
アミノ酸配列　288
アルゴンイオン化検出器　162
アルゴンプラズマ　293
アルミナ　197
アレイ　39
アレニウス(Arrhenius, S.)　265
暗応答　45
安定同位体標識内標準(SIL-IS)　287
アンビエントイオン化(AI)　289
アンペロメトリック(電流測定)検出器
　220
アンモニア　284

い

硫黄化学発光検出器(SCD)　164
硫黄化合物の分析　164
イオン化
　アンビエント——　289
　エレクトロスプレー——　280, 286
　化学——　284
　大気圧——　280, 286
　大気圧化学——　286, 288
　大気圧光——　286, 289
　脱離エレクトロスプレー——　289
　抽出エレクトロスプレー——　290
　電子——　280
　負イオン化学——　285

マトリックス支援レーザー脱離——
　290
　レーザー脱離——　290
イオンガイド　298
イオン化エネルギー　282, 289
イオン化干渉　92
イオンクロマトグラフィー　183
　——のための膜型サプレッサー
　231
　シングルカラム——　229
イオン交換クロマトグラフィー(IEC)
　132, 182
イオン交換樹脂　189, 190
イオン交換相　191
イオン交換体　189
　ゲルタイプの——　189
イオンスキャン
　プリカーサー——　308
　プロダクト——　307
イオン相互作用クロマトグラフィー
　235
イオン対　111
イオン対クロマトグラフィー　235
イオントラップ　298
イオン排除クロマトグラフィー　184
イオンパケット　294
イオンビーム　294
イオンモビリティースペクトロメトリー
　(IMS)　303
イオンレンズ　294
位相分解蛍光分光法　62
イソタコフェログラム　266
イソブタン　284
一次反応　312
　擬——　313
一重項状態　56
イメージ電流　302
イメージング質量分析法(MSI)　292
陰イオン交換樹脂　190
インジウムガリウムヒ素検出器　50
インジェクター温度　168
インターフェログラム　48
インナーフィルター効果　59

インフュージョン　280

う

ウォルシュ(Walsh, A. A.)　82
ウシ心筋タンパク質　288
渦拡散　137
ウリカーゼ　323
ウレアーゼ　323

え

液-液分配クロマトグラフィー　132
液相マイクロ抽出(LPME)　119
液体クロマトグラフィー(LC)　180
　高速——　180
液体クロマトグラフィー-質量分析法
　280
液体コア光導波路(LCW)　35, 217
　——を用いる蛍光検出器　61
液滴向流クロマトグラフィー　129
エシェル回折格子　98
エチジウムブロミド　248
n 電子　9
n-π 共役　9
n→π* 遷移　9
エバネッセント干渉　67
エバネッセント波　67
エレクトロスプレーイオン化(ESI)
　280, 286
　脱離——　289
　抽出——　290
エレクトロスプレーイオン化質量分析
　(法)　254
エレクトロフェログラム　253
エレクトロルミネセンス　64
炎光光度検出器(FPD)　161
炎光光度法(FP)　75, 79
遠心分配クロマトグラフィー　129
遠赤外領域　4
エンドキャップ　298
円偏光二色性(CD)　219

お

オキシダーゼ　319
オービトラップ　298, 299
音響光学可変波長フィルター(AOTF)
　　32
温度プログラミング　168

か

開口数　35
回折格子　29
　　エシェル——　98
　　透過型——　30
回折次数　30
回転エネルギー準位　5
回転遷移　5
回転電場ゲル電気泳動(RGE)　249
外標準法　277
外部ヘルムホルツ面　255
開放ループ制御　330
界面活性剤　262, 264
解離試薬　93
化学イオン化(CI)　284
　　大気圧——　286, 288
　　負イオン——　285
化学発光検出器　222
架橋　191
架橋度　191
可視領域　4, 26
ガスクロマトグラフ　148
ガスクロマトグラフィー(GC)　147,
　　279
　　——で使用されるカラム　151
　　キャピラリー——　285
　　迅速——分析　172
　　二次元——　174
ガスクロマトグラフィー-質量分析法
　　(GC-MS)　150, 280
ガスクロマトグラフィー検出器　159,
　　160
画素　40
活性　316
活性化剤　325
活性複合体　315
カットオフ点　18
荷電化粒子検出器(ACD)　214
ガードカラム　204
カラム
　　——の分離効率　134
　　HPLCの——　203
　　PLOT——　154

SCOT——　153
WCOT——　153
ガスクロマトグラフィーで使用され
　　る——　151
キャピラリー——　151
充填——　151
ステンレス鋼——　153
中空——　153, 154
二次元——　174
配位子交換——　196
溶融シリカ——　153
カラム温度　168
カラム恒温漕　204
カラム効率　141
換算速度　139
換算段高(換算理論段高)　139
干渉
　　イオン化——　92
　　エバネッセント——　67
　　多原子イオン——　294
　　同重体——　294
　　物理——　93
　　分光——　90
干渉フィルター　31
間接吸光検出　253
完全変換　320
乾燥電気伝導度検出器(DELCD)　165

き

気-液クロマトグラフィー　132, 147
気-固クロマトグラフィー　147, 152
擬一次反応　313
擬似固定相　263
基質　315
基質阻害　317
基準ピーク　276
奇数電子イオン　285
キセノンアークランプ　60
擬ゼロ次反応　316
基底状態　5
揮発性　158
揮発性有機化合物(VOC)　171
揮発性誘導体　169
逆相クロマトグラフィー(RPC)　132,
　　182
逆抽出　113
キャニスター　171
キャニスターサンプリング　171
キャパシティーファクター　136
キャピラリー　245
キャピラリー GC-MS　150

キャピラリーガスクロマトグラフィー
　　285
キャピラリーカラム　151, 279
キャピラリーゲル電気泳動(CGE)
　　246
キャピラリーゾーン電気泳動(CZE)
　　245
キャピラリー電気泳動(CE)　245, 249
キャピラリー電気クロマトグラフィー
　　(CEC)　264
キャピラリー等速電気泳動(CITP)
　　265
キャピラリー等電点電気泳動(CIEF)
　　247
キャリヤーガス　148, 149
吸光係数　21
吸光光度法　2
吸光度　20
吸収フィルター　31
吸着クロマトグラフィー　132, 147, 151
競合阻害　317
凝縮核形成光散乱検出器(CNLSD)
　　214
鏡像異性体　173, 195
共　役　10
極限当量伝導率　210, 211
極限モル伝導率　212
極　性　13
キラル　173
キラルキャビティー型固定相　195
キラルクロマトグラフィー　184
キラル検出器　219
キラル固定相　195
キルヒホッフ(Kirchhoff, G. R.)　74
近紫外領域　4
近赤外領域　4, 16

く

空隙体積　141
偶数電子イオン　285
空白時間　330
屈折率(RI)検出器　206
クマシーブリリアントブルー　248
クラッド　35
グラファイト　171
クレイグ(Craig, L. C.)　129
クレイグ管　129
グローバー　27
クロマトグラフィー　126
　　——シミュレーションソフトウェア
　　144
　　——における分離度　142

索引 357

──のための新しい IUPAC 命名法　133
──の定義　126
──の分離機構　130
アフィニティー──　184
イオン──　183
イオン交換──　132, 182
イオン相互作用──　235
イオン対──　235
イオン排除──　184
液-液分配──　132
液滴向流──　129
遠心分配──　129
ガス──　147, 279
気-液──　132, 147
気-固──　147, 152
逆相──　132, 182
キャピラリー電気──　264
吸着──　132, 147, 151
キラル──　184
ゲル浸透──　184
ゲルろ過──　183
高性能向流──　129
高速液体──　180
サイズ排除──　183
順相──　132, 182
シングルカラムイオン──　229
親水性相互作用──　183, 194
超高圧──　181
超臨界流体──　180
二次元ガス──　174
分配──　128, 132, 147, 152
ミセル動電──　263
クロマトグラム　131, 150
クーロメトリック（電量測定）検出器　220
群特異性　319

け

蛍光　56
蛍光検出　63, 253
蛍光検出器　217
　液体コア光導波路を用いる──　61
蛍光寿命　62
蛍光消光　59
蛍光分光計　62
蛍光分光分析法　28
計算精密質量　275
珪藻土　148
結合特異性　319
結合バンド　16

血清グルタミン酸-オキサロ酢酸トランスアミナーゼ　322
血中アルコール含量　15
ケモメトリックス　17
ゲル浸透クロマトグラフィー（GPC）　184
ゲルろ過クロマトグラフィー（GFC）　183
原子化
　電気加熱──　88
　──のための冷蒸気法　89
原子吸光分析法（AAS）　74
原子蛍光分光法（AFS）　75
原子発光検出器（AED）　164
原子発光分析　293
検出器　26
　CD──　220
　ORD──　219
　β線──　162
　アルゴンイオン化──　162
　アンペロメトリック──　220
　硫黄化学発光──　164
　インジウムガリウムヒ素──　50
　炎光光度──　161
　化学発光──　222
　ガスクロマトグラフィー──　159
　荷電化粒子──　214
　乾燥電気伝導度──　165
　凝縮核形成光散乱──　214
　キラル──　219
　屈折率（RI）──　206
　クーロメトリック──　220
　蛍光──　61, 217
　原子発光──　164
　光子──　41
　光伝導──　40
　紫外可視──　36
　紫外可視吸光──　215
　質量流量感応型──　166
　準非選択的──　209
　蒸発光散乱──　214
　触媒燃焼──　162
　水素炎イオン化──　161
　赤外──　40
　旋光──　219
　多角度光散乱──　209
　窒素-リン──　162
　窒素化学発光──　164
　低角度（レーザー）光散乱──　209
　電気伝導度──　209
　電子捕獲型──　163
　熱イオン化──　162
　熱線──　159

熱伝導度──　159
粘度──　208
濃度感応型──　166
パルスアンペロメトリー──　211
パルス放電（イオン化）──　166
光イオン化──　164
光起電力──　40
フォトダイオードアレイ──　215
フロースルー──　149
ヘリウムイオン化──　163
ヘリウムパルス放電光イオン化──　166
放射能──　222
放電イオン化──　163
ホール電気伝導度──　164
検出器温度　168
検出プレート　302
検量線　169

こ

コア　35
コアシェル粒子　141, 189
コヴァッツ指数　157
高温用バイアルカリ　37
光学センサー　66
光学フィルター　31
項間交差　56
交換容量　190
光子　3
光子検出器　41
高次光　31
高周波　297
高周波パルス　302
公称波長　42
酵素　315
高速液体クロマトグラフィー（HPLC）　180
高速温度プログラミング　172
光速度　3
高速溶媒抽出　113
酵素阻害剤　325
光電管　36
光電効果　37
光電子増倍管（PMT）　37
光伝導検出器　40
光度計　40
高分解能連続光源（連続光源フレーム）AAS　92
向流クロマトグラフィー（CCC）　129
向流抽出（CCE）　127, 129
黒鉛炉 AAS（GFAAS）⇨ 電気加熱炉 AAS
国際単位（U）　316

358　索　引

固相抽出(SPE)　114
固相ナノ抽出(SPNE)　121
固相マイクロ抽出(SPME)　119
固体マトリックス　291
コットン効果　219
固定相　155, 158
　　極性——　155
　　キラル——　195
　　キラルキャビティー型——　195
　　パークル型——　195
　　無極性——　155
　　溶融シリカ——　156
　　らせんポリマー型——　196
コリジョン／リアクションセル　294
コールラウシュ(Kohlrausch, F. W. G.)　265
ゴーレイ(Golay, M. J. E.)　152
ゴーレイ式　139
コロナ放電　288
コンスタントニュートラルロススキャン　308
コンバージョンダイノード　305

さ

サイクロトロン　301
サイクロトロン共鳴周波数　302
サイズ排除クロマトグラフィー(SEC)　183
サプレッサー　183
　　——の進歩　230
　　イオンクロマトグラフィーのための膜型——　231
　　膜装置によるポスト——CO_2除去　234
サプレッサーカラム　228
差分吸収分光計(DOAS)　34
サーミスター　41
サーモパイル　41
三重項状態　56
参照側　149
サンデル-コルトフ反応　314
サンデル感度　21
サンプリング
　　キャニスター——　172
三連四重極(QQQ)　306

し

ジェームス(James, A. T.)　147
紫外可視吸光検出器　215
紫外可視検出器　36
時間分解　63

時間領域　48
色原体　9
軸方向観測　97
σ電子　9
シクロデキストリン　173
シーケンシャルインジェクション分析(SIA)　335
示差粘度計　209
四重極質量分析部　297
次　数　312
次数選択フィルター　43
質量確度　276
質量校正　277
質量数　275
質量スペクトル　275
質量分析(法)
　　イメージング——　292
　　液体クロマトグラフィー——　280
　　エレクトロスプレーイオン化——　254
　　ガスクロマトグラフィー——　150, 280
　　二次イオン——　293
　　誘導結合プラズマ——　75, 293
質量分析部　294
質量流量感応型検出器　166
時定数　205
自動化装置　328
自動装置　328, 331
ジフェニルチオカルバゾン　112
ジメチルクロロシラン(DMCS)　152, 153
指紋領域　14
試　薬
　　解離——　93
試薬ガス　284
充填カラム　151
充填剤
　　ペリキュラー——　141
　　無孔性——　188
周波数　3
重力注入　250
受光角　35
シュテルン層　255
ジュール熱　257
準　位
　　回転エネルギー——　5
　　振動エネルギー——　5
　　電子エネルギー——　5
順相クロマグラフィー(NPC)　132, 182, 236
準非選択的検出器　209
蒸気圧　159

消光剤　59
衝突／反応セル　294
衝突活性化解離(CAD)　299
衝突室　306
衝突誘起解離(CID)　299, 306
蒸発光散乱検出器(ELSD)　214
触　媒　314
触媒燃焼検出器(CCD)　162
助色団　9
ショートパスフィルター　31
ジョンソンノイズ　52
シリカ
　　高純度——　185
　　溶融——カラム　153
　　溶融——固定相　156
試料側　149
試料スプリッター　149
試料プレート　291
試料変調インターフェース　174
シリンジポンプ　201
ジルコニア　197
シング(Synge, R. L. M.)　126, 147
真空紫外領域　4
真空紫外分光法　167
シングルカラムイオンクロマトグラフィー(SCIC)　229
シングルチャネル分析計　332
深色移動　8, 10
親水性相互作用クロマトグラフィー(HILIC)　183, 194, 236
迅速GC分析　172
振動エネルギー準位　5
振動緩和　56
振動遷移　5

す

水性順相(ANP)　183
水素炎イオン化検出器(FID)　161
水素化物イオン引き抜き　284
ステンレス鋼カラム　153
ストークス-アインシュタインの関係式　210
スーパーコンティニューム(SC)光源　86
スペクトルスリット幅　42
スペクトルバンド幅　42
スミス-ヒーフィエ補正法　91
ズラトキス(Zlatkis, A.)　163
スラブゲル電気泳動　246
スリップフロー　255

せ

制御部　329
制御ループ　329
整数質量　276
生物発光　64
石英タングステン-ハロゲンランプ
　　（QTH）　26
赤外（IR）領域　4
赤外検出器　40
積分形　312
ゼータ電位　255
接触作用　314
接触分析　314
絶対特異性　319
ゼーマン補正法　92
セル定数　210
ゼロインテグレイテッドフィールド電気
　　泳動（ZIFE）　249
ゼロ次反応
　　擬──　316
遷　移
　　n→π*──　9
　　回転──　5
　　振動──　5
　　電荷移動──　13
　　電子──　5, 8
　　π→π*──　9
全カラムイメージング　243
線形分散　29
線光源 AAS（LS-AAS）　83
旋光検出器　219
旋光分散（ORD）　219
センサー　329
　　光学──　66
　　電荷結合素子（CCD）光──　39
　　光ファイバー──　66
全消費型バーナー　79
浅色移動　8, 10
選択イオン検出（SIM）　307
選択反応モニタリング（SRM）　308
センターバースト　48
全反射減衰法（ATR）　50

そ

相間物質移動　138
双極子モーメント　13
操作部　329
双性イオン　226
相対誤差　277
阻　害　310

基質──　317
競合──　317
非競合──　317
速　度　320
速度式　312
速度則　312
速度定数　312
速度論　312
ソフトイオン化法　291
ソーラーブラインド型光電管　37
ソルバトクロミズム　8

た

帯域通過フィルター　31
耐火性化合物　93
大気圧イオン化（API）　280, 286
大気圧化学イオン化（APCI）　286, 288
大気圧光イオン化（APPI）　286, 289
ダイクロイックフィルター　31
ダイナミックレンジ　298
ダイノード　37
　　コンバージョン──　305
多角度光散乱（MALS）　209
多原子イオン干渉　294
多孔質グラファイトカーボン　197
多重度　56
多色光　5, 26
脱プロトン分子　287
脱離エレクトロスプレーイオン化
　　（DESI）　289
ターボ分子ポンプ　294
ターミナル液　265
ターンオーバー数　315
段　高　134
単光束型分光計　43
単色光　19
淡色効果　10
段　数　134, 260
タンデム質量分析法　307
短波長 NIR 領域　16
短波長カットフィルター　31

ち

遅延引き出し法　300
チタニア　197
窒素-リン検出器（NPD）　162
窒素化学発光検出器（NCD）　164
窒素ルール　279
チャネルトロン　305
中圧水銀ランプ　60
中空陰極ランプ（HCL）　83, 84

中空カラム　139, 153, 154
抽　出
　　液相マイクロ──（LPME）　119
　　逆──　113
　　高速溶媒──　113
　　向流──　127, 129
　　固相──（SPE）　114
　　固相ナノ──（SPNE）　121
　　固相マイクロ──（SPME）　119
　　マイクロ波支援──（MAE）　113
　　溶媒──　127
抽出エレクトロスプレーイオン化
　　（EESI）　290
抽出パーセント　109
抽出率　127
中赤外領域　4
注入口温度　168
超共役　10
超高圧クロマトグラフィー（UHPLC）
　　181
超電導磁石　303
長波長 NIR 領域　16
長波長カットフィルター　31
超臨界流体クロマトグラフィー（SFC）
　　180

つ

ツウェット（Tswett, M.）　126

て

低圧重水素放電ランプ　27
低角度（レーザー）光散乱（LALS）　209
抵抗率　212
ディスクリート式サンプリング装置
　　331
ディスクリート式分析計　329, 330
低ノイズバイアルカリ　37
定量測定　169
定量分析　276
デコンボリューション　287
デスモラーゼ　319
デヒドロゲナーゼ　319, 322
電荷移動遷移　13
電荷結合素子（CCD）光センサー　39
電荷注入型検出器（CID）　98
電気移動注入　251
電気泳動　245
　　回転電場ゲル──　249
　　キャピラリー──　245, 249
　　キャピラリーゲル──　246
　　キャピラリーゾーン──　245

キャピラリー等速—— 265
キャピラリー等電点—— 247
スラブゲル—— 246
ゼロインテグレイテッドフィールド—— 249
電場反転ゲル—— 248
等速—— 265
等電点—— 247
パルスフィールドゲル—— 248
電気泳動移動度　258
電気加熱原子化　88
電気加熱炉 AAS　75
電気浸透流（EOF）　249
電気的スタッキング　252
電気伝導度　210
電気伝導度検出器　209, 253
電気伝導度セル　165
電気伝導度測定　213
電気伝導率　210
電気透析膜　232
電子イオン化（EI）　280
電子エネルギー準位　5
電子親和性　163
電子遷移　5, 8
電子増倍管　285, 305
　二次——　305
電磁波（EMR）　2
電子捕獲型検出器（ECD）　163
天然存在度　275
電場反転ゲル電気泳動（FIGE）　248
電流
　イメージ——　303

と

同位体　275
統一原子質量単位　275
透過光　19
透過度　19
透過率　20
等吸収点　53
同時計数法　222
同重体干渉　294
等速電気泳動（ITP）　265
動電注入　251
等電点　226
等電点電気泳動（IEF）　247
当量伝導率
　極限——　210
　無限希釈時での——　210
特異性　319
特異的速度定数　312
ドーピング　38

トランスアミナーゼ　319
トランスデューサー　26
トランスホスホリラーゼ　319
トランスメチラーゼ　319
トリス（2,2-ピリジル）ルテニウム（Ⅲ）　65
ドルーデの式　219

な

内標準法　94, 277
内部エネルギー　281
内部転換　56
内部標準　169
ナノ粒子支援レーザー脱離イオン化（NALDI）　292

に

二次イオン質量分析法（SIMS）　293
二次元ガスクロマトグラフィー　174
二次元カラム　174
二次電子増倍管　305
二次反応　313
二重収束セクター型　296
二重層　255
ニッケル-63　163
ニードルトラップ　173
乳酸デヒドロゲナーゼ（LDH）　322
入射光　19
ニュートラルロス　282
ニュートン（Newton, I.）　2
尿中ヨウ素（UI）　314

ぬ

ヌジョール　33

ね

熱イオン化検出器　162
熱線検出器　159
熱脱離（TD）　170
熱的変調　174
熱電堆　41
熱電対　41
熱伝導度検出器（TCD）　159
熱伝導率　159
熱ノイズ　52
熱分解 GC　170
熱ルミネセンス　64
ネルンスト（Nernst, W.）　265

ネルンスト-アインシュタインの式　212
ネルンストグローアー　27
粘度検出器　208

の

濃色効果　10
濃　度　316
濃度感応型検出器　166
ノックス式　140
ノッチフィルター　32

は

$\pi \to \pi^*$遷移　9
バイアルカリ　37
配位子交換カラム　196
バイオインフォマティクス　274
バイオルミネセンス　64
倍音バンド　16
排除限界　184
配　列　39
白色 LED　26
白色光　5
薄層クロマトグラフィー（TLC）　239
パークル型固定相　195
パージアンドトラップ　171
波　数　3
波　長　3
バックグラウンド吸収　91
発光ダイオード（LED）　26
発色団　9
バッチ式装置　332
バッチ式分析計　329
ハードイオン化法　291
パーネル式　142
パルスアンペロメトリー検出器（PAD）　221
パルスフィールドゲル電気泳動（PFGE）　248
パルス放電（イオン化）検出器（PDD）　166
バルブ変調　174
反結合性軌道　9
半減期　312
半自動装置　331
半値幅　134, 143, 276
バンドパス　42
バンドパスフィルター　31
反応機構　312
反応次数　312
反応速度　312

ひ

PIN ダイオード　38
ピエゾルミネセンス　64
ビオの法則　219
比活性　316
光イオン化
　　――化検出器(PID)　164
　　大気圧――　286, 289
光起電力検出器　40
光導波路　34
光ファイバー　34
光ファイバーセンサー　66
非競合阻害　317
ピクセル　40
飛行時間型(TOF)質量分析部　299
飛行時間型 MS(TOFMS)　175
　　GC×GC-――　175, 176
比色計　40
非線形分散　29
比旋光度　219
非対称ピーク　135
ヒドラーゼ　319
ヒドロラーゼ　319
微分形　312
微分流量変調　174
被膜　35
標準業務手順書(SOP)　336
標準添加法　95, 169
標準物質(SRM)　43
表面多孔性粒子(SPP)　188

ふ

ファラデーカップ　304
ファンディームター(van Deemter, J. J.)　136
ファンディームター式　136, 181
ファンディームタープロット　138, 140
負イオン化学イオン化(NICI)　285
フィードバック機構　329
フィードフォワードシステム　330
フィルター
　　音響光学可変波長――(AOTF)　32
　　干渉――　31
　　吸収――　31
　　光学――　31
　　ショートパス――　31
　　帯域通過――　31
　　ダイクロイック――　31
　　短波長カット――　31
　　長波長カット――　31
　　ノッチ――　32
　　バンドパス――　31
　　ロングパス――　31
フェン(Fenn, J. B.)　287
フォトダイオード　38
フォトダイオードアレイ　40
フォトダイオードアレイ検出器　215
フォトルミネセンス　64
フォーリー-ドーシー式　135
複光束型分光計　45
複合素子　41
ブーゲ(Bouguer, P.)　19
ブーゲ-ランベルト-ベールの法則　19
物理干渉　94
フーバー式　140
フューズドコア粒子　189
フライトチューブ　299, 300
フラウンホーファー(Fraunhofer, J.)　74
フラグメンテーション　281
フラグメント　281
フラグメントイオン　282
プランク定数　4
フーリエ変換　48, 302
フーリエ変換イオンサイクロトロン共鳴(FT-ICR)　302
フーリエ変換赤外(FTIR)分光計　48
プリカーサーイオンスキャン　308
プリズム　28
ブリーディング　155, 285
ブレーズ角　31
フレネル損失　52
フレーム AAS　74
フレーム発光分光法　75
フローインジェクション分析(FIA)　280, 333
フロースルー検出器　149
プロセス制御　328
プロセス分析　328
プロダクトイオンスキャン　307
プロトン化分子　287
プロトン付加　284
プローブ　288
分液漏斗　108
分解能　30
　　ユニット――　276, 298
分岐ファイバー　36
分光干渉　90
分光器　73
分光計　26
　　蛍光――　62
差分吸収――(DOAS)　34
単光束型――　43
複光束型――　45
フーリエ変換赤外(FTIR)――　48
分光光度計　26, 73
分光分析法　1, 73
分光法　73
　　位相分解蛍光――　62
　　真空紫外(VUV)――　167
分散型装置　48
分子イオン　281
分子拡散　137
分子活性　316
分子吸収バックグラウンド　74
ブンゼン(Bunsen, R. W.)　74
分配クロマトグラフィー　128, 132, 147, 152
　　――の誕生　127
　　液-液――　132
　　遠心――　129
分配係数　108, 127, 130
分配比　108
分離係数　142, 143
分離度　143, 261
　　――の式　142
　　クロマトグラフィーにおける――　142

へ

平均質量　275
平均自由行程　279, 294
平均線流速　136
平衡過程　131
閉鎖ループ制御　330
ベースピーク　276
ベースライン法　26
β 線　163
β 線検出器　162
ヘッドスペース分析　169
ヘリウムイオン化検出器(HID)　163
ヘリウムガス　298
ヘリウムパルス放電光イオン化検出器(He-PDPID)　166
ペリキュラー充填剤　141
ベール(Beer, A.)　22
ベールの法則　19
ヘルムホルツ(Helmholtz, H. L. F.)　256
変換器　26

ほ

補因子　319

362　索　引

放射線ルミネセンス　64
放射能検出器　222
放電イオン化検出器(DID)　163
補酵素　317, 319
保持係数　136, 141, 142, 263
保持コイル　335
保持時間　149, 280
補　色　2, 5
ポストカラム反応(PCR)検出　224
ポストソース分解(PSD)　306
補正保持時間　135
ホットスポットモード　86
ポリクロメーター　46
ボリュームフェーズホログラフィー
　　(VPH)　30
ホール電気伝導検出器(HECD)　164
ポールトラップ　299
ボロメータ　41
ホワイトセル　34

ま

マイクロチップ　245
マイクロチャネルプレート　305
マイクロ抽出　119
マイクロ波支援抽出(MAE)　113
マクレイノルズ定数(MRC)　157, 158
マクロポーラス樹脂　189
マクロ網状樹脂　189
摩擦ルミネセンス　64
マクスウェル-ボルツマンの式　75
マーティン(Martin, A. J. P.)　126, 147
マトリックス効果　287
マトリックス支援レーザー脱離イオン化
　　(MALDI)　290
マトリックス分離　90
マルチアルカリ　37
マルチチャネル分析計　332
マルチポートバルブ　335
マルツィ(Marci, J. M.)　2

み

ミカエリス定数　317
ミクロポーラス粒子　185
ミセル動電クロマトグラフィー
　　(MEKC)　263

む

無孔性充填剤　188
ムタロターゼ　320
無電極放電ランプ(EDL)　85

め

迷　光　55
メークアップガス　166
メタノール　281, 289
メタボロミクス　292
メタン　284

も

モノアイソトピック質量　275
モノクロメーター　26
モノリスカラム　193
モル吸光係数　21
モル伝導率
　極限——　212

ゆ

有効移動度　258
有効段高(有効理論段高)　136
有効段数(有効理論段数)　135, 141, 142
誘導結合プラズマ(ICP)　75, 293
誘導結合プラズマ質量分析法(ICP-MS)
　　75, 164, 293
誘導結合プラズマ発光分光法(ICP-OES)
　　75, 293
優良試験所規範(GLP)　336
ユニット分解能　276, 298
ユニバーサル吸着剤　118

よ

陽イオン交換樹脂　189
溶媒抽出　127
溶融シリカカラム　153
陽粒子線　295
容量結合非接触伝導度検出(C^4D)　214
横方向観測　97
予混合バーナー　79

ら

ライブラリー　282
ラインウィーバー-バーク式　317
ラインウィーバー-バークプロット
　　318
ラスター法　293
らせんポリマー型固定相　196
ラブロック(Lovelock, J. E.)　163
ラボラトリー情報管理システム　336
ラミナーフロー(層流)バーナー　79

ランベルト(Lambert, J. H.)　21

り

立体化学特異性　319
リーディング液　265
リニア(二次元)イオントラップ　298, 299
リフレクトロンモード　306
リフレクトロンレンズ　300
流体静力学的注入　250
両極性パルスコンダクタンス測定法
　　214
量子化　5
量子収率　59
両　性　226
両性イオン ⇒ 双性イオン
理論段高 ⇒ 段高
理論段数 ⇒ 段数
臨界ミセル濃度　262
リング電極　298
りん光　56

る

ルミネセンス
　エレクトロ——　64
　熱——　64
　バイオ——　64
　ピエゾ——　64
　フォト——　64
　放射線——　64
　摩擦——　64
ルミノール　65

れ

励起状態　6
励起プレート　302
冷蒸気 AAS(CVAAS)　75, 89
レーザー　28
レーザー脱離イオン化(LDI)　290
　マトリックス支援——　290
レーザー励起蛍光(LIF)　218, 253
レシオ法　26
連続光源　26
連続光源 AAS(CS-AAS)　83
連続光源バックグラウンド補正法　91
連続光源フレーム AAS　92
連続流れサンプリング装置　331
連続分析計　329

ろ

ロールシュナイダー定数　157
ローレンツ力　296
ロングパスフィルター　31

欧文

A

AAS　74
absolute specificity　319
absorbance　20
absorbing filter　31
absorptivity　21
accelerated solvent extraction　113
ACD　214
acousto-optic tunable filter ⇨ AOTF
activated complex　315
activator　325
activity　316
adsorption chromatography　147, 152
AED　164
aerosol charge detector ⇨ ACD
affinity chromatography　184
AFS　75
Ag-O-Cs　37
AI　289
alumina　197
amperometric detector　220
amphoteric　226
angle of acceptance　35
anion exchange resin　190
ANP　183
antibonding orbital　9
AOTF　32
APCI　286, 288
APD　38
API　280, 286
APPI　286, 289
aqueous normal phase ⇨ ANP
argon ionization detector　162
array　39
Arrhenius, S.　265
atmospheric pressure chemical ionization ⇨ APCI
atmospheric pressure photoionization ⇨ APPI
atomic absorption spectrometry ⇨ AAS
atomic emission detector ⇨ AED
atomic fluorescence spectrometry ⇨ AFS

ATR　50
automated device　328
automatic device　328
auxochrome　9
avalanche photodiode　38
average mass　275

B

background absorption　91
bandpass　42
bandpass filter　31
base peak　276
baseline method　26
batch instrument　329, 332
bathochromic shift　8, 10
Beer, A.　22
Beer's law　19
bialkali　37
bifurcated fiber　36
bioluminescence　64
Biot's Law　219
bipolar pulse conductance measurement　214
blazing angle　31
bolometer　41
Bouguer, P.　19
Bouguer-Lambert-Beer's law　19
Bunsen, R. W.　74

C

C^4D　214
CAD　299
capacitively coupled contactless conductivity detection ⇨ C^4D
capillary column　151
capillary electrochromatography ⇨ CEC
capillary electrophoresis ⇨ CE
capillary gel electrophoresis ⇨ CGE
capillary isoelectric focusing ⇨ CIEF
capillary isotachophoresis ⇨ CITP
capillary zone electrophoresis ⇨ CZE
carrier gas　148
catalyst　314
catalytic combustion detector (CCD)　162
cation exchange resin　189
CCE　127, 129
CD　219
CD 検出器　220
CE　245, 249
CEC　264

cell constant　210
centerburst　48
CGE　246
charge coupled device (CCD)　39, 98
charge transfer transition　13
chemical ionization ⇨ CI
chemiluminescence (CL) detector　222
chiral chromatography　184
chiral detector　219
chiral stationary phase　195
chromatography　126
chromogen　9
chromophore　9
Chromosorb　152
CI　284
CIEF　247
circular dichroism ⇨ CD
CITP　265
cladding　35
closed-loop control　330
CNLSD　214
coenzyme　317, 319
cofactor　319
coincidence counting　222
cold vapor AAS ⇨ CVAAS
collision-induced dissociation (CID)　299
collision/reaction cell　294
collisionally activated dissociation ⇨ CAD
colorimeter　40
column temperature　168
combination band　16
competitive inhibition　317
complementary color　2, 5
complete conversion　320
concentration　316
condensation nucleation light scattering detector ⇨ CNLSD
conductance　210
conductivity　210
conjugation　10
constant neutral loss scan　308
continuous-flow sampling instrument　331
continuous instrument　329
continuous radistion source　26
continuum source background correction method　91
control loop　329
controller　329
core　35
core-shell　189

Cotton effect *219*
coulometric detector *220*
countercurrent extraction ⇨ CCE
Craig, L. C. *129*
cross-linking *191*
CS-AAS *83*
Cs-I *37*
Cs-Te *37*
cutoff point *18*
CVAAS *75*
cyclotron *301*
CZE *245*

D

DAD *215*
dark response *45*
DART *290*
dead time *330*
degree of cross-linking *191*
dehydrogenase reaction *322*
DELCD *165*
DESI *289*
desorption electrospray ionization ⇨ DESI
detector *26*
detector temperature *168*
dichroic filter *31*
DID *163*
differential form *312*
differential optical absorption spectrometer ⇨ DOAS
differential viscometer *209*
diffraction order *30*
diode array detector ⇨ DAD
dipole moment *13*
discharge ionization detector ⇨ DID
discrete instrument *329*
discrete sampling instrument *331*
dispersive instrument *48*
distribution coefficient *108*
distribution ratio *108*
DMCS *152, 153*
DOAS *34*
doping *38*
double-beam spectrometer *45*
double-focusing sector *296*
double layer *255*
droplet CCC *129*
Drude's equation *219*
dry electrolytic conductivity detector ⇨ DELCD
dynode *37*

E

ECD *163*
EDL *85*
EESI *290*
EI *280*
Einstein, A. *37*
Einstein-relation *210*
Einstein-Smoluchowski relation *210*
electrical conductivity detector *209*
electrodeless discharge lamp ⇨ EDL
electrokinetic injection *251*
electroluminescence *64*
electromagnetic radiation ⇨ EMR
electromigration injection *251*
electron capture detector ⇨ ECD
electron ionization ⇨ EI
electronic transition *5*
electroosmotic flow ⇨ EOF
electropherogram *253*
electrophoresis *245*
electrospray ionization ⇨ ESI
electrostacking *252*
electrothermal AAS *75*
element *40*
ELSD *214*
EMR *2*
enzyme *315*
enzyme inhibitor *325*
EOF *249*
equivalent conductance at infinite dilution *210*
ESI *280, 286*
evaporative light scattering detector ⇨ ELSD
exact mass *275*
exchange capacity *190*
excited state *6*
extractive electrospray ionization ⇨ EESI

F

far-infrared *4*
feedback mechanism *329*
feedforward system *330*
Fenn, J. B. *287*
FIA *333*
fiber optics *34*
FID *161*
field inversion gel electrophoresis ⇨ FIGE
FIGE *249*

fingerprint region *14*
flame AAS *74*
flame emission spectrometry *75*
flame ionization detector ⇨ FID
flame photometric detector ⇨ FPD
flame photometry *75*
flame thermionic detector *162*
flow injection analysis ⇨ FIA
fluorescence *56*
fluorescence detector *217*
fluorescence quenching *59*
fluorescence spectrometry *28*
Foley-Dorsey equation *135*
four electrode conductivity measurement *213*
Fourier transform infrared ⇨ FTIR
Fourier transform infrared spectrometer *48*
Fourier transform-ion cyclotron resonance ⇨ FT-ICR
Fourier transformation *48*
FP *75, 79*
FPD *161*
Fraunhofer, J. *74*
frequency *3*
Fresnel loss *52*
FT-ICR *302*
FTIR *48*
full-width half maximum ⇨ FWHM
fused core *189*
FWHM *276*

G

GaAs(Cs) *37*
gas chromatography-mass spectrometry ⇨ GC-MS
gas-liquid chromatography *147*
gas-solid chromatography *147*
GC *147, 279*
GC×GC-TOFMS *175, 176*
GC-MS *150, 280*
gel filtration chromatography ⇨ GFC
gel permeation chromatography ⇨ GPC
gel-type ion exchanger *189*
GFAAS *75*
GFC *183*
Globar *27*
GLP *336*
Golay, M. J. E. *152*
Golay equation *139*
good laboratory practice ⇨ GLP
GOT *322*

GPC *184*	IEC *182*	
graphite furnace AAS ⇨ GFAAS	IEF *247*	**J**
gravity-based injection *250*	IMS *303*	
ground state *5*	incident radiation *19*	James, A. T. *147*
group specificity *319*	induction (inductively) coupled plasma ⇨ ICP	Johnson noise *52*
guard column *204*	induction (inductively) coupled plasma atomic emission spectrometry (ICP-AES) ⇨ ICP-OES	**K**
H	induction (inductively) coupled plasma mass spectrometry ⇨ ICP-MS	kieselguhr *148*
$H-Q$ プロット *140*		kinetics *312*
$H-u$ 曲線 *137*	induction (inductively) coupled plasma optical emission spectrometry ⇨ ICP-OES	Kirchhoff, G. R. *74*
half-life *312*		Knox equation *140*
Hall electrolytic conductivity detector ⇨ HECD		Kohlrausch, F. W. G. *265*
	infrared ⇨ IR	Kovats index *157*
HCL *83, 84*	InGaAs *50*	KRI *157*
He-PDPID *166*	InGaAs (Cs) *37*	
headspace analysis *169*	injection port temperature *168*	**L**
HECD *164*	inner-filter effect *59*	
helium ionization detector ⇨ HID	integrated form *312*	lactic acid dehydrogenase ⇨ LDH
helium pulsed discharge photoionization detector ⇨ He-PDPID	interference filter *31*	LALS *209*
	interferogram *48*	Lambert, J. H. *21*
Helmholtz, H. L. F. *256*	internal conversion *56*	laminar flow burner *79*
HID *163*	internal standard *169*	laser *28*
high-end MW exclusion limit *184*	internal standard method *94*	laser desorption ionization ⇨ LDI
high-performance liquid chromatography ⇨ HPLC	international unit *316*	laser-induced fluorescence ⇨ LIF
	interphase mass transfer *138*	LCW *35, 217*
high-purity silica *185*	intersystem crossing *56*	LCW-based fluorescence detector *61*
high-resolution continuum source AAS *92*	ion chromatography *183*	LDH *322*
	ion chromatography exclusion ⇨ ICE	LDI *290*
higher-order radiation *31*	ion exchange chromatography ⇨ IEC	LED *26*
HILIC *183, 194, 236*	ion exclusion *184*	LIF *218, 253*
hollow-cathode lamp ⇨ HCL	ion exclusion chromatography *184*	light emitting diode ⇨ LED
hot-spot mode *86*	ion interaction chromatography *235*	limiting equivalent conductance *210*
hot wire detector *159*	ion mobility spectrometry ⇨ IMS	limiting molar conductivity *212*
HPLC *180*	ion pair *111*	linear dispersion *29*
Huber equation *140*	ion pair chromatography *235*	Lineweaver-Burk equation *317*
hydrase *319*	ion trap *298*	linkage specificity *319*
hydrodynamic injection *250*	ionization interference *92*	liquid core waveguide ⇨ LCW
hydrolase *319*	IR *4*	liquid-phase microextraction ⇨ LPME
hydrophilic interaction chromatography ⇨ HILIC	IR detector *40*	long-pass filter *31*
	isoelectric focusing ⇨ IEF	Lovelock, J. E. *163*
hyperchromism *10*	isoelectric point *226*	low-angle (laser) light scattering ⇨ LALS
hyperconjugation *10*	isoenzyme *324*	
hypochromism *10*	isosbestic point *53*	low-pressure deuterium discharge lamp *27*
hypsochromic shift *8, 10*	isotachophoresis ⇨ ITP	
	isotachophoretic condition *265*	LPME *119*
I	isozyme *324*	LS-AAS *83*
	IT-TOF *306*	
ICE *184*	ITP *265*	**M**
ICP *75, 293*		
ICP-AES ⇨ ICP-OES		m/z *274, 275*
ICP-MS *75, 164*		macroporous *189*
ICP-OES *75, 293*		macroreticular *189*

MAE *113*
MALDI *290*
MALS *209*
Marci, J. M. *2*
Martin, A. J. P. *126, 147*
mass accuracy *276*
mass spectrometry imaging ⇨ MSI
mass spectrum *275*
matrix-assisted laser desorption/ionization ⇨ MALDI
matrix isolation *90*
Maxwell-Boltzmann expression *75*
McReynolds constant ⇨ MRC
MCT *40*
mean free path *279, 294*
mechanism *312*
MEKC *263*
micellar electrokinetic chromatography ⇨ MEKC
Michaelis constant *317*
microporous particle *185*
microwave-assisted extraction ⇨ MAE
mid-infrared *4*
molar absorptivity *21*
molecular absorption background *74*
molecular activity *316*
molecular diffusion *137*
monochromatic radiation *19*
monochromator *26*
monoisotopic mass *275*
monolith column *193*
MRC *158*
MS/MS *306*
MSI *292*
MS^n *306*
multialkali *37*
multiangle light scattering ⇨ MALS
multichannel analyzer *332*
multiplicity *56*
mutarotase *320*

N

NAD$^+$ *322*
NADH *322*
NALDI *292*
nanoparticle-assisted laser desorption/ionization ⇨ NALDI
NCD *164*
near-infrared *4*
near-infrared region *16*
near-ultraviolet *4*
negative-ion chemical ionzation ⇨ NICI

Nernst, W. *265*
Nernst-Einstein equation *212*
Nernst glower *27*
Newton, I. *2*
NICI *285*
NIR 領域 *16*
nitrogen chemiluminescence detector ⇨ NCD
nitrogen-phosphorous detector ⇨ NPD
nitrogen rule *279*
nominal wavelength *42*
noncompetitive inhibition *317*
nonlinear dispersion *29*
nonporous packing *188*
normal phase chromatography ⇨ NPC
notch filter *32*
NPC *132, 182, 236*
NPD *162*
nujol *33*
number of plates *134*
numerical aperture *35*

O

open-loop control *330*
open-tubular column *153*
operator *329*
optical fiber *34*
optical rotatory dispersion ⇨ ORD
ORD *219*
ORD 検出器 *220*
order *312*
order of a reaction *312*
outer Helmholtz plane *255*
overtone band *16*

P

p-intrinsic-n diode *38*
packed column *151*
PAD *211*
partition chromatography *147, 152*
PDA *40*
PDD *166*
percent transmittance *20*
PFGE *248*
phosphorescence *56*
photoconductive detector *40*
photodiode *38*
photodiode array *40*
photodiode array detector *215*
photoelectric effect *37*
photoionization detector ⇨ PID

photometer *40*
photomultiplier tube ⇨ PMT
photon *3*
photon detector *41*
phototube *36*
photovoltaic detector *40*
physical interference *94*
PID *164*
piezoluminescence *64*
pixel *40*
pI *226*
Planck's constant *4*
plate height *134*
PLOT カラム *154*
PMT *37*
polarimetric detector *219*
polarity *13*
polychromatic radiation *26*
polychromator *46*
porous graphitic carbon *197*
porous layer open-tubular column *154*
post-source decay ⇨ PSD
precursor ion scan *308*
premix burner *79*
pressure-based injection *250*
product ion scan *307*
PSD *306*
pseudo first-order reaction *313*
pseudo zero order *316*
pulsed amperometric detection ⇨ PAD
pulsed discharge (ionization) detector ⇨ PDD
pulsed field gel electrophoresis ⇨ PFGE
purge-and-trap *171*
Purnell equation *142*

Q

Q-TOF 装置 *306*
QTH *26*
quadrupole mass analyzer *297*
quantization *5*
quantum yield *59*
quartz tungsten-halogen ⇨ QTH *26*
quasi-universal detector *209*
quencher *59*

R

radioactivity detector *222*
radioluminescence *64*
rate *320*
rate constant *312*

rate expression　312
rate law　312
ratio method　26
reaction rate　312
reference side　149
refractive index detector　206
refractory compound formation　93
releasing agent　93
resolving power　30
retention time　149
reversed phase chromatography ⇨ RPC
RGE　249
RI 検出器　206
Rohrschneider constant　157
rotating field gel electrophoresis ⇨ RGE
rotational transition　5
RPC　132, 182

S

sample side　149
Sandell-Kolthoff reaction　314
Sandell's sensitivity　21
Sb-Cs　37
SC　86
SCD　164
SCIC　229
SCOT カラム　153
SDS-PAGE　246
SEC　183
secondary ion mass spectrometry ⇨ SIMS
selected reaction monitoring (SRM)　308
semiautomatic instruments　331
sensor　329
separation factor　142
separatory funnel　108
sequential injection analysis ⇨ SIA
SFC　180
short-pass filter　31
SIA　335
SIL-IS　287
SIM　307
SIMS　293
single-channel analyzer　332
singlet state　56
size exclusion chromatography ⇨ SEC
slab gel electrophoresis　246
slip flow　255
Smith-Hieftje correction method　91
solar blind　37
solid-phase extraction ⇨ SPE

solid-phase microextraction ⇨ SPME
solid-phase nanoextraction ⇨ SPNE
solvatochromism　8
SOP　336
SPE　114
SPE カートリッジ　116
SPE ピペットチップ　116
specific activity　316
specific resistivity　212
specific rotation　219
spectral bandwidth　42
spectral interference　90
spectral slit width　42
spectrofluorometer　62
spectrometer　26, 73
spectrometry　1, 73
spectrophotometer　26
spectrophotometry　2
spectroscope　73
spectroscopy　73
SPME　119
SPNE　121
SPP　188
stable isotopically labeled internal standard ⇨ SIL-IS
standard addition　169
standard addition calibration　95
standard operating procedure ⇨ SOP
standard reference material (SRM)　43
stereochemical specificity　319
stern layer　255
Stokes-Einstein equation　210
stray light　55
substrate　315
substrate inhibition　317
sulfur chemiluminescence detector ⇨ SCD
supercontinuum ⇨ SC
supercritical fluid chromatography ⇨ SFC
superficially porous particle ⇨ SPP
support coated open-tubular column　153
suppressor column　228
surfactant　264
Synge, R. L. M.　126, 147
syringe pump　201

T

tandem mass spectrometry　306
TCD　159
TD　170

Teflon AF　36
temperature programming　168
Tenax TA　171
thermal conductivity detector ⇨ TCD
thermal desorption ⇨ TD
thermistor　41
thermocouple　41
thermoluminescence　64
thermopile　41
thin-layer-chromatography ⇨ TLC
TIC モニタリングモード　175
time domain　48
time-of-flight ⇨ TOF
titania　197
TLC　239
TOF　299
TOF-TOF　306
TOFMS　175
total consumption burner　79
transducer　26
transmittance　19
transmitted radiation　19
triboluminescence　64
triplet state　56
Tswett, M.　126
turnover number　315
two-color detector　41

U

U　316
UHPLC　181
UI　314
ultra-high-pressure liquid chromatography ⇨ UHPLC
unified atomic mass unit　275
unit resolution　276
urinary iodine ⇨ UI
UV-Vis detector　36

V

vacuum-ultraviolet　4
van Deemter, J. J.　136
van Deemter equation　136, 181
variable wavelength UV-visible absorbance detector　215
vibrational relaxation　56
vibrational transition　5
viscosity detector　208
visible　4
visible region　26
VOC　171

void volume　　*141*
volatile derivative　　*169*
volume phase holography ⇨ VPH
VPH　　*30*
VUV 吸収パターン　　*167*
VUV 分光法　　*167*
　　気相――の吸収スペクトル　　*167*

Walsh, A. A.　　*82*
waveguide　　*35*
wavelength　　*3*
wavenumber　　*3*
WCOT カラム　　*153*
White cell　　*34*
whole column imaging　　*243*

zero integrated field electrophoresis ⇨ ZIFE
zeta potential　　*255*
ZIFE　　*248*
zirconia　　*197*
Zlatkis, A.　　*163*
zwitterion　　*226*

W

wall-coated open-tubular column　　*153*

Z

Zeeman correction method　　*92*

クリスチャン分析化学 原書7版
Ⅱ. 機器分析編

平成29年1月30日　発　行
令和6年8月20日　第6刷発行

監訳者　今　任　稔　彦
　　　　角　田　欣　一

発行者　池　田　和　博

発行所　丸善出版株式会社
　　　　〒101-0051 東京都千代田区神田神保町二丁目17番
　　　　編集：電話(03)3512-3261／FAX(03)3512-3272
　　　　営業：電話(03)3512-3256／FAX(03)3512-3270
　　　　https://www.maruzen-publishing.co.jp

© Toshihiko Imato, Kin-ichi Tsunoda, 2017

組版印刷・中央印刷株式会社／製本・株式会社 松岳社
ISBN 978-4-621-30110-4　C3043　　　Printed in Japan

本書の無断複写は著作権法上での例外を除き禁じられています．

^{12}C = 12 を基準にした国際原子量

元 素	記 号	原子番号	原子量[a]	元 素	記 号	原子番号	原子量[a]
actinium	Ac	89	(227)	mendelevium	Md	101	(258)
aluminum	Al	13	26.9815	mercury	Hg	80	200.59
americium	Am	95	(243)	molybdenum	Mo	42	95.94
antimony	Sb	51	121.76	neodymium	Nd	60	144.24
argon	Ar	18	39.948	neon	Ne	10	20.180
arsenic	As	33	74.9216	neptunium	Np	93	(237)
astatine	At	85	(210)	nickel	Ni	28	58.69
barium	Ba	56	137.33	niobium	Nb	41	92.906
berkelium	Bk	97	(247)	nitrogen	N	7	14.0067
beryllium	Be	4	9.0122	nobelium	No	102	(259)
bismuth	Bi	83	208.980	osmium	Os	76	190.2
bohrium	Bh	107	(264)	oxygen	O	8	15.9994
boron	B	5	10.811	palladium	Pd	46	106.4
bromine	Br	35	79.904	phosphorus	P	15	30.9738
cadmium	Cd	48	112.41	platinum	Pt	78	195.08
calcium	Ca	20	40.08	plutonium	Pu	94	(244)
californium	Cf	98	(251)	polonium	Po	84	(209)
carbon	C	6	12.011	potassium	K	19	39.098
cerium	Ce	58	140.12	praseodymium	Pr	59	140.907
cesium	Cs	55	132.905	promethium	Pm	61	(145)
chlorine	Cl	17	35.453	protactinium	Pa	91	(231)
chromium	Cr	24	51.996	radium	Ra	88	(266)
cobalt	Co	27	58.9332	radon	Rn	86	(222)
copper	Cu	29	63.546	rhenium	Re	75	186.2
curium	Cm	96	(247)	rhodium	Rh	45	102.905
dubrium	Db	105	(262)	rubidium	Rb	37	85.47
dysprosium	Dy	66	162.50	ruthenium	Ru	44	101.07
einsteinium	Es	99	(252)	rutherfordium	Rf	104	(261)
erbium	Er	68	167.26	samarium	Sm	62	150.35
europium	Eu	63	151.96	scandium	Sc	21	44.956
fermium	Fm	100	(257)	seaborgium	Sg	106	(266)
fluorine	F	9	18.9984	selenium	Se	34	78.96
francium	Fr	87	(223)	silicon	Si	14	28.086
gadolinium	Gd	64	157.25	silver	Ag	47	107.870
gallium	Ga	31	69.72	sodium	Na	11	22.9898
germanium	Ge	32	72.61	strontium	Sr	38	87.62
gold	Au	79	196.967	sulfur	S	16	32.066
hafnium	Hf	72	178.49	tantalum	Ta	73	180.948
hassium	Hs	108	(265)	technetium	Tc	43	(98)
helium	He	2	4.0026	tellurium	Te	52	127.60
holmium	Ho	67	164.930	terbium	Tb	65	158.925
hydrogen	H	1	1.00794	thallium	Tl	81	204.38
indium	In	49	114.82	thorium	Th	90	232.038
iodine	I	53	126.9045	thulium	Tm	69	163.934
iridium	Ir	77	192.2	tin	Sn	50	118.71
iron	Fe	26	55.845	titanium	Ti	22	47.87
krypton	Kr	36	83.80	tungsten	W	74	183.85
lanthanum	La	57	138.91	uranium	U	92	238.03
lawrencium	Lw	103	(262)	vanadium	V	23	50.9415
lead	Pb	82	207.2	xenon	Xe	54	131.30
lithium	Li	3	6.9417	ytterbium	Yb	70	173.04
lutetium	Lu	71	174.967	yttrium	Y	39	88.905
magnesium	Mg	12	24.312	zinc	Zn	30	65.37
manganese	Mn	25	54.9380	zirconium	Zr	40	91.22
meitnerium	Mt	109	(268)				

[a] ( )内の数字はもっとも安定な既知同位体の質量を示す．元素110〜118については，原書webサイトの付録Eにまとめた周期表を参照．元素110〜118はそれぞれ，darmstadtium(110), roentgenium(111), copernicium(112), nihonium(113), flerovium(114), moscovium(115), livermorium(116), tennessine(117), oganesson(118)と名付けられている．